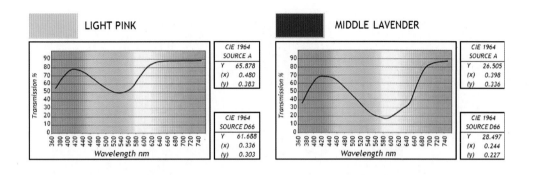

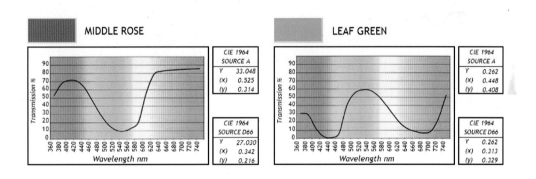

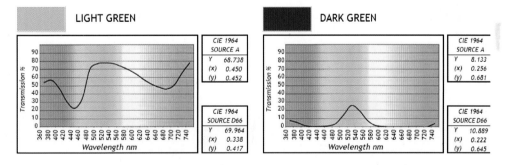

图 11-5　常见色彩的光源能量分布图

图 11-14　RGB 分量提取示意图

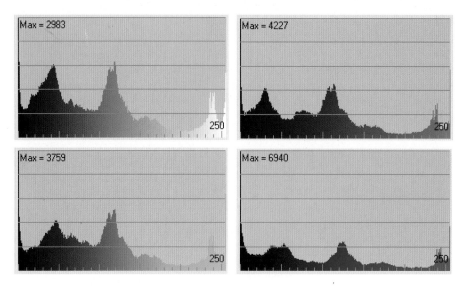

图 11-15　RGB 分量提取统计图

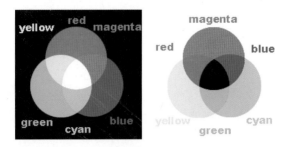

图 11-16　光的三原色及其补色示例

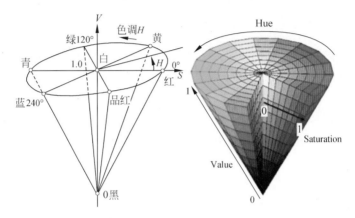

图 11-17　HSV 色彩空间模型

图 11-18　HSV 色彩分量提取示意图

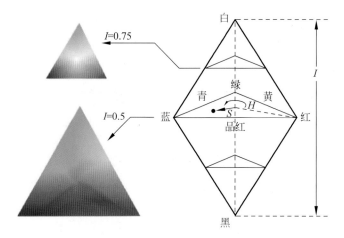

图 11-19　基于三角形的 HSI 色彩空间模型

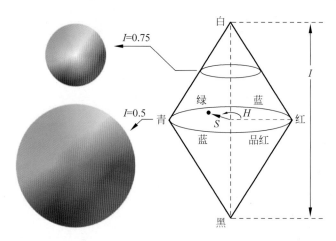

图 11-20　基于圆形的 HSI 色彩空间模型

图 11-25　实验用标准图

图 11-26　彩色图像的直方图均衡化

图 11-27　待处理图像

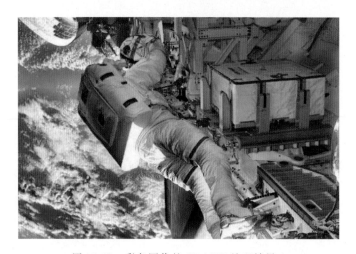

图 11-28　彩色图像的 CLAHE 处理效果 1

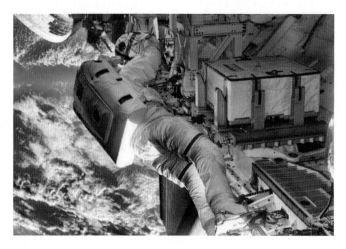

图 11-29　彩色图像的 CLAHE 处理效果 2

图 12-1　正常图像的暗通道

图 12-2　有雾图像的暗通道

图 12-3　图像去雾效果

图 12-4　基于导向滤波的处理结果

图 12-5　基于暗通道的图像去雾效果

Applied Mathematics in Digital Image Processing

图像处理中的数学修炼

（第2版）

左 飞 / 著

清华大学出版社

北京

内 容 简 介

本书系统地介绍了图像处理技术中所涉及的数学基础。全书共 12 章。在前 5 章中,笔者设法化繁为简,从众多烦冗的数学知识中萃取了在学习和研究图像处理技术时所必须的内容,以期有效地帮助读者筛选出最为必要的理论基础,包括场论、微积分、变分法、最优化、偏微分方程、数值方法、泛函分析、概率论和统计学等。自第 6 章起,每章围绕一个主题详尽地介绍了一些实际应用中的技术。这部分内容涉及的子话题和具体算法十分丰富,包括图像去雾、增强、降噪、压缩、融合等,其中很多都是当前研究的热点。更重要的是,在这些章节里,读者将反复用到本书前 5 章所介绍的数学原理。这不仅能帮助读者夯实基础、强化所学,更能帮助读者建立一条连接数学和图像处理世界的桥梁,做到学以致用。本书可作为图像处理和机器视觉等领域从业人员的技术指导资料,也可作为大专院校相关专业师生研究或学习的参考书籍。

图书在版编目(CIP)数据

图像处理中的数学修炼/左飞著. —2 版. —北京:清华大学出版社,2020.1(2021.12重印)
ISBN 978-7-302-52974-3

Ⅰ. ①图… Ⅱ. ①左… Ⅲ. ①图象处理-关系-数学-研究 Ⅳ. ①TP391.413 ②O1

中国版本图书馆 CIP 数据核字(2019)第 085507 号

责任编辑:赵 凯
封面设计:常雪影
责任校对:梁 毅
责任印制:刘海龙

出版发行:清华大学出版社
    网 址:http://www.tup.com.cn,http://www.wqbook.com
    地 址:北京清华大学学研大厦 A 座   邮 编:100084
    社 总 机:010-62770175   邮 购:010-83470235
    投稿与读者服务:010-62776969,c-service@tup.tsinghua.edu.cn
    质量反馈:010-62772015,zhiliang@tup.tsinghua.edu.cn
印 装 者:三河市君旺印务有限公司
经 销:全国新华书店
开 本:185mm×260mm 印 张:28.25 彩 插:4 字 数:699 千字
版 次:2017 年 1 月第 1 版 2020 年 1 月第 2 版 印 次:2021 年 12 月第 3 次印刷
定 价:89.00 元

产品编号:083028-01

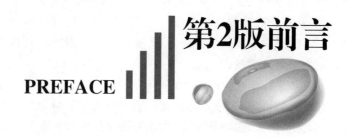

第2版前言

PREFACE

1. 为什么会有这样一本书?

在学习和研究图像处理算法时,特别是阅读一些经典论文时,很大的一个障碍就是数学概念太多。这是很多人近乎"刻骨铭心"的经历,当然也包括我本人。那些跟数学有关的公式甚至符号,有些似曾相识,有些则闻所未闻,但无论何种情况,都无疑给算法原理的理解带来了阻碍。例如,在介绍小波的文章里,你可能会遇到"紧支集";在研究泊松融合时,你可能会遇到"散度";在研究 SIFT 特征时,你可能会遇到"黑塞矩阵"等。

我在读论文或者看书的时候如果遇到这些概念,都会小心地将它们记了下来,并补充上必要的说明、必要的证明或者浅显的例题。天长日久,整理的东西逐渐多了起来,逐渐形成了脉络,并拥有了体系。

我慢慢地将其发布到我的技术博客上,并将这些文章收录到了"图像处理中的数学原理详解专栏"。事实上,本书中的绝大部分内容,网友仍然可以在该博客专栏中免费浏览。最初,我并没有要将其出版的计划,完完全全只是我个人的一个经验总结甚至学习笔记。但意想不到的是,很多网友纷纷留言或者私信我,询问这是哪本书或者如何购买之类的。再然后就是开始有出版社的编辑主动联系我希望可以获得该书的出版权。两相权衡,一边是有读者网友热切地劝谏我尽快付梓,另一边又有出版社编辑希望同我早日达成合作意向。尽管一切皆非计划,无奈盛情难却,便顺势而为罢了,于是本书的第 1 版便在 2017 年 1 月由清华大学出版社正式出版了。

2. 为什么你在研究图像处理时会一看到数学就感觉很吃力?

众所周知,数字图像处理技术的研究与开发对数学基础的要求很高,在一些不断涌现的新方法中,眼花缭乱的数学推导令很多期待深入研究的人望而却步。一个正规理工科学生大致已经具备了包括微积分、线性代数、概率论在内的数学基础。但在分析一些图像处理算法的原理时,感觉还是无从入手。实际中所涉及的问题主要归结为如下几个原因:

微积分、线性代数、概率论这些是非常重要的数学基础,但显然不是这些课程中所有的内容都在图像处理算法中有直接应用;

当你将图像处理和数学分开来学的时候,其实并没有设法建立它们两者的联系;

一些新方法或者所谓的高大上算法的基础已经超过了上面三个数学课程所探讨的基本

领域,这又涉及偏微分方程、变分法、数值方法、泛函分析等;

如果你不是数学科班出身,要想自学上面所谈到的所有内容,工作量实在太过大,恐怕精力也难以顾及。

如果你正在为图像处理中的数学感到沮丧,笔者希望这本书能够带给你一些帮助。正如前面所讲的,图像处理研究和学习中所需的数学原理基础主要涉及微积分、向量分析、场论、泛函分析、偏微分方程、数值方法、变分法、概率与数理统计等。显然,如果要系统地学习上述这些数学理论的全部内容,对于一个非数学专业出身的人来说可能并不现实。于是笔者根据自己的实践,尝试总结、归纳、提取了上面这些数学课程在研究图像处理时最容易碰到也最需要知道的一些知识点,然后采取一种循序渐进的方式将它们重新组织到一起。结合具体的图像处理算法讨论讲解这些数学知识的运用,从而期望帮助广大读者建立数学知识与图像处理之间的一座桥梁。

3. 这是一本什么样的书?

本书在第 1 版基础上完善而成,系统地介绍了图像处理技术中所涉及的数学基础。全书共 12 章。在前 5 章中,笔者设法化繁为简,从众多繁冗的数学知识中萃取了在学习和研究图像处理技术时所必须的内容,以期有效地帮助读者筛选出最为必要的理论基础,包括场论、微积分、变分法、最优化、偏微分方程、数值方法、泛函分析、概率论和统计学等。在这些章节里,你并不会遇到任何具体的图像处理算法。

你可能会讶异,如果前 5 章都是不涉及图像处理算法的纯数学知识,那我何不直接买一本数学书? 这里特别需要说明,前 5 章的意义在于:图像处理的深入研究,有赖于大量的数学知识,但是你不可能把数学专业的教材全借来从头到尾学一遍,那样你精力也不够用。本书前 5 章,是从各种数学领域挑出来跟图像研究最直接相关,也就是你最需要、最可能会用到的数学知识,所以这部分的意思在于给你限定了一个范围,就像考试之前画重点一样。如果这些数学知识你都掌握了,那么图像处理算法中涉及的所有公式你就都能看懂了。就像俞敏洪老师最为畅销的那本关于 GRE 词汇的"红宝书"一样。既然所有的英文单词词典里都有,为什么你不去直接背牛津高阶英语词典,而选择买"红宝书"呢? 因为,红宝书里筛选的是 GRE 考试中最可能考到的单词! 据我所知,高等数学上下册加起来就有 1000 多页,显然其中很多东西就图像处理这个话题来说并不常被用到。如果你真的从头到尾地啃,由此消耗掉的时间成本将不可估量。何况还有概率论、偏微分方程、变分法、泛函分析、数值方法和最优化在等着你。

当然只有理论你肯定会觉得空洞,所以为了锻炼你应用前 5 章数学知识的能力,笔者特别安排了后 7 章。自第 6 章起的每章围绕一个主题详尽地介绍了一些实际应用中的技术。这部分内容涉及的子话题和具体算法十分丰富,包括图像去雾、增强、降噪、压缩、融合等,其中很多都是当前研究的热点。更重要的是,在这些章节里,读者将反复用到本书前 5 章所介绍的数学原理和概念,例如梯度、散度、黑塞矩阵、高斯迭代法、欧拉-拉格朗日公式等,但是后面不会再解释这些数学概念,因为前 5 章里面已经讲过了。后 7 章的作用就在于让你巩固一下前面所学,然后自己实际感受一下这些数学的用武之地。事实上,作为本书的第 2版,相较于之前的版本,最大的变化就是扩充了原书后半部分的内容。

但是谁也不可能把一整本图像处理书中所有的东西都拿来做例子,因为毕竟篇幅有限。所以后 7 章就相当于攫选了图像处理中的几个大的专题讲解,当然细分的话可能包括很多具体的算法(例如直方图均衡、暗通道去雾、贝叶斯抠图和基于频域变换的图像压缩,等等)。所以后 7 章并不能覆盖所有图像的话题,也不需要覆盖,例如可能图像处理中用到黑塞矩阵的地方有超过 10 个算法,作为例子我讲一两个也就足够了。后 7 章只是帮你巩固和体会前面数学知识在图像处理中的应用。所以你不能通过阅读本书掌握图像处理的所有话题,也不能用它作为图像处理的入门。但可以把这本书作为你学习图像处理中所需要的数学基础的一个指导。此外,在日后的研究中把它作为一本字典来用也是很不错的选择。

4. 如何使用本书?

在阅读本书时,有两种方式可供读者选择。如果你数学基础尚可,那么可以试着从第 6 章开始看起,如果对一些遇到的术语、公式不甚了解,可以再翻回前面的内容,做有针对性的查阅。如果你的数学基础略显薄弱,或者曾经学过,但眼下所剩无几,那么建议你从头看起,帮助自己建立一个相对完整而扎实的数学思维体系。当然由于本书的知识内容是高度凝练的,无法做到包山包海,因此仍然建议那些有一定微积分基础的人作为本书的目标读者。换言之,作为目标读者,你至少应该拥有普通大专院校所要求的工科数学基础。每位读者都应当明确,本书绝对不是"儿歌三百首"。你也不能期望在一本"数学"书中不出现任何公式。

总的来说,我不太喜欢翻开一本计算机方面的书籍,里面密密麻麻的全部都是代码。我希望能够在书中留下更多空间去讨论原理和思路。鉴于这并不是一本教导人们如何开发图像处理程序的书,或者更准确地说这是一本介绍数学在图像处理中的应用的书,所以这里并不要求读者阅读本书前已经掌握了某种特定的计算机语言。然而,在介绍某些比较晦涩的算法时,使用一些必要的代码辅助解释也是很有必要的,而且有时这也的确是最直截了当、最容易被接受的方式。所以本书中确实涉及某些用 MATLAB 编写的代码,但它们的占比是极其有限的。在有必要使用代码演示说明算法原理的时候,我们也仅是给出了算法核心部分的相关代码。所以,期望通过本书入门某种编程语言或者强化自己的编程能力,都是不现实的。

5. 最后一点说明

笔者在 CSDN 上开设技术博客中(白马负金羁)提供有很多图像处理、计算机视觉以及数学方面的文章,可作为本书的扩充。更重要的是,如果读者在阅读本书时遇到一些困难,或者有一些需要跟作者沟通的问题时,都可以在该博客上通过留言的方式与笔者进行交流。

无冥冥之志者,无昭昭之明,无惛惛之事者,无赫赫之功。我衷心地希望本书的读者能够在图像处理领域既有昭昭之明,亦有赫赫之功。

最后虽然有点俗套,但笔者还是想说:自知论道须思量,几度无眠一文章。由于时间和能力有限,书中纰漏在所难免,真诚地希望各位读者和专家不吝批评、斧正。

左 飞

2019 年 5 月

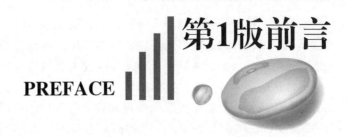

PREFACE 第1版前言

2002 年,国际计算机学会将当年度的图灵奖颁给了因提出 RSA 公钥加密算法而闻名于世的罗纳德·李维斯特、阿迪·萨莫尔和伦纳德·阿德曼三人。与 RSA 公钥加密体制密切相关的一个数学基础就是"中国剩余定理",这也是现代数学中唯一以中国之名命名的定理,在某种程度上它也成为了中国古代数学成就的一个重要代表。

我国古代数学名著《孙子算经》中记载的"物不知数"问题是中国剩余定理的一个典型算例。后来,南宋数学家秦九韶在他的《数书九章》中推广了"物不知数"问题,提出了"大衍求一术",为求解中国剩余定理问题提供了系统化的数学理论。西方世界直到 18 世纪,才对类似问题展开系统研究。德国的高斯得出类似"大衍求一术"的结论则到了 19 世纪,比秦九韶晚了近 700 年。

秦九韶曾在《数书九章》的序言中写道:"其用本太虚生一,而周流无穷,大则可以通神明,顺性命;小则可以经世务,类万物……若昔推策以迎日,定律而知气。髀矩浚川,土圭度晷。天地之大,囿焉而不能外,况其间总总者乎?"这段话译成现代汉语就是:"为了应用,人们要认识世界的规律,因而产生了数学。数学具有广泛的应用性。从大的方面说,数学可以认识自然,理解人生;从小的方面说,数学可以经营事务,分类万物……过去,历算家们用筹算推演,制定天文历法;发现自然规律,预测季节变化。用髀、矩测山高河深,用圭表量日影,以定时刻与节气。宇宙如此之大,尚且不能置于数学之外,那么宇宙之中的各种各样的事物,难道能离开数学吗?"由此可见,在古代,人们已经意识到了数学的重要性。

事实上,作为现代科学技术的重要基础,数学甚至也在直接或间接地影响着一个国家的综合国力。古今中外,许多名流志士,甚至很多本来并非数学家出身的人,都在著述或谈话中论及了数学之于国力的影响。例如,19 世纪中国杰出的数学家李善兰在列强环伺、国势衰微的民族危难之际便感慨道:"呜呼!今欧罗巴各国日益强盛,为中国边患。推原其故,制器精也,推原制器之精,算学明也。"无独有偶,在万里之外的西方世界,拿破仑则更为直接地指出:"一个国家只有数学蓬勃发展,才能展现它国力的强大。数学的发展和至善与国家繁荣昌盛密切相关。"

回过头来看我们要谈的数字图像处理技术,数学对其的影响可能更为直接。众所周知,数字图像处理技术的研究与开发对数学基础的要求很高,一些不断涌现的新方法中,眼花缭乱的数学推导令很多期待深入研究的人望而却步。一个正规理工科学生大致已经具备了包括微积分、线性代数、概率论在内的数学基础。但在分析一些图像处理算法的原理时，好像感觉还是无从入手。实际中所涉及的问题主要归结为如下几个原因：①微积分、线性代数、概率论这些是非常重要的数学基础，但显然不是这些课程中所有的内容都在图像处理算法中有直接应用；②当你将图像处理和数学分开来学的时候，其实并没有设法建立它们二者的联系；③一些新方法或者所谓的高大上算法的基础已经超过了上面三个数学课程所探讨的基本领域，这又涉及偏微分方程、变分法、复变函数、实变函数、泛函分析等；④如果你不是数学科班出身，要想自学上面所谈到所有内容，工作量实在太过繁杂，恐怕精力也难以顾及。

　　长久以来，笔者结合自己对图像处理的学习和实践，大致总结了一部分图像处理研究中所需的数学原理基础。这些内容主要涉及微积分、向量分析、场论、泛函分析、偏微分方程、复变函数、变分法等。正如前面所提到的，如果要系统地学习上述这些数学理论的全部内容，对于一个非数学专业出身的人来说可能并不现实。于是笔者尝试总结、归纳、提取了上面这些数学课程在研究图像处理时最容易碰到也最需要知道的一些知识点，然后采取一种循序渐进的方式将它们重新组织到了一起。并结合具体的图像处理算法讨论来讲解这些数学知识的运用，从而建立数学知识与图像处理之间的一座桥梁。这部分内容主要是笔者日常研究和学习的一个总结。最初笔者也只是把这部分文章发到了自己的技术博客上，而且尽管此前笔者仅是断断续续地撷取了其中的一部分发到了网上，已经有读者表现出了浓厚的兴趣。不知不觉中，这个系列专栏的文章日积月累，内容渐渐丰富，个人感觉确实已经形成了一个相对比较完整的体系，于是便有了各位现在看到的这本书。

　　本书旨在对图像处理技术中所涉及的数学原理给出一个相对系统的讲述。全书共分8章，其中前4章主要是一些数学基础方面的内容，包括微积分、场论、变分法、复变函数、偏微分方程、泛函分析、概率论和统计学等。而这部分内容所给出的正是笔者认为在学习和研究图像处理技术时所必须的数学知识。当然，仅仅有理论仍然是不足的。本书的后半部分每章围绕一个主题详尽地介绍了一些实际应用中的图像处理技术，这部分内容也相当地凝练，涉及的子话题和具体算法十分丰富，其中很多都是当前研究的热点。更重要的是，在后4章里，读者将反复用到本书前半部分所介绍的数学原理。这样一来不仅能帮助读者夯实基础、强化所学，更能帮助读者建立一条连接数学和图像处理世界的桥梁，做到学以致用。

　　在阅读本书时，有两种方式可供读者选择。如果你数学基础尚可，那么可以试着从第5章开始看起，如果对一些遇到的术语、公式不甚了解，可以再翻回前面的内容，做有针对性的查阅。如果你的数学基础略显薄弱，或者曾经学过，但眼下所剩无几，那么你也可以从头看起，帮助自己建立一个相对完整而扎实的数学思维体系。当然由于本书的知识内容是高度凝练的，无法做到包山包海，因此仍然建议那些有一定微积分基础的人作为本书的目标读者。换言之，具有普通大专院校工科数学基础的读者就可以阅读本书。

　　万丈高楼平地起，基础不牢，地动山摇。很多人在学习和研究图像处理算法时都感觉有一道无形的屏障挡在眼前，总是力不从心。虽然自己也似乎看了很多资料，但是遇到一些实际问题时，又不知道该从何入手。或许，你所欠缺的恰恰是一个夯实的理论基础。正如笔者常说的一句玩笑话："如果连基本的求导还不甚了解，那么即使傅里叶本人亲自来给你讲傅里叶变换，你也是无福消受的。"但如果你是图像处理的同道中人，或者你正在学习、研究和运用图像处理技术,那么笔者相信,你一定能从本书中有所收获!

　　总的来说,我不太喜欢翻开一本信息技术相关的工具书,里面密密麻麻的全部都是代码。所以,我希望能够在我的书中留下更多空间去讨论原理和思路。鉴于这并不是一本教导人们如何开发图像处理程序的书,或者更准确地说这是一本介绍数学在图像处理中的应用的书,所以我们并不要求读者阅读本书前已经掌握了某种特定的计算机语言。然而,在介绍某些比较晦涩的算法时,使用一些必要的代码来辅助解释也是很有必要的,而且有时这也的确是最直截了当最容易被接受的方式。所以本书中确实涉及某些用 MATLAB 编写的代码,但它们的占比是极其有限的。在有必要使用代码来演示说明算法原理的时候,我们也仅是给出了算法核心部分的相关代码。事实上,笔者更习惯于在博客中上传代码,而非把它们全部罗列到书中去挤占篇幅。如果读者对书中所涉及的算法实现有需要,可以从笔者在 CSDN 上的技术博客中(白马负金羁)下载到相应的源代码。更重要的是,如果读者在阅读本书时遇到一些困难,或者有一些需要跟作者沟通的问题时,都可以在该博客上通过留言的方式来跟笔者进行交流。

　　无冥冥之志者,无昭昭之明,无惛惛之事者,无赫赫之功。我衷心地希望本书的读者能够在图像处理领域既有昭昭之明,亦有赫赫之功。

　　最后虽然有点俗套,但笔者还是想说:自知论道须思量,几度无眠一文章。由于时间和能力有限,书中纰漏在所难免,真诚地希望各位读者和专家不吝批评、斧正。

左 飞

2017 年 1 月

目 录

CONTENTS

必不可少的数学基础

数学是图像处理技术的重要基础。在与图像处理有关的研究和实践中无疑需要用到大量的数学知识,这不免令许多基础薄弱的初学者望而却步。本文从浩如烟海的数学理论中抽取了部分知识点进行详细讲解,这些内容都是在图像处理学习中最常见的部分,或称其为图像处理中的数学基础。为了提升学习效果,本书在给出有关定理的证明之外,还给出了一些便于理解的例子,并试图从物理意义或几何意义的角度对有关定理进行阐述。

1.1 极限及其应用

极限的概念是微积分理论赖以建立的基础。在研究极限的过程中,一方面会证明许多在图像处理中将要用到的公式,另一方面还会得到所谓的自然常数(或称纳皮尔常数)。图像处理技术中的很多地方都会遇到它,例如用来对图像进行模糊降噪的高斯函数,以及泊松噪声中的自然常数。而且之后的内容还会讲到欧拉公式,届时自然常数还将会再次出现。

1.1.1 数列的极限

定义 对于数列 $\{a_n\}$,若存在常数 a 对于任意给定的正数 ε 均存在正整数 N,当 $n > N$ 时,恒有 $|a_n - a| < \varepsilon$ 成立,则称数列 $\{a_n\}$ 存在极限(或收敛),常数 a 称为数列的极限,记为

$$\lim_{n \to +\infty} a_n = a \quad 或 \quad a_n \to a(n \to +\infty)$$

若上述常数不存在,则称数列不存在极限(或发散)。

借助数列极限的定义,下面讨论一个有趣的问题。根据基本的数学知识 $1 \div 3 = 0.\dot{3}$,且 $1 \div 3 \times 3 = 1$,但是 $0.\dot{3} \times 3 = 0.\dot{9}$,于是得出一个看起来非常奇怪的结论,即无限循环小数 $0.\dot{9}$ 是等于 1 的。这似乎与常理有些悖逆,例 1.1 很好地解释了这个结论。

例 1.1　设 $a_n = 0.\underbrace{99\cdots9}_{n}(n=1,2,\cdots)$，试证明极限：$a_n \to 1(n \to +\infty)$。

解　由于 $a_n = 0.\underbrace{99\cdots9}_{n}(n=1,2,\cdots) = 1-10^{-n}$，所以对于 $\forall \varepsilon > 0$，要找到一个 $N \in \mathbb{N}$，使得 $|a_n - 1| = |(1-10^{-n})-1| = 10^{-n} < \varepsilon$，可两边同时取对数，得 $n \cdot \ln 10^{-1} < \ln \varepsilon$。显然这样的 N 是存在的，只要将其做如下取值便可

$$N = \left[\left|\frac{\ln \varepsilon}{\ln 10^{-1}}\right|\right] + 1$$

夹逼定理　设 $x_n \leqslant a_n \leqslant y_n (n=1,2,\cdots)$，且数列 $\{x_n\}$ 和 $\{y_n\}$ 收敛到相同极限，那么数列 $\{a_n\}$ 也收敛，且有

$$\lim_{n \to +\infty} a_n = \lim_{n \to +\infty} x_n = \lim_{n \to +\infty} y_n$$

证明　因为数列 $\{x_n\}$ 和 $\{y_n\}$ 收敛到相同极限，所以不妨设

$$\lim_{n \to +\infty} x_n = \lim_{n \to +\infty} y_n = a$$

首先，由数列极限的定义，$\forall \varepsilon > 0$，$\exists N \in \mathbb{N}$，当 $n > N$ 时，有 $|x_n - a| < \varepsilon$ 和 $|y_n - a| < \varepsilon$，即 $a - \varepsilon < x_n < a + \varepsilon$，$a - \varepsilon < y_n < a + \varepsilon$。又因 $x_n \leqslant a_n \leqslant y_n$，所以 $a - \varepsilon < x_n \leqslant a_n \leqslant y_n < a + \varepsilon$。于是得到 $a - \varepsilon < a_n < a + \varepsilon$，即 $|a_n - a| < \varepsilon$ 成立，结论得证。

实数的连续性公理　有上界的数列一定有上确界，有下界的数列一定有下确界。

设 S 是 $\mathbb{R}$（实数）中的一个数集，若数 η 满足：对于一切 $x \in S$，有 $x \leqslant \eta$（即 η 是 S 的上界），并且对于任何 $\alpha < \eta$，存在 $x_0 \in S$，使得 $x_0 > \alpha$（即 η 是 S 的上界中最小的一个），则称数 η 为数集 S 的上确界，记作 $\eta = \sup S$。同样，若数 ξ 满足：对于一切 $x \in S$，有 $x \geqslant \xi$（即 ξ 是 S 的下界），并且对于任何 $\beta > \xi$，存在 $x_0 \in S$，使得 $x_0 < \beta$（即 ξ 是 S 的下界中最大的一个），则称数 ξ 为数集 S 的下确界，记作 $\xi = \inf S$。上确界与下确界统称为确界。函数 f 在其定义域 D 上有上界，是指值域 $f(D)$ 为有上界的数集，于是数集 $f(D)$ 有上确界。通常把 $f(D)$ 的上确界记为 $\sup\limits_{x \in D} f(x)$，并称之为 f 在 D 上的上确界。类似地，若 f 在其定义域 D 上有下界，则 f 在 D 上的下确界记为 $\inf\limits_{x \in D} f(x)$。这也就表明集合的上确界就是数集的最小上界，集合的下确界就是数集的最大下界。如果用更严格的数学语言描述，即 $\eta = \sup S \Leftrightarrow \forall x \in S$，一定有 $x \leqslant \eta$，$\forall \varepsilon > 0$，$\exists x' \in S$，使得 $x' > \eta - \varepsilon$。下确界的数学表述与此类同，这里不再赘述。

单调有界原理　数列 $\{a_n\}$ 单调增加且有上界，即 $a_1 \leqslant a_2 \leqslant \cdots \leqslant a_{n-1} \leqslant a_n \leqslant \cdots$，且存在常数 M，使得 $a_n \leqslant M$，则数列 $\{a_n\}$ 存在极限。

推论　数列 $\{a_n\}$ 单调下降且有下界，即 $a_1 \geqslant a_2 \geqslant \cdots \geqslant a_{n-1} \geqslant a_n \geqslant \cdots$，且存在常数 m，使得 $a_n \geqslant m$，则数列 $\{a_n\}$ 存在极限。

下面就利用连续性公理证明单调有界原理。

证明　根据连续性公理，又已知数列 $\{a_n\}$ 有上界，不妨记 $M_0 = \{a_n\}_1^{+\infty}$，则 M_0 有上确界，并记 $\eta = \sup M_0$。$\forall \varepsilon > 0$，由上确界的定义，一定可以找到 $a_N > \eta - \varepsilon$。则当 $n > N$ 时，有 $a_n < \eta + \varepsilon$。由于函数单调递增，所以有 $\eta - \varepsilon < a_N \leqslant a_n < \eta + \varepsilon$，即 $|a_n - \eta| < \varepsilon$，综上可得

$$\lim_{n \to +\infty} a_n = \eta$$

即数列存在极限。

下例演示了利用单调有界原理证明数列存在极限的方法。

例 1.2　证明数列 $\{a_n\}$ 存在极限，其中数列的通项如下

$$a_n = \left(1 + \frac{1}{n}\right)^n, \quad n = 1, 2, \cdots$$

解　首先考虑数列的单调性,利用二项式定理对 a_n 进行展开,有

$$a_n = 1 + C_n^1 \frac{1}{n} + C_n^2 \frac{1}{n^2} + \cdots + C_n^n \frac{1}{n^n}$$

$$= 1 + n \cdot \frac{1}{n} + \frac{n(n-1)}{2!} \cdot \frac{1}{n^2} + \cdots + \frac{n(n-1)\cdots 2 \cdot 1}{n!} \cdot \frac{1}{n^n}$$

$$= 2 + \frac{1}{2!}\left(1 - \frac{1}{n}\right) + \frac{1}{3!}\left(1 - \frac{1}{n}\right)\left(1 - \frac{2}{n}\right) + \cdots + \frac{1}{n!}\left(1 - \frac{1}{n}\right)\left(1 - \frac{2}{n}\right)\cdots\left(1 - \frac{n-1}{n}\right)$$

$$a_{n+1} = 2 + \frac{1}{2!}\left(1 - \frac{1}{n+1}\right) + \cdots + \frac{1}{n!}\left(1 - \frac{1}{n+1}\right)\left(1 - \frac{2}{n+1}\right)\cdots\left(1 - \frac{n-1}{n+1}\right)$$

$$+ \frac{1}{(n+1)!}\left(1 - \frac{1}{n+1}\right)\left(1 - \frac{2}{n+1}\right)\cdots\left(1 - \frac{n}{n+1}\right)$$

显然,$a_{n+1} > a_n (n=1,2,\cdots)$,即函数是单调递增的。

接下来证明 a_n 有上界。考虑对 a_n 做适当放大,利用等比数列求和公式,有

$$a_n < 2 + \frac{1}{2!} + \frac{1}{3!} + \cdots + \frac{1}{n!} < 2 + \frac{1}{2} + \frac{1}{2^2} + \cdots + \frac{1}{2^{n-1}} < 2 + 1 = 3$$

所以,数列 $\{a_n\}$ 单调递增且有上界,根据单调有界原理,该数列的极限存在。

这个数列的极限就被定义为自然常数,它是一个无限不循环的小数,也就是无理数。

$$\lim_{n \to +\infty}\left(1 + \frac{1}{n}\right)^n = e \approx 2.718\,28\cdots$$

此外,上面的证明过程还说明,e 可以表示为级数形式,即

$$\sum_{n=0}^{+\infty} \frac{1}{n!} = 1 + \frac{1}{1!} + \frac{1}{2!} + \frac{1}{3!} + \cdots + \frac{1}{n!} + \cdots = e$$

聚点原理　任何有界数列均存在收敛的子数列,即如果数列 $\{a_n\}$ 满足 $|a_n| < M$,其中 $M > 0$ 为常数,则 $\{a_n\}$ 存在收敛的子数列。

柯西收敛原理　数列 $\{a_n\}$ 收敛的充分必要条件是:对于任意正数 ε 均存在正整数 N,当 $m, n > N$ 时,恒有 $|a_n - a_m| < \varepsilon$ 成立。

证明　设 $a_n \to a (n \to +\infty)$。$\forall \varepsilon > 0$,$\exists N \in \mathbb{N}$,当 $n > N$ 时,有 $|a_n - a| < \varepsilon$。因为 ε 是任取的,于是令 $|a_n - a| < \varepsilon/2$,则当 $m, n > N$ 时,根据三角不等式,有 $|a_n - a_m| \leqslant |a_n - a| + |a_m - a|$ 成立,即 $|a_n - a_m| < \varepsilon/2 + \varepsilon/2 = \varepsilon$,所以必要性得证。

反过来,$\forall \varepsilon > 0$,$\exists N \in \mathbb{N}$,当 $m, n > N$ 时,有 $|a_n - a_m| < \varepsilon$ 成立,那么就可以推出数列有界。假设固定 m 的值,则 a_m 也是一个确定值,此时有 $|a_n| < \varepsilon + |a_m|$,又因 $m > N$,这也就表明从 N 以后的所有项都是有界的,而前面只有有限项。所以表明 $\{a_n\}$ 是有界的。再根据聚点原理,$\{a_n\}$ 一定存在收敛的子数列,不妨设原数列的一个收敛子数列如下

$$\lim_{k \to +\infty} a_{n_k} = a$$

根据数列极限的定义,则存在充分大的 k,使得 $|a_{n_k} - a| < \varepsilon$,同时 $n_k > N$,根据三角不等式有 $|a_n - a| \leqslant |a_n - a_{n_k}| + |a_{n_k} - a| < 2\varepsilon$。所以有

$$\lim_{n \to +\infty} a_n = a$$

即充分性得证,所以定理得证。

柯西收敛原理的另外一种等价形式 数列$\{a_n\}$收敛的充分必要条件是：对于任意正数ε均存在正整数N，当$n>N$时，$|a_n-a_{n+p}|<\varepsilon$对于一切$p=1,2,\cdots$都成立。

例 1.3   利用柯西收敛原理，证明数列$\{a_n\}$发散，其中数列的通项如下

$$a_n = 1 + \frac{1}{2} + \frac{1}{3} + \cdots + \frac{1}{n}, \quad n = 1, 2, \cdots$$

解 考虑两个特殊项之间的距离为

$$|a_{2n} - a_n| = \frac{1}{n+1} + \frac{1}{n+2} + \cdots + \frac{1}{2n} > \frac{n}{2n} = \frac{1}{2}$$

显然与柯西收敛原理相悖，所以原数列是发散的。

1.1.2 级数的敛散

定义   对于级数$\sum\limits_{n=1}^{+\infty} a_n$，若其部分和数列$\{S_n\}$收敛，且极限为$S$，则称级数$\sum\limits_{n=1}^{+\infty} a_n$收敛，$S$称为该级数的和，记为$\sum\limits_{n=1}^{+\infty} a_n = S$。若部分和数列$\{S_n\}$发散，则称该级数$\sum\limits_{n=1}^{+\infty} a_n$发散。

级数的柯西收敛定理   级数$\sum\limits_{n=1}^{+\infty} a_n$收敛的充分必要条件是：对于任意正数$\varepsilon$，存在正整数$N$，当$n>N$时，不等式$|a_{n+1}+a_{n+2}+\cdots+a_{n+p}|<\varepsilon$对于所有$p=1,2,\cdots$都成立。

推论   若级数$\sum\limits_{n=1}^{+\infty} a_n$收敛，则

$$\lim_{n\to+\infty} a_n = 0$$

例 1.4   证明下列级数收敛

$$\sum_{n=1}^{+\infty} \frac{1}{n^2} = \frac{1}{1^2} + \frac{1}{2^2} + \cdots + \frac{1}{n^2} + \cdots$$

证明   因为$k^2>k(k+1)/2$对于所有的$k>1$都成立，所以有

$$|a_{n+1}+a_{n+2}+\cdots+a_{n+p}| = \frac{1}{(n+1)^2} + \frac{1}{(n+2)^2} + \cdots + \frac{1}{(n+p)^2}$$

$$< 2\left[\frac{1}{(n+1)(n+2)} + \frac{1}{(n+2)(n+3)} + \cdots + \frac{1}{(n+p)(n+p+1)}\right]$$

$$= 2\left[\left(\frac{1}{n+1} - \frac{1}{n+2}\right) + \left(\frac{1}{n+2} - \frac{1}{n+3}\right) + \cdots + \left(\frac{1}{n+p} - \frac{1}{n+p+1}\right)\right]$$

$$= 2\left(\frac{1}{n+1} - \frac{1}{n+p+1}\right) < \frac{2}{n} < \varepsilon$$

即$n>2/\varepsilon$，所以取$N=[2/\varepsilon]+1$，当$n>N$时，有$|a_{n+1}+a_{n+2}+\cdots+a_{n+p}|<\varepsilon$成立，于是根据柯西收敛原理，原级数收敛。

关于上面这个级数敛散性的讨论，在数学史上曾经是一个非常有名的问题。大数学家莱布尼茨曾经在惠更斯的指导下对级数的敛散性进行过研究。后来莱布尼茨的学生伯努利兄弟（雅各·伯努利和约翰·伯努利）从他们老师的某些研究成果出发，最终证明了调和级数的发散性，以及几何级数的收敛性。但是，几何级数最终收敛到多少这个问题却一直困扰着他们。最终，雅各·伯努利也不得不几乎绝望地宣告了他的失败："如果有人能够发现并

告知我们迄今为止尚未解出的难题的答案,我们将不胜感谢。"所幸的是,"几何级数到底等于多少"这个难题最终被约翰·伯努利的学生欧拉破解。欧拉使用了一种极其巧妙的方法得出

$$\sum_{n=1}^{+\infty} \frac{1}{n^2} = \frac{1}{1^2} + \frac{1}{2^2} + \cdots + \frac{1}{n^2} + \cdots = \frac{\pi^2}{6}$$

定理　设 $\sum\limits_{n=1}^{+\infty} a_n$ 是正项级数,则该级数收敛的充要条件是其部分和数列 $\{S_n\}$ 有界,即存在不依赖于 n 的正的常数 M,使得 $S_n = a_1 + a_2 + \cdots + a_n \leqslant M, n = 1, 2, \cdots$。

例 1.5　设 $p > 1$ 为常数,试证明下列 p 级数收敛(特别地,当 $p = 1$ 时,该级数又称为调和级数)

$$\sum_{n=1}^{+\infty} \frac{1}{n^p} = \frac{1}{1^p} + \frac{1}{2^p} + \cdots + \frac{1}{n^p} + \cdots$$

证明　当 $p > 1$ 时,原级数的前 n 项部分和

$$S_n = \frac{1}{1^p} + \frac{1}{2^p} + \cdots + \frac{1}{n^p}$$

借助积分的概念,比较图 1-1 中各个小矩形面积之和与曲线所表示的积分面积的大小,得

$$\frac{1}{2^p} + \frac{1}{3^p} + \cdots + \frac{1}{n^p} < \int_1^n \frac{1}{x^p} \mathrm{d}x = \left. \frac{x^{1-p}}{1-p} \right|_1^n < \frac{1}{p-1}$$

所以

$$S_n < 1 + \frac{1}{p-1} = \frac{p}{p-1}$$

即级数的部分和数列有界,所以原级数收敛。

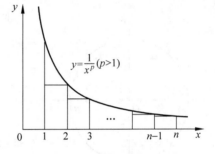

图 1-1　构造幂函数辅助证明

1.1.3　函数的极限

本节介绍两个重要的函数极限,并讨论它们的应用。

重要极限 1

$$\lim_{x \to \pm\infty} \left(1 + \frac{1}{x}\right)^x = \mathrm{e}$$

考虑设法利用已知的数列极限证明上述结论。

当 $x > 1$ 时,$[x] \leqslant x < [x] + 1$,于是可得

$$\left(1 + \frac{1}{[x]+1}\right)^{[x]} < \left(1 + \frac{1}{x}\right)^x < \left(1 + \frac{1}{[x]}\right)^{[x]+1}$$

又根据已知的数列极限可知

$$\lim_{x \to +\infty} \left(1 + \frac{1}{[x]+1}\right)^{[x]} = \lim_{x \to +\infty} \left(1 + \frac{1}{[x]+1}\right)^{[x]+1} \cdot \left(1 + \frac{1}{[x]+1}\right)^{-1} = \mathrm{e}$$

$$\lim_{x \to +\infty} \left(1 + \frac{1}{[x]}\right)^{[x]+1} = \lim_{x \to +\infty} \left(1 + \frac{1}{[x]}\right)^{[x]} \cdot \left(1 + \frac{1}{[x]}\right)^{+1} = \mathrm{e}$$

因此,由夹逼定理可得

$$\lim_{x \to +\infty} \left(1 + \frac{1}{x}\right)^x = e$$

再考虑 $x \to -\infty$ 时的情况，可以令 $y = -x$，于是有

$$\lim_{x \to -\infty} \left(1 + \frac{1}{x}\right)^x = \lim_{y \to +\infty} \left(1 - \frac{1}{y}\right)^{-y} = \lim_{y \to +\infty} \left(1 + \frac{1}{y-1}\right)^y$$

$$= \lim_{y \to +\infty} \left(1 + \frac{1}{y-1}\right)^{y-1} \cdot \left(1 + \frac{1}{y-1}\right) = e$$

综上，结论得证。

此外，该重要极限的另一种形式也常被用到，即

$$\lim_{x \to 0} (1 + x)^{\frac{1}{x}} = e$$

由此，也很容易推出如下结论，证明从略，有兴趣的读者可以自行尝试推导

$$\lim_{x \to 0} \frac{\ln(x+1)}{x} = 1, \quad \lim_{x \to 0} \frac{e^x - 1}{x} = 1$$

重要极限 2

$$\lim_{x \to 0} \frac{\sin x}{x} = 1$$

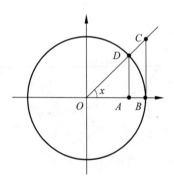

图 1-2　三角函数取值大小关系

假设有图 1-2 所示的一个单位圆，根据三角形和扇形面积的大小关系，很容易得出结论 $|\overline{AD}| < |\overparen{BD}| < |\overline{BC}|$，如果采用具体数值表示，则显然有 $\sin x < x < \tan x$。对于 $0 < x < \pi/2$，易得

$$1 < \frac{x}{\sin x} < \frac{1}{\cos x} \Rightarrow \cos x < \frac{\sin x}{x} < 1$$

于是由夹逼定理，可得

$$\lim_{x \to 0^+} \frac{\sin x}{x} = 1$$

接下来讨论 $x \to 0^-$ 的情况，可以令 $x = -y$，于是便可推出如下结论：

$$\lim_{x \to 0^-} \frac{\sin x}{x} = \lim_{y \to 0^+} \frac{\sin(-y)}{-y} = \lim_{y \to 0^+} \frac{\sin y}{y} = 1$$

综上，结论得证。

由此，也很容易推出如下结论，证明从略，有兴趣的读者可以自行尝试推导

$$\lim_{x \to 0} \frac{\sin ax}{ax} = 1 \quad (a \text{ 为非零常数})$$

同理

$$\lim_{x \to +\infty} \left(1 + \frac{1}{x+a}\right)^{x+a} = e$$

1.1.4　极限的应用

利用已经得到的成果，下面试着讨论概率论中会被用到的一个非常重要的结论。在此之前，这里稍微补充介绍关于多重积分的一些内容，接下来讨论的问题涉及多重积分。

设 $f(x,y)$ 是有界闭区域 D 上的有界函数。将闭区域 D 任意分成 n 个小闭区域 $\Delta\sigma_1$，$\Delta\sigma_2,\cdots,\Delta\sigma_n$，这里 $\Delta\sigma_i$ 表示第 i 个小闭区域，也表示它的面积。在每个 $\Delta\sigma_i$ 上任取一点 (ξ_i,η_i)，做乘积 $f(\xi_i,\eta_i)\Delta\sigma_i$，其中 $i=1,2,\cdots,n$，并做和

$$\sum_{i=1}^{n}f(\xi_i,\eta_i)\Delta\sigma_i$$

若当各小闭区域的直径中最大值 λ 趋近于零时，该和的极限总存在，则称此极限为函数 $f(x,y)$ 在闭区域 D 上的二重积分，记作如下形式

$$\iint\limits_{D}f(x,y)\mathrm{d}\sigma=\lim_{\lambda\to0}\sum_{i=1}^{n}f(\xi_i,\eta_i)\Delta\sigma_i$$

其中，$f(x,y)$ 叫做被积函数，$f(x,y)\mathrm{d}\sigma$ 叫做被积表达式，$\mathrm{d}\sigma$ 叫做面积元素，x 与 y 叫做积分变量，D 叫做积分区域。

二重积分定义中对闭区域 D 的划分是任意的，如果在直角坐标系中用平行于坐标轴的直线网格划分 D，那么除了包含边界点的一些小闭区域外(求和的极限时，这些小闭区域所对应的项和极限为零，因此这些小闭区域可以忽略不计)，其余的小闭区域都是矩形闭区域。设矩形闭区域 $\Delta\sigma_i$ 的边长为 Δx_j 和 Δy_k，则 $\Delta\sigma_i=\Delta x_j\cdot\Delta y_k$。因此，在直角坐标系中有时也把面积元素 $\mathrm{d}\sigma$ 记作 $\mathrm{d}x\mathrm{d}y$，而把二重积分记作如下形式

$$\iint\limits_{D}f(x,y)\mathrm{d}x\mathrm{d}y$$

其中，$\mathrm{d}x\mathrm{d}y$ 叫做直角坐标系中的面积元素。

二重积分的几何解释为：曲顶柱体的体积就是函数 $f(x,y)$ 在底 D 上的二重积分，其中 $f(x,y)$ 表示一个被划分出来的小柱体的高，而 $\mathrm{d}\sigma$ 即表示该小柱体的底面积。

在二重积分的基础上，很容易推广得到三重积分。设 $f(x,y,z)$ 是空间有界闭区域 Ω 上的有界函数。将 Ω 任意分成 n 个小闭区域 $\Delta v_1,\Delta v_2,\cdots,\Delta v_n$，其中 Δv_i 表示第 i 个小闭区域，也表示它的体积。在每个 Δv_i 上任取一点 (ξ_i,η_i,ζ_i)，做乘积 $f(\xi_i,\eta_i,\zeta_i)\Delta v_i$，$i=1,2,\cdots,n$，再做和

$$\sum_{i=1}^{n}f(\xi_i,\eta_i,\zeta_i)\Delta v_i$$

如果当各小闭区域的直径中最大值 λ 趋近于零时，该和的极限总存在，则称此极限为函数 $f(x,y,z)$ 在闭区域 Ω 上的三重积分，记作

$$\iiint\limits_{\Omega}f(x,y,z)\mathrm{d}v=\lim_{\lambda\to0}\sum_{i=1}^{n}f(\xi_i,\eta_i,\zeta_i)\Delta v_i$$

通常把 $\mathrm{d}v$ 叫做体积元素。与二重积分类似，对于直角坐标系，三重积分可以记作

$$\iiint\limits_{\Omega}f(x,y,z)\mathrm{d}x\mathrm{d}y\mathrm{d}z$$

其中，$\mathrm{d}x\mathrm{d}y\mathrm{d}z$ 叫做直角坐标系中的体积元素。

借助上述关于重积分的介绍，下面研究关于概率积分的一些内容。

例 1.6　计算如下二重积分，积分区域如图 1-3 所示。其中，D_1 是以 R 为半径的圆周在第一象限内的部分，D_2 是以

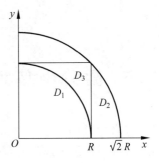

图 1-3　积分区域

$\sqrt{2}R$为半径的圆周在第一象限内的部分，D_3 是以 R 为边长的正方形。

$$I_1 = \iint\limits_{D_1} e^{-x^2-y^2} \mathrm{d}\sigma$$

$$I_2 = \iint\limits_{D_2} e^{-x^2-y^2} \mathrm{d}\sigma$$

$$I_3 = \iint\limits_{D_3} e^{-x^2-y^2} \mathrm{d}\sigma$$

试比较 I_1、I_2 与 I_3 的大小，并证明概率积分的值如下：

$$\int_0^{+\infty} e^{-x^2} \mathrm{d}x = \frac{\sqrt{\pi}}{2}$$

解　如果用极坐标形式描述 D_1：$0 \leqslant \theta \leqslant \pi/2, 0 \leqslant \rho \leqslant R$。因此，可以将积分 I_1 转化为极坐标下的累次积分。

$$I_1 = \int_0^{\frac{\pi}{2}} \mathrm{d}\theta \int_0^R e^{-\rho^2} \rho \mathrm{d}\rho = \frac{\pi}{2} \left(-\frac{1}{2} e^{-\rho^2} \right) \Big|_0^R = \frac{\pi}{4}(1 - e^{-R^2})$$

同理可得

$$I_2 = \frac{\pi}{4} \left[1 - e^{-(\sqrt{2}R)^2} \right] = \frac{\pi}{4}(1 - e^{-2R^2})$$

此外，$D_3 = \{(x,y) \mid 0 \leqslant x \leqslant R, 0 \leqslant y \leqslant R\}$，所以有

$$I_3 = \int_0^R \mathrm{d}x \int_0^R e^{-x^2-y^2} \mathrm{d}y = \int_0^R e^{-x^2} \mathrm{d}x \int_0^R e^{-y^2} \mathrm{d}y = \left(\int_0^R e^{-x^2} \mathrm{d}x \right)^2$$

从图 1-3 中分析可知，$I_1 < I_3 < I_2$，于是有

$$\frac{\pi}{4}(1 - e^{-R^2}) \leqslant \left(\int_0^R e^{-x^2} \mathrm{d}x \right)^2 \leqslant \frac{\pi}{4}(1 - e^{-2R^2})$$

当 $R \to +\infty$ 时，显然有

$$\frac{\pi}{4} \leqslant \left(\int_0^R e^{-x^2} \mathrm{d}x \right)^2 \leqslant \frac{\pi}{4}$$

于是由夹逼定理可知

$$\int_0^{+\infty} e^{-x^2} \mathrm{d}x = \frac{\sqrt{\pi}}{2}$$

定理得证。

此外，由于被积函数是偶函数，所以函数图形是关于 y 轴对称的，于是还可得到

$$\int_{-\infty}^{+\infty} e^{-x^2} \mathrm{d}x = \sqrt{\pi}$$

1.2　微分中值定理

通常所说的微分中值定理一般包括三个，分别是罗尔（Rolle）中值定理、拉格朗日（Lagrange）中值定理和柯西（Cauchy）中值定理。在这三个中值定理的基础之上，可以证明泰勒（Taylor）公式。泰勒公式一方面可以用来证明重要的欧拉（Euler）公式，另一方面在图

像处理中也常被用到。

1.2.1 罗尔中值定理

定理 若函数 $f(x)$ 满足条件：$f(x)$ 在闭区间 $[a,b]$ 上连续；$f(x)$ 在开区间 (a,b) 内可导；并且在区间端点处的函数值相等，即 $f(a)=f(b)$，则在 (a,b) 内至少存在一点 ξ，使得 $f'(\xi)=0$。

证明 因为 $f(x)$ 在 $[a,b]$ 上连续，所以有最大值和最小值，分别用 M 与 m 表示，分两种情况讨论。

(1) 若 $m=M$，则 $f(x)$ 在 $[a,b]$ 上必为常数，从而结论显然成立；

(2) 若 $m<M$，因 $f(a)=f(b)$，使得最大值 M 与最小值 m 不可能同时在端点处取得，即至少有一个在 (a,b) 内某点 ξ 处取得，从而 ξ 是 $f(x)$ 的极值点。因为 $f(x)$ 在 (a,b) 内处处可导，故由费马定理推知 $f'(\xi)=0$。

定理得证。

罗尔定理的几何解释：在每一点都可导的一段连续曲线上，如果曲线的两端点高度相等，则曲线上至少存在一点，由该点处引出的切线与 x 轴平行，如图 1-4 所示。

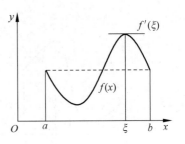

图 1-4 罗尔中值定理的几何解释

1.2.2 拉格朗日中值定理

定理 若函数 $f(x)$ 满足条件：$f(x)$ 在闭区间 $[a,b]$ 上连续；$f(x)$ 在开区间 (a,b) 内可导；则在 (a,b) 内至少存在一点 ξ，使得

$$f'(\xi)=\frac{f(b)-f(a)}{b-a}$$

证明 构造辅助函数

$$F(x)=f(x)-\frac{f(b)-f(a)}{b-a}x$$

显然 $F(x)$ 在闭区间 $[a,b]$ 上连续，在开区间 (a,b) 上可导。

将 $x=a,x=b$ 分别代入上述函数，可得

$$F(a)=f(a)-\frac{f(b)-f(a)}{b-a}a$$

$$F(b)=f(b)-\frac{f(b)-f(a)}{b-a}b$$

化简后可知 $F(a)=F(b)$。于是，$F(x)$ 满足罗尔中值定理的条件，则至少存在一点 $\xi\in(a,b)$，使得

$$F'(\xi)=f'(\xi)-\frac{f(b)-f(a)}{b-a}=0$$

因此，

$$f'(\xi)-\frac{f(b)-f(a)}{b-a}=0$$

可见至少存在一点 ξ，使得

$$f'(\xi) = \frac{f(b) - f(a)}{b - a}$$

定理得证。

设函数 $f(x)$ 在区间 $[a,b]$ 上符合拉格朗日中值定理的条件，x 为区间 $[a,b]$ 内一点，$x+\Delta x$ 为该区间内另外一点（$\Delta x > 0$ 或 $\Delta x < 0$），则根据拉格朗日中值定理，在区间 $[x,x+\Delta x]$（$\Delta x > 0$）或在区间 $[x+\Delta x,x]$（$\Delta x < 0$）上有

$$f(x + \Delta x) - f(x) = f'(x + \theta \Delta x) \cdot \Delta x, \quad 0 < \theta < 1$$

由于 $0 < \theta < 1$，所以 $x + \theta \Delta x$ 就是在 x 和 $x + \Delta x$ 之间的一个数。如果把 $f(x)$ 记作 y，则上式又可以记作

$$\Delta y = f'(x + \theta \Delta x) \cdot \Delta x, \quad 0 < \theta < 1$$

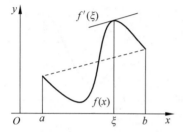

这个定理就称为有限增量定理，上式则被称为有限增量公式。

拉格朗日中值定理的几何解释是：在每一点都可导的一段连续曲线上，至少存在一点，由该点处引出的切线平行于曲线两端点的连线，如图 1-5 所示。拉格朗日中值定理显然是罗尔中值定理的推广，而罗尔中值定理则是拉格朗日中值定理的一个特例。

图 1-5　拉格朗日中值定理的几何解释

1.2.3　柯西中值定理

定理　设函数 $f(x)$ 与 $g(x)$ 满足条件：在闭区间 $[a,b]$ 上连续；在开区间 (a,b) 可导；对于任意 $x \in (a,b)$，$g'(x) \neq 0$，在 (a,b) 内至少存在一点 ξ，使得

$$\frac{f'(\xi)}{g'(\xi)} = \frac{f(b) - f(a)}{g(b) - g(a)}$$

证明　首先注意到 $g(b) - g(a) \neq 0$，因为 $g(b) - g(a) = g'(\eta)(b-a)$，这一点从拉格朗日中值定理可知，另外 $a < \eta < b$，即 $b - a \neq 0$，根据假定 $g'(\eta) \neq 0$，所以得出 $g(b) - g(a) \neq 0$。

如图 1-6 所示，设曲线由如下参数方程表示

$$\begin{cases} X = g(x) \\ Y = f(x) \end{cases}, \quad a \leqslant x \leqslant b$$

做有向线段 NM，并用函数 $\varphi(x)$ 表示向线段 NM 的值。点 M 的纵坐标为 $Y = f(x)$，点 N 的纵坐标为

$$Y = f(a) + \frac{f(b) - f(a)}{g(b) - g(a)}[g(x) - g(a)]$$

于是，

$$\varphi(x) = f(x) - f(a) - \frac{f(b) - f(a)}{g(b) - g(a)}[g(x) - g(a)]$$

容易验证，这个辅助函数 $\varphi(x)$ 符合罗尔中值定理的条件 $\varphi(a) = \varphi(b) = 0$；$\varphi(x)$ 在闭区间 $[a,b]$ 上连续，且在开区间 (a,b) 上可导。

$$\varphi'(x) = f'(x) - \frac{f(b) - f(a)}{g(b) - g(a)} g'(x)$$

根据罗尔中值定理,可知在(a,b)内必定有一点ξ,使得$\varphi'(\xi)=0$,即

$$f'(\xi) - \frac{f(b) - f(a)}{g(b) - g(a)} \cdot g'(\xi) = 0$$

由此得

$$\frac{f'(\xi)}{g'(\xi)} = \frac{f(b) - f(a)}{g(b) - g(a)}$$

定理得证。

在柯西中值定理中,若取$g(x)=x$时,则其结论形式与拉格朗日中值定理的结论形式相同。因此,拉格朗日中值定理是柯西中值定理的一个特例;反之,柯西中值定理可看作是拉格朗日中值定理的推广。

柯西中值定理的几何解释:满足定理条件的由$f(x)$与$g(x)$所确定的曲线上至少有一点,由该点处引出的切线,平行于两端点的连线,如图1-6所示。

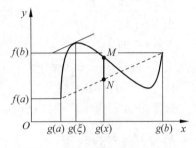

图 1-6　柯西中值定理的几何解释

1.2.4　泰勒公式

高等数学的研究对象是函数,有时一个复杂的函数求其在某一点时的函数值并不容易。例如,对于$f(x)=e^x$这个函数,当$x=0.1$时,其函数值显然是不容易求得的。这时应该比较容易想到去寻找一个简单的表达式近似等于e^x这样函数值,这样就可以近似求得其在某一点的函数值了。例如,当x比较小时可以用$1+x$近似表示e^x这个表达式,这样函数值也就很容易近似求得。

设x为函数$f(x)$在定义域上的一点,x_0为定义域上的另一点,$x_0 = x + \Delta x (\Delta x > 0$或$\Delta x < 0)$。函数$f(x)$在点$x_0$处可导时,$f(x)$在点$x_0$处也可微,其微分为$dy = f'(x_0)\Delta x$,而$dy$是增量$\Delta y$的近似表达式,当且仅当$\Delta x$趋近于零时,用$dy$近似替代$\Delta y$时所产生的误差也趋近于零。

$$\Delta y = f(x) - f(x_0) = f'(x_0)(x - x_0) + o(x - x_0)$$
$$\Delta y = f(x) - f(x_0) \approx dy = f'(x_0)(x - x_0)$$

即有$f(x) \approx f(x_0) + f'(x_0)(x - x_0)$,这样函数$f(x)$就被近似地表示成一个关于$x$的一次多项式,将这个关于$x$的一次多项式记作$P_1(x)$。显然,用$P_1(x)$近似表示$f(x)$存在两点不足:首先,这种表示的精度仍然不够高(它仅仅是比Δx高阶的一个无穷小);其次,这种方法难以具体估计误差的范围。

若干个单项式的和组成的式子叫做多项式。多项式中每个单项式叫做多项式的项,这些单项式中的最高次数,就是这个多项式的次数。多项式有许多优良性质,它是简单、平滑的连续函数,且处处可导。可以很容易想到通过提高多项式次数的方法提高函数近似表达式的精度。因此,现在问题就演化成要用一个多项式$P_n(x) = a_0 + a_1(x - x_0) + a_2(x - x_0)^2 + \cdots + a_n(x - x_0)^n$在$x_0$附近近似表示函数$f(x)$,而且要求提高精度,并且能够给出误差的表达式。

从前面的分析中可知，当 $\Delta x \rightarrow 0$，即 $x_0 \rightarrow x$ 时，$P_1(x)$ 就会趋近于 $f(x)$；而当 $x = x_0$ 时，二者就会相等，即有 $P_1(x_0) = f(x_0)$。换言之，用 $P_1(x)$ 表示 $f(x)$，而在 $x = x_0$ 这一点处，它们是相等的。而且可知在 $x = x_0$ 它们的导数也是相等的，即 $f'(x_0) = P_1'(x_0)$。因此，可以从"在 x_0 处 $f(x)$ 和 $P_n(x)$ 的各阶导数对应相等"这一条出发求解多项式的各个系数。

因此，首先设函数 $f(x)$ 在含有 x_0 的开区间 (a,b) 内具有 1 至 $n+1$ 阶导数，且 $f^{(k)}(x_0) = P_n^{(k)}(x_0)$，$k = 0,1,2,\cdots,n$。其中

当 $k=0$ 时，$\qquad\qquad f(x_0) = P_n(x_0) = a_0$

当 $k=1$ 时，$\qquad\qquad f'(x_0) = P_n'(x_0) = 1 \cdot a_1$

当 $k=2$ 时，$\qquad\qquad f''(x_0) = P_n''(x_0) = 2! \cdot a_2$

当 $k=3$ 时，$\qquad\qquad f^{(3)}(x_0) = P_n^{(3)}(x_0) = 3! \cdot a_3$

以此类推，可得 $f^{(n)}(x_0) = P_n^{(n)}(x_0) = n! \cdot a_n$。进而可得 $a_0 = f(x_0)$，$a_1 = f'(x_0)$，$a_2 = (1/2!) \cdot f^{(2)}(x_0)$，$a_3 = (1/3!) \cdot f^{(3)}(x_0)$，$\cdots$，$a_n = (1/n!) \cdot f^{(n)}(x_0)$。

这样，$P_n(x)$ 这个多项式就构造成功了，即有

$$P_n(x) = f(x_0) + f'(x_0)(x - x_0) + \frac{f''(x_0)}{2!}(x - x_0)^2 + \cdots + \frac{f^{(n)}(x_0)}{n!}(x - x_0)^n$$

注意，$P_n(x)$ 是近似逼近 $f(x)$，而非完全等于 $f(x)$，所以 $f(x)$ 应该等于 $P_n(x)$ 再加上一个余项，这也就得到了泰勒公式（泰勒公式也称为泰勒中值定理），现将其描述如下：

设函数 $f(x)$ 在包含点 x_0 的开区间 (a,b) 内具有 $n+1$ 阶导数，则当 $x \in (a,b)$ 时，有 $f(x)$ 的 n 阶泰勒公式为

$$f(x) = f(x_0) + f'(x_0)(x - x_0) + \frac{f''(x_0)}{2!}(x - x_0)^2$$
$$+ \cdots + \frac{f^{(n)}(x_0)}{n!}(x - x_0)^n + R_n(x)$$

其中

$$R_n(x) = \frac{f^{(n+1)}(\xi)}{(n+1)!}(x - x_0)^{n+1}$$

被称作是拉格朗日余项，ξ 在 x 与 x_0 之间。在不需要余项的精确表达式时，$R_n(x)$ 可以记作 $o[(x - x_0)^n]$，其被称作是皮亚诺余项。

证明　对于任意 $x \in (a,b)$，$x \neq x_0$，以 x_0 与 x 为端点的区间 $[x, x_0]$ 或者 $[x_0, x]$，记为 I，$I \subset (a,b)$。构造一个函数 $R_n(t) = f(t) - P_n(t)$，$R_n(t)$ 在 I 上具有 1 至 $n+1$ 阶导数，通过计算可知

$$R_n(x_0) = R_n'(x_0) = R_n''(x_0) = \cdots = R_n^{(n)}(x_0) = 0$$

又因为 $P_n^{(n+1)}(t) = 0$，所以 $R_n^{(n+1)}(t) = f^{(n+1)}(t)$。

再构造一个函数 $q(t) = (t - x_0)^{n+1}$，$q(t)$ 在 I 上具有 1 至 $n+1$ 阶的非零导数，通过计算可知

$$q(x_0) = q'(x_0) = q''(x_0) = \cdots = q^{(n)}(x_0) = 0$$
$$q^{(n+1)}(t) = (n+1)!$$

于是，对函数 $R_n(t)$ 和 $q(t)$ 在 I 上反复使用 $n+1$ 次柯西中值定理，则有

$$\frac{R_n(x)}{q(x)} = \frac{R_n(x) - R_n(x_0)}{q(x) - q(x_0)} = \frac{R_n'(\xi_1)}{q'(\xi_1)}, \quad \xi_1 \text{ 在 } x_0 \text{ 和 } x \text{ 之间}$$

$$\frac{R_n'(\xi_1)}{q'(\xi_1)} = \frac{R_n'(\xi_1) - R_n'(x_0)}{q'(\xi_1) - q'(x_0)} = \frac{R_n''(\xi_2)}{q''(\xi_2)}, \quad \xi_2 \text{ 在 } x_0 \text{ 和 } \xi_1 \text{ 之间}$$

$$\frac{R_n''(\xi_2)}{q''(\xi_2)} = \frac{R_n''(\xi_2) - R_n''(x_0)}{q''(\xi_2) - q''(x_0)} = \frac{R_n^{(3)}(\xi_3)}{q^{(3)}(\xi_3)}, \quad \xi_3 \text{ 在 } x_0 \text{ 和 } \xi_2 \text{ 之间}$$

$$\vdots$$

$$\frac{R_n^{(n)}(\xi_n)}{q^{(n)}(\xi_n)} = \frac{R_n^{(n)}(\xi_n) - R_n^{(n)}(x_0)}{q^{(n)}(\xi_n) - q^{(n)}(x_0)} = \frac{R_n^{(n+1)}(\xi_{n+1})}{q^{(n+1)}(\xi_{n+1})}, \quad \xi_{n+1} \text{ 在 } x_0 \text{ 和 } \xi_n \text{ 之间}$$

即有

$$\frac{R_n(x)}{q(x)} = \frac{R_n^{(n+1)}(\xi_{n+1})}{q^{(n+1)}(\xi_{n+1})} = \frac{f^{(n+1)}(\xi_{n+1})}{(n+1)!}$$

记 $\xi = \xi_{n+1}$, ξ 在 x 和 x_0 之间,则有

$$R_n(x) = \frac{f^{(n+1)}(\xi)}{(n+1)!} \cdot q(x) = \frac{f^{(n+1)}(\xi)}{(n+1)!}(x - x_0)^{n+1}$$

定理得证。

$P_n(x)$ 多项式可以在点 x_0 处近似逼近函数 $f(x)$,因此要加一个余项 $R_n(x)$,或者可以说 $f(t) \approx P_n(x)$。那么,在什么样的情况下(如果不追加一个余项),$P_n(x)$ 可以等于 $f(x)$ 呢?一方面可以想到,当 $n \to +\infty$ 时,二者就是相等的,即有(这也就是用极限形式表示的泰勒公式)

$$f(x) = \sum_{k=0}^{+\infty} \frac{f^{(k)}(x_0)}{k!}(x - x_0)^k$$

另一方面,如果当函数 $f(t)$ 的形式本来就是一个多项式时,二者也是相等的。例如,已知二项式展开为

$$(a + b)^n = \sum_{k=0}^{n} C_n^k a^{n-k} b^k$$

其为初等数学的精华。中国古代数学家用一个三角形形象地表示二项式展开式的各个系数,这被称为杨辉三角(或贾宪三角),在西方则称为帕斯卡三角,它是二项式系数在三角形中的一种几何排列。

令 $a = x_0$, $b = x - x_0$,则上式可以表示为

$$x^n = \sum_{k=0}^{n} C_n^k x_0^{n-k}(x - x_0)^k$$

由此惊讶地发现,上式竟然是 $f(x) = x^n$ 的泰勒展开式。幂函数是微积分中最简单、最基本的函数类型,而泰勒公式的实质在于用幂函数组合生成多项式逼近一般函数。初等数学中的二项式展开实际上是高等数学中的泰勒公式的原型。

在数学史上有很多公式都是欧拉发现的,它们都叫做欧拉公式,分散在各个数学分支中。最著名的有复变函数中的欧拉辐角公式——将复数、指数函数与三角函数联系起来;拓扑学中的欧拉多面体公式;初等数论中的欧拉函数公式等。其中,在复变函数领域的欧拉公式为:对于任意实数 φ,存在

$$e^{j\varphi} = \cos\varphi + j\sin\varphi$$

其中,当 $\varphi = \pi$ 时,欧拉公式的特殊形式为

$$e^{j\pi} + 1 = 0$$

图 1-7 为在复平面上对欧拉公式几何意义进行的图形化表示。

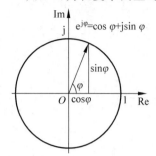

在正式运用泰勒公式证明欧拉公式之前，先来看看泰勒公式的一种简化形式。在泰勒公式中，如果取 $x_0 = 0$，记 $\xi = \theta x (0 < \theta < 1)$，则得到麦克劳林公式如下

$$f(x) = f(0) + f'(0)x + \frac{f''(0)}{2!}x^2 + \cdots + \frac{f^{(n)}(0)}{n!}x^n$$

$$+ \frac{f^{(n+1)}(\theta x)}{(n+1)!}x^{n+1}$$

图 1-7　欧拉公式的图形表示

例如，可以将函数 e^x 用麦克劳林公式展开，则

$$e^x = 1 + x + \frac{x^2}{2!} + \cdots + \frac{x^n}{n!} + R_n(x), \quad R_n(x) = \frac{e^{\theta x}}{(n+1)!}x^{n+1}, \quad 0 < \theta < 1$$

当 $x = 1$ 时，就得到了此前已经推导过的纳皮尔常数 e 的级数表示形式。

下面由麦克劳林公式出发，证明欧拉公式。首先，由麦克劳林公式展开得

$$\cos\varphi = 1 - \frac{\varphi^2}{2!} + \frac{\varphi^4}{4!} - \frac{\varphi^6}{6!} + \cdots$$

$$\sin\varphi = \varphi - \frac{\varphi^3}{3!} + \frac{\varphi^5}{5!} - \frac{\varphi^7}{7!} + \cdots$$

在 e^x 的展开式中，把 x 换成 $j\varphi$，代入可得

$$e^{j\varphi} = 1 + j\varphi + \frac{(j\varphi)^2}{2!} + \frac{(j\varphi)^3}{3!} + \frac{(j\varphi)^4}{4!} + \frac{(j\varphi)^5}{5!} + \frac{(j\varphi)^6}{6!} + \frac{(j\varphi)^7}{7!} + \cdots$$

$$= 1 + j\varphi - \frac{\varphi^2}{2!} - \frac{j\varphi^3}{3!} + \frac{\varphi^4}{4!} + \frac{j\varphi^5}{5!} - \frac{\varphi^6}{6!} - \frac{j\varphi^7}{7!} + \cdots$$

$$= \left(1 - \frac{\varphi^2}{2!} + \frac{\varphi^4}{4!} - \frac{\varphi^6}{6!} + \cdots\right) + j\left(\varphi - \frac{\varphi^3}{3!} + \frac{\varphi^5}{5!} - \frac{\varphi^7}{7!} + \cdots\right)$$

$$= \cos\varphi \pm j\sin\varphi$$

定理得证。

泰勒逼近存在严重的缺陷。它的条件很苛刻，要求 $f(x)$ 足够光滑并提供出它在点 x_0 处的各阶导数值；此外，泰勒逼近的整体效果较差，它仅能保证在展开点 x_0 的某个邻域内——即某个局部范围内有效。泰勒展开式对函数 $f(x)$ 的逼近仅能够保证在 x_0 附近有效，而且只有当展开式的长度不断变长时，这个邻域的范围才会随之变大。

斗转星移，百年之后的 19 世纪初，傅里叶指出："任何函数，无论怎样复杂，都可以表示为三角级数的形式。"对于这一观点，后续还将进一步讨论。

$$f(x) \sim \frac{a_0}{2} + \sum_{k=1}^{+\infty}(a_k\cos kx + b_k\sin kx), \quad -\pi < x < \pi$$

傅里叶在《热的解析理论》（1822 年）这部数学经典文献中，肯定了现今被称为傅里叶分析的重要数学方法。

傅里叶的成就使人们从解析函数或强光滑的函数中解放了出来。傅里叶分析法不仅放宽了光滑性的限制，还可以保证整体的逼近效果。

从数学美的角度看，傅里叶逼近也比泰勒逼近更加优美，其基函数系（三角函数系）是一个完备的正交函数集。尤其值得注意的是，这个函数系可以看作是由一个函数 $\cos x$ 经过简

单的伸缩平移变换加工生成的。傅里叶逼近表明，在某种意义上，任何复杂函数都可以用一个简单函数 $\cos x$ 刻画。这是一个惊人的事实。被逼近函数的"繁"与逼近工具 $\cos x$ 的"简"两者反差很大，因此傅里叶逼近很优美。

1.2.5　黑塞矩阵与多元函数极值

回想一下以前是如何处理一元函数求极值问题的。例如，函数 $f(x)=x^2$，通常先求一阶导数，即 $f'(x)=2x$，根据费马定理，极值点处的一阶导数一定等于 0。但这仅仅是一个必要条件，而非充分条件。对于 $f(x)=x^2$，函数的确在一阶导数为零的点取得了极值，但是对于 $f(x)=x^3$，显然只检查一阶导数是不足以下定论的。

这时需要再求一次导，如果二阶导数 $f''(x)<0$，那么说明函数在该点取得局部极大值；如果二阶导数 $f''(x)>0$，则说明函数在该点取得局部极小值；如果 $f''(x)=0$，则结果仍然是不确定的，就不得不通过其他方式确定函数的极值性。

在多元函数中求极值点的方法与此类似。作为一个示例，不妨用一个三元函数 $f=f(x,y,z)$ 作为示例。首先，对函数中的每个变量分别求偏导数，这时可知该函数的极值点可能出现在哪里，即

$$\frac{\partial f}{\partial x}=0, \quad \frac{\partial f}{\partial y}=0, \quad \frac{\partial f}{\partial z}=0$$

接下来，要继续求二阶导数，此时包含混合偏导数的情况一共有 9 个，如果用矩阵形式表示，则得到

$$\boldsymbol{H}=\begin{bmatrix} \dfrac{\partial^2 f}{\partial x\partial x} & \dfrac{\partial^2 f}{\partial x\partial y} & \dfrac{\partial^2 f}{\partial x\partial z} \\[2ex] \dfrac{\partial^2 f}{\partial y\partial x} & \dfrac{\partial^2 f}{\partial y\partial y} & \dfrac{\partial^2 f}{\partial y\partial z} \\[2ex] \dfrac{\partial^2 f}{\partial z\partial x} & \dfrac{\partial^2 f}{\partial z\partial y} & \dfrac{\partial^2 f}{\partial z\partial z} \end{bmatrix}$$

这个矩阵就称为黑塞（Hessian）矩阵。当然上面所给出的仅仅是一个三阶的黑塞矩阵。稍作扩展，可以对一个在定义域内二阶连续可导的实值多元函数 $f(x_1,x_2,\cdots,x_n)$ 定义其黑塞矩阵 $\boldsymbol{H}$ 如下

$$\boldsymbol{H}=\begin{bmatrix} \dfrac{\partial^2 f}{\partial x_1^2} & \dfrac{\partial^2 f}{\partial x_1\partial x_2} & \cdots & \dfrac{\partial^2 f}{\partial x_1\partial x_n} \\[2ex] \dfrac{\partial^2 f}{\partial x_2\partial x_1} & \dfrac{\partial^2 f}{\partial x_2^2} & \cdots & \dfrac{\partial^2 f}{\partial x_2\partial x_n} \\[1ex] \vdots & \vdots & \ddots & \vdots \\[1ex] \dfrac{\partial^2 f}{\partial x_n\partial x_1} & \dfrac{\partial^2 f}{\partial x_n\partial x_2} & \cdots & \dfrac{\partial^2 f}{\partial x_n^2} \end{bmatrix}$$

当一元函数的二阶导数等于零时，并不能确定函数在该点的极值性。类似地，面对黑塞矩阵，仍然存在无法断定多元函数极值性的情况，即当黑塞矩阵的行列式为零时，无法确定函数是否能取得极值。甚至可能会得到一个鞍点，也就是一个既非极大值也非极小值的点，如图 1-8 所示。

基于黑塞矩阵，可以判断多元函数的极值情况，结论如下：

(1) 如果是正定矩阵，则临界点处是一个局部极小值；

(2) 如果是负定矩阵，则临界点处是一个局部极大值；

(3) 如果是不定矩阵，则临界点处不是极值。

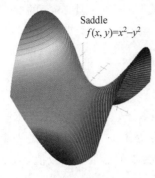

Saddle
$f(x,y)=x^2-y^2$

图 1-8　鞍点

如何判断一个矩阵是否是正定的，负定的，还是不定的呢？一个最常用的方法就是借助其顺序主子式。实对称矩阵为正定矩阵的充要条件是各顺序主子式都大于零。当然这个判定方法的计算量比较大。对于实二次型矩阵还有一个判定方法：实二次型矩阵为正定二次型的充要条件是矩阵的特征值全大于零。为负定二次型的充要条件是矩阵的特征值全小于零，否则是不定的。

如果对二次型的概念仍然不很熟悉，这里也稍作补充。定义含有 n 个变量 $x_1, x_2, \cdots, x_n$ 的二次齐次函数为 $f(x_1, x_2, \cdots, x_n) = a_{11}x_1^2 + a_{22}x_2^2 + \cdots + a_{nn}x_n^2 + 2a_{12}x_1x_2 + 2a_{13}x_1x_3 + \cdots + 2a_{n-1,n}x_{n-1}x_n$ 为二次型。取 $a_{ij} = a_{ji}$，则 $a_{ij}x_ix_j = a_{ji}x_jx_i$，于是上式可以写成

$$
\begin{aligned}
f = &\, a_{11}x_1^2 + a_{12}x_1x_2 + \cdots + a_{1n}x_1x_n \\
&+ a_{21}x_2x_1 + a_{22}x_2^2 + \cdots + a_{2n}x_2x_n \\
&+ \cdots + a_{n1}x_nx_1 + a_{n2}x_nx_2 + \cdots + a_{nn}x_n^2 \\
= &\sum_{i,j=1}^{n} a_{ij}x_ix_j
\end{aligned}
$$

更进一步，如果用矩阵对上式进行改写，则有

$$
\begin{aligned}
f = &\, x_1(a_{11}x_1 + a_{12}x_2 + \cdots + a_{1n}x_n) \\
&+ x_2(a_{21}x_1 + a_{22}x_2 + \cdots + a_{2n}x_n) \\
&+ \cdots + x_n(a_{n1}x_1 + a_{n2}x_2 + \cdots + a_{nn}x_n) \\
= &(x_1, x_2, \cdots, x_n)
\begin{bmatrix}
a_{11}x_1 + a_{12}x_2 + \cdots + a_{1n}x_n \\
a_{21}x_1 + a_{22}x_2 + \cdots + a_{2n}x_n \\
\vdots \\
a_{n1}x_1 + a_{n2}x_2 + \cdots + a_{nn}x_n
\end{bmatrix} \\
= &(x_1, x_2, \cdots, x_n)
\begin{bmatrix}
a_{11} & a_{12} & \cdots & a_{1n} \\
a_{21} & a_{22} & \cdots & a_{2n} \\
\vdots & \vdots & \ddots & \vdots \\
a_{n1} & a_{n2} & \cdots & a_{nn}
\end{bmatrix}
\begin{bmatrix}
x_1 \\
x_2 \\
\vdots \\
x_n
\end{bmatrix}
\end{aligned}
$$

记

$$
\boldsymbol{A} =
\begin{bmatrix}
a_{11} & a_{12} & \cdots & a_{1n} \\
a_{21} & a_{22} & \cdots & a_{2n} \\
\vdots & \vdots & \ddots & \vdots \\
a_{n1} & a_{n2} & \cdots & a_{nn}
\end{bmatrix}, \quad
\boldsymbol{x} =
\begin{bmatrix}
x_1 \\
x_2 \\
\vdots \\
x_n
\end{bmatrix}
$$

则二次型可记作 $f = \boldsymbol{x}^{\mathrm{T}}\boldsymbol{A}\boldsymbol{x}$。其中，$\boldsymbol{A}$ 为对称阵。

设有二次型 $f = \boldsymbol{x}^{\mathrm{T}}\boldsymbol{A}\boldsymbol{x}$，如果对任何 $\boldsymbol{x} \neq \boldsymbol{0}$，都有 $f > 0$，则称 f 为正定二次型，并称对称矩

阵 A 是正定的；如果对任何 $x \neq 0$，都有 $f < 0$，则称 f 为负定二次型，并称对称矩阵 A 是负定的。

正定矩阵一定是非奇异的。对称矩阵 A 为正定的充分必要条件是 A 的特征值全为正。由此还可得到下面这个推论。

对阵矩阵 A 为正定的充分必要条件是 A 的各阶主子式都为正。如果将正定矩阵的条件由 $x^{\mathrm{T}}Ax > 0$ 弱化为 $x^{\mathrm{T}}Ax \geqslant 0$，则称对称矩阵 A 是半正定的。

现在把上一小节给出的一元函数泰勒公式稍微推广一下，从而给出二元函数的泰勒公式。设二元函数 $z = f(x, y)$ 在点 (x_0, y_0) 的某一邻域内连续且有直到 $n+1$ 阶的连续偏导数，则有

$$
\begin{aligned}
f(x, y) &= (x_0, y_0) + \left[(x - x_0) \frac{\partial}{\partial x} + (y - y_0) \frac{\partial}{\partial y} \right] f(x_0, y_0) \\
&+ \frac{1}{2!} \left[(x - x_0) \frac{\partial}{\partial x} + (y - y_0) \frac{\partial}{\partial y} \right]^2 f(x_0, y_0) \\
&+ \cdots + \frac{1}{n!} \left[(x - x_0) \frac{\partial}{\partial x} + (y - y_0) \frac{\partial}{\partial y} \right]^n f(x_0, y_0) \\
&+ \frac{1}{(n+1)!} \left[(x - x_0) \frac{\partial}{\partial x} + (y - y_0) \frac{\partial}{\partial y} \right]^{n+1} f[x_0 + \theta(x - x_0), y_0 + \theta(y - y_0)]
\end{aligned}
$$

其中，$0 < \theta < 1$，记号

$$
\left[(x - x_0) \frac{\partial}{\partial x} + (y - y_0) \frac{\partial}{\partial y} \right] f(x_0, y_0)
$$

表示

$$
(x - x_0) f_x(x_0, y_0) + (y - y_0) f_y(x_0, y_0)
$$

记号

$$
\left[(x - x_0) \frac{\partial}{\partial x} + (y - y_0) \frac{\partial}{\partial y} \right]^2 f(x_0, y_0)
$$

表示

$$
(x - x_0)^2 f_{xx}(x_0, y_0) + 2(x - x_0)(y - y_0) f_{xy}(x_0, y_0) + (y - y_0)^2 f_{yy}(x_0, y_0)
$$

一般地，

$$
\left[(x - x_0) \frac{\partial}{\partial x} + (y - y_0) \frac{\partial}{\partial y} \right]^m f(x_0, y_0)
$$

表示

$$
\sum_{p=0}^{m} \mathrm{C}_m^p (x - x_0)^p (y - y_0)^{m-p} \frac{\partial^m f}{\partial x^p \partial y^{m-p}} \Bigg|_{(x_0, y_0)}
$$

当然，可以用一种更加简洁的形式重写上面的和式，则有

$$
\begin{aligned}
f(x, y) &= \sum_{k=0}^{n} \frac{1}{k!} \left[(x - x_0) \frac{\partial}{\partial x} + (y - y_0) \frac{\partial}{\partial y} \right]^k f(x_0, y_0) \\
&+ \frac{1}{(n+1)!} \left[(x - x_0) \frac{\partial}{\partial x} + (y - y_0) \frac{\partial}{\partial y} \right]^{n+1} f[x_0 + \theta(x - x_0), y_0 + \theta(y - y_0)]
\end{aligned}
$$

其中，$0 < \theta < 1$。

当余项 $R_n(x, y)$ 采用上面这种形式时称为拉格朗日余项，如果采用皮亚诺余项，则二元函数的泰勒公式可以写成

$$f(x,y) = \sum_{k=0}^{n} \frac{1}{k!}\left[(x-x_0)\frac{\partial}{\partial x} + (y-y_0)\frac{\partial}{\partial y}\right]^k f(x_0,y_0) + o(\rho^n)$$

特别地，对于一个多维向量 x，以及在点 x_0 的邻域内有连续二阶偏导数的多元函数 $f(x)$，可以写出该函数在点 x_0 处的（二阶）泰勒展开式为

$$f(x) = f(x_0) + (x-x_0)^{\mathrm{T}} \nabla f(x_0) + \frac{1}{2!}(x-x_0)^{\mathrm{T}} \nabla^2 f(x_0)(x-x_0)$$
$$+ o(\|x-x_0\|^2)$$

其中，$o(\|x-x_0\|^2)$ 是高阶无穷小表示的皮亚诺余项，而 $\nabla^2 f(x_0)$ 显然是一个黑塞矩阵。所以上述式子也可以写成

$$f(x) = f(x_0) + (x-x_0)^{\mathrm{T}} \nabla f(x_0) + \frac{1}{2!}(x-x_0)^{\mathrm{T}} H(x_0)(x-x_0)$$
$$+ o(\|x-x_0\|^2)$$

已知 n 元函数 $u = f(x_1, x_2, \cdots, x_n)$ 在点 M 处有极值，则有

$$\nabla f(M) = \left\{\frac{\partial f}{\partial x_1}, \frac{\partial f}{\partial x_2}, \cdots, \frac{\partial f}{\partial x_n}\right\}_M = 0$$

也就是说这是一个必要条件，而充分条件则在本节前面已经给出。

1.3   向量代数与场论

本书将重点介绍梯度、散度和旋度这三个概念，以及格林公式、高斯公式和斯托克斯公式这三个重要的定理。这些概念都是紧密相连、层层递进的。为了更好地理解它们，也有必要补充一些内容，这些知识要么是在后续定理的证明过程中发挥重要作用（如牛顿-莱布尼茨公式），要么就是与定理的表述密不可分（如内积和外积的概念）。需要说明的是，这部分给出的积分是经典的黎曼积分，随着后续学习的深入，在第 3 章中，本书还会讨论勒贝格积分的有关内容。

1.3.1   牛顿-莱布尼茨公式

牛顿-莱布尼茨公式又被称为微积分的基本定理，可见其重要性。为了理解这个定理，有必要对一些基本内容进行简要介绍。首先，设函数 $f(x)$ 在 $[a,b]$ 上有界，在 $[a,b]$ 中任意插入若干分点，即

$$a = x_0 < x_1 < x_2 \cdots < x_{n-1} < x_n = b$$

把区间 $[a,b]$ 分成 n 个小区间为

$$[x_0,x_1], [x_1,x_2], \cdots, [x_{n-1},x_n]$$

各个小区间的长度依次为

$$\Delta x_1 = x_1 - x_0, \quad \Delta x_2 = x_2 - x_1, \quad \cdots, \quad \Delta x_n = x_n - x_{n-1}$$

然后，在每个小区间 $[x_{i-1}, x_i]$ 上取任一点 $\xi_i (x_{i-1} \leqslant \xi_i \leqslant x_i)$，做函数值 $f(\xi_i)$ 与小区间长度 Δx_i 的乘积 $f(\xi_i)\Delta x_i (i=1,2,\cdots,n)$，并做出和

$$S = \sum_{i=1}^{n} f(\xi_i) \Delta x_i$$

记 $\lambda = \max\{\Delta x_1, \Delta x_2, \cdots, \Delta x_n\}$，若无论对 $[a,b]$ 怎样划分，在小区间 $[x_{i-1}, x_i]$ 上点 ξ_i 怎样选取，只要当 λ 趋近于零时，和 S 总趋近于确定的极限 I，那么称这个极限 I 为函数 $f(x)$ 在 $[a,b]$ 上的定积分（简称积分），记作

$$\int_a^b f(x) \mathrm{d}x = I = \lim_{\lambda \to 0} \sum_{i=1}^{n} f(\xi_i) \Delta x_i$$

其中，$f(x)$ 叫做被积函数，$f(x)\mathrm{d}x$ 叫做被积表达式，x 叫做积分变量，a 叫做积分下限，b 叫做积分上限，$[a,b]$ 叫做积分区间。

如果 $f(x)$ 在 $[a,b]$ 上的定积分存在，那么就说 $f(x)$ 在 $[a,b]$ 上可积。可以通过如下两个定理判定函数是否可积。

定理 1　设 $f(x)$ 在区间 $[a,b]$ 上连续，则 $f(x)$ 在 $[a,b]$ 上可积。

定理 2　设 $f(x)$ 在区间 $[a,b]$ 上有界，且只有有限个间断点，则 $f(x)$ 在 $[a,b]$ 上可积。

利用 $\varepsilon\delta$ 的数学语言，上述定积分的定义可以表述为：设有常数 I，如果对于任意给定的正数 ε，总存在一个正数 δ，使得对于区间 $[a,b]$ 的任何分法，无论 ξ_i 在小区间 $[x_{i-1}, x_i]$ 中怎样选取，只要 $\lambda < \delta$，总有

$$\left| \sum_{i=1}^{n} f(\xi_i) \Delta x_i - I \right| < \varepsilon$$

成立，则称 I 为函数 $f(x)$ 在 $[a,b]$ 上的定积分，记作 $\int_a^b f(x)\mathrm{d}x$。

定积分有许多重要的性质，这里无法一一罗列，仅介绍后续推导中将用到的几个。例如，如果在区间 $[a,b]$ 上，$f(x) \geqslant 0$，则

$$\int_a^b f(x)\mathrm{d}x \geqslant 0, \quad a < b$$

对于该性质，从定积分的几何意义上就能看出。定积分表示的是函数 $f(x)$ 的曲线与 $x=a$，$x=b$ 和 $y=0$ 所围成的区域的面积。显然，若函数 $f(x)$ 在区间 $[a,b]$ 上的值都大于 0 就表示其曲线都位于横轴的上方，所以这时围成的面积自然也就大于 0。

根据上述性质，还可以得出一个推论。

如果在区间 $[a,b]$ 上，$f(x) \leqslant g(x)$，则

$$\int_a^b f(x)\mathrm{d}x \leqslant \int_a^b g(x)\mathrm{d}x, \quad a < b$$

对此的解释就是，如果函数 $g(x)$ 的曲线始终位于函数 $f(x)$ 曲线的上方，那么由前者所围出的面积自然会大于后者。注意，这里的面积是有正负号的，即若两条曲线都位于横轴的下方，那么此时的情况是 $f(x)$ 曲线围成的面积的绝对值大于 $g(x)$ 所围出的面积的绝对值，但是由于二者原本就都是负数，所以仍然有 $f(x)$ 的定积分小于 $g(x)$ 的定积分。

据此又可以推导关于定积分的另外一条重要性质。

设 M 及 m 分别是函数 $f(x)$ 在区间 $[a,b]$ 上的最大值和最小值，则

$$m(b-a) \leqslant \int_a^b f(x)\mathrm{d}x \leqslant M(b-a), \quad a < b$$

证明　因为 $m \leqslant f(x) \leqslant M$，所以由刚才给出的性质可得

$$\int_a^b m\,\mathrm{d}x \leqslant \int_a^b f(x)\mathrm{d}x \leqslant \int_a^b M\,\mathrm{d}x$$

由于 M 和 m 都是常数，则

$$m\int_a^b 1\,\mathrm{d}x \leqslant \int_a^b f(x)\mathrm{d}x \leqslant M\int_a^b 1\,\mathrm{d}x$$

即

$$m(b-a) \leqslant \int_a^b f(x)\mathrm{d}x \leqslant M(b-a)$$

得证。

在此基础上给出定积分中值定理：如果函数 $f(x)$ 在积分区间 $[a,b]$ 上连续，则在 $[a,b]$ 上至少存在一个点 ξ，使得下式成立

$$\int_a^b f(x)\mathrm{d}x = f(\xi)(b-a), \quad a \leqslant \xi \leqslant b$$

证明 把前一条性质中的不等式各除以 $b-a$，得

$$m \leqslant \frac{1}{b-a}\int_a^b f(x)\mathrm{d}x \leqslant M$$

这表明确定的数值

$$\frac{1}{b-a}\int_a^b f(x)\mathrm{d}x$$

介于函数 $f(x)$ 的最小值 m 与最大值 M 之间。根据闭区间上连续函数的介值定理，在 $[a,b]$ 上至少存在一点 ξ，使得函数 $f(x)$ 在点 ξ 处的值与这个确定的数值相等，即应有

$$\frac{1}{b-a}\int_a^b f(x)\mathrm{d}x = f(\xi), \quad a \leqslant \xi \leqslant b$$

等式两端各乘以 $b-a$，即得所要证明的等式，则原结论得证。

显然积分中值公式为

$$\int_a^b f(x)\mathrm{d}x = f(\xi)(b-a), \quad \xi 介于 a,b 之间$$

无论当 $a<b$ 或 $a>b$ 时都是成立的。

积分中值公式的几何意义：在区间 $[a,b]$ 上至少存在一点 ξ，使得以 $[a,b]$ 为底边，以曲线 $y=f(x)$ 为曲边的梯形的面积等于同一底边而高为 $f(\xi)$ 的一个矩形的面积。

设函数 $f(x)$ 在区间 $[a,b]$ 上连续，并且 x 为 $[a,b]$ 上的一点，那么 $f(x)$ 在部分区间 $[a,x]$ 上的定积分就为 $\int_a^x f(x)\mathrm{d}x$。显然，由于 $f(x)$ 在区间 $[a,x]$ 上依旧连续，所以这个定积分是存在的。此处 x 既表示定积分的上限，又表示积分变量。而且定积分与积分变量的记法无关，所以为了明确起见，可以把积分变量改成其他的符号，例如

$$\int_a^x f(t)\mathrm{d}t$$

如果上限 x 在区间 $[a,b]$ 上任意变动，则对于每一个确定的 x 值，定积分都有一个对应值，所以它是在 $[a,b]$ 上定义的一个函数，记作

$$\Phi(x) = \int_a^x f(t)\mathrm{d}t, \quad a \leqslant x \leqslant b$$

这就是积分上限函数，它具有如下定理所指出的重要性质。

定理 3　如果函数 $f(x)$ 在区间 $[a,b]$ 上连续，则积分上限函数 $\Phi(x)=\int_a^x f(t)\mathrm{d}t$ 在 $[a,b]$ 上可导，并且它的导数

$$\Phi'(x)=\frac{\mathrm{d}}{\mathrm{d}x}\int_a^x f(t)\mathrm{d}t=f(x),\quad a\leqslant x\leqslant b$$

证明　如果设 $x\in(a,b)$，设 x 获得增量 Δx，其绝对值足够小，使得 $x+\Delta x\in(a,b)$，则 $\Phi(x)$ 在 $x+\Delta x$ 处的函数值为

$$\Phi(x+\Delta x)=\int_a^{x+\Delta x}f(t)\mathrm{d}t$$

由此得函数的增量

$$\Delta\Phi=\Phi(x+\Delta x)-\Phi(x)=\int_a^{x+\Delta x}f(t)\mathrm{d}t-\int_a^x f(t)\mathrm{d}t$$

$$=\int_a^x f(t)\mathrm{d}t+\int_x^{x+\Delta x}f(t)\mathrm{d}t-\int_a^x f(t)\mathrm{d}t=\int_x^{x+\Delta x}f(t)\mathrm{d}t$$

再应用前面讲过的积分中值定理，即有等式

$$\Delta\Phi=f(\xi)\Delta x$$

这里，ξ 位于 x 和 $x+\Delta x$ 之间。把上式两端各除以 Δx，得函数增量与自变量增量的比值

$$\frac{\Delta\Phi}{\Delta x}=f(\xi)$$

由于假设 $f(x)$ 在区间 $[a,b]$ 上是连续的，而当 $\Delta x\to 0$ 时，有 $\xi\to x$，因此 $\lim\limits_{\Delta x\to 0}f(\xi)=f(x)$。于是令 $\Delta x\to 0$，对上式两端取极限时，左端的极限也应该存在且等于 $f(x)$。这表明函数 $\Phi(x)$ 的导数存在，并且 $\Phi'(x)=f(x)$。

若 $x=a$，取 $\Delta x>0$，则同理可证 $\Phi'_+(a)=f(a)$；若 $x=b$，取 $\Delta x<0$，则同理可证 $\Phi'_-(b)=f(b)$。

定理得证。

该定理指出了一个重要结论：连续函数 $f(x)$ 取变上限 x 的定积分然后求导，其结果还原为 $f(x)$ 本身。联想到原函数的定义，就可以从前面的定理中推出 $\Phi(x)$ 是连续函数 $f(x)$ 的一个原函数。因此，这里引出如下原函数的存在定理。

定理 4　如果函数 $f(x)$ 在区间 $[a,b]$ 上连续，则函数

$$\Phi(x)=\int_a^x f(t)\mathrm{d}t$$

就是 $f(x)$ 在区间 $[a,b]$ 上的一个原函数。

在上述讨论的基础上，介绍微积分基本公式：如果函数 $F(x)$ 是连续函数 $f(x)$ 在区间 $[a,b]$ 上的一个原函数，则有

$$\int_a^b f(x)\mathrm{d}x=F(b)-F(a)$$

为了方便起见，$F(b)-F(a)$ 也可以记成 $[F(x)]_a^b$，所以上式又可以写成

$$\int_a^b f(x)\mathrm{d}x=[F(x)]_a^b$$

这个公式又叫做牛顿-莱布尼茨公式。这个公式进一步揭示了定积分与被积函数的原函数或不定积分之间的联系。它表明一个连续函数在区间 $[a,b]$ 上的定积分等于它的任意

一个原函数在区间 $[a,b]$ 上的增量。这也就给出了利用原函数来计算定积分的方法。

证明 已知函数 $F(x)$ 是连续函数 $f(x)$ 的一个原函数，又根据前面的介绍知道积分上限函数

$$\Phi(x) = \int_a^x f(t)\mathrm{d}t$$

同样也是 $f(x)$ 的一个原函数。于是，这两个原函数之差 $F(x)-\Phi(x)$ 在区间 $[a,b]$ 上必定是某个常数 C，即

$$F(x) - \Phi(x) = C, \quad a \leqslant x \leqslant b$$

在上式中，如果令 $x=a$，那么可得 $F(a)-\Phi(a)=C$。又由 $\Phi(x)$ 的定义及定积分的补充规定可知 $\Phi(a)=0$，显然此时围出的面积就是 0。因此，$F(a)=C$。以 $F(a)$ 代替上式中的 C，以 $\int_a^x f(t)\mathrm{d}t$ 代替上式中的 $\Phi(x)$，可得

$$\int_a^x f(t)\mathrm{d}t = F(x) - F(a)$$

在上式中，令 $x=b$，即得到所要证明的公式。显然，对于 $a>b$ 的情况，上式仍然成立。

1.3.2　内积与外积

定义 已知向量 $\boldsymbol{a}=a_1\boldsymbol{i}+a_2\boldsymbol{j}+a_3\boldsymbol{k}, \boldsymbol{b}=b_1\boldsymbol{i}+b_2\boldsymbol{j}+b_3\boldsymbol{k}$，则 $\boldsymbol{a}$ 与 $\boldsymbol{b}$ 之内积为

$$\boldsymbol{a} \cdot \boldsymbol{b} = a_1b_1 + a_2b_2 + a_3b_3$$

借由内积，也可以给方向余弦一个更明确的意义，即

$$\cos\alpha = \cos(\boldsymbol{a},\boldsymbol{i}) = \frac{a_1}{|\boldsymbol{a}|} = \frac{\boldsymbol{a} \cdot \boldsymbol{i}}{|\boldsymbol{a}||\boldsymbol{i}|}$$

$$\cos\beta = \cos(\boldsymbol{a},\boldsymbol{j}) = \frac{a_2}{|\boldsymbol{a}|} = \frac{\boldsymbol{a} \cdot \boldsymbol{j}}{|\boldsymbol{a}||\boldsymbol{j}|}$$

$$\cos\gamma = \cos(\boldsymbol{a},\boldsymbol{k}) = \frac{a_3}{|\boldsymbol{a}|} = \frac{\boldsymbol{a} \cdot \boldsymbol{k}}{|\boldsymbol{a}||\boldsymbol{k}|}$$

内积的性质：$\boldsymbol{a}$、$\boldsymbol{b}$ 和 $\boldsymbol{c}$ 是三个向量，$k\in\mathbb{R}$，则内积满足如下性质

(1) $\boldsymbol{a} \cdot \boldsymbol{b} = \boldsymbol{b} \cdot \boldsymbol{a}$；

(2) $\boldsymbol{a} \cdot (k\boldsymbol{b}) = k(\boldsymbol{b} \cdot \boldsymbol{a}), (k\boldsymbol{a}) \cdot \boldsymbol{b} = k(\boldsymbol{a} \cdot \boldsymbol{b})$；

(3) $\boldsymbol{a} \cdot (\boldsymbol{b}+\boldsymbol{c}) = \boldsymbol{a} \cdot \boldsymbol{b} + \boldsymbol{a} \cdot \boldsymbol{c}, (\boldsymbol{a}+\boldsymbol{b}) \cdot \boldsymbol{c} = \boldsymbol{a} \cdot \boldsymbol{c} + \boldsymbol{b} \cdot \boldsymbol{c}$；

(4) $|\boldsymbol{a}|^2 = \boldsymbol{a} \cdot \boldsymbol{a} > 0 (\boldsymbol{a} \neq \boldsymbol{0})$。

在给出向量内积的前提下，已知两个向量夹角的余弦可以定义成这两个向量的内积与它们模的乘积之比。对于平面向量而言，即向量都是二维的，向量的内积也可以表示成这样一种形式 $\boldsymbol{a} \cdot \boldsymbol{b} = |\boldsymbol{a}||\boldsymbol{b}|\cos\theta$。由此也可推出两个向量 $\boldsymbol{a}$、$\boldsymbol{b}$ 相互垂直的等价条件就是 $\boldsymbol{a} \cdot \boldsymbol{b} = 0$，因为 $\cos(\pi/2) = 0$。当然，这也是众多教科书上介绍向量内积最开始时常用到的一种定义方式。但必须明确，这种表示方式仅仅是一种非常狭隘的定义。如果从这个定义出发介绍向量内积，其实是本末倒置的。因为对于高维向量而言，夹角的意义是不明确的。例如，在三维坐标空间中，再引入一维时间坐标，形成一个四维空间，那么时间向量与空间向量的夹角该如何

解释呢？所以读者务必明确，首先应该是给出如本小节最开始时给出的内积定义，然后才能由此给出二维或三维空间下的夹角定义。在此基础上，证明余弦定律。

余弦定律　已知 $\triangle ABC$，其中 $\angle CAB=\theta$，则 $\overrightarrow{BC}^2=\overrightarrow{AB}^2+\overrightarrow{AC}^2-2\ \overrightarrow{AB}\ \overrightarrow{AC}\cos\theta$。

证明　令 $\overrightarrow{AB}=\boldsymbol{a}$，$\overrightarrow{AC}=\boldsymbol{b}$，则 $\overrightarrow{CB}=\boldsymbol{a}-\boldsymbol{b}$，

$$|\overrightarrow{BC}|^2=\overrightarrow{BC}\cdot\overrightarrow{BC}=(\boldsymbol{b}-\boldsymbol{a})\cdot(\boldsymbol{b}-\boldsymbol{a})=\boldsymbol{a}\cdot\boldsymbol{a}-2\boldsymbol{a}\cdot\boldsymbol{b}+\boldsymbol{b}\cdot\boldsymbol{b}$$

$$=|\boldsymbol{a}|^2-2|\boldsymbol{a}||\boldsymbol{b}|\cos\theta+|\boldsymbol{b}|^2=\overrightarrow{AB}^2+\overrightarrow{AC}^2-2\ \overrightarrow{AB}\ \overrightarrow{AC}\cos\theta$$

注意，$|\overrightarrow{BC}|^2$ 与 $\overrightarrow{BC}^2$ 是相等的，因为一个向量与自身的夹角为 0，而 $\cos 0=1$，所以结论得证。

柯西-施瓦茨不等式　$\boldsymbol{a}$、$\boldsymbol{b}$ 是两个向量，则其内积满足不等式 $|\boldsymbol{a}\cdot\boldsymbol{b}|\leqslant|\boldsymbol{a}||\boldsymbol{b}|$，当 $\boldsymbol{b}=\lambda\boldsymbol{a}$，$\lambda\in\mathbb{R}$ 时等号成立。

若根据 $\boldsymbol{a}\cdot\boldsymbol{b}=|\boldsymbol{a}||\boldsymbol{b}|\cos\theta$ 定义，因为 $0\leqslant\cos\theta\leqslant1$，显然柯西-施瓦茨不等式是成立的。但是这样的证明方式同样又犯了本末倒置的错误，柯西-施瓦茨不等式并没有限定向量的维度。换言之，它对于任意维度的向量都是成立的，这时夹角的定义是不明确的。正确的思路同样应该从本小节最开始的定义出发证明柯西-施瓦茨不等式，因为存在这样一个不等式关系，然后才会想到内积与向量模的乘积之间存在一个介于 0 和 1 之间的系数，然后用 $\cos\theta$ 表述这个系数，于是得到 $\boldsymbol{a}\cdot\boldsymbol{b}=|\boldsymbol{a}||\boldsymbol{b}|\cos\theta$ 这个表达式。下面给出证明。

证明　若 x 是任意实数，则必然有 $(\boldsymbol{a}+x\boldsymbol{b})\cdot(\boldsymbol{a}+x\boldsymbol{b})\geqslant0$，展开得

$$\boldsymbol{a}\cdot\boldsymbol{a}-2\boldsymbol{a}\cdot\boldsymbol{b}x+\boldsymbol{b}\cdot\boldsymbol{b}x^2\geqslant0$$

这是一条开口向上的抛物线且在 x 轴上方，于是由抛物线的性质，可得判别式小于等于 0，即

$$\triangle=(2\boldsymbol{a}\cdot\boldsymbol{b})^2-4(\boldsymbol{a}\cdot\boldsymbol{a})(\boldsymbol{b}\cdot\boldsymbol{b})\leqslant0$$

$$(\boldsymbol{a}\cdot\boldsymbol{b})^2\leqslant|\boldsymbol{a}|^2|\boldsymbol{b}|^2\Rightarrow|\boldsymbol{a}\cdot\boldsymbol{b}|\leqslant|\boldsymbol{a}||\boldsymbol{b}|$$

由证明过程可知，等式若要成立，则 $\boldsymbol{a}+x\boldsymbol{b}$ 必须是零向量。换言之，向量 $\boldsymbol{a}$、$\boldsymbol{b}$ 是线性相关的，即 $\boldsymbol{b}=\lambda\boldsymbol{a}$，$\lambda\in\mathbb{R}$。

由柯西-施瓦茨不等式可以证明三角不等式，三角不等式在前面也有用到过，它的完整表述如下。

三角不等式　$\boldsymbol{a}$、$\boldsymbol{b}$ 是两个向量，则 $|\boldsymbol{a}+\boldsymbol{b}|\leqslant|\boldsymbol{a}|+|\boldsymbol{b}|$。

证明

$$|\boldsymbol{a}+\boldsymbol{b}|^2=(\boldsymbol{a}+\boldsymbol{b})\cdot(\boldsymbol{a}+\boldsymbol{b})$$

$$=\boldsymbol{a}\cdot\boldsymbol{a}+2\boldsymbol{a}\cdot\boldsymbol{b}+\boldsymbol{b}\cdot\boldsymbol{b}\leqslant|\boldsymbol{a}|^2+2|\boldsymbol{a}||\boldsymbol{b}|+|\boldsymbol{b}|^2=(|\boldsymbol{a}|+|\boldsymbol{b}|)^2$$

定理得证。

定义　已知向量 $\boldsymbol{a}=a_1\boldsymbol{i}+a_2\boldsymbol{j}+a_3\boldsymbol{k}$，$\boldsymbol{b}=b_1\boldsymbol{i}+b_2\boldsymbol{j}+b_3\boldsymbol{k}$，则 $\boldsymbol{a}$ 与 $\boldsymbol{b}$ 的外积为

$$\boldsymbol{a}\times\boldsymbol{b}=\begin{vmatrix} \boldsymbol{i} & \boldsymbol{j} & \boldsymbol{k} \\ a_1 & a_2 & a_3 \\ b_1 & b_2 & b_3 \end{vmatrix}$$

与内积类似，向量 $\boldsymbol{a}$、$\boldsymbol{b}$ 的外积也可以狭义地定义为

$$\boldsymbol{a}\times\boldsymbol{b}=|\boldsymbol{a}||\boldsymbol{b}|\boldsymbol{n}\sin\theta$$

其中，θ 是向量 $\boldsymbol{a}$、$\boldsymbol{b}$ 的夹角，向量 $\boldsymbol{n}$ 是同时与 $\boldsymbol{a}$、$\boldsymbol{b}$ 垂直的单位向量，且 $\{\boldsymbol{a},\boldsymbol{b},\boldsymbol{n}\}$ 满足右手法则，其方向为 $\boldsymbol{a}\rightarrow\boldsymbol{b}\rightarrow\boldsymbol{n}$。

外积的性质：$\boldsymbol{a}$、$\boldsymbol{b}$ 是两个向量，$k\in\mathbb{R}$，则外积满足如下性质。

(1) $a \times b = -b \times a$；

(2) $(ka) \times b = a \times (kb) = k(a \times b)$；

(3) $a \times (b+c) = a \times b + a \times c$；

(4) $(a+b) \times c = a \times c + b \times c$。

如果将内积和外积综合起来，可得如下性质。其中，a、b、c、d 是向量。

(1) $(a \cdot b) \times c = a \cdot (b \times c)$；

(2) $(a \times b) \times c = (a \cdot c)b - (b \cdot c)a$；

(3) $(a \times b) \cdot (c \times d) = (a \cdot c)(b \cdot d) - (a \cdot d)(b \cdot c)$；

(4) $a \times (b \times c) + b \times (c \times a) + c \times (a \times b) = 0$；

(5) $a \times (b \times c) = (a \cdot c)b - (a \cdot b)c$。

定义　向量 a、b、c 的三重乘积定义为 $[a,b,c] \equiv a \cdot (b \times c)$，可知三重乘积是一个标量。此外，若已知向量 $a = a_1 i + a_2 j + a_3 k, b = b_1 i + b_2 j + b_3 k, c = c_1 i + c_2 j + c_3 k$，则向量 a、b、c 的三重乘积可以用行列式表示为

$$[a,b,c] = \begin{vmatrix} a_1 & a_2 & a_3 \\ b_1 & b_2 & b_3 \\ c_1 & c_2 & c_3 \end{vmatrix}$$

三重乘积满足如下关系

$$[a,b,c] = [b,c,a] = [c,a,b] = -[b,a,c] = -[c,b,a] = -[a,c,b]$$

1.3.3　方向导数与梯度

偏导数刻画了函数沿着坐标轴方向的变化率，但有些时候这还不能满足实际需求。为了研究函数沿着任意方向的变化率，就需要用到方向导数。

设函数 $z = f(x,y)$ 在点 $P(x,y)$ 的某一个邻域 $U(P)$ 内有定义。自点 P 引射线 l，设 x 轴正向到射线 l 的转角为 φ，并设 $P'(x+\Delta x, y+\Delta y)$ 为 l 上的另一点，且 $P' \in U(P)$。这里规定，逆时针方向旋转生成的角是正角（$\varphi > 0$），顺时针方向旋转生成的角是负角（$\varphi < 0$）。此时，再考虑函数的增量 $f(x+\Delta x, y+\Delta y) - f(x,y)$ 与 P 和 P' 两点间距离 $\rho = \sqrt{(\Delta x)^2 + (\Delta y)^2}$ 的比值。当点 P' 沿着射线 l 逐渐趋近于 P 时，如果这个比的极限存在，则称该极限为函数 $f(x,y)$ 在点 P 沿着方向 l 的方向导数，记作

$$\frac{\partial f}{\partial l} = \lim_{\rho \to 0} \frac{f(x+\Delta x, y+\Delta y) - f(x,y)}{\rho}$$

从定义可知，当函数 $f(x,y)$ 在点 $P(x,y)$ 的偏导数 f_x、f_y 存在时，函数 $f(x,y)$ 在点 P 沿着 x 轴正向 $e_1 = \{1,0\}$，y 轴正向 $e_2 = \{0,1\}$ 的方向导数存在且其值依次为 f_x、f_y，函数 $f(x,y)$ 点 P 沿着 x 轴负向 $e_1' = \{-1,0\}$，y 轴负向 $e_2' = \{0,-1\}$ 的方向导数也存在且其值依次为 $-f_x$、$-f_y$。

如果函数 $z = f(x,y)$ 在点 $P(x,y)$ 处可微，那么函数在该点沿任意一个方向 l 的方向导数都存在，且有

$$\frac{\partial f}{\partial l} = \frac{\partial f}{\partial x}\cos\varphi + \frac{\partial f}{\partial y}\sin\varphi。$$

其中,φ 为 x 轴到方向 l 的转角。

证明 根据函数 $z=f(x,y)$ 在点 $P(x,y)$ 是可微的假定,函数的增量可以表示为

$$f(x+\Delta x,y+\Delta y)-f(x,y)=\frac{\partial f}{\partial x}\Delta x+\frac{\partial f}{\partial y}\Delta y+o(\rho)$$

两边各除以 ρ,得到

$$\frac{f(x+\Delta x,y+\Delta y)-f(x,y)}{\rho}=\frac{\partial f}{\partial x}\cdot\frac{\Delta x}{\rho}+\frac{\partial f}{\partial y}\cdot\frac{\Delta y}{\rho}+\frac{o(\rho)}{\rho}=\frac{\partial f}{\partial x}\cos\varphi+\frac{\partial f}{\partial y}\sin\varphi+\frac{o(\rho)}{\rho}$$

所以

$$\lim_{\rho\to 0}\frac{f(x+\Delta x,y+\Delta y)-f(x,y)}{\rho}=\frac{\partial f}{\partial x}\cos\varphi+\frac{\partial f}{\partial y}\sin\varphi$$

定理得证。

与方向导数有关的一个重要概念是函数的梯度。对于二元函数而言,设函数 $z=f(x,y)$ 在平面区域 D 内具有一阶连续偏导数,则对于每一点 $P(x,y)\in D$,都可以给出一个向量

$$\frac{\partial f}{\partial x}\boldsymbol{i}+\frac{\partial f}{\partial y}\boldsymbol{j}$$

这个向量称为函数 $z=f(x,y)$ 在点 $P(x,y)$ 的梯度,记作 $\mathrm{grad}f(x,y)$,或 $\nabla f(x,y)$,即

$$\mathrm{grad}f(x,y)=\frac{\partial f}{\partial x}\boldsymbol{i}+\frac{\partial f}{\partial y}\boldsymbol{j}$$

需要说明的是,∇ 是一个偏微分算子,它又称为哈密尔顿(Hamilton)算子,它定义为

$$\nabla=\left(\frac{\partial}{\partial x},\frac{\partial}{\partial y},\frac{\partial}{\partial z}\right),\quad \text{或写成} \quad \nabla=\frac{\partial}{\partial x}\boldsymbol{i}+\frac{\partial}{\partial y}\boldsymbol{j}+\frac{\partial}{\partial z}\boldsymbol{k}$$

求一个函数 $u=f(x,y,z)$ 的梯度,就可以看成是将哈密尔算子与函数 f 做乘法,即 ∇f。可见对一个函数求梯度,其实是从一个标量得到一个矢量的过程。后面在研究散度和旋度的时候,同样会用到哈密尔算子。

如果设 $\boldsymbol{e}=\cos\varphi\boldsymbol{i}+\sin\varphi\boldsymbol{j}$ 是与方向 l 同方向的单位向量,则由方向导数的计算公式可知

$$\frac{\partial f}{\partial l}=\frac{\partial f}{\partial x}\cos\varphi+\frac{\partial f}{\partial y}\sin\varphi=\left\{\frac{\partial f}{\partial x},\frac{\partial f}{\partial y}\right\}\cdot\{\cos\varphi,\sin\varphi\}$$

$$=\mathrm{grad}f(x,y)\cdot\boldsymbol{e}=\mid\mathrm{grad}f(x,y)\mid\cos(\mathrm{grad}f(x,y),\boldsymbol{e})$$

这里 $(\mathrm{grad}f(x,y),\boldsymbol{e})$ 表示向量 $\mathrm{grad}f(x,y)$ 与 $\boldsymbol{e}$ 的夹角。由此可见,方向导数就是梯度在 l 上的投影,当方向 l 与梯度方向一致时,有

$$\cos(\mathrm{grad}f(x,y),\boldsymbol{e})=1$$

从而方向导数有最大值。所以,沿着梯度方向的方向导数达到最大值,也就是说梯度的方向是函数 $f(x,y)$ 在这点增长最快的方向。

从梯度的定义中可知,梯度的模为

$$\mid\mathrm{grad}f(x,y)\mid=\sqrt{\left(\frac{\partial f}{\partial x}\right)^2+\left(\frac{\partial f}{\partial y}\right)^2}$$

总而言之,函数在某点的梯度是这样一个向量,它的方向与方向导数取得最大值时的方向相一致,而它的模为方向导数的最大值。

1.3.4 曲线积分

第一类曲线积分 设 L 为平面内的一条光滑曲线弧,函数 $f(x,y)$ 在 L 上有界,在 L 上

任意插入一点列 $M_1, M_2, \cdots, M_{n-1}$，这个点列把 L 分成 n 个小段。设第 i 个小段的长度为 Δs_i。又有 (ξ_i, η_i) 为第 i 个小段上任意取定的一点，做乘积 $f(\xi_i, \eta_i)\Delta s_i (i=1,2,\cdots,n)$，并做和 $\sum_{i=1}^{n} f(\xi_i, \eta_i)\Delta s_i$，如果当各个小弧段的长度的最大值 λ 趋近于 0 时，其和的极限总存在，则称此极限为函数 $f(x,y)$ 在曲线弧 L 上的对弧长的曲线积分（或称第一类曲线积分），记为

$$\int_L f(x,y)\mathrm{d}s = \lim_{\lambda \to 0} \sum_{i=1}^{n} f(\xi_i, \eta_i)\Delta s_i$$

其中，$f(x,y)$ 叫做被积函数，L 叫做积分弧段。特别地，如果 L 是闭曲线，那么函数 $f(x,y)$ 在闭曲线 L 上对弧长的曲线积分记为

$$\oint_L f(x,y)\mathrm{d}s$$

上述定义可以类似地推广到积分弧段为空间曲线弧 Γ 的情形，即函数 $f(x,y,z)$ 在曲线弧 Γ 上对弧长的曲线积分

$$\int_\Gamma f(x,y,z)\mathrm{d}s = \lim_{\lambda \to 0} \sum_{i=1}^{n} f(\xi_i, \eta_i, \zeta_i)\Delta s_i$$

对于第一类曲线积分的实际意义，可以从如下两个角度解释。首先，如果被积函数 $f(x,y) \geqslant 0$，那么关于弧长的曲线积分就可以表示密度为 $f(x,y)$ 的曲线形构件之质量。其次，如果函数 $f(x,y) \geqslant 0$，做以 xOy 平面上的曲线 L 为准线，母线平行于 z 轴的柱面片。曲线 L 上的一点 (x,y) 处所对应的柱面片之高为 $z=f(x,y)$，那么关于弧长的曲线积分就可以用来表示该柱面片的面积。

第二类曲线积分 设 L 为平面内从点 A 到 B 的一条有向光滑曲线弧，并有定义在 L 上的向量值函数 $\boldsymbol{F}(x,y) = (P(x,y), Q(x,y))$。在 L 上任意插入一点列 $M_1(x_1,y_1)$，$M_2(x_2,y_2), \cdots, M_{n-1}(x_{n-1}, y_{n-1})$，这个点列把 L 分成 n 个有向小弧段

$$\overparen{M_{k-1}M_k}, \quad k=1,2,\cdots,n; \quad M_0 = A, \quad M_n = B$$

设 $\Delta x_k = x_k - x_{k-1}$，$\Delta y_k = y_k - y_{k-1}$，点 (ξ_k, η_k) 是第 k 个小弧段上任意取定的一点。如果当各小弧段的长度的最大值 λ 趋近于 0 时，小弧段就近似于一条很短的有向线段，此时 $\overrightarrow{M_{k-1}M_k} = (x_k - x_{k-1}, y_k - y_{k-1})$，如果 $\sum_{k=1}^{n} \boldsymbol{F}(\xi_k, \eta_k) \cdot \overrightarrow{M_{k-1}M_k}$ 的极限总存在，则称此极限为函数 $F(x,y)$ 在曲线弧 L 上的对坐标的曲线积分（或称第二类曲线积分），记为

$$\int_L P(x,y)\mathrm{d}x + Q(x,y)\mathrm{d}y = \lim_{\lambda \to 0} \sum_{k=1}^{n} \boldsymbol{F}(\xi_k, \eta_k) \cdot \overrightarrow{M_{k-1}M_k}$$

其中，$P(x,y)$、$Q(x,y)$ 叫做被积函数，L 叫做积分弧段。显然，上式是由如下两式做加法得到的。

$$\int_L P(x,y)\mathrm{d}x = \lim_{\lambda \to 0} \sum_{k=1}^{n} P(\xi_k, \eta_k)\Delta x_k$$

$$\int_L Q(x,y)\mathrm{d}y = \lim_{\lambda \to 0} \sum_{k=1}^{n} Q(\xi_k, \eta_k)\Delta y_k$$

上述第一式称为函数 $P(x,y)$ 在有向曲线弧 L 上对坐标 x 的曲线积分，第二式称为函数 $Q(x,y)$ 在有向曲线弧 L 上对坐标 y 的曲线积分。

上述定义可以类似地推广到积分弧段为空间有向曲线弧 Γ 的情形，即函数 $\boldsymbol{F}(x,y,z)$

在曲线弧 Γ 上对坐标的曲线积分

$$\int_{\Gamma} P(x,y,z)\mathrm{d}x + Q(x,y,z)\mathrm{d}y + R(x,y,z)\mathrm{d}z = \lim_{\lambda \to 0} \sum_{k=1}^{n} \boldsymbol{F}(\xi_k, \eta_k, \zeta_k) \cdot \overrightarrow{M_{k-1}M_k}$$

对于第二类曲线积分的实际意义,可以从变力做功的角度考虑。即某个质点在平面内受到力 $\boldsymbol{F}(x,y) = P(x,y)\boldsymbol{i} + Q(x,y)\boldsymbol{j}$ 的作用,从点 A 沿光滑曲线弧 L 移动到点 B 时,变力 $\boldsymbol{F}(x,y)$ 所做的功。所以若用向量形式重写第二类曲线积分的表达式,便可以记为如下形式

$$\int_{L} \boldsymbol{F}(x,y) \cdot \mathrm{d}\boldsymbol{r}$$

其中,$\mathrm{d}\boldsymbol{r} = \mathrm{d}x\,\boldsymbol{i} + \mathrm{d}y\,\boldsymbol{j}$。

最后,讨论两类曲线积分之间的联系。对弧长的曲线积分与对坐标的曲线积分两者之间既有区别,又有联系。前者是数量场 $f(x,y)$ 的曲线积分,后者是向量场 $\boldsymbol{F}(x,y)$ 的曲线积分。如果设有向光滑弧 L 以 A 为起点,以 B 为终点,曲线弧 L 的参数方程为

$$\begin{cases} x = \varphi(t) \\ y = \psi(t) \end{cases}$$

起点 A 和终点 B 分别对应参数 α、β,不妨设 $\alpha < \beta$。对于 $\alpha > \beta$ 的情况,可令 $s = -t$,则起点 A 和终点 B 分别对应 $s = -\alpha$,$s = -\beta$,于是有 $-\alpha < -\beta$,那么下面讨论中只须换成对 s 进行的,仍然可以得到相同结论,所以这里仅讨论 $\alpha < \beta$ 时的情形。再设函数 $\varphi(t)$ 和 $\psi(t)$ 在闭区间 $[\alpha, \beta]$ 上具有一阶连续的偏导数,且 $[\varphi'(t)]^2 + [\psi'(t)]^2 \neq 0$。又因为 $P(x,y)$、$Q(x,y)$ 在 L 上连续。所以,由曲线积分的计算公式得

$$\int_{L} P(x,y)\mathrm{d}x + Q(x,y)\mathrm{d}y = \int_{\alpha}^{\beta} P[\varphi(t),\psi(t)]\varphi'(t)\mathrm{d}t + Q[\varphi(t),\psi(t)]\psi'(t)\mathrm{d}t$$

向量 $\boldsymbol{\tau} = \varphi'(t)\boldsymbol{i} + \psi'(t)\boldsymbol{j}$ 是曲线弧 L 在点 $(\varphi(t),\psi(t))$ 处的一个切向量,它的指向与参数 t 的增长方向一致,当 $\alpha < \beta$ 时,这个指向就是有向曲线弧 L 的方向。当 $\boldsymbol{\tau}$ 与有向曲线弧方向相同时,即为有向曲线弧 L 在该点处的切向量,它的方向余弦为

$$\cos\alpha = \frac{\mathrm{d}x}{\mathrm{d}s} = \frac{\varphi'(t)}{\sqrt{[\varphi'(t)]^2 + [\psi'(t)]^2}}, \quad \cos\beta = \frac{\mathrm{d}y}{\mathrm{d}s} = \frac{\psi'(t)}{\sqrt{[\varphi'(t)]^2 + [\psi'(t)]^2}}$$

由弧长的曲线积分的计算方法可得

$$\int_{L} [P(x,y)\cos\alpha + Q(x,y)\cos\beta]\mathrm{d}s$$

$$= \int_{\alpha}^{\beta} \left\{ P[\varphi(t),\psi(t)] \frac{\varphi'(t)}{\sqrt{[\varphi'(t)]^2 + [\psi'(t)]^2}} \right.$$

$$\left. + Q[\varphi(t),\psi(t)] \frac{\psi'(t)}{\sqrt{[\varphi'(t)]^2 + [\psi'(t)]^2}} \right\} \sqrt{[\varphi'(t)]^2 + [\psi'(t)]^2}\,\mathrm{d}t$$

$$= \int_{\alpha}^{\beta} P[\varphi(t),\psi(t)]\varphi'(t)\mathrm{d}t + Q[\varphi(t),\psi(t)]\psi'(t)\mathrm{d}t$$

所以,两类曲线积分有如下关系:

$$\int_{L} P\mathrm{d}x + Q\mathrm{d}y = \int_{L} (P\cos\alpha + Q\cos\beta)\mathrm{d}s$$

其中,$\alpha(x,y)$、$\beta(x,y)$ 是有向曲线弧 L 在点 (x,y) 处的切向量的方向角。类似地,还可以得

到空间曲线 Γ 上的两类曲线积分之间有如下关系

$$\int_{\Gamma} P\mathrm{d}x + Q\mathrm{d}y + R\mathrm{d}z = \int_{\Gamma} (P\cos\alpha + Q\cos\beta + R\cos\gamma)\mathrm{d}s$$

其中，$\alpha(x,y,z)$、$\beta(x,y,z)$、$\gamma(x,y,z)$ 是有向曲线弧 Γ 在点 (x,y,z) 处的切向量的方向角。

　　最后，从变力沿曲线做功的角度分析两类曲线积分之间的联系。势必得到同样的结论，但是这个讨论相对更加直观，更易于理解，同时也为之后一些内容的深入学习打下基础。

　　如图 1-9 所示，设力场 $\boldsymbol{F}(x,y) = P(x,y)\boldsymbol{i} + Q(x,y)\boldsymbol{j}$ 沿着曲线 L 所做的功为 W，则用第一类曲线积分可以表示为

$$W = \int_{L} (\boldsymbol{F} \cdot \boldsymbol{\tau})\mathrm{d}s = \int_{L} (P\cos\alpha + Q\cos\beta)\mathrm{d}s$$

其中，$\boldsymbol{\tau} = (\cos\alpha, \cos\beta)$ 是曲线 L 的单位切向量。而且 $\alpha(x,y)$、$\beta(x,y)$ 是有向曲线弧 L 在点 (x,y) 处的切向量的方向角，又根据基本的平面几何知识，从图 1-9 中的右图也易知，在微分三角形中有

$$\cos\alpha = \frac{\mathrm{d}x}{\mathrm{d}s}, \quad \cos\beta = \frac{\mathrm{d}y}{\mathrm{d}s}$$

其中，α 和 β 都是锐角，所以 $\cos\alpha$ 和 $\cos\beta$ 都是大于 0 的，这表示沿着曲线弧 L 的方向，x 分量和 y 分量都在增加，即 $\mathrm{d}x$ 和 $\mathrm{d}y$ 都是正的（因为 $\mathrm{d}s$ 永远大于 0）。在图 1-9 的左图中，很明显沿着曲线弧 L 的方向 y 分量在增加，而 x 分量在减少，所以 $\mathrm{d}y > 0$，而 $\mathrm{d}x < 0$。在相应的三角形中，有 $\sin\beta = |\mathrm{d}x|/\mathrm{d}s$，因为 $\mathrm{d}x < 0$，所以 $\sin\beta = -\mathrm{d}x/\mathrm{d}s$，即 $-\sin\beta = \mathrm{d}x/\mathrm{d}s$。同时，$\beta$ 是锐角，即 $\cos\beta > 0$，而 α 是钝角，即 $\cos\alpha < 0$。又根据三角函数的诱导公式，有 $\cos\alpha = \cos(\pi/2 + \beta) = -\sin\beta$，所以 $\cos\alpha = \mathrm{d}x/\mathrm{d}s$ 仍然成立。同理，还可以尝试讨论切向量朝其他方向时的情况（如 $\mathrm{d}y < 0$ 时的情况），也势必得到相同的结论。

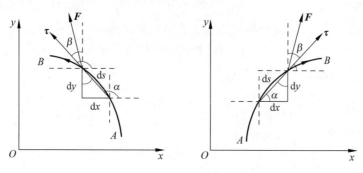

图 1-9　变力沿曲线做功

　　根据之前的讨论，当然还可以用第二类曲线积分表示变力所做的功，表达式为

$$W = \int_{L} \boldsymbol{F} \cdot \mathrm{d}\boldsymbol{r} = \int_{L} P\mathrm{d}x + Q\mathrm{d}y$$

　　由此，便得到了与之前相同的结论。但是，可能仍然有一个疑问，那就是对坐标的曲线积分的曲线弧是带有方向的，而对弧长的曲线积分的曲线弧则是没有方向的，这个问题又该如何解释。事实上，在第二类曲线积分中，这个方向是由单位切向量 $(\cos\alpha, \cos\beta)$ 标识的，正是借由这个切向量，两种曲线积分才最终统一起来。最后，如果把两类曲线积分之间的联系记为向量形式，则有

$$\int_L \boldsymbol{F} \cdot \mathrm{d}\boldsymbol{r} = \int_L (\boldsymbol{F} \cdot \boldsymbol{\tau})\mathrm{d}s$$

1.3.5　格林公式

格林公式是场论中的一个基本而又重要的公式,它建立了平面上闭区域 D 的二重积分与沿闭区域 D 的边界曲线 L 的曲线积分之间的关系。由格林公式出发,还可以进一步得到高斯公式和斯托克斯公式。就很多初学者而言,之所以会对格林公式感到困惑,主要是由于没有深刻领会它的物理意义,因而缺乏具象的认识,关于这部分内容的讨论将是本节的重点。

定理　设闭区域 D 由分段光滑的曲线 L 围成,函数 $P(x,y)$ 以及 $Q(x,y)$ 在 D 上具有一阶连续的偏导数,则有

$$\iint_D \left(\frac{\partial Q}{\partial x} - \frac{\partial P}{\partial y}\right)\mathrm{d}x\mathrm{d}y = \oint_L P\mathrm{d}x + Q\mathrm{d}y$$

其中,L 是 D 的取正向的边界曲线,这个公式就称为格林公式。

利用格林公式求闭区域 D 的面积,有时是非常方便的。在上述公式中,如果取 $P = -y$,以及 $Q = x$,即得

$$2\iint_D \mathrm{d}x\mathrm{d}y = \oint_L x\mathrm{d}x - y\mathrm{d}y$$

可见,上式左端是闭区域 D 的面积 A 的两倍,因此便有

$$A = \frac{1}{2}\oint_L x\mathrm{d}x - y\mathrm{d}y$$

下面证明格林公式,请注意这个过程中用到牛顿-莱布尼茨公式。证明的思路是考虑 $P(x,y) = 0$ 或 $Q(x,y) = 0$ 这两种特殊的情形下的格林公式,如果可以证明这两种情况下的格林公式都成立,那么将这两种特殊情况下的格林公式相加即可得证原公式成立。

首先,假设单连通的区域 D 既是 X 型又是 Y 型的情况。如图 1-10 所示,其中左图所示的区域 D 显然既是 X 型又是 Y 型的。此时,有 $D = \{(x,y) \mid \varphi_1(x) \leqslant y \leqslant \varphi_2(x), a \leqslant x \leqslant b\}$。因为 $P(x,y)$ 具有一阶连续的偏导数,所以根据二重积分的计算方法有

$$\iint_D \frac{\partial P}{\partial y}\mathrm{d}x\mathrm{d}y = \int_a^b \left[\int_{\varphi_1(x)}^{\varphi_2(x)} \frac{\partial P(x,y)}{\partial y}\mathrm{d}y\right]\mathrm{d}x$$

$$= \int_a^b \{P[x,\varphi_2(x)] - P[x,\varphi_1(x)]\}\mathrm{d}x$$

另一方面,由对坐标的曲线积分的性质及计算方法有

$$\oint_L P\mathrm{d}x = \int_{L_1} P\mathrm{d}x + \int_{BC} P\mathrm{d}x + \int_{L_2} P\mathrm{d}x + \int_{GA} P\mathrm{d}x$$

$$= \int_{L_1} P\mathrm{d}x + \int_{L_2} P\mathrm{d}x = \int_a^b P[x,\varphi_1(x)]\mathrm{d}x + \int_b^a P[x,\varphi_2(x)]\mathrm{d}x$$

$$= \int_a^b \{P[x,\varphi_1(x)] - P[x,\varphi_2(x)]\}\mathrm{d}x$$

因此

$$-\iint\limits_{D}\frac{\partial P}{\partial y}\mathrm{d}x\mathrm{d}y=\oint_{L}P\,\mathrm{d}x$$

于是，已经证明了 $Q(x,y)=0$ 时的格林公式，接下来考虑 $P(x,y)=0$ 时的情形。如图 1-10 中的右图所示，此时有 $D=\{(x,y)\,|\,\psi_1(y)\leqslant x\leqslant\psi_2(y),c\leqslant y\leqslant d\}$。

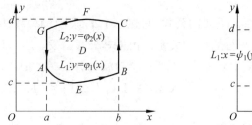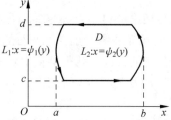

图 1-10　积分区域

与前面相同，根据二重积分的计算方法，有

$$\iint\limits_{D}\frac{\partial Q}{\partial x}\mathrm{d}x\mathrm{d}y=\int_{c}^{d}\left[\int_{\psi_1(y)}^{\psi_2(y)}\frac{\partial Q(x,y)}{\partial x}\mathrm{d}x\right]\mathrm{d}y$$

$$=\int_{c}^{d}\{Q[\psi_2(y),y]-Q[\psi_1(y),y]\}\mathrm{d}y$$

$$=\int_{L_2'}Q\mathrm{d}y+\int_{L_1'}Q\mathrm{d}y=\oint_{L}Q\mathrm{d}y$$

对于区域 D，上述两个结论同时成立，显然将它们合并即可得证明在简单区域上（即单连通区域）格林公式是成立的。而对于更一般的情形，则可以在 D 内做几条辅助曲线，把 D 分割成有限个闭区域，并使得每个闭区域都满足上式条件。再将各个闭区域上得到的格林公式相加之后，方向相反的部分会抵消掉。最终便可以证明格林公式对于光滑（或分段光滑）曲线所围成的封闭区域都是成立的。

要正确认识格林公式，就非常有必要研究一下它的物理意义，对此便从如下几个概念开始。假设 L 是平面上一条封闭的曲线 $L: r=r(t)(t: a\to b)$，曲线的方向（即 t 从 a 到 b）为逆时针方向。曲线所在的向量场为 $v=(P(x,y),Q(x,y))$，$(x,y)\in D$，则称下面这个量为环量，其中向量 τ 是曲线上对应的切向量，并且切向量的方向与曲线 L 是一致的。

$$\oint_{L}v\cdot\tau\mathrm{d}s$$

把下面这个量称为流量，其中向量 n 是曲线上对应的外法向量，也就是指向封闭曲线 L 外侧的法向量。

$$\oint_{L}v\cdot n\mathrm{d}s$$

考虑把向量 τ 和 n 用曲线的参数方程表示，因为 τ 是曲线 L 在点 (x,y) 处与 L 方向一致的单位切向量，所以 $\tau=r'(t)/|r'(t)|=[x'(t),y'(t)]/|r'(t)|$。$n$ 为曲线 L 在点 (x,y) 处的单位外法向量，于是 $n=[y'(t),-x'(t)]/|r'(t)|$。在此基础上，便可以把环量和流量这两个对弧长的曲线积分形式表示成对坐标的曲线积分。

首先，环量对坐标曲线积分的形式如下

$$\oint_{L}v\cdot\tau\mathrm{d}s=\int_{a}^{b}v\cdot\tau\,|\,r'(t)\,|\,\mathrm{d}t=\int_{a}^{b}v\cdot\frac{r'(t)}{|\,r'(t)\,|}\,|\,r'(t)\,|\,\mathrm{d}t$$

$$= \int_a^b [P(x,y), Q(x,y)] \cdot \frac{[x'(t), y'(t)]}{|r'(t)|} |r'(t)| \, \mathrm{d}t$$

$$= \oint_L P(x,y)\mathrm{d}x + Q(x,y)\mathrm{d}y$$

其次,流量对坐标曲线积分的形式如下

$$\oint_L \boldsymbol{v} \cdot \boldsymbol{n} \mathrm{d}s = \int_a^b \boldsymbol{v} \cdot \boldsymbol{n} |r'(t)| \, \mathrm{d}t = \int_a^b \boldsymbol{v} \cdot \frac{[y'(t), -x'(t)]}{|r'(t)|} |r'(t)| \, \mathrm{d}t$$

$$= \int_a^b [P(x,y), Q(x,y)] \cdot [y'(t), -x'(t)]\mathrm{d}t = \oint_L P(x,y)\mathrm{d}y - Q(x,y)\mathrm{d}x$$

为了帮助理解,稍作补充说明。这里主要解释一下单位外法向量 $\boldsymbol{n}$ 是如何得到的。由于,$\boldsymbol{n}$ 与 $\boldsymbol{\tau}$ 是彼此垂直的,所以 $\boldsymbol{n} \cdot \boldsymbol{\tau} = 0$。在已知 $\boldsymbol{\tau} = (x, y)$ 时便很容易求出法向量的两个解,即 $\boldsymbol{n}_1 = (y, -x)$ 和 $\boldsymbol{n}_2 = (-y, x)$,显然这里面有一个是外法向量,另一个就是内法向量。如图 1-11 所示,由于曲线的方向是沿着逆时针的,而切向量的方向与此相同,所以外法向量其实是切向量沿顺时针方向旋转 $\pi/2$ 得到的。相应地,内法向量则是切向量沿逆时针方向旋转 $\pi/2$ 得到的。根据线性代数的知识,若想令一个二维向量按逆时针方向旋转 θ 角,则需用到下列旋转矩阵,将旋转矩阵与向量相乘,便可以得到旋转后的新向量。如果要得到顺时针旋转的结果,只需将其中 θ 加上相应的负号。

$$\begin{bmatrix} \cos\theta & -\sin\theta \\ \sin\theta & \cos\theta \end{bmatrix}$$

要得到外法向量,令 $\theta = -\pi/2$,再将旋转矩阵与原向量相乘,可得外法向量为 $(y, -x)$。

$$\begin{bmatrix} 0 & 1 \\ -1 & 0 \end{bmatrix} \begin{bmatrix} x \\ y \end{bmatrix} = \begin{bmatrix} y \\ -x \end{bmatrix}$$

同理,要获得内法向量,$\theta = \pi/2$,再将新的旋转矩阵与原向量相乘,便可得内法向量为 $(-y, x)$。

$$\begin{bmatrix} 0 & -1 \\ 1 & 0 \end{bmatrix} \begin{bmatrix} x \\ y \end{bmatrix} = \begin{bmatrix} -y \\ x \end{bmatrix}$$

习惯上,可以用一对三角函数表示单位切向量和单位外法向量。例如,图 1-12 中的情况,其中 $\boldsymbol{\tau}$ 是一个单位切向量,$\boldsymbol{n}$ 是一个单位外法向量。根据上一小节的讨论,通常习惯记为 $\boldsymbol{\tau} = (\cos\alpha, \cos\beta)$,或写成 $(\cos\alpha, \sin\alpha)$,运用三角函数的诱导公式很容易证明这两种表示方法是等价的。再根据前面关于外法向量与切线量之间关系的讨论,很容易得到 $\boldsymbol{n} = (\cos\beta, -\cos\alpha)$,或写成 $(\sin\alpha, -\cos\alpha)$。

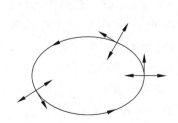

图 1-11　切向量与法向量的位置关系

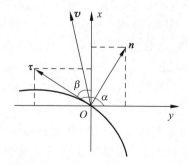

图 1-12　切向量与外法向量的表示

　　为了便于对后面格林公式的物理意义进行讨论,在此有必要一同来回顾一下中学物理的一些知识。1820 年,丹麦物理学家奥斯特(Oersted)发现了电流的磁效应。后来法国物理学家安培(Ampère)进一步发展了奥斯特的实验,提出了安培右手定则,此外安培还创造性地研究了电流对电流的作用。既然电能够产生磁,那磁能否产生电呢? 1831 年,英国物理学家法拉第(Faraday)发现了电磁感应现象,从而回答了这个问题。电磁感应现象是指放在变化磁通量中的导体,会产生电动势。此电动势称为感应电动势,若将此导体闭合成回路,则该电动势会驱使电子流动,形成感应电流。

　　1834 年,俄国物理学家楞次(Lenz)发现了楞次定律,为判定感应电动势及感应电流的方向提供了准则。而在此期间,英国数学家格林(Green)于 1828 年发表了《论应用数学分析于电磁学》一文,并在其中提出了著名的格林公式。可惜格林的成果在他有生之年并未得到科学界的重视,而是在其逝世后才被其他科学家所重新发掘。英国数学家斯托克斯(Stokes)在格林工作的基础之上提出了斯托克斯公式,他的主要贡献集中于流体力学。实际上,格林公式(也包括斯托克斯公式)不仅可以用来解释电磁学中的一些问题,还可以用来解释流体力学中的一些问题。

　　再后来,曾经受教于斯托克斯的麦克斯韦(Maxwell)集前人的电磁学研究于大成,提出了电磁场理论,并建立了一组描述电场、磁场与电荷密度、电流密度之间关系的偏微分方程,即麦克斯韦方程组。麦克斯韦方程组由四个方程组成,它们分别是描述电荷如何产生电场的高斯定律,描述磁单极子不存在的高斯磁定律,描述电流和时变电场如何产生磁场的安培定律,以及描述时变磁场如何产生电场的法拉第感应定律。一般来说,宇宙间任何的电磁现象,皆可由此方程组解释。后来麦克斯韦仅靠纸笔演算,就从这组公式预言了电磁波的存在。1873 年,麦克斯韦编写了电磁场理论的经典巨著《论电和磁》。不过,直到他去世近十年之后,德国物理学家赫兹(Hertz)于 1888 年才通过实验首先证实了电磁波的存在。

　　下面从电磁学的角度讨论格林公式的意义。当闭合的线圈中存在变化的磁通量时,线圈中就会因为感应电动势驱动电子运动的缘故而产生感应电流。假设电子运动的速度场 $v(x,y)=P(x,y)\boldsymbol{i}+Q(x,y)\boldsymbol{j}$,则如同之前讨论过的那样,单位时间内沿闭合线圈 L 的环量如下

$$\oint_{L} \boldsymbol{v} \cdot \boldsymbol{\tau}\mathrm{d}s = \oint_{L} P\,\mathrm{d}x + Q\,\mathrm{d}y$$

其中,$\boldsymbol{\tau}=(\cos\alpha,\cos\beta)$ 是 L 指定方向的单位切向量。

　　另一方面,如图 1-13 所示,把 L 所围成的区域 D 用直角坐标系中的坐标曲线 $x=x_i$,$y=y_i$ 进行划分。设完全在 D 内的直多边形区域为 D',其边界为 L',它的方向与 L 相同。从 D' 取一个具有代表性的小矩形区域 σ_i,如图 1-14 所示。然后计算它的环量 I_{σ_i},图 1-14 中的 E、F、G、H 为小矩形区域的四个端点。小矩形的长和宽分别为 Δx 和 Δy,并且有 $\Delta x>0$,以及 $\Delta y>0$,相应的四个点的坐标也标注在旁边。箭头方向是 σ_i 边界曲线的方向。小矩形区域的环量为 $I_{\sigma_i}=I_{EF}+I_{FG}+I_{GH}+I_{HE}$。当曲线积分中的曲线弧 L 的弧长趋近于 0 的时候,可以认为定义在曲线上的被积函数就是一个常值函数,也就是说由于曲线弧 L 特别短,所以定义在其上的被积函数几乎不发生变化。由于被积函数是一个常值函数,那么不妨取它在弧上的任意一点(如端点)的函数值作为函数在整个弧上的值,

于是便有

$$\lim_{L\to 0}\int_L P(x,y)\mathrm{d}x + Q(x,y)\mathrm{d}y = P(x_i,y_i)\mathrm{d}x + Q(x_i,y_i)\mathrm{d}y$$

其中,点(x_i,y_i)是曲线弧L任取的一点。所以,针对图1-14中的情况,当$\Delta x\to 0,\Delta y\to 0$时,对于$I_{EF}$积分的计算,则有$I_{EF}=P(x_i,y_i)\mathrm{d}x+Q(x_i,y_i)\mathrm{d}y$,由于$EF$边平行于$x$轴,所以垂直方向上的增量是等于0的,即$\mathrm{d}y=0$,然后用$\Delta x$替换$\mathrm{d}x$,则有$I_{EF}=P(x_i,y_i)\Delta x$。

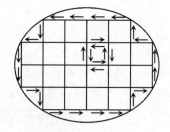

图1-13　对积分区域进行分割

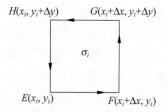

图1-14　求一个子区域的环量

再来计算I_{HE},此时可以计算与其方向相反的积分I_{EH},然后在结果上加一个负号便可以得到I_{HE},即$I_{HE}=-I_{EH}$。仍然选择E点上的函数值来作为函数在EH边上的值,又因为EH是平行于y轴的,所以水平方向上的增量是等于0的,即$\mathrm{d}x=0$,于是有$I_{HE}=-I_{EH}=-Q(x_i,y_i)\Delta y$。

对于I_{FG}的计算要稍复杂些,基于前面的思路,选择F点上的函数值作为函数在FG边上的值,同理有

$$I_{FG} = P(x_i+\Delta x,y_i)\mathrm{d}x + Q(x_i+\Delta x,y_i)\mathrm{d}y = Q(x_i+\Delta x,y_i)\mathrm{d}y$$

根据偏导数的定义

$$Q_x(x_i,y_i) = \lim_{\Delta x\to 0}\frac{Q(x_i+\Delta x,y_i)-Q(x_i,y_i)}{\Delta x}$$

有

$$Q(x_i+\Delta x,y_i) = Q(x_i,y_i) + Q_x(x_i,y_i)\Delta x$$

所以,可得

$$I_{FG} = [Q(x_i,y_i) + Q_x(x_i,y_i)\Delta x]\Delta y$$

对于I_{GH}的计算,同样先计算与其方向相反的积分I_{HG},并选择H点上的函数值作为函数在HG边上的值,于是可得$I_{GH}=-I_{HG}=-[P(x_i,y_i)+P_y(x_i,y_i)\Delta y]\Delta x$。

综上可得

$$I_{\sigma_i} = [Q_x(x_i,y_i) - P_y(x_i,y_i)]\Delta x\Delta y$$

或写为

$$I_{\sigma_i} = \left[\frac{\partial Q(x,y)}{\partial x} - \frac{\partial P(x,y)}{\partial y}\right]_{(x_i,y_i)}\Delta x\Delta y$$

沿着相邻的区域边界的环量在其公共部分因为方向相反而会相互抵消,于是沿着L'的环量就等于所有被划分出来的小矩形区域σ_i的环量I_{σ_i}的总和,即

$$\sum_i I_{\sigma_i} = \sum_i \left(\frac{\partial Q}{\partial x} - \frac{\partial P}{\partial y}\right)_{(x_i,y_i)}\Delta x\Delta y$$

而当区域D的划分越来越细时,D'最终就会趋近于D,即沿着L'的环量也会趋近于沿着L

的环量,此处用 λ 趋近于 0 表示这个趋近过程,λ 可以理解为每个小矩形区域 σ_i 的大小。最终速度场 $v(x,y)$ 沿着 L 的环量就为

$$\lim_{\lambda \to 0} \sum_i \left(\frac{\partial Q}{\partial x} - \frac{\partial P}{\partial y}\right)_{(x_i,y_i)} \Delta x \Delta y = \iint_D \left(\frac{\partial Q}{\partial x} - \frac{\partial P}{\partial y}\right) \mathrm{d}x\mathrm{d}y$$

于是

$$\oint_L P\,\mathrm{d}x + Q\mathrm{d}y = \iint_D \left(\frac{\partial Q}{\partial x} - \frac{\partial P}{\partial y}\right) \mathrm{d}x\mathrm{d}y$$

对平面区域的分割在物理意义上也可以得到解释。在电磁感应过程中,变化的磁通量穿过由闭合线圈围成的一个平面区域,产生感应电动势,进而使闭合线圈中产生感应电流。事实上,即使闭合的线圈不存在,感应电动势也依然是存在的。所以,如果变化的磁通量穿过的不是一个单独的线圈,而是一张由导体织成的网,那么显然每个闭合小网格上自然都会产生电流,也就会有相应的环量。最终所有小网格上的环量之和就会与整张网最外侧边界曲线上的环量相等。这正是格林公式所揭示的。

1878 年,英国应用数学家兰姆(Lamb)在其经典著作《流体运动的数学理论》[①]一书中总结了经典流体力学的成果。兰姆曾经是斯托克斯和麦克斯韦的学生。他在该书中指出沿任意曲线 $ABCD$ 所取的积分 $\int u\mathrm{d}x + v\mathrm{d}y + w\mathrm{d}z$ 称为流体沿该曲线自 A 到 D 的"流动",并记为 $I(ABCD)$。如果 A 和 D 重合,这样就构成一个闭曲线或回路,则积分的值称为在该回路中的环量,记为 $I(ABCA)$。不论曲线是否闭合,若沿反方向取积分,则最终积分结果的正负号就会颠倒过来,于是有 $I(AD) = -I(DA)$ 以及 $I(ABCA) = -I(ACBA)$,显然也有 $I(ABCD) = I(AB) + I(BC) + I(CD)$。此外,任何一个曲面都可以被曲面上两组交叉线划分为许多无穷小的面元。现在假定该曲面的边界由简单闭曲线构成,这样,当以同样的绕向沿那些小面元的边界取环量时,它们的总和将等于沿原表面边界的环量。这是因为在上述的求和中,对每一个小面元的边界计算一次环量时,沿每两个相邻小面元的公共边线就计算了两次流动,但它们的符号却相反,因而在求和后的结果中消失了。所以,留下来的仅是沿着构成原始边界的那些边线上的流动。把任意一个有限曲面边缘上的环量表示为把该面分割后所得的各无穷小面元边界上的环量之和,便会得到

$$\int u\mathrm{d}x + v\mathrm{d}y + w\mathrm{d}z = \iint \left[l\left(\frac{\partial w}{\partial y} - \frac{\partial v}{\partial z}\right) + m\left(\frac{\partial u}{\partial z} - \frac{\partial w}{\partial x}\right) + n\left(\frac{\partial v}{\partial x} - \frac{\partial u}{\partial y}\right) \right]\mathrm{d}s$$

该式就是后面将要介绍到的斯托克斯公式。其中,单重积分是沿边界曲线取的,二重积分是在曲面上取的,l,m 和 n 各量是曲面法线的方向余弦,所有法线都是从该曲面的一个侧面引出的,则将该侧面称做正侧面。格林公式所描述的情况是基于平面向量场的,而斯托克斯公式则是基于空间向量场的,所以斯托克斯公式可以被看成是格林公式的推广。

之前提到过,格林公式既可以用来解释电磁场理论中的物理现象,也可以用来解释流体力学中的现象。现在所给出的基于电磁场理论的解释与此处兰姆所给出的基于流体力学的解释是一致的,统一的。鉴于在格林公式的物理意义上已经耗用了颇多笔墨,此后对于斯托克斯公式的物理意义,本书将不再赘述。

---

① 该书系物理学经典名著,1878 年完成,1879 年正式出版,之后陆续再版多次。各版本经不断完善和扩充后,改名为《理论流体动力学》。中译本依据 1932 年发行的原书第 6 版译得,可见参考文献[8]。

格林公式还有另外一种形式,将原公式中的 P、Q 分别换成 $-Q$、P 时便可以得到

$$\oint_L P\mathrm{d}y - Q\mathrm{d}x = \iint_D \left(\frac{\partial P}{\partial x} + \frac{\partial Q}{\partial y}\right)\mathrm{d}x\mathrm{d}y$$

此时,该公式的物理意义就需要从前面提到的流量进行解释,而且已知流量的表达式如下

$$\oint_L \boldsymbol{v} \cdot \boldsymbol{n}\mathrm{d}s = \oint_L P(x,y)\mathrm{d}y - Q(x,y)\mathrm{d}x$$

下面从一种更直观的角度来推导该表达式。

设有速度场 $\boldsymbol{v}(x,y) = P(x,y)\boldsymbol{i} + Q(x,y)\boldsymbol{j}$,用以表示流体的速度。想要计算单位时间内流体经过边界 L 的流量,于是考虑将曲线 L 分成若干个小弧段并考察其中一段。

如图 1-15 所示,在 x 分量上通过小弧段的流量就是图中的平行四边形,该四边形的一条边长是 $\mathrm{d}s$(它是对小弧段的近似),另一条边长是速度场在 x 轴上的分离,即 $P_i(x,y)$,它表示流体单位时间内流过的距离。显然,平行四边形的面积就等于 $P_i(x,y)\cos\theta\mathrm{d}s$,其中 θ 是朝外法向量 $\boldsymbol{n}$ 与 x 轴的夹角。同理,对于这一个小弧段,它在 y 轴上的流量平行四边形的面积就等于 $Q_i(x,y)\cos\gamma\mathrm{d}s$。当然沿着曲线的方向,每一点处所对应的 θ 和 γ 都是在不停变化的,所以分别采用 $\cos(\boldsymbol{n},x)$ 和 $\cos(\boldsymbol{n},y)$ 这样的记号来表示每一点处,朝外法向量 $\boldsymbol{n}$ 与 x 轴,以及 $\boldsymbol{n}$ 与 y 轴的夹角。因此,可得整条闭合曲线上沿 x 轴方向的分量之和,以及沿 y 轴方向的分量之和分别为

$$\oint_L P(x,y)\cos(\boldsymbol{n},x)\mathrm{d}s, \quad \oint_L Q(x,y)\cos(\boldsymbol{n},y)\mathrm{d}s$$

全部流量之和为

$$\oint_L \left[P(x,y)\cos(\boldsymbol{n},x) + Q(x,y)\cos(\boldsymbol{n},y)\right]\mathrm{d}s$$

$$= \oint_L \left[P(x,y)\frac{\mathrm{d}y}{\mathrm{d}s} - Q(x,y)\frac{\mathrm{d}x}{\mathrm{d}s}\right]\mathrm{d}s = \oint_L P(x,y)\mathrm{d}y - Q(x,y)\mathrm{d}x$$

这与之前所推出的结果是完全一致的,因此表明这种解释方式是可行的。需要说明的是,这里 $\cos(\boldsymbol{n},y) = -\mathrm{d}x/\mathrm{d}s$ 之所以有一个负号是因为对于图 1-15 所示的情况,沿着曲线的方向有 $\mathrm{d}x < 0$,因为 x 是在减少的。而图中的 γ 是一个锐角,即 $\cos(\boldsymbol{n},y) > 0$,所以需要一个符号使最终的结果变成正确的取值。也可以尝试验证外法向量朝向其他方位时的情况,最终都会得到相同的结果。

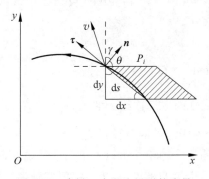

图 1-15 求沿一小段边界弧的流量

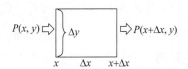

图 1-16 单位面积之流量

然后,同样把封闭曲线 L 所围成的区域 D 划分成众多小的矩形块。如图 1-16 所示,因

为该矩形左侧垂直边上的流速为 $P(x,y)$，所以单位时间内有 $P(x,y)\Delta y$ 的流体流入，而同一时间又约有 $P(x+\Delta x,y)\Delta y$ 的流体流出，所以沿 x 轴方向的单位面积之净流量为

$$\frac{[P(x+\Delta x,y)-P(x,y)]\Delta y}{\Delta x\Delta y}$$

当 $\Delta x\to 0$ 时，上式的极限就等于 $\partial P/\partial x$，同理沿 y 轴方向的单位面积的净流量为 $\partial Q/\partial y$。因此，单位面积上的净流量就等于 $\partial P/\partial x+\partial Q/\partial y$。而通过整个区域 D 上的全部流量为

$$\iint_D\left(\frac{\partial P}{\partial x}+\frac{\partial Q}{\partial y}\right)\mathrm{d}x\mathrm{d}y$$

因为，假设流体是不可压缩的，同一时间内的液体只能从边界流出，故有

$$\oint_L P\mathrm{d}y-Q\mathrm{d}x=\iint_D\left(\frac{\partial P}{\partial x}+\frac{\partial Q}{\partial y}\right)\mathrm{d}x\mathrm{d}y$$

这也就从流量的角度解释了格林公式的物理意义。

最后，不难从以上两种物理解释得到推导高斯公式和斯托克斯公式的启迪，高斯公式和斯托克斯公式都是格林公式在三维空间上的推广。

1.3.6　积分与路径无关条件

定义　设有平面向量场 $F(x,y)=(P(x,y),Q(x,y))$，$(x,y)\in D$，并且对于区域 D 中的任意两点 A 和 B，以及任意两条以 A 为起点，B 为终点的光滑或分段光滑曲线 L_1 和 L_2，若有

$$\int_{L_1}P(x,y)\mathrm{d}x+Q(x,y)\mathrm{d}y=\int_{L_2}P(x,y)\mathrm{d}x+Q(x,y)\mathrm{d}y$$

则称向量场 F 为平面保守场，同理还可以定义空间保守场。

给出平面保守场的定义之后，自然想要知道如何验证平面上一个向量场是保守场，此时就需要用到如下定理。

定理　设 D 是平面上的单连通区域，函数 $P(x,y)$、$Q(x,y)$ 在 D 内有连续的一阶偏导数，则下面的四种说法是等价的：

（1）在区域 D 内存在可微函数 $u(x,y)$，使得 $\mathrm{d}u(x,y)=P(x,y)\mathrm{d}x+Q(x,y)\mathrm{d}y$，$(x,y)\in D$；

（2）在区域 D 内总有 $\partial P/\partial y=\partial Q/\partial x$ 成立；

（3）对区域 D 内的任意光滑闭曲线 L，均有 $\oint_L P\mathrm{d}x+Q\mathrm{d}y=0$；

（4）对区域 D 内的任意两点 A 和 B，定义在 A、B 两点间连线上的积分 $\int P\mathrm{d}x+Q\mathrm{d}y$ 的值只与这两点的位置有关，而与两点连线在区域 D 内所走过的路径无关。

证明　为了简便起见，不妨考虑证明由定理中的第一种说法可以推出第二种说法，由第二种说法可以推出第三种说法，由第三种说法可以推出第四种说法，最后由第四种说法可以推出第一种说法。因此，四种说法彼此之间的等价性就可以被证明。

首先，证明第一种说法可以推出第二种说法。

由于存在 $u(x,y)$，使得 $\mathrm{d}u(x,y)=P(x,y)\mathrm{d}x+Q(x,y)\mathrm{d}y,(x,y)\in D$，根据全微分公式，又因为全微分的形式是唯一的，可得

$$\frac{\partial u}{\partial x}=P(x,y),\quad \frac{\partial u}{\partial y}=Q(x,y)$$

由此可得

$$\frac{\partial P}{\partial y}=\frac{\partial^2 u}{\partial x\partial y},\quad \frac{\partial Q}{\partial x}=\frac{\partial^2 u}{\partial y\partial x}$$

由于上述两个二阶偏导数连续，所以有 $\partial P/\partial y=\partial Q/\partial x$。

其次，证明第二种说法可以推出第三种说法。

设 L 为区域 D 内的一条光滑闭曲线，不妨设其为一条简单的光滑闭曲线，并且它所围成的区域为 D'，则根据格林公式有

$$\oint_L P\mathrm{d}x+Q\mathrm{d}y=\iint_{D'}\left(\frac{\partial Q}{\partial x}-\frac{\partial P}{\partial y}\right)\mathrm{d}\sigma=0$$

如果曲线不满足简单性的条件，其实可以通过分割的方法，对不同区域分别应用格林公式，最终也会得到相同的结果。

然后，证明第三种说法可以推出第四种说法。

这其实是显而易见的。区域 D 内的任意两点 A 和 B，以 A 为起点，以 B 为终点，可做任意一条曲线，记为 L_{AB}。然后，再以 B 为起点，以 A 为终点，做任意一条曲线，记为 L'_{BA}。则 L_{AB} 和 L'_{BA} 便形成了一条闭合的回路，于是根据第三种说法的描述，便有

$$\oint_{L_{AB}+L'_{BA}}P\mathrm{d}x+Q\mathrm{d}y=\int_{L_{AB}}P\mathrm{d}x+Q\mathrm{d}y+\int_{L'_{BA}}P\mathrm{d}x+Q\mathrm{d}y=0$$

又因为沿同一条路径的曲线积分，改变积分曲线的方向会导致积分结果的正负号颠倒，所以有

$$\int_{L_{AB}}P\mathrm{d}x+Q\mathrm{d}y=\int_{L'_{AB}}P\mathrm{d}x+Q\mathrm{d}y$$

由于积分路径 L_{AB} 和 L'_{AB} 都是任取的，自然也就证明定义在 A、B 两点间连线上的积分值只与这两点的位置有关，而与两点连线在区域 D 内所走过的路径无关。

最后，证明第四种说法可以推出第一种说法。

设 (x_0,y_0) 是区域 D 内的固定一点，而 (x,y) 表示区域 D 内的任意一点，然后构造一个变上限的积分函数

$$u(x,y)=\int_{(x_0,y_0)}^{(x,y)}P(x,y)\mathrm{d}x+Q(x,y)\mathrm{d}y$$

根据第四种说法的表述，定义在区域 D 内的曲线积分，其积分值仅与起始点和终末点的位置有关，而与积分路径无关，所以当点 (x_0,y_0) 固定时，函数 $u(x,y)$ 的值可以唯一由点 (x,y) 确定。因此上述函数的定义是有意义的。这时，如果可以验证 $\partial u/\partial x=P,\partial u/\partial y=Q$，那么相应的结论便可得到证明。由于 P、Q 是连续的，即 u 关于 x 和 y 分别拥有连续的一阶偏导数，而有连续偏导数的函数一定是可微的，所以 u 的全微分是存在的。并且根据全微分公式可得

$$\mathrm{d}u=\frac{\partial u}{\partial x}\mathrm{d}x+\frac{\partial u}{\partial y}\mathrm{d}y=P\mathrm{d}x+Q\mathrm{d}y$$

这正是所要证明的。下面就来验证 $\partial u/\partial x=P$。由偏导数的定义，可知

$$\frac{\partial u}{\partial x} = \lim_{\Delta x \to 0} \frac{u(x + \Delta x, y) - u(x, y)}{\Delta x}$$

根据 $u(x, y)$ 的定义，可以把上述表达式中的函数展开成积分的形式。其中，$u(x + \Delta x, y)$ 的积分曲线以点 (x_0, y_0) 为起点，以 $(x + \Delta x, y)$ 为终点的任意曲线，而函数 $u(x, y)$ 的积分曲线以点 (x_0, y_0) 为起点，以 (x, y) 为终点的任意曲线。曲线积分的值仅与起始点的位置有关，而与积分路径无关，所以可以根据计算的便利性来对积分路径进行选择。不妨令 $u(x + \Delta x, y)$ 的积分曲线，先沿着 $u(x, y)$ 的积分路径从点 (x_0, y_0) 开始，到点 (x, y) 后，再沿着一条直线段到达点 $(x + \Delta x, y)$。重合的部分相减之后变为 0，所以有

$$\frac{\partial u}{\partial x} = \lim_{\Delta x \to 0} \frac{1}{\Delta x} \int_{(x, y)}^{(x + \Delta x, y)} P\mathrm{d}x + Q\mathrm{d}y$$

而从点 (x, y) 沿直线段达到点 $(x + \Delta x, y)$ 的路径中，y 没有变化，即 $\mathrm{d}y = 0$，再根据积分中值定理，可得

$$\frac{\partial u}{\partial x} = \lim_{\Delta x \to 0} \frac{1}{\Delta x} \int_x^{x + \Delta x} P(x, y)\mathrm{d}x = P$$

同理，还可以验证 $\partial u / \partial y = Q$，所以也就证明原结论成立。

综上所述，定理得证。

对于连通区域 D 内的向量场 $\boldsymbol{F} = (P(x, y), Q(x, y))$，若 $P(x, y)$ 和 $Q(x, y)$ 具有连续的偏导数，且 $\partial Q / \partial x = \partial P / \partial y$，则 $\boldsymbol{F}$ 是保守场。此外，如果向量场 F 是保守场，那么当且仅当它是某函数 $u(x, y)$ 的梯度场，即 $\boldsymbol{F} = \nabla u(x, y)$。把函数 $u(x, y)$ 称为是向量场 $\boldsymbol{F}$ 在 D 上的原函数或势函数。对于空间上的情况同样有类似的定义。设有空间向量场 $\boldsymbol{F} = (P(x, y, z), Q(x, y, z), R(x, y, z))$，$(x, y, z) \in \Omega$，若存在函数 $u(x, y, z)$，使得

$$\boldsymbol{F}(x, y, z) = \nabla u(x, y, z) = \left(\frac{\partial u}{\partial x}, \frac{\partial u}{\partial y}, \frac{\partial u}{\partial z} \right)$$

则称函数 $u(x, y, z)$ 是向量场 $\boldsymbol{F}$ 的原函数或势函数。此时，向量场 $\boldsymbol{F}$ 是空间保守场。而判断 $\boldsymbol{F}$ 是空间保守场的条件为

$$\frac{\partial P}{\partial y} = \frac{\partial Q}{\partial x}, \quad \frac{\partial P}{\partial z} = \frac{\partial R}{\partial x}, \quad \frac{\partial Q}{\partial z} = \frac{\partial R}{\partial y}$$

关于该结论的证明需要用到后面介绍的斯托克斯公式。最后，采用一种行列式的形式来重写上述保守场的判定条件。判定平面向量场 $\boldsymbol{F} = (P(x, y), Q(x, y))$ 为保守场的条件是

$$\frac{\partial Q}{\partial x} = \frac{\partial P}{\partial y} \Leftrightarrow \begin{vmatrix} \dfrac{\partial}{\partial x} & \dfrac{\partial}{\partial y} \\ P & Q \end{vmatrix} = 0$$

判定空间向量场 $\boldsymbol{F} = (P(x, y, z), Q(x, y, z), R(x, y, z))$ 为保守场的条件是

$$\frac{\partial P}{\partial y} = \frac{\partial Q}{\partial x}, \quad \frac{\partial P}{\partial z} = \frac{\partial R}{\partial x}, \quad \frac{\partial Q}{\partial z} = \frac{\partial R}{\partial y} \Leftrightarrow \begin{vmatrix} \boldsymbol{i} & \boldsymbol{j} & \boldsymbol{k} \\ \dfrac{\partial}{\partial x} & \dfrac{\partial}{\partial y} & \dfrac{\partial}{\partial z} \\ P & Q & R \end{vmatrix} = \boldsymbol{0}$$

1.3.7　曲面积分

第一类曲面积分　设曲面 Σ 是光滑的，函数 $f(x,y,z)$ 在 Σ 上有界。把 Σ 任意分成 n 小块 ΔS_i（ΔS_i 同时也代表第 i 个小块曲面的面积），设 (ξ_i,η_i,ζ_i) 是 ΔS_i 上任意取定的一点，做乘积 $f(\xi_i,\eta_i,\zeta_i)\Delta S_i(i=1,2,\cdots,n)$，并做和 $\sum\limits_{i=1}^{n}f(\xi_i,\eta_i,\zeta_i)\Delta S_i$，如果当各小块曲面直径[①] 的最大值 λ 趋近于 0 时，其和的极限总存在，则称此极限为函数 $f(x,y,z)$ 在曲面 Σ 上对面积的曲面积分或第一类曲面积分，记作

$$\iint\limits_{\Sigma}f(x,y,z)\mathrm{d}S=\lim_{\lambda\to0}\sum_{i=1}^{n}f(\xi_i,\eta_i,\zeta_i)\Delta S_i$$

其中，$f(x,y,z)$ 叫做被积函数，Σ 叫做积分曲面。特别地，如果 Σ 是闭曲面，那么函数 $f(x,y,z)$ 在闭曲面 Σ 上对面积的曲面积分则记为

$$\oiint\limits_{\Sigma}f(x,y,z)\mathrm{d}S$$

对于第一类曲面积分的实际意义，可以从空间曲面构件的质量这个角度解释。如果被积函数 $f(x,y,z)\geqslant0$，那么关于面积的曲面积分就可以表示为面密度函数 $f(x,y,z)$ 的曲线所构建的质量。特别地，当 $f(x,y,z)=1$ 时，关于面积的曲面积分计算的就是曲面的面积。

第二类曲面积分　设 Σ 为光滑的有向曲面，函数 $R(x,y,z)$ 在 Σ 上有界。把 Σ 任意分成 n 块小曲面 ΔS_i（ΔS_i 同时也代表第 i 个小块曲面的面积），ΔS_i 在 xOy 面上的投影为 $(\Delta S_i)_{xy}$，(ξ_i,η_i,ζ_i) 是 ΔS_i 上任意取定的一点。如果当各小块曲面的直径的最大值 λ 趋近于 0 时，极限

$$\lim_{\lambda\to0}\sum_{i=1}^{n}R(\xi_i,\eta_i,\zeta_i)(\Delta S_i)_{xy}$$

总存在，则称此极限为函数 $R(x,y,z)$ 在有向曲面 Σ 上对坐标 x、y 的曲面积分，记作

$$\iint\limits_{\Sigma}R(x,y,z)\mathrm{d}x\mathrm{d}y=\lim_{\lambda\to0}\sum_{i=1}^{n}R(\xi_i,\eta_i,\zeta_i)(\Delta S_i)_{xy}$$

其中，$R(x,y,z)$ 叫做被积函数，Σ 叫做积分曲面。

类似地，可以定义函数 $P(x,y,z)$ 在有向曲面 Σ 上对坐标 y、z 的曲面积分，记作

$$\iint\limits_{\Sigma}P(x,y,z)\mathrm{d}y\mathrm{d}z=\lim_{\lambda\to0}\sum_{i=1}^{n}P(\xi_i,\eta_i,\zeta_i)(\Delta S_i)_{yz}$$

以及函数 $Q(x,y,z)$ 在有向曲面 Σ 上对坐标 z、x 的曲面积分，记作

$$\iint\limits_{\Sigma}Q(x,y,z)\mathrm{d}z\mathrm{d}x=\lim_{\lambda\to0}\sum_{i=1}^{n}Q(\xi_i,\eta_i,\zeta_i)(\Delta S_i)_{zx}$$

以上三个曲面积分也称为第二类曲面积分。此外，在实际中更常用到的是下列形式

$$\iint\limits_{\Sigma}P(x,y,z)\mathrm{d}y\mathrm{d}z+\iint\limits_{\Sigma}Q(x,y,z)\mathrm{d}z\mathrm{d}x+\iint\limits_{\Sigma}R(x,y,z)\mathrm{d}x\mathrm{d}y$$

[①]　曲面的直径指的是其任意两点间距离的最大值。

为了简便起见，上式还可以写成

$$\iint_{\Sigma} P(x,y,z)\mathrm{d}y\mathrm{d}z + Q(x,y,z)\mathrm{d}z\mathrm{d}x + R(x,y,z)\mathrm{d}x\mathrm{d}y$$

这表示的便是向量场 $v = P(x,y,z)\mathbf{i} + Q(x,y,z)\mathbf{j} + R(x,y,z)\mathbf{k}$，在有向曲面 Σ 上对坐标的曲面积分。

下面讨论第二类曲面积分的实际意义。在介绍格林公式的物理意义时，已经接触过流量的概念了。此时讨论的是二维平面向量场中的情况，现在将其推广到三维空间向量场中。在平面上，向量场穿过一条曲线的流量，是指单位时间内流体沿着曲线外法线方向流过曲线弧的量，这个量最终反映为一个平面区域的面积。而在空间中，向量场穿过一块曲面的流量，是指单位时间内流体沿着正法向量方向流过曲面片的量，这个量最终反映为一个空间区域的体积。假设稳定流动的不可压缩流体的速度场为 $v = P(x,y,z)\mathbf{i} + Q(x,y,z)\mathbf{j} + R(x,y,z)\mathbf{k}$，这里点 $(x,y,z) \in \Omega$，现在求流体流过有向曲面 Σ 的流量 Φ。如图 1-17 所示，把曲面 Σ 任意分成众多小曲面，然后考虑其中的一个小曲面 ΔS，M 是 ΔS 上的一点，$\mathbf{n}(M)$ 表示该点处曲面 Σ 的法向量，在 M 点处的速度等于 $v(M)$。当各小块曲面的直径的最大值 λ 趋近于 0 时，即可采用以平代曲的思想，用 $\mathrm{d}S$ 代替 ΔS 的面积。

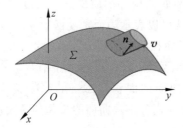

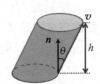

图 1-17 通过空间曲面的流量　　　　图 1-18 计算小斜主体的体积

现在要计算曲面上以 $\mathrm{d}S$ 为底面积的某个小斜柱体的体积，可以将其拿出来单独考虑，如图 1-18 所示。单位法向量 $\mathbf{n}$ 与速度向量 v 之间的夹角是 θ，h 是斜柱体的高，所以这个小斜柱体的体积显然就等于 $|v|\cos\theta \mathrm{d}S$。回忆前面关于向量内积的介绍，考虑到向量 $\mathbf{n}$ 是一个单位向量，于是便可以把这个体积表达式重写为 $(v \cdot \mathbf{n})\mathrm{d}S$。基于这个结论，再来讨论通过曲面的流量，问题的答案似乎已经变得相当明朗了。在流速场 v 中，流体通过任意一个小曲面 ΔS 的流量 $\Delta\Phi \approx v(M) \cdot \mathbf{n}(M)\mathrm{d}S$。然后，对整个曲面做积分便可得到通过曲面 Σ 的流量

$$\Phi = \iint_{\Sigma} [v(M) \cdot \mathbf{n}(M)]\mathrm{d}S$$

又因曲面的单位法向量 $\mathbf{n} = \{\cos\alpha, \cos\beta, \cos\gamma\}$，且速度向量 v 的三个分量分别是 $P(x,y,z)$、$Q(x,y,z)$ 和 $R(x,y,z)$，于是流量表达式就变成如下对面积的曲面积分

$$\Phi = \iint_{\Sigma} [P(x,y,z)\cos\alpha + Q(x,y,z)\cos\beta + R(x,y,z)\cos\gamma]\mathrm{d}S$$

$$= \iint_{\Sigma} P(x,y,z)\cos\alpha\mathrm{d}S + Q(x,y,z)\cos\beta\mathrm{d}S + R(x,y,z)\cos\gamma\mathrm{d}S$$

注意，$\cos\alpha$、$\cos\beta$、$\cos\gamma$ 分别是法向量 $\mathbf{n}$ 与 x 轴、y 轴和 z 轴的方向余弦，所以 $\cos\alpha\mathrm{d}S$、

$\cos\beta\mathrm{d}S$ 和 $\cos\gamma\mathrm{d}S$ 就分别表示 $\mathrm{d}S$ 在 yOz 平面上、在 zOx 平面上以及在 xOy 平面上的投影。而且当各小块曲面直径的最大值 λ 趋近于 0 时,有 ΔS 趋近于 $\mathrm{d}S$,因此 $\mathrm{d}S$ 在 yOz 平面上、在 zOx 平面上以及在 xOy 平面上的投影其实就是最初在定义第二类曲线积分时所采用的 $(\Delta S)_{yz}$、$(\Delta S)_{xy}$ 和 $(\Delta S)_{zx}$。所以,上面的对面积的曲面积分就可以写成对坐标的曲面积分定义中所采用形式

$$\iint_{\Sigma} P(x,y,z)\mathrm{d}y\mathrm{d}z + Q(x,y,z)\mathrm{d}z\mathrm{d}x + R(x,y,z)\mathrm{d}x\mathrm{d}y$$

如果用 $\mathrm{d}\boldsymbol{S}$ 表示向量 $(\mathrm{d}y\mathrm{d}z,\mathrm{d}z\mathrm{d}x,\mathrm{d}x\mathrm{d}y)$,此时 $\mathrm{d}\boldsymbol{S}$ 就是一个向量,它的含义是单位法向量 $\boldsymbol{n}$ 与面积微元 $\mathrm{d}S$ 的乘积,即 $\boldsymbol{n}\mathrm{d}S$。换言之,$\mathrm{d}\boldsymbol{S}$ 就是一个有向的面积微元,它的方向其实就是曲面在 (x,y,z) 这一点的法向量。由此便可以把对坐标的曲面积分表示成下面这样的向量形式

$$\iint_{\Sigma} P\mathrm{d}y\mathrm{d}z + Q\mathrm{d}z\mathrm{d}x + R\mathrm{d}x\mathrm{d}y = \iint_{\Sigma} \boldsymbol{v}\cdot\boldsymbol{n}\mathrm{d}S = \iint_{\Sigma} \boldsymbol{v}\cdot\mathrm{d}\boldsymbol{S}$$

关于这部分内容的讨论,既阐明了第二类曲面积分的实际意义,也明确了两类曲面积分之间的关联。需要说明的是,后面将更多地采用通量这个提法替代此前所用的流量。通量是更广义的说法,如果考虑的向量场是流速场的话,那么通量就是流量,如果考虑的是电场或者磁场,那么通量就是电通量或者磁通量。

1.3.8 高斯公式与散度

通过前面的学习已经认识到,格林公式建立了平面闭曲线的曲线积分与其所围成的平面区域的二重积分之间的联系;在物理上,它阐释了穿过封闭曲线的通量与其围成的面积上的全部通量之间的关系。从这个角度进行推广,即可得到高斯公式。在数学上,高斯公式建立了空间闭曲面的曲面积分与其所围成的空间区域的三重积分之间的联系;在物理上,它也阐释了穿过封闭曲面的通量与其围成的体积上的全部通量之间的关系。

定理 设空间闭区域 Ω 是由分片光滑的闭曲面 Σ 所围成,函数 $P(x,y,z)$、$Q(x,y,z)$、$R(x,y,z)$ 在 Ω 上具有一阶连续偏导数,则有

$$\iiint_{\Omega} \left(\frac{\partial P}{\partial x} + \frac{\partial Q}{\partial y} + \frac{\partial R}{\partial z}\right)\mathrm{d}V = \oiint_{\Sigma} P\mathrm{d}y\mathrm{d}z + Q\mathrm{d}z\mathrm{d}x + R\mathrm{d}x\mathrm{d}y$$

或

$$\iiint_{\Omega} \left(\frac{\partial P}{\partial x} + \frac{\partial Q}{\partial y} + \frac{\partial R}{\partial z}\right)\mathrm{d}V = \oiint_{\Sigma} (P\cos\alpha + Q\cos\beta + R\cos\gamma)\mathrm{d}S$$

其中,Σ 是 Ω 的整个边界曲面的外侧,$\cos\alpha$、$\cos\beta$ 和 $\cos\gamma$ 是 Σ 在点 (x,y,z) 处的法向量的方向余弦,以上公式就称为高斯公式。

在证明高斯公式时,可以考虑采用与格林公式的证明过程相类似的方法,即分别证明与 P、Q 和 R 有关的三个等式

$$\oiint_{\Sigma^+} P\mathrm{d}y\mathrm{d}z = \iiint_{\Omega} \frac{\partial P}{\partial x}\mathrm{d}V, \quad \oiint_{\Sigma^+} Q\mathrm{d}z\mathrm{d}x = \iiint_{\Omega} \frac{\partial Q}{\partial y}\mathrm{d}V, \quad \oiint_{\Sigma^+} R\mathrm{d}x\mathrm{d}y = \iiint_{\Omega} \frac{\partial R}{\partial z}\mathrm{d}V$$

证明　设区域 Ω 是关于 z 轴简单的，即和 z 轴平行的直线与区域 Ω 的表面要么相交于一点，要么相交于两点，要么相交于一条直线段，除此之外没有其他情况。下面就来证明在这样一个区域上，第三个等式是成立的。如图 1-19 所示，首先对于在 Σ_3 上的积分，由于 Σ_3 在 xOy 平面上的投影是 D_{xy} 的边界曲线，所以有

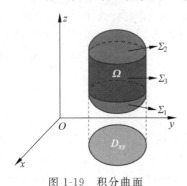

图 1-19　积分曲面

$$\iint\limits_{\Sigma_3} R(x,y,z)\mathrm{d}x\mathrm{d}y = 0$$

假设曲面 Σ_1 和 Σ_2 的方程分别为 $z=z_1(x,y)$ 和 $z=z_2(x,y)$，其中 $(x,y)\in D_{xy}$，则有

$$\iint\limits_{\Sigma_1} R(x,y,z)\mathrm{d}x\mathrm{d}y = -\iint\limits_{D_{xy}} R[x,y,z_1(x,y)]\mathrm{d}x\mathrm{d}y$$

$$\iint\limits_{\Sigma_2} R(x,y,z)\mathrm{d}x\mathrm{d}y = +\iint\limits_{D_{xy}} R[x,y,z_2(x,y)]\mathrm{d}x\mathrm{d}y$$

其中，正负号的选取是根据曲面法向量与 z 轴之间的夹角判定的。具体而言，就是曲面 Σ_1 的法向量与 z 轴之间的夹角是一个钝角，最终积分的结果为负；而曲面 Σ_2 的法向量与 z 轴之间的夹角是一个锐角，最终积分的结果为正。基于以上结果，可得

$$\oiint\limits_{\Sigma} R\,\mathrm{d}x\mathrm{d}y = \iint\limits_{D_{xy}} \{R[x,y,z_2(x,y)] - R[x,y,z_1(x,y)]\}\mathrm{d}x\mathrm{d}y$$

根据三重积分的计算方法，原等式右端的三重积分可以转化成累次积分，再利用牛顿-莱布尼茨公式，可得

$$\iiint\limits_{\Omega} \frac{\partial R}{\partial z}\mathrm{d}V = \iint\limits_{D_{xy}} \mathrm{d}x\mathrm{d}y \int_{z_1(x,y)}^{z_2(x,y)} \frac{\partial R}{\partial z}\mathrm{d}z = \iint\limits_{D_{xy}} \{R[x,y,z_2(x,y)] - R[x,y,z_1(x,y)]\}\mathrm{d}x\mathrm{d}y$$

由此即证明第三个等式左右两端确实是相等的。依照类似的方法，还可以证明第一个等式和第二个等式对于简单的区域都是成立的。而对于更一般的情况，只要把原区域分割成若干相邻的简单子区域，便不难发现相邻子区域间的共有曲面在各自计算积分的过程中由于方向相反，最终会彼此抵消掉。所以，对于更一般的情况（即使积分区域不是简单的），高斯公式仍然成立。

根据上一节的介绍，可知第二类曲面积分的实际意义就是在向量场中，穿过曲面 Σ 的流量 Φ。如果 Σ 是向量场中的一个闭曲面，它的法向量是指向外侧的，则向量场通过 Σ 的通量就可能有三种情况。当 $\Phi>0$ 时，说明流入 Σ 的流体的体积要少于流出的，表明 Σ 内是有源的；当 $\Phi<0$ 时，说明流入 Σ 的流体的体积要多于流出的，表明 Σ 内是有汇的；当 $\Phi=0$ 时，说明流入与流出 Σ 的流体体积是相等的。并且基于本小节所介绍的高斯公式，有下式成立

$$\Phi = \oiint\limits_{\Sigma} P\mathrm{d}y\mathrm{d}z + Q\mathrm{d}z\mathrm{d}x + R\mathrm{d}x\mathrm{d}y = \iiint\limits_{\Omega} \left(\frac{\partial P}{\partial x} + \frac{\partial Q}{\partial y} + \frac{\partial R}{\partial z}\right)\mathrm{d}x\mathrm{d}y\mathrm{d}z$$

其中，Ω 是 Σ 所围成的空间区域，Ω 的体积是 V。

假设点 $M(x,y,z)$ 是向量场 $\boldsymbol{A}=P(x,y,z)\boldsymbol{i}+Q(x,y,z)\boldsymbol{j}+R(x,y,z)\boldsymbol{k}$ 中任意一点。作封闭曲面 S 包围 M 点，S 包围的空间的体积为 ΔV，当空间向 M 这一点收缩时（$\Delta V\to 0$），

考虑单位体积之流量(或称流量的密度)的极限,并定义该极限为向量场 $\boldsymbol{A}$ 在点 M 处的散度,用 $\text{div}\boldsymbol{A}$ 表示,即

$$\text{div}\boldsymbol{A} = \lim_{\Delta V \to 0} \frac{\oiint\limits_{S} \boldsymbol{A} \cdot \text{d}\boldsymbol{S}}{\Delta V}$$

散度的本质是通量对体积的变化率,而且散度绝对值的大小反映了单位体积内源的强度。如果 $\text{div}\boldsymbol{A} > 0$,表明该点处有正源;如果 $\text{div}\boldsymbol{A} < 0$,表明该点处有负源;如果 $\text{div}\boldsymbol{A} = 0$,表明该点处无源。特别地,如果向量场 $\boldsymbol{A}$ 中处处有 $\text{div}\boldsymbol{A} = 0$,则称 $\boldsymbol{A}$ 是无源场。

在空间直角坐标系中,矢量场 $\boldsymbol{A}$ 在点 M 处的散度还可以借助之前提到的梯度算子表示,此时散度表现为梯度算子与向量场的内积

$$\text{div}\boldsymbol{A} = \frac{\partial P}{\partial x} + \frac{\partial Q}{\partial y} + \frac{\partial R}{\partial z} = \left(\frac{\partial}{\partial x}, \frac{\partial}{\partial y}, \frac{\partial}{\partial z}\right) \cdot (P, Q, R) = \nabla \cdot \boldsymbol{A}$$

1.3.9　斯托克斯公式与旋度

定理　设 Γ 是分段光滑的空间有向闭曲线,Σ 是以 Γ 为边界的分片光滑的有向曲面,Γ 的正向与 Σ 的侧符合右手法则,函数 $P(x,y,z)$、$Q(x,y,z)$、$R(x,y,z)$ 在曲面 Σ(连同边界 Γ)上具有一阶连续的偏导数,则有

$$\iint\limits_{\Sigma} \left(\frac{\partial R}{\partial y} - \frac{\partial Q}{\partial z}\right)\text{d}y\text{d}z + \left(\frac{\partial P}{\partial z} - \frac{\partial R}{\partial x}\right)\text{d}z\text{d}x + \left(\frac{\partial Q}{\partial x} - \frac{\partial P}{\partial y}\right)\text{d}x\text{d}y = \oint_{\Gamma} P\text{d}x + Q\text{d}y + R\text{d}z$$

以上公式就称为斯托克斯公式。斯托克斯公式建立了空间闭曲线 Γ 上的曲线积分与第二类曲面积分之间的一种联系,其中这个曲面是由 Γ 所张成的一个曲面。

在证明斯托克斯公式时,很自然会想到采用与格林公式(或高斯公式)的证明过程相类似的方法,即分别证明与 P、Q 和 R 有关的三个等式。这里首先证明其中与 P 有关的等式

$$\iint\limits_{\Sigma} \frac{\partial P}{\partial z}\text{d}z\text{d}x - \frac{\partial P}{\partial y}\text{d}x\text{d}y = \oint_{\Gamma} P\text{d}x$$

如图 1-20 所示,假设与 z 轴平行的直线与曲面 Σ 最多只有一个交点,区域 D_{xy} 是曲面 Σ 在 xOy 平面上的投影。相应的,曲面 Σ 的边界曲线 Γ 在 xOy 平面上的投影为区域 D_{xy} 的边界 L。对坐标的曲面积分可以转化成为投影区域的二重积分,而根据格林公式,对坐标的曲线积分也可以被转化成投影区域上的二重积分,然后只需验证这两个二重积分是相等的。

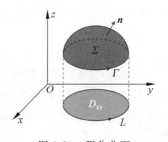

图 1-20　积分曲面

证明　设曲面 Σ 的方程为 $z = f(x,y)$,其中 $(x,y) \in D_{xy}$。投影区域 D_{xy} 的边界曲线 L 的参数方程为 $x = x(t)$,$y = y(t)$,其中 $\alpha \leqslant t \leqslant \beta$。由此可得到空间曲线 Γ 的参数方程为 $x = x(t)$,$y = y(t)$,$z = f[x(t), y(t)]$,且同样有 $\alpha \leqslant t \leqslant \beta$。

根据对坐标的曲线积分的计算方法可得

$$\oint_{\Gamma} P(x,y,z)\text{d}x = \oint_{L} P[x,y,f(x,y)]\text{d}x = \int_{\alpha}^{\beta} P\{x(t), y(t), f[x(t), y(t)]\} x'(t)\text{d}t$$

又根据格林公式,以及多元复合函数求偏导数的链式法则,可得

$$\oint_L P[x,y,f(x,y)]\mathrm{d}x = \iint_{D_{xy}} -\frac{\partial P[x,y,f(x,y)]}{\partial y}\mathrm{d}x\mathrm{d}y = -\iint_{D_{xy}}\left[\frac{\partial P}{\partial y}+\frac{\partial P}{\partial z}f'_y(x,y)\right]\mathrm{d}x\mathrm{d}y$$

接下来，设法将坐标的曲面积分转化成投影区域的二重积分。根据空间解析几何的知识，若曲面 Σ 的方程为 $z=f(x,y)$，则可以确定其法向量为 $\boldsymbol{n}=(-f'_x,-f'_y,1)$。如果 $\cos\alpha$、$\cos\beta$ 和 $\cos\gamma$ 分别表示曲面 Σ 的单位法向量的方向余弦，则有 $\boldsymbol{n} \parallel (\cos\alpha,\cos\beta,\cos\gamma)$。由此可得

$$\frac{\cos\beta}{-f'_y}=\frac{\cos\gamma}{1}\Rightarrow\cos\beta=-f'_y\cos\gamma$$

基于上述关系，再根据两类曲面积分之间的关系有

$$\iint_\Sigma \frac{\partial P}{\partial z}\mathrm{d}z\mathrm{d}x-\frac{\partial P}{\partial y}\mathrm{d}x\mathrm{d}y = \iint_\Sigma\left(\frac{\partial P}{\partial z}\cos\beta-\frac{\partial P}{\partial y}\cos\gamma\right)\mathrm{d}S$$

$$=\iint_\Sigma\left(-f'_y\frac{\partial P}{\partial z}-\frac{\partial P}{\partial y}\right)\cos\gamma\mathrm{d}S=-\iint_{D_{xy}}\left[\frac{\partial P}{\partial y}+\frac{\partial P}{\partial z}f'_y(x,y)\right]\mathrm{d}x\mathrm{d}y$$

所以，关于 P 的等式便得到了证明。同理，也可以证明如下等式成立

$$\iint_\Sigma \frac{\partial Q}{\partial x}\mathrm{d}x\mathrm{d}y-\frac{\partial Q}{\partial z}\mathrm{d}y\mathrm{d}z = \oint_\Gamma Q\mathrm{d}y, \qquad \iint_\Sigma \frac{\partial R}{\partial y}\mathrm{d}y\mathrm{d}z-\frac{\partial R}{\partial x}\mathrm{d}z\mathrm{d}x = \oint_\Gamma R\mathrm{d}z$$

尽管在证明过程之初，假设空间曲面是简单的，但对于更一般的情况，只要把原曲面分割成若干满足该前提的子曲面，然后再对每个子曲面分别证明有关结论即可。所以，对于更一般的情况，斯托克斯公式仍然成立。

斯托克斯公式也可以写成下列行列式的形式

$$\oint_\Gamma P\mathrm{d}x+Q\mathrm{d}y+R\mathrm{d}z = \iint_\Sigma \begin{vmatrix} \mathrm{d}y\mathrm{d}z & \mathrm{d}z\mathrm{d}x & \mathrm{d}x\mathrm{d}y \\ \dfrac{\partial}{\partial x} & \dfrac{\partial}{\partial y} & \dfrac{\partial}{\partial z} \\ P & Q & R \end{vmatrix}$$

根据两类曲面积分之间的关系，还有

$$\oint_\Gamma P\mathrm{d}x+Q\mathrm{d}y+R\mathrm{d}z = \iint_\Sigma \begin{vmatrix} \cos\alpha & \cos\beta & \cos\gamma \\ \dfrac{\partial}{\partial x} & \dfrac{\partial}{\partial y} & \dfrac{\partial}{\partial z} \\ P & Q & R \end{vmatrix}\mathrm{d}S$$

其实斯托克斯公式的物理意义在介绍格林公式时已经明确地给出了。下面就从这个物理意义出发来介绍场论中的一个重要概念——旋度。已知向量场 $\boldsymbol{A}=P(x,y,z)\boldsymbol{i}+Q(x,y,z)\boldsymbol{j}+R(x,y,z)\boldsymbol{k}$，可以将平面上沿封闭曲线的环量推广到三维空间上，并定义空间上沿封闭曲线的环量为

$$I=\oint_\Gamma P\mathrm{d}x+Q\mathrm{d}y+R\mathrm{d}z=\oint_\Gamma \boldsymbol{A}\cdot\mathrm{d}\boldsymbol{l}$$

其中，$\mathrm{d}\boldsymbol{l}=(\mathrm{d}x,\mathrm{d}y,\mathrm{d}z)$，这个向量表示弧长微元 $\mathrm{d}l$ 与曲线的单位切向量 $\boldsymbol{\tau}$ 的乘积。

设点 M 是向量场 $\boldsymbol{A}$ 中的任意一点，在点 M 处取定一个方向 $\boldsymbol{n}$。再过点 M 做一个微小曲面 ΔS（ΔS 同时表示该小曲面的面积），使得该小曲面在点 M 处的单位法向量为 $\boldsymbol{n}$。此外，ΔS 的边界曲线为 Δl，而 Δl 的正向与 $\boldsymbol{n}$ 满足右手螺旋法则，则该矢量场沿 Δl 的正向的环量为 ΔI。当曲面 ΔS 在点 M 处保持以 $\boldsymbol{n}$ 为法向量的条件下，以任意方式向点 M 收缩时

($\Delta S \to 0$)，若极限

$$\lim_{\Delta S \to 0} \frac{\Delta I}{\Delta S} = \lim_{\Delta S \to 0} \frac{\oint_{\Delta l} \boldsymbol{A} \cdot \mathrm{d}\boldsymbol{l}}{\Delta S}$$

存在，则称该极限为矢量场在点 M 处沿方向 $\boldsymbol{n}$ 的环量面密度（也就是环量对面积的变化率）。

在空间直角坐标系中，由斯托克斯公式以及两类曲面积分之间的关系，环量表达式还可以记为

$$I = \iint_{\Delta S} \left(\frac{\partial R}{\partial y} - \frac{\partial Q}{\partial z} \right) \mathrm{d}y\mathrm{d}z + \left(\frac{\partial P}{\partial z} - \frac{\partial R}{\partial x} \right) \mathrm{d}z\mathrm{d}x + \left(\frac{\partial Q}{\partial x} - \frac{\partial P}{\partial y} \right) \mathrm{d}x\mathrm{d}y$$

$$= \iint_{\Delta S} \left[\left(\frac{\partial R}{\partial y} - \frac{\partial Q}{\partial z} \right) \cos\alpha + \left(\frac{\partial P}{\partial z} - \frac{\partial R}{\partial x} \right) \cos\beta + \left(\frac{\partial Q}{\partial x} - \frac{\partial P}{\partial y} \right) \cos\gamma \right] \mathrm{d}S$$

根据积分中值定理，当曲面 ΔS 向点 M 收缩时（$\Delta S \to 0$），可得环量面密度在直角坐标系中的表达式（以及用向量内积表示的形式）如下

$$\lim_{\Delta S \to 0} \frac{\Delta I}{\Delta S} = \left(\frac{\partial R}{\partial y} - \frac{\partial Q}{\partial z} \right) \cos\alpha + \left(\frac{\partial P}{\partial z} - \frac{\partial R}{\partial x} \right) \cos\beta + \left(\frac{\partial Q}{\partial x} - \frac{\partial P}{\partial y} \right) \cos\gamma = \boldsymbol{C} \cdot \boldsymbol{n}$$

其中，$\cos\alpha$、$\cos\beta$ 和 $\cos\gamma$ 是点 M 处单位法向量 $\boldsymbol{n}$ 的方向余弦，而 $\boldsymbol{C}$ 则是如下形式的一个向量

$$\boldsymbol{C} = \left(\frac{\partial R}{\partial y} - \frac{\partial Q}{\partial z}, \frac{\partial P}{\partial z} - \frac{\partial R}{\partial x}, \frac{\partial Q}{\partial x} - \frac{\partial P}{\partial y} \right)$$

现在考虑在何种情况下，环量面密度的值最大。根据（关于二维或三维向量的）内积定义，可得 $\boldsymbol{C} \cdot \boldsymbol{n} = |\boldsymbol{C}| \cos\theta$。其中，$\theta$ 表示向量 $\boldsymbol{C}$ 和单位向量 $\boldsymbol{n}$ 的夹角，可知当向量 $\boldsymbol{C}$ 与单位法向量 $\boldsymbol{n}$ 同向时，环量面密度取得最大值，而且这个最大值就是向量 $\boldsymbol{C}$ 的模。由此便引出了旋度的定义。旋度是位于向量场 $\boldsymbol{A}$ 中一点 M 处的一个向量，向量场 $\boldsymbol{A}$ 在点 M 处沿着该向量的方向的环量密度为最大。向量场 $\boldsymbol{A}$ 中某一点的旋度常用符号 $\mathrm{curl}\boldsymbol{A}$ 表示。特别地，如果向量场中处处有 $\mathrm{curl}\boldsymbol{A} = \boldsymbol{0}$，则称该向量场是无旋场。

环量的概念刻画了向量场沿其中一条闭合曲线"流动"的强弱。而旋度则是用刻画向量场中沿着某一个轴"旋转"（或涡旋）强弱的量。显然，随着面元 ΔS 选取的方向不同，得到的环量面密度也有大有小。如果要表现一点附近向量场的旋转程度，则应该选择可以使其取得最大可能值时所对应面元的方向，并将由此得到的最大值用作衡量旋转程度的标准。

在空间直角坐标系中，矢量场 $\boldsymbol{A}$ 在点 M 处的旋度同样可以借助之前提到的梯度算子表示，此时旋度表现为梯度算子与向量场的外积

$$\mathrm{curl}\boldsymbol{A} = \left(\frac{\partial R}{\partial y} - \frac{\partial Q}{\partial z}, \frac{\partial P}{\partial z} - \frac{\partial R}{\partial x}, \frac{\partial Q}{\partial x} - \frac{\partial P}{\partial y} \right) = \left(\frac{\partial}{\partial x}, \frac{\partial}{\partial y}, \frac{\partial}{\partial z} \right) \times (P, Q, R) = \nabla \times \boldsymbol{A}$$

至此发现直角坐标系下的散度、旋度与梯度这三个算子（如果把它们看作是三种运算规则的话）正好可以对应到向量代数中的三个重要运算：内积（inner product）、外积（cross product）与直积（direct product）。其中，散度算子实现了一种从向量到标量的运算，旋度算子实现了一种从向量到向量的运算，而梯度算子则实现了一种从标量到向量的运算。

设向量场 $\boldsymbol{A} = (P, Q, R)$ 的分量函数存在偏导数，$u = u(x, y, z)$ 为可微实值函数，C 为实常数，则不难得到下列结论：

(1) $\text{div}(C\boldsymbol{A})=C\text{div}\boldsymbol{A}$；

(2) $\text{div}(u\boldsymbol{A})=u\,\text{div}\boldsymbol{A}+\boldsymbol{A}\cdot\text{grad}u$；

(3) $\text{curl}(C\boldsymbol{A})=C\text{curl}\boldsymbol{A}$；

(4) $\text{curl}(u\boldsymbol{A})=u\text{curl}\boldsymbol{A}+\text{grad}u\times\boldsymbol{A}$。

这里不再给出具体的推导过程，有兴趣的读者可以尝试自行证明。

本章参考文献

[1] 朱健民,李建平.高等数学[M].北京：高等教育出版社,2007.

[2] 同济大学数学系.高等数学[M].6版.北京：高等教育出版社,2007.

[3] 谢树艺.工程数学：矢量分析与场论[M].北京：人民教育出版社,1978.

[4] 王光哲.从两种物理解释看格林公式的由来[J].高等数学研究,1994(1).

[5] 林琦焜.Green 定理及应用[J].数学传播,1997,21(4).

[6] 黄国良,王瑞平,舒秦.矢量场散度和旋度的物理意义[J].西安矿业学院学报,1993(1).

[7] 徐小湛.高等数学学习手册[M].北京：科学出版社,2010.

[8] Lamb H.理论流体动力学[M].游镇雄,等译.北京：科学出版社,1990.

[9] David C. Lay.线性代数及其应用(原书第 3 版)[M].刘深泉,等译.北京：机械工业出版社,2005.

[10] Thim J. Continuous nowhere differentiable functions［D］.Luleå：Luleå University of Technology,2003.

[11] Gerver J. More on the differentiability of the Riemann function［J］.American Journal of Mathematics，1971,93(1).

[12] Gerver J. The Differentiability of the Riemann Function at Certain Rational Multiples of π［J］.American：American Journal of Mathematics，1970,92(1).

第 2 章

更进一步的数学内容

本章继续讨论图像处理中的数学基础,主要包括傅里叶变换的数学原理,复变函数论的初步内容以及一些优化方法的基础和数值计算方面的内容。特别要说明的是,本章的内容与前面的内容紧密联系,一脉相承。函数项级数相当于上一章中数项级数的扩展。傅里叶级数与泰勒级数也存在本质上的联系。本章还会给出复数域中的泰勒公式。在傅里叶级数和复变函数部分,第 1 章中介绍过的欧拉公式也会再次出现。在优化方法基础部分则要深入探讨一下凸函数和詹森不等式有关的内容,这是本书后续许多定理证明和推导的基础。最后的经典数值解法则对于具体的编码开发有很大的实际指导意义,如本书后续在讨论泊松方程的解法时就会再次谈到高斯迭代法。

2.1 傅里叶级数展开

之前在介绍泰勒展开式的时候提到过傅里叶级数。利用傅里叶级数对函数进行展开相对于泰勒展开式,会具有更好的整体逼近性,而且对函数的光滑性也不再有苛刻的要求。傅里叶级数是傅里叶变换的基础,傅里叶变换是数字信号处理(特别是图像处理)中非常重要的一种手段。遗憾的是,很多人并不能较为轻松地将傅里叶变换同高等数学中讲到的傅里叶级数联系起来。本节就来解开读者心中的疑惑。

2.1.1 函数项级数的概念

之前介绍过数项级数,函数项级数是数项级数的推广,研究函数项级数更具实际意义。设函数 $u_n(x)(n=1,2,\cdots)$ 在集合 $D \subset \mathbb{R}$ 上有定义,称 $\{u_n(x)\}: u_1(x), u_2(x), \cdots, u_n(x), \cdots$ 为 D 上的函数序列(或函数列)。如果对于每一个点 $x \in \Omega \subset D$,均存在 $u(x)$,使得

$$\lim_{n \to +\infty} u_n(x) = u(x)$$

则称函数序列 $\{u_n(x)\}$ 在点 x 处收敛，$u(x)$ 称为函数序列 $\{u_n(x)\}$ 的极限函数，Ω 称为收敛域。

设 $\{u_n(x)\}$ 是定义在 $D \subseteq \mathbb{R}$ 上的函数序列，则称

$$\sum_{n=1}^{+\infty} u_n(x) = u_1(x) + u_2(x) + \cdots + u_n(x) + \cdots$$

为定义在 D 上的函数项级数。对于 $x_0 \in D$，若数项级数 $\sum_{n=1}^{+\infty} u_n(x_0)$ 收敛，则称级数 $\sum_{n=1}^{+\infty} u_n(x)$ 在 x_0 处收敛，那么 x_0 称为收敛点，收敛点的全体称为收敛域；若数项级数 $\sum_{n=1}^{+\infty} u_n(x_0)$ 发散，则称级数 $\sum_{n=1}^{+\infty} u_n(x)$ 在 x_0 处发散，x_0 称为发散点。

若 Ω 为函数项级数 $\sum_{n=1}^{+\infty} u_n(x)$ 的收敛域，则对每个 $x \in \Omega$，存在唯一的 $S(x)$，使得

$$S(x) = \sum_{n=1}^{+\infty} u_n(x)$$

则称 $S(x)$ 为函数项级数 $\sum_{n=1}^{+\infty} u_n(x)$ 在 Ω 上的和函数。显然如果用 $S_n(x)$ 表示函数项级数的前 n 项和，并且 $r_n(x) = S(x) - S_n(x)$ 为余项，则在收敛域 Ω 上有

$$\lim_{n \to +\infty} S_n(x) = S(x) \quad \text{或} \quad \lim_{n \to +\infty} r_n(x) = 0$$

设函数序列 $\{u_n(x)\}$ 在收敛域 D 上逐点收敛于 $u(x)$，如果对于任意 $\varepsilon > 0$，存在只依赖于 ε 的正整数 N，使得当 $n > N$ 时，对于 $x \in D$ 恒有 $|u_n(x) - u(x)| < \varepsilon$，则称函数序列 $\{u_n(x)\}$ 在 D 上一致收敛于函数 $u(x)$，并记作 $u_n(x) \rightrightarrows u(x)(n \to +\infty)$。

设函数项级数 $\sum_{n=1}^{+\infty} u_n(x)$ 在 $I \subset \mathbb{R}$ 上的和函数为 $S(x)$，若其部分和函数序列 $\{S_n(x)\}$ 在 I 上一致收敛于 $S(x)$，则称函数项级数 $\sum_{n=1}^{+\infty} u_n(x)$ 在 I 上一致收敛于和函数 $S(x)$。

魏尔斯特拉斯判别法   如果函数项级数 $\sum_{n=1}^{+\infty} u_n(x)$ 在区间 I 上满足条件，$\forall x \in I$，$|u_n(x)| \leqslant M_n (n = 1, 2, \cdots)$，并且正向级数 $\sum_{n=1}^{+\infty} M_n$ 收敛，则函数项级数 $\sum_{n=1}^{+\infty} u_n(x)$ 在区间 I 上一致收敛，其中，M 表示一个常数，这个方法又称为 M 判别法。

所以对于函数项级数，如果它的每一项的绝对值，都能够找到一个相应的上界，便可以通过上界所构成的级数的收敛性来得到相应的函数项级数的一致收敛性。在此，不具体给出魏尔斯特拉斯判别法的具体证明，有兴趣的读者可以参阅数学分析方面的资料以了解更多。

例 2.1   证明下列级数在 $(-\infty, +\infty)$ 上一致收敛

$$f(x) = \frac{\sin 1^2 x}{1^2} + \frac{\sin 2^2 x}{2^2} + \cdots + \frac{\sin n^2 x}{n^2} + \cdots$$

解   根据 M 判别法，现在来寻找级数中每一项的一个上界，考虑正弦函数的有界性可得

$$\left|\frac{\sin n^2 x}{n^2}\right|\leqslant\frac{1}{n^2},\quad x\in(-\infty,+\infty)$$

而从前面的介绍,可知几何级数是收敛的,所以根据 M 判别法知原级数一致收敛。

该例子中的 $f(x)$ 是一个非常著名的函数项级数,称其为黎曼(Riemann)函数。实际上可以证明,黎曼函数在整个实轴上每一点处都是连续的,但是仅在满足下式的点上可导

$$x_0=\pi\frac{2p+1}{2q+1}\quad(p,q\in\mathbb{Z})$$

2.1.2　函数项级数的性质

上一节中已经给出了函数项级数一致收敛的概念,下面把原来的描述改写成 $\delta\text{-}N$ 定义的形式: $\forall\varepsilon>0$, $\exists N(\varepsilon)\in\mathbb{Z}^+$,使得当 $n>N$ 时,有

$$\left|\sum_{k=1}^{n}u_k(x)-S(x)\right|=|S_n(x)-S(x)|<\varepsilon$$

对一切 $x\in I$ 成立,则称函数项级数 $\sum_{n=1}^{+\infty}u_n(x)$ 在 I 上一致收敛于和函数 $S(x)$。

定理 1　如果级数 $\sum_{n=1}^{+\infty}u_n(x)$ 的各项 $u_n(x)$ 在区间 $[a,b]$ 上都连续,且 $\sum_{n=1}^{+\infty}u_n(x)$ 在区间 $[a,b]$ 上一致收敛于 $S(x)$,则 $S(x)$ 在 $[a,b]$ 也连续。

定理 1 也可以表述为 $\forall x_0\in[a,b]$,有

$$\lim_{x\to x_0}S(x)=S(x_0)\Leftrightarrow\lim_{x\to x_0}\sum_{n=1}^{+\infty}u_n(x)=\sum_{n=1}^{+\infty}u_n(x_0)\Leftrightarrow\lim_{x\to x_0}\sum_{n=1}^{+\infty}u_n(x)=\sum_{n=1}^{+\infty}\lim_{x\to x_0}u_n(x)$$

上述等式也说明在和函数连续的情况下,极限运算与求和运算可以交换次序,所以也可以把这个定理说成是极限运算与求和运算交换次序的一种性质。

证明　这里仅讨论 $x_0\in(a,b)$ 时的情形,对于 x_0 是区间端点时的情况可以作类似讨论。

$$|S(x)-S(x_0)|\leqslant|S(x)-S_n(x)|+|S_n(x)-S_n(x_0)|+|S_n(x_0)-S(x_0)|$$

由于 $\sum_{n=1}^{+\infty}u_n(x)$ 在区间 $[a,b]$ 上一致收敛于 $S(x)$,根据一致收敛的定义: $\forall\varepsilon>0$, $\exists N(\varepsilon)\in\mathbb{Z}^+$,当 $n>N$ 时,有

$$|S_n(x)-S(x)|=\left|\sum_{k=1}^{n}u_k(x)-S(x)\right|<\frac{\varepsilon}{3}$$

对一切 $x\in[a,b]$ 成立。因此,取 $n=N+1$,则有

$$|S(x)-S(x_0)|\leqslant|S(x)-S_{N+1}(x)|+|S_{N+1}(x)-S_{N+1}(x_0)|+|S_{N+1}(x_0)-S(x_0)|$$
$$<\frac{2\varepsilon}{3}+|S_{N+1}(x)-S_{N+1}(x_0)|$$

又因为 $u_k(x)$, $k=1,2,\cdots$,在 $x=x_0$ 处连续,所以对上式 $\varepsilon>0$,根据连续的定义(即函数在某一点的极限就等于函数在该点处的值),对于 $\delta>0$,使得 $|x-x_0|<\delta$ 时,有

$$|S_{N+1}(x)-S_{N+1}(x_0)|<\frac{\varepsilon}{3}$$

综上,可以得到, $\forall\varepsilon>0$, $\exists\delta>0$,使得 $|x-x_0|<\delta$ 时,有

$$| S(x) - S(x_0) | < \frac{2\varepsilon}{3} + \frac{\varepsilon}{3} = \varepsilon$$

即 $S(x)$ 在 $x = x_0$ 处是连续的，所以定理得证。

此外，尽管原定理的描述是在 $[a,b]$ 上的，但定理 1 在开区间 (a,b) 以及 $(-\infty, +\infty)$ 上依然是成立的。

上一节分析了黎曼函数的一致收敛性，而且还提到黎曼函数在整个实轴上都是连续的，下面就来证明这个结论。

因为函数

$$\frac{\sin n^2 x}{n^2}, \quad n = 1, 2, \cdots$$

在 $(-\infty, +\infty)$ 上连续，且级数在 $(-\infty, +\infty)$ 上一致收敛，所以根据刚才证明的定理可知和函数 $f(x)$ 在 $(-\infty, +\infty)$ 是连续的。

定理 2　如果级数 $\sum\limits_{n=1}^{+\infty} u_n(x)$ 的各项 $u_n(x)$ 在区间 $[a,b]$ 上都连续，且 $\sum\limits_{n=1}^{+\infty} u_n(x)$ 在区间 $[a,b]$ 上一致收敛于 $S(x)$，则 $S(x)$ 在 $[a,b]$ 上可积，且

$$\int_{x_0}^{x} S(x) \mathrm{d}x = \int_{x_0}^{x} u_1(x) \mathrm{d}x + \int_{x_0}^{x} u_2(x) \mathrm{d}x + \cdots + \int_{x_0}^{x} u_n(x) \mathrm{d}x + \cdots$$

其中，$x_0, x \in [a,b]$，并且上式右端的级数在 $[a,b]$ 上也一致收敛。

上述定理也可以表述为

$$\int_{x_0}^{x} S(x) \mathrm{d}x = \sum_{n=1}^{+\infty} \int_{x_0}^{x} u_n(x) \mathrm{d}x \Leftrightarrow \int_{x_0}^{x} \sum_{n=1}^{+\infty} u_n(x) \mathrm{d}x = \sum_{n=1}^{+\infty} \int_{x_0}^{x} u_n(x) \mathrm{d}x$$

上述等式也说明在级数中的每一项都是连续的且相应的函数项级数都一致收敛的情况下，积分运算与求和运算可以交换次序。

证明　$\sum\limits_{k=1}^{+\infty} \int_{x_0}^{x} u_k(x) \mathrm{d}x$ 的前 n 项部分和为（注意有限项的和与积分是可以交换次序的）

$$\overline{S_n}(x) = \sum_{k=1}^{n} \int_{x_0}^{x} u_k(x) \mathrm{d}x = \int_{x_0}^{x} \sum_{k=1}^{n} u_k(x) \mathrm{d}x = \int_{x_0}^{x} S_n(x) \mathrm{d}x$$

由此可得

$$\left| \overline{S_n}(x) - \int_{x_0}^{x} S(x) \mathrm{d}x \right| = \left| \int_{x_0}^{x} S_n(x) \mathrm{d}x - \int_{x_0}^{x} S(x) \mathrm{d}x \right| = \left| \int_{x_0}^{x} [S_n(x) - S(x)] \mathrm{d}x \right|$$

由于 $\sum\limits_{n=1}^{+\infty} u_n(x)$ 在区间 $[a,b]$ 上一致收敛于 $S(x)$，根据一致收敛的定义：$\forall \varepsilon > 0$，$\exists N(\varepsilon) \in \mathbb{Z}^+$，当 $n > N$ 时，有

$$| S_n(x) - S(x) | < \frac{\varepsilon}{b-a}$$

对一切 $x \in [a,b]$ 成立。

根据积分估计不等式，又 $| x - x_0 | \leqslant b - a$，则有

$$\left| \overline{S_n}(x) - \int_{x_0}^{x} S(x) \mathrm{d}x \right| = \left| \int_{x_0}^{x} [S_n(x) - S(x)] \mathrm{d}x \right| \leqslant \frac{\varepsilon}{b-a} | x - x_0 | < \varepsilon$$

由此可得

$$\lim_{n \to +\infty} \overline{S_n}(x) = \int_{x_0}^{x} S(x) \mathrm{d}x = \sum_{k=1}^{+\infty} \int_{x_0}^{x} u_k(x) \mathrm{d}x$$

同时上述不等式对一切 $x\in[a,b]$ 都是成立的，这也就隐含着级数 $\sum\limits_{n=1}^{+\infty}\int_{x_0}^{x}u_n(x)\mathrm{d}x$ 中的每一项都一致收敛于 $\int_{x_0}^{x}S(x)\mathrm{d}x$，所以定理得证。

定理 3　如果级数 $\sum\limits_{n=1}^{+\infty}u_n(x)$ 在区间 (a,b) 内收敛于函数 $S(x)$，它的各项 $u_n(x)$ 都具有连续导函数 $u_n'(x)$，且级数 $\sum\limits_{n=1}^{+\infty}u_n'(x)$ 在区间 (a,b) 上一致收敛，则 $\sum\limits_{n=1}^{+\infty}u_n(x)$ 在区间 (a,b) 上也一致收敛，且可逐项求导，即

$$S'(x)=u_1'(x)+u_2'(x)+\cdots+u_n'(x)+\cdots=\sum_{n=1}^{+\infty}u_n'(x)$$

定理 3 也可以表述为

$$\frac{\mathrm{d}}{\mathrm{d}x}\sum_{n=1}^{+\infty}u_n(x)=\sum_{n=1}^{+\infty}\frac{\mathrm{d}}{\mathrm{d}x}u_n(x),\quad x\in(a,b)$$

这个等式说明导数运算与求和运算可交换次序，条件是函数项级数本身是收敛的，并且每一项求导数之后相应的函数项级数是一致收敛的。

证明　设 $\sum\limits_{n=1}^{+\infty}u_n'(x)=\varphi(x)$，$x\in(a,b)$，因级数 $\sum\limits_{n=1}^{+\infty}u_n'(x)$ 在区间 (a,b) 上一致收敛于 $\varphi(x)$，且 $u_n'(x)$ 是连续的，所以由定理 3 可知 $\varphi(x)$ 在 (a,b) 上连续，导函数所构成的函数项级数是一致收敛于 $\varphi(x)$，因此它可以逐项积分，即

$$\int_{x_0}^{x}\varphi(x)\mathrm{d}x=\sum_{k=1}^{+\infty}\int_{x_0}^{x}u_k'(x)\mathrm{d}x$$

根据牛顿-莱布尼茨公式，上式可变为

$$\sum_{k=1}^{+\infty}\big[u_k(x)-u_k(x_0)\big]=S(x)-S(x_0)$$

由于 $\varphi(x)$ 在 (a,b) 上是连续的，而由连续函数所定义的变上限积分一定是可导的，于是可以得到如下结果，请注意 $S(x_0)$ 是一个常数，所以它的导数是等于 0 的，则

$$\left[\int_{x_0}^{x}\varphi(x)\mathrm{d}x\right]'=\varphi(x)=S'(x)$$

所以

$$S'(x)=\sum_{n=1}^{+\infty}u_n'(x),\quad x\in(a,b)$$

定理得证。

2.1.3　傅里叶级数的概念

前面在介绍泰勒公式时，已经提到过傅里叶级数了。傅里叶级数是一类特殊的函数项级数，也是一类非常重要的函数项级数。傅里叶级数是信号处理理论的一个重要基础。

设有两列实数 $\{a_n\}$、$\{b_n\}$，做函数项级数

$$\frac{a_0}{2}+\sum_{n=1}^{+\infty}(a_n\cos nx+b_n\sin nx)$$

称具有该形式的函数项级数为三角级数，而$\{a_n\}$、$\{b_n\}$称为此三角级数的系数。

显然级数中的每一项都是以2π为周期的。下面需要考虑如果一个以2π为周期的函数能够展开成三角级数，那么三角级数的系数该如何确定。为了回答这个问题，先来观察一下三角级数的形式。三角级数其实就是如下这样的无穷多个简单的三角函数（正弦函数或余弦函数）的线性组合

$$1,\cos x,\sin x,\cos 2x,\sin 2x,\cdots,\cos nx,\sin nx,\cdots$$

许多个函数放在一起就可以组成一个函数系统（Function System），或简称为函数系。由上面这些三角函数所组成的函数系就是一个三角函数系。而三角函数系是具有正交性的，所谓三角函数系的正交性是指三角函数系中任何两个不同的函数相乘，然后在$-\pi$到π上积分，其积分的结果都是等于0的。此外，还发现除1以外，其他任何函数跟自己相乘，然后在$-\pi$到π上积分，其积分的结果都等于π。即对于三角函数系中的函数，都有如下等式成立

$$\int_{-\pi}^{\pi}\sin kx\cos nx\,\mathrm{d}x=0$$

$$\int_{-\pi}^{\pi}\sin kx\sin nx\,\mathrm{d}x=\begin{cases}0,&k\neq n\\\pi,&k=n\neq 0\end{cases}$$

$$\int_{-\pi}^{\pi}\cos kx\cos nx\,\mathrm{d}x=\begin{cases}0,&k\neq n\\\pi,&k=n\neq 0\end{cases}$$

其中，k、n均为非负整数。

下面来验证上述结论。首先，对于第一个等式，当$k\neq n$，通过积化和差公式，可得

$$\int_{-\pi}^{\pi}\sin kx\cos nx\,\mathrm{d}x=\frac{1}{2}\int_{-\pi}^{\pi}[\sin(k+n)x+\sin(k-n)x]\mathrm{d}x$$
$$=-\frac{1}{2}\left[\frac{\cos(k+n)x}{k+n}+\frac{\cos(k-n)x}{k-n}\right]_{-\pi}^{+\pi}=0$$

当$k=n$时，可得

$$\int_{-\pi}^{\pi}\sin kx\cos nx\,\mathrm{d}x=\frac{1}{2}\int_{-\pi}^{\pi}\sin 2kx\,\mathrm{d}x=0$$

对于第二个等式，当$k\neq n$，通过积化和差公式，可得

$$\int_{-\pi}^{\pi}\sin kx\sin nx\,\mathrm{d}x=\frac{1}{2}\int_{-\pi}^{\pi}[\cos(k-n)x-\cos(k+n)x]\mathrm{d}x$$
$$=\frac{1}{2}\left[\frac{\sin(k-n)x}{k-n}-\frac{\cos(k+n)x}{k+n}\right]_{-\pi}^{+\pi}=0$$

当$k=n\neq 0$时，可得

$$\int_{-\pi}^{\pi}\sin kx\sin nx\,\mathrm{d}x=\int_{-\pi}^{\pi}\sin^2 kx\,\mathrm{d}x=\frac{1}{2}\int_{-\pi}^{\pi}(1-\cos 2kx)\mathrm{d}x=\pi$$

同理，可以验证第三个等式成立。

假设本节最开始给出的三角级数在$[-\pi,\pi]$上可以逐项积分，并且收敛于和函数$f(x)$，即

$$f(x)=\frac{a_0}{2}+\sum_{k=1}^{+\infty}(a_k\cos kx+b_k\sin kx)$$

根据前面介绍的函数项级数的性质,如果函数项级数一致收敛的话,那么一致收敛的函数项级数是可以逐项积分的。在这样一个前提下,便可以将三角级数中的系数用 $f(x)$ 表示出来。下面推导三角级数中系数的表达式。首先,对上面等式的左右两端在 $[-\pi,\pi]$ 积分,可得

$$\int_{-\pi}^{\pi} f(x)\mathrm{d}x = \frac{a_0}{2}\int_{-\pi}^{\pi}\mathrm{d}x + \sum_{k=1}^{+\infty}\left(a_k\int_{-\pi}^{\pi}\cos kx\,\mathrm{d}x + b_k\int_{-\pi}^{\pi}\sin kx\,\mathrm{d}x\right)$$

根据三角函数系的正交性,可得

$$a_0 = \frac{1}{\pi}\int_{-\pi}^{\pi} f(x)\mathrm{d}x$$

为了求出 a_n 在 $n\geqslant 1$ 时的表达式,可以将原等式的左右两端分别乘以 $\cos nx$,然后再在 $[-\pi,\pi]$ 做积分,可得

$$\int_{-\pi}^{\pi} f(x)\cos nx\,\mathrm{d}x = \frac{a_0}{2}\int_{-\pi}^{\pi}\cos nx\,\mathrm{d}x + \sum_{k=1}^{+\infty}\left(a_k\int_{-\pi}^{\pi}\cos kx\cos nx\,\mathrm{d}x + b_k\int_{-\pi}^{\pi}\sin kx\cos nx\,\mathrm{d}x\right)$$

根据三角函数系的正交性,可得

$$\int_{-\pi}^{\pi} f(x)\cos nx\,\mathrm{d}x = \sum_{k=1}^{+\infty}a_k\int_{-\pi}^{\pi}\cos kx\cos nx\,\mathrm{d}x = a_n\pi$$

即

$$a_n = \frac{1}{\pi}\int_{-\pi}^{\pi} f(x)\cos nx\,\mathrm{d}x$$

同理,为了求出 b_n 在 $n\geqslant 1$ 时的表达式,可以将原等式的两端分别乘以 $\sin nx$,最终也可以得出

$$b_n = \frac{1}{\pi}\int_{-\pi}^{\pi} f(x)\sin nx\,\mathrm{d}x$$

如果一个函数可以展开成三角级数,且三角级数可以逐项积分,基于上面的推导便得到了三角级数的系数与和函数之间的关系。由此也可以给出一个周期函数的傅里叶系数和傅里叶级数的概念。

定义　设函数 $f(x)$ 在 $(-\infty,+\infty)$ 上有定义,且以 2π 为周期,又在 $[-\pi,\pi]$ 上可积,称由

$$\begin{cases}a_k = \dfrac{1}{\pi}\displaystyle\int_{-\pi}^{\pi} f(x)\cos kx\,\mathrm{d}x, & k=0,1,2,\cdots \\[3mm] b_k = \dfrac{1}{\pi}\displaystyle\int_{-\pi}^{\pi} f(x)\sin kx\,\mathrm{d}x, & k=1,2,\cdots\end{cases}$$

所确定的 a_0、a_k、$b_k(k=1,2,\cdots)$ 为函数 $f(x)$ 的傅里叶系数。以 $f(x)$ 的傅里叶系数为系数而做出的三角级数称为函数 $f(x)$ 的傅里叶级数,记作

$$f(x) \sim \frac{a_0}{2} + \sum_{k=1}^{+\infty}(a_k\cos kx + b_k\sin kx)$$

当 $f(x)$ 是以 2π 为周期的偶函数时,它的傅里叶级数就变成了如下所示的余弦级数

$$f(x) \sim \frac{a_0}{2} + \sum_{k=1}^{+\infty}a_k\cos kx$$

当 $f(x)$ 是以 2π 为周期的奇函数时,它的傅里叶级数就变成了如下所示的正弦级数

$$f(x) \sim \sum_{k=1}^{+\infty}b_k\sin kx$$

余弦级数和正弦级数是傅里叶级数的两种特殊形式。

傅里叶级数理论是傅里叶在研究一系列物理问题时创造出来的一套数学方法。他曾经断言："任何函数，无论怎样复杂，都可以表示为三角级数的形式。"然而，这句话显然不够严密，甚至是错误的。前面也都是在假设一个函数可以被展开成傅里叶级数的条件下进行推导的。但一个周期为 2π 的函数满足什么样的条件才能展开成傅里叶级数呢？或者说傅里叶级数的和函数与原函数之间有着什么样的关系呢？傅里叶的学生狄利克雷最终回答了这个问题。

狄利克雷收敛定理　设 $f(x)$ 是以 2π 为周期的函数，并且满足狄利克雷条件：

第一，在一个周期区间内连续或只有有限个第一类间断点；

第二，在一个周期区间内只有有限个（非平凡的）极值点，则 $f(x)$ 的傅里叶级数收敛，且有

$$\frac{a_0}{2} + \sum_{n=1}^{+\infty} (a_n \cos nx + b_n \sin nx) = \begin{cases} f(x), & x \text{ 为连续点} \\ \dfrac{f(x+0) + f(x-0)}{2}, & x \text{ 为间断点} \end{cases}$$

其中，a_n、b_n 为 $f(x)$ 的傅里叶系数。

例 2.2　求下列函数的傅里叶级数并讨论其傅里叶级数的收敛性。

$$\begin{cases} f(x) = |x|, & -\pi \leqslant x < \pi \\ f(x) = f(x+2\pi), & -\infty < x < \infty \end{cases}$$

解　显然 $f(x)$ 在实轴上是一个以 2π 为周期的偶函数，而偶函数所对应的傅里叶级数就是一个余弦级数。因为在 $[-\pi,\pi]$ 上，$f(x) = |x|$，所以有

$$a_0 = \frac{1}{\pi} \int_{-\pi}^{\pi} f(x) \mathrm{d}x = \frac{2}{\pi} \int_0^{\pi} x \mathrm{d}x = \pi$$

当 $n \geqslant 1$ 时，另有

$$a_n = \frac{1}{\pi} \int_{-\pi}^{\pi} f(x) \cos nx \, \mathrm{d}x = \frac{2}{\pi} \int_0^{\pi} x \cos nx \, \mathrm{d}x$$

$$= \frac{2}{\pi} \frac{1}{n} \left[x \sin nx \Big|_0^{\pi} - \int_0^{\pi} \sin nx \, \mathrm{d}x \right]$$

$$= \frac{2}{n\pi} \frac{\cos nx}{n} \Big|_0^{\pi} = \frac{2}{n^2 \pi} [(-1)^k - 1]$$

由此得

$$f(x) \sim \frac{\pi}{2} + \sum_{n=1}^{+\infty} \frac{2}{n^2 \pi} [(-1)^n - 1] \cos nx = \frac{\pi}{2} - \frac{4}{\pi} \left(\cos x + \frac{\cos 3x}{3^2} + \frac{\cos 5x}{5^2} + \cdots \right)$$

显然，$f(x)$ 在一个周期区间内是连续的，同时在一个周期区间内只有一个极小值点。换言之，该函数是满足狄利克雷条件的。所以，$f(x)$ 在 $[-\pi,\pi]$ 区间上收敛，且收敛的和函数就是 $f(x)$ 本身，即

$$f(x) \sim \frac{\pi}{2} - \frac{4}{\pi} \sum_{n=1}^{+\infty} \frac{\cos(2n-1)x}{(2n-1)^2} = |x|, \quad x \in [-\pi, \pi]$$

基于这个结果，可以回答本文前面提出的一个问题，也就是下列几何级数求和的问题

$$\sum_{n=1}^{+\infty} \frac{1}{n^2} = \frac{1}{1^2} + \frac{1}{2^2} + \cdots + \frac{1}{n^2} + \cdots$$

这是数学史上一个非常有名的问题,伯努利兄弟曾经证明该级数是收敛的,但是它最终到底收敛到多少却一直困扰着他们。后来,约翰·伯努利的学生——大数学家欧拉采用了一种非常巧妙的方法求出该问题的结果是 $\pi^2/6$。当然,欧拉所处的时代,傅里叶级数的理论还没有出现。而这个问题如果利用傅里叶级数的方法求解是非常方便的。

令上面求得的傅里叶级数中的 $x=0$,则得

$$\sum_{n=1}^{+\infty} \frac{1}{(2n-1)^2} = \frac{\pi^2}{8}$$

可以将原问题中的级数分成两个部分,即 n 取奇数和 n 取偶数这两个部分,于是有

$$\sum_{n=1}^{+\infty} \frac{1}{n^2} = \sum_{k=1}^{+\infty} \frac{1}{(2k-1)^2} + \sum_{k=1}^{+\infty} \frac{1}{(2k)^2} = \frac{\pi^2}{8} + \frac{1}{4} \sum_{k=1}^{+\infty} \frac{1}{k^2}$$

把最后一项中的 k 做变量替换,即用 n 代替,便可解出

$$\sum_{n=1}^{+\infty} \frac{1}{n^2} = \frac{\pi^2}{6}$$

前面已经介绍过余弦级数与正弦级数的概念。在本小节的最后,考虑一下如何把定义在 $[0,\pi]$ 上的函数展开成余弦级数与正弦级数。如果函数有奇偶性,那么它相应的傅里叶级数有特殊的形式,也就是正弦级数或余弦级数。由此可知,如果需要把一个函数表示成正弦级数或者余弦级数,那么只需把这个函数延拓成一个奇函数或者偶函数即可。

设 $f(x)$ 是定义在 $[0,\pi]$ 上的函数,并且满足狄利克雷条件。构造一个 $(-\pi,\pi)$ 上的奇函数

$$F(x) = \begin{cases} f(x), & x \in (0,\pi] \\ 0, & x = 0 \\ -f(-x), & x \in (-\pi,0) \end{cases}$$

则有

$$F(x) \sim b_1 \sin x + \cdots + b_n \sin nx + \cdots = \frac{f(x-0)+f(x+0)}{2}, \quad x \in (0,\pi)$$

其中

$$b_n = \frac{2}{\pi} \int_0^\pi f(x) \sin nx \, \mathrm{d}x, \quad n = 1, 2, \cdots$$

设 $f(x)$ 是定义在 $[0,\pi]$ 上的函数,并且满足狄利克雷条件。构造一个 $(-\pi,\pi)$ 上的偶函数

$$F(x) = \begin{cases} f(x), & x \in [0,\pi) \\ f(-x), & x \in [-\pi,0) \end{cases}$$

则有

$$F(x) \sim \frac{a_0}{2} + a_1 \cos x + \cdots + a_n \cos nx + \cdots = \frac{f(x-0)+f(x+0)}{2}, \quad x \in (0,\pi)$$

其中

$$a_n = \frac{2}{\pi} \int_0^\pi f(x) \cos nx \, \mathrm{d}x, \quad n = 0, 1, 2, \cdots$$

2.1.4 傅里叶变换的由来

前面已经讨论了周期为 2π 的函数的傅里叶级数。下面考虑更为一般的情况，即当函数以 $2l$ 为周期时，它的傅里叶级数。设 $f(x)$ 是以 $2l$ 为周期的函数，通过线性变换 $x = lt/\pi$，可将 $f(x)$ 变成以 2π 为周期的函数

$$\varphi(t) = f\left(\frac{l}{\pi}t\right)$$

当然，也可以简单验证一下 $\varphi(t)$ 就是以 2π 为周期的函数。根据定义有

$$\varphi(t + 2\pi) = f\left[\frac{l}{\pi}(t + 2\pi)\right] = f\left(\frac{l}{\pi}t + 2l\right) = f\left(\frac{l}{\pi}t\right) = \varphi(t)$$

因此，可以确定 $\varphi(t)$ 就是以 2π 为周期的函数。

若 $f(x)$ 在 $[-l, l]$ 可积，则 $\varphi(t)$ 在 $[-\pi, \pi]$ 也可积。这时，函数 $\varphi(t)$ 的傅里叶级数为

$$\varphi(t) \sim \frac{a_0}{2} + \sum_{n=1}^{+\infty}(a_n \cos nt + b_n \sin nt)$$

其中

$$a_n = \frac{1}{\pi}\int_{-\pi}^{\pi}\varphi(t)\cos nt\, \mathrm{d}t, \quad n = 0, 1, 2, \cdots$$

$$b_n = \frac{1}{\pi}\int_{-\pi}^{\pi}\varphi(t)\sin nt\, \mathrm{d}t, \quad n = 1, 2, \cdots$$

将反变换 $t = \pi x/l$ 代回，得

$$f(x) \sim \frac{a_0}{2} + \sum_{n=1}^{+\infty}\left(a_n \cos\frac{n\pi}{l}x + b_n \sin\frac{n\pi}{l}x\right)$$

其中

$$a_n = \frac{1}{l}\int_{-l}^{l}f(x)\cos\frac{n\pi}{l}x\, \mathrm{d}x, \quad n = 0, 1, 2, \cdots$$

$$b_n = \frac{1}{l}\int_{-l}^{l}f(x)\sin\frac{n\pi}{l}x\, \mathrm{d}x, \quad n = 1, 2, \cdots$$

这就是周期为 $2l$ 的函数 $f(x)$ 的傅里叶级数及其傅里叶系数的积分表达式。再结合上一节中给出的狄利克雷收敛定理，可得周期为 $2l$ 的函数 $f(x)$ 若满足狄利克雷收敛定理，那么 $f(x)$ 在连续点处的傅里叶展开式及其傅里叶系数就由上述表达式给出。

特别地，如果 $f(x)$ 为奇函数，则在 $f(x)$ 的连续点处可得其正弦级数表达式为

$$f(x) = \sum_{n=1}^{+\infty}b_n \sin\frac{n\pi x}{l}$$

其中

$$b_n = \frac{2}{l}\int_{0}^{l}f(x)\sin\frac{n\pi x}{l}\mathrm{d}x, \quad n = 1, 2, \cdots$$

同样，如果 $f(x)$ 为偶函数，则在 $f(x)$ 的连续点处可得其余弦级数表达式如下：

$$f(x) = \frac{a_0}{2} + \sum_{n=1}^{+\infty}a_n \cos\frac{n\pi x}{l}$$

其中

$$a_n = \frac{2}{l}\int_0^l f(x)\cos\frac{n\pi x}{l}\mathrm{d}x, \quad n = 0,1,2,\cdots$$

对于定义在任何一个有限区间上的函数,也可以将其表示成傅里叶级数的形式。这时可以考虑的方法主要有两种。

(1) 对定义在有限区间 $[a,b]$ 上的函数 $f(x)$,令 $x=t+[(b+a)/2]$,即 $t=x-[(b+a)/2]$,通过该线性变换后可得

$$\varphi(t) = f(x) = f\left(t+\frac{a+b}{2}\right), \quad t\in\left[-\frac{b-a}{2},\frac{b-a}{2}\right]$$

然后把 $\varphi(t)$ 进行周期延拓,也就是把它延拓成以 $b-a$ 为周期的函数,于是便可以得到 $\varphi(t)$ 的傅里叶级数展开。再通过 t 和 x 的关系,将 $t=x-(b+a)/2$ 带回展开式,便可得到 $f(x)$ 在 $[a,b]$ 上的傅里叶级数展开。这种方法的本质是通过线性变换将 $f(x)$ 的定义区间变成是关于原点对称的区间,再把函数延拓成整个实轴上的周期函数,将问题转化成一般周期函数的傅里叶级数展开问题。

(2) 对定义在有限区间 $[a,b]$ 上的函数 $f(x)$,令 $x=t+a$,即 $t=x-a$,从而将 $f(x)$ 的定义区间平移 $[0,b-a]$ 这样一个区间,即

$$\varphi(t) = f(x) = f(t+a), \quad t\in[0,b-a]$$

然后,把 $\varphi(t)$ 进行奇性或者偶性的周期延拓,从而得到 $\varphi(t)$ 在 $[0,b-a]$ 上的正弦级数或余弦级数展开式。再通过 t 和 x 的关系,将 $t=x-a$ 带回展开式,便可得到 $f(x)$ 在 $[a,b]$ 上的正弦级数或余弦级数。

在实际中常会用到傅里叶级数的复数形式。回忆前面提及的欧拉公式 $\mathrm{e}^{\mathrm{j}\varphi} = \cos\varphi + \mathrm{j}\sin\varphi$,据此可得

$$\mathrm{e}^{\mathrm{j}\omega t} = \cos\omega t + \mathrm{j}\sin\omega t$$

$$\cos\omega t = \frac{1}{2}\mathrm{e}^{\mathrm{j}\omega t} + \frac{1}{2}\mathrm{e}^{-\mathrm{j}\omega t}$$

$$\sin\omega t = \mathrm{j}\left(\frac{1}{2}\mathrm{e}^{-\mathrm{j}\omega t} - \frac{1}{2}\mathrm{e}^{\mathrm{j}\omega t}\right)$$

则周期为 $2l$ 的函数 $f(x)$ 的傅里叶级数的表达式可以写为

$$f(x) = \frac{a_0}{2} + \sum_{n=1}^{+\infty}\left[\frac{a_n}{2}\left(\mathrm{e}^{\mathrm{j}\frac{n\pi}{l}x} + \mathrm{e}^{-\mathrm{j}\frac{n\pi}{l}x}\right) - \frac{\mathrm{j}b_n}{2}\left(\mathrm{e}^{\mathrm{j}\frac{n\pi}{l}x} - \mathrm{e}^{-\mathrm{j}\frac{n\pi}{l}x}\right)\right]$$

$$= \frac{a_0}{2} + \sum_{n=1}^{+\infty}\left(\frac{a_n-\mathrm{j}b_n}{2}\mathrm{e}^{\mathrm{j}\frac{n\pi}{l}x} + \frac{a_n+\mathrm{j}b_n}{2}\mathrm{e}^{-\mathrm{j}\frac{n\pi}{l}x}\right)$$

令

$$\frac{a_0}{2} = c_0, \quad \frac{a_n-\mathrm{j}b_n}{2} = c_n, \quad \frac{a_n+\mathrm{j}b_n}{2} = c_{-n}$$

显然,c_n 与 c_{-n} 互为共轭,则得到周期为 $2l$ 的函数 $f(x)$ 的傅里叶级数的复数形式为

$$f(x) = c_0 + \sum_{n=1}^{+\infty}\left[c_n\left(\mathrm{e}^{\mathrm{j}\frac{n\pi}{l}x}\right) + c_{-n}\left(\mathrm{e}^{-\mathrm{j}\frac{n\pi}{l}x}\right)\right]$$

如果将上式中的第一项 c_0 看成

$$c_0 = c_0\left(\mathrm{e}^{\mathrm{j}\frac{0\pi}{l}x}\right) = c_0\left(\mathrm{e}^{\mathrm{j}\frac{n\pi}{l}x}\right)_{n=0}$$

则原式可重写为

$$f(x) = \sum_{n=-\infty}^{+\infty} c_n \mathrm{e}^{\mathrm{j}\frac{n\pi x}{l}}$$

结合前面关于 $a_0, a_n, b_n, c_0, c_n, c_{-n}$ 的定义，可以发现 c_n 的统一表达式为

$$c_n = \frac{1}{2l} \int_{-l}^{l} f(x) \mathrm{e}^{-\mathrm{j}\frac{n\pi x}{l}} \mathrm{d}x, \quad n = 0, \pm 1, \pm 2, \cdots$$

将傅里叶级数用复数表示后，就是上述这样简洁的形式。而且傅里叶级数转变为复数形式后，原来每一项中的

$$a_n \cos \frac{n\pi}{l}x + b_n \sin \frac{n\pi}{l}x$$

都被分为正负两个频率的波

$$c_n (\mathrm{e}^{\mathrm{j}\frac{n\pi}{l}x}) + c_{-n} (\mathrm{e}^{-\mathrm{j}\frac{n\pi}{l}x})$$

只不过这两个频率的振幅 c_n、c_{-n} 都不再是实数，而是一对共轭复数。若 $f(x)$ 为偶（或奇）函数，则所有的 b_n（或 a_n）将为 0，此时的 c_n 将变为实数（或纯虚数），且 a_n（或 b_n）是转换后所得的 c_n 的 2（或 2i）倍，而 c_{-n} 与 c_n 相等（或纯虚共轭）。

周期函数可以看成由很多频率是原函数频率整数倍的正余弦波叠加而成，每个频率的波都有各自的振幅和相位，必须将所有频率的振幅和相位同时记录才能准确表达原函数。从以周期为 $2l$ 的函数 $f(x)$ 的傅里叶级数表达式中来看将每个频率的波分成了一个正弦分量和一个余弦分量，同时记录了这两个分量的振幅 a_n、b_n 其实就已经包含了这个频率的波的相位信息；而对于经过欧拉公式变换后的式子，每个频率的波被分成了正负两个频率的复数"波"，这种方式比正余弦形式更加直观，因为复振幅 c_n 恰好同时记录了这个频率的振幅和相位，它的物理意义很明显，c_n 的幅值 $|c_n|$ 即为该频率的振幅（准确地说是振幅的一半），而其辐角恰好就是相位（准确地说是反相的相位，c_{-n} 的辐角才恰好代表该频率波分量的相位）。

已知定义在区间 $[-l, l]$ 上的函数 $f(t)$ 的复数形式的傅里叶级数展开式及其系数 c_n，此处为了后续处理中便于区分而进行了符号替换，而且 ω 和 t 的记号也与信号处理中的标示相一致

$$f(t) = \sum_{n=-\infty}^{+\infty} c_n \mathrm{e}^{\mathrm{j}\frac{n\pi t}{l}}$$

$$c_n = \frac{1}{2l} \int_{-l}^{l} f(\omega) \mathrm{e}^{-\mathrm{j}\frac{n\pi\omega}{l}} \mathrm{d}\omega, \quad n = 0, \pm 1, \pm 2, \cdots$$

把系数 c_n 的表达式代入 $f(t)$ 的傅里叶级数展开式，得到

$$f(t) = \sum_{n=-\infty}^{+\infty} c_n \mathrm{e}^{\mathrm{j}\frac{n\pi t}{l}} = \sum_{n=-\infty}^{+\infty} \frac{1}{2l} \int_{-l}^{l} f(\omega) \mathrm{e}^{-\mathrm{j}\frac{n\pi\omega}{l}} \mathrm{d}\omega \mathrm{e}^{\mathrm{j}\frac{n\pi t}{l}} = \sum_{n=-\infty}^{+\infty} \frac{1}{2l} \int_{-l}^{l} f(\omega) \mathrm{e}^{\mathrm{j}\frac{n\pi(t-\omega)}{l}} \mathrm{d}\omega$$

对于定义在 $(-\infty, +\infty)$ 上的函数 $f(t)$，可以把它看成是周期 l 趋于无穷时的情况，则有

$$f(t) = \lim_{l \to +\infty} \sum_{n=-\infty}^{+\infty} \frac{1}{2l} \int_{-l}^{l} f(\omega) \mathrm{e}^{\mathrm{j}\frac{n\pi(t-\omega)}{l}} \mathrm{d}\omega$$

上式中出现了求和取极限的形式，很容易想到可以设法把它转化成一种积分的形式。因此，令 $\omega_n = n\pi/l$，$\Delta\omega = \pi/l$，这其实是把整个实轴划分成了 n 段，每段长度是 $\Delta\omega$。然后，再新建一个函数

$$F_l(\omega) = \frac{1}{2\pi}\int_{-l}^{l} f(z)\,e^{j\omega(t-z)}\,dz$$

于是得到

$$f(t) = \lim_{l\to+\infty}\sum_{n=-\infty}^{+\infty} F_l(\omega_n)\,\Delta\omega = \lim_{l\to+\infty}\int_{-\infty}^{+\infty} F_l(\omega)\,d\omega$$

$$= \int_{-\infty}^{+\infty}\lim_{l\to+\infty} F_l(\omega)\,d\omega = \frac{1}{2\pi}\int_{-\infty}^{+\infty}\left[\int_{-\infty}^{+\infty} f(z)\,e^{j\omega(t-z)}\,dz\right]d\omega$$

$$= \frac{1}{2\pi}\int_{-\infty}^{+\infty}\left[\int_{-\infty}^{+\infty} f(z)\,e^{-j\omega z}\,dz\right]e^{j\omega t}\,d\omega$$

如果令

$$F(\omega) = \int_{-\infty}^{+\infty} f(t)\,e^{-j\omega t}\,dt$$

则

$$f(t) = \frac{1}{2\pi}\int_{-\infty}^{+\infty} F(\omega)\,e^{j\omega t}\,d\omega$$

这就是傅里叶变换及其反变换的表达式。一般情况下，若傅里叶变换一词前不加任何限定语，则指的是连续傅里叶变换（连续函数的傅里叶变换）。连续傅里叶变换将频率域的函数 $F(\omega)$ 表示为时间域的函数 $f(t)$ 的积分形式。而其逆变换则是将时间域的函数 $f(t)$ 表示为频率域的复指数函数 $F(\omega)$ 的积分。一般可称函数 $f(t)$ 为原函数，而称函数 $F(\omega)$ 为傅里叶变换的象函数，原函数和象函数构成一个傅里叶变换对。

若 $f(t)$ 为偶函数，则 $F(\omega)$ 将为纯实数，并且同为偶函数（利用这一点便可以得到所谓的余弦变换）；如果 $f(t)$ 为奇函数，则 $F(\omega)$ 将为纯虚数，且同为奇函数；而对任意 $f(t)$，$F(\omega)$ 与 $F(-\omega)$ 始终共轭，这意味着 $|F(\omega)|$ 与 $|F(-\omega)|$ 恒相等，即 $F(\omega)$ 的绝对值是偶函数。

傅里叶变换针对的是非周期函数，或者说是周期为无穷大的函数。所以它是傅里叶级数的一个特例。当傅里叶级数的周期 l 趋于无穷时，自然就变成了上面的傅里叶变换。这种关系从二者的表达式中大概能看出点端倪，但也不是特别明显，毕竟它们的表达形式差别仍然很大。如果不把傅里叶级数表达成复数形式，那就更难看出二者之间的联系了。傅里叶变换要求 $f(t)$ 在 $(-\infty, +\infty)$ 上绝对可积，其实可以理解成傅里叶级数要求函数在一个周期内的积分必须收敛。

傅里叶变换是信号处理中的重要工具。在信号处理中，$f(t)$ 表示的一个信号在时域上的分布情况，而 $F(\omega)$ 则表示一个信号在频域（或变换域）上的分布情况。这是因为 $F(\omega)$ 的分布其实就代表了各角频率波分量的分布。由于 $F(\omega)$ 是复数，$|F(\omega)|$ 的分布正比地体现了各个角频率波分量的振幅分布。$F(\omega)$ 的辐角体现了各个角频率波分量的相位分布。平时所说的频谱图，其实指的就是 $|F(\omega)|$ 的函数图像，它始终是偶函数（这个就是实数了，因为取的是 $|F(\omega)|$ 的幅值而不是 $F(\omega)$ 本身）。对于满足傅里叶变换条件的非周期函数，它们的频谱图一般都是连续的；而对于周期函数，它们的频谱则都是离散的点，只在整数倍角基频 (π/l) 的位置上有非零的频谱点存在。根据频谱图可以很容易判断该原函数是周期函数还是非周期的（看频谱图是否连续），而且对于周期函数，可以从频谱图读出周期大小（相邻的离散点之间的横轴间距就是角基频，这个角频率对应的周期就是原函数的周期）。关于傅

里叶变换在信号处理中更加深入的应用读者有必要参阅相关资料，此处的介绍旨在帮助读者搞清楚傅里叶变换的由来，并建立傅里叶变换与傅里叶级数之间的关系。

2.1.5　卷积定理及其证明

卷积定理是傅里叶变换满足的一个重要性质。卷积定理指出，函数卷积的傅里叶变换是函数傅里叶变换的乘积。换言之，一个域中的卷积对应于另一个域中的乘积。例如，时域中的卷积对应于频域中的乘积。

设 $f_1(t)$ 的傅里叶变换为 $F_1(\omega)$，$f_2(t)$ 的傅里叶变换为 $F_2(\omega)$，那么在时域上卷积定理可以表述为

$$F[f_1(t) * f_2(t)] = F_1(\omega)F_2(\omega)$$

相对应地，频域上的卷积定理可以表述为

$$F[f_1(t) \cdot f_2(t)] = \frac{1}{2\pi}F_1(\omega) * F_2(\omega)$$

这一定理对拉普拉斯变换、z 变换等各种傅里叶变换同样成立。需要注意的是，以上写法只对特定形式的变换正确，因为变换可能由其他方式正规化，从而使得上面的关系式中出现其他的常数因子。

下面来证明时域卷积定理，频域卷积定理的证明与此类似，读者可以自行证明。

证明　将卷积的定义

$$f_1(t) * f_2(t) = \int_{-\infty}^{+\infty} f_1(\tau)f_2(t-\tau)d\tau$$

代入傅里叶变换公式

$$F[f(t)] = F(\omega) = \int_{-\infty}^{+\infty} f(t)e^{-j\omega t}dt$$

可得

$$\begin{aligned}
F[f_1(t) * f_2(t)] &= \int_{-\infty}^{+\infty}\left[\int_{-\infty}^{+\infty} f_1(\tau)f_2(t-\tau)d\tau\right]e^{-j\omega t}dt \\
&= \int_{-\infty}^{+\infty} f_1(\tau)\left[\int_{-\infty}^{+\infty} f_2(t-\tau)e^{-j\omega t}dt\right]d\tau \\
&= \int_{-\infty}^{+\infty} f_1(\tau)F_2(\omega)e^{-j\omega\tau}d\tau = F_2(\omega)\int_{-\infty}^{+\infty} f_1(\tau)e^{-j\omega\tau}d\tau \\
&= F_2(\omega)F_1(\omega)
\end{aligned}$$

定理得证。

上述证明过程中用到了傅里叶变换的时移性质，该性质的表述为：设 t_0、ω_0 为实常数，$F[f(t)]=F(\omega)$，则 $F[f(t-t_0)]=F(\omega)e^{-j\omega t_0}$。

首先证明这个性质，然后再讨论它的意义。根据傅里叶变换公式可得

$$F[f(t-t_0)] = \int_{-\infty}^{+\infty} f(t-t_0)e^{-j\omega t}dt$$

令 $x=t-t_0$，则有

$$F[f(t-t_0)] = \int_{-\infty}^{+\infty} f(x)e^{-j\omega(x+t_0)}dx$$

$$= e^{-j\omega t_0}\int_{-\infty}^{+\infty} f(x)e^{-j\omega x}dx$$

$$= F(\omega)e^{-j\omega t_0}$$

傅里叶变换的作用在频域对信号进行分析,可以把时域的信号看作是若干正弦波的线性叠加,傅里叶变换的作用正是求得这些信号的幅值和相位。既然固定的时域信号是若干固定正弦信号的叠加,在不改变幅值的情况下,在时间轴上移动信号,也就相当于同时移动若干正弦信号,这些正弦信号的相位改变,但幅值不变,反映在频域上就是傅里叶变换结果的模不变而相位改变。所以,时移性质其实就表明当一个信号沿时间轴平移后,各频率成分的大小不发生改变,但相位发生变化。

既然这里提到了傅里叶变换的性质,还将补充一些关于帕塞瓦尔定理的有关内容。该定理最早是由法国数学家帕塞瓦尔(Marc-Antoine Parseval)在 1799 年推导出的一个关于级数的理论,该定理随后被应用于傅里叶级数。帕塞瓦尔定理的表述为:已知 $f(x)$ 为 $[-\pi,\pi]$ 上的可积函数,若 $f(x)$ 的傅里叶级数在 $[-\pi,\pi]$ 上一致收敛于 $f(x)$,则有帕塞瓦尔等式成立,即

$$\frac{1}{\pi}\int_{-\pi}^{\pi} f^2(x)dx = \frac{a_0^2}{2} + \sum_{n=1}^{+\infty}(a_n^2 + b_n^2)$$

其中,a_n 和 b_n 是 $f(x)$ 的傅里叶系数。

在证明上述定理之前,先证明这样一个结论:设函数项级数 $\sum_{n=1}^{+\infty} S_n(x)$ 在区域 D 上一致收敛于 $S(x)$,函数 $g(x)$ 在 D 上有界,则级数 $\sum_{n=1}^{+\infty} g(x)S_n(x)$ 在 D 上一致收敛于 $g(x)S(x)$。

证明　不妨设 $|g(x)| \leqslant M, x \in D$。因为,函数项级数 $\sum_{n=1}^{+\infty} S_n(x)$ 在区域 D 上一致收敛于 $S(x)$,所以 $\forall \varepsilon > 0, \exists N > 0$,当 $n > N$ 时,对一切的 $x \in D$ 都有

$$\left| \sum_{k=1}^{+\infty} S_k(x) - S(x) \right| < \frac{\varepsilon}{M}$$

于是,当 $n > N$ 时,对于任意一个 $x \in D$,有

$$\left| \sum_{k=1}^{+\infty} g(x)S_k(x) - g(x)S(x) \right| = |g(x)| \left| \sum_{k=1}^{+\infty} S_k(x) - S(x) \right| < \varepsilon$$

即级数 $\sum_{n=1}^{+\infty} g(x)S_n(x)$ 在 D 上一致收敛于 $g(x)S(x)$,结论得证。基于该结论,下面证明帕塞瓦尔定理。

证明　$f(x)$ 的傅里叶级数在 $[-\pi,\pi]$ 上一致收敛于 $f(x)$,所以有

$$\frac{1}{\pi}\int_{-\pi}^{\pi} f^2(x)dx = \frac{1}{\pi}\int_{-\pi}^{\pi} f(x)\left[\frac{a_0}{2} + \sum_{n=1}^{+\infty}(a_n\cos nx + b_n\sin nx) \right]dx$$

$$= \frac{a_0}{2}\frac{1}{\pi}\int_{-\pi}^{\pi} f(x)dx + \frac{1}{\pi}\int_{-\pi}^{\pi} f(x)\sum_{n=1}^{+\infty}(a_n\cos nx + b_n\sin nx)dx$$

根据傅里叶级数及其系数的有关定理,可知

$$\frac{1}{\pi}\int_{-\pi}^{\pi} f(x)dx = \frac{1}{\pi}\int_{-\pi}^{\pi} f(x)\cos(0x)dx = a_0$$

所以原式变为

$$= \frac{a_0^2}{2} + \frac{1}{\pi} \int_{-\pi}^{\pi} \sum_{n=1}^{+\infty} \left[a_n f(x) \cos nx + b_n f(x) \sin nx \right] dx$$

由于 $f(x)$ 在 $[-\pi, \pi]$ 上可积，所以 $f(x)$ 在 $[-\pi, \pi]$ 上有界。又因为级数

$$\sum_{n=1}^{+\infty} (a_n \cos nx + b_n \sin nx)$$

在 $[-\pi, \pi]$ 上一致收敛，再结合刚刚证明的结论，可知下列级数在 $[-\pi, \pi]$ 上也一致收敛

$$\sum_{n=1}^{+\infty} \left[a_n f(x) \cos nx + b_n f(x) \sin nx \right]$$

回忆前面介绍的函数项级数的性质便知上式一致收敛，则表明下面式子中的积分运算与求和运算是可以交换次序的，即

$$\frac{1}{\pi} \int_{-\pi}^{\pi} f^2(x) dx = \frac{a_0^2}{2} + \frac{1}{\pi} \sum_{n=1}^{+\infty} \int_{-\pi}^{\pi} \left[a_n f(x) \cos nx + b_n f(x) \sin nx \right] dx$$

$$= \frac{a_0^2}{2} + \frac{1}{\pi} \sum_{n=1}^{+\infty} \left[a_n \int_{-\pi}^{\pi} f(x) \cos nx \, dx + b_n \int_{-\pi}^{\pi} f(x) \sin nx \, dx \right]$$

$$= \frac{a_0^2}{2} + \frac{1}{\pi} \sum_{n=1}^{+\infty} (a_n^2 \pi + b_n^2 \pi) = \frac{a_0^2}{2} + \sum_{n=1}^{+\infty} (a_n^2 + b_n^2)$$

定理得证。

例 2.3   利用帕塞瓦尔定理证明下列级数的求和结果。

$$\sum_{n=1}^{+\infty} \frac{1}{n^2} = \frac{1}{1^2} + \frac{1}{2^2} + \cdots + \frac{1}{n^2} + \cdots = \frac{\pi^2}{6}$$

解   前面曾经反复提到过的一个问题，之前采用傅里叶级数的方法对该问题进行求解。现在要利用帕塞瓦尔定理来解决它，那么先构造一个函数，令 $f(x) = x$，再求帕塞瓦尔等式的左边，则有

$$\frac{1}{\pi} \int_{-\pi}^{\pi} x^2 \, dx = \frac{1}{\pi} \frac{x^3}{3} \Big|_{-\pi}^{\pi} = \frac{2\pi^2}{3}$$

然后，求 $f(x)$ 的傅里叶系数，因为 $f(x)$ 是奇函数，所以 $a_n = 0$，采用分部积分法计算 b_n，可得

$$b_n = \frac{1}{\pi} \int_{-\pi}^{\pi} x \sin nx \, dx = -\frac{1}{n\pi} \left(x \cos nx \Big|_{-\pi}^{\pi} - \int_{-\pi}^{\pi} \cos nx \, dx \right)$$

$$= -\frac{1}{n\pi} \left(x \cos nx \Big|_{-\pi}^{\pi} - \frac{1}{n} \sin nx \Big|_{-\pi}^{\pi} \right) = -\frac{2\pi \cos n\pi}{n\pi} = -\frac{2(-1)^n}{n}$$

于是，帕塞瓦尔等式的右边为

$$\frac{a_0^2}{2} + \sum_{n=1}^{+\infty} (a_n^2 + b_n^2) = 4 \sum_{n=1}^{+\infty} \frac{1}{n^2}$$

完整的帕塞瓦尔等式如下

$$\frac{2\pi^2}{3} = 4 \sum_{n=1}^{+\infty} \frac{1}{n^2}$$

化简得

$$\sum_{n=1}^{+\infty} \frac{1}{n^2} = \frac{\pi^2}{6}$$

综上所述,原结论得证。

前面也介绍过复数形式的傅里叶级数,下面来推导与复数形式傅里叶变换相对应的帕塞瓦尔等式。这里再次给出傅里叶级数的复数形式表达式,具体推导过程请读者参阅前文。

$$f(t) = \sum_{n=-\infty}^{+\infty} c_n \mathrm{e}^{\mathrm{j}nt}$$

其中

$$c_n = \frac{1}{2\pi}\int_{-\pi}^{\pi} f(\omega)\mathrm{e}^{-\mathrm{j}n\omega}\mathrm{d}\omega, \quad n = 0, \pm 1, \pm 2, \cdots$$

此外,c_n 与 a_n、b_n 的对应关系如下

$$\frac{a_0}{2} = c_0, \quad \frac{a_n - \mathrm{j}b_n}{2} = c_n, \quad \frac{a_n + \mathrm{j}b_n}{2} = c_{-n}$$

前面得到的帕塞瓦尔等式的右边为

$$\frac{a_0^2}{2} + \sum_{n=1}^{+\infty}(a_n^2 + b_n^2) = 2c_0^2 + \sum_{n=1}^{+\infty}(a_n + \mathrm{j}b_n)(a_n - \mathrm{j}b_n)$$

$$= 2c_0^2 + \sum_{n=1}^{+\infty} 2c_n \cdot 2c_{-n} = 2\sum_{n=-\infty}^{+\infty} |c_n|^2$$

请注意积分区域从 $n=0,1,2,\cdots$ 变化到 $n=0,\pm 1,\pm 2,\cdots$ 时的处理,积分结果整体被除以了 2。最终得到与复数形式傅里叶变换相对应的帕塞瓦尔等式:

$$\frac{1}{2\pi}\int_{-\pi}^{\pi} |f(x)|^2 = \sum_{n=-\infty}^{+\infty} |c_n|^2$$

帕塞瓦尔定理把一个信号的能量或功率的计算与频谱函数或频谱联系起来了,它表明一个信号所含有的能量(功率)恒等于此信号在完备正交函数集中各分量能量(功率)之和。换言之,能量信号的总能量等于各个频率分量单独贡献出来的能量的连续和;而周期性功率信号的平均功率等于各个频率分量单独贡献出来的功率之和。

2.2 凸函数与詹森不等式

函数的凹凸性在求解最优化问题时是一种非常有利的工具。不仅在图像处理,甚至在机器学习中也常被用到。例如,在 EM 算法和支持向量机的推导中都用到了凸函数的性质。与函数的凹凸性紧密相连的是著名的詹森不等式。本书后续的许多定理都可以利用詹森不等式加以证明。

2.2.1 凸函数的概念

凸函数是一个定义在某个向量空间的凸子集 C(区间)上的实值函数 f,而且对于凸子集 C 中任意两个向量 $\pmb{p}_1$ 和 $\pmb{p}_2$,以及存在任意有理数 $\theta \in (0,1)$,则有

$$f[\theta\pmb{p}_2 + (1-\theta)\pmb{p}_1] \leqslant \theta f(\pmb{p}_2) + (1-\theta)f(\pmb{p}_1)$$

如果 f 连续,那么 θ 可以改为 $(0,1)$ 中的实数。若这里的凸子集 θ 即某个区间,那么 f 就为定义在该区间上的函数,$\pmb{p}_1$ 和 $\pmb{p}_2$ 则为该区间上的任意两点。

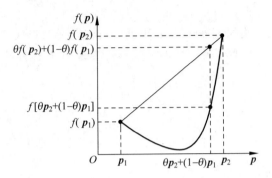

图 2-1　凸函数示意图

图 2-1 为一个凸函数示意图,结合图形,不难分析在凸函数的定义式中,$\theta\boldsymbol{p}_2+(1-\theta)\boldsymbol{p}_1$ 可以看作是 $\boldsymbol{p}_1$ 和 $\boldsymbol{p}_2$ 的加权平均,因此 $f[\theta\boldsymbol{p}_2+(1-\theta)\boldsymbol{p}_1]$ 是位于函数 f 曲线上介于 $\boldsymbol{p}_1$ 和 $\boldsymbol{p}_2$ 区间内的一点。而 $\theta f(\boldsymbol{p}_2)+(1-\theta)f(\boldsymbol{p}_1)$ 则是 $f(\boldsymbol{p}_1)$ 和 $f(\boldsymbol{p}_2)$ 的加权平均,也就是以 $f(\boldsymbol{p}_1)$ 和 $f(\boldsymbol{p}_2)$ 为端点的一条直线段上的一点,或者也可以从直线的两点式方程考查它。已知点 (x_1,y_1) 和 (x_2,y_2),则可以确定一条直线的方程为

$$\frac{y-y_1}{y_2-y_1}=\frac{x-x_1}{x_2-x_1}$$

现在已知直线上的两个点为 $[\boldsymbol{p}_1,f(\boldsymbol{p}_1)]$ 和 $[\boldsymbol{p}_2,f(\boldsymbol{p}_2)]$,于是便可根据上式写出直线方程,即

$$\frac{y-f(\boldsymbol{p}_1)}{f(\boldsymbol{p}_2)-f(\boldsymbol{p}_1)}=\frac{x-\boldsymbol{p}_1}{\boldsymbol{p}_2-\boldsymbol{p}_1}$$

然后又知直线上一点的横坐标为 $\theta\boldsymbol{p}_2+(1-\theta)\boldsymbol{p}_1$,代入上式便可求得其对应的纵坐标为 $\theta f(\boldsymbol{p}_2)+(1-\theta)f(\boldsymbol{p}_1)$。

如果 f 是定义在一个开区间 (a,b) 上的可微实值函数,那么 f 是一个凸函数的充要条件就是 f' 为定义在 (a,b) 上的一个单调递增的函数。

现在证明这个结论。首先证明充分性。假设 f' 在区间 (a,b) 上是单调递增的,证明 f 是一个凸函数。再假设 $\boldsymbol{p}_1<\boldsymbol{p}_2<\boldsymbol{p}_3$ 是区间 (a,b) 上的三个点,根据拉格朗日中值定理,在 $(\boldsymbol{p}_1,\boldsymbol{p}_2)$ 内至少存在一点 ξ_1,使得

$$f'(\xi_1)=\frac{f(\boldsymbol{p}_2)-f(\boldsymbol{p}_1)}{\boldsymbol{p}_2-\boldsymbol{p}_1}$$

同理,在 $(\boldsymbol{p}_2,\boldsymbol{p}_3)$ 内至少存在一点 ξ_2,使得

$$f'(\xi_2)=\frac{f(\boldsymbol{p}_3)-f(\boldsymbol{p}_2)}{\boldsymbol{p}_3-\boldsymbol{p}_2}$$

又因为 f' 是单调递增的,所以 $f'(\xi_1)\leqslant f'(\xi_2)$,即

$$\frac{f(\boldsymbol{p}_2)-f(\boldsymbol{p}_1)}{\boldsymbol{p}_2-\boldsymbol{p}_1}\leqslant\frac{f(\boldsymbol{p}_3)-f(\boldsymbol{p}_2)}{\boldsymbol{p}_3-\boldsymbol{p}_2}$$

因为 $\boldsymbol{p}_2\in(\boldsymbol{p}_1,\boldsymbol{p}_3)$,所以必然有一个 $\lambda\in(0,1)$ 使得 $\boldsymbol{p}_2=\lambda\boldsymbol{p}_1+(1-\lambda)\boldsymbol{p}_3$。进而有

$$\frac{f[\lambda\boldsymbol{p}_1+(1-\lambda)\boldsymbol{p}_3]-f(\boldsymbol{p}_1)}{\lambda\boldsymbol{p}_1+(1-\lambda)\boldsymbol{p}_3-\boldsymbol{p}_1}\leqslant\frac{f(\boldsymbol{p}_3)-f[\lambda\boldsymbol{p}_1+(1-\lambda)\boldsymbol{p}_3]}{\boldsymbol{p}_3-\lambda\boldsymbol{p}_1-(1-\lambda)\boldsymbol{p}_3}$$

$$\Rightarrow\frac{f(\lambda\boldsymbol{p}_1+\boldsymbol{p}_3-\lambda\boldsymbol{p}_3)-f(\boldsymbol{p}_1)}{\lambda\boldsymbol{p}_1+\boldsymbol{p}_3-\lambda\boldsymbol{p}_3-\boldsymbol{p}_1}\leqslant\frac{f(\boldsymbol{p}_3)-f(\lambda\boldsymbol{p}_1+\boldsymbol{p}_3-\lambda\boldsymbol{p}_3)}{\boldsymbol{p}_3-\lambda\boldsymbol{p}_1-\boldsymbol{p}_3+\lambda\boldsymbol{p}_3}$$

$$\Rightarrow \frac{f(\lambda \boldsymbol{p}_1 + \boldsymbol{p}_3 - \lambda \boldsymbol{p}_3) - f(\boldsymbol{p}_1)}{\lambda \boldsymbol{p}_1 + \boldsymbol{p}_3 - \lambda \boldsymbol{p}_3 - \boldsymbol{p}_1} \leqslant \frac{f(\boldsymbol{p}_3) - f(\lambda \boldsymbol{p}_1 + \boldsymbol{p}_3 - \lambda \boldsymbol{p}_3)}{-\lambda \boldsymbol{p}_1 + \lambda \boldsymbol{p}_3}$$

$$\Rightarrow \lambda(\boldsymbol{p}_3 - \boldsymbol{p}_1)[f(\lambda \boldsymbol{p}_1 + \boldsymbol{p}_3 - \lambda \boldsymbol{p}_3) - f(\boldsymbol{p}_1)]$$
$$\leqslant [f(\boldsymbol{p}_3) - f(\lambda \boldsymbol{p}_1 + \boldsymbol{p}_3 - \lambda \boldsymbol{p}_3)](1-\lambda)(\boldsymbol{p}_3 - \boldsymbol{p}_1)$$

$$\Rightarrow \lambda[f(\lambda \boldsymbol{p}_1 + \boldsymbol{p}_3 - \lambda \boldsymbol{p}_3) - f(\boldsymbol{p}_1)] \leqslant [f(\boldsymbol{p}_3) - f(\lambda \boldsymbol{p}_1 + \boldsymbol{p}_3 - \lambda \boldsymbol{p}_3)](1-\lambda)$$

$$\Rightarrow \lambda f[\lambda \boldsymbol{p}_1 + (1-\lambda)\boldsymbol{p}_3] - \lambda f(\boldsymbol{p}_1) \leqslant f(\boldsymbol{p}_3) -$$
$$f[\lambda \boldsymbol{p}_1 + (1-\lambda)\boldsymbol{p}_3] - \lambda f(\boldsymbol{p}_3) + \lambda f[\lambda \boldsymbol{p}_1 + (1-\lambda)\boldsymbol{p}_3]$$

$$\Rightarrow -\lambda f(\boldsymbol{p}_1) \leqslant f(\boldsymbol{p}_3) - f[\lambda \boldsymbol{p}_1 + (1-\lambda)\boldsymbol{p}_3] - \lambda f(\boldsymbol{p}_3)$$

$$\Rightarrow \lambda f(\boldsymbol{p}_1) + (1-\lambda)f(\boldsymbol{p}_3) \geqslant f[\lambda \boldsymbol{p}_1 + (1-\lambda)\boldsymbol{p}_3]$$

这其实已经得到了想要的结论。但是最初如果假设 $\boldsymbol{p}_1 < \boldsymbol{p}_3$，这在原命题中是不存在的。为了去除这个条件，还需要再讨论 $\boldsymbol{p}_1 > \boldsymbol{p}_3$ 的情况。但基于已经得到的结论，这方面的讨论是非常容易的。此时，类似地可以得到

$$\lambda f(\boldsymbol{p}_3) + (1-\lambda)f(\boldsymbol{p}_1) \geqslant f[\lambda \boldsymbol{p}_3 + (1-\lambda)\boldsymbol{p}_1]$$

这时可以令 $\alpha = 1-\lambda$，于是便会得到

$$\alpha f(\boldsymbol{p}_1) + (1-\alpha)f(\boldsymbol{p}_3) \geqslant f[\alpha \boldsymbol{p}_1 + (1-\alpha)\boldsymbol{p}_3]$$

于是，当 f' 是一个单调递增函数时，f 就是一个凸函数的结论得证。

现在来证明必要性。由 f 是一个凸函数出发来证明 f' 是一个单调递增函数。

方法一　假设 f 是定义在 (a,b) 上的凸函数。那么根据凸函数的定义，可得

$$f[\lambda \boldsymbol{p}_1 + (1-\lambda)\boldsymbol{p}_3] \leqslant \lambda f(\boldsymbol{p}_1) + (1-\lambda)f(\boldsymbol{p}_3)$$

其中，$\boldsymbol{p}_1$ 和 $\boldsymbol{p}_3$ 为区间 (a,b) 上的任意两点，且 $\boldsymbol{p}_1 < \boldsymbol{p}_3$。对于 $\boldsymbol{p}_1$ 和 $\boldsymbol{p}_3$ 之间的任意一点 $\boldsymbol{p}_2$，将之前的求证过程从后向前推导，便会得到结论

$$\frac{f(\boldsymbol{p}_2) - f(\boldsymbol{p}_1)}{\boldsymbol{p}_2 - \boldsymbol{p}_1} \leqslant \frac{f(\boldsymbol{p}_3) - f(\boldsymbol{p}_2)}{\boldsymbol{p}_3 - \boldsymbol{p}_2}$$

根据导数的定义可知

$$\lim_{\boldsymbol{p}_2 \to \boldsymbol{p}_1} \frac{f(\boldsymbol{p}_2) - f(\boldsymbol{p}_1)}{\boldsymbol{p}_2 - \boldsymbol{p}_1} = f'(\boldsymbol{p}_1) \leqslant \frac{f(\boldsymbol{p}_3) - f(\boldsymbol{p}_1)}{\boldsymbol{p}_3 - \boldsymbol{p}_1}$$

$$\lim_{\boldsymbol{p}_2 \to \boldsymbol{p}_3} \frac{f(\boldsymbol{p}_3) - f(\boldsymbol{p}_2)}{\boldsymbol{p}_3 - \boldsymbol{p}_2} = f'(\boldsymbol{p}_3) \geqslant \frac{f(\boldsymbol{p}_3) - f(\boldsymbol{p}_1)}{\boldsymbol{p}_3 - \boldsymbol{p}_1}$$

因此可得

$$f'(\boldsymbol{p}_1) \leqslant \frac{f(\boldsymbol{p}_3) - f(\boldsymbol{p}_1)}{\boldsymbol{p}_3 - \boldsymbol{p}_1} \leqslant f'(\boldsymbol{p}_3)$$

即 $f'(\boldsymbol{p}_1) \leqslant f'(\boldsymbol{p}_3)$，所以 f' 是单调递增的，必要性得证。

方法二　假设 f 是定义在 (a,b) 上的凸函数。那么根据凸函数的定义，可得

$$f[\lambda \boldsymbol{p}_1 + (1-\lambda)\boldsymbol{p}_2] \leqslant \lambda f(\boldsymbol{p}_1) + (1-\lambda)f(\boldsymbol{p}_2)$$

其中，$\boldsymbol{p}_1$ 和 $\boldsymbol{p}_2$ 为区间 (a,b) 上的任意两点，且 $0 \leqslant \lambda \leqslant 1$。

对于给定的 $a < \boldsymbol{p}_1 < \boldsymbol{p}_2 < b$，定义函数

$$g(\lambda) = f[\lambda \boldsymbol{p}_1 + (1-\lambda)\boldsymbol{p}_2] - \lambda f(\boldsymbol{p}_1) - (1-\lambda)f(\boldsymbol{p}_2)$$

显然在 $[0,1]$ 上有 $g(\lambda) \leqslant 0$，而且 $g(0) = g(1) = 0$。可见函数 $g(\lambda)$ 在两个端点处取得最大值，也就是说 $g(\lambda)$ 在大于 0 的某个子区间内是递减的，而在小于 1 的某个子区间内则是递增的，即 $g'(0) \leqslant 0 \leqslant g'(1)$。再根据链式求导法则可得

$$g'(0) \leqslant f'(\boldsymbol{p}_2) \cdot (\boldsymbol{p}_1 - \boldsymbol{p}_2) - f(\boldsymbol{p}_1) + f(\boldsymbol{p}_2) \leqslant g'(1)$$
$$= f'(\boldsymbol{p}_1) \cdot (\boldsymbol{p}_1 - \boldsymbol{p}_2) - f(\boldsymbol{p}_1) + f(\boldsymbol{p}_2)$$

因为 $\boldsymbol{p}_1 < \boldsymbol{p}_2$，可知 $f'(\boldsymbol{p}_1) \leqslant f'(\boldsymbol{p}_2)$，所以 f' 是单调递增的。

综上所述，结论得证。

更进一步地，如果对于每个 $x \in (a,b)$ 而言，$f''(x)$ 都存在，那么 $f''(x) \geqslant 0$ 也是 f 为凸函数的充分必要条件。

把本小节开头给出的凸函数定义拓展到 3 个变量 $\boldsymbol{p}_1$、$\boldsymbol{p}_2$、$\boldsymbol{p}_3$ 和 3 个权重 λ_1, λ_2 和 λ_3 的情况。此时，$\lambda_1 + \lambda_2 + \lambda_3 = 1$，即 $\lambda_2 + \lambda_3 = 1 - \lambda_1$。所以有

$$f(\lambda_1 \boldsymbol{p}_1 + \lambda_2 \boldsymbol{p}_2 + \lambda_3 \boldsymbol{p}_3) = f\left[\lambda_1 \boldsymbol{p}_1 + (1-\lambda_1)\frac{\lambda_2 \boldsymbol{p}_2 + \lambda_3 \boldsymbol{p}_3}{\lambda_2 + \lambda_3}\right]$$
$$\leqslant \lambda_1 f(\boldsymbol{p}_1) + (1-\lambda_1)f\left(\frac{\lambda_2 \boldsymbol{p}_2 + \lambda_3 \boldsymbol{p}_3}{\lambda_2 + \lambda_3}\right)$$
$$= \lambda_1 f(\boldsymbol{p}_1) + (1-\lambda_1)f\left(\frac{\lambda_2}{\lambda_2 + \lambda_3}\boldsymbol{p}_2 + \frac{\lambda_3}{\lambda_2 + \lambda_3}\boldsymbol{p}_3\right)$$
$$\leqslant \lambda_1 f(\boldsymbol{p}_1) + (\lambda_2 + \lambda_3)\left[\frac{\lambda_2}{\lambda_2 + \lambda_3}f(\boldsymbol{p}_2) + \frac{\lambda_3}{\lambda_2 + \lambda_3}f(\boldsymbol{p}_3)\right]$$
$$= \lambda_1 f(\boldsymbol{p}_1) + \lambda_2 f(\boldsymbol{p}_2) + \lambda_3 f(\boldsymbol{p}_3)$$

事实上，上面这个不等式关系很容易推广到 n 个变量和 n 个权重的情况，这个结论就是著名的詹森不等式。

2.2.2　詹森不等式及其证明

从凸函数的性质中所引申出来的一个重要结论就是詹森(Jensen)不等式：如果 f 是定义在实数区间 $[a,b]$ 上的连续凸函数，$x_1, x_2, \cdots, x_n \in [a,b]$。并且有一组实数 $\lambda_1, \lambda_2, \cdots, \lambda_n \geqslant 0$ 满足 $\sum_{i=1}^{n}\lambda_i = 1$，那么则有下列不等式关系成立

$$f\left(\sum_{i=1}^{n}\lambda_i x_i\right) \leqslant \sum_{i=1}^{n}\lambda_i f(x_i)$$

如果函数 f 是凹函数，那么不等号方向逆转。

下面试着用数学归纳法来证明詹森不等式，注意我们仅讨论凸函数的情况，凹函数的证明与此类似。

证明　当 $n = 2$ 时，则根据上一小节给出的凸函数之定义可得命题显然成立。设 $n = k$ 时命题成立，即对任意 $x_1, x_2, \cdots, x_k \in [a,b]$ 以及 $\alpha_1, \alpha_2, \cdots, \alpha_k \geqslant 0$ 满足 $\sum_{i=1}^{k}\alpha_i = 1$ 都有

$$f\left(\sum_{i=1}^{k}\alpha_i x_i\right) \leqslant \sum_{i=1}^{k}\alpha_i f(x_i)$$

现在假设 $x_1, x_2, \cdots, x_k, x_{k+1} \in [a,b]$ 以及 $\lambda_1, \lambda_2, \cdots, \lambda_k, \lambda_{k+1} \geqslant 0$ 满足 $\sum_{i=1}^{k+1}\lambda_i = 1$，令

$$\alpha_i = \frac{\lambda_i}{1-\lambda_{k+1}}, \quad i = 1, 2, \cdots, k$$

如此一来,显然满足 $\sum\limits_{i=1}^{k} \alpha_i = 1$。由数学归纳法假设可推得(注意,第一个不等号的取得利用了 $n = 2$ 时的詹森不等式)

$$f(\lambda_1 x_1 + \lambda_2 x_2 + \cdots + \lambda_k x_k + \lambda_{k+1} x_{k+1}) = f\left[(1 - \lambda_{k+1}) \frac{\lambda_1 x_1 + \lambda_2 x_2 + \cdots + \lambda_{k+1} x_{k+1}}{1 - \lambda_{k+1}}\right]$$

$$\leqslant (1 - \lambda_{k+1}) f(\alpha_1 x_1 + \alpha_2 x_2 + \cdots + \alpha_k x_k) + \lambda_{k+1} f(x_{k+1})$$

$$\leqslant (1 - \lambda_{k+1})[\alpha_1 f(x_1) + \alpha_2 f(x_2) + \cdots + \alpha_k f(x_k)] + \lambda_{k+1} f(x_{k+1})$$

$$= (1 - \lambda_{k+1})\left[\frac{\lambda_1}{1 - \lambda_{k+1}} f(x_1) + \frac{\lambda_2}{1 - \lambda_{k+1}} f(x_2) + \cdots + \frac{\lambda_k}{1 - \lambda_{k+1}} f(x_k)\right] + \lambda_{k+1} f(x_{k+1})$$

$$= \sum\limits_{i=1}^{k+1} \lambda_i f(x_i)$$

故命题成立。

不同资料上,所给出的詹森不等式可能具有不同的形式(但本质上它们是统一的)。如果把 $\lambda_1, \lambda_2, \cdots, \lambda_n$ 看做是一组权重,那就还可以从数学期望的角度去理解詹森不等式。即如果 f 是凸函数,X 是随机变量,那么就有 $E[f(x)] \geqslant f(E[X])$。特别地,如果 f 是严格的凸函数,那么当且仅当 X 是常量时,上式取等号。

用图形来表示詹森不等式的结论是一目了然的。仍然以图 2-7 为例,假设随机变量 X 有 θ 的可能性取得值 p_2,有 $(1-\theta)$ 的可能性取得值 p_1,根据数学期望的定义可知 $E[X] = \theta p_2 + (1-\theta) p_1$。同样道理,$E[f(x)] = \theta f(p_2) + (1-\theta) f(p_1)$。所以可得

$$f(E[X]) = f(\theta p_2 + (1-\theta) p_1) \leqslant \theta f(p_2) + (1-\theta) f(p_1) = E[f(x)]$$

下面给出一个更为严谨的证明。假设 f 是一个可微的凸函数,对于任意的 $p_1 < p_2$,一定存在一个点 ξ,$p_1 < \xi < p_2$,满足

$$f(p_1) - f(p_2) = (p_1 - p_2) f'(\xi)$$
$$\leqslant (p_1 - p_2) f'(p_2)$$

注意这里应用了上一小节给出的定理,即 f' 是单调递增函数这个结论。进而有

$$f(p_1) \leqslant f(p_2) + (p_1 - p_2) f'(p_2)$$

令 $p_1 = X$,$p_2 = E[X]$,重写上式就为

$$f(x) \leqslant f(E[X]) + (X - E[X]) f'(E[X])$$

然后对两边同时取期望,就得

$$E[f(x)] \leqslant E[f(E[X]) + (X - E[X]) f'(E[X])]$$

其中不等式右边可进一步化简得

$$f(E[X]) + f'(E[X]) E[X - E[X]] = f(E[X])$$

于是结论得证。

2.2.3 詹森不等式的应用

詹森不等式在诸多领域都有重要应用,其中一个重要的用途就是证明不等式。本小节举两个例子演示詹森不等式的应用。首先,来看一下重要的算术-几何平均值不等式:

设 $x_1, x_2, \cdots, x_n$ 为 n 个正实数,它们的算术平均数是 $A_n = (x_1 + x_2 + \cdots + x_n)/n$,它们

的几何平均数是 $G_n = \sqrt[n]{x_1 \cdot x_2 \cdots x_n}$。算术-几何平均值不等式表明，对于任意正实数，总有 $A_n \geqslant G_n$，等号成立当且仅当 $x_1 = x_2 = \cdots = x_n$。

在下一章中，我们还会演示利用拉格朗日乘数法证明算术-几何平均值不等式的方法。现在先来看看如何用詹森不等式证明它。

证明   因为 $-\ln x$ 是一个凸函数，那么 $\ln x$ 显然就是一个凹函数。根据詹森不等式

$$\ln\left(\frac{x_1 + x_2 + \cdots + x_n}{n}\right) \geqslant \frac{\ln x_1 + \ln x_2 + \cdots + \ln x_n}{n}$$

$$= \frac{1}{n}\ln(x_1 x_2 \cdots x_n) = \ln\left[(x_1 x_2 \cdots x_n)^{\frac{1}{n}}\right]$$

因为 $\ln x$ 是单调递增的，所以

$$\frac{x_1 + x_2 + \cdots + x_n}{n} \geqslant \sqrt[n]{x_1 x_2 \cdots x_n}$$

所以结论得证。

在第 3 章中，本书会谈到闵可夫斯基不等式和柯西-施瓦茨不等式。闵可夫斯基不等式的证明用到了赫尔德（Hölder）不等式，柯西-施瓦茨不等式则可被认为是赫尔德不等式的特殊情况。所以下面我们试着利用詹森不等式来证明赫尔德不等式。

赫尔德不等式：设对 $i = 1, 2, \cdots, n, a_i > 0, b_i > 0$，又 $p > 1, p' > 1, 1/p + 1/p' = 1$，则

$$\sum_{i=1}^{n} a_i b_i \leqslant \left(\sum_{i=1}^{n} a_i^p\right)^{\frac{1}{p}} \left(\sum_{i=1}^{n} b_i^{p'}\right)^{\frac{1}{p'}}$$

特别地，当 $p = p' = 2$ 时，得

$$\sum_{i=1}^{n} a_i b_i \leqslant \left(\sum_{i=1}^{n} a_i^2\right)^{\frac{1}{2}} \left(\sum_{i=1}^{n} b_i^2\right)^{\frac{1}{2}}$$

这其实就是本书后面还会介绍的柯西-施瓦茨不等式。

证明赫尔德不等式之前，先证明一个引理：当 $a > 0, b > 0, p > 1, 1/p + 1/p' = 1$，则

$$ab \leqslant \frac{1}{p}a^p + \frac{1}{p'}b^{p'}$$

证明   令 $f(x) = -\ln x$，则 $f''(x) = x^{-2} > 0, x \in (0, +\infty)$。这样显然 $f(x)$ 是定义在 $(0, +\infty)$ 上的凸函数。令 $1/p = \lambda_1, 1/p' = \lambda_2, a^p > 0, b^{p'} > 0$。由于 $p > 1$，显然 $p' > 1$。由詹森不等式可知

$$-\ln\left|\frac{1}{p}a^p + \frac{1}{p'}b^{p'}\right| \leqslant -\left|\frac{1}{p}\ln a^p + \frac{1}{p'}\ln b^{p'}\right| = -|\ln ab|$$

两边同时取指数，于是可得证原结论成立。

下面证明赫尔德不等式。

证明   设

$$a = \frac{a_i}{\left(\sum\limits_{i=1}^{n} a_i^p\right)^{\frac{1}{p}}}, \quad b = \frac{b_i}{\left(\sum\limits_{i=1}^{n} b_i^{p'}\right)^{\frac{1}{p'}}}$$

则由上述引理可知

$$ab = \frac{a_i b_i}{\left(\sum_{i=1}^n a_i^p \right)^{\frac{1}{p}} \left(\sum_{i=1}^n b_i^{p'} \right)^{\frac{1}{p'}}} \leqslant \frac{1}{p} \frac{a_i^p}{\sum_{i=1}^n a_i^p} + \frac{1}{p'} \frac{b_i^{p'}}{\sum_{i=1}^n b_i^{p'}}$$

把 $i=1,2,\cdots,n$ 的 n 个不等式相加,则有

$$\frac{\sum_{i=1}^n a_i b_i}{\left(\sum_{i=1}^n a_i^p \right)^{\frac{1}{p}} \left(\sum_{i=1}^n b_i^{p'} \right)^{\frac{1}{p'}}} \leqslant \frac{1}{p} \frac{\sum_{i=1}^n a_i^p}{\sum_{i=1}^n a_i^p} + \frac{1}{p'} \frac{\sum_{i=1}^n b_i^{p'}}{\sum_{i=1}^n b_i^{p'}} = 1$$

$$\sum_{i=1}^n a_i b_i \leqslant \left(\sum_{i=1}^n a_i^p \right)^{\frac{1}{p}} \left(\sum_{i=1}^n b_i^{p'} \right)^{\frac{1}{p'}}$$

结论得证。

2.3　常用经典数值解法

在数字图像处理中存在有大量的数值计算问题,例如求函数极值或求解线性方程组等等。但这些问题在计算机中的求解和我们平常在数学课上的处理方式是不同的。例如,很多时候,在利用计算机求解某个问题时,我们并不要求得出一个精确解,而是要求一个近似解。毕竟计算机所能表示的数值精度有限,很多精确解,计算机也无法求出或表示出来。计算机所擅长的(其实也是它仅能做的)就是大量地重复执行简单的任务。所以计算机中常用的经典数值解法本质上来说都是采用迭代求解的策略。

2.3.1　牛顿迭代法

牛顿迭代法(Newton method)又称为牛顿-拉夫逊方法(Newton-Raphson method),它是牛顿在 17 世纪提出的一种在实数域和复数域上近似求解方程的方法。

既然牛顿迭代法可以用来求解方程的根,那么不妨以方程 $x^2 = n$ 为例,试着求解它的根。为此令 $f(x) = x^2 - n$,也就相当于是求 $f(x) = 0$ 的解,如图 2-2 所示。首先随便找一个初始值 x_0,如果 x_0 不是解,做一个经过 $(x_0, f(x_0))$ 这个点的切线,与 x 轴的交点为 x_1。同样道理,如果 x_1 不是解,做一个经过 $(x_1, f(x_1))$ 这个点的切线,与 x 轴的交点为 x_2。以此类推,不断迭代,所得到之 x_i 会无限趋近于 $f(x) = 0$ 的解。

判断 x_i 是否是 $f(x) = 0$ 的解有两种方法:一是直接计算 $f(x_i)$ 的值判断是否为 0,二是判断前后两个解 x_i 和 x_{i-1} 是否无限接近。

经过 $(x_i, f(x_i))$ 这个点的切线方程为(注意这也是一元函数的一阶泰勒展式)

$$f(x) = f(x_i) + f'(x_i)(x - x_i)$$

其中,$f'(x)$ 为 $f(x)$ 的导数,例如在当前所讨论的问题

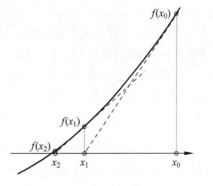

图 2-2　牛顿迭代法解方程

中为 $2x$。令切线方程等于 0，即可求出

$$x_{i+1} = x_i - \frac{f(x_i)}{f'(x_i)}$$

于是乎就得到了一个迭代公式，而且它必然在 $f(x^*) = 0$ 处收敛，其中 x^* 就是方程的根，由此便可对方程进行迭代求根。

例如当前所讨论的问题，继续化简就会得到迭代公式为

$$x_{i+1} = x_i - \frac{x_i^2 - n}{2x_i} = x_i - \frac{x_i}{2} + \frac{n}{2x_i} = \frac{x_i}{2} + \frac{n}{2x_i}$$

基于上述迭代公式，我们其实给出了一个求平方根的算法。事实上，这也的确是很多计算机语言中内置的开平方函数的实现方法。

有时候方程的求根公式可能很复杂（甚至某些方程可能没有求根公式），导致求解困难。这时便可利用牛顿法进行迭代求解。上面的例子已经很好地演示了利用牛顿迭代法解方法的原理。但事实上，它的用途还不仅限于解方程。对上述方法稍加调整，就能得出一个强有力的优化工具。

假设当前任务是优化一个目标函数 f，也就是求该函数的极大值或极小值问题，可以转化为求解函数 f 的导数 $f' = 0$ 的问题，这样求可以把优化问题看成方程 $f' = 0$ 求解问题。剩下的问题就和前面提到的牛顿迭代法解方程的过程很相似了。这次为了求解方程 $f' = 0$ 的根，把原函数 $f(x)$ 的做泰勒展开，展开到二阶形式（注意之前是一阶）：

$$f(x + \Delta x) = f(x) + f'(x)\Delta x + \frac{1}{2}f''(x)\Delta x^2$$

当且仅当 Δx 无线趋近于 0 时，（可以舍得后面的无穷小项）使得等式成立。此时上式等价于

$$f'(x) + \frac{1}{2}f''(x)\Delta x = 0$$

注意因为 Δx 无限趋近于 0，前面的常数 $1/2$ 将不再起作用，可以将其一并忽略，即

$$f'(x) + f''(x)\Delta x = 0$$

求解得

$$\Delta x = -\frac{f'(x)}{f''(x)}$$

也就可以得出迭代公式

$$x_{n+1} = x_n - \frac{f'(x)}{f''(x)}, n = 0, 1, 2, \cdots$$

事实上，最优化问题除了用牛顿法来解之外，还可以用梯度下降法来解。但是通常来说，牛顿法可以利用到曲线本身的信息，比梯度下降法更容易收敛，即迭代更少次数。

回想第 1 章中介绍的黑塞矩阵与多元函数极值问题，对于一个多维向量 $\boldsymbol{x}$，以及在点 $\boldsymbol{x}_0$ 的邻域内有连续二阶偏导数的多元函数 $f(\boldsymbol{x})$，可以写出该函数在点 $\boldsymbol{x}_0$ 处的（二阶）泰勒展开式

$$f(\boldsymbol{x}) = f(\boldsymbol{x}_0) + (\boldsymbol{x} - \boldsymbol{x}_0)^{\mathrm{T}}\nabla f(\boldsymbol{x}_0) + \frac{1}{2}(\boldsymbol{x} - \boldsymbol{x}_0)^{\mathrm{T}}\boldsymbol{H}f(\boldsymbol{x}_0)(\boldsymbol{x} - \boldsymbol{x}_0) + o(\|\boldsymbol{x} - \boldsymbol{x}_0\|^2)$$

其中，$o(\|\boldsymbol{x} - \boldsymbol{x}_0\|^2)$ 是高阶无穷小表示的皮亚诺余项。而 $\boldsymbol{H}f(\boldsymbol{x}_0)$ 是一个黑塞矩阵。依据之前的思路，忽略掉无穷小项，写出迭代公式即为

$$x_{n+1} = x_n - \frac{\nabla f(x_n)}{\mathbf{H} f(x_n)}, n \geqslant 0$$

由此可见,高维情况依然可以用牛顿迭代求解,但问题是黑塞矩阵引入的复杂性,使得牛顿迭代求解的难度大大增加。所以人们又提出了所谓的拟牛顿法(Quasi-Newton method),即不再直接计算黑塞矩阵,而是每一步的时候使用梯度向量更新黑塞矩阵的近似。拟牛顿法是针对牛顿法的弱点进行了改进,因而更具实际应用价值。限于篇幅,我们并不打算在此处展开,有兴趣的读者可以参阅相关资料以了解更多关于拟牛顿法的细节。

2.3.2　雅可比迭代

雅可比迭代法(Jacobi iterative method)是一种常用的求解线性方程组的方法。作为一个简单的示例,考虑如下来自文献[7]的方程组

$$\begin{cases} 4x - y + z = 7 \\ 4x - 8y + z = -21 \\ -2x + y + 5z = 15 \end{cases}$$

上述方程可表示成如下形式

$$\begin{cases} x = \dfrac{7 + y - z}{4} \\[2mm] y = \dfrac{21 + 4x + z}{8} \\[2mm] z = \dfrac{15 + 2x - y}{5} \end{cases}$$

这样就提出了下列雅可比迭代过程

$$\begin{cases} x_{k+1} = \dfrac{7 + y_k - z_k}{4} \\[2mm] y_{k+1} = \dfrac{21 + 4x_k + z_k}{8} \\[2mm] z_{k+1} = \dfrac{15 + 2x_k - y_k}{5} \end{cases}$$

如果从 $P_0 = (x_0, y_0, z_0) = (1, 2, 2)$ 开始,则上式中的迭代将收敛到解 $(2, 4, 3)$。

将 $x_0 = 1, y_0 = 2$ 和 $z_0 = 2$ 代入上式中每个方程的右边,即可得到如下新值

$$\begin{cases} x_1 = \dfrac{7 + 2 - 2}{4} = 1.75 \\[2mm] y_1 = \dfrac{21 + 4 + 2}{8} = 3.375 \\[2mm] z_1 = \dfrac{15 + 2 - 2}{5} = 3.00 \end{cases}$$

新的点 $P_1 = (1.75, 3.375, 3.00)$ 比 P_0 更接近 $(2, 4, 3)$。使用上述雅可比迭代过程生成点的序列 $\{P_k\}$ 将收敛到解 $(2, 4, 3)$。

这个过程称为雅可比迭代,可用来求解某些类型的线性方程组。从表 2-1 中可以看出,经过 19 步迭代,迭代过程收敛到一个精度为 9 位有效数字的近似值（2.00000000, 4.00000000, 3.00000000）。但有时雅可比迭代法是无效的。通过下面的例子可以看出,重新排列初始线性方程组后,应用雅可比迭代法可能会产生一个发散的点的序列。

表 2-1　求解线性方程组的雅可比迭代（收敛）

k	x_k	y_k	z_k
0	1.0	2.0	2.0
1	1.75	3.375	3.0
2	1.84375	3.875	3.025
3	1.9625	3.925	2.9625
4	1.99062500	3.97656250	3.00000000
5	1.99414063	3.99531250	3.00093750
⋮	⋮	⋮	⋮
15	1.99999993	3.99999985	2.99999993
⋮	⋮	⋮	⋮
19	2.00000000	4.00000000	3.00000000

设重新排列的线性方程组如下

$$\begin{cases} -2x + y + 5z = 15 \\ 4x - 8y + z = -21 \\ 4x - y + z = 7 \end{cases}$$

这些方程可以表示为如下形式

$$\begin{cases} x = \dfrac{-15 + y - 5z}{2} \\ y = \dfrac{21 + 4x + z}{8} \\ z = 7 - 4x + y \end{cases}$$

用如下雅可比迭代过程求解

$$\begin{cases} x_{k+1} = \dfrac{-15 + y_k + 5z_k}{2} \\ y_{k+1} = \dfrac{21 + 4x_k + z_k}{8} \\ z_{k+1} = 7 - 4x_k + y_k \end{cases}$$

如果同样 $P_0 = (x_0, y_0, z_0) = (1, 2, 2)$ 开始,则上式中的迭代将对解 (2,4,3) 发散。将 $x_0 = 1, y_0 = 2$ 和 $z_0 = 2$ 代入上式中每个方程的右边,即可得到新值 x_1, y_1 和 z_1

$$\begin{cases} x_1 = \dfrac{-15 + 2 + 10}{2} = -1.5 \\ y_1 = \dfrac{21 + 4 + 2}{8} = 3.375 \\ z_1 = 7 - 4 + 2 = 5.00 \end{cases}$$

新的点 $P_1 = (-1.5, 3.375, 5.00)$ 比 P_0 更远地偏离 (2,4,3)。如表 2-2 所示,使用上述迭代过程生成点的序列是发散的。

表 2-2　求解线性方程组的雅可比迭代(发散)

k	x_k	y_k	z_k
0	1.0	2.0	2.0
1	-1.5	3.375	5.0
2	6.6875	2.5	16.375
3	34.6875	8.015625	-17.25
4	-46.617188	17.8125	-123.73438
5	-307.929688	-36.150391	211.28125
6	502.62793	-124.929688	1202.56836
$\vdots$	$\vdots$	$\vdots$	$\vdots$

2.3.3　高斯迭代法

有时候可以通过一些技巧来加快常规的雅可比迭代的收敛速度。观察由雅可比迭代过程产生的 3 个序列 $\{x_k\}$,$\{y_k\}$ 和 $\{z_k\}$,它们分别收敛到 $2.00,4.00$ 和 3.00。由于 x_{k+1} 被认为是比 x_k 更好的 x 的近似值,所以在计算 y_{k+1} 时用 x_{k+1} 来替换 x_k 是合理的。同理,可用 x_{k+1} 和 y_{k+1} 计算 z_{k+1}。这种方法被称为高斯-赛德尔(Gauss-Seidel)迭代法,简称高斯迭代法。

下面就以 2.3.2 节中给出的方程组为例演示高斯迭代法的具体执行步骤。首先,写出下列高斯迭代过程

$$\begin{cases} x_{k+1} = \dfrac{7 + y_k - z_k}{4} \\[2mm] y_{k+1} = \dfrac{21 + 4x_{k+1} + z_k}{8} \\[2mm] z_{k+1} = \dfrac{15 + 2x_{k+1} - y_{k+1}}{5} \end{cases}$$

如果从 $P_0 = (x_0,y_0,z_0) = (1,2,2)$ 开始,用上式中的迭代可收敛到解 $(2,4,3)$。

将 $y_0 = 2$ 和 $z_0 = 2$ 代入上式中第一个方程可得

$$x_1 = \frac{7+2-2}{4} = 1.75$$

将 $x_1 = 1.75$ 和 $z_0 = 2$ 代入第二个方程可得

$$y_1 = \frac{21 + 4 \times 1.75 + 2}{8} = 3.75$$

将 $x_1 = 1.75$ 和 $y_1 = 3.75$ 代入第三个方程可得

$$z_1 = \frac{15 + 2 \times 1.75 - 3.75}{5} = 2.95$$

新的点 $P_1 = (1.75,3.75,2.95)$ 比 P_0 更接近解 $(2,4,3)$,而且比 2.3.2 节例子中的值更好。用高斯迭代过程生成序列 $\{P_k\}$ 收敛到 $(2,4,3)$。

表 2-3 高斯-赛德尔迭代法计算示例

k	x_k	y_k	z_k
0	1.0	2.0	2.0
1	1.75	3.75	2.95
2	1.95	3.96875	2.98625
3	1.995625	3.99609375	2.99903125
$\vdots$	$\vdots$	$\vdots$	$\vdots$
8	1.99999983	3.99999988	2.99999996
9	1.99999998	3.99999999	3.00000000
10	2.00000000	4.00000000	3.00000000

正如前面讨论的，应用雅可比迭代法计算有时可能是发散的，所以有必要建立一些判定条件判断雅可比迭代是否收敛。在给出这个条件之前，先来看看严格对角占优矩阵的定义。设有 $N \times N$ 维矩阵 A，如果

$$|a_{ii}| \geqslant \sum_{j \neq i} |a_{ij}|, \quad \forall i$$

其中，i 是行号，j 是列号，则称该矩阵是严格对角占优矩阵。显然，严格对角占优的意思就是指对角线上元素的绝对值不小于所在行其他元素的绝对值和。

现在使雅可比迭代和高斯迭代过程一般化。设有如下线性方程组

$$\begin{cases} a_{11}x_1 + a_{12}x_2 + \cdots + a_{1j}x_j + \cdots + a_{1N}x_N = b_1 \\ a_{21}x_1 + a_{22}x_2 + \cdots + a_{2j}x_j + \cdots + a_{2N}x_N = b_2 \\ \vdots \\ a_{j1}x_1 + a_{j2}x_2 + \cdots + a_{jj}x_j + \cdots + a_{jN}x_N = b_j \\ \vdots \\ a_{N1}x_1 + a_{N2}x_2 + \cdots + a_{Nj}x_j + \cdots + a_{NN}x_N = b_N \end{cases}$$

设第 k 个点 $P_k = (x_1^{(k)}, x_2^{(k)}, \cdots, x_j^{(k)}, \cdots, x_N^{(k)})$，则下一点 $P_{k+1} = (x_1^{(k+1)}, x_2^{(k+1)}, \cdots, x_j^{(k+1)}, \cdots, x_N^{(k+1)})$。向量 P_k 的上标 (k) 可用来标识属于该点的坐标。迭代公式根据前面的值（$x_1^{(k)}$，$x_2^{(k)}, \cdots, x_j^{(k)}, \cdots, x_N^{(k)}$），使用上述线性方程组中第 j 行求解 $x_j^{(k+1)}$。

雅可比迭代

$$x_j^{(k+1)} = \frac{b_j - a_{j1}x_1^{(k)} - \cdots - a_{jj-1}x_{j-1}^{(k)} - a_{jj+1}x_{j+1}^{(k)} - \cdots - a_{jN}x_N^{(k)}}{a_{jj}}$$

其中，$j = 1, 2, \cdots, N$。

雅可比迭代使用所有旧坐标来生成所有新坐标，而高斯-赛德尔迭代尽可能使用新坐标得到更新的坐标。

高斯-赛德尔迭代

$$x_j^{(k+1)} = \frac{b_j - a_{j1}x_1^{(k+1)} - \cdots - a_{jj-1}x_{j-1}^{(k+1)} - a_{jj+1}x_{j+1}^{(k)} - \cdots - a_{jN}x_N^{(k)}}{a_{jj}}$$

其中，$j = 1, 2, \cdots, N$。

下面的定理给出了雅可比迭代收敛的充分条件：设矩阵 A 具有严格对角优势，则 $AX = B$ 有唯一解 $X = P$。利用前面给出的迭代式可产生一个向量序列 $\{P_k\}$，而且对于任意初始向量 $\{P_0\}$，向量序列都将收敛到 P。

当矩阵 A 具有严格对角优势时,可证明高斯迭代法也会收敛。在大多数情况下,高斯迭代法比雅可比迭代法收敛得更快,因此通常会更倾向于使用高斯迭代法。但在某些情况下,雅可比迭代会收敛,而高斯迭代不会收敛。

2.3.4 托马斯算法

当线性联立方程组的系数矩阵为三对角阵时,可采用非常有效的托马斯(Thomas)算法来进行求解。为了帮助读者理解这种数值计算法方法,下面以一个 6×6 矩阵为例来介绍,例如有如下的一个线性方程组

$$\begin{vmatrix} b_1 & c_1 & 0 & 0 & 0 & 0 \\ a_2 & b_2 & c_2 & 0 & 0 & 0 \\ 0 & a_3 & b_3 & c_3 & 0 & 0 \\ 0 & 0 & a_4 & b_4 & c_4 & 0 \\ 0 & 0 & 0 & a_5 & b_5 & c_5 \\ 0 & 0 & 0 & 0 & a_6 & b_6 \end{vmatrix} \begin{vmatrix} x_1 \\ x_2 \\ x_3 \\ x_4 \\ x_5 \\ x_6 \end{vmatrix} = \begin{vmatrix} d_1 \\ d_2 \\ d_3 \\ d_4 \\ d_5 \\ d_6 \end{vmatrix}$$

将矩阵变为上三角矩阵,首先要把上面公式中的系数矩阵变为一个上三角矩阵。

对于第 1 行

$$b_1 x_1 + c_1 x_2 = d_1$$

将上式除以 b_1,得

$$x_1 + \frac{c_1}{b_1} x_2 = \frac{d_1}{b_1}$$

可写成

$$x_1 + \gamma_1 x_2 = \rho_1, \quad \gamma_1 = \frac{c_1}{b_1}, \quad \rho_1 = \frac{d_1}{b_1}$$

对于第 2 行

$$a_2 x_1 + b_2 x_2 + c_2 x_3 = d_2$$

将变换后的第 1 行乘以 a_2,再与第 2 行相减,可消去 x_1,得

$$(b_2 - a_2 \gamma_1) x_2 + c_2 x_3 = d_2 - a_2 \rho_1$$

所以新的矩阵方程为

$$\begin{vmatrix} 1 & \gamma_1 & 0 & 0 & 0 & 0 \\ 0 & 1 & \gamma_2 & 0 & 0 & 0 \\ 0 & a_3 & b_3 & c_3 & 0 & 0 \\ 0 & 0 & a_4 & b_4 & c_4 & 0 \\ 0 & 0 & 0 & a_5 & b_5 & c_5 \\ 0 & 0 & 0 & 0 & a_6 & b_6 \end{vmatrix} \begin{vmatrix} x_1 \\ x_2 \\ x_3 \\ x_4 \\ x_5 \\ x_6 \end{vmatrix} = \begin{vmatrix} \rho_1 \\ \rho_2 \\ d_3 \\ d_4 \\ d_5 \\ d_6 \end{vmatrix}$$

同理,可推得第 3 行至第 6 行分别为

$$x_3 + \gamma_3 x_4 = \rho_3, \quad \gamma_3 = \frac{c_3}{b_3 - a_3 \gamma_2}, \quad \rho_3 = \frac{d_3 - a_3 \rho_2}{b_3 - a_3 \gamma_2}$$

$$x_4 + \gamma_4 x_5 = \rho_4, \quad \gamma_4 = \frac{c_4}{b_4 - a_4 \gamma_3}, \quad \rho_4 = \frac{d_4 - a_4 \rho_3}{b_4 - a_4 \gamma_3}$$

$$x_5 + \gamma_5 x_6 = \rho_5, \quad \gamma_5 = \frac{c_5}{b_5 - a_5 \gamma_4}, \quad \rho_5 = \frac{d_5 - a_5 \rho_4}{b_5 - a_5 \gamma_4}$$

$$x_6 = \rho_6, \quad \rho_6 = \frac{d_6 - a_6 \rho_5}{b_6 - a_6 \gamma_5}$$

最后得到新的上三角矩阵公式为

$$
\begin{vmatrix}
1 & \gamma_1 & 0 & 0 & 0 & 0 \\
0 & 1 & \gamma_2 & 0 & 0 & 0 \\
0 & 0 & 1 & \gamma_3 & 0 & 0 \\
0 & 0 & 0 & 1 & \gamma_4 & 0 \\
0 & 0 & 0 & 0 & 1 & \gamma_5 \\
0 & 0 & 0 & 0 & 0 & 1
\end{vmatrix}
\begin{vmatrix}
x_1 \\ x_2 \\ x_3 \\ x_4 \\ x_5 \\ x_6
\end{vmatrix}
=
\begin{vmatrix}
\rho_1 \\ \rho_2 \\ \rho_3 \\ \rho_4 \\ \rho_5 \\ \rho_6
\end{vmatrix}
$$

接下来就可以逆序求出结果，如

$$x_6 = \rho_6 \qquad x_5 = \rho_5 - \gamma_5 x_6 \quad x_4 = \rho_4 - \gamma_4 x_5$$

$$x_3 = \rho_3 - \gamma_3 x_4 \quad x_2 = \rho_2 - \gamma_2 x_3 \quad x_1 = \rho_1 - \gamma_1 x_2$$

因此可以归纳总结出一般性公式，对于如下的线性方程组

$$
\begin{vmatrix}
b_1 & c_1 & & \\
a_2 & \ddots & \ddots & \\
& \ddots & \ddots & c_{n-1} \\
& & a_n & b_n
\end{vmatrix}
\begin{vmatrix}
x_1 \\ \vdots \\ \vdots \\ x_n
\end{vmatrix}
=
\begin{vmatrix}
d_1 \\ \vdots \\ \vdots \\ d_n
\end{vmatrix}
$$

$$
\gamma_i =
\begin{cases}
\dfrac{c_i}{b_i}, & i = 1 \\[3mm]
\dfrac{c_i}{b_i - a_i \gamma_{i-1}}, & i = 2, 3, \cdots, n-1
\end{cases}
$$

$$
\rho_i =
\begin{cases}
\dfrac{d_i}{b_i}, & i = 1 \\[3mm]
\dfrac{d_i - a_i \rho_{i-1}}{b_i - a_i \gamma_{i-1}}, & i = 2, 3, \cdots, n
\end{cases}
$$

$$x_i = \rho_i - \gamma_i x_{i+1}, \quad i = n-1, n-2, \cdots, 1$$

注意使用托马斯算法求解时，系数矩阵需要是对角占优的。另外，从以上讨论可以看出，托马斯算法具有线性算法复杂性 $O(N)$，而高斯消元法的复杂性为 $O(N^2)$。还可以看到，它虽然含有对矩阵元素的运算，但并不需要以矩阵形式存储 A，只需以矢量形式存储三对角元素即可。托马斯算法也常称为追赶法。因为前向代入过程可以称为"追"，反向代入可称为"赶"。

2.4　有限差分法求解偏微分方程

自然科学与工程技术中种种运动发展过程与平衡现象各自遵守一定的规律。这些规律的定量表述一般地呈现为关于含有未知函数及其导数的方程。只含有未知多元函数及其偏

导数的方程,称为偏微分方程。初始条件和边界条件称为定解条件,未附加定解条件的偏微分方程称为泛定方程。对于一个具体的问题,定解条件与泛定方程总是同时提出。定解条件与泛定方程作为一个整体,称为定解问题。

2.4.1 椭圆方程

由于大多数工程问题都是二维问题,所以得到的微分方程一般都是偏微分方程,对于一维问题得到的是常微分方程,解法与偏微分方程类似,为了不是一般性,这里只讨论偏微分方程。由于工程中高阶偏微分较少出现,所以本节仅仅给出二阶偏微分方程的一般形式,对于高阶的偏微分,可进行类似地推广。二阶偏微分方程的一般形式如下

$$A\Phi_{x,x} + B\Phi_{xy} + C\Phi_{yy} = f(x, y, \Phi, \Phi_x, \Phi_y)$$

其中,Φ 表示一个连续函数。当 A, B, C 都是常数时,上式成为准线性,有三种准线性方程形式:

(1) 如果 $\Delta = B^2 - 4AC < 0$,则称为椭圆型方程。

(2) 如果 $\Delta = B^2 - 4AC = 0$,则称为抛物型方程。

(3) 如果 $\Delta = B^2 - 4AC > 0$,则称为双曲型方程。

椭圆方程是工程技术应用中所涉及的偏微分方程里最为普遍的一种形式。根据椭圆方程的具体形式又可以将其分为以下三种形式:

(1) 拉普拉斯(Laplace)方程:$\nabla^2 u = 0$;

(2) 泊松(Poisson)方程:$\nabla^2 u = g(x, y)$;

(3) 亥姆霍兹(Helmholtz)方程:$\nabla^2 u + \lambda u = 0$。

其中,u 是关于 x 和 y 的二元函数。

2.4.2 有限差分法

差分方法又称为有限差分方法或网格法,是求偏微分方程定解问题的数值解中应用最广泛的方法之一。它的基本思想是:先对求解区域作网格剖分,将自变量的连续变化区域用有限离散点(网格点)集代替;将问题中出现的连续变量的函数用定义在网格点上离散变量的函数代替;通过用网格点上函数的差商代替导数,将含连续变量的偏微分方程定解问题化成只含有限个未知数的代数方程组(称为差分格式)。如果差分格式有解,且当网格无限变小时其解收敛于原微分方程定解问题的解,则差分格式的解就作为原问题的近似解(数值解)。因此,用差分方法求偏微分方程定解问题一般需要解决以下问题:

(1) 选取网格;

(2) 对微分方程及定解条件选择差分近似,列出差分格式;

(3) 求解差分格式;

(4) 讨论差分格式解对于微分方程解的收敛性及误差估计。

下面就以拉普拉斯方程的数值解法为例来演示一下有限差分法的基本思路。首先写出完整的拉普拉斯方程如下

$$\frac{\partial^2 F}{\partial x^2} + \frac{\partial^2 F}{\partial y^2} = 0$$

现在的问题其实是要求在一个给定的二维区域中求解满足方程的每一点(x,y)。一些区域中的点将被用来给出边界条件(hold boundary conditions)。

于是将整个二维区域离散化成若干个点，其中的 5 个相邻点如图 2-3 所示。

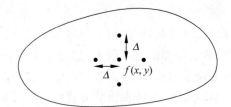

图 2-3　离散化后的 5 个相邻点

根据偏导数的定义则有

$$\frac{\partial f}{\partial x} \approx \frac{1}{\Delta}\Big[f\Big(x+\frac{\Delta}{2},y\Big) - f\Big(x-\frac{\Delta}{2},y\Big) \Big]$$

$$\frac{\partial^2 f}{\partial x^2} \approx \frac{1}{\Delta}\Big\{ \frac{1}{\Delta}\big[f(x+\Delta,y)-f(x,y)\big] - $$

$$\frac{1}{\Delta}\big[f(x,y)-f(x-\Delta,y)\big] \Big\}$$

$$= \frac{1}{\Delta^2}\big[f(x+\Delta,y)-2f(x,y)+f(x-\Delta,y)\big]$$

同理可得

$$\frac{\partial^2 f}{\partial y^2} \approx \frac{1}{\Delta^2}\big[f(x,y+\Delta)-2f(x,y)+f(x,y-\Delta)\big]$$

将上述两个结果代入拉普拉斯方程可得

$$\frac{1}{\Delta^2}\big[f(x+\Delta,y)+f(x-\Delta,y)+f(x,y+\Delta)+f(x,y-\Delta)-4f(x,y)\big]=0$$

2.4.3　方程组求解

回想雅可比迭代法，假设有一个由 n 个线性方程组成的系统（也就是线性方程组）

$$\boldsymbol{Ax} = \boldsymbol{b}$$

那么雅可比迭代可以描述为

$$x_i^k = \frac{1}{a_{i,j}}\Big[b_i - \sum_{j \neq i} a_{i,j} x_j^{k-1} \Big]$$

其中，k 表示第 k 轮迭代。

注意在 2.4.2 节最后得出的拉普拉斯方程离散化形式给出了（离散化后）区域上众多点中的一个点的求解方程，所有点的求解方程合在一起就构成了一个大的方程组。把求解某点(x,y)的方程重写成雅可比迭代的形式，则有

$$f^k(x,y) = \frac{1}{4}\big[f^{k-1}(x-\Delta,y) + f^{k-1}(x,y-\Delta) +$$
$$f^{k-1}(x+\Delta,y) + f^{k-1}(x,y+\Delta)\big]$$

重复应用上述迭代式,最后方程就会收敛到解的附近。

$$
\begin{matrix}
\bullet & \bullet & \bullet & \bullet \\
x_1 & x_2 & x_3 & x_4 \\
\bullet & \bullet & \bullet & \bullet \\
x_5 & x_6 & x_7 & x_8 \\
\bullet & \bullet & \text{-} & \text{-} & \text{-} & \text{-} \\
x_9 & x_{10}
\end{matrix}
$$

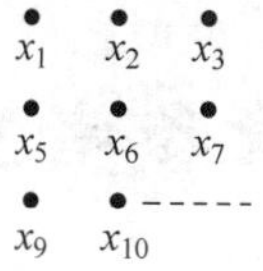

图 2-4　离散化后的网格

本来连续的一个区域经过离散化处理之后就变成了一个网格结构,假设网格的大小是 n^2,标签为 $x_1, x_2, \cdots, x_{n^2}$,如图 2-4 所示。

上面这种自然排列的点序可以得出不超过 n^2 个五元线性方程

$$x_{i-n} + x_{i-1} - 4x_i + x_{i+1} + x_{i+n} = 0$$

注意,一般不对处于边界上的点(如 $x_1, x_2, x_3, x_4, x_5, x_8, \cdots$)应用上述方程。最后将得到一个大型的稀疏线性方程组

$$
\begin{bmatrix}
\ddots & & & & & & \\
& \ddots & & & & & \\
& & \ddots & & & & \\
1 & \cdots & 1 & -4 & 1 & \cdots & 1 \\
& & & & \ddots & & \\
& & & & & \ddots & \\
& & & & & & \ddots
\end{bmatrix}
\times
\begin{bmatrix}
x_1 \\ x_2 \\ \vdots \\ \vdots \\ \vdots \\ \vdots \\ x_n 0
\end{bmatrix}
=
\begin{bmatrix}
0 \\ 0 \\ \vdots \\ \vdots \\ \vdots \\ \vdots \\ 0
\end{bmatrix}
$$

除了使用雅可比迭代之外,还可以采用高斯迭代加速方程组解的收敛速度。高斯迭代的一般形式为

$$x_i^k = \frac{1}{a_{i,j}}\Big[b_i - \sum_{j=1}^{i-1} a_{i,j} x_j^k - \sum_{j=i+1}^{n} a_{i,j} x_j^{k-1}\Big]$$

此时,拉普拉斯方程需用下式进行求解,即

$$f^k(x,y) = \frac{1}{4}\big[f^k(x-\Delta,y) + f^k(x,y-\Delta) + f^{k-1}(x+\Delta,y) + f^{k-1}(x,y+\Delta)\big]$$

偏微分方程在图像处理中有非常重要的应用。本节主要是以拉普拉斯方程的数值解为例来讨论的,而前面也提到过椭圆方程中除了拉普拉斯方程之外,还有一类叫做泊松方程。图像处理中基于泊松方程的算法构成了一大类的具有广泛应用的算法,可以用于图像融合、图像去雾、图像拼接等。例如,图 2-5 就是基于解泊松方程的方法实现的图像泊松编辑的效果图。本书后面还会详细介绍这种算法的原理。

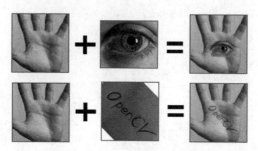

图 2-5　偏微分方程应用举例

本章参考文献

［1］　张弛. 谈巴塞伐（Parseval）等式的证明［J］. 和田师范专科学校学报. 2011（6）.

［2］　李小平. Parseval 定理在物理学中的应用［J］. 塔里木大学学报. 2008（2）.

［3］　左飞. R 语言实战——机器学习与数据分析［M］. 北京：电子工业出版社，2016.

［4］　Kenneth B. Howell. Principles of Fourier Analysis［M］. Chapman Hall/CRC，2001.

［5］　John H. Mathews，Kurtis D. Fink. 数值方法——MATLAB 版［M］. 4 版. 周璐，等译. 北京：电子工业出版社，2010.

第 3 章

泛函分析及变分法

前面介绍的数学知识是学习图像处理的基础,同时也是大学教育中工科数学的必修内容。如果是仅仅作为数字图像处理学习入门的先修课程基本已经足够。但数字图像处理技术是一门发展非常迅速的学科,一些新方法新理论不断涌现。因此,要想把数字图像处理作为一门学问深入研究,显然仅仅掌握前面的数学知识仍然远远不够。本章主要介绍更进一步的数学知识,这些内容主要围绕泛函分析和变法等主题展开。这些知识与前面的内容相比更加艰深和抽象。对于本章内容的学习,侧重点应该更多地放在有关概念的理解上,而非是深究每一条定理该如何证明。当然本部分内容仍然与前面的内容紧密相连,所以读者务必在牢固掌握之前内容的基础上再进行本章的学习。

3.1 勒贝格积分理论

前面介绍过积分的概念,彼时所讨论的积分首先是由黎曼(Riemann)严格定义的,因此之前所研究的积分通常称为黎曼积分,简称 R 积分。黎曼积分在数学、自然科学或者工程科学中具有非常重要的作用,正如前面所介绍的那样,诸如弧长、面积、体积、做功、通量等概念都可以借助黎曼积分表达。然而,随着现代数学和自然科学的发展,黎曼积分的缺陷也逐渐显现。这时勒贝格(Lebesgue)积分便应运而生了。在介绍勒贝格积分的概念之前,有必要介绍点集的勒贝格测度与可测函数的基本理论,这些内容是建立勒贝格积分的必要前提。

3.1.1 点集的勒贝格测度

点集的测度是区间长度概念的推广。设 E 为直线 R 上任意一个点集,用 mE 表示 E 的测度。如果 E 是直线上的区间 (a,b),或者 $E=[a,b]$、$(a,b]$、$[a,b)$,那么自然会想到可以定义该区间的长度 $b-a$ 为它的测度,即 $mE=b-a$。如果 E 是直线上的开集,那么可以根据开集构造定理定义它的测度。

定义 设 G 为直线上的有界开集，定义 G 的测度为它的一切构成区间的长度之和。也就是说，若

$$G = \bigcup_k (\alpha_k, \beta_k)$$

其中，(α_k, β_k) 是 G 的构成区间，则

$$mG = \sum_k (\beta_k - \alpha_k)$$

如果 G 的构成区间只有 n 个，那么上式右端是有限项（n 项）之和，即

$$mG = \sum_{k=1}^{n} (\beta_k - \alpha_k)$$

如果 G 的构成区间是可数多个，那么上式右端是一个无穷级数

$$mG = \sum_{k=1}^{+\infty} (\beta_k - \alpha_k)$$

由于 G 是有界开集，因此必然存在开区间 (a,b)，使 $G \subset (a,b)$，所以对于任何有限的 n，有

$$\bigcup_{k=1}^{n} (\alpha_k, \beta_k) \subset (a,b)$$

从而有

$$\sum_{k=1}^{n} (\beta_k - \alpha_k) \leqslant b - a$$

令 $n \to +\infty$，得

$$mG = \sum_{k=1}^{+\infty} (\beta_k - \alpha_k) \leqslant b - a < +\infty$$

这表明无穷级数是收敛的，所以上述定义是有意义的。

定义 设 F 为直线上的有界闭集，$F \subset (a,b)$，则 $G = (a,b) - F$ 是有界开集，定义 F 的测度为

$$mF = (b,a) - mG$$

需要说明的是，由属于集 A 但不属于集 B 的元素的全体构成的集合称为 A 与 B 的差集，记为 $A - B$。可以证明，闭集 F 的测度 mF 与区间 (a,b) 的选择无关。

在直线上，除去开集和闭集之外，还存在大量的既不开也不闭的集合，例如有理数的点集与无理数的点集等。那么又该如何定义它们的测度呢？已知圆的面积既可用其外切正多边形的面积从外面逼近，也可以用其内接正多边形的面积从里面逼近，而且用这两种方法所得的结果也应相等。在做微积分时，也是用这种思想定义任意曲边梯形的面积的。不妨从这个角度定义一般的有界点集的测度。

定义 设 E 为直线上的任意一个有界点集，称所有包含 E 的开集测度的下确界为集 E 的外侧度，记作 $m^* E$，则

$$m^* E = \inf\{mG \mid G \supset E, G \text{ 为开集}\}$$

而把所有包含于 E 的闭集测度的上确界称为集 E 的内测度，记作 $m_* E$，则

$$m_* E = \sup\{mF \mid F \subset E, F \text{ 为闭集}\}$$

显然，$m_* E \leqslant m^* E$。事实上，由 $F \subset E \subset G$ 可知

$$m_* E = \sup\{mF \mid F \subset E, F \text{ 为闭集}\} \leqslant mG$$

从而有

$$m_* E \leqslant \inf\{mG \mid G \supset E, G \text{ 为开集}\} = m^* E$$

定义　设 E 为直线上的有界点集,若 $m^* E = m_* E$,则称 E 为勒贝格可测集,简称为 L 可测集,它的外侧度与内测度的共同值称为 E 的勒贝格测度,简称为 E 的 L 测度,记作 mE,则

$$mE = m^* E = m_* E$$

本节后续提及的可测集与测度均为 L 可测集与 L 测度。

直线上的区间,有界开集与有界闭集都是 L 可测的,而且它们的勒贝格测度与前面定义的测度相同。不仅如此,L 可测集还包含更广泛的集类。

点集的测度既然是区间长度概念的推广,那么它理应保持区间长度的一些基本属性。设 $X=[0,1]$ 为基本集,那么它的任意子区间 I 的长度 mI 显然具有下列基本性质。

(1) 非负性:$mI \geqslant 0$;

(2) 有限可加性:设 I_1 和 I_2 是区间 $[a,b]$ 的两个子区间,若 $I_1 \bigcap I_2 = \varnothing$,则 $m(I_1 \bigcup I_2) = mI_1 + mI_2$。

在直观上,有限可加性表达了"总量等于各分量之和"这个简单的公理,但这个公理的更完整表述应该是:设 $\{I_n\}$ 是 $X=[a,b]$ 中可列个子区间,$n=1,2,\cdots$,并且 $I_i \bigcap I_j = \varnothing, i \neq j$,则

$$m\left(\bigcup_{n=1}^{+\infty} I_n\right) = \sum_{n=1}^{+\infty} mI_n$$

称该性质为可列可加性(或完全可加性)。

区间长度 mI 还有很多其他的性质,但非负性与可列可加性是其中最基本最重要的定理,称为测度公理。由定义可知,点集的勒贝格测度 mE 是非负的,通过下面的定理可知点集的勒贝格测度同样具有可列可加性。

定理　设 $X=(a,b)$ 为基本集,E、E_1 和 E_2 为 X 的子集。

(1) 若 E 可测,则其补集 $\subset_X E$ 也可测;

(2) 若 E_1 和 E_2 可测,则 $E_1 \bigcup E_2$、$E_1 \bigcap E_2$、$E_1 - E_2$ 均可测,又若 $E_1 \bigcap E_2 = \varnothing$,则有

$$m(E_1 \bigcup E_2) = mE_1 + mE_2$$

定理

(1) 单调性:若 E_1 和 E_2 可测,且 $E_1 \subset E_2$,则 $mE_1 \leqslant mE_2$;

(2) 可列可加性:若 $\{E_k\}$ 是一个可测集列,$k=1,2,\cdots$,则

$$E = \bigcup_{k=1}^{+\infty} E_k$$

也可测;如果 E_k 两两互不相交,则

$$mE = \sum_{k=1}^{+\infty} mE_k$$

(3) 若 $\{E_k\}$ 是一个可测集列,$k=1,2,\cdots$,则

$$\bigcup_{k=1}^{+\infty} \subset_X E_k$$

也可测。

下面简单证明前两条性质。

证明

（1）由 $E_1 \subset E_2$ 可知 $E_2 = (E_2 - E_1) \bigcup E_1$，且 $(E_2 - E_1) \bigcap E_1 = \varnothing$，根据前面给出的定理可知 $E_2 - E_1$ 可测，且

$$mE_2 = m(E_2 - E_1) + mE_1$$

或者

$$m(E_2 - E_1) = mE_2 - mE_1$$

而 $m(E_2 - E_1) \geqslant 0$，所以 $mE_1 \leqslant mE_2$。

（2）假设 E_k 两两互不相交，则同样根据前面给出的定理可知，它们的有限并集也可测，并且

$$m\left(\bigcup_{k=1}^{n} E_k\right) = \sum_{k=1}^{n} mE_k$$

根据内测度的定义以及上确界的意义，对于任意的 $\varepsilon > 0$，必然存在闭集

$$F \subset \bigcup_{k=1}^{n} E_k$$

使得

$$mF > m_*\left(\bigcup_{k=1}^{n} E_k\right) - \varepsilon = m\left(\bigcup_{k=1}^{n} E_k\right) - \varepsilon$$

又因为 $F \subset E$，故

$$m_* E \geqslant mF > \sum_{k=1}^{n} mE_k - \varepsilon$$

在上式中，先令 $\varepsilon \to 0$，再令 $n \to +\infty$，得

$$m_* E \geqslant \sum_{k=1}^{+\infty} mE_k$$

类似地，根据外侧度的定义，还可以得到

$$m^* E \leqslant \sum_{k=1}^{+\infty} mE_k$$

于是有

$$m^* E \leqslant \sum_{k=1}^{+\infty} mE_k \leqslant m_* E$$

但是 $m_* E \leqslant m^* E$，于是可得 $m_* E = m^* E$。因此集 E 可测，且

$$mE = \sum_{k=1}^{+\infty} mE_k$$

此外，如果 E_k 中有彼此相交的情况，由

$$E = \bigcup_{k=1}^{+\infty} E_k = E_1 \bigcup (E_2 - E_1) \bigcup (E_3 - (E_1 \bigcup E_2)) \bigcup \cdots$$

$$\bigcup (E_n - (E_1 \bigcup E_2 \bigcup \cdots \bigcup E_{n-1})) \bigcup \cdots$$

即可将 E 分解为互不相交的可测集的并，于是根据上面已经证明的定理，即知 E 可测。

对开集与闭集进行至多可列次的交、并运算所得到的集，通常称为博雷尔（Borel）集。

凡博雷尔集都是勒贝格可测集。因此,勒贝格可测集类是相当广泛的集类,而且通常大多数集合都是勒贝格可测的。但是,也的确有勒贝格不可测集的例子存在,本书对此不做过深涉及。

例如,区间$[0,1]$中的有理点集是 L 可测的,并且它的测度为 0。因为单点集是 L 可测的,并且测度为 0,而有理点集可以看作是可列个单点集的并,所以根据可列可加性就得到上述结论。由此还可以知道,区间$[0,1]$中的无理点集的测度是 1。用类似的方法还可以证明,任何可数集的测度都为 0,但其逆命题不一定成立。测度为 0 的集也称为零测集,还可以证明零测集的任何子集都是零测集。

定理 设 $X=(a,b)$ 是基本集,$\{E_k\}$ 是其中的可测集列。

(1) 若 $\{E_k\}$ 是渐张的,即 $E_1 \subset E_2 \subset \cdots \subset E_k \subset \cdots$,则

$$E = \bigcup_{k=1}^{+\infty} E_k$$

是可测集,并且

$$mE = \lim_{k \to +\infty} mE_k$$

(2) 若 $\{E_k\}$ 是渐缩的,即 $E_1 \supset E_2 \supset \cdots \supset E_k \supset \cdots$,则

$$E = \bigcap_{k=1}^{+\infty} E_k$$

是可测集,并且

$$mE = \lim_{k \to +\infty} mE_k$$

设 E 是直线上的一个无界点集,如果它与任何开区间的交是可测的,那么称 E 为可测集,并且定义 E 的测度为

$$mE = \lim_{\alpha \to +\infty} m[(-\alpha, \alpha) \bigcap E]$$

需要注意是,无界点集的测度可能是有限值,也可能是无穷大。利用这个定义可以将有界可测集的性质推广到无界可测集。而且仿照上述建立直线点集的测度理论的过程还可以建立平面点集甚至高维空间中点集的勒贝格测度理论。具体过程这里不再赘述。

3.1.2 可测函数及其性质

定义 设 E 为直线上的可测集(有界或无界),$f(x)$ 是定义在 E 上的实值函数。如果对于任何实数 α,集合 $E(f \geqslant \alpha) = \{x \mid f(x) \geqslant \alpha, x \in E\}$ 都是勒贝格可测的,那么称 $f(x)$ 是 E 上的勒贝格可测函数,简称可测函数。

定理 函数 $f(x)$ 在可测集 E 上可测的充要条件是:对于任何实数 α 和 β,集合

$$E(\alpha \leqslant f < \beta) = \{x \mid \alpha \leqslant f(x) < \beta, x \in E\}$$

是勒贝格可测的。

证明 首先证明必要性。设 $f(x)$ 为 E 上的可测函数,由于

$$E(\alpha \leqslant f < \beta) = E(f \geqslant \alpha) - E(f \geqslant \beta)$$

而 $E(f \geqslant \alpha)$ 与 $E(f \geqslant \beta)$ 都是可测集,所以 $E(\alpha \leqslant f < \beta)$ 也是可测集。

再证明其充分性。假设对于任何实数 α 和 β,$E(\alpha \leqslant f < \beta)$ 是可测集,而且可以证明

$$E(f \geqslant \alpha) = \bigcup_{n=1}^{\infty} E(\alpha \leqslant f < \alpha + n)$$

并且每个 $E(\alpha \leqslant f < \alpha+n)$ 都是可测集，于是 $E(f \geqslant \alpha)$ 也是可测集，所以 $f(x)$ 为 E 上的可测函数。

定理 函数 $f(x)$ 在可测集 E 上可测的充要条件是下列条件之一成立。

（1）$E(f > \alpha) = \{x \mid f(x) > \alpha, x \in E\}$ 是可测集；

（2）$E(f \leqslant \alpha) = \{x \mid f(x) \leqslant \alpha, x \in E\}$ 是可测集；

（3）$E(f < \alpha) = \{x \mid f(x) < \alpha, x \in E\}$ 是可测集；

（4）对于直线上的任何开集 G，它的原象 $f^{-1}(x)$ 是可测集，其中，α 是任意实数。

例如，可以证明区间 $[0,1]$ 上的狄利克雷函数

$$D(x) = \begin{cases} 1, & x \text{ 为} [0,1] \text{ 中的有理数} \\ 0, & x \text{ 为} [0,1] \text{ 中的无理数} \end{cases}$$

是可测函数。

事实上，对于任何实数 α，由于

$$E(D \geqslant \alpha) = \begin{cases} \varnothing, & \alpha > 1 \\ [0,1] \text{ 中的有理点集，} & 0 < \alpha \leqslant 1 \\ [0,1] \text{ 中的实数集合，} & \alpha \leqslant 0 \end{cases}$$

是可测集，因此 $D(x)$ 是 $[0,1]$ 上的可测函数。

在集合论中，指示函数（indicator function），或称特征函数（characteristic function），是定义在集合 χ 上的函数，它用以表示集合 χ 中的一个元素是否属于 χ 的某一子集 A。如果函数值等于 1，那么表示被考查的元素都在 A 中。反之如果函数值为 0，则表示被考查的元素都在 χ 中，但不在 A 中。例如，设 E 为直线上的任意一点集，而且 E 是可测集，则集 E 的特征函数

$$\chi_E(x) = \begin{cases} 1, & x \in E \\ 0, & x \notin E \end{cases}$$

是 E 上的可测函数，证明方法与前面分析狄利克雷函数的可测性的方法类似。

定理 设 $f(x)$ 与 $g(x)$ 都是可测集 E 上的可测函数，那么 $kf(x)$、$f(x) \pm g(x)$、$f(x) \cdot g(x)$、$f(x)/g(x)$ 以及 $|f(x)|$ 都是 E 上的可测函数。其中，k 是常数，$g(x) \neq 0$。

3.1.3　勒贝格积分的定义

定义 设 $mE < +\infty$，$f(x)$ 是 E 上的有界可测函数，并且 $\alpha < f(x) < \beta$。任意取分点组 $\Delta = \{y_0, y_1, y_2, \cdots, y_n\}$ 分割区间 $[\alpha, \beta]$，则

$$\alpha = y_0 < y_1 < y_2 < \cdots < y_n = \beta$$

令

$$\lambda(\Delta) = \max_{1 \leqslant i \leqslant n}(y_i - y_{i-1}), \quad E_i = E(y_{i-1} \leqslant f < y_i)$$

任意取 $\xi_i \in [y_{i-1}, y_i)$ 做和式

$$\sigma(\Delta) = \sum_{i=1}^{n} \xi_i m E_i$$

如果不论 $[\alpha,\beta]$ 如何分割,不论 ξ_i 如何选取,当 $n \to +\infty$ 且 $\sigma(\Delta) \to 0$ 时,和式 $\sigma(\Delta)$ 的极限都存在并且相等,则称 $f(x)$ 在 E 上是勒贝格可积的,而和式 $\sigma(\Delta)$ 的极限值称为 $f(x)$ 在 E 上的勒贝格积分,简称为 L 积分,记作

$$\int_E f(x)\mathrm{d}m = \lim_{\lambda(\Delta)\to 0} \sum_{i=1}^{n} \xi_i m E_i$$

下面定理给出了函数勒贝格可积的充分条件。

定理 设 $mE < +\infty$,则 E 上的任何有界可测函数 $f(x)$ 是勒贝格可积的。若 $\alpha \leqslant f(x) \leqslant \beta$,则

$$\alpha m E \leqslant \int_E f(x)\mathrm{d}m \leqslant \beta m E$$

因此,还可以得到如下推论。

推论 设 $mE < +\infty$, $f(x)$ 为 E 上的有界可测函数。

(1) 若 $f(x) \geqslant 0$,则 $\int_E f(x)\mathrm{d}m \geqslant 0$;若 $f(x) \leqslant 0$,则 $\int_E f(x)\mathrm{d}m \leqslant 0$;

(2) 若 $f(x) = \alpha$, α 为常数,则 $\int_E f(x)\mathrm{d}m = \alpha m E$;

(3) 若 $mE = 0$,则 $\int_E f(x)\mathrm{d}m = 0$。

勒贝格积分保持了黎曼积分的一些基本性质。

定理 设 $mE < +\infty$, $f(x)$ 与 $g(x)$ 都是 E 上的有界可测函数。

(1) 线性性:设 α 与 β 为常数,则

$$\int_E [\alpha f(x) + \beta g(x)]\mathrm{d}m = \alpha \int_E f(x)\mathrm{d}m + \beta \int_E g(x)\mathrm{d}m$$

(2) 单调性:若几乎处处有 $f(x) \leqslant g(x)$,则

$$\int_E f(x)\mathrm{d}m \leqslant \int_E g(x)\mathrm{d}m$$

(3) 有限可加性:设

$$E = \bigcup_{i=1}^{n} E_i$$

E_i 均是可测集,并且 $E_i \bigcap E_j = \varnothing$, $i \neq j$,则

$$\int_E f(x)\mathrm{d}m = \sum_{i=0}^{n} \int_{E_i} f(x)\mathrm{d}m$$

推论 若几乎处处有 $f(x) = g(x)$,则

$$\int_E f(x)\mathrm{d}m = \int_E g(x)\mathrm{d}m$$

这是一个看似显然但又意味深长的结论。如果 $f(x)$ 与 $g(x)$ 是完全相等的,那么结论是显然成立的。但问题在于该推论的前提是"几乎处处",也就是表明两个函数不相等的点是有限个。不妨设有 $A = E(f \neq g)$,因为这样的点是有限个的,所以 $mA = 0$,再设有 $B = E(f = g)$,则

$$\int_A f(x)\mathrm{d}m = \int_A g(x)\mathrm{d}m = 0$$

又因为

$$\int_B f(x)\mathrm{d}m = \int_B g(x)\mathrm{d}m$$

两式相加即得

$$\int_E f(x)\mathrm{d}m = \int_E g(x)\mathrm{d}m$$

这个结论其实说明，任意改变被积函数 $f(x)$ 在一个零测集上的值，并不影响函数的可积性以及积分的值，即使 $f(x)$ 在此零测集上无意义也未尝不可。因此，对等的两个函数在勒贝格积分理论中可以看成是同一个函数，这是 L 积分与 R 积分的一个显著区别。

接下来就是将勒贝格积分的概念推广到任意可测集 $E(mE$ 可以取无穷值）上的无界可测函数的情形，也就是建立广义勒贝格积分的概念。

首先，设 $mE < +\infty$，$f(x)$ 是 E 上的无界可测函数。

假定 $f(x)$ 是 E 上的非负可测函数，即 $f(x) \geqslant 0$。令

$$[f(x)]_n = \begin{cases} f(x), & f(x) \leqslant n \\ n, & f(x) > n \end{cases}$$

由此对于每一个 $[f(x)]_n$ 而言，它都被控制在了 $[0,n]$ 之间，即 $\{[f(x)]_n\}$ 是 E 上的有界可测函数列，而前面的定理表明"当 $mE < +\infty$ 时，则 E 上的任何有界可测函数 $f(x)$ 是勒贝格可积的"。因此，对于每个 n，都有

$$\int_E [f(x)]_n \mathrm{d}m$$

都存在。又因为 $[f(x)]_1 \leqslant [f(x)]_2 \leqslant \cdots \leqslant [f(x)]_n \leqslant \cdots$，所以极限

$$\lim_{n \to +\infty} \int_E [f(x)]_n \mathrm{d}m$$

也存在（可以取有限或无限值）。如果极限值是有限的，则称 $f(x)$ 在 E 上勒贝格可积，并且积分值为

$$\int_E f(x)\mathrm{d}m = \lim_{n \to +\infty} \int_E [f(x)]_n \mathrm{d}m$$

如果极限值是无限的，则称 $f(x)$ 在 E 上有积分。

更进一步，假定 $f(x)$ 是 E 上的任意可测函数，那么定义

$$f_+(x) = \begin{cases} f(x), & f(x) \geqslant 0 \\ 0, & f(x) < 0 \end{cases}, \quad f_-(x) = \begin{cases} -f(x), & f(x) \leqslant 0 \\ 0, & f(x) > 0 \end{cases}$$

并分别称它们为 $f(x)$ 的正部和负部，则

$$f(x) = f_+(x) - f_-(x), \quad f_+(x) \geqslant 0, \quad f_-(x) \geqslant 0$$

如若下面两个积分不同时为 $+\infty$，则

$$\int_E f_+(x)\mathrm{d}m, \quad \int_E f_-(x)\mathrm{d}m$$

定义 $f(x)$ 在 E 上的勒贝格积分为

$$\int_E f(x)\mathrm{d}m = \int_E f_+(x)\mathrm{d}m - \int_E f_-(x)\mathrm{d}m$$

若上式右端的两个积分都是有限的,则称 $f(x)$ 在 E 上的勒贝格可积。否则,称 $f(x)$ 在 E 上有积分。

下面再考虑 E 为任意可测集,$f(x)$ 为 E 上的可测函数时的情况。若 $f(x)$ 是全直线 $R=(-\infty,+\infty)$ 上的可测函数,极限

$$\lim_{n\to+\infty}\int_{(-n,n)}\mid f(x)\mid \mathrm{d}m$$

存在且有限,则称 $f(x)$ 在实数轴 R 上勒贝格可积,并且定义 $f(x)$ 在 R 上的勒贝格积分为

$$\int_R f(x)\mathrm{d}m=\lim_{n\to+\infty}\int_{(-n,n)}f(x)\mathrm{d}m$$

如果 E 是 R 上的任意可测集(mE 可以为 $+\infty$),则 $f(x)$ 在 E 上的勒贝格积分定义为

$$\int_E f(x)\mathrm{d}m=\int_R f(x)\chi_E(x)\mathrm{d}m$$

其中,$\chi_E(x)$ 是 E 的特征函数。

至此,便完成了勒贝格积分的推广。

需要注意的是,存在勒贝格可积但黎曼不可积的函数。而且还可以证明,在有限区间 $[a,b]$ 上黎曼可积的函数必定勒贝格可积,并且积分值相等。所以,勒贝格可积函数类比黎曼可积函数类广泛得多。而且前面给出的关于有界可测函数勒贝格积分的性质定理及推论对任意可测集上的任意可测函数的勒贝格积分也成立。

定理 (绝对可积性)设 $f(x)$ 是可测集 E 上的可测函数,则 $f(x)$ 在 E 上勒贝格可积的充要条件是 $|f(x)|$ 在 E 上可积,并且有

$$\left|\int_E f(x)\mathrm{d}m\right|\leqslant\int_E\mid f(x)\mid \mathrm{d}m$$

定理 (绝对连续性)设 $f(x)$ 是可测集 E 上勒贝格可积,则对于任意的 $\varepsilon>0$,存在 $\delta>0$ 及子集 $e\subset E$,使得当 $me<\delta$ 时,

$$\left|\int_e f(x)\mathrm{d}m\right|<\varepsilon$$

证明 令 $g(x)=|f(x)|$,则由绝对可积性定理即知 $g(x)$ 可积。又由前面给出的

$$\int_E f(x)\mathrm{d}m=\lim_{n\to+\infty}\int_E[f(x)]_n\mathrm{d}m$$

可知对任意的 $\varepsilon>0$,存在自然数 N,使得下面的式子成立:

$$\int_E(g(x)-[g(x)]_N)\mathrm{d}m<\frac{\varepsilon}{2}$$

令 $\delta=\varepsilon/2N$,则当 $e\subset E$,且 $me<\delta$ 时,

$$\left|\int_e f(x)\mathrm{d}m\right|\leqslant\int_E g(x)\mathrm{d}m=\int_E(g(x)-[g(x)]_N)\mathrm{d}m+\int_E[g(x)]_N\mathrm{d}m$$

$$<\frac{\varepsilon}{2}+N\cdot me<\varepsilon$$

所以,定理得证。

定理 (可列可加性)设 $f(x)$ 是可测集 E 上勒贝格可积,且有

$$E=\bigcup_{k=1}^{+\infty}E_k$$

其中,E_k 为互不相交的可测集,则

$$\int_E f(x)\,\mathrm{d}m = \sum_{k=1}^{+\infty} \int_{E_k} f(x)\,\mathrm{d}m$$

证明 令

$$R_n = E - \bigcup_{k=1}^{n} E_k$$

则由测度的可列可加性可得当 $n \to +\infty$ 时

$$mR_n = mE - \sum_{k=1}^{n} mE_k \to 0$$

根据积分的有限可加性，有

$$\int_E f(x)\,\mathrm{d}m - \sum_{k=1}^{n} \int_{E_k} f(x)\,\mathrm{d}m = \int_{R_n} f(x)\,\mathrm{d}m$$

因此，再利用积分的绝对连续性即得

$$\lim_{n \to +\infty} \int_{R_n} f(x)\,\mathrm{d}m = 0$$

至此，便证明了可列可加性。

3.1.4 积分序列极限定理

勒贝格积分的另一个显著优点就是，积分与极限运算交换次序所要求的条件与黎曼积分相比要弱很多，因而使用起来比较灵便。本节介绍几个常用的极限定理。

定理 （勒贝格控制收敛定理）设 $mE < +\infty$, $\{f_n(x)\}$ 是 E 上的可测函数列，并且几乎处处有

$$\lim_{n \to +\infty} f_n(x) = f(x)$$

若存在一个 E 上的勒贝格积分函数 $g(x)$，使得在 E 上几乎处处有

$$| f_n(x) | \leqslant g(x), \quad n = 1, 2, \cdots$$

则在 E 上勒贝格可积，并且

$$\int_E f(x)\,\mathrm{d}m = \lim_{n \to +\infty} \int_E f_n(x)\,\mathrm{d}m$$

推论 （勒贝格有界收敛定理）在与上述定理相同的条件下，若存在常数 M，使在 E 上几乎处处有

$$| f_n(x) | \leqslant M, \quad n = 1, 2, \cdots$$

则 $f(x)$ 在 E 上勒贝格可积，并且

$$\int_E f(x)\,\mathrm{d}m = \lim_{n \to +\infty} \int_E f_n(x)\,\mathrm{d}m$$

显然，只要在前面的定理中取 $g(x) = M$ 即可得到此推论。

定理 设 $mE < +\infty$, $f(x)$ 与 $u_n(x)$ 都是 E 上的非负可测函数，$n = 1, 2, \cdots$，且几乎处处有

$$f(x) = \sum_{n=1}^{+\infty} u_n(x)$$

则

$$\int_E f(x)\,\mathrm{d}m = \sum_{n=1}^{+\infty} \int_E u_n(x)\,\mathrm{d}m$$

证明 由于 $f(x)$ 在 E 非负可测，故积分 $\int_E f(x)\,\mathrm{d}m$ 有意义。又因为对于任意的正整数 N，有

$$\int_E f(x)\,\mathrm{d}m \geqslant \int_E \sum_{n=1}^{N} u_n(x)\,\mathrm{d}m = \sum_{n=1}^{N} \int_E u_n(x)\,\mathrm{d}m$$

所以可得

$$\int_E f(x)\,\mathrm{d}m \geqslant \sum_{n=1}^{+\infty} \int_E u_n(x)\,\mathrm{d}m$$

如果上式右端等于无穷大则定理显然成立。现在假设

$$\sum_{n=1}^{+\infty} \int_E u_n(x)\,\mathrm{d}m < +\infty$$

令

$$S_N(x) = \sum_{n=1}^{N} u_n(x)$$

则对于任意正整数 k，必有

$$\lim_{N\to+\infty} [S_N(x)]_k = [f(x)]_k, \quad x \in E$$

事实上，设 $x_0 \in E$，若 $f(x_0) \leqslant k$，则更有 $S_N(x_0) \leqslant k$，按照 $[S_N(x)]_k$ 的定义，有

$$\lim_{N\to+\infty} [S_N(x_0)]_k = \lim_{N\to+\infty} S_N(x_0) = f(x_0) = [f(x_0)]_k$$

若 $f(x_0) > k$，则存在 N_0，使得 $N > N_0$ 时，$S_N(x_0) > k$，于是当 $N > N_0$ 时，$[S_N(x_0)]_k = k$，从而

$$\lim_{N\to+\infty} [S_N(x_0)]_k = k = [f(x_0)]_k$$

因为 $[S_N(x)]_k \leqslant k$，根据勒贝格有界收敛定理

$$\lim_{N\to+\infty} \int_E [S_N(x)]_k\,\mathrm{d}m = \int_E [f(x)]_k\,\mathrm{d}m$$

又因为

$$\int_E [S_N(x)]_k\,\mathrm{d}m \leqslant \int_E S_N(x)\,\mathrm{d}m$$

所以

$$\sum_{n=1}^{+\infty} \int_E u_n(x)\,\mathrm{d}m = \lim_{N\to+\infty} \sum_{n=1}^{N} \int_E u_n(x)\,\mathrm{d}m = \lim_{N\to+\infty} \int_E S_N(x)\,\mathrm{d}m$$

$$\geqslant \lim_{N\to+\infty} \int_E [S_N(x)]_k\,\mathrm{d}m = \int_E [f(x)]_k\,\mathrm{d}m$$

令 $k \to +\infty$，得

$$\sum_{n=1}^{+\infty} \int_E u_n(x)\,\mathrm{d}m \geqslant \int_E f(x)\,\mathrm{d}m$$

综上即得下式，所以结论得证。

$$\int_E f(x)\,\mathrm{d}m = \sum_{n=1}^{+\infty} \int_E u_n(x)\,\mathrm{d}m$$

定理 设 $mE < +\infty$，$\{f_n(x)\}$ 是 E 上的非负可测函数列，并且

$$f_1(x) \leqslant f_2(x) \leqslant \cdots \leqslant f_n(x) \leqslant \cdots$$

而函数列 $\{f_n(x)\}$ 逐点收敛于函数 $f(x)$，即

$$\lim_{n \to +\infty} f_n(x) = f(x), \quad \text{a. e.} ①$$

则

$$\int_E f(x)\,\mathrm{d}m = \lim_{n \to +\infty} \int_E f_n(x)\,\mathrm{d}m$$

该定理或许是最重要的勒贝格单调收敛定理，又称为莱维（Beppo Levi）定理。

证明　设 $f_0(x)=0$，令 $u_n(x)=f_n(x)-f_{n-1}(x)$，$n=1,2,\cdots$，则 $u_n(x) \geqslant 0$，且

$$\sum_{n=1}^{+\infty} u_n(x) = \sum_{n=1}^{+\infty} [f_n(x)-f_{n-1}(x)] = \lim_{n \to +\infty} f_n(x) = f(x), \quad \text{a. e.}$$

由前面刚刚证明过的定理可得

$$\int_E f(x)\,\mathrm{d}m = \sum_{n=1}^{+\infty} \int_E u_n(x)\,\mathrm{d}m = \sum_{n=1}^{\infty} \int_E [f_n(x)-f_{n-1}(x)]\,\mathrm{d}m$$

$$= \lim_{n \to +\infty} \sum_{k=1}^n \int_E [f_k(x)-f_{k-1}(x)]\,\mathrm{d}m$$

$$= \lim_{n \to +\infty} \int_E \sum_{k=1}^n [f_k(x)-f_{k-1}(x)]\,\mathrm{d}m = \lim_{n \to +\infty} \int_E f_n(x)\,\mathrm{d}m$$

定理得证。

3.2　泛函与抽象空间

　　牛顿说："把简单的问题看得复杂，可以发现新领域；把复杂的问题看得简单，可以发现新规律。"而从历史的角度看，一个学科的发展也是如此。随着学科的发展，最开始的一个主干方向会不断衍生出各自相对独立的分支，这也就是所谓"把简单的问题看得复杂"的过程。然而，一旦学科发展到一定程度之后，某些分支学科又开始被抽象综合起来，这也就是所谓"把复杂的问题看得简单"的过程。例如，在很长一段时间里，物理学家都把电和磁看成是两种独立的物理现象在研究，当学科研究积累到一定程度时，麦克斯韦就创立了电磁学，从而完成了物理学中的一次大综合。而在数学发展的历史中，几何与代数也曾经在很长的一段时间里是彼此独立的。直到笛卡儿引入了直角坐标系的概念之后，人们才开始建立了一种代数与几何之间的联系，也就是所谓的解析几何。泛函分析也是对以往许多数学问题或者领域进行高度抽象和综合的结果，其主要研究对象之一是抽象空间。其实在学习线性代数的过程中，人们已经建立了一种从矩阵到线性方程组之间的一种联系。而在泛函分析中，实数系、矩阵、多项式以及函数族这些看似关联不大的概念都可以抽成空间。由于泛函分析是一门比较晦涩抽象的学问，应该注意联系以往学习中比较熟悉的一些已知的、具体的概念，从而帮助理解那些全新的、抽象的概念。需要说明的是，本部分内容的重点在于有关

①　a. e. 为 almost everywhere 的缩写。

定义或者概念的介绍,希望能够努力领会这些定义或者概念。

3.2.1 线性空间

线性空间是最基本的一种抽象空间。实数的全体 R_1,二维平面向量的全体 R_2,三维空间向量的全体 R_3,以及所有次数不大于 n 的实系数多项式的全体等,都是线性空间的实例。

定义 设 E 为非空集合,如果对于 E 中任意两个元素 x 和 y,均对应于 E 中的一个元素,称为 x 与 y 之和,记为 $x+y$;对于 E 中任意一个元素 x 和任意一个实数 λ,均对应于 E 中的一个元素,称为 x 与 λ 的数乘,记为 λx;并且上述两种运算满足下列运算规律(x、y、z 为 E 中任意一个元素,λ 与 μ 为任意实数)。

(1) $x+y=y+x$;

(2) $x+(y+z)=(x+y)+z$;

(3) E 中存在唯一的零元素 θ(有时也记为 0),它满足 $\theta+x=x$,并且对任意 x 均存在唯一的负元素 $-x\in E$,它满足 $x+(-x)=\theta$;

(4) $\lambda(\mu x)=(\lambda\mu)x$;

(5) $1x=x,0x=0$;

(6) $\lambda(x+y)=\lambda x+\lambda y$;

(7) $(\lambda+\mu)x=\lambda x+\mu x$。

称 E 是实线性空间。由于本章内容只考虑实数的情况,因此也可以将 E 简称为线性空间。从定义中可见,线性空间的核心思想就在于引入加法和乘法两种代数运算基础上同时保证封闭性。

根据上述定义可以证明下列结论成立。

(1) 所有次数不大于 n 的实系数多项式所构成的结合 P_n 是线性空间。

(2) 所有在区间 $[a,b]$ 上连续的实函数所构成的集合 $C[a,b]$ 是线性空间。

(3) 所有在区间 $[a,b]$ 上具有连续的 k 阶导数的实函数所构成的集合 $C^k[a,b]$ 是线性空间。

与线性代数中类似,可以在线性空间中引入线性相关、线性无关以及基的概念。设 x_1, $x_2,\cdots,x_n$ 是线性空间 E 中的 n 个元素,其中 $n\geqslant1$,如果存在不全为零的常数 $\lambda_1,\lambda_2,\cdots,\lambda_n$,使得

$$\lambda_1 x_1+\lambda_2 x_2+\cdots+\lambda_n x_n=\theta$$

则称 $x_1,x_2,\cdots,x_n$ 是线性相关的。反之,若由 $\lambda_1 x_1+\lambda_2 x_2+\cdots+\lambda_n x_n=\theta$ 的成立可导出 $\lambda_1=\lambda_2=\cdots=\lambda_n=0$,则称 $x_1,x_2,\cdots,x_n$ 是线性无关的。回忆线性代数中关于线性相关的解释,向量组 $x_1,x_2,\cdots,x_n$ 线性相关的充分必要条件是其中至少有一个向量可以由其余 $n-1$ 个向量线性表示。尽管上述结论表明向量组中的线性相关性与其中某一个向量可用其他向量线性表示之间的联系。但是,它并没有断言究竟是哪一个向量可以由其他向量线性表示。关于这个问题可以用下面这个结论来回答。如果向量组 $e_1,e_2,\cdots,e_n,x$ 线性相关,而向量组 $e_1,e_2,\cdots,e_n$ 线性无关,那么向量 x 就可以由向量组 $e_1,e_2,\cdots,e_n$ 线性表示,而且表示形式唯一。

基于上述讨论,便可引出基的概念。如果线性空间 E 中存在 n 个线性无关的元素 e_1,

$e_2,\cdots,e_n$，使得 E 中任意一个元素 x 均可以表示成

$$x = \sum_{i=1}^{n} \xi_i e_i$$

那么，称 $\{e_1,e_2,\cdots,e_n\}$ 为空间 E 的一组基。并且称 n 为空间 E 的维数，记为 $\dim E = n$。而 E 称为有限维（n 维）线性空间。不是有限维的线性空间称为无穷维线性空间。可见，P_n 是有限维的，而 $C[a,b]$ 和 $C^k[a,b]$ 都是无穷维的。

3.2.2　距离空间

尽管在线性空间上已经可以完成简单的线性运算，但这仍然不能满足需求。为了保证数学刻画的精确性，还必须引入距离的概念。本章是从极限开始讲起的，它是微积分的必备要素之一，而极限的概念显然也是基于距离上无限接近的角度描述的。

定义　设 X 是非空集合，若对于 X 中任意两个元素 x 和 y，均有一个实数与之对应，此实数记为 $d(x,y)$，满足：

（1）非负性：$d(x,y) \geqslant 0$；而 $d(x,y)=0$ 的充分条件是 $x=y$；

（2）对称性：$d(x,y)=d(y,x)$；

（3）三角不等式：$d(x,y) \leqslant d(x,z)+d(z,y)$。

其中，z 是 X 中的任意元素。称 $d(x,y)$ 为 x 和 y 的距离，并称 X 是以 d 为距离的距离空间。

例如，通常 n 维向量空间 R_n，其中任意两个元素 $x=[\xi_i]_{i=1}^n$ 和 $y=[\eta_i]_{i=1}^n$ 的距离定义为

$$d_2(x,y) = \Big[\sum_{i=1}^{n} |\xi_i - \eta_i|^2 \Big]^{\frac{1}{2}}$$

因此，R_n 就是以上式为距离的距离空间。同样，在 R_n 中还可以引入距离

$$d_1(x,y) = \sum_{i=1}^{n} |\xi_i - \eta_i|$$

或

$$d_p(x,y) = \Big[\sum_{i=1}^{n} |\xi_i - \eta_i|^p \Big]^{\frac{1}{p}}, \quad p > 1$$

或

$$d_{+\infty}(x,y) = \max_{1 \leqslant i \leqslant n} |\xi_i - \eta_i|$$

可见，在同一个空间内可以通过不同方式引入距离。而且在同一空间中引入不同的距离后，就认为是得到了不同的距离空间。因此，常用符号 (X,d) 表示距离空间，如 (R_n,d_1)，(R_n,d_p) 等。

同样，还可以考虑定义在区间 $[a,b]$ 上的连续函数的全体 $C[a,b]$，其中任意两个元素 $x(t)$ 与 $y(t)$ 间的距离可定义为

$$d(x,y) = \max_{a \leqslant t \leqslant b} |x(t) - y(t)|$$

现在思考以上述距离定义为基础的连续函数空间是否是一个距离空间。显然，定义中的前两个条件很容易满足。下面简单地证明。

$$|x(t) - y(t)| \leqslant |x(t) - z(t)| + |z(t) - y(t)|$$
$$\leqslant \max_{a \leqslant t \leqslant b} |x(t) - z(t)| + \max_{a \leqslant t \leqslant b} |z(t) - y(t)| = d(x,z) + d(z,y)$$

对所有的 $t \in [a,b]$ 成立,且上式右端与 t 无关,因此有

$$d(x,y) = \max_{a \leqslant t \leqslant b} |x(t) - y(t)| \leqslant d(x,z) + d(z,y)$$

在文章的最开始讨论过极限的有关内容。现在考虑如何在距离空间中定义极限。设 $\{x_n\}_{n=1}^{+\infty}$ 是距离空间 (X,d) 中的元素序列,如果 (X,d) 中的元素 x 满足

$$\lim_{n \to +\infty} d(x_n, x) = 0$$

则称 $\{x_n\}$ 是收敛序列,x 称为它的极限,记作 $x_n \to x$。

而且易得,如果序列 $\{x_n\}$ 有极限,则极限是唯一的。实际上,如果 x 与 y 都是 $\{x_n\}$ 的极限,则在式 $0 \leqslant d(x,y) \leqslant d(x,x_n) + d(x,x_n)$ 中令 $n \to +\infty$,即可得出 $d(x,y) = 0$,从而 $x = y$。

可以看出,在 n 维空间 R_n 中,不论距离是 d_1、d_2、$d_p(p>1)$ 或 $d_{+\infty}$,序列 $\{x_n\}$ 的收敛都是指按(每个)坐标收敛。而连续函数空间 $C[a,b]$ 中序列 $\{x_n(t)\}$ 的收敛就是前面讲过的一致收敛。

下面再引入球形邻域的概念:设 r 为某一正数,集合

$$S_r(x_0) = \{x \in X; d(x,x_0) < r\}$$

称为距离空间 (X,d) 中的球形邻域,或简称球。x_0 称为 $S_r(x_0)$ 的中心,r 称为半径。

基于球形邻域的概念就可以定义距离空间中的开集和闭集。

定义 设 (X,d) 为距离空间,M 是其中的一个子集。$x \in M$。若存在关于 x 的球形邻域 $S_r(x_0)$,它满足 $S_r(x_0) \subset M$,则称 x 是集合 M 的内点。如果集合 M 的元素都是 M 的内点,则称 M 为开集。

定义 设 $M \subset (X,d)$,$x_0 \in X$,如果任意一个包含 x_0 的球 $S_r(x_0)$ 中总含有集合 M 的异于 x_0 的,则称 x_0 是集合 M 的聚点(或极限点)。

显然,x_0 是集合 M 的聚点的充分必要条件是 M 中存在异于 x_0 的序列 $\{x_n\}_{n=1}^{+\infty}$,使得 $x_n \to x_0$。需要说明的是,聚点不一定属于集合 M。例如,在 R_1 中,设集合

$$M = \left\{ 1, \frac{1}{2}, \frac{1}{3}, \frac{1}{4} \cdots \right\}$$

则 0 是 M 的聚点,但 $0 \notin M$。

定义 记集合 $M \subset (X,d)$ 的所有聚点所构成的结合为 M',那么集合 $\bar{M} = M \cup M'$ 称为集合 M 的闭包。如果集合 M 满足 $M \supset \bar{M}$,称为 M 的闭集。

由此,在距离空间中,可以引入任意逼近的概念,即极限概念。一般来说,一个集合如果能够在其中确切地引入任意逼近的概念,就称为拓扑空间。而距离空间是一种最常用的拓扑空间。

3.2.3 赋范空间

每个实数或复数,都有相对应的绝对值或者模,每一个 n 维矢量,也都可以定义其长度。如果把长度的概念推广到一般抽象空间中的元素上,就可以得到范数这个概念。

定义 设 E 为线性空间,如果对于 E 中的任意个元素 x,都对应于一个实数,它记为 $\|x\|$,且满足:

(1) $\|x\| \geqslant 0$,当且仅当 $x = \theta$ 时,$\|x\| = 0$;

（2）$\|\lambda x\| = |\lambda| \|x\|$，$\lambda$ 为实数；

（3）$\|x+y\| \leqslant \|x\| + \|y\|$，$x, y \in E$。

则称 $\|x\|$ 为元素 x 的范数。E 称为按范数 $\|\cdot\|$ 的线性赋范空间。

例如，n 维矢量空间 R_n 中的元素 $x = [\xi_i]_{i=1}^n$ 的范数可以定义为如下形式，下面这个范数式也称为欧几里得范数，简称欧氏范数。

$$\|x\|_2 = \left\{ \sum_{i=1}^n |\xi_i|^2 \right\}^{\frac{1}{2}}$$

或者可以更一般地定义为（p 为任意不小于 1 的数）

$$\|x\|_p = \left\{ \sum_{i=1}^n |\xi_i|^p \right\}^{\frac{1}{p}}$$

还可以定义为

$$\|x\|_{+\infty} = \max_{1 \leqslant i \leqslant n} |\xi_i|$$

很容易证明上述三个定义式都满足范数定义中的三个条件。这里不作具体讨论，但是可以指出的是 $\|\cdot\|_p$ 满足条件（3）可以由闵可夫斯基不等式来证明。

闵可夫斯基（Minkowski）不等式　设 $a_i > 0, b_i > 0 (i = 1, 2, \cdots, n)$，$p > 1$，则

$$\left[\sum_{i=1}^n (a_i + b_i)^p \right]^{\frac{1}{p}} \leqslant \left(\sum_{i=1}^n a_i^p \right)^{\frac{1}{p}} + \left(\sum_{i=1}^n b_i^p \right)^{\frac{1}{p}}$$

证明

$$\sum_{i=1}^n (a_i + b_i)^p = \sum_{i=1}^n a_i (a_i + b_i)^{p-1} + \sum_{i=1}^n b_i (a_i + b_i)^{p-1}$$

对上式右端两个和数分别应用赫尔德不等式，得到

$$\sum_{i=1}^n (a_i + b_i)^p \leqslant \left(\sum_{i=1}^n a_i^p \right)^{\frac{1}{p}} \left[\sum_{i=1}^n (a_i + b_i)^{(p-1)p'} \right]^{\frac{1}{p'}} + \left(\sum_{i=1}^n b_i^p \right)^{\frac{1}{p}} \left[\sum_{i=1}^n (a_i + b_i)^{(p-1)p'} \right]^{\frac{1}{p'}}$$

$$= \left[\left(\sum_{i=1}^n a_i^p \right)^{\frac{1}{p}} + \left(\sum_{i=1}^n b_i^p \right)^{\frac{1}{p}} \right] \left[\sum_{i=1}^n (a_i + b_i)^{(p-1)p'} \right]^{\frac{1}{p'}}$$

由于 $1/p + 1/p' = 1$，所以上述不等式可以改写为

$$\sum_{i=1}^n (a_i + b_i)^p \leqslant \left[\left(\sum_{i=1}^n a_i^p \right)^{\frac{1}{p}} + \left(\sum_{i=1}^n b_i^p \right)^{\frac{1}{p}} \right] \left[\sum_{i=1}^n (a_i + b_i)^p \right]^{\frac{1}{p'}}$$

然后，用最后一个因式作除式，等式两边同时做除法，即得到欲证明的不等式。

基于前面三个范数的定义，可知空间 R_n 是按范数式 $\|\cdot\|_2$、$\|\cdot\|_p$ 和 $\|\cdot\|_{+\infty}$ 的线性赋范空间。为了区别，通常把这三种线性赋范空间分别记为 l_n^2, l_n^p 和 $l_n^{+\infty}$。由此可见，同一线性空间中可以引入多种范数。

连续函数空间 $C[a,b]$ 中元素 $x(t)$ 的范数可以定义为

$$\|x(t)\| = \max_{a \leqslant t \leqslant b} |x(t)|$$

因此，$C[a,b]$ 是按上述范数式的线性赋范空间，仍将它记为 $C[a,b]$。此外，还可以定义 $x(t)$ 的范数表达式为（$p \geqslant 1$）

$$\|x(t)\|_p = \left\{ \int_a^b |x(t)|^p dt \right\}^{\frac{1}{p}}$$

它称为 p 范数。此时，所对应的线性赋范空间记为 $\widetilde{L}^p[a,b]$。$\|\cdot\|_p$ 可以成为范数的原因

同样是由前面讲过的闵可夫斯基不等式保证,但此时的闵可夫斯基不等式需将原来求和号改为积分符号,即

$$\left\{\int_a^b |x(t)+y(t)|^p \mathrm{d}t\right\}^{\frac{1}{p}} \leqslant \left\{\int_a^b |x(t)|^p \mathrm{d}t\right\}^{\frac{1}{p}} + \left\{\int_a^b |y(t)|^p \mathrm{d}t\right\}^{\frac{1}{p}}$$

可见,线性赋范空间同时也是距离空间,因为可以定义 $d(x,y)=\|x-y\|$。于是,线性赋范空间中的序列 $\{x_n\}$ 收敛于 x 就是指 $\|x_n-x\| \to 0,(n \to +\infty)$。例如,空间 $C[a,b]$ 的收敛性是一致收敛,而 $\widetilde{L}^p[a,b]$ 中序列 $x_n(t)$ 收敛于 $x(t)$ 是 p 幂平均收敛

$$\int_a^b |x_n(t)-x(t)|^p \mathrm{d}t \to 0$$

在线性赋范空间中的收敛性:$\|x_n-x\| \to 0$ 又称为依范数收敛。

设 X_1 和 X_2 都是线性赋范空间。记有次序的元素对 $\{x_1,x_2\}$(其中 $x_1 \in X_1, x_2 \in X_2$)的全体所构成的集合为 $X_1 \times X_2$。定义 $\{x_1,x_2\}+\{y_1,y_2\}=\{x_1+y_1,x_2+y_2\}, \lambda\{x_1,x_2\}=\{\lambda x_1,\lambda x_2\}$ 及 $\|\{x_1,x_2\}\|=\|x_1\|+\|x_2\|$,则 $X_1 \times X_2$ 是线性赋范空间。它称为空间 X_1 和 X_2 的乘积空间。

接下来,介绍几条关于范数和依范数收敛的基本性质(这些性质在介绍极限时也有提及):

(1) 范数 $\|x\|$ 关于变元 x 是连续的,即当 $x_n \to x$ 时,$\|x_n\| \to \|x\|$;

(2) 若 $x_n \to x, y_n \to y$,则 $x_n+y_n \to x+y$;

(3) 若 $x_n \to x$,且数列 $a_n \to a$,则 $a_n x_n \to ax$;

(4) 收敛序列必为有界序列,即若 $x_n \to x$,则 $\{\|x_n\|\}$ 是有界序列。

3.2.4 巴拿赫空间

定义 设 X 为线性赋范空间,$\{x_n\}_{n=1}^{+\infty}$ 是空间 X 中的无穷序列。如果对于任给的 $\varepsilon > 0$,总存在自然数 N,使得当 $n > N$ 时,对于任意给定的自然 p,均有 $\|x_{n+p}-x_n\| < \varepsilon$,则称序列 $\{x_n\}$ 是 X 中的基本序列(或称柯西序列)。

显然,X 中的任何收敛序列都是基本序列。为了证明该结论不妨设 $x_n \to x$,即任意给定的 $\varepsilon > 0$,总存在自然数 N,使得当 $n > N$ 时,有 $\|x_n-x\| < \varepsilon/2$ 成立。于是对于任意的自然数 p,同时还有 $\|x_{n+p}-x\| < \varepsilon/2$。根据三角不等式,有 $\|x_{n+p}-x_n\| \leqslant \|x_{n+p}-x\| + \|x_n-x\| < \varepsilon$。然而,基本序列却不一定收敛。

定义 如果线性赋范空间 X 中的任何基本序列都收敛于属于 X 的元素,则称 X 为完备的线性赋范空间,或称为巴拿赫(Banach)空间。

下面考虑 $\widetilde{L}^2[-1,1]$ 是不是巴拿赫空间。为此,不妨考查空间 $\widetilde{L}^2[-1,1]$ 中的序列

$$x_n(t) = \begin{cases} -1, & t \in [-1,-1/n] \\ nt, & t \in [-1/n,1/n] \\ +1, & t \in [1/n,1] \end{cases}$$

显然 $x_n(t)$ 都是连续函数,且 $|x_n(t)| \leqslant 1$,因此 $\|x_{n+p}(t)-x_n(t)\| \leqslant 2$,从而当 $n \to +\infty$ 时,则

$$\parallel x_{n+p}(t) - x_n(t) \parallel^2 = \int_{-1}^{1} \mid x_{n+p}(t) - x_n(t) \mid^2 \mathrm{d}t$$

$$= \int_{-\frac{1}{n}}^{\frac{1}{n}} \mid x_{n+p}(t) - x_n(t) \mid^2 \mathrm{d}t \leqslant 4\int_{-\frac{1}{n}}^{\frac{1}{n}} \mathrm{d}t = \frac{8}{n} \to 0$$

这表明$\{x_n(t)\}$是空间$\widetilde{L}^2[-1,1]$中的基本序列。但同时当$n \to +\infty$时，$x_n(t)$的极限函数是间断函数。换言之，$x_n(t)$的极限函数不属于空间$\widetilde{L}^2[-1,1]$。因此，序列$\{x_n(t)\}$是空间$\widetilde{L}^2[-1,1]$中没有极限，或者说$\{x_n(t)\}$不是该空间中的收敛序列。既然线性赋范空间中的存在不收敛于该空间中元素的基本序列，那么空间$\widetilde{L}^2[-1,1]$就不是巴拿赫空间。一般地，$\widetilde{L}^p[a,b]$，其中$p \geqslant 1$，都不是巴拿赫空间。

但是空间$C[a,b]$是巴拿赫空间。为了说明这一点，不妨设$\{x_n(t)\}$是$C[a,b]$中的基本序列，即任意给定的$\varepsilon > 0$，总存在自然数N，使得当$n > N$时，对于任意的自然数p均有

$$\max_{a \leqslant t \leqslant b} \mid x_{n+p}(t) - x_n(t) \mid < \varepsilon$$

根据前面介绍的函数序列一致收敛的柯西准则可知，$\{x_n(t)\}$是一致收敛序列。由于每个函数$x_n(t)$在$[a,b]$上都连续，因此它的极限函数在$[a,b]$上连续，即该极限函数属于空间$C[a,b]$。类似地，$C^k[a,b]$也是完备的。

关于有限维空间的完备性，有如下一般化结论：任意一个有限维线性赋范空间必为巴拿赫空间。而且由此还可以得到一个推论：任意一个线性赋范空间的有限维子空间都是闭子空间。

于是也得到了无穷维空间与有限维空间的一个重要差别：无穷维空间可以不完备，而有限维空间一定完备。

回忆本章前面关于函数项级数的内容，现在研究巴拿赫空间中的级数。

定理 巴拿赫空间中的级数$\sum\limits_{k=1}^{+\infty} x_k$收敛的充分必要条件是：对于任意给定的$\varepsilon > 0$，总存在自然数$N$，当$n > N$时，对任何自然数$p$，均有

$$\left\parallel \sum_{k=n}^{n+p} x_k \right\parallel < \varepsilon$$

定义 若数值级数$\sum\limits_{k=1}^{+\infty} \parallel x_k \parallel$收敛，则称级数$\sum\limits_{k=1}^{+\infty} x_k$绝对收敛。

回想一下前面介绍过的魏尔斯特拉斯判别法（又称 M 判别法）：如果函数项级数$\sum\limits_{n=1}^{+\infty} u_n(x)$在区间$I$上满足条件，$\forall x \in I$，$\mid u_n(x) \mid \leqslant M_n (n=1,2,\cdots)$，并且正向级数$\sum\limits_{n=1}^{+\infty} M_n$收敛，则函数项级数$\sum\limits_{n=1}^{+\infty} u_n(x)$在区间$I$上一致收敛。

此处便得到了一个更加泛化的表述（只要把其中的$\mid u_n(x) \mid \leqslant M_n$替换成$\parallel f_n(x) \parallel \leqslant M_n$）：如果函数序列$\{f_n : X \to Y\}$的陪域[①]是一个巴拿赫空间$(Y, \parallel \cdot \parallel)$，$\forall x \in X$，存在$\parallel f_n(x) \parallel \leqslant M_n (n=1,2,\cdots)$，并且正向级数$\sum\limits_{n=1}^{+\infty} M_n$收敛，即$\sum\limits_{n=1}^{+\infty} M_n < +\infty$，则函数项级数

---

① 陪域又称上域或到达域，给定一个函数$f: A \to B$，集合B称为是f的陪域。一般来说，值域只是陪域的一个子集。

$\displaystyle\sum_{n=1}^{+\infty} f_n(x)$ 一致收敛。

证明　考虑级数的部分和序列 $s_n = \displaystyle\sum_{i=1}^{n} f_i$，并取任意 $p, n \in \mathbb{N}$，其中 $p \leqslant q$，那么对于任意 $x \in X$，有

$$\| s_q(x) - s_p(x) \| = \Big\| \sum_{k=p+1}^{q} f_k(x) \Big\| \leqslant \sum_{k=p+1}^{q} \| f_k(x) \| \leqslant \sum_{k=p+1}^{q} M_k$$

因为正向级数 $\displaystyle\sum_{n=1}^{+\infty} M_n$ 收敛，根据数项级数的柯西收敛定理，对于任意给定的 $\varepsilon > 0$，总存在自然数 N，使得当 $p > N$，以及 $x \in X$，有

$$\Big\| \sum_{k=p+1}^{q} f_k(x) \Big\| \leqslant \sum_{k=p+1}^{q} M_k < \varepsilon$$

而本节前面介绍过的定理也给出了巴拿赫空间中的级数收敛的充分必要条件，由此该定理得证。

从这个证明过程中，还得到了 M 判别法在巴拿赫空间中的一种更简单的表述：若级数 $\displaystyle\sum_{k=1}^{+\infty} x_k$ 是巴拿赫空间中的绝对收敛级数，则 $\displaystyle\sum_{k=1}^{+\infty} x_k$ 收敛。或表述为：当空间是巴拿赫空间时，若其中的级数绝对收敛，则该级数一定收敛。注意，该定理在描述时并没有强调一致收敛，这是因为一致收敛时针对函数项级数而言的，此处所得到的泛化结果是对巴拿赫空间中的元素来说的，即并不要求其中的元素一定是函数，所以也就不再强调一致收敛了。

这是因为，如果级数 $\displaystyle\sum_{k=1}^{+\infty} x_k$ 是巴拿赫空间中的绝对收敛，那么根据定义，就意味着数值级数 $\displaystyle\sum_{k=1}^{+\infty} \| x_k \|$ 收敛。同样根据数项级数的柯西收敛定理，可知对于任意给定的 $\varepsilon > 0$，总存在自然数 N，使得当 $n > N$，对于任何自然数 p，均有

$$\sum_{k=n+1}^{p} \| x_k \| < \varepsilon$$

又因为

$$\Big\| \sum_{k=n+1}^{p} x_k \Big\| \leqslant \sum_{k=n+1}^{p} \| x_k \|$$

即

$$\Big\| \sum_{k=n+1}^{p} x_k \Big\| < \varepsilon$$

由此定理得证。

最后，考虑上述定理的逆命题。

定理　如果线性赋范空间 X 中的任意绝对收敛级数都是收敛的，则 X 是巴拿赫空间。

证明　设 $\{x_n\}$ 是 X 中的基本序列，则显然它是有界序列 $\| x_n \| \leqslant c$，且可以选出某一个子序列 $\{x_{n_k}\}$，使得

$$\| x_{n_k} - x_{n_{k+1}} \| < \frac{1}{2^k}, \quad k \geqslant 2$$

于是，级数

$$x_{n_1} + (x_{n_2} - x_{n_1}) + \cdots + (x_{n_k} - x_{n_{k+1}}) + \cdots$$

绝对收敛。这是因为级数 $c + \sum\limits_{k=1}^{+\infty} (1/2^k)$ 收敛。根据定理假设，上述级数收敛。设其部分和为 s_k，则 $s_k \to x \in X$。但是 $s_k = x_{n_k}$，于是序列 $\{x_n\}$ 有一子序列 $\{x_{n_k}\}$ 收敛于 $x \in X$（当 $k \to +\infty$ 时）。因此，对于任意给定的 $\varepsilon > 0$，总存在自然数 N_1，当 $n_k > N_1$ 时，有

$$\| x_{n_k} - x \| < \frac{\varepsilon}{2}$$

又因 $\{x_n\}$ 是基本序列，因此存在自然数 N（不妨设 $N > N_1$），当 n 和 $n_k > N$ 时，有

$$\| x_n - x_{n_k} \| < \frac{\varepsilon}{2}$$

于是，

$$\| x_n - x \| \leqslant \| x_n - x_{n_k} \| + \| x_{n_k} - x \| < \varepsilon$$

这也就表明 $x_n \to x$，定理得证。

通过前面的介绍，应该知道 n 维空间中任意一个元素 x 均可表示为其中某一组基 $\{e_1, e_2, \cdots, e_n\}$ 的线性组合

$$x = \sum_{i=1}^{n} \xi_i e_i$$

这组基的元素正好是 n 个。现在要在无穷维空间中讨论类似的问题。

以空间 $l_{+\infty}^p (p \geqslant 1)$ 为例，令 $e_k = [0, \cdots, 0, 1, 0, \cdots]$，其第 k 个分量为 1，其余为 0，则显然 $l_{+\infty}^p$ 中任一元素 $x = [\xi_1, \xi_2, \cdots]$ 可唯一地表示为

$$x = \sum_{k=1}^{+\infty} \xi_k e_k$$

因此，元素组 $\{e_k\}_{k=1}^{+\infty}$ 可以作为空间 $l_{+\infty}^p$ 的一组基，但这组基的元素个数不是有限的。一个无穷集合，如果它的全部元素可以安装某种规则与自然数集合 $\{1, 2, \cdots\}$ 建立一一对应关系，就称此无穷集合为可数集（或称可列集）。显然有限个可数集的和集仍然是可数集，甚至"可数"个可数集的和集也是可数集。所以，全部有理系数的多项式所构成的集合 P_0 是可数集。

显然，空间 $l_{+\infty}^p$ 的基 $\{e_1, e_2, \cdots\}$ 是一个可数集，这样的基称为可数基。由此，可以进行下面的讨论。

定义 设 M 是线性赋范空间 X 的子集，如果对于任意的元素 $x \in X$ 及正数 ε，均可在 M 中找到一个元素 m。使得 $\| x - m \| < \varepsilon$，则称 M 在 X 中稠密。

稠密性有下列等价定义：

（1）X 中的任一球形邻域内必含有 M 的点；

（2）任取 $x \in X$，则必有序列 $\{x_n\} \subset M$，使得 $x_n \to x$；

（3）M 在 X 中稠密的另一个充分必要条件是 $\overline{M} \supset X$。

定义 如果线性赋范空间 X 中存在可数的稠密子集，则称空间 X 是可分的。

例如，实数集 l^p 是可分的，因为所有有理数在其中是稠密的，而有理数集是可数集。进而，n 维空间 $l_n^p (1 \leqslant p < +\infty)$ 也是可分的，因为坐标为有理数的点的全体构成其中的一个可数稠密子集。

定理 具有可数集的巴拿赫空间是可分的。

　　空间的完备性是实数域的基本属性的抽象和推广。完备的线性赋范空间具有许多类似实数域的优良性质,其关键是可以在其中顺利地进行极限运算。而且,不完备的空间也可以在一定的意义下进行完备化。连续函数空间 $\widetilde{L}^p[a,b]$ 的完备化空间记作 $L^p[a,b]$,称为 p 次勒贝格可积函数空间。鉴于本书后续内容中会对此稍有涉及,因此这里需要指出,当 $p=1$ 时,空间 $L^1[a,b]$ 的元素称为勒贝格可积函数。空间 $L^1[a,b]$ 中的元素是"可积"的函数,其积分是关于上限的连续函数;另外,$L^1[a,b]$ 中两个函数 $x(t)$ 和 $y(t)$ 相等是指

$$\int_a^b |x(t)-y(t)| \, \mathrm{d}t = 0$$

此时,如果 $x(t)$ 和 $y(t)$ 仅在个别点(例如有限个点或者一个可数点集)上取值不等,并不影响上式成立,因此常称 $x(t)$ 和 $y(t)$ 是"几乎处处"相等的。关于空间 $L^p[a,b]$,其元素是 p 次可积的

$$\int_a^b |x(t)|^p \mathrm{d}t < +\infty$$

　　例如,空间 $L^2[a,b]$ 表示平方可积函数的全体。物理上,平方可积函数可以表示能量有限的信号。此外,有关系 $L^1[a,b] \supset L^2[a,b]$,这由下式得知

$$\int_a^b |x(t)| \, \mathrm{d}t = \int_a^b |x(t)| \cdot 1 \mathrm{d}t \leqslant \left[\int_a^b |x(t)|^2 \mathrm{d}t\right]^{\frac{1}{2}} \left[\int_a^b 1^2 \mathrm{d}t\right]^{\frac{1}{2}}$$

$$\leqslant \sqrt{b-a} \left[\int_a^b |x(t)|^2 \mathrm{d}t\right]^{\frac{1}{2}}$$

其中用到了赫尔德不等式。一般地,如果 $p' < p$,则 $L^{p'}[a,b] \supset L^p[a,b]$。

　　另外还要指出,当 $1 \leqslant p < +\infty$ 时,空间 $L^p[a,b]$ 是可分的。因为有理系数多项式集 P_0 在 $\widetilde{L}^p[a,b]$ 中稠密,而 $\widetilde{L}^p[a,b]$ 在 $L^p[a,b]$ 中稠密。

3.2.5　内积空间

　　前面已经讨论过关于内积的话题,此处以公理化形式给出内积的定义。

　　定义　设 E 为实线性空间,如果对于 E 中任意两个元素 x 和 y,均有一个实数与之对应,此实数记为 (x,y),且它满足:

　　(1) $(x,x) \geqslant 0$,当且仅当 $x=\theta$ 时,$(x,x)=0$;

　　(2) $(x,y)=(y,x)$;

　　(3) $(\lambda x,y)=\lambda(x,y)$,($\lambda$ 为任意实数);

　　(4) $(x+y,z)=(x,z)+(y,z)$,($z \in E$)。

则称数 (x,y) 为 x 和 y 的内积,称 E 为实内积空间(或称欧几里得空间)。

　　例如,n 维实矢量空间 R_n 中任意两个矢量 $x=[\xi_1,\xi_2,\cdots,\xi_n]^\mathrm{T}$ 和 $y=[\eta_1,\eta_2,\cdots,\xi_n]^\mathrm{T}$ 的内积定义为

$$(x,y) = \sum_{i=1}^n \xi_i \eta_i = x^\mathrm{T} y$$

可以验证,这个内积的定义是满足前面介绍过的 4 个条件的。此外,这种 n 维实矢量空间通常也称为 n 维欧几里得空间,记为 E_n。

再如，空间 $L^2[a,b]$ 中的两个函数 $x(t)$ 和 $y(t)$ 的内积可以定义为

$$(x,y) = \int_a^b x(t)y(t)\mathrm{d}t$$

很容易验证，这种定义对于上述 4 个条件都是满足的。

定理 （柯西-施瓦茨不等式）内积空间中的任意两个元素 x 和 y 满足不等式

$$|(x,y)| \leqslant \sqrt{(x,x)}\ \sqrt{(y,y)}$$

当且仅当 $x=\lambda y$ 或 x、y 中只要一个为零时等号成立。

需要指出的是，内积空间是线性赋范空间。只要令

$$\|x\| = \sqrt{(x,x)}$$

此时三角不等式是成立的

$$\|x+y\|^2 = |(x+y,x+y)| \leqslant |(x,x)| + |(x,y)| + |(y,x)| + |(y,y)|$$
$$\leqslant (x,x) + 2\sqrt{(x,x)}\ \sqrt{(y,y)} + (y,y) = (\|x\| + \|y\|)^2$$

这个证明过程中用到了柯西-施瓦茨不等式。由于内积空间是线性赋范空间，因此线性赋范空间所具有的性质在内积空间中同样成立。

另外，显然柯西-施瓦茨不等式还可以写成

$$|(x,y)| \leqslant \|x\| \cdot \|y\|$$

3.2.6 希尔伯特空间

定义 在由内积所定义的范数意义下完备的内积空间称为希尔伯特(Hilbert)空间。

希尔伯特空间是一类性质非常好的线性赋范空间，在工程上有着非常广泛的应用，而且在希尔伯特空间中最佳逼近问题可以得到比较完满的解决。

定义 设 X 为某一距离空间。设 B 是 X 中的一个集合。$x\in X$ 且 $x\notin B$。现记 $d(x,B)$ 为点 x 到集合 B 的距离

$$d(x,B) = \inf_{y\in B} d(x,y)$$

如果集合 B 中存在元素 $\tilde{x}$，使得

$$d(x,\tilde{x}) = d(x,B)$$

则称元素 $\tilde{x}\in B$ 是元素 $x\in X$ 在集合 B 中的最佳逼近元，或简称为最佳元。

下面给出关于希尔伯特空间 H 中闭凸子集的最佳元存在的唯一性定理。

定理 设 B 是 H 中的闭凸子集，$x\in H$ 且 $x\notin B$，则存在唯一的 $\tilde{x}\in B$，使得

$$\|x-\tilde{x}\| = \inf_{y\in B} \|x-y\|$$

上述定理中提到了有关凸集的概念，其定义如下。

定义 设 M 是线性空间 E 中的一个集合，若对任意 $x,y\in M$ 及满足 $\lambda+\mu=1$ 的 $\lambda\geqslant 0$，$\mu\geqslant 0$，均有 $\lambda x+\mu y\in M$，则称 M 是 E 中凸集。

下面对上述最佳元存在的唯一性定理进行证明。

证明 记

$$d = d(x,B) = \inf_{y\in B} \|x-y\|$$

根据下确界的定义，对于任意自然数 n，必存在 $y_n\in B$，使得

$$d \leqslant \|x - y_n\| < d + \frac{1}{n}$$

下面证明$\{y_n\}$是H中的基本序列。为此,对$x - y_n$与$x - y_m$应用平行四边形法则

$$2\|x - y_n\|^2 + 2\|x - y_m\|^2 = \|2x - y_n - y_m\|^2 + \|y_n - y_m\|^2$$

由B的凸性可知$(y_n - y_m)/2 \in B$,从而

$$\|2x - y_n - y_m\|^2 = 4\left\|x - \frac{y_n - y_m}{2}\right\|^2 \geqslant 4d^2$$

由此便有

$$\|y_n - y_m\|^2 = 2\|x - y_n\|^2 + 2\|x - y_m\|^2 - \|2x - y_n - y_m\|^2$$

$$\leqslant 2\left(d + \frac{1}{n}\right)^2 + 2\left(d + \frac{1}{m}\right)^2 - 4d^2$$

$$= \frac{4d}{n} + \frac{4d}{m} + \frac{2}{n^2} + \frac{2}{m^2}$$

显然,当$n \to +\infty$,$m \to +\infty$时,有$0 \leqslant \|y_n - y_m\|^2 \leqslant 0$,于是即知$\{y_n\}$是基本序列。对于一个完备的空间而言,其中每个基本序列都收敛,故存在$\tilde{x} \in B$(因为B是闭集)使得$y_n \to \tilde{x}$,即得

$$\|x - \tilde{x}\| = d$$

最后证明$\tilde{x}$的唯一性。设另有$\tilde{x}_1 \in B$满足$\|x - \tilde{x}_1\| = d$,再次应用平行四边形法则,即有

$$4d^2 = 2\|x - \tilde{x}\|^2 + 2\|x - \tilde{x}_1\|^2 = \|\tilde{x} - \tilde{x}_1\|^2 + 4\left\|x - \frac{\tilde{x} + \tilde{x}_1}{2}\right\|^2$$

$$\geqslant \|\tilde{x} - \tilde{x}_1\|^2 + 4d^2$$

于是$\|\tilde{x} - \tilde{x}_1\|^2 \leqslant 0$,即$\|\tilde{x} - \tilde{x}_1\| = 0$,$\tilde{x} = \tilde{x}_1$。定理得证。

定义 如果$x, y \in H$,且$(x, y) = 0$,则称元素x与y是正交的,并记为$x \perp y$。设S为H的子集,而元素$x \in H$与S中任意一个元素都正交,则称元素x与集合S正交,记为$x \perp S$。

显然,零元素θ与任何元素都正交。

定理 (勾股定理)若$x \perp y$,则$\|x + y\|^2 = \|x\|^2 + \|y\|^2$。

定理 (投影定理)设L是H的闭子空间,$x \in H$但$x \notin L$,则$\tilde{l}$是在中的最佳元的充分必要条件是$(x - \tilde{l}) \perp L$。即对任意的$l \in L$,均有$(x - \tilde{l}, l) = 0$。

证明 设$\tilde{l}$是最佳逼近元。则对于任意的实数λ和任意的元素$l \in L$,有

$$\|x - \tilde{l}\|^2 \leqslant \|x - \tilde{l} + \lambda l\|^2$$

即$(x - \tilde{l}, x - \tilde{l}) \leqslant (x - \tilde{l} + \lambda l, x - \tilde{l} + \lambda l)$,也就是$2\lambda(x - \tilde{l}, l) + \lambda^2\|l\|^2 \geqslant 0$。不妨设$l \neq \theta$,取

$$\lambda = -\frac{(x - \tilde{l}, l)}{\|l\|^2}$$

则原式变为

$$-\frac{(x - \tilde{l}, l)^2}{\|l\|^2} \geqslant 0$$

于是有$(x - \tilde{l}, l) = 0$,即必要性得证。

反之,设$(x - \tilde{l}, l) = 0$对任意的元素$l \in L$都成立,则由勾股定理推得

$$\| x-l \|^2 = \| x-\tilde{l}+\tilde{l}-l \|^2 = \| x-\tilde{l} \|^2 + \| \tilde{l}-l \|^2 \geqslant \| x-\tilde{l} \|^2$$

即

$$\inf_{l\in L}\| x-l \|^2 = \| x-\tilde{l} \|^2$$

充分性得证。定理证明完毕。

在此基础上，若 L 是 H 中的有限维子空间，下面的步骤实现了求出 x 到 L 的距离 d 的具体表达式。

定义　设 $x_1,x_2,\cdots,x_k$ 是内积空间中的任意 k 个向量，这些向量的内积所组成的矩阵

$$\boldsymbol{G}(x_1,x_2,\cdots,x_k) = \begin{bmatrix} (x_1,x_1) & \cdots & (x_1,x_k) \\ \vdots & \ddots & \vdots \\ (x_k,x_1) & \cdots & (x_k,x_k) \end{bmatrix}$$

称为 k 个向量 $x_1,x_2,\cdots,x_k$ 的格拉姆(Gram)矩阵，k 阶格拉姆矩阵 $\boldsymbol{G}_k=\boldsymbol{G}(x_1,x_2,\cdots,x_k)$ 的行列式称为格拉姆行列式，通常用 $\Gamma(x_1,x_2,\cdots,x_k)$ 表示，或者记作 $|\boldsymbol{G}(x_1,x_2,\cdots,x_k)|$。

定理　设 $x_1,x_2,\cdots,x_n$ 是内积空间中的一组向量，则格拉姆矩阵 $\boldsymbol{G}_n$ 必定是半正定矩阵，而 $\boldsymbol{G}_n$ 是正定矩阵的充要条件是 $x_1,x_2,\cdots,x_n$ 线性无关。

证明　根据内积空间的定义，对任意的 n 维列矢量 $\boldsymbol{\lambda}=[\lambda_1,\lambda_2,\cdots,\lambda_n]^{\mathrm{T}}$，有

$$\boldsymbol{\lambda}^{\mathrm{T}}\boldsymbol{G}_n\boldsymbol{\lambda} = \sum_{i=1}^{n}\sum_{j=1}^{n}\lambda_i\lambda_j(x_i,x_j) = \sum_{i=1}^{n}\sum_{j=1}^{n}(\lambda_ix_i,\lambda_jx_j) = \Big(\sum_{i=1}^{n}\lambda_ix_i,\sum_{j=1}^{n}\lambda_jx_j\Big) \geqslant 0$$

因此，n 阶格拉姆矩阵 $\boldsymbol{G}_n=\boldsymbol{G}(x_1,x_2,\cdots,x_n)$ 是半正定对称矩阵。

从上述证明过程中不难得到如下推论：内积空间中的任意 n 个向量 $x_1,x_2,\cdots,x_n$ 的格拉姆行列式恒为非负实数，即 $\Gamma(x_1,x_2,\cdots,x_n)\geqslant0$，当且仅当 $x_1,x_2,\cdots,x_n$ 线性相关时，等号成立。如果 $x_1,x_2,\cdots,x_n$ 是线性无关的，必然可以推出 $\Gamma(x_1,x_2,\cdots,x_n)\neq0$。因为如果 $\Gamma(x_1,x_2,\cdots,x_n)=0$，则表明 $\boldsymbol{G}_n$ 的列向量线性相关，即存在不全为零的 $\mu_1,\mu_2,\cdots,\mu_n$，使得

$$\sum_{j=1}^{n}\mu_j(x_i,x_j) = 0, \quad i=1,2,\cdots,n$$

由此可知(因为内积空间也是线性赋范空间)

$$\Big(\sum_{j=1}^{n}\mu_jx_j,\sum_{i=1}^{n}\mu_ix_i\Big)=0 \Rightarrow \Big\|\sum_{j=1}^{n}\mu_jx_j\Big\|^2 = 0$$

即

$$\sum_{j=1}^{n}\mu_jx_j = \theta$$

这显然与 $x_1,x_2,\cdots,x_n$ 线性无关矛盾。

定理　设 $\{x_1,x_2,\cdots,x_n\}$ 是 H 中的线性无关组。由它们生成的子空间记为 L，其维数为 n。H 中任意一点 x 到 L 的距离 d 为

$$d^2 = \frac{\Gamma(x_1,x_2,\cdots,x_n,x)}{\Gamma(x_1,x_2,\cdots,x_n)}$$

证明　设 x 的最佳元为 $\tilde{l}\in L$，则 $\tilde{l}$ 可表示为(相当于对 $\tilde{l}$ 做线性展开)

$$\tilde{l} = \sum_{j=1}^{n}\lambda_jx_j$$

根据投影定理

$$(x-\tilde{l}) \perp x_i, \quad i=1,2,\cdots,n$$

这也等价于下列关于 λ_j 的线性方程组

$$\Big(x-\sum_{j=1}^{n}\lambda_j x_j, x_i\Big) = 0 \Rightarrow (x, x_i) - \Big(\sum_{j=1}^{n}\lambda_j x_j, x_i\Big) = 0$$

继续利用内积空间定义中的若干性质便会得到（如下方程组也称为最佳逼近问题的正规方程）

$$\sum_{j=1}^{n}\lambda_j(x_j, x_i) = (x, x_i), \quad i = 1, 2, \cdots, n$$

其系数行列式 $|G_n| \neq 0$，因此有唯一解。再由内积的定义及投影定理得到

$$d^2 = \parallel x-\tilde{l} \parallel^2 = (x-\tilde{l}, x-\tilde{l}) = (x, x) - (\tilde{l}, x) - (x-\tilde{l}, \tilde{l})$$

其中，$(x-\tilde{l}, \tilde{l}) = 0$，即得

$$\sum_{j=1}^{n}\lambda_j(x_j, x) + d^2 = (x, x)$$

现在把已经得到的两个和式联立起来，便得到下列关于 $n+1$ 个未知数 $\lambda_1, \lambda_2, \cdots, \lambda_n, d^2$ 的 $n+1$ 个方程：

$$\begin{cases} \lambda_1(x_1, x_1) + \lambda_2(x_2, x_1) + \cdots + \lambda_n(x_n, x_1) + 0 \cdot d^2 = (x, x_1) \\ \lambda_1(x_1, x_2) + \lambda_2(x_2, x_2) + \cdots + \lambda_n(x_n, x_2) + 0 \cdot d^2 = (x, x_2) \\ \qquad\qquad\qquad \vdots \\ \lambda_1(x_1, x_n) + \lambda_2(x_2, x_n) + \cdots + \lambda_n(x_n, x_n) + 0 \cdot d^2 = (x, x_n) \\ \lambda_1(x_1, x) + \lambda_2(x_2, x) + \cdots + \lambda_n(x_n, x) + 1 \cdot d^2 = (x, x) \end{cases}$$

由线性代数中的克莱姆法则即可求得 d^2 的表达式即为定理中所列出的形式，于是定理得证。

下面给出希尔伯特空间中当逼近集为闭凸集时的最佳元的特征定理。

定理 设 B 是希尔伯特空间 H 中的闭凸子集，$x \in H, x \notin B$，则下列命题等价：

(1) $\tilde{x} \in B$ 是 x 的最佳元，即对任意的 $b \in B$，均有 $\parallel x-\tilde{x} \parallel \leqslant \parallel x-b \parallel$；

(2) $\tilde{x} \in B$ 满足：对任意的 $b \in B$，均有 $(x-\tilde{x}, b-\tilde{x}) \leqslant 0$；

(3) $\tilde{x} \in B$ 满足：对任意的 $b \in B$，均有 $(x-b, \tilde{x}-b) \geqslant 0$。

最后，研究希尔伯特空间中的傅里叶级数展开。

定义 设 $\{e_1, e_2, \cdots\}$ 是内积空间 H 中的一组元素，如果对任意的 $i \neq j$，均有 $(e_i, e_j) = 0$，则称 $\{e_1, e_2, \cdots\}$ 是 H 中的正交系；如果每一个 e_i 的范数为 1，则称之为规范正交系。

换言之，$\{e_1, e_2, \cdots\}$ 是 H 中规范正交系是指

$$(e_i, e_j) = \delta_{ij} = \begin{cases} 1, & i = j \\ 0, & i \neq j \end{cases}$$

其中，δ_{ij} 是克罗内克（Kronecker）函数[①]。

内积空间中的正交系一定是线性无关组。

现在设 $\{x_1, x_2, \cdots\}$ 是内积空间中的一组线性无关元素。下面讨论的方法实现了由该组

---

① 克罗内克函数 δ_{ij} 是一个二元函数，得名于数学家克罗内克。克罗内克函数的自变量（输入值）一般是两个整数，如果两者相等，则其输出值为 1，否则为 0。克罗内克函数的值一般简写为 δ_{ij}。注意，尽管克罗内克函数和狄拉克函数都使用 δ 作为符号，但是克罗内克 δ 函数带两个下标，而狄拉克 δ 函数则只有一个变量。

元素导出一组规范正交系 $\{e_1, e_2, \cdots\}$ 使得 e_n 是 $x_1, x_2, \cdots, x_n$ 的线性组合。

首先，取 $e_1 = x_1 / \| x_1 \|$，再令 $u_2 = x_2 - (x_2, e_1)e_1, e_2 = u_2 / \| u_2 \|$，那么显然 $\{e_1, e_2\}$ 是规范正交的。以此类推，若已有规范正交组 $\{e_1, e_2, \cdots, e_{n-1}\}$，就再令

$$u_n = x_n - \sum_{i=1}^{n-1} (x_n, e_i)e_i$$

及 $e_n = u_n / \| u_n \|$，则显然 e_n 与 $e_1, e_2, \cdots, e_{n-1}$ 都正交，从而 $\{e_1, e_2, \cdots, e_n\}$ 是规范正交的。如此继续下去就可以得到规范正交系 $\{e_1, e_2, \cdots\}$。

上述由线性无关组 $\{x_1, x_2, \cdots\}$ 构造出规范正交系 $\{e_1, e_2, \cdots\}$ 的方法通常称为格拉姆-施密特正交化方法。

例如，显然 $\{1, t, t^2, \cdots, t^n, \cdots\}$ 是空间 $L^2[-1, 1]$ 中的线性无关组，但不是正交系。利用格拉姆-施密特方法，可以得到基于内积

$$(x, y) = \int_a^b x(t)y(t)\mathrm{d}t$$

的一个规范正交系。为此，令 $x_0 = 1, x_1 = t, \cdots, x_n = t^n, \cdots$，由于 $\{x_n\}$ 是线性无关的，故可取 $e_0 = x_0 / \| x_0 \| = 1/\sqrt{2}, u_1 = x_1 - (x_1, e_0)e_0 = t$，进而取 $e_1 = u_1 / \| u_1 \| = \sqrt{3/2}\, t$，类似的有

$$e_2 = \sqrt{\frac{5}{2}} \cdot \frac{1}{2}(3t^2 - 1), \cdots, e_n = \sqrt{\frac{2n+1}{2}} \cdot P_n(t) \quad n = 1, 2, \cdots$$

其中

$$P_n(t) = \frac{1}{2^n n!} \frac{\mathrm{d}^n}{\mathrm{d}t^n}(t^2 - 1)^n$$

称为 n 阶勒让德(Legendre)多项式。而 $\{e_0(t), e_1(t), e_2(t), \cdots, e_n(t), \cdots\}$ 是 $L^2[-1, 1]$ 中的规范正交系。

之前已经推导出了 H 中任意一点 x 到其中有限维子空间 L 的距离公式，下面来考虑无限维子空间的情况。设 $\{e_1, e_2, \cdots, e_n\}$ 是希尔伯特空间 H 中的规范正交系。现在根据前面讨论过的有限维子空间距离公式求 H 中任意一个元素 x 到由 $\{e_1, e_2, \cdots, e_n\}$ 所生成的子空间 L 的距离 d。

显然 $\boldsymbol{G}(e_1, e_2, \cdots, e_n)$ 是单位矩阵，因此 $|\boldsymbol{G}(e_1, e_2, \cdots, e_n)| = 1$，而

$$|\boldsymbol{G}(e_1, e_2, \cdots, e_n, x)| = \begin{vmatrix} 1 & & & (x, e_1) \\ & \ddots & & \vdots \\ & & 1 & (x, e_n) \\ (e_1, x) & \cdots & (e_n, x) & (x, x) \end{vmatrix} = \| x \|^2 - \sum_{i=1}^n | c_i |^2$$

其中，$c_i = (x, e_i)$。上述化简计算过程中需用到一点线性代数的技巧。根据行列式的性质，把行列式中的某一行(或列)的元素都乘以同一个系数后，再加到另一行(或列)的对应元素上去，则行列式的值不变。于是不妨把第 1 行乘以 $-(e_1, x)$ 后加到最后一行上，把第 2 行乘以 $-(e_2, x)$ 后加到最后一行上……最终把原矩阵化成一个上三角矩阵。而上三角矩阵的行列式的值就等于主对角线上所有元素的乘积。基于上述计算结果便可得到

$$d^2 = \frac{|\boldsymbol{G}(e_1, e_2, \cdots, e_n, x)|}{|\boldsymbol{G}(e_1, e_2, \cdots, e_n)|} = \| x \|^2 - \sum_{i=1}^n | c_i |^2$$

而 x 在 L 中的最佳逼近元 $\tilde{x}$(即元素 x 在 n 维子空间 L 中的投影)可以由一组正交基展开，即

$$\tilde{x} = \sum_{j=1}^{n} c_j e_j$$

根据投影定理

$$(x - \tilde{x}) \perp e_i, \quad i = 1, 2, \cdots, n$$

这也等价于下列关于 c_j 的线性方程组

$$\left(x - \sum_{j=1}^{n} c_j e_j, e_i\right) = 0 \Rightarrow (x, e_i) - \left(\sum_{j=1}^{n} c_j e_j, e_i\right) = 0$$

于是有

$$\sum_{j=1}^{n} c_j (e_j, e_i) = (x, e_i), \quad i = 1, 2, \cdots, n$$

注意，$\{e_1, e_2, \cdots\}$ 是规范正交系，所以当 $j \neq i$ 时，$(e_j, e_i) = 0$；当 $j = i$ 时，$(e_j, e_i) = 1$，有

$$c_i = (x, e_i)$$

进而有

$$\tilde{x} = \sum_{i=1}^{n} c_i e_i = \sum_{i=1}^{n} (x, e_i) e_i$$

其中，系数 $c_i = (x, e_i)$ 称为元素 x 关于规范正交系 $\{e_1, e_2, \cdots, e_n\}$ 的傅里叶系数。

定义 设内积空间 H 中有一个规范正交系 $\{e_1, e_2, \cdots, e_n\}$，则数列 $\{(x, e_i)\}$ ($n = 1, 2, \cdots$) 称为 x 关于规范正交系 $\{e_1, e_2, \cdots, e_n\}$ 的傅里叶系数。

事实上，内积空间中的元素关于规范正交系的傅里叶系数就是微积分中的傅里叶系数概念的推广。泛函分析中的理论可以被用来验证或证明之前在微积分中给出的与傅里叶系数有关的许多结论。

定理 设 H 为无穷维希尔伯特空间，$\{e_1, e_2, \cdots\}$ 为 H 中的一组规范正交系，L 是由 $\{e_1, e_2, \cdots\}$ 张成的一个子空间，即 $L = \text{span}\{e_1, e_2, \cdots, e_n\}$。对于 H 中的任意一个元素 x，则

$$\tilde{x} = \sum_{i=1}^{n} (x, e_i) e_i$$

为元素 x 在 L 上的投影，且

$$\|\tilde{x}\|^2 = \sum_{i=1}^{n} |(x, e_i)|^2$$

$$\|x - \tilde{x}\|^2 = \|x\|^2 - \|\tilde{x}\|^2$$

这个定理根据前面推导而得的结论（H 中任意一点 x 到其中无限维子空间 L 的距离公式）

$$d^2 = \|x\|^2 - \sum_{i=1}^{n} |c_i|^2$$

可以很容易证明，这里不再赘述。

贝塞尔（Bessel）不等式 设 $\{e_n\}$ 为内积空间 H 中的标准正交系，令 $n \to +\infty$，则

$$\sum_{i=1}^{+\infty} |(x, e_i)|^2 \leqslant \|x\|^2$$

这个不等式同样可以根据 H 中任意一点 x 到其中无限维子空间 L 的距离公式推得。当贝塞尔不等式取等号的时候，也就得到了前面曾经讨论过的**帕塞瓦尔等式**

$$\| x \|^2 = \sum_{i=1}^{+\infty} |(x, e_i)|^2$$

定义　设 H 为一内积空间，$\{e_n\}$ 为 H 中的一个标准正交系，若 $x \in H, x \perp e_n (n=1,2,\cdots)$，则必有 $x=\theta$。换言之，H 中不再存在非零元素，使它与所有的 e_n 正交，则称 $\{e_n\}$ 为 H 中的完全的标准正交系。

定理　设 $\{e_n\}$ 是希尔伯特空间 H 中的一个标准正交系，且闭子空间 $L = \overline{\mathrm{span}\{e_n | n=1,2,\cdots\}}$，则下述 4 个条件是等价的：

(1) $\{e_n\}$ 为 H 中的完全的标准正交系；

(2) $L = H$；

(3) 对任意 $x \in H$，帕塞瓦尔等式成立；

(4) 对任意 $x \in H$，则

$$x = \sum_{i=1}^{+\infty} (x, e_i) e_i$$

通常把上述定理中的最后一条称为 x 关于完全标准正交系的傅里叶级数（或 x 按 $\{e_n\}$ 展开的傅里叶级数）。该定理把微积分中的傅里叶展开推广到抽象的希尔伯特空间中，并揭示了完全标准正交系、帕塞瓦尔等式以及傅里叶展开之间的本质联系。

证明

(1)$\Rightarrow$(2)，设 $\{e_n\}$ 为完全的标准正交系。若 $L \neq H$，必存在非零元素 $x \in H - L$。由投影定理，存在 $x_0 \in L, x_1 \perp L$，使 $x = x_0 + x_1$，因为 $x \neq x_0$，所以有 $x_1 = x - x_0 \neq \theta$，而 $x_1 \perp e_n$，这与 $\{e_n\}$ 的完全性相矛盾。

(2)$\Rightarrow$(3)，若 $L = H, x \in H = L$，则 x 可表示为 $\{e_n\}$ 的线性组合的极限。对任意有限个 e_i，如 $e_1, e_2, \cdots, e_n$，有

$$x_n = \sum_{i=1}^{n} (x, e_i) e_i$$

根据前面介绍过的定理，可得

$$\| x - x_n \|^2 = \| x \|^2 - \| x_n \|^2 = \| x \|^2 - \sum_{i=1}^{n} |(x, e_i)|^2$$

另一方面，利用反证法，若由帕塞瓦尔等式不成立，以及贝塞尔不等式，则

$$\| x \|^2 - \sum_{i=1}^{+\infty} |(x, e_i)|^2 = a^2 > 0$$

因而对于任意 n，有

$$\left\| x - \sum_{i=1}^{n} (x, e_i) e_i \right\|^2 = \| x \|^2 - \sum_{i=1}^{+\infty} |(x, e_i)|^2 \geqslant a^2$$

即

$$x \neq \sum_{i=1}^{n} (x, e_i) e_i$$

这与假设条件矛盾，因此命题得证。

(3)$\Rightarrow$(4)，对任意 $x \in H$，帕塞瓦尔等式成立，则由前面介绍过的定理得出

$$\| x - x_n \|^2 = \left\| x - \sum_{i=1}^{n} (x, e_i) e_i \right\|^2 = \| x \|^2 - \sum_{i=1}^{n} |(x, e_i)|^2$$

根据帕塞瓦尔等式,可知

$$\lim_{n \to +\infty} \left\| x - \sum_{i=1}^{n} (x,e_i)e_i \right\|^2 = \lim_{n \to +\infty} \left[\| x \|^2 - \sum_{i=1}^{n} | (x,e_i) |^2 \right] = 0$$

即证明了

$$x = \sum_{i=1}^{+\infty} (x,e_i)e_i$$

(4)⇒(1),对任意 $x \in H$,有

$$x = \sum_{i=1}^{+\infty} (x,e_i)e_i$$

并设 $x \perp e_i (i=1,2,\cdots)$,显然有 $x=\theta$,因此 $\{e_n\}$ 为 H 中的完全的标准正交系。

3.2.7 索伯列夫空间

把区间 $[a,b]$ 上一阶连续可微函数的全体所构成的集合记为 $\tilde{H}^1[a,b]$。显然,在通常的函数加法,乘法意义下,$\tilde{H}^1[a,b]$ 是线性空间。对于任意的 $u(t),v(t) \in \tilde{H}^1[a,b]$,定义其内积为

$$(u,v) = \int_a^b u(t)v(t)\mathrm{d}t + \int_a^b u'(t)v'(t)\mathrm{d}t$$

则不难验证它满足关于内积的四条公理,因而 $\tilde{H}^1[a,b]$ 是内积空间,相应的范数为

$$\| u \| = \left\{ \int_a^b [u(t)]^2\mathrm{d}t + \int_a^b [u'(t)]^2\mathrm{d}t \right\}^{1/2}$$

空间 $\tilde{H}^1[a,b]$ 在上述范数意义下的完备化空间记为 $H^1(a,b)$,它称为索伯列夫(Sobolev)空间。

设序列 $\{u_n(t)\} \subset \tilde{H}^1[a,b]$ 是上述范数意义下的基本序列,即当 $n,m \to +\infty$ 时

$$\| u_n - u_m \|^2 = \int_a^b [u_n(t) - u_m(t)]^2\mathrm{d}t + \int_a^b [u_n'(t) - u_m'(t)]^2\mathrm{d}t \to 0$$

如果 $\{u_n(t)\}$ 和 $\{\hat{u}_n(t)\}$ 是 $\tilde{H}^1[a,b]$ 中的两个基本列,且满足当 $n \to +\infty$ 时,$\| u_n(t) - \hat{u}_n(t) \| \to 0$,则认为它们属于同一类。上述条件也等价于

$$\int_a^b [u_n(t) - u_m(t)]^2\mathrm{d}t \to 0$$

$$\int_a^b [u_n'(t) - u_m'(t)]^2\mathrm{d}t \to 0$$

根据空间 $L^2[a,b]$ 的完备性,存在 $u(t) \in L^2[a,b]$ 及 $w(t) \in L^2[a,b]$,使得当 $n \to +\infty$ 时,在 L^2 范数的意义下,$u_n(t) \to u(t)$,$u_n'(t) \to w(t)$。对如此所确定的函数 $u(t)$ 和 $w(t)$,称 $w(t)$ 是 $u(t)$ 在索伯列夫意义下的广义导数,并记成 $u'(t)=w(t)$。显然,如果 $u(t),v(t) \in H^1(a,b)$,则 $au(t)+bv(t) \in H^1(a,b)$ 且 $(au+bv)'(t)=au'(t)+bv'(t)$;而常数的广义导数为零。

由广义导数的定义可以看出,这种导数不是关于函数的个别点处局部性质反映,因为它是通过在整个区间上积分的极限确定的,而积分是一种关于函数的整体性质的概念。但也应该指出,广义导数其实是对通常意义下导数概念的推广。如果函数本身是通常意义下可

微的，则其导函数与广义导数是一致的。

类似地，记 $\widetilde{H}^2[a,b]$ 为 $[a,b]$ 上二阶连续可微函数的全体，其内积定义为

$$(u,v) = \int_a^b uv\,\mathrm{d}t + \int_a^b u'v'\,\mathrm{d}t + \int_a^b u''v''\,\mathrm{d}t$$

则 $\widetilde{H}^2[a,b]$ 的完备化空间相应地记为 $H^2[a,b]$，也称为索伯列夫空间，空间 $H^2[a,b]$ 中的元素 $u(t)$ 具有一阶和二阶广义导数，且 $u'(t),u''(t) \in L^2[a,b]$，即它们都是勒贝格平方可积的。因此，可定义一般的索伯列夫空间 $H^k[a,b]$。而且上述这些定义还可以推广到多维的情形，这里不再深究，有兴趣的读者可以参阅泛函分析方面的资料。

3.3 从泛函到变分法

作为数学分析的一个分支，变分法（calculus of variations）在物理学、经济学以及信息技术等诸多领域都有着广泛而重要的应用。变分法是研究依赖于某些未知函数的积分型泛函极值的普遍方法。换句话说，求泛函极值的方法就是变分法。

3.3.1 理解泛函的概念

变分法是现代泛函分析理论的重要组成部分，但变分法却是先于泛函理论建立的。因此，即使不过深地涉及泛函分析的相关内容，也可展开对变分法的学习。而在前面介绍的有关抽象空间的内容上来讨论泛函的概念将是非常方便的。

定义 设 X 和 Y 是两个给定的线性赋范空间，并有集合 $\mathcal{D} \subset X$。若对于 $\mathcal{D}$ 中的每一个元素 x，均对应于 Y 中的一个确定的元素 y，就说这种对应关系确定了一个算子。算子通常用大写字母 $T,A,\cdots$ 表示，记为 $y=Tx$ 或 $y=T(x)$。y 称为 x 的象，x 称为 y 的原象。集合 $\mathcal{D}$ 称为算子 T 的定义域，常记为 $\mathcal{D}(T)$；而集合 $\mathcal{R}(T) = \{y \in Y; y=Tx, x \in \mathcal{D}(T)\}$ 称为算子 T 的值域。对于算子 T，常用下述记号 $T: X \mapsto Y$，读作"T 是由 X 到 Y 的算子"。但应注意这种表示方法并不意味着 $\mathcal{D}(T)=X$ 及 $\mathcal{R}(T)=Y$。

当 X 和 Y 都是实数域时，T 就是微积分中的函数。因此，算子是函数概念的推广，但是算子这个概念要比函数更抽象，也更复杂。

设 X 为实（或复）线性赋范空间，则由 X 到实（或复）数域的算子称为泛函。例如，若 $x(t)$ 是任意一个可积函数 $x(t) \in L^2[a,b]$，则其积分

$$f(x) = \int_a^b x(t)\,\mathrm{d}t$$

就是一个定义在 $L^1[a,b]$ 上的泛函，而且是线性的

$$f(\alpha x + \beta y) = \alpha \int_a^b x(t)\,\mathrm{d}t + \beta \int_a^b y(t)\,\mathrm{d}t = \alpha f(x) + \beta f(x)$$

还是有界的

$$|f(x)| \leqslant \int_a^b |x(t)|\,\mathrm{d}t = \|x\|$$

需要说明的是，此处所讨论的仅限于实数范围内的泛函。

如果把上述泛函定义中的线性赋范空间局限于函数空间,那么也可以从另外一个角度来理解此处所要讨论的泛函。

把具有某种共同性质的函数构成的集合称为函数类,记作 F。对于函数类 F 中的每一个函数 $y(x)$,在 $\mathbb{R}$ 中变量 $\mathcal{J}$ 都有一个确定的数值按照一定的规律与之相对应,则 $\mathcal{J}$ 称为函数 $y(x)$ 的泛函,记作 $\mathcal{J}=\mathcal{J}[y(x)]$ 或者 $\mathcal{J}=\mathcal{J}[y]$。函数 $y(x)$ 称为泛函 $\mathcal{J}$ 的宗量。函数类 F 称为泛函 $\mathcal{J}$ 的定义域。可以这样理解,泛函是以函数类为定义域的实值函数。为了与普通函数相区别,泛函所依赖的函数用方括号括起来。

由泛函的定义可知,泛函的值是数,其自变量是函数,而函数的值与其自变量都是数,所以泛函是变量与函数的对应关系,它是一种广义上的函数。而函数是变量与变量的对应关系,这是泛函与函数的基本区别。此外还应当意识到,泛函的值既不取决于自变量 x 的某个值,也不取决于函数 $y(x)$ 的某个值,而是取决于函数类 F 中 y 与 x 的函数关系。

由于一元函数在几何上是由曲线来表示的,因此它的泛函也可以称为是曲线函数。类似地,二元函数在几何上的表现形式通常都是曲面,因此它的泛函也可以称为是曲面函数。如果 x 是多维域 $(x_1,x_2,\cdots,x_n)$ 上的变量时,以上定义的泛函也适用。此时,泛函记为 $\mathcal{J}=\mathcal{J}[u(x_1,x_2,\cdots,x_n)]$。同时也可以定义依赖于多个未知函数的泛函,记为 $\mathcal{J}=\mathcal{J}[y_1(x),y_2(x),\cdots,y_m(x)]$。其中,$y_1(x),y_2(x),\cdots,y_m(x)$ 都是独立变化的。还有泛函记为 $\mathcal{J}=\mathcal{J}[y_1(x_1,x_2,\cdots,x_n),y_2(x_1,x_2,\cdots,x_n),\cdots,y_m(x_1,x_2,\cdots,x_n)]$,同样要求 $y_1(x_1,x_2,\cdots,x_n),y_2(x_1,x_2,\cdots,x_n),\cdots,y_m(x_1,x_2,\cdots,x_n)$ 也都是独立变化的。这就表示该泛函的定义依赖于多个未知函数,且每个未知函数又依赖于多维变量。

设已知函数 $F(x,y(x),y'(x))$ 是由定义在区间 $[x_0,x_1]$ 上的三个独立变量 $x,y(x)$,$y'(x)$ 所共同确定的,并且是二阶连续可微的,则泛函

$$\mathcal{J}[y(x)] = \int_{x_0}^{x_1} F(x,y(x),y'(x))\mathrm{d}x$$

称为最简单的积分型泛函,或简称为最简泛函。被积函数 F 称为泛函的核。

同理,还可以定义变量函数为二元函数 $u(x,y)$ 时的泛函为

$$\mathcal{J}[y] = \iint\limits_{S} F(x,y,u,u_x,u_y)\mathrm{d}x\mathrm{d}y$$

其中,$u_x=\partial u/\partial x,u_y=\partial u/\partial y$。

此处所讨论的部分主要是古典变分法的内容。它所研究的主要问题可以归结为:在适当的函数类中选择一个函数使得类似于上述形式的积分取得最值。而解决这一问题又归结为求解欧拉-拉格朗日方程。这看起来并非一个多么复杂的问题,而且方法似乎也平常无奇。但依靠这种方法却惊异地发现原来自然世界中许多千差万别的问题居然能够使用统一的数学程序来求解,而且奇妙的变分原理还可以用来解释无数的自然规律。在 3.3.2 节中,将从最简泛函开始导出欧拉-拉格朗日方程。

3.3.2 变分的概念

已知一个函数在某一点处取极值,那么函数在该点处的导数(如果存在)必为零。那么要考虑一个泛函的极值问题,就不妨参照函数求极值的思想引入一个类似的概念,为此需引

入变分的概念，这也是得出欧拉-拉格朗日方程的关键所在。

对于任意定值 $x \in [x_0, x_1]$，可取函数 $y(x)$ 与另一个可取函数 $y_0(x)$ 之差称为函数 $y(x)$ 在 $y_0(x)$ 处的变分，记作 δy，δ 称为变分符号，此时有

$$\delta y = y(x) - y_0(x) = \varepsilon \eta(x)$$

其中，ε 是一个参数，$\eta(x)$ 为 x 的任意函数。由于可取函数都通过区间的端点，即它们在区间的端点值都相等，因此在区间的端点，任意函数 $\eta(x)$ 满足

$$\eta(x_0) = \eta(x_1) = 0$$

因为可取函数 $y(x)$ 是泛函 $\mathcal{J}[y(x)]$ 的宗量，故也可以这样定义变分：泛函的宗量 $y(x)$ 与另一宗量 $y_0(x)$ 之差 $y(x) - y_0(x)$ 称为宗量 $y(x)$ 在 $y_0(x)$ 处的变分。

上述变分的定义也可以推广到多元函数的情形。

显然，函数 $y(x)$ 的变分 δy 是 x 的函数。注意，函数变分 δy 与函数增量 Δy 的区别。函数的变分 δy 是两个不同函数 $y(x)$ 与 $y_0(x)$ 在自变量 x 取固定值时的差 $\varepsilon \eta(x)$，函数发生了改变；函数的增量 Δy 是由于自变量 x 取了一个增量而使得函数 $y(x)$ 产生的增量，函数仍然是原来的函数。

如果函数 $y(x)$ 与另一函数 $y_0(x)$ 都可导，则函数的变分 δy 有如下性质

$$\delta y' = y'(x) - y_0'(x) = [y(x) - y_0(x)]' = (\delta y)'$$

由此得到变分符号 δ 与导数符号之间的关系

$$\delta \frac{\mathrm{d}y}{\mathrm{d}x} = \frac{\mathrm{d}}{\mathrm{d}x} \delta y$$

即函数导数的变分等于函数变分的导数。换言之，求变分与求导数这两种运算次序可以交换。在进行变分法的推导时要经常用到变分的这个性质。上面这些性质也可推广到高阶导数的变分情形，具体情况这里不再赘述。

上面介绍了函数的变分，下面来考虑泛函的变分。例如，对于泛函

$$\mathcal{J}[y] = \int_a^b y^2(x) \mathrm{d}x$$

的增量，可以表示为

$$\Delta \mathcal{J} = \mathcal{J}[y_1(x)] - \mathcal{J}[y_2(x)] = Q[y(x) + \delta y] - \mathcal{J}[y(x)]$$

$$= \int_a^b [y(x) + \delta y]^2 \mathrm{d}x - \int_a^b y^2(x) \mathrm{d}x$$

$$= \int_a^b [y^2(x) + 2y(x)\delta y + (\delta y)^2] \mathrm{d}x - \int_a^b y^2(x) \mathrm{d}x$$

$$= \int_a^b 2y(x)\delta y \mathrm{d}x + \int_a^b (\delta y)^2 \mathrm{d}x$$

其中，$\delta y = y_1(x) - y(x)$。

可见，此泛函 $\mathcal{J}$ 的增量 $\Delta \mathcal{J}$ 由两项相加而得。将第一项记为

$$\int_a^b 2y(x)\delta y \mathrm{d}x = T[y(x), \delta y]$$

当函数 $y(x)$ 固定时，$T[y(x), \delta y]$ 是关于 δy 的线性泛函。这是因为对任何常数 C 而言，有

$$T[y(x), C\delta y] = \int_a^b 2y(x)C\delta y \mathrm{d}x = C\int_a^b 2y(x)\delta y \mathrm{d}x = CT[y(x), \delta y]$$

且

$$T[y(x),\delta y_1+\delta y_2]=\int_a^b 2y(x)(\delta y_1+\delta y_2)\mathrm{d}x$$

$$=\int_a^b 2y(x)\delta y_1\mathrm{d}x+\int_a^b 2y(x)\delta y_2\mathrm{d}x$$

$$=T[y(x),\delta y_1]+T[y(x),\delta y_2]$$

再来考查第二项,此处 $\delta y=y_1(x)-y(x)$,其中 $y(x)$ 是已经给定的函数,$y_1(x)$ 是任意取的函数,$y(x)$ 和 $y_1(x)$ 均属于 $C[a,b]$

若

$$\max_{a\leqslant x\leqslant b}|y_1(x)-y(x)|=\max|\delta y|\to 0$$

由

$$\left|\int_a^b(\delta y)^2\mathrm{d}x\right|\leqslant\max_{a\leqslant x\leqslant b}(\delta y)^2(b-a)$$

可知

$$\frac{\int_a^b(\delta y)^2\mathrm{d}x}{\max|\delta y|}\to 0$$

上式表明,当 $\max|\delta y|\to 0$ 时,分子是比分母更高阶的无穷小量,不妨记为

$$\int_a^b(\delta y)^2\mathrm{d}x=0(\delta y)$$

于是 $\Delta\mathcal{J}=T[y(x),\delta y]+0(\delta y)$。这其实表明,原泛函的增量可以分解为两个部分,第一部分是 δy 的线性泛函,第二部分是比 δy 更高阶的无穷小量。回想函数微分的概念,函数的微分其实是函数增量的线性主要部分。换言之,微分就是当自变量的变化非常小时,用来近似等于因变量的一个量。上述对函数增量及微分关系的分析其实在提示人们,是否可以用泛函增量中的线性主要部分来近似等于泛函的增量。其实这种所谓的泛函增量中的线性主要部分就是下面定义中所给出的泛函的变分。

定义　对于泛函 $\mathcal{J}[y(x)]$,给 $y(x)$ 以增量 δy,即 $y(x)$ 的变分,则泛函 $\mathcal{J}$ 有增量 $\Delta\mathcal{J}=\mathcal{J}[y(x)+\delta y]-\mathcal{J}[y(x)]$。如果 $\Delta\mathcal{J}$ 可以表示为 $\Delta\mathcal{J}=T[(x),\delta y]+\beta[(x),\delta y]$。其中,当 $y(x)$ 给定时,$T[y(x),\delta y]$ 对 δy 来说是线性泛函,而当 $\max|\delta y|\to 0$ 时,有

$$\frac{\beta[(x),\delta y]}{\max|\delta y|}\to 0$$

那么,$T[y(x),\delta y]$ 称为泛函的变分,记作 $\delta\mathcal{J}$。可见,泛函 $\mathcal{J}[y(x)]$ 的变分 $\delta\mathcal{J}$ 本质上来讲就是 $\mathcal{J}$ 的增量的线性主要部分。

3.3.3　变分法的基本方程

导致变分法创立的著名问题是由瑞士数学家约翰·伯努利于 1696 年提出的所谓最速降线(brachistorone)问题。牛顿、莱布尼茨、约翰·伯努利以及他的学生洛必达各自采用不同的方法都成功地解决了这一问题,尽管他们采用的方法各不相同,但最终殊途同归,所得答案都是一致的。后来,欧拉也对最速降线问题进行了研究。1734 年,欧拉给出了更为广泛的最速降线问题的解答。但欧拉对自己当时所采用的方法不甚满意,进而开

始寻求解决这类问题的一种普适方法。而在此过程中，欧拉便建立了变分法。1736 年，欧拉在其著作中给出了变分法中的基本方程，这正是后来变分法所依托的重要基础。欧拉在推导该基本方程时采用的方法非常复杂，而拉格朗日则给出了一个非常简洁的方法，并于 1755 年在信中将该方法告知了欧拉。后来人们便称这个基本方程为欧拉-拉格朗日方程（Euler-Lagrange equation）。

在推导出欧拉-拉格朗日方程之前，先给出一个预备定理，也被称为是变分学引理。

引理　如果函数 $y=f(x)$ 在 $[a,b]$ 上连续，又

$$\int_a^b f(x)\eta(x)\mathrm{d}x = 0$$

对任何具有如下性质的函数 $\eta(x)$ 成立，这些性质是：

(1) $\eta(x)$ 在 $[a,b]$ 上有连续导数；

(2) $\eta(a)=0=\eta(b)$；

(3) $|\eta(x)|<\varepsilon$，其中 ε 是任意给定的正数。

那么，函数 $f(x)$ 在 $[a,b]$ 上恒为 0。

这里不对该定理进行详细证明，有兴趣的读者可以参阅变分法或数学分析方面的相关资料以了解更多。但同时可以对上述预备定理进行推广，即如果把三个条件中的第一条改为：$\eta(x)$ 在 $[a,b]$ 上有 n 阶连续导数。其中，n 为任何给定的非负整数，而且规定 $\eta(x)$ 的零阶导函数就是其本身。那么原命题中的结论仍然成立。特别地，当 $n=1$ 时，所描述的就是原来的预备定理。

至此准备工作已经基本就绪，接下来便可以开始考虑最简泛函的极值问题了。首先，可以利用类似函数极值的概念定义泛函的极值。当变量函数为 $y(x)$ 时，泛函 $\mathcal{J}[y]$ 取极小值的含义就是：对于极值函数 $y(x)$ 及其附近的变量函数 $y(x)+\delta y(x)$，恒有

$$\mathcal{J}[y+\delta y] \geqslant \mathcal{J}[y]$$

所谓函数 $y(x)+\delta y(x)$ 在另一个函数 $y(x)$ 的附近，指的是：首先，$|\delta y(x)|<\varepsilon$；其次，有时还要求 $|(\delta y)'(x)|<\varepsilon$。

接下来，可以仿照函数极值必要条件的导出办法，导出泛函取极值的必要条件。不妨不失普遍性地假定，所考虑的变量函数均通过固定的两个端点 $y(x_0)=a$，$y(x_1)=b$，即 $\delta y(x_0)=0$，$\delta y(x_1)=0$。

考虑泛函的差值

$$\mathcal{J}[y+\delta y] - \mathcal{J}[y] = \int_{x_0}^{x_1} F(x, y+\delta y, y'+(\delta y)')\mathrm{d}x - \int_{x_0}^{x_1} F(x, y, y')\mathrm{d}x$$

当函数的变分 $\delta y(x)$ 足够小时，可以将第一项的被积函数在极值函数的附近进行泰勒展开，于是有

$$F(x, y+\delta y, y'+\delta y') \approx F(x, y, y') + \left[\frac{\partial F}{\partial y}\cdot\delta y + \frac{\partial F}{\partial y'}\cdot(\delta y)'\right]$$

由于舍弃掉了二次项及以上高次项，所以这里用的是约等号。由上式也可推出

$$\mathcal{J}[y+\delta y] - \mathcal{J}[y] = \int_{x_0}^{x_1}\left[\frac{\partial F}{\partial y}\cdot\delta y + \frac{\partial F}{\partial y'}\cdot(\delta y)'\right]\mathrm{d}x$$

上式就称为是 $\mathcal{J}[y]$ 的一阶变分，记为 $\delta\mathcal{J}[y]$。泛函 $\mathcal{J}[y]$ 取极值的必要条件是泛函的一阶

变分为 0, 即

$$\delta \mathcal{J}[y] \equiv \int_{x_0}^{x_1}\left[\frac{\partial F}{\partial y} \cdot \delta y + \frac{\partial F}{\partial y'} \cdot (\delta y)'\right]dx = 0$$

应用分部积分, 同时代入边界条件, 就有

$$\delta \mathcal{J}[y] = \int_{x_0}^{x_1}\frac{\partial F}{\partial y} \cdot \delta y dx + \int_{x_0}^{x_1}\frac{\partial F}{\partial y'} \cdot (\delta y)' dx$$

$$= \int_{x_0}^{x_1}\frac{\partial F}{\partial y} \cdot \delta y dx + \frac{\partial F}{\partial y'}\delta y\Big|_{x_0}^{x_1} - \int_{x_0}^{x_1}\delta y \cdot \frac{d}{dx}\left(\frac{\partial F}{\partial y'}\right)dx = \int_{x_0}^{x_1}\delta y \cdot \left(\frac{\partial F}{\partial y} - \frac{d}{dx}\frac{\partial F}{\partial y'}\right)dx$$

由于 δy 的任意性, 结合前面给出的预备定理, 就可以得到

$$\frac{\partial F}{\partial y} - \frac{d}{dx}\frac{\partial F}{\partial y'} = 0$$

上述这个方程称为欧拉-拉格朗日方程, 而在力学中则被称为拉格朗日方程。变分法的关键定理是欧拉-拉格朗日方程。它对应于泛函的临界点, 它是泛函取极小值的必要条件的微分形式。值得指出的是, 欧拉-拉格朗日方程只是泛函有极值的必要条件, 并不是充分条件。

同理可得二维情况下泛函极值问题的欧拉-拉格朗日方程为

$$\frac{\partial F}{\partial u} - \frac{d}{dx}\left(\frac{\partial F}{\partial u_x}\right) - \frac{d}{dy}\left(\frac{\partial F}{\partial u_y}\right) = 0$$

定理 设 $F(x, y, y')$ 是三个变量的连续函数, 且当点 (x, y) 在平面上的某个有界域 B 内, 而 y' 取任何值时, $F(x, y, y')$ 及其直到二阶的偏导数(指对变量 x, y 及 y' 的偏导数)均连续。若满足:

(1) $y(x) \in C^1[a, b]$;

(2) $y(a) = y_0, y(b) = y_1$;

(3) $y(x)$ 曲线位于平面上的有界区域 B 内的函数集合中, 泛函 $\mathcal{J}[y(x)]$ 在某一条确定的曲线 $y(x)$ 上取极值, 且此曲线 $y(x)$ 在 $[a, b]$ 有二阶连续导数, 那么函数 $y(x)$ 满足微分方程

$$\frac{\partial F}{\partial y} - \frac{d}{dx}\frac{\partial F}{\partial y'} = 0$$

最后, 尝试利用已经得到的欧拉-拉格朗日方程来解决著名的最速降线问题。该问题的描述是这样的: 设平面 V 与地面垂直, A 和 B 是此平面上任取的两点, A 点的位置高于 B 点。质点 M 在重力作用下沿着曲线 AB 由 A 点降落到 B 点。现在问 AB 是什么曲线时, 总时间最短? 设质点在 A 点处的初速度为零, 而且 A 点不位于 B 点的正上方。

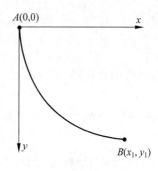

图 3-1 最速降线问题

解 取坐标系如图 3-1 所示, 并记质点的质量为 m, 速度为 v, 又时间为 t, 则质点下落时动能的增加就等于势能的减少, 则 $mv^2/2 = mgy \Rightarrow v = \sqrt{2gy}$。曲线 $y = y(x)$ 的弧长微分是 $dS = \sqrt{1 + y'^2}\,dx$, 又有 $v = dS/dt$, 所以得到

$$\mathrm{d}t = \mathrm{d}S/v = \sqrt{(1+y'^2)/2gy}\,\mathrm{d}x$$

于是得到质点滑落的总时长为

$$T = \int_0^{x_1} \sqrt{(1+y'^2)/2gy}\,\mathrm{d}x = \mathcal{J}[y(x)]/\sqrt{2g}$$

由此可见，只需求出函数 $y=y(x)$，使泛函

$$\mathcal{J}[y(x)] = \int_0^{x_1} \sqrt{(1+y'^2)/y}\,\mathrm{d}x$$

在此曲线 $y(x)$ 上取得极小值即可。现在设法写出欧拉-拉格朗日方程，因为有

$$F(x,y,y') = \sqrt{(1+y'^2)/y}$$

于是得到

$$\frac{\partial F}{\partial y} = \sqrt{1+y'^2}\left(-\frac{1}{2}\right)y^{-\frac{3}{2}}$$

$$\frac{\partial F}{\partial y'} = \frac{y'}{\sqrt{y(1+y'^2)}}$$

所以得到欧拉-拉格朗日方程方程

$$\sqrt{1+y'^2}\left(-\frac{1}{2}\right)y^{-\frac{3}{2}} = \frac{\mathrm{d}}{\mathrm{d}x}\left[\frac{y'}{\sqrt{y(1+y'^2)}}\right]$$

下面求解此方程。为了便于更加直观地理解计算过程，不妨将等式右边的 $\partial F/\partial y'$ 用 f 代替。注意，f 是关于 y 和 y' 的一个多元复合函数，而 y 和 y' 又分别都是关于 x 的函数。所以，在计算的时候还需用到复合函数的链式求导法则。于是，可得方程的右边为

$$\frac{\mathrm{d}f}{\mathrm{d}x} = \frac{\partial f}{\partial y}\cdot\frac{\mathrm{d}y}{\mathrm{d}x} + \frac{\partial f}{\partial y'}\cdot\frac{\mathrm{d}y'}{\mathrm{d}x} = \frac{\partial}{\partial y}\left(\frac{\partial F}{\partial y'}\right)\cdot\frac{\mathrm{d}y}{\mathrm{d}x} + \frac{\partial}{\partial y'}\left(\frac{\partial F}{\partial y'}\right)\cdot\frac{\mathrm{d}y'}{\mathrm{d}x}$$

于是上面得到的欧拉-拉格朗日方程可以写为

$$F_y - F_{y'y}y' - F_{y'y'}y'' = 0$$

而且上式等价于

$$\frac{\mathrm{d}}{\mathrm{d}x}(F - y'F_{y'}) = 0$$

这是因为

$$\frac{\mathrm{d}}{\mathrm{d}x}(F - y'F_{y'}) = F_y y' + F_{y'}y'' - y''F_{y'} - y'(F_{y'y}y' - F_{y'y'}y'')$$

$$= y'(F_y - F_{y'y}y' - F_{y'y'}y'') = 0$$

将

$$\frac{\mathrm{d}}{\mathrm{d}x}(F - y'F_{y'}) = 0$$

做一次积分得到（其中，C 表示任意常数）

$$F - y'F_{y'} = C$$

将 F 的表达式代入上式，得

$$[y(1+y'^2)]^{-\frac{1}{2}} = C$$

即 $y(1+y'^2)=D$，D 为任意常数。

令 $y'=\tan\theta$，则 $y=D/(1+\tan^2\theta)=D\cos^2\theta=D(1+\cos2\theta)/2$，$\mathrm{d}y=-D\sin2\theta\mathrm{d}\theta$。又有

$$\mathrm{d}x = \frac{\mathrm{d}y}{y'} = -\frac{-D\sin2\theta \mathrm{d}\theta}{\tan\theta} = -\frac{-2D\sin\theta\cos\theta \mathrm{d}\theta}{\tan\theta} = -D(1+\cos2\theta)\mathrm{d}\theta$$

于是有(其中,E 是任意常数)

$$\begin{cases} x = -D\theta - \dfrac{D}{2}\sin2\theta + E \\ y = \dfrac{D}{2}(1+\cos2\theta) \end{cases}$$

这就是最速降线问题的欧拉-拉格朗日方程的解。如果令 $2\theta = \pi - \varphi$,则上式化为

$$\begin{cases} x = \dfrac{D}{2}(\varphi - \sin\varphi) - \dfrac{\pi}{2}D + E \\ y = \dfrac{D}{2}(1-\cos\varphi) \end{cases}$$

又当 $\varphi = 0$ 时,取 $x = 0 = y$,于是

$$\begin{cases} x = \dfrac{D}{2}(\varphi - \sin\varphi) \\ y = \dfrac{D}{2}(1-\cos\varphi) \end{cases}$$

最终得到,最速降线问题的解是一条旋轮线(也称摆线)。推荐对旋轮线感兴趣的读者参阅文献[11]以了解更多。

最后,讨论其他一些特殊形式变分问题的欧拉方程。

定理 使泛函(其中,F 是具有三阶连续可微的函数,y 是具有四阶连续可微的函数)

$$\mathscr{J}[y(x)] = \int_{x_0}^{x_1} F(x,y,y',y'')\mathrm{d}x$$

取极值且满足固定边界条件 $y(x_0) = y_0, y(x_1) = y_1, y'(x_0) = y_0', y'(x_1) = y_1$ 的极值曲线 $y = y(x)$ 必满足微分方程

$$F_y - \frac{\mathrm{d}}{\mathrm{d}x}F_{y'} + \frac{\mathrm{d}^2}{\mathrm{d}x^2}F_{y''} = 0$$

上式称为欧拉-泊松方程。

特别地,对含有未知函数的 n 阶导数,或未知函数有两个或两个以上的固定边界变分问题,若被积函数 F 足够光滑,则可得到如下推论。

推论 使依赖于未知函数 $y(x)$ 的 n 阶导数的泛函

$$\mathscr{J}[y(x)] = \int_{x_0}^{x_1} F(x,y,y',\cdots,y^{(n)})\mathrm{d}x$$

取极值且满足固定边界条件

$$y^{(i)}(x_0) = y_0^{(k)}, \quad y^{(i)}(x_1) = y_i^{(k)}, \quad k = 0,1,2,\cdots,n-1$$

的极值曲线 $y = y(x)$ 必满足欧拉-泊松方程

$$F_y - \frac{\mathrm{d}}{\mathrm{d}x}F_{y'} + \frac{\mathrm{d}^2}{\mathrm{d}x^2}F_{y''} - \cdots + (-1)^n \frac{\mathrm{d}^n}{\mathrm{d}x^n}F_y^{(n)} = 0$$

其中,F 具有 $n+2$ 阶连续导数,y 具有 $2n$ 阶连续导数,这是 $2n$ 阶微分方程,它的通解中含有 $2n$ 个待定常数,可由 $2n$ 个边界条件来确定。

定理 设 D 是平面区域,$(x,y) \in D, u(x,y) \in C^2(D)$,使泛函

$$\mathcal{J}[u(x,y)] = \iint\limits_{D} F(x,y,u,u_x,u_y)\mathrm{d}x\mathrm{d}y$$

取极值且在区域 D 的边界 L 上满足边界条件，极值函数 $u=u(x,y)$ 必满足偏微分方程

$$F_u - \frac{\partial}{\partial x}F_{u_x} - \frac{\partial}{\partial y}F_{u_y} = 0$$

这个方程称为奥斯特洛格拉茨基方程，简称奥氏方程。它是欧拉方程的进一步发展。

例 3.1 已知 $(x,y) \in D$，求下述泛函的奥氏方程。

$$\mathcal{J}[u(x,y)] = \iint\limits_{D}\left[\left(\frac{\partial u}{\partial x}\right)^2 + \left(\frac{\partial u}{\partial y}\right)^2\right]\mathrm{d}x\mathrm{d}y$$

根据前面给出的公式，不难写出奥氏方程为

$$\frac{\partial^2 u}{\partial x^2} + \frac{\partial^2 u}{\partial y^2} = 0$$

这也是二维拉普拉斯方程。

例 3.2 已知 $(x,y) \in D$，写出泛函

$$\mathcal{J}[u(x,y)] = \iint\limits_{D}\left[\left(\frac{\partial u}{\partial x}\right)^2 + \left(\frac{\partial u}{\partial y}\right)^2 + 2uf(x,y)\right]\mathrm{d}x\mathrm{d}y$$

的奥氏方程。其中，在区域 D 的边界上 u 与 $f(x,y)$ 均为已知。

根据前面给出的公式，不难写出奥氏方程为

$$\frac{\partial^2 u}{\partial x^2} + \frac{\partial^2 u}{\partial y^2} = f(x,y)$$

这就是人们所熟知的泊松方程。

1777 年，拉格朗日研究万有引力作用下的物体运动时指出：在引力体系中，每一质点的质量 m_k 除以它们到任意观察点 P 的距离 r_k，并且把这些商加在一起，其总和

$$\sum_{k=1}^{n}\frac{m_k}{r_k} = V(x,y,z)$$

就是 P 点的势函数，势函数对空间坐标的偏导数正比于在 P 点的质点所受总引力的相应分力。在 1782 年，拉普拉斯证明了引力场的势函数满足偏微分方程

$$\frac{\partial^2 V}{\partial x^2} + \frac{\partial^2 V}{\partial y^2} + \frac{\partial^2 V}{\partial z^2} = 0$$

该方程叫做势方程，后来通称为拉普拉斯方程。1813 年，泊松撰文指出，如果观察点 P 在充满引力物质的区域内部，则拉普拉斯方程应修改为

$$\frac{\partial^2 V}{\partial x^2} + \frac{\partial^2 V}{\partial y^2} + \frac{\partial^2 V}{\partial z^2} = -4\pi\rho$$

该方程叫做泊松方程。其中，ρ 为引力物质的密度。

3.3.4 理解哈密尔顿原理

3.3.3 节从最简泛函开始导出了变分法的基本方程为欧拉-拉格朗日方程。但仍然不禁要问为什么要以形如最简泛函那样的一种表达式来作为问题的开始？事实上，数学中的很多问题都不是凭空而来的，每一个看似高深的数学问题背后往往都有一个具体的实际问题作为支撑。数学问题也仅仅是实际问题抽象化的结果。在这一节中，将从物理问题的角

度阐释变分法的发展与应用。

当牛顿建立了以三大定律及万有引力定律为基础的力学理论之后,无数的自然现象都得到了定量的说明。这部分知识在中学物理中都已经涵盖,大学物理也仅从微积分的角度对这部分内容进行了更为细致的阐述。貌似经典物理学所讨论的内容已经相当完善。然而科学发展的脚步并未因此而停滞。后来,拉格朗日提出了一个变分原理,从这个原理出发,运用变分法,不仅能够十分方便地解决力学问题,而且还能够推导出力学中的主要定律。这些成果后来都收录在他的著作《分析力学》一书中。拉格朗日还创立了拉格朗日运动方程,比牛顿的运动方程适应的范围更广泛,用起来也更加方便。

下面就来导出描写质点运动的拉格朗日方程。先设质点只有一个广义坐标 x。因为,质点的位置由广义坐标 $x(t)$ 决定,即位置是时间的函数。于是,动能 T 和位能 U 是 x 和 x'(距离对时间的导数其实就是速度)的函数。把 $T-U$ 叫做拉格朗日函数,记为

$$T-U = L = L(t,x,x')$$

于是,质点的作用量定义为

$$S = \int_{t_2}^{t_1} L(t,x,x')\mathrm{d}t$$

根据之前的推导,因为 S 取极值,所以真实轨迹 $x(t)$ 满足

$$\frac{\partial L}{\partial x} - \frac{\mathrm{d}}{\mathrm{d}t}\frac{\partial L}{\partial x'} = 0$$

这就是力学中著名的拉格朗日方程。同样,若质点系的位置由广义坐标 $x_1,x_2,\cdots,x_k$ 决定,且 $x_i(t_1)$ 及 $x_i(t_2)$ 均已给定。其中,$i=1,2,\cdots,k$,即在 $t=t_1$ 及 $t=t_2$ 两时刻,体系的位置均已给定。当质点系由 t_1 时刻的位置变到 t_2 时刻的位置时,作用量

$$S = \int_{t_2}^{t_1} L(t,x_1,x_2\cdots,x_k,x'_1,x'_2,\cdots,x'_k)\mathrm{d}t$$

取极值。这种形如

$$\mathcal{J}[y_1(x),y_2(x),\cdots,y_k(x)] = \int_a^b F[x,y_1,y_2,\cdots,y_n,y'_1,y'_2,\cdots,y'_n]\mathrm{d}t$$

的泛函,其对应的欧拉-拉格朗日方程为(具体证明过程略)

$$F_{y_i} - \frac{\mathrm{d}}{\mathrm{d}x}F_{y'_i} = 0, \quad i=1,2,\cdots,n$$

由此可知,真实轨迹 $x_i(t),i=1,2,\cdots,k$,满足

$$\frac{\partial L}{\partial x_i} - \frac{\mathrm{d}}{\mathrm{d}t}\frac{\partial L}{\partial x'_i} = 0, \quad i=1,2,\cdots,k$$

这就是质点系的拉格朗日方程组。它是在广义坐标系中质点系的运动方程,表达了质点系运动的一般规律。

此后,哈密尔顿又发展了拉格朗日的理论,他在 1834 年提出了一个著名的原理,即哈密尔顿原理,其内容为在质点(甚至是质点系或物体)的一切可能的运动中,真实的运动应当使得积分

$$S = \int_{t_1}^{t_2} (T-U)\mathrm{d}t$$

取极值。其中,T 和 U 分别是动能和位能,t_1 和 t_2 是两个任意取的时刻。

这个原理后来成为了力学中的基本原理。以它为基础,可以导出牛顿三大定律以及能

量、动量和动量矩守恒定律。

哈密尔顿原理的精确表述是：假定在 $t=t_1$ 及 $t=t_2$ 时刻质点的位置已分别确定在 A 点和 B 点，那么质点运动的真实轨道及速度，使积分

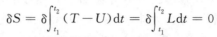

$$S = \int_{t_1}^{t_2} (T-U)\,\mathrm{d}t = \int_{t_1}^{t_2} L\,\mathrm{d}t$$

取极值，即

$$\delta S = \delta \int_{t_1}^{t_2} (T-U)\,\mathrm{d}t = \delta \int_{t_1}^{t_2} L\,\mathrm{d}t = 0$$

其中，S 是作用量，而 T 和 U 分别表示质点的动能和位能，$L=T-U$ 称为拉格朗日函数。

接下来，尝试利用哈密尔顿原理及变分法来证明欧几里得平面上两点之间直线距离最短这个命题。

解 建立如图 3-2 所示的坐标系。则曲线 AB 的长度可以用弧长积分表示为

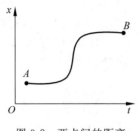

图 3-2　两点间的距离

$$\mathcal{J}\big[x(t)\big] = \int_{t_1}^{t_2} \sqrt{1+x'^2(t)}\,\mathrm{d}t$$

因为 $F(t,x,x') = \sqrt{1+x'^2(t)}$，于是 $F_x=0$，又

$$F_{x'} = \frac{x'}{\sqrt{1+x'^2}}$$

所以得到欧拉-拉格朗日方程为

$$\frac{\mathrm{d}}{\mathrm{d}x}\left(\frac{x'}{\sqrt{1+x'^2}}\right) = 0$$

其中，C 是任意常数

$$\frac{x'}{\sqrt{1+x'^2}} = C$$

由此解得（其中，$C^2 \neq 1$）

$$x' = \pm\frac{C}{\sqrt{1-C^2}}$$

即 $x'=D$，D 为任意常数。由此式便可看出 $x(t)$ 是一条直线。结论得证。

3.3.5　等式约束下的变分

在许多极值或最优化问题中，往往要求极值点或最优解满足一定的约束条件。这些所谓的约束条件可能是用等式表示的，也可能是用不等式表示的。这里主要关注采用等式约束的形式。因此，首先介绍著名的拉格朗日乘子法。

定理　（拉格朗日乘子法）设泛函 f 在 $x_0 \in X$ 的邻域内连续可微，x_0 是 Φ 的正则点。如果 x_0 是泛函 f 在约束条件 $\Phi(x)=0$ 下的极值点，则存在有界线性泛函 $z_0^* \in Z^*$，使得拉格朗日函数

$$L(x) = f(x) + z_0^* \Phi(x)$$

以 x_0 为驻点，即

$$f'(x_0) + z_0^* \Phi'(x_0) = 0$$

其中,上式左端的第 2 项应该理解为两个有界线性算子的复合(乘积)。

例如,在约束条件

$$\begin{cases} \Phi_1(x_1,x_2,\cdots,x_n) = 0 \\ \Phi_2(x_1,x_2,\cdots,x_n) = 0 \\ \quad\quad\vdots \\ \Phi_k(x_1,x_2,\cdots,x_n) = 0 \end{cases}$$

下求 $F = F(x_1,x_2,\cdots,x_n)$ 的极值,其中 $k < n$。如果要利用拉格朗日乘子法,则设有拉格朗日乘子 $\lambda_1,\lambda_2,\cdots,\lambda_k$,并有

$$F^* = F(x_1,x_2,\cdots,x_n) + \sum_{i=1}^{k}\lambda_i\Phi_i(x_1,x_2,\cdots,x_n)$$

把 F^* 作为 $x_1,x_2,\cdots,x_n$; $\lambda_1,\lambda_2,\cdots,\lambda_k$ 等变量的函数求极值。

$$dF^* = \sum_{j=1}^{n}\Big(\frac{\partial F}{\partial x_j} + \sum_{i=1}^{k}\lambda_i\frac{\partial \Phi_i}{\partial x_j}\Big)dx_j + \sum_{i=1}^{k}\Phi_i(x_1,x_2,\cdots,x_n)d\lambda_i$$

其中,x_j 和 λ_i 都是独立变量,得

$$\begin{cases} \dfrac{\partial F}{\partial x_j} + \sum_{i=1}^{k}\lambda_i\dfrac{\partial \Phi_i}{\partial x_j} = 0, \quad j = 1,2,\cdots,n \\ \Phi_i(x_1,x_2,\cdots,x_n) = 0, \quad i = 1,2,\cdots,k \end{cases}$$

于是便得到了求解 $n+k$ 个变量的 $n+k$ 个方程。

上式也可以通过下面的考虑求得。首先,$F = F(x_1,x_2,\cdots,x_n)$ 的变分极值要求

$$dF = \sum_{j=1}^{n}\frac{\partial F}{\partial x_j}dx_j = 0$$

然而,由于问题开始所给出了 k 个约束条件,这些 dx_j 中只有 $n-k$ 个是独立的。于是从原 k 个约束条件可以求得下列微分条件:

$$\sum_{j=1}^{n}\frac{\partial \Phi_i}{\partial x_j}dx_j = 0, \quad i = 1,2,\cdots,k$$

在上式上乘以 λ_i,再加到 dF 的表达式上,就会得到

$$dF + \sum_{i=1}^{k}\lambda_i\sum_{j=1}^{n}\frac{\partial \Phi_i}{\partial x_j}dx_j = \sum_{j=1}^{n}\Big(\frac{\partial F}{\partial x_j} + \sum_{i=1}^{k}\lambda_i\frac{\partial \Phi_i}{\partial x_j}\Big)dx_j = 0$$

这里的 λ_i 是任选的。其中,$i = 1,2,\cdots,k$,如果选择 k 个特定的 λ_i,使 k 个条件

$$\frac{\partial F}{\partial x_j} + \sum_{i=1}^{k}\lambda_i\frac{\partial \Phi_i}{\partial x_j} = 0, \quad j = 1,2,\cdots,k$$

满足,就可以得到

$$\sum_{j=k+1}^{n}\Big(\frac{\partial F}{\partial x_j} + \sum_{i=1}^{k}\lambda_i\frac{\partial \Phi_i}{\partial x_j}\Big)dx_j = 0$$

这里只有 $n-k$ 个微分 $dx_j(j = k+1,k+2,\cdots,n)$,它们是作为独立的微分来处理的。于是

$$\frac{\partial F}{\partial x_j} + \sum_{i=1}^{k}\lambda_i\frac{\partial \Phi_i}{\partial x_j}, \quad j = k+1,k+2,\cdots,n$$

综上,得到了同样的求解极值的方程。这也就证明了拉格朗日乘子法。

为了加深对拉格朗日乘子法的理解,这里给出一个例子。

证明算术-几何平均值不等式：设 $x_1, x_2, \cdots, x_n$ 为 n 个正实数，它们的算术平均数是 $A_n = (x_1 + x_2 + \cdots + x_n)/n$，它们的几何平均数是 $G_n = \sqrt[n]{x_1 \cdot x_2 \cdot \cdots \cdot x_n}$。算术-几何平均值不等式表明，对于任意的正实数，总有 $A_n \geqslant G_n$，等号成立当且仅当 $x_1 = x_2 = \cdots = x_n$。

证明这个不等式的方法有很多，这里采用条件极值的方法来对其进行证明。此时，问题转化为：总和等于常数 $C, C > 0$ 的 n 个非负实数，它们的乘积 P 的最大值为多少？

考虑采用拉格朗日乘子法求 n 元函数 $P = x_1 x_2 \cdots x_n$ 对如下条件的极大值，条件为这 n 个非负实数的和等于 C，即 $x_1 + x_2 + \cdots + x_n = C, x_i \geqslant 0, i = 1, 2, \cdots, n$。于是构造如下函数

$$L = x_1 x_2 \cdots x_n + \lambda(x_1 + x_2 + \cdots + x_n - C)$$

其中，λ 是拉格朗日乘子，然后分别对 $x_1, x_2, \cdots, x_n$ 求偏导数，然后令其结果等于 0，构成如下方程组

$$\begin{cases} \dfrac{\partial L}{\partial x_1} = x_2 x_3 \cdots x_n + \lambda = 0 \\[2mm] \dfrac{\partial L}{\partial x_2} = x_1 x_3 \cdots x_n + \lambda = 0 \\[2mm] \quad\quad\quad\vdots \\[2mm] \dfrac{\partial L}{\partial x_n} = x_1 x_2 \cdots x_{n-1} + \lambda = 0 \end{cases}$$

求解方程组，可得 $x_1 = x_2 = \cdots = x_n = C/n$。因为根据题目的描述，$P$ 的极小值是等于 0 的，而当 x_i 满足上述条件时显然 P 是不等于 0 的，所以可知此时函数取极大值，这个极大值就等于

$$P_{\max} = \frac{C}{n} \cdot \frac{C}{n} \cdots \frac{C}{n} = \left(\frac{C}{n}\right)^n$$

即

$$\left(\frac{x_1 + x_2 + \cdots + x_n}{n}\right)^n \geqslant x_1 x_2 \cdots x_n$$

对两边同时开根号，显然有下式成立，所以原不等式得证。

$$\frac{x_1 + x_2 + \cdots + x_n}{n} \geqslant \sqrt[n]{x_1 x_2 \cdots x_n}$$

下面就参照上述函数条件极值问题的解决思路处理泛函在约束条件 $\Phi_i(x, y_1, y_2, \cdots, y_n) = 0$ 作用下的极值问题，其中 $i = 1, 2, \cdots, k$。

定理　泛函

$$\mathcal{J} = \int_{x_1}^{x_2} F(x, y_1, y_2, \cdots, y_n, y_1', y_2', \cdots, y_n') \mathrm{d}x$$

在约束条件 $\Phi_i(x, y_1, y_2, \cdots, y_n) = 0, i = 1, 2, \cdots, k, k < n$ 下的变分极值问题所定义的函数 $y_1, y_2, \cdots, y_n$ 必须满足由泛函

$$\mathcal{J}^* = \int_{x_1}^{x_2} \Big[F + \sum_{i=1}^{k} \lambda_i(x) \Phi_i \Big] \mathrm{d}x = \int_{x_1}^{x_2} F^* \mathrm{d}x$$

的变分极值问题所确定的欧拉方程

$$\frac{\partial F^*}{\partial y_j} - \frac{\mathrm{d}}{\mathrm{d}x}\left(\frac{\partial F^*}{\partial y_j'}\right) = 0, \quad j = 1, 2, \cdots, n$$

其中，$\lambda_i(x)$ 为 k 个拉格朗日乘子。在前面式子的变分中，把 y_j 和 $\lambda_i(x)$ 都看作是泛函 $\mathcal{J}$ 的

宗量，所以 $\Phi_i = 0$ 同样也可以看作是泛函 $\mathcal{J}^*$ 的欧拉方程。上述欧拉方程也可以写成

$$\frac{\partial F}{\partial y_j} + \sum_{i=1}^{k} \lambda_i(x) \frac{\partial \Phi_i}{\partial y_j} - \frac{\mathrm{d}}{\mathrm{d}x}\left(\frac{\partial F}{\partial y_j'}\right) = 0, \quad j = 1, 2, \cdots, n$$

这里不对该定理做详细证明。有兴趣的读者可以参阅变分法方面的资料以了解更多。此处尝试运用该定理解决一个著名的变分问题——短程线问题。设 $\varphi(x,y,z) = 0$ 为已知曲面，求曲面上所给两点 A 和 B 间长度最短的曲线。这个最短曲线叫做短程线。位于曲面 $\varphi(x,y,z) = 0$ 上的 $A(x_1, y_1, z_1)$ 和 $B(x_2, y_2, z_2)$ 两点间的曲线长度为

$$L = \int_{x_1}^{x_2} \sqrt{1 + y'^2 + z'^2}\,\mathrm{d}x$$

其中，$y = y(x), z = z(x)$ 满足 $\varphi(x,y,z) = 0$ 的条件。

此处把问题描述为：在 $y = y(x), z = z(x)$ 满足 $z = \sqrt{1-x^2}$ 的条件下，从一切 $y = y(x)$，$z = z(x)$ 的函数中，选取一对 $y(x)$ 和 $z(x)$ 使得上述泛函 L 为最小。

用拉格朗日乘子 $\lambda(x)$ 建立泛函

$$L^* = \int_{x_1}^{x_2} \left(\sqrt{1 + y'^2 + z'^2} + \lambda\varphi\right)\mathrm{d}x$$

其变分（把 y、z 和 λ 当作独立函数）为

$$\delta L^* = \int_{x_1}^{x_2} \left(\frac{y'}{\sqrt{1+y'^2+z'^2}}\delta y' + \frac{z'}{\sqrt{1+y'^2+z'^2}}\delta z' + \lambda\frac{\partial\varphi}{\partial y}\delta y + \lambda\frac{\partial\varphi}{\partial z}\delta z + \varphi\delta\lambda\right)\mathrm{d}x$$

把积分符号中的首两项做分部积分，得到

$$\delta L^* = \int_{x_1}^{x_2} \left\{\left[-\frac{\mathrm{d}}{\mathrm{d}x}\left(\frac{y'}{\sqrt{1+y'^2+z'^2}}\right) + \lambda\frac{\partial\varphi}{\partial y}\right]\delta y + \left[-\frac{\mathrm{d}}{\mathrm{d}x}\left(\frac{z'}{\sqrt{1+y'^2+z'^2}}\right) + \lambda\frac{\partial\varphi}{\partial z}\right]\delta z + \varphi\delta\lambda\right\}\mathrm{d}x$$

根据变分法的预备定理，把 $\delta y, \delta z$ 和 $\delta\lambda$ 都看成是独立的函数变分，$\delta L^* = 0$ 给出欧拉方程

$$\begin{cases} \lambda\dfrac{\partial\varphi}{\partial y} - \dfrac{\mathrm{d}}{\mathrm{d}x}\left(\dfrac{y'}{\sqrt{1+y'^2+z'^2}}\right) = 0 \\[3mm] \lambda\dfrac{\partial\varphi}{\partial z} - \dfrac{\mathrm{d}}{\mathrm{d}x}\left(\dfrac{z'}{\sqrt{1+y'^2+z'^2}}\right) = 0 \\[3mm] \varphi(x,y,z) = 0 \end{cases}$$

这是求解 $y(x), z(x)$ 和 $\lambda(x)$ 的三个微分方程。

现在设所给的约束条件为一个圆柱面 $z = \sqrt{1-x^2}$，于是上述方程组可以写成

$$\begin{cases} \dfrac{\mathrm{d}}{\mathrm{d}x}\left(\dfrac{y'}{\sqrt{1+y'^2+z'^2}}\right) = 0 \\[3mm] \dfrac{\mathrm{d}}{\mathrm{d}x}\left(\dfrac{z'}{\sqrt{1+y'^2+z'^2}}\right) = \lambda(x) \\[3mm] z = \sqrt{1-x^2} \end{cases}$$

第一式和第二式可以积分一次，同时引入弧长 s，则 $\mathrm{d}s = \sqrt{1+y'^2+z'^2}\,\mathrm{d}x$，则积分以后原方

程组可以写成

$$\begin{cases} \mathrm{d}y = a \cdot \mathrm{d}s \\ \mathrm{d}z = \Lambda(x) \cdot \mathrm{d}x \\ z = \sqrt{1-x^2} \end{cases}$$

其中，a 为积分常数，则

$$\Lambda(x) = \int_0^x \lambda(x)\mathrm{d}x + a$$

从方程组中的第二式和第三式，可得

$$\mathrm{d}x = -\frac{\sqrt{1-x^2}}{x}\mathrm{d}z = -\frac{\sqrt{1-x^2}}{x}\Lambda(x)\mathrm{d}s$$

因此，根据 $\mathrm{d}s$ 的定义有

$$\mathrm{d}s^2 = \mathrm{d}x^2 + \mathrm{d}y^2 + \mathrm{d}z^2 = \left[\frac{1-x^2}{x^2}\Lambda^2(x) + a^2 + \Lambda^2(x)\right]\mathrm{d}s^2$$

它可以化简为 $\Lambda(x) = \sqrt{1-a^2}\, x$。于是，把上式代入 $\mathrm{d}x$ 的表达式，消去 $\Lambda(x)$，即得

$$-\frac{\mathrm{d}x}{\sqrt{1-x^2}} = \sqrt{1-a^2}\,\mathrm{d}s$$

积分后，得 $\cos^{-1}x = \sqrt{1-a^2}\,s + d$，其中 d 为另一个积分常数，或为

$$x = \cos(\sqrt{1-a^2}\,s + d)$$

并且还可以得到

$$z = \sin(\sqrt{1-a^2}\,s + d)$$

以及 $y = as + b$。其中，b 也为积分常数。于是，便得到了本题的参数解，弧长 s 为参数。积分常数 a，b，d 由起点和终点的坐标决定。这个解就是圆柱面 $z = \sqrt{1-x^2}$ 上的螺旋线。

还可以把原定理加以推广，使得 Φ_i 不仅是 x，y_1，y_2，$\cdots$，y_n 的函数，而且是 y_1'，y_2'，$\cdots$，y_n' 的函数的情况，于是有推广后的定理如下。

泛函

$$\mathcal{J} = \int_{x_1}^{x_2} F(x, y_1, y_2, \cdots, y_n, y_1', y_2', \cdots, y_n')\mathrm{d}x$$

在约束条件 $\Phi_i(x, y_1, y_2, \cdots, y_n, y_1', y_2', \cdots, y_n') = 0, i = 1, 2, \cdots, k, k < n$ 下的变分极值问题所定义的函数 $y_1, y_2, \cdots, y_n$ 必须满足由泛函

$$\mathcal{J}^* = \int_{x_1}^{x_2}\left[F + \sum_{i=1}^k \lambda_i(x)\Phi_i\right]\mathrm{d}x = \int_{x_1}^{x_2} F^* \,\mathrm{d}x$$

的变分极值问题所确定的欧拉方程

$$\frac{\partial F^*}{\partial y_j} - \frac{\mathrm{d}}{\mathrm{d}x}\left(\frac{\partial F^*}{\partial y_j'}\right) = 0, \quad j = 1, 2, \cdots, n$$

或

$$\frac{\partial F}{\partial y_j} - \sum_{i=1}^k \lambda_i(x)\frac{\partial \Phi_i}{\partial y_j} - \frac{\mathrm{d}}{\mathrm{d}x}\left[\frac{\partial F}{\partial y_j'} + \sum_{i=1}^k \lambda_i(x)\frac{\partial \Phi_i}{\partial y_j'}\right] = 0, \quad j = 1, 2, \cdots, n$$

在前面式子的变分中,把 y_j 和 $\lambda_i(x)$ 都看作是泛函 $\mathcal{J}^*$ 的宗量,所以 $\Phi_i=0$ 同样也可以看作泛函 $\mathcal{J}^*$ 的欧拉方程。

3.3.6　巴拿赫不动点定理

设 X 为巴拿赫空间,F 为由 X 到 X 的算子,且 $D(F)\bigcap R(F)$ 非空。如果点 $x^*\in X$ 满足

$$F(x^*) = x^*$$

则称 x^* 为算子 F 的不动点。换句话说,不动点 x^* 是算子方程 $x=F(x)$ 的解。巴拿赫不动点定理,又称为压缩映射原理,它不仅指出了上述算子方程之解的存在性和唯一性,还提供了求出这些近似解的方法及误差估计。

设集合 $Q\subset D(F)$,如果存在常数 $q\in(0,1)$,使得对任意的 $x',x''\in Q$,均有不等式

$$\| F(x') - F(x'') \| \leqslant q\| x' - x'' \|$$

则称 F 为集合 Q 上的压缩算子,q 称为压缩系数。

压缩映射原理　设算子 F 映巴拿赫空间 X 中的闭集 Q 为其自身,且 F 为 Q 上的压缩算子,压缩系数为 q,则算法 F 在 Q 内存在唯一的不动点 x^*。若 x_0 为 Q 中任意一点,做序列

$$x_{n+1} = F(x_n), \quad n = 0,1,2,\cdots$$

则序列 $\{x_n\}\subset Q$,且 $x_n\to x^*$,并有误差估计

$$\| x_n - x^* \| \leqslant \frac{q^n}{1-q}\| F(x_0) - x_0 \|$$

例如,可以利用巴拿赫不动点定理求的 $\sqrt[3]{5}$ 近似值。注意,$\sqrt[3]{5}$ 是方程 $x^3-5=0$ 的实根,构造辅助函数 $f(x)=x^3-5$,则任意给定的 $x\in[1,2]$,都有

$$f'(x) = 3x^2 \in [3,12]$$

再令

$$g(x) = x - \frac{1}{12}(x^3 - 5)$$

容易验证,当 $x\in[1,2]$ 时,有 $1\leqslant g(x)\leqslant 2$,以及

$$0 \leqslant g'(x) = 1 - \frac{1}{4}x^2 \leqslant \frac{3}{4}$$

所以,$g:[1,2]\to[1,2]$ 是压缩因子 $q=3/4$ 的压缩映射。由于 $[1,2]$ 是 $\mathbb{R}$ 中的有界闭集,因此有 $x^*=\sqrt[3]{5}$ 使得 $g(x^*)=x^*$。进而可用迭代法求得 $\sqrt[3]{5}$ 的近似值。取 $x_0=1$,从而有

$$x_1 = g(x_0) = \frac{4}{3},\cdots,x_n = g(x_{n-1})$$

由上述说明可知

$$| x_n - x^* | = | x_n - \sqrt[3]{5} | \leqslant \frac{q^n}{1-q}| x_1 - x_0 | = \left(\frac{3}{4}\right)^{n-1}$$

从而也可由此求出近似值与精确值之间的误差。

3.3.7　有界变差函数空间

在数学分析中,有界变差(bounded variation)函数,有时也称为 BV 函数,是一个实值函数,它的全变差(total variation)是有界的,即为有限值。首先,讨论最简单的全变差函数定义——单变量的 BV 函数。

定义　一个实值函数 f 定义在区间 $[a,b] \subset \mathbb{R}$ 上的全变差(total variation),就是如下这样一个量

$$V_a^b(f) = \sup_{p \in P} \sum_{i=0}^{n_P-1} \mid f(x_{i+1}) - f(x_i) \mid$$

其中,$P = \{x_0, x_1, x_2, \cdots, x_{n_P}\}$ 是区间 $[a,b]$ 上的一个划分。被考查区间上的所有划分构成一个集合 $\mathcal{P}$,而上确界是取遍该集合所得到的。

如果 f 是可微的,并且它的导数是黎曼可积的,那么它的全变差就是

$$V_a^b(f) = \int_a^b \mid f'(x) \mid \mathrm{d}x$$

例如,设 $f(x)$ 是定义在区间 $[a,b]$ 上的有限函数。在 $[a,b]$ 上做分点

$$x_0 = a < x_1 < x_2 < \cdots < x_n = b$$

并且做和

$$V = \sum_{i=0}^{n-1} \mid f(x_{i+1}) - f(x_i) \mid$$

那么,V 的上确界就是 $f(x)$ 在 $[a,b]$ 上的全变差,记作 $V_a^b(f)$,有时也会记为 $\overset{b}{\underset{a}{V}}(f)$。本书采用前一种记法。

定义　一个位于实数轴上的实值函数 f 在被选定的区间 $[a,b] \subset \mathbb{R}$ 上被称为是有界变差的(BV 函数),只需它的全变差是有限的,即

$$f \in \mathrm{BV}([a,b]) \Leftrightarrow V_a^b(f) < +\infty$$

换句话说,当 $V_a^b(f) < +\infty$ 时,称 $f(x)$ 在 $[a,b]$ 上是有界变差的,或称 $f(x)$ 在 $[a,b]$ 上具有有界的变差。

定理　单调函数是有界变差的。

本定理,就增函数证明即足矣。设 $f(x)$ 在定义在 $[a,b]$ 上的一个增函数,那么 $f(x_{i+1}) - f(x_i)$ 不是负的,从

$$V = \sum_{i=0}^{n-1} \mid f(x_{i+1}) - f(x_i) \mid = f(b) - f(a)$$

即得到定理的证明。

满足利普希茨(R. Lipschitz)条件的函数是有界变差函数的又一个例子。利普希茨条件是一个比一致连续更强的光滑性条件。直观上,利普希茨连续函数限制了函数改变的速度,符合利普希茨条件的函数的斜率,必小于一个称为利普希茨常数的实数(该常数依函数而定)。在微分方程理论中,利普希茨条件是初值条件下解的存在唯一性定理中的一个核心条件。利普希茨条件的一个特殊形式即压缩映射原理,被应用在巴拿赫不动点定理中。

定义　在$[a,b]$上所有定义的有限函数$f(x)$,如果存在有大于0的常数K使得不等式

$$| f(x) - f(y) | \leqslant K | x - y |$$

对于$[a,b]$中任何两点x,y成立,称$f(x)$在$[a,b]$上满足利普希茨条件,K称为利普希茨常数。

若$f(x)$在区间上满足利普希茨条件,必定有$f(x)$在此区间上一致连续。假如$f(x)$在$[a,b]$上的每一点x中具有有界的导数$f'(x)$,那么由拉格朗日中值定理可得

$$f(x) - f(y) = f'(z)(x - y), \quad x < z < y$$

即$f(x)$是满足利普希茨条件的。

假如$f(x)$在$[a,b]$上满足利普希茨条件,则

$$| f(x_{i+1}) - f(x_i) | \leqslant K(x_{i+1} - x_i)$$

从而有$V \leqslant K(b-a)$。所以,$f(x)$是有界变差的函数。

连续函数的全变差可以是无穷大的。例如

$$f(x) = x\cos \frac{\pi}{2x}, \quad 0 < x \leqslant 1, f(0) = 0$$

如果在$[0,1]$中采取如下划分方式

$$0 < \frac{1}{2n} < \frac{1}{2n-1} < \cdots < \frac{1}{3} < \frac{1}{2} < 1$$

那么很容易证明

$$V = 1 + \frac{1}{2} + \frac{1}{3} + \cdots + \frac{1}{n}$$

这个级数在前面证明过它是发散的。所以有

$$V_0^1(f) \to + \infty$$

定理　有界变差函数是有界的。

证明　对于$a \leqslant x \leqslant b$,有

$$V = | f(x) - f(a) | + | f(b) - f(x) | \leqslant V_a^b(f)$$

从而得到$| f(x) | \leqslant | f(a) | + V_a^b(f)$,所以结论得证。

关于有界变差函数的性质还有如下一些结论成立,具体证明过程从略。

定理　两个有界变差函数之和、差、积仍然是有界变差的。

定理　设$f(x)$和$g(x)$都是有界变差的。若$| g(x) | \geqslant \sigma > 0$,则$f(x)/g(x)$也是有界变差的。

定理　设$f(x)$是$[a,b]$上的有限函数,又$a < c < b$,则$V_a^b(f) = V_a^c(f) + V_c^b(f)$。

推论　设$a < c < b$,如果$f(x)$在$[a,b]$上是有界变差,则$f(x)$在$[a,c]$及$[c,b]$上也是有界变差的。该命题的逆命题也为真。

推论　若$[a,b]$可分为有限个部分,在每一个部分区间中$f(x)$成为单调函数,则$f(x)$在$[a,b]$上是有界变差的。

定理　函数$f(x)$是有界变差的充分必要条件是$f(x)$可以表示为两个增函数的差。该定理也称为若尔当(Jordan)分解定理。

证明 其充分性由前面给出的定理很容易推得，此处仅证明其必要性，令

$$\pi(x) = V_a^x(f), \quad a < x \leqslant b$$

$$\pi(a) = 0$$

显然，$\pi(x)$ 是一个增函数。令 $v(x) = \pi(x) - f(x)$，则可证明 $v(x)$ 也是增函数。这是因为，当 $a \leqslant x < y \leqslant b$ 时，可得

$$v(y) = \pi(y) - f(y) = \pi(x) + V_x^y(f) - f(y)$$

所以，$v(y) - v(x) = V_x^y(f) - [f(y) - f(x)]$。但是由全变差的定义，可知

$$f(y) - f(x) \leqslant V_x^y(f)$$

即有 $v(y) - v(x) \geqslant 0$，于是 $v(x)$ 是增函数。而 $f(x) = v(x) - \pi(x)$，即证明了其必要性。

推论 如果 $f(x)$ 在 $[a,b]$ 上是有界变差的，则 $f'(x)$ 在 $[a,b]$ 上几乎处处存在且为有限，并且 $f'(x)$ 在 $[a,b]$ 上是可和的。

推论 有界变差函数的不连续点的全体至多是一个可数集。在每一个不连续点 x_0 存在着两个极限

$$f(x_0 + 0) = \lim_{x \to x_0} f(x), \quad x > x_0$$

$$f(x_0 - 0) = \lim_{x \to x_0} f(x), \quad x < x_0$$

设 $x_1, x_2, \cdots (a < x_n < b)$ 是 $\pi(x)$ 或 $v(x)$ 的不连续点的全体。做跳跃函数

$$s_\pi(x) = [\pi(a+0) - \pi(a)] + \sum_{x_k < x} [\pi(x_k + 0) - \pi(x_k - 0)] + [\pi(x) - \pi(x-0)], \quad a < x \leqslant b$$

$$s_v(x) = [v(a+0) - v(a)] + \sum_{x_k < x} [v(x_k + 0) - v(x_k - 0)] + [v(x) - v(x-0)]$$

$$s_\pi(a) = s_v(a) = 0$$

如果 x_k 是 $\pi(x)$ 或 $v(x)$ 的连续点，那么 x_k 所对应的一项就化为 0。而且还要指出 $v(x)$ 的不连续点不可能是 $\pi(x)$ 的连续点，这一点这里不做赘述。

设 $s(x) = s_\pi(x) - s_v(x)$，则

$$s(x) = [f(a+0) - f(a)] + \sum_{x_k < x} [f(x_k + 0) - f(x_k - 0)] + [f(x) - f(x-0)], \quad a < x \leqslant b$$

$$s(a) = 0$$

$s(x)$ 也是一个有界变差函数，称为 $f(x)$ 的跳跃函数。显然，若从 $x_1, x_2, \cdots$ 中除去 $f(x)$ 的连续点，则 $s(x)$ 仍旧没有什么改变。所以，不妨设 $x_1, x_2, \cdots$ 中的所有点都是 $f(x)$ 的不连续点。而增函数 $f(x)$ 与其跳跃函数 $s(x)$ 的差是一个连续的增函数。因此，$\pi(x) - s_\pi(x)$ 和 $v(x) - s_v(x)$ 都是连续的增函数。由此便得到 $\varphi(x) = f(x) - s(x)$ 是一个连续的有界变差函数。换言之，也证明了如下这个定理。

定理 任意一个有界变差函数可表示为它的跳跃函数与一个连续的有界变差函数的和。

下面讨论更为复杂的情况——多变量的 BV 函数。

定义 令 Ω 是 $\mathbb{R}^n$ 的一个开子集。如果存在一个有限的向量拉东（Radon）测度 $Du \in M(\Omega, \mathbb{R}^n)$ 使得如下等式成立

$$\int_\Omega u(x)\mathrm{div}\phi(x)\mathrm{d}x = -\int_\Omega \langle \phi, Du(x)\rangle, \qquad \forall \phi \in C_C^1(\Omega, \mathbb{R}^n)$$

其中，$u \in L^1(\Omega)$，则函数 u 就是一个有界变差函数，并记作 $u \in \mathrm{BV}(\Omega)$。

也就是说，u 在空间 $C_C^1(\Omega, \mathbb{R}^n)$ 上定义了一个线性泛函，$C_C^1(\Omega, \mathbb{R}^n)$ 表示由在 Ω 中紧支的 (compact support) 连续可微的向量函数 ϕ 所组成的函数空间。向量测度 Du 因此表示 u 的分布梯度或弱梯度。

上述定义涉及的陌生概念较多，所以给出如下这个等价的定义。

定义 给定一个函数 $u \in L^1(\Omega)$，那么 u 在 Ω 中的全变差就定义为

$$V(u, \Omega) := \sup\left\{\int_\Omega u(x)\mathrm{div}\phi(x)\mathrm{d}x : \phi \in C_C^1(\Omega, \mathbb{R}^n), \|\phi\|_{L^{+\infty}(\Omega)} \leqslant 1\right\}$$

其中，$\| \cdot \|_{L^{+\infty}(\Omega)}$ 是本性上确界的范数。有时，下面的记号也会被使用

$$\int_\Omega |Du| = V(u, \Omega)$$

这主要是为了强调 $V(u, \Omega)$ 是 u 分布梯度或弱梯度的全变差。这种记法也提醒人们，如果 u 源自于一个 C^1 空间，即一个连续可微且其一阶导数也连续的函数，那么它的变差就是其梯度的绝对值的积分。

有界变差函数空间可被定义为

$$\mathrm{BV}(\Omega) = \{u \in L^1(\Omega) : V(u, \Omega) < +\infty\}$$

这两个定义是等价的，因为如果 $V(u, \Omega) < +\infty$，那么

$$\left|\int_\Omega u(x)\mathrm{div}\phi(x)\mathrm{d}x\right| \leqslant V(u, \Omega)\|\phi\|_{L^{+\infty}(\Omega)}, \qquad \forall \phi \in C_C^1(\Omega, \mathbb{R}^n)$$

因此

$$\int_\Omega u(x)\mathrm{div}\phi(x)\mathrm{d}x$$

在空间 $C_C^1(\Omega, \mathbb{R}^n)$ 上定义了一个连续的线性泛函。而且因为 $C_C^1(\Omega, \mathbb{R}^n) \subset C_C^0(\Omega, \mathbb{R}^n)$，作为一个线性子空间，这个连续的线性泛函根据汉恩-巴拿赫定理可以被连续地、线性地扩展到整个 $C^0(\Omega, \mathbb{R}^n)$。即它定义了一个拉东测度 (Radon measure)。

接下来，讨论另外一个概念——局部的 BV 函数。如果在前面的定义中所考虑的函数属于一个由局部可积函数组成的空间，即函数属于 $L_{\mathrm{loc}}^1(\Omega)$，而非是来自一个全局可积函数空间，那么如此被定义的函数空间就属于是局部有界变差函数空间。更准确地讲，一个局部变差可以被定义成如下形式：

$$V(u, U) := \sup\left\{\int_\Omega u(x)\mathrm{div}\phi(x)\mathrm{d}x : \phi \in C_C^1(U, \mathbb{R}^n), \|\phi\|_{L^{+\infty}(\Omega)} \leqslant 1\right\}$$

对于每一个集合 $U \in \mathcal{O}_c(\Omega)$，这里 $\mathcal{O}_c(\Omega)$ 表示关于有限维向量空间的标准拓扑 Ω 的所有准紧开子集的集合，那么相应地局部有界变差的函数族被定义成

$$\mathrm{BV}_{\mathrm{loc}}(\Omega) = \{u \in L_{\mathrm{loc}}^1(\Omega) : V(u, U) < +\infty, \forall U \in \mathcal{O}_c(\Omega)\}$$

通常，用 $\mathrm{BV}(\Omega)$ 表示全局有界变差函数空间，并相对应的用 $\mathrm{BV}_{\mathrm{loc}}(\Omega)$ 表示局部有界变差函数空间；有时，也采用 $\overline{\mathrm{BV}}(\Omega)$ 表示全局有界变差函数空间，并相对应的采用 $\mathrm{BV}(\Omega)$ 表示局部有界变差函数空间。本书中采用第一种记法。

下面讨论一下有界变差函数的基本性质。注意，这里所说的基本性质是指单变量有界变差函数与多变量有界变差函数共有的一些性质。而下面所给出的证明主要是针对多变量

函数进行的,这是因为对于单变量的情况而言,其证明往往是多变量情况的一个简化版。此外,在每个部分还会指出具体的某个性质是否对局部有界变差函数同样适用。

首先,BV 函数仅有跳跃型间断点。对于单变量的情况,这个结论是很显然的：对于函数 u 的定义区间$[a,b]\subset R$ 上的每一点 x_0,下面的两个断言中必有一个是对的(当左右两个极限都存在而且是有限的时)

$$\lim_{x \to x_0-} u(x) = \lim_{x \to x_0+} u(x)$$

$$\lim_{x \to x_0-} u(x) \neq \lim_{x \to x_0+} u(x)$$

对于多变量函数的情况,有一些前提条件需要说明：有一个方向的连续统,沿着这些方向可以逼近属于域 $\Omega \subset \mathbb{R}^n$ 中的一个给定点 x_0。有必要精确地给极限下一个合适的概念。选取一个单位向量$\hat{a} \in \mathbb{R}^n$,它可以将 Ω 划分成两个集合

$$\Omega_{(\hat{a}, x_0)} = \Omega \bigcap \{x \in \mathbb{R}^n \mid \langle x - x_0, \hat{a} \rangle > 0\}$$

$$\Omega_{(-\hat{a}, x_0)} = \Omega \bigcap \{x \in \mathbb{R}^n \mid \langle x - x_0, -\hat{a} \rangle > 0\}$$

那么,对于 BV 函数 u 的定义域 $\Omega \in \mathbb{R}^n$ 中的每一点 x_0,下面的两个断言中仅有一个是正确的

$$\lim_{\substack{x \to x_0 \\ x \in \Omega_{(\hat{a}, x_0)}}} u(x) = \lim_{\substack{x \to x_0 \\ x \in \Omega_{(-\hat{a}, x_0)}}} u(x)$$

$$\lim_{\substack{x \to x_0 \\ x \in \Omega_{(\hat{a}, x_0)}}} u(x) \neq \lim_{\substack{x \to x_0 \\ x \in \Omega_{(-\hat{a}, x_0)}}} u(x)$$

或者 x_0 属于含有零个 $n-1$ 维的豪斯多夫测度(Hausdorff measure)的 Ω 一个子集。如下的量

$$\lim_{\substack{x \to x_0 \\ x \in \Omega_{(\hat{a}, x_0)}}} u(x) = u_{\hat{a}}(x_0), \qquad \lim_{\substack{x \to x_0 \\ x \in \Omega_{(-\hat{a}, x_0)}}} u(x) = u_{-\hat{a}}(x_0)$$

就被称为是 BV 函数 u 在点 x_0 处的近似极限。

其次,$V(\cdot, \Omega)$ 在 BV(Ω) 上是下半连续的。泛函 $V(\cdot, \Omega)$：BV$(\Omega) \to \mathbb{R}^+$ 是下半连续的,为了说明这一点,选取一个 BV 函数的柯西序列$\{u_n\}$收敛于 $u \in L^1_{\text{loc}}(\Omega)$,其中 $n \in \mathbb{N}$。因为所有序列中的函数以及它们的极限函数都是可积的,并且根据下限的定义,对于 $\forall \phi \in C_C^1(\Omega, \mathbb{R}^n)$, $\| \phi \|_{L^{+\infty}(\Omega)} \leqslant 1$ 有

$$\liminf_{n \to +\infty} V(u_n, \Omega) \geqslant \liminf_{n \to +\infty} \int_\Omega u_n(x) \operatorname{div}\phi \mathrm{d}x \geqslant \int_\Omega \lim_{n \to +\infty} u_n(x) \operatorname{div}\phi \mathrm{d}x = \int_\Omega u(x) \operatorname{div}\phi \mathrm{d}x$$

现在考虑在函数 $\phi \in C_C^1(\Omega, \mathbb{R}^n)$ 的集合上的上确界,可知 $\| \phi \|_{L^{+\infty}(\Omega)} \leqslant 1$,那么有下列不等式成立

$$\liminf_{n \to +\infty} V(u_n, \Omega) \geqslant V(u, \Omega)$$

这也就是下半连续的准确定义。

其次,有界变差函数空间 BV(Ω) 是一个巴拿赫空间。根据定义,BV(Ω) 是 $L^1(\Omega)$ 的一个子集,而线性性质可以从积分的线性属性中得到,即

$$\int_\Omega [u(x) + v(x)]\mathrm{div}\phi(x)\mathrm{d}x = \int_\Omega u(x)\mathrm{div}\phi(x)\mathrm{d}x + \int_\Omega v(x)\mathrm{div}\phi(x)\mathrm{d}x$$

$$= -\int_\Omega \langle \phi(x), Du(x)\rangle - \int_\Omega \langle \phi(x), Dv(x)\rangle$$

$$= -\int_\Omega \langle \phi(x), [Du(x) + Dv(x)]\rangle$$

对于所有的 $\phi \in C_c^1(\Omega, \mathbb{R}^n)$ 成立。因此,对于所有的 $u, v \in \mathrm{BV}(\Omega)$,有 $u+v \in \mathrm{BV}(\Omega)$ 成立。并且对于所有的 $c \in \mathbb{R}$,还有下式成立

$$\int_\Omega c \cdot u(x)\mathrm{div}\phi(x)\mathrm{d}x = c\int_\Omega u(x)\mathrm{div}\phi(x)\mathrm{d}x = -c\int_\Omega \langle \phi(x), Du(x)\rangle$$

因此,对于所有的 $u \in \mathrm{BV}(\Omega)$,以及 $c \in \mathbb{R}$,有 $cu \in \mathrm{BV}(\Omega)$ 成立。上述这些被证明的向量空间属性表明 $\mathrm{BV}(\Omega)$ 是 $L^1(\Omega)$ 的一个向量子空间。

现在考虑函数 $\|\ \|_{\mathrm{BV}}: \mathrm{BV}(\Omega) \to \mathbb{R}^+$,它的定义形式如下

$$\|u\|_{\mathrm{BV}} := \|u\|_{L^1} + V(u, \Omega)$$

其中,$\|\ \|_{L^1}$ 是通常的 $L^1(\Omega)$ 的范数,很容易证明它是在 $\mathrm{BV}(\Omega)$ 上的一个范数。为了说明 $\mathrm{BV}(\Omega)$ 是一个巴拿赫空间,考虑在 $\mathrm{BV}(\Omega)$ 中的一个柯西序列 $\{u_n\}$,其中 $n \in \mathbb{N}$。根据定义它也是 $L^1(\Omega)$ 中的一个柯西序列,它在 $L^1(\Omega)$ 中有一个极限 u 存在。因为 u_n 在 $\mathrm{BV}(\Omega)$ 中对于每一个 n 来说都是有界的,那么 $\|u\|_{\mathrm{BV}} < +\infty$。根据变差 $V(\cdot, \Omega)$ 的下半连续性,所以 u 是一个 BV 函数。最后,再由下半连续性,选择一个任意小的正数 ε,则有

$$\|u_j - u_k\|_{\mathrm{BV}} < \varepsilon, \forall j, k \geqslant N \in \mathbb{N} \Rightarrow V(u_k - u, \Omega) \leqslant \liminf_{j \to +\infty} V(u_k - u_j) \leqslant \varepsilon$$

此外,$\mathrm{BV}(\Omega)$ 是不可分的。为了说明这一点,考虑下面这个位于空间 $\mathrm{BV}([0,1])$ 中的例子,对于每一个 $0 < \alpha < 1$,定义

$$\chi_\alpha = \chi_{[\alpha, 1]} = \begin{cases} 0, & x \notin [\alpha, 1] \\ 1, & x \in [\alpha, 1] \end{cases}$$

为左闭区间 $[\alpha, 1]$ 上的指示函数。选取 $\alpha, \beta \in [0, 1]$,且 $\alpha \neq \beta$,那么则有下述关系成立

$$\|\chi_\alpha - \chi_\beta\|_{\mathrm{BV}} = 2 + |\alpha - \beta|$$

现在为了证明 $\mathrm{BV}([0,1])$ 的每一个稠密子集都不可能是可数的,不妨从下面这个角度考察。对于每一个 $\alpha \in [0, 1]$,可以构建一些球

$$B_\alpha = \{\psi \in \mathrm{BV}([0,1]); \|\chi_\alpha - \psi\|_{\mathrm{BV}} \leqslant 1\}$$

显然,这些球是两两不相交的,而且它们还是一个集的加标族,其指标集是 $[0,1]$。这其实暗示这个族具有连续统的势。如此一来,因为 $\mathrm{BV}([0,1])$ 的任意稠密子集必须至少有一点在这个族的每个成员里,它的势至少为连续统的势,因此不可能是一个可数集。这个例子可以很显然地扩展到高维的情况,而且因为仅仅涉及局部属性,所以它也表明同样的性质对于 $\mathrm{BV}_{\mathrm{loc}}$ 也是成立的。

上述描述中涉及一些集合论的内容,在此稍作说明。以集合为元素的集合称为集族

（collection of sets），记为 $\mathscr{A}$。设 $\mathscr{A}$ 是一个非空集族，$\mathscr{A}$ 的指标函数（indexing function）是从某一个集合 J 到 $\mathscr{A}$ 的一个满射 f，其中 J 称为指标集（index set），族 $\mathscr{A}$ 连同指标函数 f 一起称为一个集的加标族（indexed family of sets）或加标集族。给定 $\alpha \in J$，集合 $f(\alpha)$ 记成符号 A_α。该加标集族本身则记作 $\{A_\alpha\}_{\alpha \in J}$，读作"$\alpha$ 取遍 J 时，所有 A_α 的族"。当指标集自明时，则简单地记为 $\{A_\alpha\}$。

而且，$\mathrm{BV}(\Omega)$ 是一个巴拿赫代数。这个性质从 $\mathrm{BV}(\Omega)$ 不仅是一个巴拿赫空间还是一个结合代数（associative algebra）这个事实就可直接得到。结合代数是指一个向量空间，其允许向量有具分配律和结合律的乘法。因此，它是一个特殊的代数。这也暗示如果 $\{v_n\}$ 和 $\{u_n\}$ 是 BV 函数的柯西序列而且分别收敛到 $\mathrm{BV}(\Omega)$ 中的函数 v 和 u，那么

$$\left.\begin{array}{c} vu_n \underset{n \to +\infty}{\longrightarrow} vu \\[2mm] v_n u \underset{n \to +\infty}{\longrightarrow} vu \end{array}\right\} \Leftrightarrow vu \in \mathrm{BV}(\Omega)$$

因此，两个函数的普通逐点乘积在空间 $\mathrm{BV}(\Omega)$ 中关于每个参数都是连续的。这就使得该函数空间成为一个巴拿赫代数。关于逐点乘积这个概念，此处稍作说明。如果 f 和 g 都是函数 $f, g : X \to Y$，那么对于每个 X 中的 x，逐点乘积 $(f \cdot g) : X \to Y$ 就被定义成 $(f \cdot g)(x) = f(x) \cdot g(x)$。前面所说的参数就是指这里的 x，也就是说 $(f \cdot g)(x)$ 在 $\mathrm{BV}(\Omega)$ 中是连续的。

索伯列夫空间 $W^{1,1}(\Omega)$ 是 $\mathrm{BV}(\Omega)$ 的一个真子集。事实上，对于每个在空间 $W^{1,1}(\Omega)$ 中的 u，可以选择一个测度 $\mu := \nabla u \, \mathcal{L}$，其中 $\mathcal{L}$ 是在 Ω 上的勒贝格测度。如此，即有下列等式成立

$$\int u \operatorname{div} \phi = -\int \phi \, \mathrm{d}\mu = -\int \phi \, \nabla u, \quad \forall \, \phi \in C_C^1$$

因为它只不过是弱微分的定义，所以等式是成立的。弱微分（weak derivative）是一个函数的微分（强微分）概念的推广，它可以作用于那些勒贝格可积的函数，而不必预设函数的可微性（事实上大部分可以弱微分的函数并不可微）。

很容易找到一个不是 $W^{1,1}$ 的 BV 函数的例子，在一维情况下，任何带有非平凡跳跃（non-trivial jump）的阶梯函数都是。回忆函数间断点的分类。通常当人们说到函数间断点的类型时，如果按照间断点处的左右极限是否存在来划分，那么可以分为第一类间断点和第二类间断点。其中，如果间断点处的左右极限都存在，这个间断点就是第一类间断点。第一类间断点又分为可去间断点和跳跃间断点两种。如果间断点处的左右极限至少有一个不存在，那么则称该点为函数的第二类间断点。从另外一个角度也可以分成平凡间断点和非平凡间断点。其中，前面提及的可去间断点又称为平凡间断点。当函数在间断点处的极限存在，但此极限不等于该点处的函数值时，这就是一个可去间断点。显然，非平凡间断点包含了跳跃间断点和第二类间断点。如果函数在间断点处的左右极限存在，但是左右极限却不相等，则该间断点就是一个跳跃间断点。如果非平凡间断点特指跳跃间断点，有时也说非平凡跳跃间断点（non-trivial jump discontinuity）。阶梯函数是具有非平凡跳跃间断点的典型例子。

本章参考文献

[1]　钱伟长.变分法及有限元[M].北京：科学出版社，1980.

[2]　龚怀云，寿纪麟，王绵森.应用泛函分析[M].西安：西安交通大学出版社，1985.

[3]　柳重堪.应用泛函分析[M].北京：国防工业出版社，1986.

[4]　刘诗俊.变分法、有限元法和外推法[M].北京：中国铁道出版社，1986.

[5]　老大中.变分法基础[M].2 版.北京：国防工业出版社，2007.

[6]　贾正华.Gram 矩阵及其行列式[J].安庆师范学院学报（自然科学版）.1998(3).

[7]　邓志颖，潘建辉.巴拿赫不动点定理及其应用[J].高等数学研究.2013(4).

[8]　佘守宪，唐莹.浅析物理学中的旋轮线（摆线）[J].大学物理.2001(6).

[9]　克莱鲍尔.数学分析[M].庄亚栋，译.上海：上海科学技术出版社，1981.

[10]　那汤松.实变函数论[M].5 版.徐瑞云，译.北京：高等教育出版社，2010.

第 **4** 章

概率论基础

概率论是研究随机性或不确定性等现象的数学。统计学的研究对象是反映客观现象总体情况的统计数据,它是研究如何测定、收集、整理、归纳和分析这些数据,以便给出正确认识的方法论科学。概率论与统计学联系密切,前者也是后者的理论基础。本章介绍一些关于概率论与统计学方面的内容。

4.1　概率论的基本概念

由随机试验 E 的全部可能结果所组成的集合称为 E 的样本空间,记为 S。例如,考虑将一枚均匀的硬币投掷三次,观察其正面(用 H 表示)、反面(用 T 表示)出现的情况,则上述掷硬币的试验之样本空间为

$$S = \{(TTT),(TTH),(THT),(HTT),(THH),(HTH),(HHT),(HHH)\}$$

随机变量(random variable)是定义在样本空间之上的试验结果的实值函数。如果令 Y 表示投掷硬币三次后正面朝上出现的次数,那么 Y 就是一个随机变量,它的取值为 $0,1,2,3$ 之一。显然 Y 是一个定义在样本空间 S 上的函数,它的取值范围就是集合 S 中的任何一种情况,而它的值域就是 $0 \sim 3$ 范围内的一个整数。例如,$Y(TTT)=0$。

因为随机变量的取值由试验结果决定,所以也将随机变量的可能取值赋予概率。例如,针对随机变量 Y 的不同可能取值,其对应的概率分别为

$$P\{Y = 0\} = P\{(TTT)\} = \frac{1}{8}$$

$$P\{Y = 1\} = P\{(TTH),(THT),(HTT)\} = \frac{3}{8}$$

$$P\{Y = 2\} = P\{(THH),(HTH),(HHT)\} = \frac{3}{8}$$

$$P\{Y = 3\} = P\{(HHH)\} = \frac{1}{8}$$

对于随机变量 X，如下定义的函数 F

$$F(x) = P\{X \leqslant x\}, \quad -\infty < x < +\infty$$

称为 X 的累积分布函数（Cumulative Distribution Function，CDF），简称分布函数。因此，对任意给定的实数 x，分布函数等于该随机变量小于等于 x 的概率。

假设 $a \leqslant b$，由于事件 $\{X \leqslant a\}$ 包含于事件 $\{X \leqslant b\}$，可知前者的概率 $F(a)$ 要小于等于后者的概率 $F(b)$。换句话说，$F(x)$ 是 x 的非降函数。

如果一个随机变量最多有可数个可能取值，则称这个随机变量为离散的。对于一个离散型随机变量 X，定义它在各特定取值上的概率为其概率质量函数（Probability Mass Function，PMF），即 X 的概率质量函数为

$$p(a) = P\{X = a\}$$

概率质量函数 $p(a)$ 在最多可数个 a 上取非负值，也就是说如果 X 的可能取值为 x_1，$x_2, \cdots$ 那么 $p(x_i) \geqslant 0, i = 1, 2, \cdots$，对于所有其他 x，则有 $p(x) = 0$。由于 X 必定取值于 $\{x_1, x_2, \cdots\}$，因此有

$$\sum_{i=1}^{+\infty} p(x_i) = 1$$

离散型随机变量的可能取值个数要么是有限的，要么是可数无限的。除此之外，还有一类随机变量，它们的可能取值是无限不可数的，这种随机变量就称为连续型随机变量。

对于连续型随机变量 X 的累积分布函数 $F(x)$，如果存在一个定义在实轴上的非负函数 $f(x)$，使得对于任意实数 x，有下式成立

$$F(x) = \int_{-\infty}^{x} f(t)\mathrm{d}t$$

则称 $f(x)$ 为 X 的概率密度函数（Probability Density Function，PDF）。显然，当概率密度函数存在的时候，累积分布函数是概率密度函数的积分。

由定义知道，概率密度函数 $f(x)$ 具有如下性质。

(1) $f(x) \geqslant 0$；

(2) $\int_{-\infty}^{+\infty} f(x)\mathrm{d}x = 1$；

(3) 对于任意实数 a 和 b，且 $a \leqslant b$，则根据牛顿-莱布尼茨公式有

$$P\{a \leqslant X \leqslant b\} = F(b) - F(a) = \int_{a}^{b} f(x)\mathrm{d}x$$

在上式中令 $a = b$，可以得到

$$P\{X = a\} = \int_{a}^{a} f(x)\mathrm{d}x = 0$$

也就是说，对于一个连续型随机变量，取任何固定值的概率都等于 0。因此，对于一个连续型随机变量，有

$$P\{X < a\} = P\{X \leqslant a\} = F(a) = \int_{-\infty}^{a} f(x)\mathrm{d}x$$

概率质量函数和概率密度函数不同之处就在于概率质量函数是对离散随机变量定义的，其本身就代表该值的概率；而概率密度函数是对连续随机变量定义的，且它本身并不是概率，只有对连续随机变量的概率密度函数在某区间内进行积分后才能得到概率。

对于一个连续型随机变量而言,它取任何固定值的概率都等于 0,也就是说考察随机变量在某一点上的概率取值是没有意义的。因此,在考察连续型随机变量的分布时,讨论的是它在某个区间上的概率取值。这时更需要的是其累积分布函数。

以正态分布为例,做其累积分布函数。对于连续型随机变量而言,累积分布函数是概率密度函数的积分。如图 4-1 中右图横坐标等于 1.0 的点,它对应的函数值约为 0.8413。如果在图 4-1 的左图里过横坐标等于 1.0 的点做一条垂直于横轴的直线,根据积分的几何意义,则该直线与其左侧的正态分布概率密度函数曲线所围成的面积就约等于 0.8413。

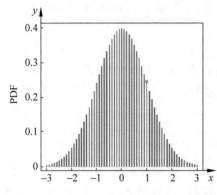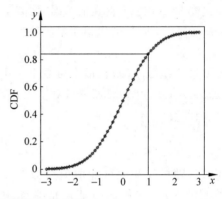

图 4-1　标准正态分布的 PDF 和 CDF

用数学公式表达,则标准正态分布的概率密度函数为

$$p(x) = \frac{1}{\sqrt{2\pi}} e^{-\frac{x^2}{2}}, \quad -\infty < x < +\infty$$

所以有

$$y = F(x_i) = P\{X \leqslant x_i\} = \int_{-\infty}^{x_i} \frac{1}{\sqrt{2\pi}} e^{-\frac{x^2}{2}} dx$$

这也符合前面所给出的结论,即累积分布函数 $F(x_i)$ 是 x_i 的非降函数。

继续前面的例子,可得

$$P\{X \leqslant 1.0\} = \int_{-\infty}^{1.0} \frac{1}{\sqrt{2\pi}} e^{-\frac{x^2}{2}} dx \approx 0.8413$$

上式可以解释为:在标准正态分布里,随机变量取值小于或等于 1.0 的概率是 84.13%。这其实已经隐约看到分位数的影子了,而分位数的特性在累积分布函数里表现得更为突出。

分位数是在连续随机变量场合中使用的另外一个常见概念。设连续随机变量 X 的累积分布函数为 $F(x)$,概率密度函数为 $p(x)$,对任意 $\alpha, 0 < \alpha < 1$,假如 x_α 满足条件

$$F(x_\alpha) = \int_{-\infty}^{x_\alpha} p(x) dx = \alpha$$

则称 x_α 是 X 分布的 α 分位数,或称 α 下侧分位数。假如 x'_α 满足条件

$$1 - F(x'_\alpha) = \int_{x'_\alpha}^{+\infty} p(x) dx = \alpha$$

则称 x'_α 是 X 分布的 α 上侧分位数。可见,$x'_\alpha = x_{1-\alpha}$,即 α 下侧分位数可转化为 $1 - \alpha$ 上侧分

位数。中位数就是 0.5 分位数。

从分位数的定义中还可看出，分位数函数是相应累积分布函数的反函数，则有 $x_\alpha = F^{-1}(\alpha)$。图 4-2 为正态分布的累积分布函数及其反函数（将自变量与因变量的位置对调）。根据反函数的基本性质，它的函数图形与原函数图形关于 $x = y$ 对称，关于这一点，图中所示的结果是显然的。

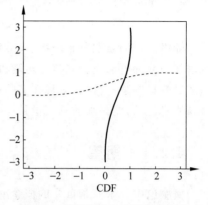

图 4-2　累积分布函数及其反函数

累积分布函数就是值到其在分布中百分等级的映射。如果累积分布函数 CDF 是 x 的函数，其中 x 是分布中的某个值，计算给定 x 的 $\text{CDF}(x)$，就是计算样本中小于等于 x 的值的比例。而分位数函数则是累积分布函数的反函数，它的自变量是一个百分等级，而它输出的值是该百分等级在分布中对应的值。这也就是分位数函数的意义。

累积分布函数通常是可逆的，这一点非常有用，后面在介绍蒙特卡洛采样法时还会再用到累积分布函数及其反函数。

当随机变量 X 和 Y 相互独立时，从它们的联合分布求出 $X+Y$ 的分布是十分重要的。假如 X 和 Y 是相互独立的连续型随机变量，其概率密度函数分别为 f_X 和 f_Y，那么 $X+Y$ 的分布函数可以得到

$$F_{X+Y}(\alpha) = P\{X+Y \leqslant \alpha\} = \iint\limits_{x+y \leqslant \alpha} f_X(x) f_Y(y) \mathrm{d}x \mathrm{d}y$$

$$= \int_{-\infty}^{+\infty} \int_{-\infty}^{\alpha-y} f_X(x) f_Y(y) \mathrm{d}x \mathrm{d}y = \int_{-\infty}^{+\infty} \int_{-\infty}^{\alpha-y} f_X(x) \mathrm{d}x f_Y(y) \mathrm{d}y$$

$$= \int_{-\infty}^{+\infty} F_X(\alpha - y) f_Y(y) \mathrm{d}y$$

可见，分布函数 F_{X+Y} 是分布函数 F_X 和 F_Y（分别表示 X 和 Y 的分布函数）的卷积。通过对上式求导，还可以得到 $X+Y$ 的概率密度函数 f_{X+Y} 如下

$$f_{X+Y}(\alpha) = \frac{\mathrm{d}}{\mathrm{d}\alpha} \int_{-\infty}^{+\infty} F_X(\alpha - y) f_Y(y) \mathrm{d}y = \int_{-\infty}^{+\infty} \frac{\mathrm{d}}{\mathrm{d}\alpha} F_X(\alpha - y) f_Y(y) \mathrm{d}y$$

$$= \int_{-\infty}^{+\infty} f_X(\alpha - y) f_Y(y) \mathrm{d}y$$

设随机变量 X 和 Y 相互独立，$X \sim N(\mu_1, \sigma_1^2)$，$Y \sim N(\mu_2, \sigma_2^2)$，则由上述结论还可以推得 $Z = X+Y$ 仍然服从正态分布，且有 $Z \sim N(\mu_1 + \mu_2, \sigma_1^2 + \sigma_2^2)$。这个结论还能推广到 n 个独立正态随机变量之和的情况。即如果 $X_i \sim N(\mu_i, \sigma_i^2)$，其中 $i = 1, 2, \cdots, n$，且它们相互独立，则其和 $Z = X_1 + X_2 + \cdots + X_n$ 仍然服从正态分布，且有 $Z \sim N(\mu_1 + \mu_2 + \cdots + \mu_n, \sigma_1^2 + \sigma_2^2 + \cdots + \sigma_n^2)$。更一般地，可以证明有限个相互独立的正态随机变量的线性组合仍然服从正态分布。

4.2 随机变量数字特征

随机变量的累积分布函数、离散型随机变量的概率质量函数或者连续型随机变量的概率密度函数都可以较为完整地对随机变量加以描述。除此之外，一些常数也可以被用来描述随机变量的某一特征，而且在实际应用中，人们往往对这些常数更感兴趣。由随机变量的分布所确定的，能刻画随机变量某一方面特征的常数被称为随机变量的数字特征。

4.2.1 期望

概率论中一个非常重要的概念就是随机变量的期望。如果 X 是一个离散型随机变量，并具有概率质量函数

$$p(x_k) = P\{X = x_k\}, \quad k = 1, 2, \cdots$$

如果级数

$$\sum_{k=1}^{+\infty} x_k p(x_k)$$

绝对收敛，则称上述级数的和为 X 的期望，记为 $E[X]$，即

$$E[X] = \sum_{k=1}^{+\infty} x_k p(x_k)$$

换言之，X 的期望就是 X 所有可能取值的一个加权平均，每个值的权重就是 X 取该值的概率。

如果 X 是一个连续型随机变量，其概率密度函数为 $f(x)$，若积分

$$\int_{-\infty}^{+\infty} x f(x) \mathrm{d}x$$

绝对收敛，则称上述积分的值为随机变量 X 的数学期望，记为 $E(X)$。即

$$E(X) = \int_{-\infty}^{+\infty} x f(x) \mathrm{d}x$$

定理 设 Y 是随机变量 X 的函数，$Y = g(X)$，g 是连续函数。如果 X 是离散型随机变量，它的概率质量函数为 $p(x_k) = P\{X = x_k\}$，$k = 1, 2, \cdots$，若

$$\sum_{k=1}^{+\infty} g(x_k) p(x_k)$$

绝对收敛，则有

$$E(Y) = E[g(X)] = \sum_{k=1}^{+\infty} g(x_k) p(x_k)$$

如果 X 是连续型随机变量，它的概率密度函数为 $f(x)$，若

$$\int_{-\infty}^{+\infty} g(x) f(x) \mathrm{d}x$$

绝对收敛，则有

$$E(Y) = E[g(X)] = \int_{-\infty}^{+\infty} g(x) f(x) \mathrm{d}x$$

该定理的重要意义在于当求 $E(Y)$ 时，不必算出 Y 的概率质量函数（或概率密度函数），

而只需要利用 X 的概率质量函数(或概率密度函数)即可。不具体给出该定理的证明,但由此定理可得如下推论。

推论 若 a 和 b 是常数,则 $E[aX+b]=aE[X]+b$。

证明 (此处仅证明离散的情况,连续的情况与此类似)

$$E[aX+b] = \sum_{x:\, p(x)>0} (ax+b)p(x)$$

$$= a\sum_{x:\, p(x)>0} xp(x) + b\sum_{x:\, p(x)>0} p(x)$$

$$= aE[X]+b$$

于是,推论得证。

4.2.2 方差

方差(variance)是用来度量随机变量和其数学期望之间偏离程度的量。

定义 设 X 是一个随机变量,X 的期望 $\mu=E(X)$,若 $E[(X-\mu)^2]$ 存在,则称 $E[(X-\mu)^2]$ 为 X 的方差,记为 $D(X)$ 或 $\mathrm{var}(X)$,即

$$D(X) = \mathrm{var}(X) = E\{[X-E(X)]^2\}$$

在应用上还引入量 $\sqrt{D(X)}$,记为 $\sigma(X)$,称为标准差或均方差。

随机变量的方差是刻画随机变量相对于期望值的散布程度的一个度量。下面导出 $\mathrm{var}(X)$ 的另一公式,即

$$\mathrm{var}(X) = E[(X-\mu)^2] = \sum_x (x-\mu)^2 p(x) = \sum_x (x^2 - 2\mu x + \mu^2)p(x)$$

$$= \sum_x x^2 p(x) - 2\mu\sum_x xp(x) + \mu^2\sum_x p(x)$$

$$= E[X^2] - 2\mu^2 + \mu^2 = E[X^2] - \mu^2$$

也即

$$\mathrm{var}(X) = E[X^2] - (E[X])^2$$

可见,X 的方差等于 X^2 的期望减去 X 期望的平方。这也是实际应用中最方便的计算方差的方法。而且上述结论对于连续型随机变量的方差也成立。

最后,给出关于方差的几个重要性质。

(1) 设是 C 常数,则 $D(C)=0$。

(2) 设 X 是随机变量,C 是常数,则有

$$D(CX) = C^2 D(X), \quad D(X+C) = D(X)$$

(3) 设 X、Y 是两个随机变量,则有

$$D(X+Y) = D(X) + D(Y) + 2E\{[X-E(X)][Y-E(Y)]\}$$

特别地,如果 X、Y 彼此独立,则有

$$D(X+Y) = D(X) + D(Y)$$

这个性质还可以推广到任意有限多个相互独立的随机变量的和的情况。

(4) $D(X)=0$ 的充要条件是 X 以概率 1 取常数 $E(X)$,即

$$P\{X = E(X)\} = 1$$

前三个性质自行证明,最后一个性质的证明将在本章的后续篇章中给出。

设随机变量 X 具有数学期望 $E(X)=\mu$,方差 $D(X)=\sigma^2\neq0$,记

$$X^* = \frac{X-\mu}{\sigma}$$

则 X^* 的数学期望为 0,方差为 1,并称 X^* 为 X 的标准化变量。

证明

$$E(X^*) = \frac{1}{\sigma}E(X-\mu) = \frac{1}{\sigma}[E(X)-\mu] = 0$$

$$D(X^*) = E(X^{*2}) - [E(X^*)]^2 = E\left[\left(\frac{X-\mu}{\sigma}\right)^2\right] = \frac{1}{\sigma^2}E[(X-\mu)^2] = \frac{\sigma^2}{\sigma^2} = 1$$

根据上一节最后给出的结论,若 $X_i \sim N(\mu_i, \sigma_i^2)$,其中 $i=1,2,\cdots,n$,且相互独立,则它们的线性组合为 $C_1X_1+C_2X_2+\cdots+C_nX_n$,仍服从正态分布。其中,$C_1,C_2,\cdots,C_n$ 是不全为 0 的常数。于是,由数学期望和方差的性质可知

$$C_1X_1+C_2X_2+\cdots+C_nX_n \sim N\Big(\sum_{i=1}^{n}C_i\mu_i, \sum_{i=1}^{n}C_i^2\sigma_i^2\Big)$$

4.2.3 矩与矩母函数

随机变量 X 的期望 $E[X]$ 也称为 X 的均值或者一阶矩(moment)。此外,方差 $D(X)$ 是 X 的二阶中心矩。更广泛地,有如下概念。

若 $E[X^k]$ 存在,$k=1,2,\cdots$,则称其为 X 的 k 阶原点矩,简称 k 阶矩。根据之前给出的定理,也可知

$$E[X^k] = \sum_{x:\,p(x)>0} x^k p(x)$$

若 $E\{[X-E(X)]^k\}$ 存在,其中 $k=2,3,\cdots$,则称其为 X 的 k 阶中心矩。

概率论中不仅有中心矩,事实上还有其他形式的矩。下面总结了不同的"矩"概念。设 X,Y 是两个随机变量,则:

(1) 若 $E(X^k),k=1,2,\cdots$ 存在,则称它为 X 的 k 阶原点矩,记为 $v_k=E(X^k)$;

(2) 若 $E\{[X-E(X)]^k\},k=1,2,\cdots$ 存在,则称它为 X 的 k 阶中心矩,记为 $\mu_k=E[X-E(X)]^k$;

(3) 若 $E(X^kY^l),k,l=1,2,\cdots$ 存在,则称它为 X,Y 的 $k+l$ 阶混合原点矩;

(4) 若 $E\{[X-E(X)]^k[Y-E(Y)]^l\},k,l=1,2,\cdots$ 存在,则称它为 X,Y 的 $k+l$ 阶混合中心矩。

所以,数学期望、方差、协方差都是矩,是特殊的矩。

有了矩的概念之后,还需要知道矩母函数(Moment-Generating Function,MGF)的定义,后面在解释中央极限定理的证明时,还会遇到它。

在概率论中,随机变量的矩母函数是描述其概率分布的一种可选方式。随机变量 X 的矩母函数定义为

$$M_X(t) = E(e^{tX}), \quad t \in \mathbb{R}$$

前提是这个期望值存在。而且事实上,矩母函数确实并非一直都存在。

根据上面的定义,还可知道,如果 X 服从离散分布,其概率质量函数为 $p(x)$,则

$$M_X(t) = \sum_x \mathrm{e}^{tx} p(x)$$

如果 X 服从连续分布,其概率密度函数为 $p(x)$,则

$$M_X(t) = \int_{-\infty}^{+\infty} \mathrm{e}^{tx} p(x) \mathrm{d}x$$

矩母函数之所以称为矩母函数,就在于通过它的确可以生成随机变量的各阶矩。根据麦克劳林公式

$$\mathrm{e}^{tX} = 1 + tX + \frac{t^2 X^2}{2!} + \frac{t^3 X^3}{3!} + \cdots + \frac{t^n X^n}{n!} + \cdots$$

因此有

$$M_X(t) = E(\mathrm{e}^{tX})$$
$$= 1 + tE(X) + \frac{t^2 E(X^2)}{2!} + \frac{t^3 E(X^3)}{3!} + \cdots + \frac{t^n E(X^n)}{n!} + \cdots$$
$$= 1 + t v_1 + \frac{t^2 v_2}{2!} + \frac{t^3 v_3}{3!} + \cdots + \frac{t^n v_n}{n!} + \cdots$$

对于上式逐次求导并计算 $t=0$ 点的值就会得到,则有

$$M_X'(t) = E[X \mathrm{e}^{tX}], \quad M_X^n(t) = E[X^n \mathrm{e}^{tX}], \quad M_X^n(0) = E[X^n]$$

最后,作为一个示例,讨论正态分布的矩母函数。令 Z 为标准正态随机变量,则有

$$M_Z(t) = E[\mathrm{e}^{tZ}] = \frac{1}{\sqrt{2\pi}} \int_{-\infty}^{+\infty} \mathrm{e}^{tx} \mathrm{e}^{-x^2/2} \mathrm{d}x$$
$$= \frac{1}{\sqrt{2\pi}} \int_{-\infty}^{+\infty} \exp\left\{ -\frac{x^2 - 2tx}{2} \right\} \mathrm{d}x$$
$$= \frac{1}{\sqrt{2\pi}} \int_{-\infty}^{+\infty} \exp\left\{ -\frac{(x-t)^2}{2} + \frac{t^2}{2} \right\} \mathrm{d}x$$
$$= \mathrm{e}^{t^2/2} \frac{1}{\sqrt{2\pi}} \int_{-\infty}^{+\infty} \mathrm{e}^{-(x-t)^2/2} \mathrm{d}x = \mathrm{e}^{t^2/2}$$

因此,标准正态随机变量的矩母函数为 $M_Z(t) = \mathrm{e}^{t^2/2}$。对于一般的正态随机变量,只需做线性变换 $X = \mu + \sigma Z$,其中 μ 和 σ 分别是 Z 的期望和标准差。此时可得

$$M_X(t) = E[\mathrm{e}^{tX}] = E[\mathrm{e}^{t(\mu + \sigma Z)}] = E[\mathrm{e}^{t\mu} \mathrm{e}^{t\sigma Z}]$$
$$= \mathrm{e}^{t\mu} E[\mathrm{e}^{t\sigma Z}] = \mathrm{e}^{t\mu} M_Z(t\sigma) = \mathrm{e}^{t\mu} \mathrm{e}^{(t\sigma)^2/2} = \mathrm{e}^{\frac{(t\sigma)^2}{2} + t\mu}$$

4.2.4 协方差与协方差矩阵

前面谈到,方差是用来度量随机变量与其数学期望之间偏离程度的量。随机变量与其数学期望之间的偏离就是误差。所以,方差也可以认为是描述一个随机变量内部误差的统计量。与此对应,协方差(covariance)是一种用来度量两个随机变量的总体误差的统计量。

更为正式的表述应该为:设 (X, Y) 是二维随机变量,则称 $E\{[X - E(X)][Y - E(Y)]\}$ 为随机变量 X 与 Y 的协方差,记为 $\mathrm{Cov}(X, Y)$,即

$$\mathrm{Cov}(X, Y) = E\{[X - E(X)][Y - E(Y)]\}$$

协方差表示的是两个变量的总体的误差。如果两个变量的变化趋势一致，也就是说如果其中一个大于自身的期望值，另外一个也大于自身的期望值，那么两个变量之间的协方差就是正值。如果两个变量的变化趋势相反，即其中一个大于自身的期望值，另外一个却小于自身的期望值，那么两个变量之间的协方差就是负值。

与协方差息息相关的另外一个概念是相关系数（或称标准协方差），它的定义为：设 (X,Y) 是二维随机变量，若 $\mathrm{Cov}(X,Y)$，$D(X)$，$D(Y)$ 都存在，且 $D(X)>0$，$D(Y)>0$，则称 ρ_{XY} 为随机变量 X 与 Y 的相关系数，即

$$\rho_{XY} = \frac{\mathrm{Cov}(X,Y)}{\sqrt{D(X)}\ \sqrt{D(Y)}}$$

还可以证明 $-1 \leqslant \rho_{XY} \leqslant 1$。

如果协方差的结果为正值，则说明两者是正相关的，结果为负值就说明负相关的，如果结果为 0，也就是统计上说的相互独立，即二者不相关。另外，从协方差的定义上也可以看出一些显而易见的性质：

(1) $\mathrm{Cov}(X,X) = D(X)$；

(2) $\mathrm{Cov}(X,Y) = \mathrm{Cov}(Y,X)$。

显然第一个性质其实就表明，方差是协方差的一种特殊情况，即当两个变量是相同的情况。

两个随机变量之间的关系可以用一个协方差表示。对于由 n 个随机变量组成的一个向量，想知道其中每对随机变量之间的关系，就会涉及多个协方差。协方差多了就自然会想到用矩阵形式来表示，也就是协方差矩阵。

设 n 维随机变量 $(X_1,X_2,\cdots,X_n)$ 的二阶中心矩存在，记为

$$c_{ij} = \mathrm{Cov}(X_i,Y_j) = E\{[X_i - E(X_i)][Y_j - E(Y_j)]\}, \quad i,j = 1,2,\cdots,n$$

则称矩阵

$$\boldsymbol{\Sigma} = (c_{ij})_{n\times n} = \begin{bmatrix} c_{11} & c_{12} & \cdots & c_{1n} \\ c_{21} & c_{22} & \cdots & c_{2n} \\ \vdots & \vdots & \ddots & \vdots \\ c_{n1} & c_{n2} & \cdots & c_{nn} \end{bmatrix}$$

为 n 维随机变量 $(X_1,X_2,\cdots,X_n)$ 的协方差矩阵。

4.3　基本概率分布模型

概率分布是概率论的基本概念之一，它被用以表述随机变量取值的概率规律。广义上，概率分布是指称随机变量的概率性质；狭义上说，它是指随机变量的概率分布函数（Probability Distribution Function，PDF），或称累积分布函数。可以将概率分布大致分为离散和连续两种类型。

4.3.1　离散概率分布

1. 伯努利分布

伯努利（Bernoulli）分布又称两点分布。设试验只有两个可能的结果，成功（记为 1）与

失败(记为 0),则称此试验为伯努利试验。若一次伯努利试验成功的概率为 p,则其失败的概率为 $1-p$,而一次伯努利试验的成功的次数就服从一个参数为 p 的伯努利分布。伯努利分布的概率质量函数是

$$P(X = k) = p^k(1-p)^{1-k}, \quad k = 0,1$$

显然,对于一个随机试验,如果它的样本空间只包含两个元素,即 $S = \{e_1, e_2\}$,总能在 S 上定义一个服从伯努利分布的随机变量

$$X = X(e) = \begin{cases} 0, & e = e_1 \\ 1, & e = e_2 \end{cases}$$

描述这个随机试验的结果。满足伯努利分布的试验有很多,如投掷一枚硬币观察其结果是正面还是反面,或者对新生婴儿的性别进行登记等。

可以证明,如果随机变量 X 服从伯努利分布,那么它的期望等于 p,方差等于 $p(1-p)$。

2. 二项分布

考查由 n 次独立试验组成的随机现象,它满足以下条件:重复 n 次随机试验,且 n 次试验相互独立;每次试验中只有两种可能的结果,而且这两种结果发生与否互相独立,即每次试验成功的概率为 p,失败的概率为 $1-p$。事件发生与否的概率在每一次独立试验中都保持不变。显然这一系列试验构成了一个 n 重伯努利实验。重复进行 n 次独立的伯努利试验,试验结果所满足的分布就称为是二项分布(binomial distribution)。当试验次数为 1 时,二项分布就是伯努利分布。

设 X 表示 n 次独立重复试验中成功出现的次数,显然 X 是可以取 $0,1,2,\cdots,n$ 等 $n+1$ 个值的离散随机变量,则当 $X = k$ 时,它的概率质量函数表示为

$$P(X = k) = \binom{n}{k} p^k (1-p)^{n-k}$$

很容易证明,服从二项分布的随机变量 X 以 np 为期望,以 $np(1-p)$ 为方差。

3. 负二项分布

如果伯努利试验独立地重复进行,每次成功的概率为 p,$0<p<1$,试验一直进行到一共累积出现了 r 次成功时停止试验,则试验失败的次数服从一个参数为 (r,p) 的负二项分布。可见,负二项分布与二项分布的区别在于:二项分布是固定试验总次数的独立试验中,成功次数 k 的分布;而负二项分布是累积到成功 r 次时即终止的独立试验中,试验总次数的分布。如果令 X 表示试验的总次数,则

$$P(X = n) = \binom{n-1}{r-1} p^r (1-p)^{n-r}, \quad n = r, r+1, r+2, \cdots$$

上式之所以成立是因为要使得第 n 次试验时正好是第 r 次成功,那么前 $n-1$ 次试验中有 $r-1$ 次成功,且第 n 次试验必然是成功的。前 $n-1$ 次试验中有 $r-1$ 次成功的概率是

$$\binom{n-1}{r-1} p^{r-1}(1-p)^{n-r}$$

而第 n 次试验成功的概率为 p。因为这两件事相互独立,将两个概率相乘就得到前面给出的概率质量函数。而且还可以证明如果试验一直进行下去,那么最终一定能得到 r 次成功,即有

$$\sum_{n=1}^{+\infty} P(X = n) = \sum_{n=1}^{+\infty} \binom{n-1}{r-1} p^r (1-p)^{n-r} = 1$$

若随机变量 X 的概率质量函数由前面的式子给出，那么称 X 为参数 (r,p) 的负二项随机变量。负二项分布又称为帕斯卡分布。特别地，参数为 $(1,p)$ 的负二项分布就是下面将要介绍的几何分布。

4. 多项分布

二项分布的典型例子是扔硬币，硬币正面朝上概率为 p，重复扔 n 次硬币，k 次为正面的概率即为一个二项分布概率。把二项分布公式推广至多种状态，就得到了多项分布 (Multinomial Distribution)。一个典型的例子就是投掷 n 次骰子，然后出现 1 点的次数为 y_1，出现 2 点的 y_2，$\cdots$，出现 6 点的 y_6，那么试验结果所满足的分布就是多项分布，或称多项式分布。

多项分布的 PMF 为

$$P(y_1,\cdots,y_k,p_1,\cdots,p_k) = \frac{n!}{y_1!\cdots y_k!} p_1^{y_1} \cdots p_k^{y_k}$$

其中

$$n = \sum_{i=1}^{k} y_i$$

$$P(y_1) = p_1,\cdots,P(y_k) = p_k$$

可以证明，服从负二项分布的随机变量 X 的期望等于 r/p，而它的方差等于 $r(1-p)/p^2$。

5. 几何分布

考虑独立重复试验，每次的成功率为 p，$0<p<1$，一直进行直到试验成功。如果令 X 表示需要试验的次数，那么

$$P(X=n) = (1-p)^{n-1}p, \quad n=1,2,\cdots$$

上式成立是因为要使得 X 等于 n，充分必要条件是前 $n-1$ 次试验失败而第 n 次试验成功。又因为假定各次试验都是相互独立的，于是得到上式成立。

由于

$$\sum_{n=1}^{+\infty} P(X=n) = p\sum_{n=1}^{+\infty}(1-p)^{n-1} = \frac{p}{1-(1-p)} = 1$$

这说明试验最终会出现成功的概率为 1。若随机变量的概率质量函数由前式给出，则称该随机变量是参数为 p 的几何随机变量。

可以证明，服从几何分布的随机变量 X 的期望等于 $1/p$，而它的方差等于 $(1-p)/p^2$。

6. 超几何分布

超几何分布是统计学上的一种离散型概率分布，从一个有限总体中进行不放回的抽样常会遇到它。假设 N 件产品中有 M 件次品，不放回的抽检中，抽取 n 件时得到 $X=k$ 件次品的概率分布就是超几何分布，它的概率质量函数为

$$P(X=k) = \frac{C_M^k C_{N-M}^{n-k}}{C_N^n}, \quad k=0,1,2,\cdots,r$$

其中，$r=\min(n,M)$。

最后，讨论服从参数为 (n,N,M) 的超几何随机变量 X 的期望和方差。

$$E[X^k] = \sum_{i=0}^{n} i^k P\{X=i\} = \sum_{i=1}^{n} i^k \frac{C_M^i C_{N-M}^{n-i}}{C_N^n}$$

利用恒等式

$$i\mathrm{C}_M^i = M\mathrm{C}_{M-1}^{i-1}, \quad n\mathrm{C}_N^n = N\mathrm{C}_{N-1}^{n-1}$$

可得

$$E[X^k] = \frac{nM}{N}\sum_{i=1}^n i^{k-1}\frac{\mathrm{C}_{M-1}^{i-1}\mathrm{C}_{N-M}^{n-i}}{\mathrm{C}_{N-1}^{n-1}}$$

$$= \frac{nM}{N}\sum_{j=0}^{n-1}(j+1)^{k-1}\frac{\mathrm{C}_{M-1}^{j}\mathrm{C}_{N-M}^{n-j-1}}{\mathrm{C}_{N-1}^{n-1}} = \frac{nM}{N}E[(Y+1)^{k-1}]$$

其中,Y 是一个服从超几何分布的随机变量,其参数为$(n-1,N-1,M-1)$。因此,在上面的等式中令 $k=1$,有 $E[X]=nM/N$。

再令上面式子中的 $k=2$,可得

$$E[X^2] = \frac{nM}{N}E[Y+1] = \frac{nM}{N}\left[\frac{(n-1)(M-1)}{N-1}+1\right]$$

后一个等式用到了前面关于超几何分布的期望的计算结果。又由 $E[X]=nM/N$,可推出

$$\mathrm{Var}(X) = \frac{nM}{N}\left[\frac{(n-1)(M-1)}{N-1}+1-\frac{nM}{N}\right]$$

令 $p=M/N$,且利用等式

$$\frac{M-1}{N-1} = \frac{Np-1}{N-1} = p - \frac{1-p}{N-1}$$

得到

$$\mathrm{Var}(X) = np\left[(n-1)p-(n-1)\frac{1-p}{N-1}+1-np\right] = np(1-p)\left(1-\frac{n-1}{N-1}\right)$$

可见,当 n 远小于 N 时,即抽取的个数远小于产品总数 N 时,每次抽取后,总体中的不合格品率 $p=M/N$ 改变甚微,这时不放回抽样就可以近似看成是放回抽样,这时超几何分布可用二项分布近似。

7. 泊松分布

最后,考虑另外一种重要的离散概率分布——泊松(Poisson)分布。单位时间、单位长度、单位面积、单位体积中发生某一事件的次数常可以用泊松分布来刻画。例如,某段高速公路上一年内的交通事故数和某办公室一天中收到的电话数可以认为近似服从泊松分布。泊松分布可以看成是二项分布的特殊情况。在二项分布的伯努利试验中,如果试验次数 n 很大,而二项分布的概率 p 很小,且乘积 $\lambda=np$ 比较适中,则事件出现的次数的概率可以用泊松分布来逼近。事实上,二项分布可以看作泊松分布在离散时间上的对应物。泊松分布的概率质量函数为

$$P(X=k) = \frac{\mathrm{e}^{-\lambda}\lambda^k}{k!}$$

其中,参数 λ 是单位时间(或单位面积)内随机事件的平均发生率。

接下来就利用二项分布的概率质量函数以及微积分中的一些关于数列极限的知识证明上述公式。

$$\lim_{n\to+\infty}P(X=k) = \lim_{n\to+\infty}\binom{n}{k}p^k(1-p)^{n-k}$$

$$= \lim_{n\to+\infty}\frac{n!}{(n-k)!k!}\left(\frac{\lambda}{n}\right)^k\left(1-\frac{\lambda}{n}\right)^{n-k}$$

$$= \lim_{n \to +\infty} \left[\frac{n!}{n^k (n-k)!} \right] \left(\frac{\lambda^k}{k!} \right) \left(1 - \frac{\lambda}{n} \right)^n \left(1 - \frac{\lambda}{n} \right)^{-k}$$

$$= \lim_{n \to +\infty} \underbrace{\left[\left(1 - \frac{1}{n} \right) \left(1 - \frac{2}{n} \right) \cdots \left(1 - \frac{k-1}{n} \right) \right]}_{\to 1} \left(\frac{\lambda^k}{k!} \right) \underbrace{\left(1 - \frac{\lambda}{n} \right)^n}_{\to e^{-\lambda}} \underbrace{\left(1 - \frac{\lambda}{n} \right)^{-k}}_{\to 1}$$

$$= \left(\frac{\lambda^k}{k!} \right) e^{-\lambda}$$

结论得证。

最后，为了更好地理解证明过程，这里对其中一项极限的计算做如下补充解释。因为已知 $\lambda = np$，并且 $n \to +\infty$，相应地有 $p \to 0$，于是

$$\lim_{n \to +\infty} \left(1 - \frac{\lambda}{n} \right)^n = \lim_{p \to 0} (1 - p)^{\frac{\lambda}{p}} = \lim_{p \to 0} \left[(1 - p)^{-\frac{1}{p}} \right]^{-\lambda} = e^{-\lambda}$$

或者也可以从另外一个角度证明这个问题，如下

$$\lim_{n \to +\infty} \left(1 - \frac{\lambda}{n} \right)^n = \lim_{n \to \infty} \left[1 + \left(\frac{1}{-n/\lambda} \right) \right]^{(-n/\lambda) \cdot (-\lambda)}$$

令 $m = n/\lambda$，显然当 $n \to +\infty$，有 $m \to +\infty$，于是考虑如下极限

$$\lim_{n \to +\infty} \left[1 + \left(\frac{1}{-n/\lambda} \right) \right]^{(-n/\lambda)} = \lim_{m \to +\infty} \left[1 - \frac{1}{m} \right]^{-m} = \lim_{m \to +\infty} \left[\frac{m}{m-1} \right]^m = \lim_{m \to +\infty} \left[1 + \frac{1}{m-1} \right]^m$$

$$= \lim_{m \to +\infty} \left[1 + \frac{1}{m-1} \right]^{m-1} \cdot \left[1 + \frac{1}{m-1} \right] = e$$

所以

$$\lim_{n \to +\infty} \left(1 - \frac{\lambda}{n} \right)^n = e^{-\lambda}$$

4.3.2 连续概率分布

1. 均匀分布

均匀分布是最简单的连续概率分布。如果连续型随机变量 X 具有如下概率密度函数

$$f(x) = \begin{cases} \dfrac{1}{a-b}, & a < x < b \\ 0, & \text{其他} \end{cases}$$

则称 X 在区间 (a, b) 上服从均匀分布，记为 $X \sim U(a, b)$。

在区间 (a, b) 上服从均匀分布的随机变量 X，具有如下意义的可能性，即它落在区间 (a, b) 中任意长度的子区间内的可能性是相同的。或者说它落在区间 (a, b) 的子区间内的概率只依赖于子区间的长度而与子区间的位置无关。

由概率密度函数的定义式可得服从均匀分布的随机变量 X 的累积分布函数为

$$F(x) = \begin{cases} 0, & x < a \\ \dfrac{x-a}{b-a}, & a \leqslant x < b \\ 1, & x \geqslant b \end{cases}$$

如果随机变量 X 在 (a, b) 上服从均匀分布，那么它的期望就等于该区间的中点的值，即

$(a+b)/2$。而它的方差则等于$(b-a)^2/2$。

2. 指数分布

泊松过程的等待时间服从指数分布。若连续型随机变量 X 的概率密度函数为

$$f(x) = \begin{cases} \lambda e^{-\lambda x}, & x>0 \\ 0, & \text{其他} \end{cases}$$

其中，$\lambda>0$ 为常数，则称 X 服从参数为 λ 的指数分布。图 4-3 为不同参数下的指数分布概率密度函数图。

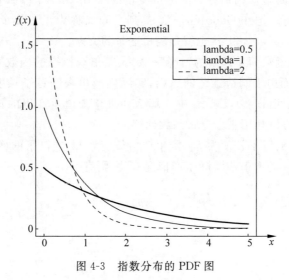

图 4-3　指数分布的 PDF 图

由前面给出的概率密度函数，可得满足指数分布的随机变量 X 的分布函数如下

$$F(x) = \begin{cases} 1 - e^{-\lambda x}, & x>0 \\ 0, & \text{其他} \end{cases}$$

特别地，服从指数分布的随机变量 X 具有以下这样一个特别的性质：对于任意 $s,t>0$，有

$$P\{X>s+t \mid X>s\} = P\{X>t\}$$

这是因为

$$P\{X>s+t \mid X>s\} = \frac{P\{(X>s+t)\bigcap(X>s)\}}{P\{X>s\}}$$
$$= \frac{P\{X>s+t\}}{P\{X>s\}} = \frac{1-F(s+t)}{1-F(s)}$$
$$= \frac{e^{-\lambda(s+t)}}{e^{-\lambda s}} = e^{-\lambda t} = P\{X>t\}$$

上述这个性质称为无记忆性。如果 X 是某一元件的寿命，那么该性质表明，已知元件使用了 s 小时，它总共能用至少 $s+t$ 小时的条件概率，与从开始使用时算起它至少能使用 t 小时的概率相等。这就是说，元件对它已使用过 s 小时是没有记忆的。指数分布的这一特性也正是其应用广泛的原因所在。

如果随机变量 X 服从以 λ 为参数的指数分布，那么它的期望等于 $1/\lambda$，方差等于期望的

平方，即 $1/\lambda^2$。

3. 正态分布

高斯分布最早是由数学家棣莫弗在求二项分布的渐近公式中得到。大数学家高斯在研究测量误差时从另一个角度导出了它。后来，拉普拉斯和高斯都对其性质进行过研究。一维高斯分布的概率密度函数为

$$p(x) = \frac{1}{\sqrt{2\pi}\sigma}e^{-\frac{(x-\mu)^2}{2\sigma^2}}, \quad -\infty < x < +\infty$$

上式中第一个参数 μ 是遵从高斯分布的随机变量的均值，第二个参数 σ 是此随机变量的标准差，所以高斯分布可以记作 Gauss(μ,σ)。高斯分布又称为正态分布，但需要注意的是此时的记法应写作 $N(\mu,\sigma^2)$，这里 σ^2 也就是随机变量的方差。

可以将正态分布函数简单理解为"计算一定误差出现概率的函数"。例如，某工厂生产长度为 L 的钉子，然而由于制造工艺的原因，实际生产出来的钉子长度会存在一定的误差 d，即钉子的长度在区间$(L-d,L+d)$中。那么如果想知道生产出的钉子中某特定长度钉子的概率是多少，就可以利用正态分布函数计算。

设上例中生产出的钉子长度为 L_1，则生产出长度为 L_1 的钉子的概率为 $p(L_1)$，套用上述公式，其中 μ 取 L，σ 的取值与实际生产情况有关，则有

$$p(L_1) = \frac{1}{\sqrt{2\pi}\sigma}e^{-\frac{(L_1-L)^2}{2\sigma^2}}$$

设误差 $x=L_1-L$，则

$$p(x) = \frac{1}{\sqrt{2\pi}\sigma}e^{-\frac{x^2}{2\sigma^2}}$$

当参数 σ 取不同值时，上式中 $p(x)$ 的值曲线如图 4-4 所示。可见，正态分布描述了一种概率随误差量增加而逐渐递减的统计模型，正态分布是概率论中最重要的一种分布，经常用来描述测量误差、随机噪声等随机现象。遵从正态分布的随机变量的概率分布规律为，取 μ 邻近的值的概率大，而取离 μ 越远的值的概率越小；参数 σ 越小，分布越集中在 μ 附近，σ 越大，分布越分散。通过前面的介绍，可知在高斯分布中，参数 σ 越小，曲线越高越尖，σ 越大，曲线越低越平缓。

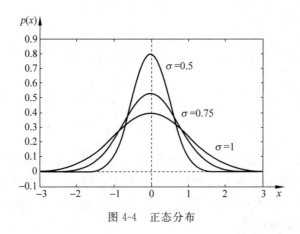

图 4-4 正态分布

从函数的图像中,也很容易发现,正态分布的概率密度函数是关于 μ 对称的,且在 μ 处达到最大值,在正(负)无穷远处取值为 0。它的形状是中间高两边低的,图像是一条位于 x 轴上方的钟形曲线。当 $\mu=0,\sigma^2=1$ 时,称为标准正态分布,记作 $N(0,1)$。

概率积分是标准正态概率密度函数的广义积分,根据基本的概率知识,已知

$$\int_{-\infty}^{+\infty} \frac{1}{\sqrt{2\pi}} e^{-\frac{x^2}{2}} dx = 1$$

那么如何证明这件事呢? 借助本书第 1 章中已经得到的概率积分就能非常容易地证明上面这个结论。概率积分表明

$$\int_{-\infty}^{+\infty} e^{-x^2} dx = \sqrt{\pi}$$

可以令 $y=x/\sqrt{2}$,即 $x=\sqrt{2}\,y$,然后做变量替换得

$$\int_{-\infty}^{+\infty} \frac{1}{\sqrt{2\pi}} e^{-\frac{x^2}{2}} dx = \int_{-\infty}^{+\infty} \frac{1}{\sqrt{2\pi}} e^{-y^2} \sqrt{2}\, dy = \frac{\sqrt{2\pi}}{\sqrt{2\pi}} = 1$$

4. 伽马分布

伽马函数 $\Gamma(x)$ 定义为

$$\Gamma(x) = \int_0^{+\infty} t^{x-1} e^{-t} dt$$

根据分部积分法,可以很容易证明伽马函数具有如下的递归性质

$$\Gamma(x+1) = x\Gamma(x)$$

很容易发现,它还可以看做是阶乘在实数集上的延拓,即

$$\Gamma(x) = (x-1)!$$

如果随机变量具有密度函数

$$p(x) = \begin{cases} \dfrac{\lambda^\alpha}{\Gamma(\alpha)} x^{\alpha-1} e^{-\lambda x}, & x \geqslant 0 \\ 0, & x < 0 \end{cases}$$

则称该随机变量具有伽马分布,其参数为 (α,λ),其中 $\alpha>0$ 称为形状参数,$\lambda>0$ 称为尺度参数。

图 4-5 为固定 λ 值,α 取不同值时的伽马分布概率密度函数图形。可见当 $\alpha\leqslant 1$ 时,函数是单调递减的;当 $\alpha>1$ 时函数会出现一个单峰,峰值位于 $x=(\alpha-1)/\lambda$ 处。随着 α 值的增大,函数图形变得越来越低矮且平缓。而且 $\alpha=1$ 的伽马分布就是前面已经介绍过的指数分布。

利用伽马函数的性质,不难算得

$$E(X) = \frac{\lambda^\alpha}{\Gamma(\alpha)} \int_0^{+\infty} x^\alpha e^{-\lambda x} dx = \frac{\Gamma(\alpha+1)}{\Gamma(\alpha)} \frac{1}{\lambda} = \frac{\alpha}{\lambda}$$

即伽马分布的数学期望为 α/λ。据此,还推出伽马分布的方差为 $\mathrm{Var}(X)=\alpha/\lambda^2$。

$\lambda=1/2,\alpha=n/2$ 的伽马分布(n 是一个正整数)称为自由度为 n 的 χ^2 分布,记作 $X\sim$ $\chi^2(n)$,其数学期望 $E(X)=n$,概率密度函数为

$$p(x) = \frac{1}{\Gamma\left(\dfrac{n}{2}\right) 2^{\frac{n}{2}}} \cdot x^{\frac{n}{2}-1} e^{-\frac{x}{2}}, \quad x>0$$

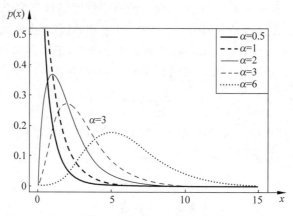

图 4-5　伽马分布的概率密度函数图形

设想在 n 维空间中试图击中某一个靶子，其中各坐标的偏差相互独立且为标准正态分布，则偏差的平方服从自由度为 n 的 χ^2 分布。χ^2 分布与正态分布关系密切，它也是统计学中最重要的三大分布之一，本章后面还会再用到它。

5. 贝塔分布

贝塔函数的定义为

$$\beta(a,b) = \int_0^1 x^{a-1}(1-x)^{b-1}\mathrm{d}x, \quad a > 0, b > 0$$

而且贝塔函数还与伽马函数有如下关系

$$\beta(a,b) = \frac{\Gamma(a)\Gamma(b)}{\Gamma(a+b)}$$

如果随机变量具有密度函数

$$p(x) = \frac{\Gamma(a+b)}{\Gamma(a)\Gamma(b)}x^{a-1}(1-x)^{b-1}, \quad 0 \leqslant x \leqslant 1$$

则称该随机变量具有贝塔分布（在其他 x 处，$p(x)=0$，上述将此略去未表），记作Beta(a,b)，其中 $a>0$ 和 $b>0$ 都是形状参数。显然贝塔分布的概率密度函数还可以写成

$$p(x) = \frac{1}{\beta(a,b)}x^{a-1}(1-x)^{b-1}, \quad 0 \leqslant x \leqslant 1$$

当形状参数中 a 和 b 取不同值时，贝塔分布的概率密度函数图形会出现非常显著的差异，如图 4-6 所示。而且从图中也可以看出，Beta$(1,1)$就是在$[0,1]$区间上的均匀分布。

贝塔函数的数学期望为 $a/(a+b)$，这是因为

$$E(X) = \frac{\Gamma(a+b)}{\Gamma(a)\Gamma(b)}\int_0^1 x^a(1-x)^{b-1}\mathrm{d}x$$

$$= \frac{\Gamma(a+b)}{\Gamma(a)\Gamma(b)} \cdot \frac{\Gamma(a+1)\Gamma(b)}{\Gamma(a+b+1)} = \frac{a}{a+b}$$

还可以证明贝塔函数的方差为

$$\mathrm{Var}(X) = \frac{ab}{(a+b)^2(a+b+1)}$$

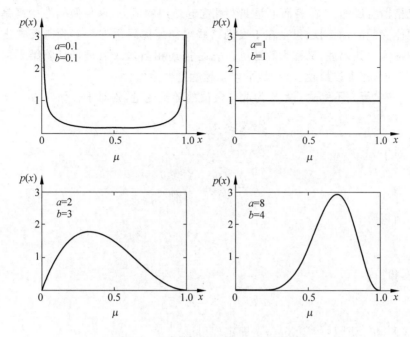

图 4-6　贝塔分布的概率密度函数图形

4.4　概率论中的重要定理

本节介绍概率论中最为基础也最为重要的两个定理,即大数定理及中央极限定理。作为这些数学理论在信号处理(特别是图像处理)中的一个应用,还将探讨高斯噪声模型的由来及其意义。

4.4.1　大数定理

法国数学家蒲丰曾经做过一个非常著名的掷硬币试验,发现硬币正面出现的次数与反面出现的次数总是十分相近的,投掷的次数愈多,正反面出现的次数便愈接近。其实,历史上很多数学家都做过类似的实验,如表 4-1 所示。从中不难发现,试验次数愈多,其结果便愈接近在一个常数附近摆动。

表 4-1　掷硬币实验

实验者	投掷次数(n)	正面朝上次数(m)	频数(m/n)
德摩根	2048	1061	0.5181
蒲丰	4040	2048	0.5069
费勒	10 000	4979	0.4979
皮尔逊	24 000	12 012	0.5005

正如恩格斯所说的：“在表面上是偶然性在起作用的地方，这种偶然性始终是受内部的隐藏着的规律支配的，而问题只是在于发现这些规律。”掷硬币这个实验所反映出来的规律在概率论中称为大数定理，又称大数法则。它是描述相当多次数重复试验结果的定律。根据这个定律知道，样本数量越多，则其平均就越趋近期望值。

定理 （马尔可夫不等式）设 X 为取非负值的随机变量，则对于任何常数 $a \geqslant 0$，有

$$P\{X \geqslant a\} \leqslant \frac{E[X]}{a}$$

证明 对于 $a \geqslant 0$，令

$$I = \begin{cases} 1, & X \geqslant a \\ 0, & 其他 \end{cases}$$

由于 $X \geqslant 0$，所以有

$$I \leqslant \frac{X}{a}$$

两边求期望，得

$$E[I] \leqslant \frac{1}{a}E[X]$$

上式说明 $E[X]/a \geqslant E[I] = P\{X \geqslant a\}$，即定理得证。

作为推论，可得下述定理。

定理 （切比雪夫不等式）设 X 是一个随机变量，它的期望 $E(X) = \mu$，方差 $D(X) = \sigma^2$，则对任意 $k > 0$，有

$$P\{|X - \mu| \geqslant k\} \leqslant \frac{\sigma^2}{k^2}$$

证明 由于 $(X - \mu)^2$ 为非负随机变量，利用马尔可夫不等式，得

$$P\{(X - \mu)^2 \geqslant k^2\} \leqslant \frac{E[(X - \mu)^2]}{k^2}$$

由于 $(X - \mu)^2 \geqslant k^2$ 与 $|X - \mu| \geqslant |k|$ 是等价的，因此

$$P\{|X - \mu| \geqslant |k|\} \leqslant \frac{E[(X - \mu)^2]}{k^2} = \frac{\sigma^2}{k^2}$$

所以，结论得证。

马尔可夫（Markov）不等式和切比雪夫（Chebyshev）不等式的重要性在于，在只知道随机变量的期望，或期望和方差都知道的情况下，可以导出概率的上界。当然，如果概率分布已知，就可以直接计算概率的值而无须计算概率的上界。所以，切比雪夫不等式的用途更多的是证明理论结果（例如下面这个定理），更重要的是它可以被用来证明大数定理。

定理 $\mathrm{Var}(X) = 0$，则 $P\{X = E[X]\} = 1$，也就是说，一个随机变量的方差为 0 的充要条件是这个随机变量的概率为 1 地等于常数。

证明 利用切比雪夫不等式，对任何 $n \geqslant 1$，有

$$P\left\{|X - \mu| > \frac{1}{n}\right\} = 0$$

令 $n \to +\infty$，得

$$0 = \lim_{n \to +\infty} P\left\{|X - \mu| > \frac{1}{n}\right\} = P\left\{\lim_{n \to +\infty}\left[|X - \mu| > \frac{1}{n}\right]\right\} = P\{X \neq \mu\}$$

结论得证。

弱大数定理 （辛钦大数定理）设 $X_1, X_2, \cdots, X_n, \cdots$ 是独立同分布的随机变量序列，它们具有公共的有限的数学期望 $E(X_i) = \mu$，其中 $i = 1, 2, \cdots$，做前 n 个变量的算术平均

$$\frac{1}{n}\sum_{k=1}^{n} X_k = \frac{X_1 + X_2 + \cdots + X_n}{n}$$

则对于任意 $\varepsilon > 0$，有

$$\lim_{n \to +\infty} P\left\{\left|\frac{1}{n}\sum_{k=1}^{n} X_k - \mu\right| < \varepsilon\right\} = 1$$

证明　此处只证明大数定理的一种特殊情形，即在上述定理所列条件基础上，再假设 $\mathrm{Var}(X_i)$ 为有限值，即原随机变量序列具有公共的有限的方差上界。不妨设这个公共上界为常数 C，则 $\mathrm{Var}(X_i) \leqslant C$。这种特殊形式的大数定理也称为切比雪夫大数定理。此时

$$E\left[\frac{1}{n}\sum_{k=1}^{n} X_k\right] = \mu$$

$$D\left[\frac{1}{n}\sum_{k=1}^{n} X_k\right] = \frac{1}{n^2}\sum_{k=1}^{n} D(X_k) \leqslant \frac{C}{n}$$

利用切比雪夫不等式，得

$$P\left\{\left|\frac{1}{n}\sum_{k=1}^{n} X_k - \mu\right| \geqslant \varepsilon\right\} \leqslant D\left[\frac{1}{n}\sum_{k=1}^{n} X_k\right]\bigg/\varepsilon^2 = \frac{C}{n\varepsilon^2}$$

由上式看出，定理显然成立。

设 $Y_1, Y_2, \cdots, Y_n, \cdots$ 是一个随机变量序列，a 是一个常数。若对任意 $\varepsilon > 0$，有

$$\lim_{n \to +\infty} P\{|Y_n - a| < \varepsilon\} = 1$$

则称序列 $Y_1, Y_2, \cdots, Y_n, \cdots$ 依概率收敛于 a，记为

$$Y_n \xrightarrow{P} a$$

依概率收敛的序列有以下性质。

设 $X_n \xrightarrow{P} a, Y_n \xrightarrow{P} b$，又设函数 $g(x, y)$ 在点 (a, b) 处连续，则有

$$g(X_n, Y_n) \xrightarrow{P} g(a, b)$$

如此一来，上述弱大数定理又可表述如下。

设随机变量 $X_1, X_2, \cdots, X_n, \cdots$ 独立同分布，并且具有公共的数学期望 $E(X_i) = \mu$，其中 $i = 1, 2, \cdots$，则序列

$$\overline{X} = \frac{1}{n}\sum_{k=1}^{n} X_k$$

依概率收敛于 μ。

弱大数定理最早是由雅各布·伯努利证明的，而且他所证明的其实是大数定理的一种特殊情况，其中 X_i 只取 0 或 1，即 X 为伯努利随机变量。他对该定理的陈述和证明收录在 1713 年出版的巨著《猜度术》一书中。而切比雪夫是在伯努利逝世一百多年后才出生的，换言之在伯努利生活的时代，切比雪夫不等式还不为人所知。伯努利必须借助十分巧妙的方法来证明其结果。上述弱大数定理是独立同分布序列的大数定理的最一般形式，它是由苏联数学家辛钦（Khinchin）所证明的。

与弱大数定理相对应的,还有强大数定理。强大数定理是概率论中最著名的结果。它表明,独立同分布的随机变量序列,前 n 个观察值的平均值以概率为 1 地收敛到分布的平均值。

定理 (强大数定理)设 $X_1, X_2, \cdots$ 为独立同分布的随机变量序列,其公共期望值 $E(X_i) = \mu$ 为有限,其中 $i = 1, 2, \cdots$,则有下式成立

$$\lim_{n \to +\infty} P\left\{ \frac{1}{n} \sum_{k=1}^{n} X_k = \mu \right\} = 1$$

法国数学家波莱尔(Borel)最早在伯努利随机变量的特殊情况下给出了强大数定理的证明。而上述这个一般情况下的强大数定理则是由苏联数学家柯尔莫哥洛夫(Kolmogorov)证明的。限于篇幅,本书不再给出详细证明,有兴趣的读者可以参阅相关资料以了解更多。但有必要分析一下强弱大数定理的区别所在。弱大数定理只能保证对于充分大的 n^*,随机变量 $(X_1 + X_2 + \cdots + X_{n^*})/n^*$ 趋近于 μ,但它不能保证对一切 $n > n^*$,$(X_1 + X_2 + \cdots + X_n)/n$ 也一定在 μ 的附近。这样,$|(X_1 + X_2 + \cdots + X_n)/n - \mu|$ 就可以无限多次偏离 0(尽管出现较大偏离的频率不会很高)。而强大数定理则恰恰能保证这种情况不会出现,强大数定理能够以概率为 1 地保证,对于任意正数 $\varepsilon > 0$,有

$$\left| \frac{1}{n} \sum_{k=1}^{n} X_k - \mu \right| > \varepsilon$$

只可能出现有限次。

大数定理保证了一些随机事件的均值具有长期稳定性。在重复试验中,随着试验次数增加,事件发生的频率趋于一个稳定值;同时也发现,在对物理量的测量实践中,测定值的算术平均也具有稳定性。例如,向上抛一枚硬币,硬币落下后哪一面朝上本来是偶然的,但当上抛硬币的次数足够多后,达到上万次甚至几十万、几百万次以后,就会发现,硬币每一面向上的次数约占总次数的二分之一。偶然中也必定包含着必然。

4.4.2 中央极限定理

中央极限定理是概率论中最著名的结果之一。中心极限定理说明,大量相互独立的随机变量的和的分布以正态分布为极限。准确来说,中心极限定理是概率论中的一组定理,这组定理是数理统计学和误差分析的理论基础,它同时为现实世界中许多实际的总体分布情况提供了理论解释。

下面就给出独立同分布下的中央极限定理,又被称为林德贝格-列维中央极限定理,它是由芬兰数学家林德贝格(Lindeberg)和法国数学家列维(Lévy)分别独立地获得。

定理 设 $X_1, X_2, \cdots, X_n$ 为独立同分布的随机变量序列,其公共分布的期望为 μ,方差为 σ^2,假如方差 σ^2 有限且不为 0,则前 n 个变量之和的标准化随机变量

$$Y_n^* = \frac{X_1 + X_2 + \cdots + X_n - n\mu}{\sigma \sqrt{n}}$$

的分布当 $n \to +\infty$ 时收敛于标准正态分布 $\Phi(a)$。即对任何 $a \in (-\infty, +\infty)$,有

$$\lim_{n \to +\infty} P\{Y_n^* \leqslant a\} \to \Phi(a)$$

其中

$$\Phi(a) = \frac{1}{\sqrt{2\pi}} \int_{-\infty}^{a} e^{-\frac{x^2}{2}} \mathrm{d}x$$

上述定理的证明关键在于下面这样一条引理,由于其中牵涉太多数学上的细节,此处不打算给出该引理的详细证明,而仅将其作为一个结论来帮助证明中央极限定理。

引理　设 $Z_1, Z_2, \cdots, Z_n$ 为一个随机变量序列,其分布函数为 F_{Z_n},相应的矩母函数为 $M_{Z_n}, n \geqslant 1$。又设 Z 的分布为 F_Z,矩母函数为 M_Z,若 $M_{Z_n}(t) \to M_Z(t)$ 对一切 t 成立,则 $F_{Z_n}(t) \to F_Z(t)$ 对 $F_Z(t)$ 所有的连续点成立。

若 Z 为标准正态分布,则 $M_Z(t) = e^{t^2/2}$,利用上述引理可知,若

$$\lim_{n \to +\infty} M_{Z_n}(t) \to e^{\frac{t^2}{2}}$$

则有(其中,Φ 是标准正态分布的分布函数)

$$\lim_{n \to +\infty} F_{Z_n}(t) \to \Phi(t)$$

下面就基于上述结论给出中央极限定理的证明。

证明　首先,假定 $\mu = 0, \sigma^2 = 1$,只在 X_i 的矩母函数 $M(t)$ 存在且有限的假定下证明定理。现在,$X_i / \sqrt{n}$ 的矩母函数为

$$E[e^{tX_i/\sqrt{n}}] = M\left(\frac{t}{\sqrt{n}}\right)$$

由此可知,$\sum_{i=1}^{n} X_i / \sqrt{n}$ 的矩母函数为

$$\left[M\left(\frac{t}{\sqrt{n}}\right) \right]^n$$

记 $L(t) = \ln M(t)$。对于 $L(t)$,有

$$L(0) = 0, \quad L'(0) = M'(0)/M(0) = \mu = 0$$

$$L''(0) = \frac{M(0)M''(0) - [M'(0)]^2}{[M(0)]^2} = E[X]^2 = 1$$

要证明定理,由上述引理,则必须证明

$$\lim_{n \to +\infty} [M(t/\sqrt{n})]^n \to e^{\frac{t^2}{2}}$$

或等价地

$$\lim_{n \to +\infty} nL(t/\sqrt{n}) \to t^2/2$$

下面的一系列等式说明这个极限式成立(其中使用了洛必达法则)。

$$\lim_{n \to +\infty} nL(t/\sqrt{n}) = \lim_{n \to +\infty} \frac{-L'(t/\sqrt{n})n^{-3/2}t}{-2n^{-2}}$$

$$= \lim_{n \to +\infty} \frac{L'(t/\sqrt{n})t}{2n^{-1/2}} = \lim_{n \to +\infty} \left[-\frac{L''(t/\sqrt{n})n^{-3/2}t^2}{-2n^{-3/2}} \right]$$

$$= \lim_{n \to +\infty} \left[L''\left(\frac{t}{\sqrt{n}}\right) \frac{t^2}{2} \right] = \frac{t^2}{2}$$

如此便在 $\mu = 0, \sigma^2 = 1$ 的情况下,证明了定理。对于一般情况,只需考虑标准化随机变量序列,$X_i^* = (X_i - \mu)/\sigma$,由于 $E[X_i^*] = 0$,$\mathrm{Var}(X_i^*) = 1$,将已经证得的结果应用于序列 X_i^*,便可得到一般情况下的结论。

需要说明的是，虽然上述中央极限定理只说对每一个常数 a ，有

$$\lim_{n \to +\infty} P\{Y_n^* \leqslant a\} \to \Phi(a)$$

事实上，这个收敛是对 a 一致的。当 $n \to +\infty$ 时， $f_n(a) \to f(a)$ 对 a 一致，是说对任何 $\varepsilon > 0$ ，存在 N ，使得当 $n \geqslant N$ 时，不等式 $|f_n(a) - f(a)| < \varepsilon$ 对所有的 a 都成立。

下面给出相互独立随机变量序列的中心极限定理。注意，与前面的情况不一样的地方在于，这里不再强调"同分布"，即不要求有共同的期望和一致的方差。

定理 设 $X_1, X_2, \cdots$ 为相互独立的随机变量序列，相应的期望和方差分别为 $\mu_i = E[X_i], \sigma_i^2 = \mathrm{Var}(X_i)$ 。若 X_i 为一致有界的，即存在 M ，使得 $P\{|X_i| < M\} = 1$ 对一切 i 成立；且 $\sum_{i=1}^{+\infty} \sigma_i^2 = +\infty$ ，则对一切 a ，有

$$\lim_{n \to +\infty} P \left\{ \frac{\sum_{i=1}^{n} (X_i - \mu_i)}{\sqrt{\sum_{i=1}^{n} \sigma_i^2}} \leqslant a \right\} \to \Phi(a)$$

中央极限定理的证明牵涉内容较多，也非常复杂。对于实际应用而言记住它的结论可能要比深挖它的数学细节更为重要。

中央极限定理表明，若有独立同分布的随机变量序列 $X_1, X_2, \cdots, X_n$ ，它们的公共期望和方差分别为 $\mu = E[X_i], \sigma^2 = D(X_i)$ 。不管其分布如何，只要 n 足够大，则随机变量之和服从正态分布

$$\sum_{i=1}^{n} X_i \to N(n\mu, n\sigma^2), \qquad \frac{\sum_{i=1}^{n} X_i - n\mu}{\sqrt{n}\sigma} \to N(0,1)$$

另外一个事实是如果 $Y_i \sim N(\mu_i, \sigma_i^2)$ ，并且 Y_i 相互独立，其中 $i = 1, 2, \cdots, m$ ，则它们的线性组合 $C_1 Y_1 + C_2 Y_2 + \cdots + C_m Y_m$ ，仍服从正态分布，其中 $C_1, C_2, \cdots, C_m$ 是不全为 0 的常数。于是，由数学期望和方差的性质可知

$$C_1 Y_1 + C_2 Y_2 + \cdots + C_m Y_m \sim N\left(\sum_{i=1}^{m} C_i \mu_i, \sum_{i=1}^{m} C_i^2 \sigma_i^2 \right)$$

如果令上式中的 $C_2, C_3, \cdots, C_m$ 为 0，令 $Y_1 = \overline{X}, C_1 = 1/n$ ，则进一步可知随机变量的均值也服从正态分布

$$\frac{1}{n} \sum_{i=1}^{n} X_i \to N\left(\mu, \frac{\sigma^2}{n} \right), \qquad \frac{\frac{1}{n}\sum_{i=1}^{n} X_i - \mu}{\sigma / \sqrt{n}} \to N(0,1)$$

于是便可以得到下面如下结论。

设 $X_1, X_2, \cdots, X_n$ 是来自正态总体 $N(\mu, \sigma^2)$ 的一个样本， $\overline{X}$ 是样本的均值，则有

$$\overline{X} \sim N\left(\mu, \frac{\sigma^2}{n} \right)$$

第一个版本的中央极限定理最早是由法国数学家棣莫弗于 1733 年左右给出的。他在论文中使用正态分布去估计大量抛掷硬币出现正面次数的分布。这个超越时代的成果险些被历史所遗忘，所幸的是，法国数学家拉普拉斯在 1812 年发表的著作中拯救了这个默默无

名的理论。拉普拉斯扩展了棣莫弗的理论,指出二项分布可用正态分布逼近。但同棣莫弗一样,拉普拉斯的发现在当时并未引起很大反响。而且拉普拉斯对于更一般化形式的中央极限定理所给出的证明并不严格。事实上,沿用他的方法也不可能严格化。后来直到19世纪末中央极限定理的重要性才被世人所知。1901年,切比雪夫的学生俄国数学家李雅普诺夫(Lyapunov)用更普通的随机变量定义中心极限定理并在数学上进行了精确的证明。

本书的后面会用一章的篇幅介绍高斯分布在图像处理中的应用。而且在介绍图像编码理论基础时,还会讲到最好的编码方法产生的误差图像应该只包含高斯白噪声。在实际应用中也确实常常假设随机噪声服从高斯分布,也就是所谓的高斯噪声。甚至很多概率论的教科书也是从噪声这个角度引出高斯分布的。

高斯分布在概率论中之所以如此重要,很大程度上得益于中央极限定理所给出的结论。由高斯分布和中央极限定理出发,还可以进一步推广出许多有益的结论,这些结论在统计学中具有非常重要的意义。而在信号处理领域中,高斯噪声以及高斯白噪声也是一个被反复讨论的重要话题。注意,高斯噪声并不等于高斯白噪声。所谓白噪声是指它的功率谱密度函数在整个频域内是常数,即服从均匀分布。之所以称它为白噪声,是因为它类似于光学中包括全部可见光频率在内的白光。凡是不符合上述条件的噪声就称为有色噪声。可见,白噪声是根据噪声的功率谱密度是否均匀定义的,而高斯噪声则是根据它的概率密度函数呈正态分布定义的。

高斯白噪声是指噪声的概率密度函数满足正态分布统计特性,同时它的功率谱密度函数是常数的一类噪声。值得注意的是,高斯型白噪声同时涉及噪声的两个不同方面,即概率密度函数的正态分布性和功率谱密度函数均匀性,二者缺一不可。

在通信系统的理论分析中,特别是在分析、计算系统抗噪声性能时,经常假定系统中信道噪声为高斯白噪声。原因在于,一是高斯白噪声可用具体的数学表达式表述,便于推导分析和运算。毕竟只要知道均值和方差,则高斯白噪声的概率密度函数便可确定,且只要知道了功率谱密度值,高斯白噪声的功率谱密度函数也是可确定的;二是高斯型白噪声确实反映了实际信道中的加性噪声情况,比较真实地代表了信道噪声的特性。

4.5　经验分布函数

设 $(X_1, X_2, \cdots, X_n)$ 是总体 X 的一个样本。如果 X_i^* $(i=1,2,\cdots,n)$ 是关于样本 $(X_1, X_2, \cdots, X_n)$ 的函数并满足条件:它总是取样本观察值 $(x_1, x_2, \cdots, x_n)$ 按从小到大排序后第 i 个值为自己的观测值。那么就称 $X_1^*, X_2^*, \cdots, X_n^*$ 为顺序统计量。顺序统计量可以简记为

$$X_k^* = \{X_1, X_2, \cdots, X_n \text{ 中第 } k \text{ 个小的值}\}, k = 1, 2, \cdots, n$$

特别地,

$$X_1^* = \min(X_1, X_2, \cdots, X_n)$$
$$X_n^* = \max(X_1, X_2, \cdots, X_n)$$

其中,X_1^* 和 X_n^* 分别为样本的最小值和最大值,并称 $R = X_n^* - X_1^*$ 为样本的极差。

此外,还可以定义

$$\widetilde{X} = \begin{cases} X_{\frac{n+1}{2}}, & n\text{ 为奇数} \\ \dfrac{1}{2}(X_{\frac{n}{2}}^{*} + X_{\frac{n}{2}+1}^{*}), & n\text{ 为偶数} \end{cases}$$

为样本的中位数。

基于顺序统计量，就可以讨论经验分布函数（Empirical Distribution Functions，EDF）的概念。设 $x_1, x_2, \cdots, x_n$ 是总体 X 的一组容量为 n 的样本观测值，将它们按从小到大的顺序重新排列为 $x_1^*, x_2^*, \cdots, x_n^*$，对于任意实数 x，定义函数

$$F_n(x) = \begin{cases} 0, & x < x_1^* \\ k/n, & x_k^* \leqslant x < x_{k+1}^*, \quad k = 1, 2, \cdots, n-1 \\ 1, & x_n^* \leqslant x \end{cases}$$

则称 $F_n(x)$ 为总体 X 的经验分布函数。它还可以简记为 $F_n(x) = \dfrac{1}{n} \cdot {}^*\{x_1, x_2, \cdots, x_n\}$，其中 ${}^*\{x_1, x_2, \cdots, x_n\}$ 表示 $x_1, x_2, \cdots, x_n$ 中不大于 x 的个数。

另外一种常见的表示形式为

$$F_n(x) = \frac{1}{n}\sum_{i=1}^{n} I\{x_i \leqslant x\}$$

其中，I 是指示函数（indicator function），即

$$I\{x_i \leqslant x\} = \begin{cases} 1, & x_i \leqslant x \\ 0, & \text{其他} \end{cases}$$

因此，求经验分布函数 $F_n(x)$ 在一点 x 处的值，只要求出随机变量 X 的 n 个观测值 x_1, $x_2, \cdots, x_n$ 中小于或等于 x 的个数，再除以观测次数 n 即可。由此可见，$F_n(x)$ 就是在 n 次重复独立实验中事件 $\{X \leqslant x\}$ 出现的频率。

如图 4-7 所示，经验分布函数 $F_n(x)$ 的图形是一条呈跳跃上升的阶梯形曲线。如果样本观测值 $x_1, x_2, \cdots, x_n$ 中没有重复的数值，则每一跳跃为 $1/n$，若有重复 l 次的值，则按 $1/n$ 的 l 倍跳跃上升。图中圆滑曲线是总体 X 的理论分布函数 $F(x)$ 的图形。若把经验分布函数的图形连成折线，那么它实际就是累积频率直方图的上边。这和概率分布函数的性质是一致的。

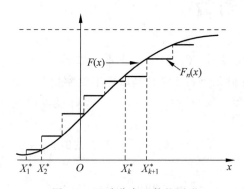

图 4-7　经验分布函数的图形

根据大数定理可知，当试验次数增大时，事件的频率稳定于概率。那么，当试验次数增大时，表示事件 $\{X \leqslant x\}$ 出现频率的经验分布函数是否接近于事件 $\{X \leqslant x\}$ 出现概率的总体

分布函数呢？这个问题可由格利文科定理(Glivenko Theorem)回答。

格利文科定理：设总体 X 的分布函数为 $F(x)$，经验分布函数为 $F_n(x)$，则有

$$P\{\lim_{n \to +\infty} \sup_{-\infty < x < +\infty} |F_n(x) - F(x)| = 0\} = 1$$

该定理揭示了总体 X 的理论分布函数与经验分布函数之间的内在联系。它指出当样本容量足够大时，从样本算得的经验分布函数 $F_n(x)$ 与总体分布函数 $F(x)$ 相差的最大值也可以足够小，这就是用样本来推断总体的数学依据。

4.6 贝叶斯推断

贝叶斯推断是统计推断的一种，它以贝叶斯定理为基础，通过某些观察的值来确定某些假设的概率，或者使这些概率更接近真实值。贝叶斯定理在人工智能、机器学习领域亦有重要应用。本节将通过一些具体的例子向读者介绍贝叶斯推断中的数学基础。

4.6.1 先验概率与后验概率

假设有一所学校，学生中 60% 是男生和 40% 是女生。女生穿裤子与裙子的数量相同，所有男生穿裤子。现在有一个观察者，随机从远处看到一名学生，因为很远，观察者只能看到该学生穿的是裤子，但不能从长相、发型等其他方面推断被观察者的性别。那么该学生是女生的概率是多少？

用事件 G 表示观察到的学生是女生，用事件 T 表示观察到的学生穿裤子。于是，现在要计算的是条件概率 $P(G|T)$，需要知道：

(1) $P(G)$ 表示一个学生是女生的概率。由于观察者随机看到一名学生，意味着所有的学生都可能被看到，女生在全体学生中的占比是 40%，所以概率是 $P(G)=0.4$。注意，这是在没有任何其他信息下的概率。这也就是先验概率，本节后面还会详细讨论。

(2) $P(B)$ 是学生不是女生的概率，也就是学生是男生的概率，这同样也是指在没有其他任何信息的情况下，学生是男生的先验概率。B 事件是 G 事件的互补的事件，于是可得 $P(B)=0.6$。

(3) $P(T|G)$ 是在女生中穿裤子的概率，根据题目描述，女生穿裙子和穿裤子的人数各占一半，所以 $P(T|G)=0.5$。这也就是在给定 G 的条件下，T 事件的概率。

(4) $P(T|B)$ 是在男生中穿裤子的概率为 1。

(5) $P(T)$ 是学生穿裤子的概率，即任意选一个学生，在没有其他信息的情况下，该名学生穿裤子的概率。根据全概率公式

$$P(T) = \sum_{i=1}^{n} P(T \mid A_i)P(A_i) = P(T \mid G)P(G) + P(T \mid B)P(B)$$

计算得到

$$P(T) = 0.5 \times 0.4 + 1 \times 0.6 = 0.8$$

根据贝叶斯公式

$$P(A_i \mid T) = \frac{P(T \mid A_i)P(A_i)}{\sum\limits_{i=1}^{n} P(T \mid A_i)P(A_i)} = \frac{P(T \mid A_i)P(A_i)}{P(T)}$$

基于以上所有信息，如果观察到一个穿裤子的学生，并且是女生的概率是

$$P(G \mid T) = \frac{P(T \mid G)P(G)}{P(T)} = 0.5 \times 0.4 \div 0.8 = 0.25$$

在贝叶斯统计中，**先验概率**（Prior probability）分布，即关于某个变量 X 的概率分布，是在获得某些信息或者依据前，对 X 的不确定性所进行的猜测。这是对不确定性（而不是随机性）赋予一个量化的数值的表示，这个量化数值可以是一个参数或者是一个潜在的变量。

先验概率仅仅依赖于主观上的经验估计，也就是事先根据已有的知识的推断。例如，X 可以是投一枚硬币，正面朝上的概率，显然在未获得任何其他信息的条件下，会认为 $P(X) = 0.5$。再比如上面例子中，$P(G) = 0.4$。

在应用贝叶斯理论时，通常将先验概率乘以似然函数再归一化后，得到后验概率分布，后验概率分布即在已知给定的数据后，对不确定性的条件分布。4.5 节已经讨论过似然函数的话题，已知似然函数（也称作似然），是一个关于统计模型参数的函数。也就是这个函数中自变量是统计模型的参数。对于观测结果 x，在参数集合 θ 上的似然，就是在给定这些参数值的基础上，观察到的结果的概率 $L(\theta) = P(x|\theta)$。也就是说，似然是关于参数的函数，在参数给定的条件下，对于观察到的 x 的值的条件分布。

似然函数在统计推断中发挥重要的作用，因为它是关于统计参数的函数，所以可以用来对一组统计参数进行评估，也就是说在一组统计方案的参数中，可以用似然函数做筛选。

会发现，"似然"也是一种"概率"。但不同点就在于观察值 x 与参数 θ 的不同的角色。概率是用于描述一个函数，这个函数是在给定参数值的情况下的关于观察值的函数。例如，已知一个硬币是均匀的（抛落后正反面的概率相等），那连续 10 次正面朝上的概率是多少？这是个概率。

似然是用于在给定一个观察值时，关于描述参数的函数。例如，如果一个硬币在 10 次抛落中正面均朝上，那硬币是均匀的（抛落后正反面的概率相等）概率是多少？这里用了概率这个词，但是实质上是"可能性"，也就是似然了。

后验概率（posterior probability）是关于随机事件或者不确定性断言的条件概率，是在相关证据或者背景给定并纳入考虑之后的条件概率。后验概率分布就是未知量作为随机变量的概率分布，并且是在基于实验或者调查所获得的信息上的条件分布。"后验"在这里的意思是，考虑相关事件已经被检视并且能够得到一些信息。

后验概率是关于参数 θ 在给定的信息 X 下的概率，即 $P(\theta|X)$。若对比后验概率和似然函数，似然函数是在给定参数下的证据信息 X 的概率分布，即 $P(X|\theta)$。用 $P(\theta)$ 表示概率分布函数，用 $P(X|\theta)$ 表示观测值 X 的似然函数。后验概率定义为

$$P(\theta \mid X) = \frac{P(X \mid \theta)P(\theta)}{P(X)}$$

注意，这也是贝叶斯定理所揭示的内容。

鉴于分母是一个常数，上式可以表达成如下比例关系（而且这也是更多被采用的形式）：后验概率 $\propto$ 似然 $\times$ 先验概率。

4.6.2 共轭分布

假如有一个硬币,它有可能是不均匀的,所以投这个硬币有 θ 的概率抛出 Head,有 $1-\theta$ 的概率抛出 Tail。如果抛了五次这个硬币,有三次是 Head,有两次是 Tail,这个 θ 最有可能是多少呢?如果必须给出一个确定的值,并且完全根据目前观测的结果来估计 θ,显然得出结论 $\theta=3/5$。

但上面这种点估计的方法显然有漏洞,这种漏洞主要体现在实验次数比较少的时候,所得出的点估计结果可能有较大偏差。大数定理说明,在重复实验中,随着实验次数的增加,事件发生的频率才趋于一个稳定值。一个比较极端的例子是,如果抛出五次硬币,全部都是 Head,那么按照之前的逻辑,将估计 θ 的值等于 1。也就是说,估计这枚硬币不管怎么投,都朝上!但是按正常思维推理,显然不会相信世界上有这么厉害的硬币,硬币还是有一定可能抛出 Tail 的。就算观测到再多次的 Head,抛出 Tail 的概率还是不可能为 0。

前面用过的贝叶斯定理或许可以起到帮助。在贝叶斯学派看来,参数 θ 不再是一个固定值,而是满足一定的概率分布。回想一下前面介绍的先验概率和后验概率。在估计 θ 时,可能有一个根据经验的估计,即先验概率,$P(\theta)$。而给定一系列实验观察结果 X 的条件下,可以得到后验概率为

$$P(\theta \mid X) = \frac{P(X \mid \theta)P(\theta)}{P(X)}$$

在上面的贝叶斯公式中,$P(\theta)$ 就是个概率分布。这个概率分布可以是任何概率分布,例如高斯分布或者前面介绍过的贝塔分布。图 4-8 为 Beta(5,2) 的概率分布图。如果将这个概率分布作为 $P(\theta)$,那么在还未抛硬币前,便认为 θ 很可能接近于 0.8,而不大可能是个很小的值或是一个很大的值。换言之,在抛硬币前,便估计这枚硬币更可能有 0.8 的概率抛出正面。

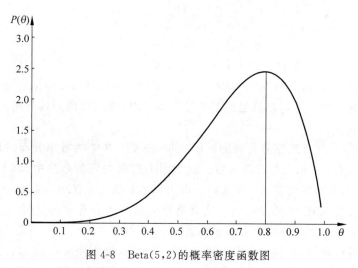

图 4-8 Beta(5,2) 的概率密度函数图

虽然 $P(\theta)$ 可以是任何种类的概率分布,但是如果使用贝塔分布,会让之后的计算更加方便。况且,通过调节贝塔分布中的参数 a 和 b,可以让这个概率分布变成各种想要的形

状! 贝塔分布已经足够表达事先对 θ 的估计了。

现在已经估计好了 $P(\theta)$ 为一个贝塔分布，那么 $P(X|\theta)$ 是多少呢？其实就是个二项分布。继续以前面抛五次硬币抛出三次 Head 的观察结果为例，$X=$"抛五次硬币三次结果为Head"的事件，则 $P(X|\theta)=C_2^5\,\theta^3(1-\theta)^2$。

贝叶斯公式中分母上的 $P(X)$ 是个正规化因子（normalizer），或者称为边缘概率。在 θ 是离散的情况下，$P(X)$ 就是 θ 为不同值的时候，$P(X|\theta)$ 的求和。例如，假设事先估计硬币抛出正面的概率只可能是 0.5 或者 0.8，那么 $P(X)=P(X|\theta=0.5)\cdot P(\theta=0.5)+P(X|\theta=0.8)\cdot P(\theta=0.8)$，计算时分别将 $\theta=0.5$ 和 $\theta=0.8$ 代入前面的二项分布公式中。而如果采用贝塔分布，θ 的概率分布在 $[0,1]$ 之间是连续的，即

$$P(X) = \int_0^1 P(X \mid \theta)P(\theta)\,\mathrm{d}\theta$$

下面的证明就表明：$P(\theta)$ 是个贝塔分布，那么在观测到 $X=$"抛五次硬币三次结果为Head"的事件后，$P(\theta|X)$ 依旧是个贝塔分布。只是这个概率分布的形状因为观测的事件而发生了变化。

$$
\begin{aligned}
P(\theta \mid X) &= \frac{P(X \mid \theta)P(\theta)}{P(x)} \\[2mm]
&= \frac{P(X \mid \theta)P(\theta)}{\int_0^1 P(X \mid \theta)P(\theta)\,\mathrm{d}\theta} \\[2mm]
&= \frac{C_2^5\,\theta^3\,(1-\theta)^2\,\dfrac{1}{\beta(a,b)}\,\theta^{a-1}\,(1-\theta)^{b-1}}{\int_0^1 C_2^5\,\theta^3\,(1-\theta)^2\,\dfrac{1}{\beta(a,b)}\,\theta^{a-1}\,(1-\theta)^{b-1}\,\mathrm{d}\theta} \\[2mm]
&= \frac{\theta^{(a+3-1)}\,(1-\theta)^{(b+2-1)}}{\int_0^1 \theta^{(a+3-1)}\,(1-\theta)^{(b+2-1)}\,\mathrm{d}\theta} \\[2mm]
&= \frac{\theta^{(a+3-1)}\,(1-\theta)^{(b+2-1)}}{\beta(a+3,b+2)} \\[2mm]
&= \mathrm{Beta}(\theta \mid a+3, b+2)
\end{aligned}
$$

因为观测前后，对 θ 估计的概率分布均为贝塔分布，这就是为什么使用贝塔分布方便我们计算的原因了。当得知 $P(\theta|X)=\mathrm{Beta}(\theta|a+3,b+2)$ 后，就只要根据贝塔分布的特性，得出 θ 最有可能等于多少了。也就是说当 θ 等于多少时，观测后得到的贝塔分布有最大的概率密度。

如图 4-9 所示，仔细观察新得到的贝塔分布，和图 4-8 中的概率分布对比，发现峰值从0.8 左右的位置移向了 0.7 左右的位置。这是因为新观测到的数据中，5 次有 3 次是 head（60%），这让我们觉得 θ 没有 0.8 那么高。但由于之前认为 θ 有 0.8 那么高，所以认为抛出head 的概率肯定又要比 60% 高一些。这就是贝叶斯方法和普通的统计方法不同的地方。结合自己的先验概率和观测结果来给出预测。

如果投的不是硬币，而是一个多面体（如骰子），那么就要使用狄利克雷分布了。使用狄利克雷分布之目的，也是为了让观测后得到的后验概率依旧是狄利克雷分布。关于狄利克雷分布的话题本书不打算深入展开，有兴趣的读者可参阅相关资料以了解更多。

到此为止，终于可以引出"共轭性"的概念了。后验概率分布（正比于先验和似然函数的

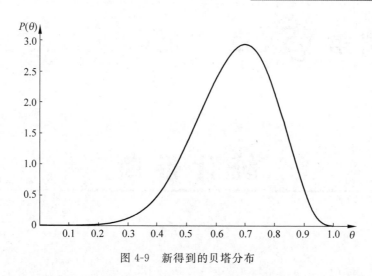

图 4-9　新得到的贝塔分布

乘积)拥有与先验分布相同的函数形式,这个性质被称为共轭性(conjugacy)。共轭先验(conjugate prior)有着很重要的作用。它使得后验概率分布的函数形式与先验概率相同,因此使得贝叶斯分析得到了极大的简化。例如,二项分布的参数之共轭先验就是前面介绍的贝塔分布。多项式分布的参数的共轭先验则是狄利克雷分布,而高斯分布的均值之共轭先验是另一个高斯分布。

总的来说,对于给定的概率分布 $P(X|\theta)$,可以寻求一个与该似然函数,即 $P(X|\theta)$,共轭的先验分布 $P(\theta)$,如此一来后验分布 $P(\theta|X)$ 就会同先验分布具有相同的函数形式,而且对于任何指数族成员来说,都存在有一个共轭先验。

本章参考文献

[1]　盛骤,谢式千,潘承毅.概率论与数理统计[M].4 版.北京:高等教育出版社,2008.

[2]　茆诗松,周纪芗.概率论与数理统计[M].2 版.北京:中国统计出版社,2006.

[3]　徐伟,赵选民,师义民,等.概率论与数理统计[M].2 版.西安:西北工业大学出版社,2002.

[4]　Sheldon M. Ross.概率论基础教程[M].7 版.郑忠国,等译.北京:人民邮电出版社,2007.

[5]　Christopher Bishop. Pattern Recognition And Machine Learning[M]. Springer-Verlag New York, Inc. Secaucus, NJ, USA, 2006.

第 **5** 章

统 计 推 断

第 4 章介绍了概率论的一些基础知识,本章承接之前的话题,来探讨一些统计分析方面的内容。

5.1　随机采样

概率分布是对现实世界中客观规律的高度抽象和数学表达,在统计分析中它们无处不在。但又因为分布是一种抽象的数学表达,所以要设法从观察中找到一个合适的分布并非易事,甚至某些分布很难用常规的、现成的数学模型去描述。而在处理这类问题时,采样就变得非常重要。在统计学中,抽样(或称采样)是一种推论统计方法,它是指从目标总体(population)中抽取一部分个体作为样本(sample),通过观察样本的某些属性,依据所获得的数据对总体的数量特征得出具有一定可靠性的估计判断,从而达到对总体的认识。

在数理统计中,人们往往对有关对象的某一项数量指标感兴趣。为此,考虑开展与这一数量指标相联系的随机试验,并对这一数量指标进行试验或者观察。通常将试验的全部可能的观察值称为总体,并将每一个可能的观察值称为个体。总体中包含的个体数目称为总体的容量。容量有限的称为有限总体,容量无限的则称为无限总体。

总体中的每一个个体是随机试验的一个观察值,它对应于某一随机变量 X 的值。因此,一个总体对应于一个随机变量 X。于是对总体的研究就变成了对一个随机变量 X 的研究,X 的分布函数和数字特征就称为总体的分布函数和数字特征。这里将总体和相应的随机变量统一看待。

在实际中,总体的分布一般是未知的,或者只知道它具有某种形式而其中包含着未知参数。在数理统计中,人们都是通过从总体中抽取一部分个体,然后再根据获得的数据来对总体分布做出推断。被抽出的部分个体称为总体的一个样本。

所谓从总体抽取一个个体,就是对总体随机变量 X 进行一次观察并记录其结果。在相同的条件下对总体随机变量 X 进行 n 次重复、独立的观察,并将 n 次观察结果按照试验的次序记为 $X_1,X_2,\cdots,X_n$。由于 $X_1,X_2,\cdots,X_n$ 是对随机变量 X 观察的结果,且各次观察是在相同的条件下独立完成的,所以认为 $X_1,X_2,\cdots,X_n$ 是相互独立的,且都是与 X 具有相同分布的随机变量。这样得到的 $X_1,X_2,\cdots,X_n$ 称为来自总体 X 的一个简单随机样本,n 称为这个样本的容量,如无特定说明文中所提到的样本都是指简单随机样本。当 n 次观察一经完成,便得到一组实数 $x_1,x_2,\cdots,x_n$,依次是随机变量 $X_1,X_2,\cdots,X_n$ 的观察值,称为样本值。

设 X 是具有分布函数 F 的随机变量,若 $X_1,X_2,\cdots,X_n$ 是具有同一分布函数 F 的且相互独立的随机变量,则称 $X_1,X_2,\cdots,X_n$ 为从分布函数 F(或总体 F、或总体 X)得到的容量为 n 的简单随机样本,简称样本。它们的观察值 $x_1,x_2,\cdots,x_n$ 称为样本值,又称为 X 的 n 个独立的观察值。也可将样本看成是一个随机向量,写成$(X_1,X_2,\cdots,X_n)$,此时样本值相应地写成$(x_1,x_2,\cdots,x_n)$。若$(x_1,x_2,\cdots,x_n)$与$(y_1,y_2,\cdots,y_n)$都是相应于样本$(X_1,X_2,\cdots,X_n)$的样本值,一般来说它们是不相同的。

样本是进行统计推断的依据。在应用时,往往不是直接使用样本本身,而是针对不同的问题构造样本的适当函数,利用这些样本的函数进行统计推断。

设 $X_1,X_2,\cdots,X_n$ 是来自总体 X 的一个样本,$g(X_1,X_2,\cdots,X_n)$是 $X_1,X_2,\cdots,X_n$ 的函数,若 g 中不含未知参数,则称 $g(X_1,X_2,\cdots,X_n)$ 是一个统计量。

因为 $X_1,X_2,\cdots,X_n$ 都是随机变量,而统计量 $g(X_1,X_2,\cdots,X_n)$ 是随机变量的函数,因此统计量是一个随机变量。设 $x_1,x_2,\cdots,x_n$ 是相应于样本 $X_1,X_2,\cdots,X_n$ 的样本值,则称 $g(x_1,x_2,\cdots,x_n)$ 是 $g(X_1,X_2,\cdots,X_n)$ 的观察值。

样本均值和样本方差是两个最常用的统计量。假设 $X_1,X_2,\cdots,X_n$ 是来自总体 X 的一个样本,$x_1,x_2,\cdots,x_n$ 是这一样本的观察值。定义样本均值如下

$$\overline{X} = \frac{1}{n}\sum_{i=1}^{n} X_i$$

样本方差为

$$s^2 = \frac{1}{n-1}\sum_{i=1}^{n}(X_i - \overline{X})^2 = \frac{1}{n-1}\sum_{i=1}^{n}X_i^2 - n\overline{X}^2$$

标准差(也称均方差)就是方差的算术平方根,即

$$s = \sqrt{\frac{\sum\limits_{i=1}^{n}(X_i - \overline{X})^2}{n-1}}$$

也许有读者会对上面的公式感到困惑,为什么样本方差计算公式里分母为 $n-1$?简单来说,这样做的目的是为了让方差的估计无偏,即无偏估计。无偏估计(unbiased estimator)的意思是指估计量的数学期望等于被估计参数的真实值,否则就是有偏估计(biased estimator)。之所以进行抽样,就是因为现实中总体的获取可能有困难或者代价太高。退而求其次,用样本的一些数量指标来对相应的总体指标做估计。例如,对于总体 X,样本均值就是总体 X 的数学期望的无偏估计,即

$$E(x) = \frac{1}{n}\sum_{i=1}^{n} X_i$$

那为什么样本方差分母必须要是 $n-1$ 而不是 n 才能使得该估计无偏呢?这是令很多

人倍感困惑的地方。

首先，假定随机变量 X 的数学期望 μ 是已知的，然而方差 σ^2 未知。在这个条件下，根据方差的定义有

$$E\big[(X_i-\mu)^2\big]=\sigma^2,\quad \forall i=1,2,\cdots,n$$

由此可得

$$E\Big[\frac{1}{n}\sum_{i=1}^{n}(X_i-\mu)^2\Big]=\sigma^2$$

因此

$$\frac{1}{n}\sum_{i=1}^{n}(X_i-\mu)^2$$

是方差 σ^2 的一个无偏估计，式中的分母 n。这个结果符合直觉，并且在数学上也是显而易见的。

现在，考虑随机变量 X 的数学期望 μ 是未知的情形。这时，人们会倾向于直接用样本均值 $\overline{X}$ 替换掉上面式子中的 μ。这样做有什么后果呢？后果就是如果直接使用

$$\frac{1}{n}\sum_{i=1}^{n}(X_i-\overline{X})^2$$

作为估计，将会倾向于低估方差。这是因为

$$\frac{1}{n}\sum_{i=1}^{n}(X_i-\overline{X})^2=\frac{1}{n}\sum_{i=1}^{n}\big[(X_i-\mu)+(\mu-\overline{X})\big]^2$$

$$=\frac{1}{n}\sum_{i=1}^{n}(X_i-\mu)^2+\frac{2}{n}\sum_{i=1}^{n}(X_i-\mu)(\mu-\overline{X})+\frac{1}{n}\sum_{i=1}^{n}(\mu-\overline{X})^2$$

$$=\frac{1}{n}\sum_{i=1}^{n}(X_i-\mu)^2+2(\overline{X}-\mu)(\mu-\overline{X})+(\mu-\overline{X})^2$$

$$=\frac{1}{n}\sum_{i=1}^{n}(X_i-\mu)^2-(\mu-\overline{X})^2$$

换言之，除非正好 $\overline{X}=\mu$，否则一定有

$$\frac{1}{n}\sum_{i=1}^{n}(X_i-\overline{X})^2<\frac{1}{n}\sum_{i=1}^{n}(X_i-\mu)^2$$

而不等式右边的才是对方差的无偏估计。这个不等式说明了为什么直接使用

$$\frac{1}{n}\sum_{i=1}^{n}(X_i-\overline{X})^2$$

会导致对方差的低估。那么，在不知道随机变量真实数学期望的前提下，如何正确的估计方差呢？答案是把上式中的分母 n 换成 $n-1$，通过这种方法把原来偏小的估计"放大"一点点，就能获得对方差的正确估计了，而且这个结论也是可以被证明的。

下面就来证明

$$E\Big[\frac{1}{n-1}\sum_{i=1}^{n}(X_i-\overline{X})^2\Big]=\sigma^2$$

记 $D(X_i),E(X_i)$ 为 X_i 的方差和期望，显然有 $D(X_i)=\sigma^2$，$E(X_i)=\mu$。

$$D(\overline{X})=D\Big(\frac{1}{n}\sum_{i=1}^{n}X_i\Big)=\frac{1}{n^2}D\Big(\sum_{i=1}^{n}X_i\Big)=\frac{1}{n^2}\Big[\sum_{i=1}^{n}D(X_i)\Big]=\frac{\sigma^2}{n}$$

$$E(\overline{X}^2) = D(\overline{X}) + E^2(\overline{X}) = \frac{\sigma^2}{n} + \mu^2$$

且有

$$E\Big[\sum_{i=1}^n X_i^2\Big] = \sum_{i=1}^n E[X_i^2] = \sum_{i=1}^n \big[D(X_i) + E^2(X_i)\big] = n(\sigma^2 + \mu^2)$$

$$E\Big[\sum_{i=1}^n X_i \overline{X}\Big] = E\Big[\overline{X}\sum_{i=1}^n X_i\Big] = nE(\overline{X}^2) = n\Big(\frac{\sigma^2}{n} + \mu^2\Big)$$

由此可得

$$E\Big[\frac{1}{n-1}\sum_{i=1}^n (X_i - \overline{X})^2\Big] = \frac{1}{n-1}E\Big[\sum_{i=1}^n (X_i - \overline{X})^2\Big]$$

$$= \frac{1}{n-1}E\Big[\sum_{i=1}^n (X_i^2 - 2X_i\overline{X} + \overline{X}^2)\Big]$$

$$= \frac{1}{n-1}\Big[n(\sigma^2 + \mu^2) - 2n\Big(\frac{\sigma^2}{n} + \mu^2\Big) + n\Big(\frac{\sigma^2}{n} + \mu^2\Big)\Big] = \sigma^2$$

结论得证。

既然已经知道样本方差的定义为

$$s^2 = \frac{\sum_{i=1}^n [X_i - \overline{X}][X_i - \overline{X}]}{n-1}$$

那么也就可以因此给出样本协方差的定义如下

$$\text{cov}(X,Y) = \frac{\sum_{i=1}^n [X_i - \overline{X}][Y_i - \overline{Y}]}{n-1}$$

设总体 X(无论服从什么分布,只要均值和方差存在)的均值为 μ,方差为 σ^2,$X_1, X_2, \cdots$ X_n 是来自总体 X 的一个样本,$\overline{X}$ 和 s^2 分别是样本均值和样本方差),则有

$$E(\overline{X}) = \mu, \quad D(\overline{X}) = \sigma^2/n$$

而

$$E(s^2) = E\Big[\frac{1}{n-1}\sum_{i=1}^n (X_i^2 - n\overline{X}^2)\Big] = \frac{1}{n-1}\sum_{i=1}^n \big[E(X_i^2) - nE(\overline{X}^2)\big]$$

$$= \frac{1}{n-1}\sum_{i=1}^n \Big[(\sigma^2 + \mu^2) - n\Big(\frac{\sigma^2}{n} + \mu^2\Big)\Big] = \sigma^2$$

即

$$E(s^2) = \sigma^2$$

回忆第 4 章中曾经给出的一个结论:设 $X_1, X_2, \cdots, X_n$ 是来自正态总体 $N(\mu, \sigma^2)$ 的一个样本,$\overline{X}$ 是样本的均值,则有

$$\overline{X} \sim N\Big(\mu, \frac{\sigma^2}{n}\Big)$$

如果将其转换为标准正态分布的形式,则得出

$$\frac{\overline{X} - \mu}{\sigma/\sqrt{n}} \sim N(0,1)$$

很多情况下，无法得知总体方差 σ^2，此时就需要使用样本方差 s^2 替代。但这样做的结果就是，上式将发生些许变化。最终的形式由下面这个定理给出，这也是本章后面将多次用到的一个重要结论。

定理 设 $X_1, X_2, \cdots X_n$ 是来自正态总体 $N(\mu, \sigma^2)$ 的一个样本，样本均值和样本方差分别是 $\overline{X}$ 和 s^2，则有

$$\frac{\overline{X} - \mu}{s / \sqrt{n}} \sim t(n-1)$$

其中，$t(n-1)$ 表示自由度为 $n-1$ 的 t 分布。当 n 足够大时，t 分布近似于标准正态分布（此时即变成中央极限定理所描述的情况）。当对于较小的 n 而言，t 分布与标准正态分布有较大差别。

学生 t 分布，简称 t 分布，是类似正态分布的一种对称分布，但它通常要比正态分布平坦和分散。一个特定的 t 分布依赖于称之为自由度的参数，自由度越小，那么 t 分布的图形就越平坦，随着自由度的增大，t 分布也逐渐趋近于正态分布。图 5-1 为标准正态分布及两个自由度不同的 t 分布。

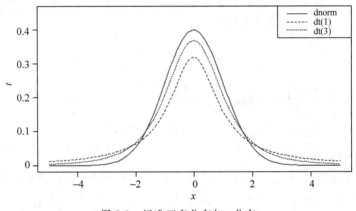

图 5-1 标准正态分布与 t 分布

这里谈到的 t 分布最初是由英国化学家和统计学家威廉·戈塞特（Willam Gosset）于 1908 年首先提出的，当时他还在爱尔兰都柏林的一家酿酒厂工作。酒厂虽然禁止员工发表一切与酿酒研究有关的成果，但还是允许他在不提到酿酒的前提下，以笔名发表 t 分布的发现，所以论文使用了"学生"（Student）这一笔名。后来，t 检验方法以及相关理论经由费希尔发扬光大，为了感谢戈塞特的功劳，费希尔将此分布命名为学生 t 分布（Student's t-distribution）。

5.2 参数估计

统计推断是以带有随机性的样本观测数据为基础，结合具体的问题条件和假定，而对未知事物做出的以概率形式表述的推断，它是数理统计的主要任务。总的来说，统计推断的基本问题可以分为两大类：一类是参数估计；另一类是假设检验。在参数估计部分，将着重关注点估计和区间估计这两类问题。

5.2.1 参数估计的基本原理

如果想知道某所中学高三年级全体男生的平均身高,其实只要测定每个人的身高然后再取均值即可。但是若想知道中国成年男性的平均身高似乎就不那么简单了,因为这个研究的对象群体过于庞大,要想获得全体中国成年男性的身高数据显然不切实际。这时一种可以想到的办法就是对这个庞大的总体进行采样,然后根据样本参数来推断总体参数,于是便引出了参数估计(parameter estimation)的概念。参数估计就是用样本统计量去估计总体参数的方法。例如,可以用样本均值估计总体均值,用样本方差估计总体方差。如果把总体参数(均值、方差等)笼统地用一个符号 θ 表示,而用于估计总体参数的统计量用 $\hat{\theta}$ 表示,那么参数估计也就是用 $\hat{\theta}$ 估计 θ 的过程,其中 $\hat{\theta}$ 也称为是估计量(estimator),而根据具体样本计算得出的估计量数值就是估计值(estimated value)。

点估计(point estimate)就是用样本统计量 $\hat{\theta}$ 的某个取值直接作为总体参数 θ 的估计值。例如,可以用样本均值 $\bar{x}$ 直接作为总体均值 μ 的估计值,用样本比例 p 直接作为总体比例的估计值等。这种方式的点估计也称为矩估计,它的基本思路就是用样本矩估计总体矩,用样本矩的相应函数来估计总体矩的函数。由人数定理可知,如果总体 X 的 k 阶矩存在,那么样本的 k 阶矩以概率收敛到总体的 k 阶矩,样本矩的连续函数收敛到总体矩的连续函数,这就启发人们可以用样本矩作为总体矩的估计量,这种用相应的样本矩去估计总体矩的估计方法就称为矩估计法,这种方法最初是由英国统计学家卡尔·皮尔逊(Karl Pearson)提出的。

来看一个例子。2014 年 10 月 28 日,为了纪念美国实验医学家、病毒学家乔纳斯·爱德华·索尔克(Jonas Edward Salk)百年诞辰,谷歌特别在其主页上刊出了一幅如图 5-2 所示的纪念画。"二战"以后,由于缺乏有效的防控手段,脊髓灰质炎逐渐成为美国公共健康的最大威胁之一。1952 年的"大流行"是美国历史上最严重的爆发,那年报道的病例有 58 000 人,其中 3145 人死亡,另有 21 269 人致残,且多数受害者是儿童。直到索尔克研制出首例安全有效的"脊髓灰质炎疫苗",曾经让人闻之色变的脊髓灰质炎才开始得到有效的控制。

图 5-2　索尔克纪念画

索尔克在验证他发明的疫苗效果时,设计了一个随机双盲对照试验,实验结果是在200 745 名全部接种了疫苗的儿童中,最后患上脊髓灰质炎的一共有 57 例。那么采用点估计的办法就可以推断该疫苗的整体失效率大约为

$$\hat{p} = \frac{57}{200\,745} = 0.0284\%$$

在重复抽样下，点估计的均值可以期望等于总体的均值，但由于样本是随机抽取的，由某一个具体样本算出的估计值可能并不等同于总体均值。在用矩估计法对总体参数进行估计时，还应该给出点估计值与总体参数真实值间的接近程度。通常围绕点估计值构造总体参数的一个区间，并用这个区间度量真实值与估计值之间的接近程度，这就是区间估计。

区间估计（interval estimate）是在点估计的基础上，给出总体参数估计的一个区间范围，而这个区间通常是由样本统计量加减估计误差得到的。与点估计不同，进行区间估计时，根据样本统计量的抽样分布可以对样本统计量与总体参数的接近程度给出一个概率度量。

例如，在以样本均值估计总体均值的过程中，由样本均值的抽样分布可知，在重复抽样或无限总体抽样的情况下，样本均值的数学期望等于总体均值，即 $E(\bar{x}) = \mu$。还可以知道，样本均值的标准差 $\sigma_{\bar{x}} = \sigma/\sqrt{n}$，其中 σ 是总体的标准差，n 是样本容量。根据中央极限定理可知样本均值的分布服从正态分布。这就意味着，样本均值 $\bar{x}$ 落在总体均值 μ 的两侧各一个抽样标准差范围内的概率为 0.6827；落在两个抽样标准差范围内的概率为 0.9545；落在三个抽样标准差范围内的概率是 0.9973。

事实上，完全可以求出样本均值落在总体均值两侧任何一个抽样标准差范围内的概率。但实际估计时，情况却恰恰相反。人们所知的仅是样本均值 $\bar{x}$，而总体均值 μ 未知，也正是需要估计的。由于 $\bar{x}$ 与 μ 之间的距离是对称的，如果某个样本均值落在 μ 的两个标准差范围之内，反过来 μ 也就被包括在以 $\bar{x}$ 为中心左右两个标准差的范围之内。因此，约有 95% 的样本均值会落在 μ 的两个标准差范围内。或者说，约有 95% 的样本均值所构造的两个标准差区间会包括 μ。图 5-3 给出了区间估计的示意图。

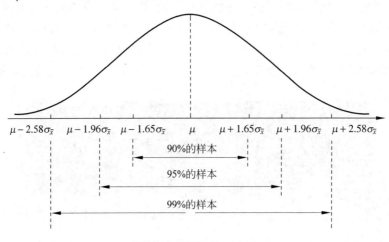

图 5-3　区间估计示意图

在区间估计中，由样本统计量所构造的总体参数的估计区间被称为**置信区间**（confidence interval），而且如果将构造置信区间的步骤重复多次，置信区间中所包含的总体参数真实值的次数的占比称为置信水平，或置信度。在构造置信区间时，可以使用希望的任意值作为置信水平。常用的置信水平和正态分布曲线下右侧面积为 $\alpha/2$ 时的临界值如表 5-1 所示。

表 5-1 常用置信水平临界值

置信水平	α	$\alpha/2$	临界值
90%	0.10	0.050	1.645
95%	0.05	0.025	1.96
99%	0.01	0.005	2.58

5.2.2 单总体参数区间估计

1. 总体比例的区间估计

比例问题可以看做是一项满足二项分布的试验。例如,在索尔克的随机双盲对照试验中,实验结果是在全部 200 745 名接种了疫苗的儿童中最后患上脊髓灰质炎的一共有 57 例。这就相当是做了 200 745 次独立的伯努利试验,而且每次试验的结果必为两种可能之一,即要么是患病,要么是不患病。本章前面也讲过,服从二项分布的随机变量 $X \sim B(n, p)$ 以 np 为期望,以 $np(1-p)$ 为方差。可以令样本比例 $\hat{p} = X/n$ 作为总体比例 p 的估计值,而且可以得知

$$E(\hat{p}) = \frac{1}{n}E(x) = \frac{1}{n} \cdot np = p$$

同时还有

$$\text{var}(\hat{p}) = \frac{1}{n^2}\text{var}(x) = \frac{1}{n^2} \cdot np(1-p) = \frac{p(1-P)}{n}$$

$$\text{se}(\hat{p}) = \sqrt{\frac{p(1-P)}{n}}$$

由此便已经具备了进行区间估计的必要素材。

第一种进行区间估计的方法被称为是 Wald 方法,它是一种近似方法。根据中央极限定理,当 n 足够大时,将会有

$$\hat{p} \sim N\left(p, \sqrt{\frac{p(1-P)}{n}}\right)$$

5.2.1 节中也给出了标准正态分布中 95% 置信水平下的临界值,即 1.96,则

$$\Pr\left(-1.96 < \frac{\hat{p} - p}{\sqrt{p(1-p)/n}} < 1.96\right) \approx 0.95$$

$$\Pr\left(\hat{p} - 1.96\sqrt{\frac{p(1-p)}{n}} < p < \hat{p} + 1.96\sqrt{\frac{p(1-p)}{n}}\right) \approx 0.95$$

Wald 方法对上述结果做了进一步的近似,即把根号下的 p 用 $\hat{p}$ 代替,于是总体比例 p 在 95% 置信水平下的置信区间即为

$$\left(\hat{p} - 1.96\sqrt{\frac{\hat{p}(1-\hat{p})}{n}}, \hat{p} + 1.96\sqrt{\frac{\hat{p}(1-\hat{p})}{n}}\right)$$

以索尔克的随机双盲对照试验为例,可以算得总体比例估计的置信区间,保留小数点后

6 位有效数字的结果为 $(0.000\,210, 0.000\,358)$。

Wald 方法的基本原理是利用正态分布对二项分布进行近似，与之相对的另外一种方法是 Clopper-Pearson 方法。该方法完全是基于二项分布的，所以它是一种更加确切的区间估计方法。利用 Clopper-Pearson 方法，可以算得保留小数点后 6 位有效数字的 95% 置信水平下的区间估计结果为 $(0.000\,215, 0.000\,369)$。可见，这一数值其实已经与 Wald 方法所得之结果非常相近了。

2. 总体均值的区间估计

在对总体均值进行区间估计时，需要分几种情况。首先，如果考虑的总体是正态分布且方差 σ^2 已知，或总体不满足正态分布但为大样本 $(n \geqslant 30)$ 时，样本均值 $\bar{x}$ 的抽样分布均为正态分布，数学期望为总体均值 μ，方差为 σ^2/n。而样本均值经过标准化以后的随机变量服从标准正态分布，即

$$z = \frac{\bar{x} - \mu}{\sigma/\sqrt{n}} \sim N(0,1)$$

由此可知总体均值 μ 在 $1-\alpha$ 置信水平下的置信区间为

$$\left(\bar{x} - z_{\alpha/2}\frac{\sigma}{\sqrt{n}}, \bar{x} + z_{\alpha/2}\frac{\sigma}{\sqrt{n}}\right)$$

其中，α 为显著水平，它是总体均值不包含在置信区间内的概率；$z_{\alpha/2}$ 为标准正态分布曲线与横轴围成的面积等于 $\alpha/2$ 时的 z 值。

如果总体服从正态分布但 σ^2 未知，或总体并不服从正态分布，只要是在大样本条件下，都可以用样本方差 s^2 来代替总体方差 σ^2，此时总体均值在 $1-\alpha$ 置信水平下的置信区间为

$$\left(\bar{x} - z_{\alpha/2}\frac{s}{\sqrt{n}}, \bar{x} + z_{\alpha/2}\frac{s}{\sqrt{n}}\right)$$

其中需要注意的一点，也是本章前面着重讨论的一点，即如果设 $X_1, X_2, \cdots, X_n$ 是来自总体 X 的一个样本，那么作为总体方差 σ^2 的无偏估计的样本方差公式为

$$s^2 = \frac{1}{n-1}\sum_{i=1}^{n}(X_i - \bar{X})^2 = \frac{1}{n-1}\sum_{i=1}^{n}X_i^2 - n\bar{X}^2$$

除此之外，考虑总体是正态分布，但方差 σ^2 未知且属于小样本 $(n<30)$ 的情况，仍需用样本方差 s^2 替代总体方差 σ^2。但此时样本均值经过标准化以后的随机变量将服从自由度为 $(n-1)$ 的 t 分布，即

$$t = \frac{\bar{x} - \mu}{s/\sqrt{n}} \sim t(n-1)$$

注意这也是本章前面给出的一个定理。于是，需要采用学生 t 分布建立总体均值 μ 的置信区间。根据 t 分布建立的总体均值 μ 在 $1-\alpha$ 置信水平下的置信区间为

$$\left(\bar{x} - t_{\alpha/2}\frac{s}{\sqrt{n}}, \bar{x} + t_{\alpha/2}\frac{s}{\sqrt{n}}\right)$$

其中，$t_{\alpha/2}$ 是自由度为 $n-1$ 时，t 分布中右侧面积为 $\alpha/2$ 的 t 值。

表 5-2 对本部分介绍的关于单总体均值的区间估计方法进行了总结，供有需要的读者参阅。

表 5-2 单总体均值的区间估计

总体分布	样本量	总体方差 σ^2 已知	总体方差 σ^2 未知
正态分布	大样本($n \geqslant 30$)	$\bar{x} \pm z_{\alpha/2}\dfrac{\sigma}{\sqrt{n}}$	$\bar{x} \pm z_{\alpha/2}\dfrac{s}{\sqrt{n}}$
	小样本($n < 30$)	$\bar{x} \pm z_{\alpha/2}\dfrac{\sigma}{\sqrt{n}}$	$\bar{x} \pm t_{\alpha/2}\dfrac{s}{\sqrt{n}}$
非正态分布	大样本($n \geqslant 30$)	$\bar{x} \pm z_{\alpha/2}\dfrac{\sigma}{\sqrt{n}}$	$\bar{x} \pm z_{\alpha/2}\dfrac{s}{\sqrt{n}}$

3. 总体方差的区间估计

此处仅讨论正态总体方差的估计问题。根据样本方差的抽样分布可知,样本方差服从自由度为 $n-1$ 的 χ^2 分布,所以考虑用 χ^2 分布构造总体方差的置信区间。给定一个显著水平 α,用 χ^2 分布建立总体方差 σ^2 的置信区间,其实就是要找到一个 χ^2 值,使得

$$\chi^2_{1-\alpha/2} \leqslant \chi^2 \leqslant \chi^2_{\alpha/2}$$

由于

$$\frac{(n-1)s^2}{\sigma^2} \sim \chi^2(n-1)$$

所以可以用其来替代 χ^2,于是有

$$\chi^2_{1-\alpha/2} \leqslant \frac{(n-1)s^2}{\sigma^2} \leqslant \chi^2_{\alpha/2}$$

并根据上式推导出总体方差 σ^2 在 $1-\alpha$ 置信水平下的置信区间为

$$\frac{(n-1)s^2}{\chi^2_{\alpha/2}} \leqslant \sigma^2 \leqslant \frac{(n-1)s^2}{\chi^2_{1-\alpha/2}}$$

因此便可对总体方差的置信区间进行估计。

5.2.3 双总体均值差的估计

本章前面曾经指出,若 $X_i \sim N(\mu_i, \sigma_i^2)$,其中 $i = 1, 2, \cdots, n$ 且相互独立,则它们的线性组合为 $C_1 X_1 + C_2 X_2 + \cdots + C_n X_n$,仍服从正态分布,其中 $C_1, C_2, \cdots, C_n$ 是不全为 0 的常数,并由数学期望和方差的性质可知

$$C_1 X_1 + C_2 X_2 + \cdots + C_n X_n \sim N\left(\sum_{i=1}^{n} C_i \mu_i, \sum_{i=1}^{n} C_i^2 \sigma_i^2\right)$$

所以假设随机变量的估计符合正态分布的一个好处就是它们的线性组合仍然可以满足正态分布的假设。如果有 $X_1 \sim N(\mu_1, \sigma_1^2)$ 和 $X_2 \sim N(\mu_2, \sigma_2^2)$,显然有

$$aX_1 + bX_2 \sim N\left(a\mu_1 + b\mu_2, \sqrt{a^2\sigma_1^2 + b^2\sigma_2^2}\right)$$

当 $a = 1, b = -1$ 时,有

$$X_1 - X_2 \sim N\left(\mu_1 - \mu_2, \sqrt{\sigma_1^2 + \sigma_2^2}\right)$$

这其实给出了两个独立的正态分布的总体之差的分布。

从 X_1 和 X_2 这两个总体中分别抽取样本量为 n_1 和 n_2 的两个随机样本,样本均值分别

为 $\bar{x}_1$ 和 $\bar{x}_2$，则样本均值 $\bar{x}_1$ 满足 $\bar{x}_1 \sim (\mu_1, \sigma_1^2/n_1)$，样本均值 $\bar{x}_2$ 满足 $\bar{x}_2 \sim (\mu_2, \sigma_2^2/n_2)$。进而样本均值之差 $\bar{x}_1 - \bar{x}_2$ 满足

$$(\bar{x}_1 - \bar{x}_2) \sim N\left(\mu_1 - \mu_2, \sqrt{\frac{\sigma_1^2}{n_1} + \frac{\sigma_2^2}{n_2}}\right)$$

由此得到了进行双总体均值的差区间估计的所需素材。在具体讨论时将问题分成两类，即独立样本数据的双总体均值差估计问题，以及配对样本数据的双总体均值差估计问题。

1. 独立样本

如果两个样本是从两个总体中独立抽取的，即一个样本中的元素与另一个样本中的元素相互独立，则称为独立样本(independent samples)。

当两个总体的方差 σ_1^2 和 σ_2^2 已知的时候，根据前面推出的结论，类似于单个总体区间估计，可以得出 $\mu_1 - \mu_2$ 的置信水平为 $1-\alpha$ 的双尾置信区间为

$$\left(\bar{x}_1 - \bar{x}_2 - z_{\alpha/2}\sqrt{\frac{\sigma_1^2}{n_1} + \frac{\sigma_2^2}{n_2}}, \bar{x}_1 - \bar{x}_2 + z_{\alpha/2}\sqrt{\frac{\sigma_1^2}{n_1} + \frac{\sigma_2^2}{n_2}}\right)$$

如果两个总体的方差未知，可以用两个样本方差 s_1^2 和 s_2^2 代替，这时 $\mu_1 - \mu_2$ 的置信水平为 $1-\alpha$ 的双尾置信区间为

$$\left(\bar{x}_1 - \bar{x}_2 - z_{\alpha/2}\sqrt{\frac{s_1^2}{n_1} + \frac{s_2^2}{n_2}}, \bar{x}_1 - \bar{x}_2 + z_{\alpha/2}\sqrt{\frac{s_1^2}{n_1} + \frac{s_2^2}{n_2}}\right)$$

对于两个总体的方差未知的情况，将进一步划分为两种情况，首先当两个总体方差相同，即 $\sigma_1^2 = \sigma_2^2$ 但未知时，可以得到

$$t = \frac{\bar{x}_1 - \bar{x}_2 - (\mu_1 - \mu_2)}{s'\sqrt{\frac{1}{n_1} + \frac{1}{n_2}}} \sim t(n_1 + n_2 - 2)$$

其中

$$s' = \sqrt{\frac{(n_1 - 1)s_1^2 + (n_2 - 1)s_2^2}{n_1 + n_2 - 2}}$$

其中，s_1^2 和 s_2^2 分别是样本方差。类似之前的做法，可以得到 $\mu_1 - \mu_2$ 的置信水平为 $1-\alpha$ 的双尾置信区间为

$$\left(\bar{x}_1 - \bar{x}_2 - t_{\alpha/2}(n_1 + n_2 - 2)s'\sqrt{\frac{1}{n_1} + \frac{1}{n_2}}, \bar{x}_1 - \bar{x}_2 + t_{\alpha/2}(n_1 + n_2 - 2)s'\sqrt{\frac{1}{n_1} + \frac{1}{n_2}}\right)$$

看一个例子。假设有编号为 1 和 2 的两种饲料，现在分别用它们喂养两组肉鸡，然后记录每只鸡的增重情况，数据如表 5-3 所示。

表 5-3 喂食不同饲料的肉鸡增重情况

饲料	增重
1	42, 68, 85
2	42, 97, 81, 95, 61, 103

首先分别计算两组数据的均值和方差，均值分别为 65 和 79.83，方差分别为 21.66 和 23.87。两组样本观察值的标准差是非常相近的，因此假设两个总体的方差是相等的。

根据上面给出的公式，首先来计算 s' 的值，计算过程如下

$$s' = \sqrt{\frac{2 \times 21.66^2 + 5 \times 23.87^2}{3 + 6 - 2}} = 23.26$$

因此，$\mu_1 - \mu_2$ 在 95％置信水平下的置信区间为

$$65 - 79.83 \pm c_{0.975}(t_7) \times 23.26 \sqrt{\frac{1}{6} + \frac{1}{3}}$$

$$= -14.83 \pm 38.90 = (-53.72, 24.06)$$

此外，当两个总体的方差未知，且 $\sigma_1^2 \neq \sigma_2^2$ 时，可以证明

$$t = \frac{\bar{x}_1 - \bar{x}_2 - (\mu_1 - \mu_2)}{\sqrt{\frac{s_1^2}{n_1} + \frac{s_2^2}{n_2}}} \sim t(\nu)$$

近似成立，其中

$$\nu = \left(\frac{\sigma_1^2}{n_1} + \frac{\sigma_2^2}{n_2}\right)^2 \Bigg/ \left[\frac{(\sigma_1^2)^2}{n_1^2(n_1 - 1)} + \frac{(\sigma_2^2)^2}{n_2^2(n_2 - 2)}\right]$$

但由于 σ_1^2 和 σ_2^2 未知，所以用样本方差 s_1^2 和 s_2^2 近似，即

$$\hat{\nu} = \left(\frac{s_1^2}{n_1} + \frac{s_2^2}{n_2}\right)^2 \Bigg/ \left[\frac{(s_1^2)^2}{n_1^2(n_1 - 1)} + \frac{(s_2^2)^2}{n_2^2(n_2 - 2)}\right]$$

可以近似地认为 $t \sim t(\hat{\nu})$。并由此得到 $\mu_1 - \mu_2$ 的置信水平为 $1-\alpha$ 的双尾置信区间为

$$\left(\bar{x}_1 - \bar{x}_2 - t_{\alpha/2}(\hat{\nu})\sqrt{\frac{s_1^2}{n_1} + \frac{s_2^2}{n_2}}, \bar{x}_1 - \bar{x}_2 + t_{\alpha/2}(\hat{\nu})\sqrt{\frac{s_1^2}{n_1} + \frac{s_2^2}{n_2}}\right)$$

仍以饲料和肉鸡增重的数据为例，可以得到

$$\frac{s_1^2}{n_1} = \frac{21.66^2}{3} \approx 156.3852, \quad \frac{s_2^2}{n_2} = \frac{23.87^2}{6} \approx 94.9628$$

进而有

$$\hat{\nu} = \frac{(156.3852 + 94.9628)^2}{(156.3852^2/2) + (94.9628^2/5)} \approx 4.503$$

因此，$\mu_1 - \mu_2$ 在 95％置信水平下的置信区间为

$$65 - 79.83 \pm c_{0.975}(t_{4.503}) \times \sqrt{\frac{23.87^2}{6} + \frac{21.66^2}{3}}$$

$$= -14.83 \pm 2.6585 \times 15.85 = (-56.97, 27.30)$$

2. 配对样本

在前面的例子中，为了讨论两种饲料的差异，从两个独立的总体中进行了抽样，但使用独立样本估计两个总体均值之差也潜藏着一些弊端。试想一下，如果喂食饲料 1 的肉鸡和喂食饲料 2 的肉鸡体质上本来就存在差异，可能其中一种吸收更好而另一组则略差，显然试验结果的说服力将大打折扣。这种"有失公平"的独立抽样往往会掩盖一些真正的差异。

在实验设计中，为了控制其他"有失公平"的因素，尽量降低不利影响，使用配对样本（paired sample）就是一种值得推荐的做法。所谓配对样本就是指一个样本中的数据与另一个样本中的数据是相互对应的。例如，在验证饲料差异的试验中，可以选用同一窝诞下的一对小鸡作为一个配对组，因为人们认为同一窝诞下的小鸡之间差异最小。按照这种思路，如表 5-4 所示，一共有 6 个配对组参与实验，然后从每组中随机选取一只小鸡喂食饲料 1，然后

向另外一只喂食饲料 2，并记录肉鸡体重增加的数据。

表 5-4 配对试验数据

饲料	配对 1 组	配对 2 组	配对 3 组	配对 4 组	配对 5 组	配对 6 组
1	44	55	68	85	90	97
2	42	61	81	95	97	103

使用配对样本进行估计时，在大样本条件下，两个总体均值之差 $\mu_1 - \mu_2$ 在 $1-\alpha$ 置信水平下的置信区间为

$$\left(\bar{d} - z_{\alpha/2} \frac{\sigma_d}{\sqrt{n}}, \bar{d} + z_{\alpha/2} \frac{\sigma_d}{\sqrt{n}} \right)$$

其中，d 表示一组配对样本之间的差值，$\bar{d}$ 表示各差值的均值，σ_d 表示各差值的标准差。当总体 σ_d 未知时，可用样本差值的标准差 s_d 来代替。

在小样本情况下，假定两个总体观察值的配对差值服从正态分布。那么两个总体均值之差 $\mu_1 - \mu_2$ 在 $1-\alpha$ 置信水平下的置信区间为

$$\left(\bar{d} - t_{\alpha/2}(n-1) \frac{s_d}{\sqrt{n}}, \bar{d} + t_{\alpha/2}(n-1) \frac{s_d}{\sqrt{n}} \right)$$

例如，根据表 5-4 中的数据可以算得各配对组之差分别为 -2、6、13、10、7 和 6，以及 $\bar{d} = 6.667$，$s_d = 5.046$。因此，总体均值之差 $\mu_1 - \mu_2$ 在 95% 置信水平下的置信区间为

$$6.667 \pm c_{0.975}(t_5) \times \frac{5.046}{\sqrt{6}} \approx (1.37, 11.96)$$

5.2.4 双总体比例差的估计

由样本比例的抽样分布可知，从两个满足二项分布的总体中抽出两个独立的样本，那么两个样本比例之差的抽样服从正态分布，即

$$(\hat{p}_1 - \hat{p}_2) \sim N\left(p_1 - p_2, \sqrt{\frac{p_1(1-p_1)}{n_1} + \frac{p_2(1-p_2)}{n_2}} \right)$$

再对两个样本比例之差进行标准化，即

$$z = \frac{(\hat{p}_1 - \hat{p}_2) - (p_1 - p_2)}{\sqrt{\frac{p_1(1-p_1)}{n_1} + \frac{p_2(1-p_2)}{n_2}}} \sim N(0,1)$$

当两个总体的比例 p_1 和 p_2 未知时，可用样本比例 $\hat{p}_1$ 和 $\hat{p}_2$ 代替。所以，根据正态分布建立的两个总体比例之差 $p_1 - p_2$ 在 $1-\alpha$ 置信水平下的置信区间为

$$(\hat{p}_1 - \hat{p}_2) \pm z_{\alpha/2} \sqrt{\frac{\hat{p}_1(1-\hat{p}_1)}{n_1} + \frac{\hat{p}_2(1-\hat{p}_2)}{n_2}}$$

下面来看一个例子。在某电视节目的收视率调查中，从农村随机调查了 400 人，其中有 128 人表示收看了该节目；从城市随机调查了 500 人，其中 225 人表示收看了该节目。请以 95% 的置信水平来估计城市与农村收视率差距的置信区间。利用上述公式，不难算出置信

区间为(6.68%,19.32%),即城市与农村收视率差值的 95% 的置信区间为 6.68%～19.32%。如果使用连续性修正,为 6.46%～19.54%。

5.3　假设检验

假设检验是除参数估计之外的另一类重要的统计推断问题。它的基本思想可以用小概率原理来解释。所谓小概率原理,就是认为小概率事件在一次试验中是几乎不可能发生的。也就是说,对总体的某个假设是真实的,那么不利于或者不能支持这一假设的事件在一次试验中是几乎不可能发生的;要是在一次试验中该事件竟然发生了,人们就有理由怀疑这一假设的真实性,进而拒绝这一假设。

5.3.1　基本概念

大卫·萨尔斯伯格(David Salsburg)在《女士品茶:20 世纪统计怎样变革了科学》一书中,以英国剑桥一群科学家及其夫人们在一个慵懒的午后所做的一个小小的实验为开篇,为读者展开了一个关于 20 世纪统计革命的别样世界。而开篇这个品茶故事大约是这样的,当时一位女士表示向一杯茶中加入牛奶和向一杯奶中加入茶水,两者的味道品尝起来是不同的。她的这一表述立刻引起了当时在场的众多睿智头脑的争论。其中一位科学家决定用科学的方法来测试一下这位女士的假设。这个人就是大名鼎鼎的英国统计学家,现代统计科学的奠基人罗纳德·费希尔(Ronald Fisher)。费希尔给这位女士提供了 8 杯兑了牛奶的茶,其中一些是先放的牛奶,另一些则是先放的茶水,然后费希尔让这位女士品尝后判断每一杯茶的情况。

现在问题来了,这位女士能够成功猜对多少杯茶的情况才足以证明她的理论是正确的,8 杯? 7 杯? 还是 6 杯? 解决该问题的一个有效方法是计算一个 P 值,然后由此推断假设是否成立。P 值(P-value)就是当原假设为真时所得到的样本观察结果或更极端结果出现的概率。如果 P 值很小,说明原假设情况的发生的概率很小,而如果确实出现了 P 值很小的情况,根据小概率原理,人们就有理由拒绝原假设。P 值越小,拒绝原假设的理由就越充分。就好比说种瓜得瓜,种豆得豆。在原假设"种下去的是瓜"这个条件下,正常得出来的也应该是瓜。相反,如果得出来的是瓜这件事越不可能发生,人们否定原假设的把握就越大。如果得出来的是豆,也就表明得出来的是瓜这件事的可能性小到了零,这时就有足够的理由推翻原假设,也就可以确定种下去的根本就不是瓜。

假定总共的 8 杯兑了牛奶的茶中,有 6 杯的情况都被猜中了。现在就来计算一下这个 P 值。不过在此之前,还需要先建立原假设和备择假设。原假设通常是指那些单纯由随机因素导致的采样观察结果,通常用 H_0 表示。而备择假设,则是指受某些非随机原因影响而得到的采样观察结果,通常用 H_1 表示。如果从假设检验具体操作的角度来说,常常把一个被检验的假设称为原假设,当原假设被拒绝时而接收的假设称为备择假设,原假设和备择假设往往成对出现。此外,原假设往往是研究者想收集证据予以反对的假设,当然也是有把握且不能轻易被否定的命题,而备择假设则是研究者想收集证据予以支持的假设,同时也是无把握且不能轻易肯定的命题作。

就当前所讨论的饮茶问题而言,显然在不受非随机因素影响的情况下,那个常识性的,似乎很难被否定的命题应该是"无论是先放茶水还是先放牛奶是没有区别的"。如果将该命题作为 H_0,其实也就等同于那位女士对茶的判断完全是随机的,因此她猜中的概率应该是 0.5。这时随机变量 $X \sim B(8, 0.5)$,即满足 $n = 8, p = 0.5$ 的二项分布。相应的备择假设 H_1 为该女士能够以大于 0.5 的概率猜对茶的情况。

直观上,如果 8 杯兑了牛奶的茶中,有 6 杯的情况都被猜中了,可以算出 $\hat{p} = 6/8 = 0.75$,这个值大于 0.5,但这是否大到可以令人们相信先放茶水还是先放牛奶确有不同这个结论。所以需要来计算一下 P 值,即 $Pr(X \geq 6)$。可以算得 P 值是 0.144 531 2。可见,P 值并不是很显著。通常都需要 P 值小于 0.05,才能有足够的把握拒绝原假设。而本题所得结果则表明没有足够的证据支持拒绝原假设。所以如果那位女士猜对了 8 杯中的 6 杯,也没有足够的证据表明先加牛奶或者先加茶水会有何不同。

还应该注意到以上所讨论的是一个单尾的问题。因为备择假设是说该女士能够以大于 0.5 的概率猜对茶的情况。日常遇到的很多问题也有可能是双尾的,例如原假设是概率等于某个值,而备择假设则是不等于该值,即大于或者小于该值。在这种情况下,通常需要将算得的 P 值翻倍,除非已经求得的 P 值大于 0.5,此时令 P 值为 1。另外,当 n 较大的时候,还可以用正态分布来近似二项分布。

1965 年,美国联邦最高法院对斯文诉亚拉巴马州一案作出了裁定。该案也是法学界在研究预断排除原则时常常被提及的著名案例。本案的主角斯文是一个非洲裔美国人,他被控于亚拉巴马州的塔拉迪加地区对一名白人妇女实施了强奸犯罪,并因此被判处死刑。

最终该项案件被上诉至最高法院,理由是陪审团中没有黑人成员,斯文据此认为自己受到了不公正的审判。最高法院驳回了上述请求。根据亚拉巴马州法律,陪审团成员是从一个 100 人的名单中抽选的,而当时的 100 名备选成员中有 8 名是黑人。根据诉讼过程中的无因回避原则,这 8 名黑人被排除在了此处审判的陪审团之外,而无因回避原则本身是受宪法保护的。最高法院在裁决书中也指出:"无因回避的功能不仅在于消除双方的极端不公正,也要确保陪审员仅仅依赖于呈现在他们面前的证据做出裁决,而不能依赖于其他因素……无因回避可允许辩护方通过预先审核程序中的调查提问以确定偏见的可能,消除陪审员的敌意。"此外最高法院还认为,在陪审团备选名单上有 8 名黑人成员,表明整体比例上的差异很小,所以也就不存在刻意引入或者排除一定数量的黑人成员的意图。

亚拉巴马州当时规定只要超过 21 岁就符合陪审团成员的资格,而在塔拉迪加地区满足这个条件的大约有 16 000 人,其中 26% 是非洲裔美国人。现在的问题是,如果这 100 名备选的陪审团成员确实是从符合条件的人群中随机选取的,那么其中黑人成员的数量会否是 8 人或者更少? 可以算得这个概率是 0.000 004 7,也就相当于二十万分之一的机会。

对于假设检验而言,也可以使用正态分布的近似参数计算置信区间。唯一的不同在于此时是在原假设 $H_0: p = p_0$ 的前提下计算概率值,所以原来在计算置信区间时所采用的近似

$$\frac{p(1-p)}{n} \approx \frac{\hat{p}(1-\hat{p})}{n}$$

现在就不再需要了。取而代之的是在计算标准误差和 P 值时直接使用 p_0 即可。

如果估计值用 $\hat{p}$ 表示，其（估计的）标准误差是

$$\sqrt{p_0(1-p_0)/n}$$

检验统计量为

$$Z=\frac{\hat{p}-p_0}{\sqrt{p_0(1-p_0)/n}}$$

是当 n 比较大时，在原假设前提下，通过对标准正态分布的近似得到。

继续前面的例子，现在原假设可以表述为 $H_0:p=0.26$，相对应的备择假设为 $H_1:p<0.26$。在 100 人的备选陪审团名单中有 8 名黑人成员，此时 P 值可由下式给出

$$\Pr\left(Z\leqslant\frac{0.08-0.26}{\sqrt{0.26\times0.74/100}}\right)=\Pr(Z\leqslant-4.104)=0.000\,020$$

由此便可以拒绝原假设，从而认为法院的裁定在很大程度上是错误的。

需要说明的是，当使用正态分布（连续的）作为二项分布（离散的）的近似时，要对二项分布中的离散整数 x 进行连续性修正，将数值 x 用从 $x-0.5$ 到 $x+0.5$ 的区间代替（即加上与减去 0.5）。就本题而言，为了得到一个更好的近似，连续性修正就是令 $\Pr(X\leqslant8)\approx\Pr(X^*<8.5)$。所以有

$$\Pr\left(Z\leqslant\frac{0.085-0.26}{\sqrt{0.26\times0.74/100}}\right)=\Pr(Z\leqslant-3.989\,657)=0.000\,033$$

此处无须对连续性修正做过多的解释，但请记住，若不使用连续性修正，那么所得的 P 值将总是偏小，相应的置信区间也偏窄。

5.3.2 两类错误

对原假设提出的命题，要根据样本数据提供的信息进行判断，并得出"原假设正确"或者"原假设错误"的结论。而这个判断有可能正确，也有可能错误。前面在假设检验的基本思想中已经指出，假设检验所依据的基本原理是小概率原理，由此原理对原假设做出判断，而在整个推理过程中所运用的是一种反证法的思路。由于小概率事件，无论其概率多么小，仍然还是有可能发生的，所以利用前面方法进行假设检验时，有可能作出错误的判断。这种错误的判断有两种情形。

一方面，当原假设 H_0 成立时，由于样本的随机性，结果拒绝了 H_0，犯了"弃真"错误，又称为第一类错误，也就是当应该接受原假设 H_0 而拒绝这个假设时，称为犯了第一类错误。当小概率事件确实发生时，就会导致拒绝 H_0 而犯第一类错误，因此犯第一类错误的概率为 α，即假设检验的显著性水平。

另一方面，当原假设 H_0 不成立时，因样本的随机性，结果接受了 H_0，便犯了"存伪"错误，又称为第二类错误，即当应该拒绝原假设 H_0 而接受了这个假设时，称为犯了第二类错误。犯第二类错误的概率为 β。

当原假设 H_0 为真，人们却将其拒绝，如果犯这种错误的概率用 α 表示，那么当 H_0 为真时，人们没有拒绝它，就表示做出来正确的决策，其概率显然就应该是 $1-\alpha$；当原假设 H_0 为假，人们却没有拒绝它，犯这种错误的概率用 β 表示。那么当 H_0 为假，且正确地拒绝了它，

其概率自然为 $1-\beta$。正确决策和错误决策的概率可以归纳为表 5-5。

表 5-5　假设检验中各种可能结果及其概率

	接受 H_0	拒绝 H_0
H_0 为真	决策正确（$1-\alpha$）	弃真错误（α）
H_1 为真	取伪错误（β）	决策正确（$1-\beta$）

人们总是希望两类错误发生的概率 α 和 β 都越小越好，然而实际上却很难做到。当样本容量 n 确定后，如果 α 变小，则检验的拒绝域变小，相应的接受域就会变大，因此 β 值也就随之变大；相反，若 β 变小，则不难想到 α 又会变大。人们有时不得不在两类错误之间做权衡。通常来说，哪一类错误所带来的后果更严重、危害更大，在假设检验中就应该把哪一类错误作为首选的控制目标。但实际检验时，通常所遵循的原则都是控制犯第一类错误的概率 α，而不考虑犯第二类错误的概率 β，这样的检验称为显著性检验。这里所讨论的检验，都是显著性检验。又由于显著性水平 α 是预先给定的，因而犯第一类错误的概率是可以控制的，而犯第二类错误的概率通常是不可控的。

5.3.3　均值检验

根据假设检验的不同内容和进行检验的不同条件，需要采用不同的检验统计量，其中 z 统计量和 t 统计量是两个最主要也最常用的统计量，它们常常用于均值和比例的假设检验。具体选择哪个统计量往往要考虑样本量的大小以及总体标准差 σ 是否已知。事实上，因为统计实验往往是针对来自某一总体的一组样本而进行的，所以更多情况下，人们都认为总体标准差 σ 是未知的。在参数估计部分，已经学习了对单总体样本的均值估计以及双总体样本的均值差估计，本节的内容大致上都是基于前面这些已经得到的结果而进行的。

样本量大小是决定选择哪种统计量的一个重要考虑因素。因为大样本条件下，如果总体是正态分布，样本统计量将也服从正态分布，即使总体是非正态的，样本统计量也趋近于正态分布。所以，大样本下的统计量将都被看成是正态分布的，此时即需要使用 z 统计量。z 统计量是以标准正态分布为基础的一种统计量，当总体标准差 σ 已知时，它的计算公式如下

$$z = \frac{\bar{x} - \mu_0}{\sigma / \sqrt{n}}$$

正如前面刚刚说过的，实际中总体标准差 σ 往往很难获取，这时一般用样本标准差 s 来代替，如此一来上式便可改写为

$$z = \frac{\bar{x} - \mu_0}{s / \sqrt{n}}$$

在样本量较小的情况下，且总体标准差未知，由于检验所依赖的信息量不足，只能用样本标准差来代替总体标准差，此时样本统计量就服从 t 分布，故应使用 t 统计量，其计算公式为

$$t = \frac{\bar{x} - \mu_0}{s / \sqrt{n}}$$

这里 t 统计量的自由度为 $n-1$。

例如现在为了测定一块土地的 pH,随机抽取了 17 块土壤样本,相应的 pH 检测结果如表 5-6 所示。现在想问该区域的土壤是否是中性的(即 pH=7)?

表 5-6　土壤 pH 检测数据

6.0	5.7	6.2	6.3	6.5	6.4
6.9	6.6	6.8	6.7	6.8	7.1
6.8	7.1	7.1	7.5	7.0	

首先提出原假设和备择假设如下

$$H_0:\text{pH} = 7, H_1:\text{pH} \neq 7$$

该题目显然属于小样本且总体方差未知的情况,此时可以计算其 t 统计量如下

$$t = \frac{6.676\,47 - 7}{0.454\,88/\sqrt{17}} \approx -2.9326$$

因为这是一个双尾检验,所以计算出其 P 值为 0.009 757 353。

下面分析这个结果。首先可以查表或者使用数学软件求出双尾检验的两个临界值分别为 -2.1199 和 2.1199。由于原假设是 pH=7,那么它不成立的情况就有两种,要么 pH>7,要么 pH<7,所以它是一个双尾检验。如图 5-4 所示,其中两部分阴影的面积之和占总图形面积的 5%,即两边各 2.5%。已经算得的 t 统计量要小于临界值 -2.1199,对称地,t 统计量的相反数也大于另外一个临界值 2.1199,即样本数据的统计量落入了拒绝域中。样本数据的统计量对应的 P 值也小于 0.05 的显著水平,所以应该拒绝原假设。因此认为该区域的土壤不是中性的。

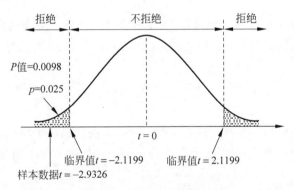

图 5-4　双尾检测的拒绝域与接受域

除了进行双尾检验以外,当然还可执行一个单尾检验。例如现在问该区域的土壤是否呈酸性(即 pH<7),那么便可提出如下的原假设与备择假设

$$H_0:\text{pH} = 7, H_1:\text{pH} < 7$$

此时所得之 t 统计量并未发生变化,但是 P 值却不同了,可以算得 P 值为 0.004 878 676。

如图 5-5 所示,t 统计量小于临界值 -1.7459,即样本数据的统计量落入了拒绝域中。样本数据的统计量对应的 P 值也小于 0.05 的显著水平,所以应该拒绝原假设。因此认为该区域的土壤是酸性的。

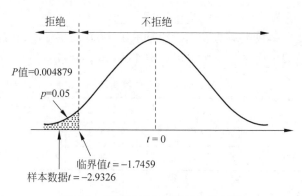

图 5-5　单尾检测的拒绝域与接受域

相比之下,讨论双总体均值之差的假设检验其实更有意义。因为在统计实践中,最常被问到的问题就是两个总体是否有差别。例如,医药公司研发了一种新药,在进行双盲对照实验时,新药常常被用来与安慰剂做比较。如果新药在统计上不能表现出与安慰剂的显著差别,显然这种药就是无效的。再比如前面讨论过的饲料问题,当对比两种饲料的效果时,必然要问及它们之间是否有差别。

同在研究双总体均值差的区间估计问题时所遵循的思路一致,此时仍然分独立样本数据和配对样本数据两种情况来讨论。

对于独立样本数据而言,如果两个总体的方差 σ_1^2 和 σ_2^2 未知,但是可以确定 $\sigma_1^2 = \sigma_2^2$,那么在此情况下检验统计量的计算公式为

$$t = \frac{\bar{x}_1 - \bar{x}_2 - (\mu_1 - \mu_2)}{s'\sqrt{\dfrac{1}{n_1} + \dfrac{1}{n_2}}}$$

其中,s' 的表达式本章前面曾经给出过,这里不再重复。另外,t 分布的自由度为 $n_1 + n_2 - 2$。

对于独立样本数据,若两个总体的方差 σ_1^2 和 σ_2^2 未知,且 $\sigma_1^2 \neq \sigma_2^2$,那么在此情况下检验统计量的计算公式为

$$t = \frac{(\bar{x}_1 - \bar{x}_2) - (\mu_1 - \mu_2)}{\sqrt{s_1^2/n_1 + s_2^2/n_2}}$$

此时检验统计量近似服从一个自由度为 $\hat{\nu}$ 的 t 分布,$\hat{\nu}$ 前面已经给出,这里不再重复。

仍然以饲料与肉鸡增重的数据为例,并假设两个总体的方差不相等,同样提出原假设和备择假设如下

$$H_0: \mu_1 = \mu_2, \quad H_1: \mu_1 \neq \mu_2$$

在原假设前提下,可以计算检验统计量的数值为

$$t = \frac{\bar{x}_1 - \bar{x}_2}{\sqrt{s_1^2/n_1 + s_2^2/n_2}} = \frac{65 - 79.83}{\sqrt{\dfrac{21.66^2}{3} + \dfrac{23.87^2}{6}}} = \frac{-14.83}{15.854} \approx -0.9357$$

这仍然是一个双尾检测,所以可以求得检验临界值为 -2.658 和 2.658。因为 $-2.658 \leqslant -0.9357 \leqslant 2.658$,所以检验统计量落在了接受域中。更进一步还可以算得与检验统计量相对应的 P 值等于 0.3968、大于 0.05 的显著水平,所以无法拒绝原假设,即不能认为两种饲料之间存在差异。

最后来研究双总体均值差的假设检验中,样本数据属于配对样本的情况。此时的假设检验其实与单总体均值的假设检验基本相同,即把配对样本之间的差值看成是从单一总体中抽取的一组样本。在大样本条件下,两个总体间各差值的标准差 σ_d 未知,所以用样本差值的标准差 s_d 来代替,此时统计量的计算公式为

$$z = \frac{\bar{d} - \mu}{s_d / \sqrt{n}}$$

其中,d 是一组配对样本之间的差值,$\bar{d}$ 表示各差值的均值,μ 表示两个总体中配对数据差的均值。

在样本量较小的情况下,样本统计量就服从 t 分布,故应使用 t 统计量,其计算公式为

$$t = \frac{\bar{d} - \mu}{s_d / \sqrt{n}}$$

其中,t 统计量的自由度为 $n-1$。

继续前面关于双总体均值差中配对样本的讨论,欲检验喂食了两组不同饲料的肉鸡在增重数据方面是否具有相同的均值,现提出下列原假设和备择假设

$$H_0: \mu_1 = \mu_2, H_1: \mu_1 \neq \mu_2$$

在原假设前提下,很容易得出配对差的均值 μ 也为零的结论,于是可以计算检验统计量如下

$$t = \frac{6.67}{5.05\sqrt{6}} = \frac{6.67}{2.062} \approx 3.235$$

这仍然是一个双尾检测,所以可以求得检验临界值 -2.571 和 2.571。因为 $3.235 \geqslant 2.571$,所以检验统计量落在了拒绝域中。更进一步还可以算得与检验统计量相对应的 P 值等于 $0.023\,05$、小于 0.05 的显著水平,所以应该拒绝原假设,即认为两种饲料之间存在差异。

5.4 极大似然估计

正如本章前面所讲的,统计推断的基本问题可以分为两大类:一类是参数估计;另一类是假设检验。其中,假设检验又分为参数假设检验和非参数假设检验两大类。本章所讲的假设检验都属于是参数假设检验的范畴。参数估计也分为两大类,即参数的点估计和区间估计。用于点估计的方法一般有矩方法和最大似然估计法(Maximum Likelihood Estimate,MLE)两种。

5.4.1 极大似然法的基本原理

最大似然这个思想最初是由高斯提出的,但真正将其发扬光大的则是费希尔。费希尔在其 1922 年发表的一篇论文中再次提出了最大似然估计这个思想,并且首先探讨了这种方法的一些性质。而且,费希尔当年正是凭借这一方法彻底撼动了皮尔逊在统计学界的统治地位。从此开始,统计学研究正式进入了费希尔时代。

为了引入最大似然估计法的思想，先来看一个例子。设一个口袋中有黑白两种颜色的小球，并且知道这两种球的数量比为 $3:1$，但不知道具体哪种球占 $3/4$，哪种球占 $1/4$。现在从袋子中有返回地任取 3 个球，其中有一个是黑球，那么试问袋子中哪种球占 $3/4$，哪种球占 $1/4$。

设 X 是抽取 3 个球中黑球的个数，又设 p 是袋子中黑球所占的比例，则有 $X \sim B(3, p)$，即

$$P(X = k) = \binom{3}{k} p^k (1-p)^{3-k}, k = 0, 1, 2, 3$$

当 $X=1$ 时，不同的 p 值对应的概率分别为

$$P\left(X = 1; p = \frac{3}{4}\right) = 3 \times \frac{3}{4} \times \left(\frac{1}{4}\right)^2 = \frac{9}{64}$$

$$P\left(X = 1; p = \frac{1}{4}\right) = 3 \times \frac{1}{4} \times \left(\frac{3}{4}\right)^2 = \frac{27}{64}$$

由于第一个概率小于第二个概率，所以判断黑球的占比应该是 $1/4$。

在上面的例子中，p 是分布中的参数，它只能取 $3/4$ 或者 $1/4$。需要通过抽样结果来决定分布中参数究竟是多少。在给定了样本观察值以后再去计算该样本的出现概率，而这一概率依赖于 p 值。所以就需要用 p 的可能取值分别去计算最终的概率，在相对比较之下，最终所取的 p 值应该是使得最终概率最大的那个 p 值。

极大似然估计的基本思想就是根据上述想法引申出来的。设总体含有待估参数 θ，它可以取很多值，所以就要在 θ 的一切可能取值之中选出一个使样本观测值出现概率为最大的 θ 值，记为 $\hat{\theta}$，并将此作为 θ 的估计，并称 $\hat{\theta}$ 为 θ 的极大似然估计。

首先来考虑 X 属于离散型概率分布的情况。假设在 X 的分布中含有未知参数 θ，记为

$$P(X = a_i) = p(a_i; \theta), i = 1, 2, \cdots, \theta \in \Theta$$

现从总体中抽取容量为 n 的样本，其观测值为 $x_1, x_2, \cdots, x_n$，这里每个 x_i 为 $a_1, a_2, \cdots$ 中的某个值，该样本的联合分布为

$$\prod_{i=1}^{n} p(x_i; \theta)$$

由于这一概率依赖于未知参数 θ，故可将它看成是 θ 的函数，并称其为似然函数，记为

$$L(\theta) = \prod_{i=1}^{n} p(x_i; \theta)$$

对不同的 θ，同一组样本观察值 $x_1, x_2, \cdots, x_n$ 出现的概率 $L(\theta)$ 也不一样。当 $P(A) > P(B)$ 时，事件 A 出现的可能性比事件 B 出现的可能性大，如果样本观察值 $x_1, x_2, \cdots, x_n$ 出现了，当然就要求对应的似然函数 $L(\theta)$ 的值达到最大，所以应该选取这样的 $\hat{\theta}$ 作为 θ 的估计，使得

$$L(\hat{\theta}) = \max_{\theta \in \Theta} L(\theta)$$

如果 $\hat{\theta}$ 存在的话，则称 $\hat{\theta}$ 为 θ 的极大似然估计。

此外，当 X 是连续分布时，其概率密度函数为 $p(x; \theta)$，θ 为未知参数，且 $\theta \in \Theta$，这里的 Θ 表示一个参数空间。现从该总体中获得容量为 n 的样本观测值 $x_1, x_2, \cdots, x_n$，那么在 $X_1 = x_1, X_2 = x_2, \cdots, X_n = x_n$ 时联合密度函数值为

$$\prod_{i=1}^{n} p(x_i;\theta)$$

它也是 θ 的函数,也称为似然函数,记为

$$L(\theta)=\prod_{i=1}^{n} p(x_i;\theta)$$

对不同的 θ,同一组样本观察值 $x_1,x_2,\cdots,x_n$ 的联合密度函数值也是不同的,因此应该选择 θ 的极大似然估计 $\hat{\theta}$,从而使下式得到满足

$$L(\hat{\theta})=\max_{\theta\in\Theta}L(\theta)$$

5.4.2 求极大似然估计的方法

当函数关于参数可导时,可以通过求导方法来获得似然函数极大值对应的参数值。在求极大似然估计时,为求导方便,常对似然函数 $L(\theta)$ 取对数,称 $l(\theta)=\ln L(\theta)$ 为对数似然函数,它与 $L(\theta)$ 在同一点上达到最大。根据微积分中的费马定理,当 $l(\theta)$ 对 θ 的每一分量可微时,可通过 $l(\theta)$ 对 θ 的每一分量求偏导并令其为 0 求得,称

$$\frac{\partial l(\theta)}{\partial \theta_j}=0,j=1,2,\cdots,k$$

为似然方程,其中 k 是 θ 的维数。

下面就结合一个例子来演示这个过程。假设随机变量 $X\sim B(n,p)$,又知 $x_1,x_2,\cdots,x_n$ 是来自 X 的一组样本观察值,现在求 $P(X=T)$ 时,参数 p 的极大似然估计。首先写出似然函数

$$L(p)=\prod_{i=1}^{n} p^{x_i}(1-p)^{1-x_i}$$

然后,对上式左右两边取对数,可得

$$l(p)=\sum_{i=1}^{n}\left[x_i\ln p+(1-x_i)\ln(1-p)\right]=n\ln(1-p)+\sum_{i=1}^{n}x_i\left[\ln p-\ln(1-p)\right]$$

将 $l(p)$ 对 p 求导,并令其导数等于 0,得似然方程

$$\frac{\mathrm{d}l(p)}{\mathrm{d}p}=-\frac{n}{1-p}+\sum_{i=1}^{n}x_i\left(\frac{1}{p}+\frac{1}{1-p}\right)$$

$$=-\frac{n}{1-p}+\frac{1}{p(1-p)}\sum_{i=1}^{n}x_i=0$$

解似然方程得

$$\hat{p}=\frac{1}{n}\sum_{i=1}^{n}x_i=\bar{x}$$

可以验证,当 $\hat{p}=\bar{x}$ 时,$\partial^2 l(p)/\partial p^2<0$,这就表明 $\hat{p}=\bar{x}$ 可以使函数取得极大值。最后将题目中已知的条件代入,可得 p 的极大似然估计为 $\hat{p}=\bar{x}=T/n$。

再来看一个连续分布的例子。假设有随机变量 $X\sim N(\mu,\sigma^2)$,μ 和 σ^2 都是未知参数,$x_1,x_2,\cdots,x_n$ 是来自 X 的一组样本观察值,试求 μ 和 σ^2 的极大似然估计值。首先写出似然函数

$$L(\mu, \sigma^2) = \prod_{i=1}^{n} \frac{1}{\sqrt{2\pi}\sigma} e^{-\frac{(x_i - \mu)^2}{2\sigma^2}} = (2\pi\sigma^2)^{-\frac{n}{2}} \cdot e^{\frac{\sum_{i=1}^{n}(x_i - \mu)^2}{2\sigma^2}}$$

然后，对上式左右两边取对数，可得

$$l(\mu, \sigma^2) = -\frac{n}{2}\ln(2\pi\sigma^2) - \frac{1}{2\sigma^2}\sum_{i=1}^{n}(x_i - \mu)^2$$

将 $l(\mu, \sigma^2)$ 分别对 μ 和 σ^2 求偏导数，并令它们的导数等于 0，于是可得似然方程

$$\begin{cases} \dfrac{\partial l(\mu, \sigma^2)}{\mu} = \dfrac{1}{\sigma^2}\sum_{i=1}^{n}(x_i - \mu) = 0 \\ \dfrac{\partial l(\mu, \sigma^2)}{\sigma^2} = -\dfrac{n}{2\sigma^2} + \dfrac{1}{2\sigma^4}\sum_{i=1}^{n}(x_i - \mu)^2 = 0 \end{cases}$$

求解似然方程可得

$$\hat{\mu} = \bar{x}, \hat{\sigma}^2 = \frac{1}{n}\sum_{i=1}^{n}(x_i - \bar{x})^2 = 0$$

而且还可以验证 $\hat{\mu}$ 和 $\hat{\sigma}^2$ 可以使得 $l(\mu, \sigma^2)$ 达到最大。用样本观察值替代后便得出 μ 和 σ^2 的极大似然估计分别为

$$\hat{\mu} = \bar{X}, \quad \hat{\sigma}^2 = \frac{1}{n}\sum_{i=1}^{n}(X_i - \bar{X})^2 = S_n^2$$

因为 $\hat{\mu} = \bar{X}$ 是 μ 的无偏估计，但 $\hat{\sigma}^2 = S_n^2$ 并不是 σ^2 的无偏估计，可见参数的极大似然估计并不能确保无偏性。

最后给出一个被称为"不变原则"的定理：设 $\hat{\theta}$ 是 θ 的极大似然估计，$g(\theta)$ 是 θ 的连续函数，则 $g(\theta)$ 的极大似然估计为 $g(\hat{\theta})$。

这里并不打算对该定理进行详细证明。下面将通过一个例子来说明它的应用。假设随机变量 X 服从参数为 λ 的指数分布，$x_1, x_2, \cdots, x_n$ 是来自 X 的一组样本观察值，试求 λ 和 $E(X)$ 的极大似然估计值。首先写出似然函数

$$L(\lambda) = \prod_{i=1}^{n}\lambda e^{-\lambda x_i} = \lambda^n e^{-\lambda \sum_{i=1}^{n} x_i}$$

然后，对上式左右两边取对数，可得

$$l(\lambda) = n\ln\lambda - \lambda\sum_{i=1}^{n} x_i$$

将 $l(\lambda)$ 对 λ 求导得似然方程为

$$\frac{\mathrm{d}l(\lambda)}{\mathrm{d}\lambda} = \frac{n}{\lambda} - \sum_{i=1}^{n} x_i = 0$$

解似然方程得

$$\hat{\lambda} = n\Big/\sum_{i=1}^{n} x_i = \frac{1}{\bar{x}}$$

可以验证它使 $l(\lambda)$ 达到最大，而且上述过程对一切样本观察值都成立，所以 λ 的极大似然估计值为 $\hat{\lambda} = 1/\bar{X}$。此外，$E(x) = 1/\lambda$，它是 λ 的函数，其极大似然估计可用不变原则进行求解，即用 $\hat{\lambda}$ 代入 $E(x)$，可得 $E(x)$ 的最大似然估计为 $\bar{X}$，这与矩法估计的结果一致。

本章参考文献

［1］ 贾俊平,何晓群,金勇进.统计学[M].4 版.北京：中国人民大学出版社,2009.

［2］ 奥特,朗格内克.统计学方法与数据分析引论[M].5 版.张忠占,等译.北京：科学出版社,2003.

［3］ 萨尔斯伯格.女士品茶：20 世纪统计怎样变革了科学[M].邱东,等译.北京：中国统计出版社,2004.

［4］ Dawen Griffiths.深入浅出统计学.北京：电子工业出版社,2012.

［5］ Mario F. Triola.初级统计学[M].8 版.刘新立,译.北京：清华大学出版社,2004.

第 6 章

子带编码与小波变换

小波变换在图像处理领域占据着非常重要的地位,特别在图像压缩、降噪、多尺度融合,以及数字水印方面都具有广泛的应用。然而,要想真正理解小波的原理其实又是非常不容易的。本篇旨在帮助读者理清小波变换的来龙去脉,让读者真正搞清它的原理。为此本篇将会从图像编码的理论基础谈起,这主要涉及了信息论中率失真理论。同时,本章还会介绍关于子带编码方面的一些内容。基于这些知识,再来审视小波变换,读者必然会发现自己对相关内容的理解程度又深入了一个层次。

6.1 图像编码的理论基础

在使自己专注于特定的图像编码算法之前,需要知道对于给定的图像质量要求,可以期待将图像的传输比特率降低到多少。这一限制在判定实际图像编码方案(例如子带编码)的相对表现时将非常有用。1948 年,美国科学家克劳德·香农(Claude Shannon)发表了《通信的数学理论》一文,这便是现代信息论研究的发端,而香农也因此被称为是信息论之父。信息论是运用概率与数理统计的方法研究信息、通信、数据传输和压缩,以及密码学等问题的应用数学学科。图像的编码与压缩是数字图像处理领域中重要的研究方向。本节所要关注的问题便是与图像的编码与压缩密切相关的数学基础,它也是概率论与数理统计等数学知识在信息论研究中的体现。

6.1.1 率失真函数

人们总是试图以更快的速度来传输信息。这种日益增长的对于传输速度的需求常要求信息以某种速率在信道中传递,从而获得超越信道容量的效果。在这种情况下失真就在所难免。为了将这种失真降到最小,所要做的首先是根据信息在最终目的的重要性来对其进行排序,然后在实际传输之前,要么是进行某种形式的浓缩,要么删减相对不太重要的部分。那些被设计出来用于从信源的输出中提取重要信息,并且除去冗余或不相关成分的方案就称为数据压缩算法。早期的数据压缩算法更多的是直觉角度出发设计的。显然,为数据压缩科学发展一套严密的数学理论是非常有必要的。由信息论提供的数学基础作为理论框架,并以此为起点来发展针对数据压缩的数学理论无疑是一个值得考虑的选择。站在信息论的角度来看待数据压缩的相关理论原理就被称为是率失真理论。

率失真(rate distortion)理论是信息论的一个分支,可以在无须考虑特定的编码方法的情况下,计算编码性能的上下限。特别地,如果介于发射端的原始图像 x 和接收端的重构图像 y 之间的失真 D 没有超出最大可以接受的失真范围 D^*,那么率失真理论给出了最小的传输比特率 R。遗憾的是,该理论并没有给出一个用于构建实际最优编解码器的方法。尽管如此,将看到率失真理论能够提供非常重要的提示,这些提示涉及关于最优数字信号编解码器的一些属性。

率失真理论中有两个核心的概念,即互信息(mutual information)和失真。互信息是信息论里一种有用的信息度量,它是指两个事件集合之间的相关性。一般而言,信道中总是存在着噪声和干扰,信源 X 发出消息 x,通过信道后接收端 Y 只可能收到由干扰作用引起的某种变形 y。接收端收到 y 后推测信源发出 x 的概率,这一过程可由后验概率 $p(x|y)$ 来描述。相应地,信源发出 x 的概率 $p(x)$ 称为先验概率。设 X 和 Y 是两个离散的随机变量,事件 $Y=y_j$ 的出现对事件 $X=x_i$ 的出现的互信息定义为 x 的后验概率与先验概率比值的对数,也称交互信息量(简称互信息),即

$$I(x_i; y_j) = \log_2 \frac{p(x_i \mid y_j)}{p(x_i)}$$

互信息是一个用来测度发送端和接收端信息传递的对称概念。尽管对于发送端和接收端都有各自的互信息,但是这个分析框架却是统一的。相对于互信息而言,更关注的是信息论中的平均量。两个集合 X 和 Y 之间的平均互信息定义为单个事件之间互信息的数学期望(其中 X 表示输入端或发送端,Y 表示输出端或接收端)

$$I(X; Y) = E[I(x_i; y_j)] = \sum_{i=1}^{n} \sum_{j=1}^{m} p(x_i, y_j) \log \frac{p(x_i \mid y_j)}{p(x_i)}$$

$$= \sum_{i=1}^{n} \sum_{j=1}^{m} p(x_i y_j) \log \frac{p(x_i y_j)}{p(x_i) p(y_j)}$$

其中,$p(x, y)$ 表示集合 X 和 Y 中的随机变量 x 和 y 的联合概率密度函数,也可以记作 $p(xy)$,根据概率知识,对于联合概率密度函数有 $p(xy) = p(y|x) \cdot p(x) = p(x|y) \cdot p(y)$。其中,$p(x)$ 和 $p(y)$ 则分别表示对应的边缘概率密度函数。可以设想 x 表示发送端的原始图像信号,而 y 表示接收端的重构图像信号。

平均互信息 $I(X; Y)$ 代表了接收到每个输出符号 Y 后获得的关于 X 的平均信息量,单位为比特/符号。可见,平均互信息显然具有对称性,即 $I(X; Y) = I(Y; X)$,简单证明如下

$$I(X; Y) = \sum_i \sum_j p(x_i y_j) \log \frac{p(x_i y_j)}{p(x_i) p(y_j)} = \sum_i \sum_j p(y_j x_i) \log \frac{p(y_j x_i)}{p(y_j) p(x_i)} = I(Y; X)[1]$$

---

[1] 此处采用简略记法,以下类同。

平均互信息与集合的差分熵 $h(X)$（或称微分熵）有关，其离散形式定义为

$$h(X) = \sum_i p(x_i)\log\frac{1}{p(x_i)}$$

此外，平均互信息同时与（在给定集合 Y 的条件下）集合 X 的条件差分熵 $h(X|Y)$（或简称条件熵）有关，其离散形式定义为

$$h(X\mid Y) = \sum_i\sum_j p(x_iy_j)\log\frac{1}{p(x_i\mid y_j)}$$

平均互信息与差分熵的关系可由下述定理表述

$$I(X;Y) = h(X) - h(X\mid Y) = h(Y) - h(Y\mid X)$$

其中，$h(X)$ 代表接收到输出符号以前关于信源 X 的先验不确定性，称为先验熵，而 $h(X|Y)$ 代表接收到输出符号后残存的关于 X 的不确定性，称为损失熵或信道疑义度，两者之差应为传输过程获得的信息量。

下面对上述定理做简单证明，根据 $I(X;Y)$ 的定义式可得

$$I(X;Y) = \sum_i\sum_j p(x_iy_j)\log\frac{p(x_i\mid y_j)}{p(x_i)} = \sum_i\sum_j p(x_iy_j)\log\frac{1}{p(x_i)}$$
$$- \sum_i\sum_j p(x_iy_j)\log\frac{1}{p(x_i\mid y_j)}$$

其中

$$\sum_i\sum_j p(x_iy_j)\log\frac{1}{p(x_i)} = \sum_i\left[\log\frac{1}{p(x_i)}\sum_j p(x_iy_j)\right] = \sum_i p(x_i)\log\frac{1}{p(x_i)}\quad^①$$

从而 $I(X;Y)=h(X)-h(X|Y)$ 得证，同理 $I(X;Y)=h(Y)-h(Y|X)$ 也成立。

关于平均互信息的另外一种定义式表述如下

$$I(X;Y) = h(X) + h(Y) - h(XY)$$

其中，$h(XY)$ 是联合熵（Joint Entropy），其定义为

$$h(XY) = \sum_i\sum_j p(x_iy_j)\log\frac{1}{p(x_iy_j)}$$

证明

$$I(X;Y) = \sum_i\sum_j p(x_iy_j)\log\frac{p(x_iy_j)}{p(x_i)p(y_j)}$$
$$= \sum_i\sum_j p(x_iy_j)\log\frac{1}{p(x_i)} + \sum_i\sum_j p(x_iy_j)\log\frac{1}{p(y_j)} - \sum_i\sum_j p(x_iy_j)\log\frac{1}{p(x_iy_j)}$$

定理得证。

联合熵 $h(XY)$ 表示输入随机变量 X，经信道传输到达信宿，输出随机变量 Y，即收发双方通信后，整个系统仍然存在的不确定度。而 $I(X;Y)$ 表示通信前后整个系统不确定度减少量。在通信前把 X 和 Y 看成两个相互独立的随机变量，整个系统的先验不确定度为 $h(X)+h(Y)$；通信后把信道两端出现 X 和 Y 看成是由信道的传递统计特性联系起来的具有一定统计关联关系的两个随机变量，这时整个系统的后验不确定度由 $h(XY)$ 描述。根据各种熵的定义，从该式可以清楚地看出平均互信息量是一个表示信息流通的量，其物理意义

---

① 根据全概率公式 $p(B) = \sum_j p(B\mid A_j)p(A_j)$，则有 $\sum_j p(x_iy_j) = \sum_j p(x_i\mid y_j)p(y_j) = p(x_i)$。

就是信源端的信息通过信道后传输到信宿端的平均信息量。可见,对互信息 $I(x;y)$ 求统计平均后正是平均互信息 $I(X;Y)$,两者分别代表了互信息的局部和整体含义,在本质上是统一的。从平均互信息 $I(X;Y)$ 的定义中,可以进一步理解熵只是对不确定性的描述,而不确定性的消除才是接收端所获得的信息量。

互信息 $I(x;y)$ 的值可能取正,也可能取负,这可以通过具体计算来验证。但平均互信息 $I(X;Y)$ 的值不可能为负。非负性是平均互信息的另外一个重要性质,即 $I(X;Y)\geqslant0$,当 X 与 Y 统计独立时等号成立。下面来证明这个结论。

证明 根据自然对数的性质,有不等式 $\ln x\leqslant x-1$,其中 $x>0$。当且仅当 $x=1$ 时取等号。另外,根据对数换底公式[①]可得 $\log_2 e \cdot \log_e x=\ln x\log_2 e$。

$$I(X;Y)=\sum_i\sum_j p(x_iy_j)\log\frac{p(x_iy_j)}{p(x_i)p(y_j)}$$

$$-I(X;Y)=\sum_i\sum_j p(x_iy_j)\log\frac{p(x_i)p(y_j)}{p(x_iy_j)}$$

$$=\sum_i\sum_j p(x_iy_j)\ln\frac{p(x_i)p(y_j)}{p(x_iy_j)}\log_2 e$$

$$\leqslant\sum_i\sum_j p(x_iy_j)\left[\frac{p(x_i)p(y_j)}{p(x_iy_j)}-1\right]\log_2 e$$

$$=\left[\sum_i\sum_j p(x_i)p(y_j)-\sum_i\sum_j p(x_iy_j)\right]\log_2 e$$

$$=\left[\sum_i p(x_i)\sum_j p(y_j)-\sum_i\sum_j p(x_iy_j)\right]\log_2 e=0$$

结论得证。

而当 X 与 Y 统计独立时,有 $p(xy)=p(x)p(y)$,则

$$I(X;Y)=\sum_i\sum_j p(x_iy_j)\log\frac{p(x_iy_j)}{p(x_i)p(y_j)}=\sum_i\sum_j p(x_iy_j)\log1=0$$

平均互信息不会取负值,且一般情况下总大于 0,仅当 X 与 Y 统计独立时才等于 0。这个性质表明,通过一个信道获得的平均信息量不可能是负的,而且一般总能获得一些信息量,只有在 X 与 Y 统计独立的极端情况下,才接收不到任何信息。

编码器端的原始图像和解码器端的重构图像之间的平均互信息 $I(X;Y)$ 与发送端 X 和接收端 Y 之间的可用信道容量 C 有关。信道容量就是在给定一个信息传输速率时,传输信道在无错码的情况下可以提供的最大每符号比特值[②]。信道容量可被表示为发送端和接收端之间的平均互信息的最大值,即 $I(X;Y)\leqslant C$。更进一步,平均互信息应该有 $I(X;Y)\leqslant H(X)$。这也是需要提及的关于平均互信息的最后一条特性——极值性。

可以根据信道疑义度的定义式来证明这一结论。由于 $-\log p(x_i|y_j)\geqslant0$,而 $h(X|Y)$ 即是对 $-\log p(x_i|y_j)$ 求统计平均,因此有 $h(X|Y)\geqslant0$。所以 $I(X;Y)=h(X)-h(X|Y)\leqslant$

---

① $\log_a b=\dfrac{\log_n b}{\log_n a}=\log_a n\cdot\log_n b$。

② 码字(符号)的每一个比特携带信息的效率就是编码效率(携带信息的效率也可以理解为信道传输的速率),也称编码速率,所以速率的单位是比特/符号。

$h(X)$。这一性质的直观含义为,接收者通过信道获得的信息量不可能超过信源本身固有的信息量。只有当信道为无损信道,即信道疑义度 $h(X|Y)=0$ 时,才能获得信源中的全部信息量。

综合互信息的非负性和极值性有 $0 \leqslant I(X;Y) \leqslant h(X)$。当信道输入 X 与输出 Y 统计独立时,上式左边的等号成立;而当信道为无损信道时,上式右边的等号成立。

综合以上讨论的内容,再稍做一些补充。$I(X;Y)$ 表示接收到 Y 后获得的关于 X 的信息量;相对应地,$I(Y;X)$ 为发出 X 后得到的关于 Y 的信息量。这两者是相等的,当 X 与 Y 统计独立时,有 $I(X;Y)=I(Y;X)=0$。该式表明此时不可能由一个随机变量获得关于另一个随机变量的信息。而当输入 X 与输出 Y 一一对应时,则有 $I(X;Y)=I(Y;X)=h(X)=h(Y)$,即从一个随机变量可获得另一个随机变量的全部信息。

平均互信息 $I(X;Y)$ 与信源熵 $h(X)$、信宿熵 $h(Y)$、联合熵 $h(XY)$、信道疑义度 $h(X|Y)$ 及信道噪声熵 $h(Y|X)$ 之间的相互关系可用图 6-1 表示出来。例如,图中圆 $h(X)$ 减去其左边部分 $h(X|Y)$,即得到中间部分 $I(X;Y)$,依此类推,之前所提到的所有关系式都可以通过该图得到形象的解释。

研究通信问题,主要研究的是信源和信道,它们的统计特性可以分别用消息先验概率 $p(x)$ 及信道转移概率 $p(y|x)$ 来描述,而平均互信息 $I(X;Y)$ 是经过一次通信后信宿所获得的信息。平均互信息定义为

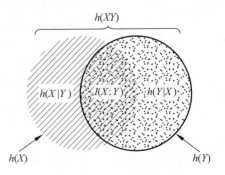

图 6-1　$I(X;Y)$ 与各类熵的关系

$$I(X;Y) = \sum_i \sum_j p(x_i y_j) \log \frac{p(x_i y_j)}{p(x_i) p(y_j)}$$
$$= \sum_i \sum_j p(y_j \mid x_i) p(x_i) \log \frac{p(y_j \mid x_i)}{\sum_i p(y_j \mid x_i) p(x_i)}$$

其中

$$\sum_i p(y_j \mid x_i) p(x_i) = \sum_i p(x_i y_j) = p(y_j)$$

上式说明,$I(X;Y)$ 是信源分布概率 $p(x)$ 和信道转移概率 $p(y|x)$ 的函数,平均互信息量是 $p(x_i)$ 和 $p(y_j|x_i)$ 的函数,即 $I(X;Y)=f[p(x_i),p(y_j|x_i)]$。若固定信道,调整信源,则平均互信息 $I(X;Y)$ 是 $p(x_i)$ 的函数,即 $I(X;Y)=f[p(x_i)]$;若固定信源,调整信道,则平均互信息 $I(X;Y)$ 是 $p(y_j|x_i)$ 的函数,即 $I(X;Y)=f[p(y_j|x_i)]$。

平均互信息 $I(X;Y)$ 函数的凸性特征是导出率失真函数概念的重要依据。本书前面已经对凸函数的有关知识作过介绍。凸函数(图形上呈 $\cup$ 形)是一个定义在某个向量空间的凸子集 C(区间)上的实值函数 f,而且对于凸子集 C 中任意两个向量 p_1 和 p_2,以及存在任意有理数 $\theta \in (0,1)$,则有

$$f[\theta p_1 + (1-\theta) p_2] \leqslant \theta f(p_1) + (1-\theta) f(p_2)$$

如果 f 连续,那么 θ 可以改为 $(0,1)$ 中的实数。类似地,如果有

$$f[\theta p_1 + (1-\theta) p_2] \geqslant \theta f(p_1) + (1-\theta) f(p_2)$$

则函数显然就是凹的。

假设已知 $I(X;Y)$ 是 $p(x_i)$ 的凹函数，即同一信源集合 $\{x_1,x_2,\cdots,x_n\}$，对应两个不同概率分布 $p_1(x_i)$ 和 $p_2(x_i)$，其中 $i=1,2,\cdots,n$，且有小于 1 的正数 $0<\theta<1$，则必有下列不等式成立

$$\theta f[p_1(x_i)] + (1-\theta)f[p_2(x_i)] \leqslant f[\theta p_1(x_i) + (1-\theta)p_2(x_i)]$$

下面来简单证明这一定理。令 $p_3(x_i)=\theta p_1(x_i)+(1-\theta)p_2(x_i)$，因为 $p_3(x_i)$ 是 $p_1(x_i)$ 和 $p_2(x_i)$ 的线性组合，$p_3(x_i)$ 构成了一个新的概率分布。当固定信道特性为 $p_0(y_i|x_i)$ 时，由 $p_3(x_i)$ 确定的平均互信息为

$$\begin{aligned}
I[p_3(x_i)] &= f[\theta p_1(x_i)+(1-\theta)p_2(x_i)] = \sum_i\sum_j p_3(x_i)p_0(y_j|x_i)\log\frac{p_0(y_j|x_i)}{p_3(y_j)}\\
&= \sum_i\sum_j[\theta p_1(x_i)+(1-\theta)p_2(x_i)]p_0(y_j|x_i)\log\frac{p_0(y_j|x_i)}{p_3(y_j)}\\
&= -\sum_i\sum_j[\theta p_1(x_i)+(1-\theta)p_2(x_i)]p_0(y_j|x_i)\log\frac{p_3(y_j)}{p_0(y_j|x_i)}\\
&= -\theta\sum_i\sum_j p_1(x_i)p_0(y_j|x_i)\log[p_3(y_j)]\\
&\quad -(1-\theta)\sum_i\sum_j p_2(x_i)p_0(y_j|x_i)\log[p_3(y_j)]\\
&\quad +\sum_i\sum_j[\theta p_1(x_i)+(1-\theta)p_2(x_i)]p_0(y_j|x_i)\log[p_0(y_j|x_i)]\\
&= -\theta\sum_j p_1(y_j)\log[p_3(y_j)]-(1-\theta)\sum_j p_2(y_j)\log[p_3(y_j)]\\
&\quad +\sum_i\sum_j[\theta p_1(x_i)+(1-\theta)p_2(x_i)]p_0(y_j|x_i)\log[p_0(y_j|x_i)]
\end{aligned}$$

根据香农辅助定理

$$-\sum_{i=1}^n p(x_i)\log q(x_i) \geqslant -\sum_{i=1}^n p(x_i)\log p(x_i)$$

有

$$-\sum_{j=1}^m p_1(y_j)\log p_3(y_j) \geqslant -\sum_{j=1}^m p_1(y_j)\log p_1(y_j)$$

$$-\sum_{j=1}^m p_2(y_j)\log p_3(y_j) \geqslant -\sum_{j=1}^m p_2(y_j)\log p_2(y_j)$$

代入上式有

$$\begin{aligned}
I[p_3(x_i)] &\geqslant -\theta\sum_j p_1(y_j)\log[p_1(y_j)]-(1-\theta)\sum_j p_2(y_j)\log[p_2(y_j)]\\
&\quad +\sum_i\sum_j[\theta p_1(x_i)+(1-\theta)p_2(x_i)]p_0(y_j|x_i)\log[p_0(y_j|x_i)]\\
&= -\theta\sum_i\sum_j p_1(x_i)p_0(y_j|x_i)\log[p_1(y_j)]\\
&\quad -(1-\theta)\sum_i\sum_j p_2(x_i)p_0(y_j|x_i)\log[p_2(y_j)]\\
&\quad +\theta\sum_i\sum_j p_1(x_i)p_0(y_j|x_i)\log[p_0(y_j|x_i)]
\end{aligned}$$

$$+ (1-\theta) \sum_i \sum_j p_2(x_i) p_0(y_j \mid x_i) \log[p_0(y_j \mid x_i)]$$

$$= \theta \sum_i \sum_j p_1(x_i) p_0(y_j \mid x_i) \log\left[\frac{p_0(y_j \mid x_i)}{p_1(y_j)}\right]$$

$$+ (1-\theta) \sum_i \sum_j p_2(x_i) p_0(y_j \mid x_i) \log\left[\frac{p_0(y_j \mid x_i)}{p_2(y_j)}\right]$$

$$= \theta I[p_1(x_i)] + (1-\theta) I[p_2(x_i)]$$

可见，仅当 $p_1(x_i) = p_2(x_i) = p_3(x_i)$ 时等号成立，一般情况下，$I[p_3(x_i)] > \theta I[p_1(x_i)] + (1-\theta) I[p_2(x_i)]$，定理得证。

关于香农辅助定理，它的描述是这样的

$$h(p_1, p_2, \cdots, p_n) = -\sum_{i=1}^{n} p_i \log p_i \leqslant -\sum_{i=1}^{n} p_i \log q_i$$

其中，$\sum_{i=1}^{n} p_i = 1$，$\sum_{i=1}^{n} q_i = 1$。

可简单证明如下（其中，不等号由对数不等式 $\log x \leqslant x-1$ 得到）

$$h(p_1, p_2, \cdots, p_n) + \sum_{i=1}^{n} p_i \log q_i = -\sum_{i=1}^{n} p_i \log p_i + \sum_{i=1}^{n} p_i \log q_i$$

$$= \sum_{i=1}^{n} p_i \log \frac{q_i}{p_i} \leqslant \sum_{i=1}^{n} p_i \left(\frac{q_i}{p_i} - 1\right)$$

$$= \sum_{i=1}^{n} q_i - \sum_{i=1}^{n} p_i = 0$$

显然，当 $q_i / p_i = 1$ 时，等号成立。从而定理得证。

由于 $I(X; Y)$ 是 $p(x_i)$ 的凹函数，所以当固定信道特性时，对于不同的信源分布，信道输出端获得的信息量是不同的。因此，对于每一个固定信道，一定存在一种信源 $p(x)$，（也是一种分布）使输出端获得的信息量最大，即凹函数的极大值。

同理，还可以知道 $I(X; Y)$ 是 $p(y_j \mid x_i)$ 的凸函数，即当信源特性 $p(x_i)$ 固定时，有两个不同信道特性 $p_1(y_j \mid x_i)$ 和 $p_2(y_j \mid x_i)$ 将信道两端的输入和输出（即 X 和 Y）联系起来，如果用小于 1 的正数 $0 < \theta < 1$ 对 $p_1(y_j \mid x_i)$ 和 $p_2(y_j \mid x_i)$ 进行线性组合，则可得到信道特性

$$f[\theta p_1(y_j \mid x_i) + (1-\theta) p_2(y_j \mid x_i)] \leqslant \theta f[p_1(y_j \mid x_i)] + (1-\theta) f[p_2(y_j \mid x_i)]$$

可见，当信源特性固定时，$I(X; Y)$ 就是信道特性 $p(y_j \mid x_i)$ 的函数。而且由于函数是凸的，所以一定存在一个极小值，由于 $I(X; Y) \geqslant 0$，所以极小值为 0。位于极小值点时，说明信源的全部信息都损失在信道中了，这也是一种最差的信道。

在信息论中，失真这个概念用来表示接收端收到的消息和发送端发出的消息之间的误差。信息在传递过程中难免会产生失真，实际应用中一定程度上的失真是可以被接受的。那么如何描述和度量失真这个概念呢？通常，如果 x 表示一个原始数据（例如一幅图像），而 y 就表示 x 的一个复制品，那么每一对 (x, y)，指定一个非负函数 $d(x, y)$ 为单个符号的失真度（失真函数），它表示信源发出一个符号 x，在接收端收到 y，二者之间的误差。规定 $d(x, y) \geqslant 0$，显然当 $x = y$ 时取等号。

失真函数 $d(x, y)$ 只能表示两个特定的具体符号 x 和 y 之间的失真，而对于信源整体在压缩、复制和传输时引起的失真测度，就需要求得平均失真。平均失真定义为失真函数的数

学期望。因此,它可以从总体上对整个信源的失真情况进行描述。平均失真 D 的离散情形(加权和)定义为

$$D \triangleq E[d(x_i, y_j)] = \sum_{i=1}^{n} \sum_{j=1}^{m} p(x_i y_j) d(x_i, y_j)$$

连续情形(概率积分)定义为

$$D \stackrel{\text{def}}{=} E[d(x, y)] = \int_y \int_x p(xy) d(x, y) \mathrm{d}x \mathrm{d}y$$

香农第一定理(又称可变长无失真信源编码定理)揭示了这样一个道理:如果编码后信源序列信息传输速率 R(又称为信息传输率、信息率、信息速率)不小于信源的熵 $h(X)$,则一定存在一种无失真信源编码方法;反之,不存在这样一种无失真信源编码方法。香农第二定理(又称有噪信道编码定理)表明:当信道的信息传输率 R 不超过信道容量 C 时,采用合适的信道编码方法可以实现任意高的传输可靠性。但如果信息传输率超过了信道容量,就不可能实现可靠传输。所以,理论上只要满足条件 $h(X) \leqslant R \leqslant C$,总能找到一种编码,使在信道上能以任意小的错误概率和无限接近于 C 的传输速率来传送信息。

然而,实际上"消息完全无失真传送"是很难实现的。实际的信源常常是连续信源,连续信源的绝对熵无穷大,要无失真传送,则信息率 R 须无限大,信道容量 C 也必须为无穷大。而实际信道带宽是有限的,所以信道容量受限制。既然无法满足无失真传输的条件,那么传输质量则必然会受影响。尽管信息在传送过程中难免会产生失真,但是实际应用中一定程度上的失真也是可以被接受的,如果给定一个允许失真为 D^*,则称 $D \leqslant D^*$ 为保真度准则。信源概率分布 $P(X)$ 或概率密度函数 $p(x)$ 不变时调整信道,满足保真度准则的所有信道被称为测试信道,用 $P_{D^*}(Y|X)$ 或 $p_{D^*}(y|x)$ 表示。

香农第三定理表明:对于任意的失真度 $D^* \geqslant 0$,只要码字足够长,那么总可以找到一种编码方法,使编码后每个信源符号的信息传输率不小于 $R(D^*)$,而码的平均失真度 $D \leqslant D^*$。据此,可以在允许一定失真度 D^* 的情况下,将信源输出的信息率压缩到 $R(D^*)$。由此便引出了率失真函数的定义:给定信源和失真函数,要使信源编码后的平均失真 D 不超过 D^*(D^* 为给定的失真上限),则需找到某种编码方法,使其经过编码后可以达到一个允许的最小信息速率,也就是 $R(D^*)$。不妨将这个过程看成是让信源通过一个有失真的传输信道(满足一定的信道转移概率分布或转移概率密度函数),使在该信道(即前面所说的测试信道)上传输的信息速率达到最小,这个最小的信息速率称为信息率失真函数(简称率失真函数),记作 $R(D^*)$。

根据前面的介绍可知,当信源固定时,平均互信息是信道转移概率分布 $P(Y|X)$ 的严格凸函数。所以,在测试信道中可以找到一种信道转移概率分布 $P(Y|X)$,使通过信道的平均互信息在保真度准则下达到最小。由此便引出了率失真函数的定义:信源概率分布 $P(X)$ 不变时,在保真度准则下平均互信息的最小值为信源的率失真函数,用 $R(D^*)$ 表示,即

$$R(D^*) = \min_{P(Y|X) \in P_{D^*}} I(X; Y) = \min_{D \leqslant D^*} I(X; Y)$$

对于时不变连续信源的率失真函数,则记为如下形式

$$R(D^*) = \inf_{P(Y|X) \in P_{D^*}} \{I(X; Y) : D \leqslant D^*\}$$

$R(D^*)$ 是平均互信息的最大下界(下确界),并服从平均失真 D 没有超过 D^* 这个约束条件。在不会引起混淆的情况下,也可以丢掉后面的星号,并用 $R(D)$ 表示率失真函数。根

据定义,所有的测试信道中只有一个信道特性使得平均互信息对应率失真函数,因此它反映的是信源特性,与信道无关。具体而言,显然

$$R(D^*) = \min_{D \leqslant D^*} I(X;Y) \leqslant I(X;Y) = H(X) - H(X \mid Y) \leqslant H(X)$$

其中,$h(X)$ 是无失真信源编码速率的下限,即允许失真条件下,信源编码速率可以"突破"无失真编码速率的下限,或者说以低于熵率的速率进行传输。进一步,若允许的失真越大,$R(D^*)$ 可以越小,相反则越大,直至 $h(X)$。允许失真 D^* 是平均失真度 D 的上界,允许失真 D^* 的给定范围受限于平均失真度的可能取值。

当平均失真 $D = D_{\min} = 0$ 时,说明信源压缩后无失真,即没有进行任何压缩。因此,压缩后的信息速率 $R(D)$ 其实就等于压缩前的(也即信源熵)$R(D) = R(0) = I(X;Y) = h(X) - h(X \mid Y) = h(X)$。对于连续信源,$R(0) = h(X) = +\infty$,因为绝对熵为无穷大。因此,连续信源要进行无失真地压缩传输,需要传送的信息量就是无穷大的,这便需要一个具有无穷大的信道容量的信道才能完成。而实际信道传输容量有限,所以要实现连续信源的无失真传送是不可能的,必须允许一定的失真,使 $R(D)$ 变为有限值,传送才有可能。

因为率失真函数是在保真度准则下平均互信息的最小值,平均失真 D 越大,则 $R(D)$ 越小,而当出现最大失真,即 D 达到一定程度时,平均互信息的最小值就是 0,所以在此时 $R(D) = 0$,即压缩后的信源没有任何信息量。简而言之,当平均失真 $D = D_{\max}$ 时,$R(D_{\max}) = 0$。所以,率失真函数 $R(D^*)$ 的定义域是 $(0, D_{\max})$,并且它在定义域上是严格单调递减的、非负的、连续的凸函数。率失真函数 $R(D^*)$ 的大致曲线如图 6-2 所示。

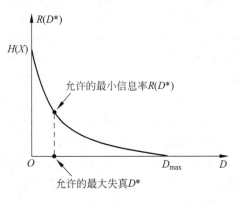

图 6-2　率失真函数 $R(D^*)$ 的图形表示

率失真函数是一个性能(编码速率)边界,没有信源编码器能够打破这个边界。相反,率失真理论说明一个性能上任意接近率失真函数的信源编码器是存在的。理论上,典型的最优信源编码器对非常多的符号进行联合编码,因此需要一个非常大的记忆体,并导致一个非常大的时延。这可能是非常不现实的。然而,这也提示人们一个好的编码器需要对许多符号进行联合编码。子带编码的思想正是由这一概念出发的。

6.1.2　香农下边界

香农三大定理分别给出了 3 个界限,它们被称为香农界。其中,第三定理给出了信息率压缩的极限 $R(D^*)$,即率失真函数是在允许失真为 D^* 的条件下,信源编码给出的平均互信息的下边界,也就是数据压缩的极限码率。这个极限值 $R(D^*)$ 被称为香农下边界(Shannon Lower Bound,SLB)。那么理论上香农下边界应该是多少呢,本节就带领大家一同去寻找它。

通过简单的坐标系变换,可以很容易地得到下面这个等式

$$h(X - Y \mid Y) = h(X \mid Y)$$

其中，$X-Y$ 是重构误差集，这个集合由幅值连续的向量差 $x-y$ 所组成。下面给出上述等式的简单证明过程（请注意，此处采用了条件熵的连续定义，离散定义与此同理）。不妨令 $Z=X-Y$，所以有 $X=Z+Y$。然后构造一个新函数 $g(z,y)=p(z+y,y)$，可见函数 g 和 p 都是二元联合概率密度函数，所以它们对应三维坐标空间内的一个曲面，函数 g 是由函数 p 平移得到的。根据条件概率公式同时可以得到

$$g(z \mid y) = p(z+y \mid y)$$

$$
\begin{aligned}
h(Z \mid Y) = h(X - Y \mid Y) &= -\int_Y \int_Z g(z,y) \log[g(z \mid y)] \mathrm{d}z \mathrm{d}y \\
&= -\int_Y \int_Z p(z+y,y) \log[p(z+y \mid y)] \mathrm{d}z \mathrm{d}y \\
&= -\int_Y \int_X p(x,y) \log[p(x \mid y)] \mathrm{d}x \mathrm{d}y = h(X \mid Y)
\end{aligned}
$$

在此基础上，可以对率失真函数做如下改写

$$
\begin{aligned}
R(D^*) &= \inf_{P(Y|X) \in P_{D^*}} \{h(X) - h(X \mid Y) : D \leqslant D^*\} \\
&= h(X) - \sup_{P(Y|X) \in P_{D^*}} \{h(X \mid Y) : D \leqslant D^*\} \\
&= h(X) - \sup_{P(Y|X) \in P_{D^*}} \{h(X - Y \mid Y) : D \leqslant D^*\}
\end{aligned}
$$

因为 $I(X;Y)=h(X)-h(X|Y) \geqslant 0$，所以得到一个被称为"条件作用削减熵值"的原理，据此可得 $h(X-Y|Y) \leqslant h(X-Y)$，所以香农下边界可达

$$R(D^*) \geqslant h(X) - \sup_{P(Y|X) \in P_{D^*}} \{h(X-Y) : D \leqslant D^*\}$$

上述两个不等式在 $X-Y$ 与 Y 统计独立时取等号。因此，理想的信源编码方案所引入的重构误差 $x-y$ 应该与重构信号 y 无关。注意，有时这种理想化的设想是不可实现的，特别是在速率较低的情况下。然而，它却为高效的编码方案设计提供了另外一种指导。

设随机变量 X 服从正态分布 $N(\mu, \sigma^2)$，其密度函数如下，又因为 μ 是 X 的均值，所以 $\mu = E[X] = \int_{-\infty}^{+\infty} x \cdot p(x) \mathrm{d}x$；因为 σ^2 是 X 的方差，所以 $\sigma^2 = E[(X-\mu)^2] = \int_{-\infty}^{+\infty} (x-\mu)^2 \cdot p(x) \mathrm{d}x$。

$$p(x) = \frac{1}{\sqrt{2\pi}\,\sigma} \mathrm{e}^{-\frac{(x-\mu)^2}{2\sigma^2}}$$

根据微分熵的定义计算可得（注意，下面计算过程用到了对数公式 $\log_a M^n = n\log_a M$）

$$
\begin{aligned}
h(X) &= -\int_{-\infty}^{+\infty} p(x) \log p(x) \mathrm{d}x = -\int_{-\infty}^{+\infty} p(x) \log\left[\frac{1}{\sqrt{2\pi}\,\sigma} \mathrm{e}^{-\frac{(x-\mu)^2}{2\sigma^2}}\right] \mathrm{d}x \\
&= \int_{-\infty}^{+\infty} p(x) \log(\sqrt{2\pi}\,\sigma) \mathrm{d}x - \int_{-\infty}^{+\infty} p(x) \log\left[\mathrm{e}^{-\frac{(x-\mu)^2}{2\sigma^2}}\right] \mathrm{d}x \\
&= \log(\sqrt{2\pi}\,\sigma) \int_{-\infty}^{+\infty} p(x) \mathrm{d}x + \int_{-\infty}^{+\infty} p(x) \left[\frac{(x-\mu)^2}{2\sigma^2}\right] \cdot \log \mathrm{e} \mathrm{d}x \\
&= \log(\sqrt{2\pi}\,\sigma) + \frac{1}{2}\log \mathrm{e} = \frac{1}{2}\log(2\pi \mathrm{e}\sigma^2)
\end{aligned}
$$

进一步，还可以得到这样一个结论：设 U 为任意实连续随机变量，具有密度函数 $p(u)$，

并且，$E[(U-\mu)^2]=\sigma^2$，则其微分熵

$$h(U) \leqslant \frac{1}{2}\log(2\pi e\sigma^2)$$

当且仅当 U 服从正态分布时，等号成立。这也就表明，在方差为 σ^2 的所有连续随机变量中，以正态随机变量的微分熵最大。

证明   设 U^* 为一个服从正态分布的随机变量，其密度函数为 $p^*(u)$，由前面的推导可知

$$h(U^*) = \frac{1}{2}\log(2\pi e\sigma^2)$$

另一方面

$$-\int_{-\infty}^{+\infty} p(u)\log p^*(u)\mathrm{d}u = \int_{-\infty}^{+\infty} p(u)\left[\log(\sqrt{2\pi}\sigma) + \left[\frac{(u-\mu)^2}{2\sigma^2}\right]\cdot \log e\right]\mathrm{d}u$$
$$= \frac{1}{2}\log(2\pi e\sigma^2)$$

所以可得

$$h(U^*) - h(U) = -\int_{-\infty}^{+\infty} p^*(u)\log p^*(u)\mathrm{d}u + \int_{-\infty}^{+\infty} p(u)\log p(u)\mathrm{d}u$$
$$= -\int_{-\infty}^{+\infty} p(u)\log p^*(u)\mathrm{d}u + \int_{-\infty}^{+\infty} p(u)\log p(u)\mathrm{d}u$$
$$= \int_{-\infty}^{+\infty} p(u)\log \frac{p(u)}{p^*(u)}\mathrm{d}u \geqslant \int_{-\infty}^{+\infty} p(u)\left[1 - \frac{p^*(u)}{p(u)}\right]\mathrm{d}u^{①}$$
$$= \int_{-\infty}^{+\infty} p(u)\mathrm{d}u - \int_{-\infty}^{+\infty} p^*(u)\mathrm{d}u = 1 - 1 = 0$$

当且仅当 $p(u)=p^*(u)$ 时，等号成立，定理得证。

此外，如果失真函数给定时，还能从前面所说的 SLB 中得到另一个结论。考虑一个单符号失真函数 $d=(x-y)^2$，可见这个失真度量就是根据具体采样点逐项计算的（原始图像和重构图像之间的）平方误差。在均方误差 $D \leqslant D^*$ 的条件下，重构误差的微分熵有界。因为 $d=(x-y)^2$，根据定义，$D=E[d(x,y)]$，所以 $D=E[(X-Y)^2]$。

另外，前面已经证明正态随机变量的微分熵最大，所以若将 $X-Y$ 看作是一个整体，并且有 $E[(X-Y-0)^2]=\sigma^2$，即构造了一个 $\mu=0$，$\sigma^2=E[(X-Y)^2]$ 的正态分布，则有

$$H(X-Y) \leqslant H[N(0, E(X-Y)^2)] = \frac{1}{2}\log[2\pi eE(X-Y)^2] = \frac{1}{2}\log(2\pi eD)$$

又因为 $D \leqslant D^*$，所以有

$$H(X-Y) \leqslant \frac{1}{2}\log(2\pi eD^*)$$

当 $X-Y$ 呈高斯分布，且方差为 D^* 时，上式等号成立。综上，可以得出在失真函数由平方误差决定时，香农下边界应该为

$$R_{\mathrm{SLB}}(D^*) = h(X) - \frac{1}{2}\log(2\pi eD^*)$$

误差 $x-y$ 的连续值（也就是噪声）应当都是独立同分布随机序列。因此，对于均方误

---

① 对于 $u > 0$，有 $\log u \geqslant 1 - 1/u$，当且仅当 $u=1$ 时等号成立。

差失真函数,它的一个最优信源编码器应该产生独立于重构信号的高斯白噪声(white Gaussian noise),即最好的编码方法产生的误差图像应该只包含高斯白噪声。

6.1.3　无记忆高斯信源

信息的传播过程可以简单地描述为:信源→信道→信宿。其中,信源就是信息的来源,信源发出信息的时候,一般以某种讯息的方式表现出来,可以是符号,如文字、语言等,也可以是信号,如图像、声响等。与信源相对应的概念是信宿,信宿是信息的接收者。在通信系统中收信者在未收到消息以前对信源发出什么消息是不确定的,是随机的,所以可以用随机变量、随机序列或随机过程来描述信源输出的消息,或者用一个样本空间及其概率测度来描述信源。

信源可以分为离散信源和连续信源两大类。其中,发出在时间上和幅度上都是离散分布的离散消息的信源就是离散信源,如文字、数据、电报等这类随机序列。发出在时间上或幅度上都是连续分布的连续消息的信源就是连续信源,如话音、图像这些随机过程则是连续信源的典型例子。连续的随机过程信源,一般很复杂且很难统一描述。实际中最常见的处理方法往往是将连续的随机过程信源在一定的条件下转化为离散的随机序列信源。正如人们所知的,数字信号(数字图像)就是模拟信号离散化后的结果。

离散序列信源又分为无记忆和有记忆两类。当序列信源中的各个消息相互统计独立的时候,称信源为离散无记忆信源。若同时具有相同的分布,那么就称信源为离散平稳无记忆信源。若序列信源发出的各个符号之间不是相互独立的,各个符号出现的概率是前后有关联的,则称这种信源为离散有记忆信源。描述离散有记忆信源一般比较困难,尤其当记忆长度很大时。但在很多实际问题中仅需考虑有限记忆长度,这便引出了一类重要的符号序列有记忆离散信源——马尔可夫信源。某一个符号出现的概率只与前面一个或有限个符号有关,而不依赖更前面的那些符号,这种信源的一般数学模型就是马尔可夫过程,所以称这种信源为马尔可夫信源。

前面所介绍的都是以一维的情况为例来探讨的。而图像显然应该是二维的信号,也的确可以很容易地从一维的基本情况拓展到二维的情况。率失真理论假定输入图像是连续的,所以在有限数据率的条件下,由于存在量化误差,失真度永远不为零。当使用有损压缩方法时,重构图像 $g(x,y)$ 将与原始图像 $f(x,y)$ 不同,二者的差别(失真度)可以很方便地由重构的均方误差来定量确定

$$D = E\{[f(x,y) - g(x,y)]^2\}$$

如定义一个最大容许失真量 D^*,那么编码时对应的比特率的下限 $R(D^*)$ 就是关于 D^* 的单调递减函数,$R(D^*)$ 称为率失真函数。它的反函数 $D(R)$,即单调的失真率函数有时也会用到。

重构误差的熵由下式给出

$$H[f(x,y) - g(x,y)] \leqslant \frac{1}{2}\log(2\pi e D^*)$$

等号成立的条件是差分图像(difference image)的像素在统计上互相独立,且具有高斯型的概率密度函数,即最好的编码方法产生的误差图像(error image)只包含高斯白噪声。

一般来说,率失真函数都是非常难计算的。然而,有一些重要的情况,结果却是可以被

解析地表示出来。例如，一个方差为 σ^2 的无记忆高斯信源，且有以平方误差测度的失真函数，则它的率失真函数应该有下面的解析式

$$R(D^*) = \frac{1}{2}\max\left\{\log\frac{\sigma^2}{D^*}, 0\right\}$$

如果待编码图像 $f(x, y)$ 中的像素在统计上互相独立（也就是无记忆的）且具有高斯PDF（方差为 σ^2），它的率失真函数也由该式给出，此时对于图像而言，它的单位应该是位/像素。有些教科书上采用下面这种记法来表述以上公式，二者具有相同的意义

$$R(D^*) = \begin{cases} \frac{1}{2}\log\dfrac{\sigma^2}{D^*}, & D^* < \sigma^2 \\ 0, & D^* \geqslant \sigma^2 \end{cases}$$

在上一小节分析的基础上，这个结论将非常容易得到。仍然以一维的情况进行讨论，二维的情况同理可得。由于 $h(X)$ 是满足方差为 σ^2 的无记忆高斯信源，所以有

$$R(D^*) \geqslant h(X) - \frac{1}{2}\log(2\pi e D^*) = \frac{1}{2}\log(2\pi e \sigma^2) - \frac{1}{2}\log(2\pi e D^*) = \frac{1}{2}\log\frac{\sigma^2}{D^*}$$

又因为在任何情况下，总有 $R(D^*) \geqslant 0$，于是有

$$R(D^*) \geqslant \max\left\{\frac{1}{2}\log\frac{\sigma^2}{D^*}, 0\right\}$$

下面分别讨论当 σ^2/D^* 取不同的值时 $R(D^*)$ 的取值。这个过程其实就是在已经得到的 $R(D^*)$ 的理论值基础上，讨论其是否可达的过程（如果能够给出至少一个满足条件的传输模型，就可以证明其可达）。

1. $D^* < \sigma^2$

设计一个如图 6-3 所示的反向高斯加性试验信道。其中，Y 是均值为 0，方差为 $\sigma^2 - D^*$ 的高斯随机变量；而 N 是均值为 0，方差为 D^* 的高斯随机变量，N 与 Y 之间统计独立；随机变量 X 是 Y 和 N 的线性叠加（两个均值相等的独立正态分布的线性叠加仍为正态分布），即 $X = Y + N$。

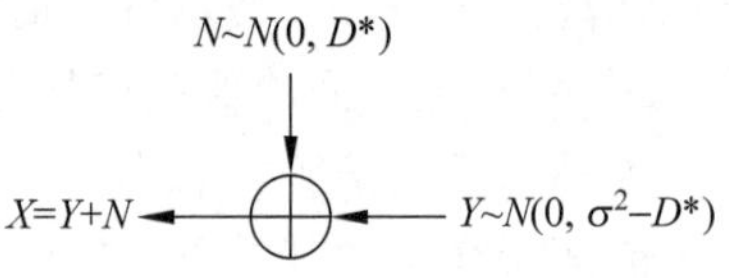

图 6-3 反向高斯加性试验信道一

对于这样一个反向加性试验信道，它的平均失真度

$$D = \iint\limits_{-\infty}^{+\infty} p(xy)d(x, y)\mathrm{d}x\mathrm{d}y = \iint\limits_{-\infty}^{+\infty} p(y)p(x \mid y)(x - y)^2 \mathrm{d}x\mathrm{d}y$$

$$= \int_{-\infty}^{+\infty}\int_{-\infty}^{+\infty} p(y)p(n)n^2\mathrm{d}n\mathrm{d}y = \int_{-\infty}^{+\infty} p(y)\mathrm{d}y\int_{-\infty}^{+\infty} p(n)n^2\mathrm{d}n$$

因为已假设随机变量 N 的均值为 0，方差为 D^*，所以

$$\int_{-\infty}^{+\infty} p(n)n^2\mathrm{d}n = D^*$$

则平均失真度表示可以变为

$$D = \int_{-\infty}^{+\infty} p(y)\mathrm{d}y \cdot D^* = D^*$$

这表明设计的这一反向加性试验信道满足保真度准则 $D = D^*$，它是试验信道集合 $B_{D^*}: \{p(y|x): D \leqslant D^*\}$ 中的一个试验信道。

因为设计的这个试验信道是一个高斯加性信道,高斯随机变量 Y 的方差为 $\sigma^2 - D^*$,高斯随机变量 N 与 Y 统计独立,且方差为 D^*。所以随机变量 $X = Y + N$ 一定是高斯随机变量,且其方差为 $\sigma^2 - D^* + D^* = \sigma^2$。这样,高斯随机变量 X 正好是一个高斯信源,则有

$$h(X) = \frac{1}{2}\log(2\pi e \sigma^2)$$

信道的条件熵 $h(X|Y)$ 等于高斯随机变量 N 的熵

$$h(X \mid Y) = \frac{1}{2}\log(2\pi e D^*)$$

所以通过这个试验信道的平均互信息为

$$I(X\,;\,Y) = h(X) - h(X \mid Y) = \frac{1}{2}\log\frac{\sigma^2}{D^*}$$

因为设计的这个试验信道是满足保真度准则 $D = D^*$ 的试验信道集合 B_{D^*} 其中的一个试验信道,在集合 B_{D^*} 中一般应该有

$$R(D^*) \leqslant I(X\,;\,Y) = \frac{1}{2}\log\frac{\sigma^2}{D^*}$$

又因为 $D^* < \sigma^2$,故有

$$\frac{1}{2}\log\frac{\sigma^2}{D^*} > 0$$

综上可得

$$\frac{1}{2}\log\frac{\sigma^2}{D^*} \leqslant R(D^*) \leqslant \frac{1}{2}\log\frac{\sigma^2}{D^*}$$

则得在 $D^* < \sigma^2$ 的条件下,高斯信源的信息率失真函数为

$$R(D^*) = \frac{1}{2}\log\frac{\sigma^2}{D^*}$$

2. $D^* = \sigma^2$

同样,可以设计一个如图 6-4 所示的反向高斯加性试验信道。其中,Y 是均值为 0,方差为 ε 的高斯随机变量;N 是均值为 0,方差为 $\sigma^2 - \varepsilon$ 的高斯随机变量;Y 与 N 之间是统计独立的;随机变量 $X = Y + N$。其中,ε 是一个任意小的正数($\varepsilon > 0$)。

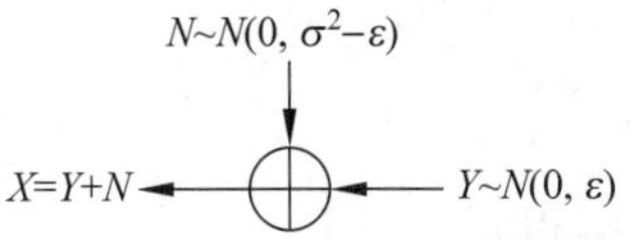

图 6-4 反向高斯加性试验信道二

对于这样一个反向加性试验信道,它的平均失真度

$$D = \iint\limits_{-\infty}^{+\infty} p(y)p(x \mid y)(x-y)^2 \,\mathrm{d}x\mathrm{d}y = \int_{-\infty}^{+\infty} p(y)\mathrm{d}y \int_{-\infty}^{+\infty} p(n)n^2 \,\mathrm{d}n$$

$$= \int_{-\infty}^{+\infty} p(y)\mathrm{d}y \cdot (\sigma^2 - \varepsilon) = \sigma^2 - \varepsilon = D^* - \varepsilon$$

这表明,设计的这个试验信道是满足保真度准则 $D = D^* - \varepsilon$ 的试验信道集合 $B_{D^* - \varepsilon}$ 中的一个试验信道,其方差为 $\sigma^2 - \varepsilon + \varepsilon = \sigma^2$。即随机变量 X 正好是一个高斯信源,其信源熵为

$$h(X) = \frac{1}{2}\log(2\pi e \sigma^2)$$

信道的条件熵 $h(X|Y)$ 等于高斯随机变量 N 的熵

$$h(X \mid Y) = \frac{1}{2}\log[2\pi e(\sigma^2 - \varepsilon)]$$

所以，通过这个试验信道的平均互信息为

$$I(X; Y) = h(X) - h(X \mid Y) = \frac{1}{2}\log\left(1 + \frac{\varepsilon}{\sigma^2 - \varepsilon}\right)$$

如果选定允许平均失真度为 $D^* - \varepsilon$，则在集合 $B_{D^* - \varepsilon}$ 中，一般应有

$$R(D^* - \varepsilon) \leqslant I(X; Y) = \frac{1}{2}\log\left(1 + \frac{\varepsilon}{\sigma^2 - \varepsilon}\right)$$

因为信息率失真函数具有单调递减性，以及 ε 是一个任意小的正数，所以有

$$R(D^*) \leqslant R(D^* - \varepsilon) \leqslant \frac{1}{2}\log\left(1 + \frac{\varepsilon}{\sigma^2 - \varepsilon}\right)$$

又因为

$$\lim_{\varepsilon \to 0} \frac{1}{2}\log\left(1 + \frac{\varepsilon}{\sigma^2 - \varepsilon}\right) = 0$$

即得 $R(D^*) \leqslant 0$。并且已知，当 $D^* = \sigma^2$ 时有

$$R(D^*) \geqslant \frac{1}{2}\log\frac{\sigma^2}{D^*} = 0$$

综上可得 $0 \leqslant R(D^*) \leqslant 0$，即得 $R(D^*) = 0$。

3. $D^* > \sigma^2$

由以上讨论已知，当 $D^* = \sigma^2$ 时的信息率失真函数，也可以写为 $R(\sigma^2) = 0$。考虑到信息率失真函数的单调递减性，即可得当 $D^* > \sigma^2$ 时，$R(D^*) \leqslant R(\sigma^2) = 0$。另外，由于率失真函数具有非负性，所以 $0 \leqslant R(D^*) \leqslant 0$，即得 $R(D^*) = 0$。

综合以上讨论结果，定理可证。

如果上式中对数符号是以 2 为底的，那么速率的单位就是比特（bit）。率失真曲线被刻画为图 6-5 中的非相关高斯型曲线。注意，图中坐标系是一个对数轴坐标系。这时，还可以定义编码方法的信噪比（SNR）如下

$$\text{SNR} = 10\log_{10}\left(\frac{\sigma^2}{D}, 0\right)$$

可以由 $R(D^*)$ 的反函数 $D(R^*) = \sigma^2 \cdot 2^{-2R^*}$，其中 $R \geqslant 0$，得到

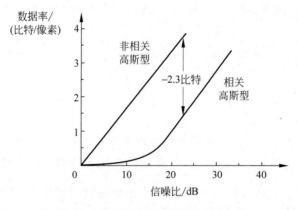

图 6-5. 具有高斯型概率分布函数的图像的率失真 SNR 曲线

$$\text{SNR} = 10 \log_{10} \frac{\sigma^2}{D} = 10 \log_{10} 2^{2R} \approx 6R$$

信噪比 SNR 以分贝(dB)为单位,是一条斜率为 6 分贝/比特的直线,换言之就是码字长度每增加 1 位,SNR 增加 6dB。所以对于图像而言,每个像素所用的比特数越多,则信噪比越高,细节就越清晰,图像也就越逼真。由于绝大多数图像既没有高斯直方图分布,也没有非相关的像素,对于非高斯的分布以及相关的信号源,在同样的失真度下,所需要的比率总是低于上述值。

6.1.4 有记忆高斯信源

为了推导出有记忆平稳高斯过程的率失真函数 $R(D)$,可以将它分解为 N 个独立的平稳高斯信源。N 阶率失真函数 $R_N(D)$ 可以用独立同分布(independent identically distributed,IID)高斯过程的率失真函数来表示,通过考虑 N 趋近于无穷时 $R_N(D)$ 的极限得到 $R(D)$。

平稳高斯过程的 N 阶概率密度函数可以由下式给出

$$f_S^{(G)}(s) = \frac{1}{(2\pi)^{N/2} \mid C_N \mid^{1/2}} e^{-\frac{1}{2}(s-\mu_N)^{\mathrm{T}} C_N^{-1}(s-\mu_N)}$$

其中,s 是一个由 N 个连续样本组成的向量,$s=\{s_1,s_2,\cdots,s_N\}$;μ_N 是一个包含有 N 个元素的向量,每个元素都等于平均值 $\mu=s_i$;C_N 是 s 的一个 N 阶自协方差矩阵[1],$|C_N|$ 是它的行列式,C_N^{-1} 表示 C_N 的逆矩阵,s^{T} 表示 s 的转置。因为 C_N 是一个对称的实矩阵,它有 N 个实数特征值[2],用 $\xi_i^{(N)}$ 来表示,其中 $i=0,1,2,\cdots,N-1$。特征值是以下方程的解

$$C_N \cdot v_i^{(N)} = \xi_i^{(N)} v_i^{(N)}$$

其中,$v_i^{(N)}$ 表示一个具有单位模值的非零向量,它被称作是与特征值 $\xi_i^{(N)}$ 相对应的一个单位模值的特征向量。让 A_N 表示一个矩阵,该矩阵的列是由 N 个单位模值的特征向量构建的,即

$$A_N = (v_0^N, v_1^N, v_2^N, \cdots, v_{N-1}^N)$$

通过将 N 个包含特征值解的方程($i=0,1,2,\cdots,N-1$)组合到一起,得到矩阵方程

$$C_N = A_N \Xi_N A_N^{\mathrm{T}}$$

这就是协方差矩阵 C_N 的特征分解(eigen decomposition)。其中,Ξ_N 是一个对角矩阵,即一个除对角线之外的元素皆为 0 的矩阵,它的主对角线上包含了 C_N 的 N 个特征值,特征向量彼此正交,A_N 是一个正交矩阵。特征分解,又称谱分解(spectral decomposition),是将矩阵分解为由其特征值和特征向量表示的矩阵的积的方法。注意,只有可对角化矩阵才可以施以特征分解。

---

① 特定时间序列或者连续信号的自协方差是信号与其经过时间平移的信号之间的协方差。协方差矩阵是用矩阵来表示众多协方差的形式,矩阵中每个元素是各个向量元素之间的协方差,即有 $C_{i,j} = \text{cov}(X_i, X_j) = E\{[X_i - E(X_i)][X_j - E(X_j)]\}$。协方差矩阵是一个对称的矩阵,而且对角线是各个维度上的方差。

② 对于方阵 A,如果有非零向量 X 和数 λ 使得 $AX=\lambda X$,即在 A 变换的作用下,向量 X 仅在尺度上变为原来的 λ 倍,那么则称数 λ 是 A 的特征值,称非零向量 X 为 A 相对于特征值 λ 的特征向量。如果一个变换可以写成对角矩阵,那么它的特征值就是它对角线上的元素,而特征向量就是相应的基。

$$\Xi_N = \begin{bmatrix} \xi_0^{(N)} & 0 & \cdots & 0 \\ 0 & \xi_1^{(N)} & \cdots & 0 \\ \vdots & \vdots & \ddots & \vdots \\ 0 & 0 & \cdots & \xi_{N-1}^{(N)} \end{bmatrix}$$

给定平稳高斯信源 $\{S_n\}$，将信源 $\{S_n\}$ 分解成包含 N 个连续随机变量的向量 $\boldsymbol{S}$，并对每个向量应用下面的变换来构建一个信源 $\{U_n\}$

$$\boldsymbol{U} = \boldsymbol{A}_N^{-1}(\boldsymbol{S} - \boldsymbol{\mu}_N) = \boldsymbol{A}_N^{\mathrm{T}}(\boldsymbol{S} - \boldsymbol{\mu}_N)$$

因为 $\boldsymbol{A}_N$ 是正交的，所以它的逆矩阵 $\boldsymbol{A}^{-1}$ 存在并且等于它的转置 $\boldsymbol{A}^{\mathrm{T}}$。结果信源 $\{U_n\}$ 是由随机向量 $\boldsymbol{U}$ 级联得到的。同样地，重构 $\{U_n'\}$ 和 $\{S_n'\}$ 的逆变换可以由下式给出（编码后逆变换与正变换相同，对上述等式两边分别乘以 $\boldsymbol{A}_N$ 后做简单化简即可）

$$\boldsymbol{S}' = \boldsymbol{A}_N \boldsymbol{U}' + \boldsymbol{\mu}_N$$

其中，$\boldsymbol{U}'$ 和 $\boldsymbol{S}'$ 分别表示相应的包含 N 个连续随机变量的向量。根据上述两个坐标映射和逆映射，因为 $\boldsymbol{A}_N \boldsymbol{A}_N^{\mathrm{T}} = \boldsymbol{I}_N$，$\boldsymbol{I}_N$ 是单位矩阵（identity matrix），于是可知 N 阶互信息 $\boldsymbol{I}_N(\boldsymbol{U}; \boldsymbol{U}')$ 其实就等于 N 阶互信息 $\boldsymbol{I}_N(\boldsymbol{S}; \boldsymbol{S}')$，此处具体证明从略。此外，因为 $\boldsymbol{A}_N$ 是正交的，所以

$$(\boldsymbol{U}' - \boldsymbol{U}) = \boldsymbol{A}_N^{\mathrm{T}}(\boldsymbol{S}' - \boldsymbol{S})$$

同样有

$$(\boldsymbol{S}' - \boldsymbol{S}) = \boldsymbol{A}_N(\boldsymbol{U}' - \boldsymbol{U})$$

可见变换保有一个欧拉模值的失真。事实上，每一个正交变换都会保有一个均方误差（Mean Square Error，MSE）的失真。随机向量 $\boldsymbol{S}$ 中的任何一个实现 $\boldsymbol{s}$ 与其重构 $\boldsymbol{s}'$ 之间的 MSE 为

$$\begin{aligned} d_N(\boldsymbol{s}; \boldsymbol{s}') &= \frac{1}{N}\sum_{i=0}^{N-1}(s_i - s_i')^2 = \frac{1}{N}(\boldsymbol{s} - \boldsymbol{s}')^{\mathrm{T}}(\boldsymbol{s} - \boldsymbol{s}') \\ &= \frac{1}{N}(\boldsymbol{u} - \boldsymbol{u}')^{\mathrm{T}}\boldsymbol{A}_N^{\mathrm{T}}\boldsymbol{A}_N(\boldsymbol{u} - \boldsymbol{u}') = \frac{1}{N}(\boldsymbol{u} - \boldsymbol{u}')^{\mathrm{T}}(\boldsymbol{u} - \boldsymbol{u}') \\ &= \frac{1}{N}\sum_{i=0}^{N-1}(u_i - u_i')^2 = d_N(\boldsymbol{u}; \boldsymbol{u}') \end{aligned}$$

就等于相应的向量 $\boldsymbol{u}$ 和其重构 $\boldsymbol{u}'$ 之间的失真。因此，平稳高斯信源 $\{S_n\}$ 的 N 阶率失真函数 $R_N(D)$ 也就等于随机过程 $\{U_n\}$ 的 N 阶率失真函数。

一个高斯随机向量的线性变换将得到另外一个高斯随机向量。对于平均矢量以及 $\boldsymbol{U}$ 的自相关矩阵而言，可以得到

$$E\{\boldsymbol{U}\} = \boldsymbol{A}_N^{\mathrm{T}}(E\{\boldsymbol{S}\} - \boldsymbol{\mu}_N) = \boldsymbol{A}_N^{\mathrm{T}}(\boldsymbol{\mu}_N - \boldsymbol{\mu}_N) = 0$$

以及协方差

$$E\{\boldsymbol{U}\boldsymbol{U}^{\mathrm{T}}\} = \boldsymbol{A}_N^{\mathrm{T}}E\{(\boldsymbol{S} - \boldsymbol{\mu}_N)(\boldsymbol{S} - \boldsymbol{\mu}_N)^{\mathrm{T}}\}\boldsymbol{A}_N = \boldsymbol{A}_N^{\mathrm{T}}\boldsymbol{C}_N\boldsymbol{A}_N = \boldsymbol{\Xi}_N$$

因为，Ξ_N 是一个对角矩阵，随机向量 $\boldsymbol{U}$ 的 PDF 由各个高斯分量 U_i 的 PDF 的乘积给出（被选中的变换服从独立随机变量 U_i 的分布）。因此，分量 U_i 是彼此独立的。

$$f_U(\boldsymbol{u}) = \frac{1}{(2\pi)^{N/2}|\boldsymbol{\Xi}_N|^{1/2}}\mathrm{e}^{-\frac{1}{2}\boldsymbol{u}^{\mathrm{T}}\boldsymbol{\Xi}_N^{-1}\boldsymbol{u}} = \prod_{i=0}^{N-1}\frac{1}{\sqrt{2\pi\xi_i^{(N)}}}\mathrm{e}^{-\frac{u_i^2}{2\xi_i^{(N)}}}$$

对于一个编码 Q，它的 N 阶互信息和 N 阶失真可由一个条件概率密度函数 $g_N^Q = g_{U'|U}$ 描述，它表示了随机向量 $\boldsymbol{U}$ 到其相应的重构向量 $\boldsymbol{U}'$ 的映射。由于随机向量 $\boldsymbol{U}$ 的各个分量

U_i 之间的独立性,编码 Q 的 N 阶互信息 $I_N(g_N^Q)$ 和 N 阶失真 $\delta_N(g_N^Q)$ 可以被写为

$$I_N(g_N^Q) = \sum_{i=0}^{N-1} I_1(g_i^Q)$$

以及

$$\delta_N(g_N^Q) = \sum_{i=0}^{N-1} \delta_1(g_i^Q)$$

其中,$g_i^Q = g_{U_i'|U_i}$ 表示向量分量 U_i 到其重构 U_i' 的映射的条件 PDF。因此,N 阶失真率函数 $D_N(R)$ 可以被表示为

$$D_N(R) = \frac{1}{N}\sum_{i=0}^{N-1} D_i(R_i), \quad R = \frac{1}{N}\sum_{i=0}^{N-1} R_i$$

其中,$D_i(R_i)$ 表示一个向量分量 U_i 的一阶率失真函数。根据上一小节给出的高斯 iid 过程的一阶失真率函数,可以得到分量 U_i 的一阶率失真函数 $D_i(R_i)$

$$D_i(R_i) = \sigma_i^2 2^{-2R_i} = \xi_i^{(N)} 2^{-2R_i}$$

其中,$\xi_i^{(N)}$ 是 C_N 的特征值。

向量分量 U_i 的方差 σ_i^2 等于 N 阶自协方差矩阵 C_N 的特征值 $\xi_i^{(N)}$。因此,N 阶失真率函数可以被写作

$$D_N(R) = \frac{1}{N}\sum_{i=0}^{N-1} \xi_i^{(N)} 2^{-2R_i}, \quad R = \frac{1}{N}\sum_{i=0}^{N-1} R_i$$

下面任务就变成了求最小值,即

$$\min_{R_0,R_1,R_2,\cdots,R_{N-1}} D_N(R) = \frac{1}{N}\sum_{i=0}^{N-1} \xi_i^{(N)} 2^{-2R_i}, \quad R \geqslant \frac{1}{N}\sum_{i=0}^{N-1} R_i$$

根据算术平均值和几何平均值的不等式关系可以得到下面的结论(当且仅当所有的元素均具有相同的取值时,等号才成立)

$$D_N(R) = \frac{1}{N}\sum_{i=0}^{N-1} \xi_i^{(N)} 2^{-2R_i} \geqslant \left(\prod_{i=0}^{N-1} \xi_i^{(N)} 2^{-2R_i}\right)^{\frac{1}{N}} = \underbrace{\left(\prod_{i=0}^{N-1} \xi_i^{(N)}\right)^{\frac{1}{N}}}_{= |C_N| = \tilde{\xi}^{(N)}} \cdot 2^{-2R} = \tilde{\xi}^{(N)} \cdot 2^{-2R}$$

上述不等式右边的表达式是一个定值,这里 $\tilde{\xi}^{(N)}$ 表示特征值 $\xi_i^{(N)}$ 的几何平均数。当且仅当 $\xi_i^{(N)} 2^{-2R_i} = \tilde{\xi}^{(N)} \cdot 2^{-2R}$ 时,$D_N(R)$ 取得最小值,其中 $i=0,1,2,\cdots,N-1$,并服从

$$R_i = R + \frac{1}{2}\log_2 \frac{\xi_i^{(N)}}{\tilde{\xi}^{(N)}} = \frac{1}{2}\log_2 \frac{\xi_i^{(N)}}{\tilde{\xi}^{(N)} 2^{-2R}}, \quad \tilde{\xi}^{(N)} = \left(\prod_{i=0}^{N-1} \xi_i^{(N)}\right)^{\frac{1}{N}}$$

到目前为止,一直忽略了分量 U_i 的互信息 R_i(率失真 R 是互信息 I 的最小值,所以率失真 R 也是互信息)不能小于 0 这件事。因为

$$R_i = \frac{1}{2}\log_2 \frac{\xi_i^{(N)}}{\tilde{\xi}^{(N)} 2^{-2R}} \geqslant 0$$

所以当 $\xi_i^{(N)} < \tilde{\xi}^{(N)} \cdot 2^{-2R}$ 时,分量的互信息 R_i 就应当被置为 0。

观察失真率函数 $D_i(R_i) = \sigma_i^2 2^{-2R_i}$ 的表达式,根据指数函数的性质,可知当 R_i 取值越小时,函数的曲线越陡峭(即失真的取值越大),所以在 R_i 被置为 0 时,互信息 R 需要在剩余的分量中分布,从而使得失真最小化。通过引入一个参数 $\theta, \theta \geqslant 0$,可以较好且简洁地表现这一点。在引入参数 θ 之后,可以根据下面这个式子来设定分量的失真。

$$D_i(\theta) = \min(\theta, \xi_i^{(N)})$$

或者记为

$$D_i = \begin{cases} \theta, & 0 \leqslant \theta \leqslant \xi_i^{(N)} \\ \xi_i^{(N)}, & \theta > \xi_i^{(N)} \end{cases}$$

这种思想也被称为独立高斯信源的逆向注水算法（inverse water-filling），而参数 θ 也可以被解释为注水线（water level）。根据 $D_i(R_i) = \sigma_i^2 2^{-2R_i} = \xi_i^{(N)} 2^{-2R_i}$，可以得到互信息 R_i 的表达式

$$R_i(\theta) = \frac{1}{2} \log_2 \frac{\xi_i^{(N)}}{\min(\theta, \xi_i^{(N)})} = \max\left(0, \frac{1}{2} \log_2 \frac{\xi_i^{(N)}}{\theta}\right)$$

或者记为

$$R_i = \begin{cases} \dfrac{1}{2} \log_2 \dfrac{\xi_i^{(N)}}{\theta}, & 0 \leqslant \theta \leqslant \xi_i^{(N)} \\ 0, & \theta > \xi_i^{(N)} \end{cases}$$

N 阶率失真函数 $R_N(D)$ 可以由下述参数公式来表示（其中，$\theta \geqslant 0$）

$$D_N(\theta) = \frac{1}{N} \sum_{i=0}^{N-1} D_i = \frac{1}{N} \sum_{i=0}^{N-1} \min(\theta, \xi_i^{(N)})$$

$$R_N(\theta) = \frac{1}{N} \sum_{i=0}^{N-1} R_i = \frac{1}{N} \sum_{i=0}^{N-1} \max\left(0, \frac{1}{2} \log_2 \frac{\xi_i^{(N)}}{\theta}\right)$$

平稳高斯随机过程 $\{S_n\}$ 的率失真函数 $R(D)$ 由下列极限给出

$$R(D) = \lim_{N \to +\infty} R_N(D)$$

并服从参数公式（其中，$\theta > 0$）

$$D(\theta) = \lim_{N \to +\infty} D_N(\theta) = \lim_{N \to +\infty} \frac{1}{N} \sum_{i=0}^{N-1} \min(\theta, \xi_i^{(N)})$$

$$R(\theta) = \lim_{N \to +\infty} R_N(\theta) = \lim_{N \to +\infty} \frac{1}{N} \sum_{i=0}^{N-1} \max\left(0, \frac{1}{2} \log_2 \frac{\xi_i^{(N)}}{\theta}\right)$$

对于零均值的高斯过程（$\boldsymbol{C}_N = \boldsymbol{R}_N$），可以应用特普利茨（Toeplitz）矩阵序列的有关定理表示率失真函数。特普利茨矩阵又称为常对角矩阵（diagonal-constant matrix），指矩阵中每条自左上至右下的斜线上的元素是常数。最常见的特普利茨矩阵是对称特普利茨矩阵，这种矩阵仅由第一行元素就可以完全确定。已知如果一个矩阵转置之后仍等于其本身，那么这个矩阵就是一个实对称矩阵。把实对称矩阵加以推广便可以得到埃尔米特（Hermitian）矩阵的概念，即如果一个复数矩阵做共轭转置之后仍等于其本身，那么这个矩阵就是一个埃尔米特矩阵。因此，如果一个复特普利茨矩阵的元素满足复共轭对称关系，那么就称其为 Hermitian Toeplitz 矩阵。对于无限特普利茨矩阵而言有 Grenander-Szegös 定理——假设零均值过程（$\boldsymbol{C}_N = \boldsymbol{R}_N$），首先给定如下条件：$\boldsymbol{R}_N$ 是一个 Hermitian Toeplitz 矩阵序列（其中，第 k 个对角线上的元素用 ϕ_k 表示）；另外，傅里叶序列的下确界 $\Phi_{\inf} = \inf_\omega \Phi(\omega)$ 和上确界 $\Phi_{\sup} = \sup_\omega \Phi(\omega)$ 有限，傅里叶序列 $\Phi(\omega)$ 可表示为

$$\Phi(\omega) = \sum_{k=-\infty}^{+\infty} \phi_k e^{-j\omega k}$$

且函数 G 在区间 $[\Phi_{\inf},\Phi_{\sup}]$ 上连续。则有下列等式成立

$$\lim_{N\to+\infty}\frac{1}{N}\sum_{i=0}^{N-1}G(\xi_i^{(N)})=\frac{1}{2\pi}\int_{-\pi}^{\pi}G[\Phi(\omega)]\mathrm{d}\omega$$

这里，$\xi_i^{(N)}$（其中 $i=0,1,2,\cdots,N-1$）表示第 N 个矩阵 $\boldsymbol{R}_N$ 的特征值。

于是得出零均值的平稳高斯信源的率失真函数 $R(D)$ 的参数方程如下，其中 $\theta\geqslant0$，$\Phi_{SS}(\omega)$ 是信源的功率谱密度。

$$D(\theta)=\frac{1}{2\pi}\int_{-\pi}^{\pi}\min[\theta,\Phi_{SS}(\omega)]\mathrm{d}\omega$$

$$R(\theta)=\frac{1}{2\pi}\int_{-\pi}^{\pi}\max\left[0,\frac{1}{2}\log_2\frac{\Phi_{SS}(\omega)}{\theta}\right]\mathrm{d}\omega$$

在时域上，需要取得一个允许失真的最大限度 D^*，而 $R(D)$ 具有单调递减特性，所以当取得 D^* 时，R 取最小值。最小化上述含参数的率失真函数的过程可以由图 6-6 说明。它可以被解释为，在每个频率上，将由功率谱密度 $\Phi_{SS}(\omega)$ 给出的相应的频率分量的方差与参数 θ 作比较，θ 表示频率分量的均方误差（也就是噪声）。如果 $\Phi_{SS}(\omega)$ 被发现比 θ 大，互信息则被置为

$$\frac{1}{2}\log_2\frac{\Phi_{SS}(\omega)}{\theta}$$

否则一个为零的互信息就被赋给频率分量。

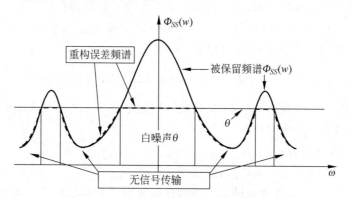

图 6-6　平稳高斯过程率失真函数参数方程图

注水线 θ 是由所需的平均失真 D 决定的。因此，有记忆高斯信源的 $R(D)$ 可以表示为无限个独立高斯变量的率失真函数的和，其中每一个角频率的范围是 $\omega\in[-\pi,\pi]$。注水线 θ 在频谱上捕捉平均时域率失真限制。因此对于任何 ω 而言，那个失真都是功率谱密度（Power Spectral Density，PSD）和注水线二者之间更小的那个值。变换域的注水算法表明，在实际中时间序列数据可以被一个需要的失真等级所过滤（通过傅里叶变换）。对于每一个频率而言，只有那些信号能量大于注水线 θ 的部分才会被保留。

已知给定方差的独立同分布高斯过程的率失真函数是具有相同方差的独立同分布过程的率失真函数的上边界。这个表述对于有记忆的平稳高斯过程同样成立。零均值的平稳高斯过程的率失真函数（由前面的参数形式给出）同样是其他具有相同功率谱密度的平稳过程的率失真函数的上边界。

因为绝大多数图像既没有高斯型的直方图分布，也没有非相关像素（显然一幅图像中的

大多数像素都是相关的），所以上一小节中的直线特性所代表的是最不利于编码的情况。对于有记忆的信源，相邻采样点之间的相关性可以被利用，从而能够在一个较低的速率上对图像进行编码。图像中相邻的像素之间的相关系数可以由图像的自相关函数来确定，同样也可以由它的功率谱来确定。

考虑一个二维空间遍历的、幅值连续的高斯信源（图像）$f(x,y)$，图像的功率谱密度为$\Phi_{xx}(\Omega_1,\Omega_2)$，同样使用平方误差作为失真函数。虽然有记忆的高斯信源（即认为图像的相邻像素之间有相关性）的率失真函数最终不能写成一个明确的表达式，但失真度的数据率可表示成另一个参数 θ 的函数

$$D(\theta) = \frac{1}{4\pi^2}\int_{\Omega_2}\int_{\Omega_1}\min[\theta,\Phi_{xx}(\Omega_1,\Omega_2)]\mathrm{d}\Omega_1\mathrm{d}\Omega_2$$

$$R(\theta) = \frac{1}{8\pi^2}\int_{\Omega_2}\int_{\Omega_1}\max\left[0,\log\frac{\Phi_{xx}(\Omega_1,\Omega_2)}{\theta}\right]\mathrm{d}\Omega_1\mathrm{d}\Omega_2$$

每一个 θ 值（在适当的取值范围内）都可以确定 $R(D)$ 曲线上的一点，当 θ 取遍整个范围时，公式就可确定率失真函数。如图 6-6 所示，设图像具有高斯 PDF，以及按指数递减的自相关函数，这样在较大比特率时它的率失真 SNR 曲线就落在非相关情况的曲线下方 2.3b 的位置（换言之，利用相邻像素之间的相关性，可以将比特率降低每像素 2b 左右）。对于拥有相同功率谱密度的非高斯信源，率失真曲线则一直位于高斯情形的下方。所以，对于非高斯分布及相关的信源，在同样的失真度下，所需要的比特率比直线值低。

因为噪声与重构信号是无关的，所以有

$$\Phi_{\hat{x}\hat{x}}(\Omega_1,\Omega_2) = \Phi_{xx}(\Omega_1,\Omega_2)-\theta,\quad \forall\Omega_1,\Omega_2:\Phi_{xx}(\Omega_1,\Omega_2)>\theta$$

在 $\Phi_{xx}(\Omega_1,\Omega_2)<\theta$ 的频率范围内，信号自身的能量要小于编码引入的噪声。因此，这将导致在这部分频谱中根本没有传输任何信号。

$$\left.\begin{array}{l}\Phi_{\hat{x}\hat{x}}(\Omega_1,\Omega_2) = 0 \\ \Phi_{nn}(\Omega_1,\Omega_2) = \Phi_{xx}(\Omega_1,\Omega_2)\end{array}\right\}\forall\Omega_1,\Omega_2:\Phi_{xx}(\Omega_1,\Omega_2)<\theta$$

到此为止，率失真理论再次提供了一种设计最优编码方案的思路。因为最终的整体速率是通过对所有单个频率分量的率贡献 $\mathrm{d}R$ 进行积分得到的，所以一个最优编码器可以通过这样的方法构建，即将原始信号频谱分量分离成许多极其微小的带宽 $\mathrm{d}\Omega_1$、$\mathrm{d}\Omega_2$，并对这些频谱分量进行独立编码。对于能量大于阈值的子带分量，使用一些数量的位对它们进行编码，具体编码的位数与它们能量的对数成一定比例，而其余的子带则受到抑制。

6.2　子带编码基本原理

信息论的相关研究表明最优编码器的可选构建方案是将原始信号频谱分量分离成许多极其微小的带宽，并对这些频谱分量进行独立的编码，子带编码正是基于这一思想发展而来的。子带编码最初被应用于语音编码，后又被广泛应用于图像压缩等领域。子带编码以多抽样率信号处理理论为根基，同时子带编码也是实现快速小波变换的重要基础。

6.2.1　数字信号处理基础

本章后续内容的介绍会用到许多数字信号处理领域的概念,为了便于读者阅读和学习,在此补充了必要的基础知识。但限于篇幅,加之信号处理显然不是本书所要论及的核心,所以这里无法做到事无巨细、面面俱到。如果读者有深入了解的需要,可参阅信号处理方面的专业书籍。

1. 系统传递函数

信号的产生、传输和处理需要一定的物理装置,这样的物理装置就是系统。如果给系统下一定逻辑的定义,可以表述为:系统是指若干相互关联的事物组合而成具有特定功能的整体。系统的基本作用是对输入信号进行加工和处理,将其转换为所需要的输出信号。对于一个系统而言,它的输入信号有时又称作是激励,输出信号又称作是响应。

一个线性时不变(Linear Time Invariant,LTI)系统的单位冲激响应 $h(n)$ 就可以完全表示系统本身,其 z 变换为

$$H(z) = z[h(n)] = \sum_{n=0}^{+\infty} h(n)z^{-n}$$

由上式所定义的 $H(z)$ 在信号处理中称为系统传递函数,也称为系统函数或传递函数。当系统用 $h(n)$ 表示的时候,其输入输出关系可以表示成下式所示的表达式

$$y(n) = T[x(n)] = T\left[\sum_{m=-\infty}^{+\infty} x(m)\delta(n-m)\right]$$

$$= \sum_{m=-\infty}^{+\infty} x(m)T[\delta(n-m)] = \sum_{m=-\infty}^{+\infty} x(m)h(n-m)$$

于是在 z 变换的背景下,上式所述的等式变为

$$Y(z) = z[y(n)] = z\left[\sum_{m=-\infty}^{+\infty} x(m)h(n-m)\right]$$

在因果信号和因果系统的背景下,上式可变为

$$Y(z) = z\left[\sum_{m=0}^{+\infty} x(m)h(n-m)\right] = \sum_{n=0}^{+\infty}\sum_{m=0}^{\infty} x(m)h(n-m)z^{-n}$$

$$= \sum_{m=0}^{+\infty} x(m)\sum_{n=0}^{+\infty} h(n-m)z^{-n}$$

再做一个简单的替换 $k=n-m$,上式变为

$$Y(z) = \sum_{m=0}^{+\infty} x(m)\sum_{n=0}^{+\infty} h(n-m)z^{-n} = \sum_{m=0}^{+\infty} x(m)\sum_{k=0}^{+\infty} h(k)z^{-m}z^{-k}$$

$$= \sum_{m=0}^{+\infty} x(m)z^{-m}\sum_{k=0}^{+\infty} h(k)z^{-k} = z[x(n)]\cdot z[h(n)] = X(z)H(z)$$

这就表明,通过 z 变换将系统输入输出关系由复杂的级数求和形式,变成了简单的相乘。显然给系统的分析带来了很大的方便。而且根据上式,还可以用如下的方式定义系统的传递函数

$$H(z) = \frac{Y(z)}{X(z)}$$

这个定义式虽然和最开始所给出的系统传递函数定义式看起来有所不同，一个是从 $h(n)$ 直接求 z 变换的角度得到的，一个是从系统的输入输出关系得到的。但是根据前面所进行的分析，可知二者所代表的意义是完全一致的。

2. 基本信号表示

正弦信号是频率成分最为单一的一种信号，因该信号在某一时刻的波形就是数学上的正弦曲线而得名。一个复杂的信号经过傅里叶变换处理后便可分解为许多频率不同、幅度不等的正弦信号的叠加。如果把正弦信号表示成复指数的形式，则称之为复正弦信号。对于一个单位冲激响应为 $h(n)$ 的 LTI 系统，若输入信号为一个复正弦信号 $x(n) = \mathrm{e}^{\mathrm{j}\omega n}$，其中 ω 为频率。则可得其输出如下

$$y(n) = T[x(n)] = \sum_{m=-\infty}^{+\infty} x(m)h(n-m) = \sum_{m=-\infty}^{+\infty} \mathrm{e}^{\mathrm{j}\omega m}h(n-m)$$

对上式做一个 $k = n - m$ 的简单变换，可得

$$y(n) = \sum_{k=-\infty}^{+\infty} \mathrm{e}^{\mathrm{j}\omega(n-k)}h(k) = \mathrm{e}^{\mathrm{j}\omega n} \sum_{k=-\infty}^{+\infty} h(k)\mathrm{e}^{-\mathrm{j}\omega k} = \lambda x(n)$$

其中

$$\lambda = \sum_{k=-\infty}^{+\infty} h(k)\mathrm{e}^{-\mathrm{j}\omega k}$$

可见 λ 是与 $x(n)$ 无关的常数。

综上可知，系统的输入与输出之间有如下的关系

$$T[x(n)] = \lambda x(x)$$

结合线性代数的知识可知，该式表示的是系统 $T[\cdot]$ 的特征值和特征向量。该式也说明从数学的概念上讲，对于 LTI 系统 $T[\cdot]$ 而言，$x(n) = \mathrm{e}^{\mathrm{j}\omega n}$ 就是系统的特征向量。而在数字信号处理中，它也称为是特征信号，其对应的特征值为上式中的常数 λ。此外，上述讨论中复正弦信号的频率是任意选定的。换言之，频率 ω 为任意数值的复正弦信号都满足上式的关系，因而都是 LTI 系统 $T[\cdot]$ 的特征信号。但要注意的是，对于不同的频率 ω，其特征值是不相同的。

3. 系统频率响应

根据前面的讨论，已知复正弦信号是 LTI 系统的特征信号，其对应的特征值如下所示

$$\lambda = \sum_{k=-\infty}^{+\infty} h(k)\mathrm{e}^{\mathrm{j}\omega k}$$

这个特征值也称为系统的频率响应，从这个角度也是理解和分析 LTI 系统的一个重要方面。频率响应也是数字信号处理中非常重要的一个概念，通常用 $H(\mathrm{e}^{\mathrm{j}\omega})$ 表示，考虑到实际系统的因果性，可以将上式改写成更一般的表达式

$$H(\mathrm{e}^{\mathrm{j}\omega}) = \sum_{n=0}^{+\infty} h(n)\mathrm{e}^{-\mathrm{j}\omega n}$$

上式是从 $h(n)$ 计算频率响应 $H(\mathrm{e}^{\mathrm{j}\omega})$ 的一般公式，通常也称为是 $h(n)$ 的离散时间傅里

叶变换(DTFT)。从 $H(e^{j\omega})$ 计算 $h(n)$ 通常称为逆傅里叶变换,用数学公式表示如下

$$h(n) = \frac{1}{2\pi}\int_{-\pi}^{\pi} H(e^{j\omega})e^{j\omega n}\,d\omega$$

z 变换为分析信号和系统提供极大的便利。从 z 变换出发,可以很容易地得到系统频率响应,即频率响应 $H(e^{j\omega})$ 就是系统函数 $H(z)$ 在单位圆 $z=e^{j\omega}$ 上的取值,用公式表示为

$$H(e^{j\omega}) = H(z)\,|_{z=e^{j\omega}}$$

上式也表明 $H(e^{j\omega})$ 是 $H(z)$ 的一种特殊情况,只要知道了系统函数 $H(z)$,就可以很容易地求得系统的频率响应 $H(e^{j\omega})$。

频率响应一般为复数,所以可以用它的实部和虚部来表示 $H(e^{j\omega}) = H_R(e^{j\omega}) + jH_I(e^{j\omega})$。也可以用幅度和相位来表示 $H(e^{j\omega}) = |H(e^{j\omega})|e^{j\varphi(\omega)}$,式中 $|H(e^{j\omega})|$ 称为幅度响应,有时也称为幅频响应或幅频特性。$\varphi(\omega)$ 称为相位响应,有时也称为相频响应或相频特性。正如 $h(n)$ 完全表示了 LTI 系统的时域特性一样,$H(e^{j\omega})$ 也完全表示了 LTI 系统的频域特性。幅频响应和相频响应则分别代表了 $H(e^{j\omega})$ 的某一个方面,两者合起来才是对系统频率响应的完整描述。

幅频响应与实部和虚部的关系如下

$$|H(e^{j\omega})| = \sqrt{H_R^2(e^{j\omega}) + H_I^2(e^{j\omega})}$$

幅频响应所表示的是系统对不同频率信号幅度的放大或者衰减。换句话说,系统的幅频响应实际上表示了 LTI 系统的频率选择性。幅频响应越大,则对应频率信号的选择性也就越好,此时信号能够更好地通过系统;幅频响应越小,则对应频率信号的选择性越差,此时信号更难通过系统。幅频响应是周期性的,并且周期为 2π。可以从数学推导中直接看出这一点

$$H[e^{j(\omega+2\pi)}] = \sum_{n=0}^{+\infty} h(n)e^{-j(\omega+2\pi)n} = \sum_{n=0}^{+\infty} h(n)e^{-j\omega n} = H(e^{j\omega})$$

显然,$H(e^{j\omega})$ 是以 2π 为周期的,所以很自然地幅频响应也具有相同的周期性。另一方面,离散系统可以看作是对应的连续系统采样得到的,而时域的采样等效于频域的周期延拓,采样周期对应的数字频率就是 2π,因此离散 LTI 系统的频率响应是周期性的,且周期为 2π。此外,还可以看出幅频响应具有对偶性,即 $|H(e^{j\omega})| = |H(e^{-j\omega})|$。实际上,对于实系数的 $h(n)$,幅频响应都具有对偶性的特点。这个特性表明,只要知道 $[0,\pi]$ 范围内的 $|H(e^{j\omega})|$,整个周期内的 $|H(e^{j\omega})|$ 也就自然知道了。

6.2.2 多抽样率信号处理

以子带编码为代表的多抽样率信号处理技术早在 20 世纪 70 年代便已经在语音信号的压缩与编码中得到了应用。当时的子带编码主要是通过两通道正交镜像滤波器组来实现的。在该方法中,信号通过分析滤波器组被分成低通和高通两个子带,每个子带经过两倍抽取和量化后再进行压缩,之后可以通过综合滤波器组近似地重建出原始信号。

1. 初识分析与综合滤波器组

具有一个共同输入信号或一个共同输出信号的一组滤波器称为滤波器组(filter bank),

如图 6-7 所示。其中，左图为一个具有共同输入信号的滤波器组。输入信号 $x(nT)$ 进入 M 个通道，每个通道中有一个滤波器 $h_k(nT)$，$k=0,1,2,\cdots,M-1$。设 $x(nT)$ 为一个宽频带信号，经过各通道中的带通滤波器后被分成 M 个子频带信号 $y_k(nT)$，$k=0,1,2,\cdots,M-1$。所以 $y_k(nT)$ 表示的是窄频带信号，这样的滤波器组称为分析滤波器组（analysis filter bank）。

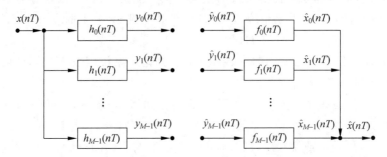

图 6-7　分析滤波器组和综合滤波器组

如前所述，滤波后各通道的信号 $y_k(nT)$，$k=0,1,2,\cdots,M-1$ 是窄带信号，因此它们的抽样率可以降低。如果 $x(nT)$ 是一个满带信号，即 $X(e^{j\omega})$ 的频谱占满 $-\pi$ 到 π 的区域，而各通道的信号 $y_k(nT)$ 都具有相同的带宽 B，则 $B=2\pi/M$，所以抽样率最多可以降低到 $1/MT$。如果抽样率低于此值则必出现混叠。这就是说个通道（信道）滤波后的信号可以进行抽取因子 D 等于或小于 M 的抽取。因此，$D=M$ 的抽取称为最大抽取。最大抽取情况下的分析滤波器组合综合滤波器组如图 6-8 所示。

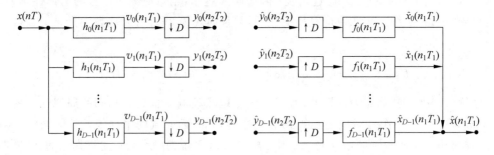

图 6-8　带 D 倍抽取分析滤波器组和带 D 倍内插的综合滤波器组

与分析滤波器组相对应的，还有综合滤波器组（synthesis filter bank），即具有多个输入信号和一个共同输出信号的滤波器组。在综合滤波器组中输入信号 $\hat{y}_k(n_2T_2)$，$k=0,1,2,\cdots,D-1$，先进行零值内插，经过综合滤波器 $f_k(n_1T_1)$ 后保留了所需要的子频带，得到相应子频带信号 $\hat{x}_k(n_1T_1)$，$k=0,1,2,\cdots,D-1$。把所有的 $\hat{x}_k(n_1T_1)$ 相加，就得到所求的综合信号 $\hat{x}(n_1T_1)$，即

$$\hat{x}(n_1T_1) = \sum_{k=0}^{D-1} \hat{x}_k(n_1T_1)$$

及

$$\overline{X}(e^{j\omega_1}) = \sum_{k=0}^{D-1} \overline{X}_k(e^{j\omega_1})$$

2. 多抽样率系统的多相表示

多相表示在多抽样率信号处理中是一种基本方法。使用它可以在实现整数倍和分数倍抽取和内插时提高计算效率,在实现滤波器组时也非常有用。多相表示也称为多相分解,它是指将数字滤波器的转移函数 $H(z)$ 分解成若干个不同相位的组。$h[k]$ 为某离散系统的单位脉冲序列,$H(z)$ 是其系统函数。

$$e_n[k] = h[kM+n], \quad n = 0,1,2,\cdots,M-1$$

称 $e_n[k]$ 为 $h[k]$ 的第 n 个多相分量。若 $e_n[k]$ 的 z 变换记为 $E_n(z)$,称 $E_n(z)$ 为 $H(z)$ 第 n 个多相分量。$H(z)$ 可以有 M 个多相分量 $E_n(z)$ 表达。

在 FIR 滤波器中,转移函数

$$H(z) = \sum_{n}^{N-1} h(n)z^{-n}$$

其中,N 为滤波器长度。如果将冲激响应 $h(n)$ 按下列的排列分成 D 个组,并设 N 为 D 的整数倍,即 $N/D=Q$,Q 为整数,则

$$
\begin{aligned}
H(z) \quad &= h(0)z^0 &&+ h(D)z^{-D} &&+ \cdots + h[(Q-1)D]z^{-(Q-1)D} \\
&+ h(1)z^{-1} &&+ h(D+1)z^{-(D+1)} &&+ \cdots + h[(Q-1)D+1]z^{-(Q-1)D-1} \\
&+ h(2)z^{-2} &&+ h(D+2)z^{-(D+2)} &&+ \cdots + h[(Q-1)D+2]z^{-(Q-1)D-2} \\
&\ \ \vdots &&\ \ \vdots &&\ \ \vdots \\
&+ h(D-1)z^{-(D-1)} &&+ h(2D-1)z^{-(2D-1)} &&+ \cdots + h[(Q-1)D+D-1]z^{-(Q-1)D-(D-1)}
\end{aligned}
$$

$$= \sum_{n=0}^{Q-1} h(nD+0)(z^D)^{-n} + z^{-1}\sum_{n=0}^{Q-1} h(nD+1)(z^D)^{-n} + \cdots + z^{-(D-1)}\sum_{n=0}^{Q-1} h(nD+D-1)(z^D)^{-n}$$

令

$$E_k(z^D) \stackrel{\text{def}}{=} \sum_{n=0}^{Q-1} h(nD+k)(z^D)^{-n}, \quad k = 0,1,2,\cdots,D-1$$

则

$$H(z) = \sum_{k=0}^{D-1} z^{-k} E_k(z^D)$$

$E_k(z^D)$ 称为 $H(z)$ 的多相分量,上式则称为 $H(z)$ 的多相表示。

多相分解可由矩阵表示为

$$
\boldsymbol{H}(z) = \begin{bmatrix} 1 & z^{-1} & \cdots & z^{-(D-1)} \end{bmatrix}
\begin{bmatrix} E_0(z^D) \\ E_1(z^D) \\ \vdots \\ E_{D-1}(z^D) \end{bmatrix}
$$

把冲激响应 $h(n)$ 分成了 D 个组,其中第 k 组是 $h(nD+k)$,$k=0,1,2,\cdots,D-1$。$H(z)$ 的多相表示式也可以看出 $z^{-k}E_k(z^D)$ 是 $H(z)$ 中的第 k 组,$k=0,1,2,\cdots,D-1$。如果把该式中的 z 换成 $e^{j\omega}$,则

$$H(e^{j\omega}) = \sum_{k=0}^{D-1} e^{-j\omega k} E_k(e^{j\omega D})$$

其中,$e^{-j\omega k}$ 表示不同的 k 具有不同的相位,所以称之为多相表示。$H(z)$ 的多相表示式与上式称为 $H(z)$ 多相分解的第一种形式。$H(z)$ 的多相表示式的网络结构图如图 6-9 所示。

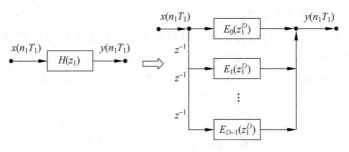

图 6-9　多相分解的第一种形式

下面讲述多相分解的第二种形式。

如果令

$$\sum_{n=0}^{Q-1} h(nD+k)\,(z^D)^{-n} \overset{\text{def}}{=\!=} R_{D-1-k}(z^D)$$

根据 I 型多项分解

$$H(z) = \sum_{k=0}^{D-1} E_k(z^D) z^{-k}$$

也就相当于记 $R_m(z^D) = E_{D-1-m}(z^D)$，$m = 0,1,2,\cdots,D-1$，则原式变为（可得 II 型多项分解）

$$H(z) = R_{D-1}(z^D) + z^{-1} R_{D-1-1}(z^D) + \cdots + z^{-(D-1-m)} R_m(z^D) + \cdots + z^{-(D-1)} R_0(z^D)$$

$$= \sum_{m=0}^{D-1} z^{-(D-1-m)} R_m(z^D)$$

上式称为多相分解的第二种形式，其网络结构如图 6-10 所示。

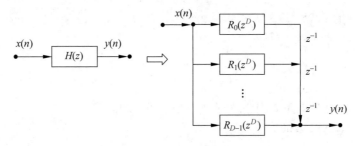

图 6-10　多相分解的第二种形式

3. 两通道滤波器组多相结构

下面以两通道滤波器组为例讨论多相结构。

首先，根据式

$$H(z) = \sum_{k=0}^{D-1} z^{-k} E_k(z^D)$$

因为是两通道滤波器组，所以这里 $D=2$，$k=\{0,1\}$，对于分析滤波器组，把 $H_0(z)$ 和 $H_1(z)$ 进行类型 I 多相分解得到如下结果

$$H_0(z) = E_{00}(z^2) + z^{-1} E_{01}(z^2)$$

$$H_1(z) = E_{10}(z^2) + z^{-1} E_{11}(z^2)$$

E_{ij} 中 i 代表滤波器的序号，j 代表多相结构的序号。以上两式可用图 6-11 表示。

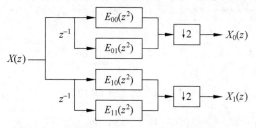

图 6-11　两通道分析滤波器组的多相结构

如果将上述两个式子写成矩阵形式，可以表示为

$$\begin{bmatrix} H_0(z) \\ H_1(z) \end{bmatrix} = \begin{bmatrix} E_{00}(z^2) & E_{01}(z^2) \\ E_{10}(z^2) & E_{11}(z^2) \end{bmatrix} \begin{bmatrix} 1 \\ z^{-1} \end{bmatrix} = \boldsymbol{E}(z^2) \begin{bmatrix} 1 \\ z^{-1} \end{bmatrix}$$

其中，

$$\boldsymbol{E}(z^2) = \begin{bmatrix} E_{00}(z^2) & E_{01}(z^2) \\ E_{10}(z^2) & E_{11}(z^2) \end{bmatrix}$$

对于综合滤波器组，根据式

$$H(z) = \sum_{m=0}^{D-1} z^{-(D-1-m)} R_m(z^D)$$

对 $F_0(z)$ 和 $F_1(z)$ 做类型 II 多相分解得到（这里 $D=2, m=\{0,1\}$）

$$F_0(z) = z^{-1} R_{00}(z^2) + R_{01}(z^2)$$
$$F_1(z) = z^{-1} R_{10}(z^2) + R_{11}(z^2)$$

以上两式可用图 6-12 表示。

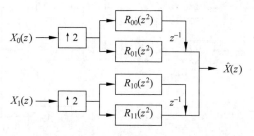

图 6-12　两通道综合滤波器组的多相结构

如果将上述两个式子写成矩阵形式，可以表示为

$$\begin{bmatrix} F_0(z) & F_1(z) \end{bmatrix} = \begin{bmatrix} z^{-1} & 1 \end{bmatrix} \begin{bmatrix} R_{00}(z^2) & R_{10}(z^2) \\ R_{01}(z^2) & R_{11}(z^2) \end{bmatrix} = \begin{bmatrix} z^{-1} & 1 \end{bmatrix} \boldsymbol{R}(z^2)$$

其中，

$$\boldsymbol{R}(z^2) = \begin{bmatrix} R_{00}(z^2) & R_{10}(z^2) \\ R_{01}(z^2) & R_{11}(z^2) \end{bmatrix}$$

4. 正交镜像滤波器组的概念

设一个两通道的滤波器组如图 6-13 所示。

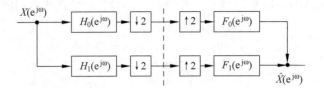

图 6-13　两通道 QMF 组

如果 $H_1(e^{j\omega}) = H_0[e^{j(\omega-\pi)}] = H_0(e^{j\omega}W)$，式中 $W = e^{-j2\pi/2} = e^{-j\pi} = -1$，此处根据欧拉公式得出，则表明 $H_0(e^{j\omega})$ 和 $H_1(e^{j\omega})$ 的幅频特性如图 6-14 所示，$H_0(e^{j\omega})$ 和 $H_1(e^{j\omega})$ 对于 $\pi/2$ 呈镜像对称，所以称这种滤波器组为正交镜像滤波器（Quadrature Mirror Filter，QMF）组，简称 QMF 组，这也是 QMF 组的原始含义。

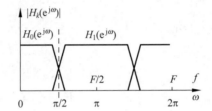

图 6-14　两通道 QMF 组中滤波器的幅频特性

将两通道扩展到 D 个通道的滤波器组，如果其中各滤波器 $H_k(e^{j\omega})$ 具有

$$H_k(e^{j\omega}) = H_0(e^{j\omega}W^k), \quad W \stackrel{\text{def}}{=} e^{-j\frac{2\pi}{D}}$$

的关系，如图 6-15 所示，则也称之为 QMF 组。当然，尽管这时已经不具有幅频特性对 $\pi/2$ 对称的性质，其幅频特性如图 6-16 所示，但通常仍然保留习惯上的称谓。

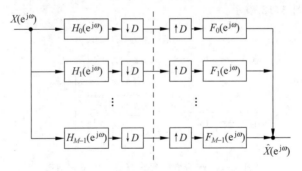

图 6-15　D 通道的 QMF 组

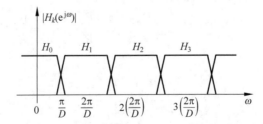

图 6-16　D 通道 QMF 组中各滤波器的幅频特性

5. 多通道组的输入输出关系

图 6-17 给出了一个 D 通道 QMF 组并注明了各点信号的符号。

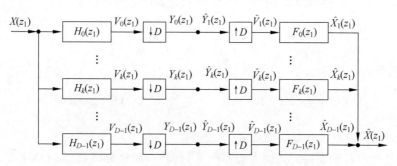

图 6-17　D 通道 QMF 组及其各点信号的符号

下面研究其输入 $X(z_1)$ 和输出 $\hat{X}(z_1)$ 的关系。先取出其中的第 k 条支路,有

$$\hat{X}_k(z_1) = \hat{V}_k(z_1)F_k(z_1)$$

$$\hat{V}_k(z_1) = \hat{Y}_k(z_2)$$

$$\hat{Y}_k(z_2) = Y_k(z_2)$$

$$Y_k(z_2) = \frac{1}{D}\sum_{l=0}^{D-1}V_k(z_1W^l), \quad W \overset{\text{def}}{=} \mathrm{e}^{-\mathrm{j}\frac{2\pi}{D}}$$

及

$$V_k(z_1) = X(z_1)H_k(z_1)$$

于是,

$$\hat{X}_k(z_1) = \frac{1}{D}\sum_{l=0}^{D-1}X(z_1W^l)H_k(z_1W^l)F_k(z_1)$$

整个系统的输出 $\hat{X}(z_1)$ 为各通道输出 $\hat{X}_k(z_1)$ 之和,即

$$\hat{X}(z_1) = \sum_{k=0}^{D-1}\hat{X}_k(z_1) = \frac{1}{D}\sum_{l=0}^{D-1}X(z_1W^l)\sum_{k=0}^{D-1}H_k(z_1W^l)F_k(z_1), \quad W \overset{\text{def}}{=} \mathrm{e}^{-\mathrm{j}\frac{2\pi}{D}}$$

$$= \sum_{l=0}^{D-1}X(z_1W^l)A_l(z_1), \quad A_l(z_1) \overset{\text{def}}{=} \frac{1}{D}\sum_{k=0}^{D-1}H_k(z_1W^l)F_k(z_1)$$

上式为 QMF 组输入输出的基本关系式,可以用矩阵形式表示为

$$\frac{1}{D}\begin{bmatrix} H_0(z_1W^0) & H_1(z_1W^0) & \cdots & H_{D-1}(z_1W^0) \\ H_0(z_1W^1) & H_1(z_1W^1) & \cdots & H_{D-1}(z_1W^1) \\ H_0(z_1W^2) & H_1(z_1W^2) & \cdots & H_{D-1}(z_1W^2) \\ \vdots & \vdots & \ddots & \vdots \\ H_0(z_1W^{D-1}) & H_1(z_1W^{D-1}) & \cdots & H_{D-1}(z_1W^{D-1}) \end{bmatrix}\begin{bmatrix} F_0(z_1) \\ F_1(z_1) \\ F_2(z_1) \\ \vdots \\ F_{D-1}(z_1) \end{bmatrix} \overset{\text{def}}{=} \begin{bmatrix} A_0(z_1) \\ A_1(z_1) \\ A_2(z_1) \\ \vdots \\ A_{D-1}(z_1) \end{bmatrix}$$

其中,$D \times D$ 的矩阵 $\boldsymbol{H}(z_1) = [H_k(z_1W^l)]$ 称为混叠分量(Alias Component,AC)矩阵,简称 AC 矩阵。

另外,上式中的 $X(z_1W^l)$,$l = 1,2,\cdots,D-1$ 是原输入信号 $X(z_1)$ 的混叠样本,是由于抽取而造成的,故称混叠分量。如果希望在输出 $\hat{X}(z_1)$ 去掉混叠的影响,则应将上式拆分为两

个部分，即

$$\hat{X}(z_1) = X(z_1)A_0(z_1) + \sum_{l=1}^{D-1} X(z_1W^l)A_l(z_1)$$

而使其中 $l \neq 0$ 的部分为 0，即令

$$A_l(z_1) = 0, \quad l \neq 0$$

如此，原式就变成

$$\hat{X}(z_1) = X(z_1)A_0(z_1) = \frac{1}{D}\sum_{k=0}^{D-1} H_k(z_1)F_k(z_1)X(z_1)$$

在输出信号 $\hat{X}(z_1)$ 中不含有混叠的成分。

在 QMF 组中首先看到的是因混叠而产生的误差，经过分析，已知 QMF 组输入输出的基本关系式中 $\sum_{l=1}^{D-1} X(z_1W^l)A_l(z_1)$ 就是这部分误差，它不是由 $X(z_1)$ 而来的，而是由 $X(z_1W^l), l \neq 0$ 而来的。所以，由它引起的失真称为混叠失真，简称 ALD。ALD 是由于抽取造成的，要想使这部分误差为 0，就必须设计 $F_k(z_1)$ 配合 $H_k(z_1W^l)$，使 $A_l(z_1)=0, l \neq 0$，于是 QMF 组输入输出的基本关系就变成如下形式

$$\begin{bmatrix} H_0(z_1W^0) & H_1(z_1W^0) & \cdots & H_{D-1}(z_1W^0) \\ H_0(z_1W^1) & H_1(z_1W^1) & \cdots & H_{D-1}(z_1W^1) \\ H_0(z_1W^2) & H_1(z_1W^2) & \cdots & H_{D-1}(z_1W^2) \\ \vdots & \vdots & \ddots & \vdots \\ H_0(z_1W^{D-1}) & H_1(z_1W^{D-1}) & \cdots & H_{D-1}(z_1W^{D-1}) \end{bmatrix} \begin{bmatrix} F_0(z_1) \\ F_1(z_1) \\ F_2(z_1) \\ \vdots \\ F_{D-1}(z_1) \end{bmatrix} = \begin{bmatrix} DA_0(z_1) \\ 0 \\ 0 \\ \vdots \\ 0 \end{bmatrix}$$

可见，此时的输出 $\hat{X}(z_1)$ 中不含 $X(z_1)$ 的混叠成分，这样的系统称为无混叠系统。

6. 两通道组的输入输出关系

根据上一小节的结论，这里令 $D=2$，则有（注意化简过程同样使用了欧拉公式）

$$\hat{X}(z_1) = \frac{1}{2}\sum_{l=0}^{1} X(z_1W^l)\sum_{k=0}^{1} H_k(z_1W^l)F_k(z_1)$$

$$= \frac{1}{2}X(z_1)[H_0(z_1)F_0(z_1) + H_1(z_1)F_1(z_1)]$$

$$+ \frac{1}{2}X(-z_1)[H_0(-z_1)F_0(z_1) + H_1(-z_1)F_1(z_1)]$$

上式中右侧第一项是输入信号 $X(z_1)$ 对输出信号 $\hat{X}(z_1)$ 的贡献，右侧第二项则是输入信号的混叠分量对 $\hat{X}(z_1)$ 的贡献，如果要想 $\hat{X}(z_1)$ 中无混叠成分，则须使

$$H_0(-z_1)F_0(z_1) + H_1(-z_1)F_1(z_1) = 0$$

按照通常 QMF 组中的关系，$H_1(z_1)$ 应该是 $H_0(z_1)$ 在频域中平移 π 角的结果，即

$$H_1(e^{j\omega_1}) = H_0[e^{j(\omega_1-\pi)}]$$

或

$$H_1(z_1) = H_0(-z_1)$$

将此关系式带回原等式，则有

$$H_0(-z_1)F_0(z_1) + H_0(z_1)F_1(z_1) = 0$$

为了求得 $F_0(z_1),F_1(z_1)$ 与 $H_0(z_1),H_1(z_1)$ 的关系,可以令无混叠的 QMF 组输入输出关系矩阵中的 $D=2$,这时 $W=-1$,于是有

$$\begin{bmatrix} H_0(z_1) & H_1(z_1) \\ H_0(-z_1) & H_1(-z_1) \end{bmatrix}\begin{bmatrix} F_0(z_1) \\ F_1(z_1) \end{bmatrix}=\begin{bmatrix} 2A_0(z_1) \\ 0 \end{bmatrix}$$

所以

$$\begin{bmatrix} F_0(z_1) \\ F_1(z_1) \end{bmatrix}=\begin{bmatrix} H_0(z_1) & H_1(z_1) \\ H_0(-z_1) & H_1(-z_1) \end{bmatrix}^{-1}\begin{bmatrix} 2A_0(z_1) \\ 0 \end{bmatrix}$$

$$=\frac{1}{\det \boldsymbol{H}}\begin{bmatrix} H_1(-z_1) & -H_1(z_1) \\ -H_0(-z_1) & H_0(z_1) \end{bmatrix}\begin{bmatrix} 2A_0(z_1) \\ 0 \end{bmatrix}$$

由于要求 $F_0(z_1),F_1(z_1)$ 是 FIR 系统,最简单的方法是设 $2A_0(z_1)/\det \boldsymbol{H}=1$,于是

$$\begin{bmatrix} F_0(z_1) \\ F_1(z_1) \end{bmatrix}=\begin{bmatrix} H_1(-z_1) \\ -H_0(-z_1) \end{bmatrix}$$

而且已知 $H_1(z_1)=H_0(-z_1)$,所以有

$$F_0(z_1)=H_0(z_1)$$

及

$$F_1(z_1)=-H_0(-z_1)=-H_1(z_1)$$

于是经化简计算,得到两通道 QMF 组无混叠的输入输出关系如下

$$\hat{X}(z_1)=\frac{1}{2}X(z_1)[H_0^2(z_1)-H_1^2(z_1)]=X(z_1)A(z_1)$$

$$A(z_1)=\frac{1}{2}[H_0^2(z_1)-H_1^2(z_1)]$$

6.2.3　图像信息子带分解

率失真理论表明一个高效的信源编码器会将信号(例如图像)划分成多个频带,然后对每个子带信号进行独立编码。尽管图像是一个二维的信号,在此先讨论一维子带编码的情况。大多数二维子带分解都是通过将一维子带滤波器组进行级联(cascading)实现的。

在子带编码中,一幅图像被分解成为一系列限带分量的集合,称为子带,它们可以重组在一起无失真地重建原始图像。最初是为语音和图像压缩而研制的,每个子带通过对输入进行带通滤波而得到。因为所得到的子带带宽要比原始图像的带宽下,子带可以进行无信息损失的抽样。原始图像的重建可以通过内插、滤波和叠加单个子带完成。

图 6-18 显示了两段子带编码系统的基本部分。系统的输入是一个一维的带限时间离散信号,用 $x(n)$ 表示,其中 $n=1,2,\cdots$;输出序列 $\hat{x}(n)$ 是通过分析滤波器 $h_0(n)$ 和 $h_1(n)$ 将 $x(n)$ 分解成 $y_0(n)$ 和 $y_1(n)$,然后再通过综合滤波器 $f_0(n)$ 和 $f_1(n)$ 综合得到的。注意,$h_0(n)$ 和 $h_1(n)$ 是半波数字滤波器,其理想传递函数为 H_0 和 H_1。滤波器 H_0 是一个低通滤波器,输出是 $x(n)$ 的近似值;滤波器 H_1 是一个高通滤波器,输出是 $x(n)$ 的高频或细节部分。所有的滤波器都通过在时域将每个滤波器的输入与其冲激响应(对单位强度冲激函数 $\delta(n)$ 的响应)进行卷积来实现。希望能够通过选择 $h_0(n),h_1(n),f_0(n)$ 和 $f_1(n)$(或 H_0,H_1,F_0 和 F_1)实现对输入的完美重构,即 $\hat{x}(n)=x(n)$。

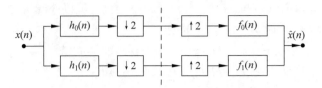

图 6-18　一维子带编解码的两通道滤波器组

根据对两通道 QMF 组输入输出关系的研究，已知两通道子带编码的输入输出关系可以表示为

$$\hat{X}(z) = \frac{1}{2}X(z)\left[H_0(z)F_0(z) + H_1(z)F_1(z)\right] + \frac{1}{2}X(-z)\left[H_0(-z)F_0(z) + H_1(-z)F_1(z)\right]$$

其中，第二项由于含有 $-z$ 的关系，它代表了抽样-内插过程带来的混叠。

对于输入的无失真重建，$\hat{x}(n) = x(n)$ 和 $\hat{X}(n) = X(n)$。因此，可以假定下列条件

$$H_0(-z)F_0(z) + H_1(-z)F_1(z) = 0$$
$$H_0(z)F_0(z) + H_1(z)F_1(z) = 2$$

第一个式子通过强制含有 $-z$ 的项为零来消除混叠失真；而第二个式子则通过强制第一项等于 $X(z)$ 消除幅度失真。上述方程组可以写成如下所示的维矩阵形式

$$\begin{bmatrix} H_0(z) & H_1(z) \\ H_0(-z) & H_1(-z) \end{bmatrix}\begin{bmatrix} F_0(z) \\ F_1(z) \end{bmatrix} = \begin{bmatrix} 2 \\ 0 \end{bmatrix}$$

假设 $\begin{bmatrix} H_0(z) & H_1(z) \\ H_0(-z) & H_1(-z) \end{bmatrix}$ 是可逆的，则在等式两端分别乘以 $\begin{bmatrix} H_0(z) & H_1(z) \\ H_0(-z) & H_1(-z) \end{bmatrix}^{-1}$，得

$$\begin{bmatrix} F_0(z) \\ F_1(z) \end{bmatrix} = \begin{bmatrix} H_0(z) & H_1(z) \\ H_0(-z) & H_1(-z) \end{bmatrix}^{-1}\begin{bmatrix} 2 \\ 0 \end{bmatrix}$$

因为

$$\begin{bmatrix} H_0(z) & H_1(z) \\ H_0(-z) & H_1(-z) \end{bmatrix}^{-1} = \frac{1}{H_0(z)H_1(-z) - H_1(z)H_0(-z)}\begin{bmatrix} H_1(-z) & -H_1(z) \\ -H_0(-z) & H_0(z) \end{bmatrix}$$

所以

$$\begin{bmatrix} F_0(z) \\ F_1(z) \end{bmatrix} = \frac{2}{H_0(z)H_1(-z) - H_1(z)H_0(-z)}\begin{bmatrix} H_1(-z) \\ -H_0(-z) \end{bmatrix}$$

如果定义分析调制矩阵 $\boldsymbol{H}_m(z)$ 为

$$\boldsymbol{H}_m(z) = \begin{bmatrix} H_0(z) & H_1(z) \\ H_0(-z) & H_1(-z) \end{bmatrix}$$

显然 $\det[\boldsymbol{H}_m(z)] = H_0(z)H_1(-z) - H_1(z)H_0(-z)$，则原式可以改写为

$$\begin{bmatrix} F_0(z) \\ F_1(z) \end{bmatrix} = \frac{2}{\det[\boldsymbol{H}_m(z)]}\begin{bmatrix} H_1(-z) \\ -H_0(-z) \end{bmatrix}$$

该式子表明 $F_0(z)$ 是 $H_1(-z)$ 的函数，而 $F_1(z)$ 是 $H_0(-z)$ 的函数。分析和综合滤波器交

叉调制,也就是说,在图 6-18 的框图中,对角线上相对的滤波器在 z 域上是以 $-z$ 相关联的(此处若运用前面所讲过的多相分解,同样可以得到滤波器在 z 域上以 $-z$ 相关联这个结论)。对于这一点的理解,还可以从多相结构的角度去分析两通道滤波器组的完全重建问题。对于有限冲激响应(FIR)滤波器,调制矩阵的行列式是一个纯时延,即 $\det[\boldsymbol{H}_m(z)] = \alpha z^{-(2k+1)}$。这是因为

$$\det[\boldsymbol{H}_m(z)] = \sum_{n=0}^{+\infty} h_0(n)z^{-n} \sum_{n=0}^{+\infty} h_1(n)(-z^{-n}) - \sum_{n=0}^{+\infty} h_1(n)z^{-n} \sum_{n=0}^{+\infty} h_0(n)(-z^{-n})$$

$$= \sum_{n=0}^{+\infty} h_0(n)z^{-n} \sum_{n=0}^{+\infty} h_1(n)(-1)^n z^{-n} - \sum_{n=0}^{+\infty} h_1(n)z^{-n} \sum_{n=0}^{+\infty} h_0(n)(-1)^n z^{-n}$$

显然,当 n 为偶数时,上式的计算结果等于零,所以最后必然可以化简得到一个 $\alpha z^{-(2k+1)}$ 形式的结果。因此,交叉调制的准确形式是 α 的函数。$z^{-(2k+1)}$ 项可被认为是任意的,因为它只改变滤波器的群时延。

忽略时延,也就是令 $z^{-(2k+1)} = 1$,并令 $\alpha = 2$,则此时有 $\det[\boldsymbol{H}_m(z)] = 2$,则上式变为

$$\begin{bmatrix} F_0(z) \\ F_1(z) \end{bmatrix} = \begin{bmatrix} H_1(-z) \\ -H_0(-z) \end{bmatrix}$$

则有

$$\sum_{n=0}^{+\infty} f_0(n)z^{-n} = \sum_{n=0}^{+\infty} h_1(n)(-z)^{-n}$$

$$\sum_{n=0}^{+\infty} f_1(n)z^{-n} = -\sum_{n=0}^{+\infty} h_0(n)(-z)^{-n}$$

又因为 $(-z)^{-n} = (-1)^n z^{-n}$,于是可以得到

$$f_0(n) = (-1)^n h_1(n), \quad f_1(n) = (-1)^{n+1} h_0(n)$$

如果 $\alpha = -2$,结果的表达式符号相反

$$f_0(n) = (-1)^{n+1} h_1(n), \quad f_1(n) = (-1)^n h_0(n)$$

因此,FIR 综合滤波器是分析滤波器的交叉调制的副本,有且仅有一个符号相反。

上述推导所得的公式也可以用来证明分析和综合滤波器的双正交性。令低通分析滤波器和低通综合滤波器传递函数的乘积为 $P(z)$,可得

$$P(z) = F_0(z)H_0(z) = \frac{2}{\det[\boldsymbol{H}_m(z)]} H_1(-z)H_0(z)$$

由于

$$\det[\boldsymbol{H}_m(z)] = -\det[\boldsymbol{H}_m(-z)]$$

$$F_1(z)H_1(z) = \frac{-2}{\det[\boldsymbol{H}_m(z)]} H_0(-z)H_1(z) = P(-z)$$

因此,$F_1(z)H_1(z) = P(-z) = F_0(-z)H_0(-z)$,消除幅度失真的表达式变成

$$F_0(z)H_0(z) + F_0(-z)H_0(-z) = 2$$

做反 z 变换可得

$$\sum_k f_0(k)h_0(n-k) + (-1)^n \sum_k f_0(k)h_0(n-k) = 2\delta(n)$$

冲激函数 $\delta(n)$ 在 $n = 0$ 时等于 1,而在其他情况下等于 0。由于奇次方项相互抵消,便可得下式。其中,符号 $\langle x, y \rangle$ 表示序列 $x(n)$ 和 $y(n)$ 的向量内积,由于可能存在复数,所以此

处内积的定义扩展为 $\langle x,y \rangle = \sum_n x^*(n)y(n)$，此处 $*$ 号表示 复共轭操作。

$$\sum_k f_0(k)h_0(2n-k) = \langle f_0(k), h_0(2n-k) \rangle = \delta(n)$$

由消除混叠和幅度失真的两个方程式开始，并将 F_0 和 H_0 表示成 F_1 和 H_1 的函数，可得

$$\langle f_1(k), h_1(2n-k) \rangle = \delta(n), \quad \langle f_0(k), h_1(2n-k) \rangle = 0$$

且

$$\langle f_1(k), h_1(2n-k) \rangle = 0$$

合并以上 4 个式子，可得到更有普遍意义的表达式

$$\langle h_i(2n-k), f_j(k) \rangle = \delta(i-j)\delta(n), \quad i,j = \{0,1\}$$

满足该条件的滤波器组称为具有双正交性。此外，所有两频段实系数的完美重建滤波器组的分析和综合滤波器的冲激响应服从双正交性约束。

表 6-1 给出了无混叠无幅度失真条件式的通解。虽然它们都能满足双正交要求，但是各自的求解方式不同，定义的可完美重建的滤波器类也不同。每类中都依一定规格设计了一个"原型"滤波器，而其他滤波器由原型计算产生。表中第 1、2 列是滤波器组的经典结果，QMF（前面已经对 QMF 组进行过研究了）和 CQF（共轭正交滤波器）。第 3 列中的滤波器称为具有正交性的滤波器。它们在双正交的基础上更进一步，要求

$$\langle f_i(n), f_j(n+2m) \rangle = \delta(i-j)\delta(m), \quad i,j = \{0,1\}$$

这为可完美重建的滤波器组定义了正交性。注意，表中最后一行中 $F_1(z)$ 的表达式。$2K$ 代表滤波器系数的长度或数目（即滤波器抽头）。可见，F_1 与低通综合滤波器 F_0 的联系在于调制、时域反转或奇数平移，对时间反转和平移的 z 变换对分别是 $x(-n) \Leftrightarrow X(z^{-1})$ 和 $x(n-k) \Leftrightarrow z^{-k}X(z)$。此外，$H_0$ 和 H_1 分别是相应综合滤波器 F_0 和 F_1 的时域反转。从表 6-1 中的第 3 列中选取适当的输入，做反 z 变换可得

$$f_1(n) = (-1)^n f_0(2K-1-n)$$
$$h_i(n) = f_i(2K-1-n), \quad i = \{0,1\}$$

其中，h_0, h_1, f_0 和 f_1 是定义的正交滤波器的冲激响应，此类正交滤波器有很多，如 Daubechies 滤波器、Smith 和 Barnwell 滤波器等。

表 6-1 完美重建滤波器组

滤波器	正 交 镜 像	共 轭 正 交	正　　交
$H_0(z)$	$H_0^2(z) - H_0^2(-z)$ $= 2$	$H_0(z)H_0(z^{-1})$ $+ H_0^2(-z)H_0(-z^{-1}) = 2$	$F_0(z^{-1})$
$H_1(z)$	$H_0(-z)$	$z^{-1}H_0(-z^{-1})$	$F_1(z^{-1})$
$F_0(z)$	$H_0(z)$	$H_0(z^{-1})$	$F_0(z)F_0(z^{-1})$ $+ F_0(-z)F_0(-z^{-1}) = 2$
$F_1(z)$	$-H_0(-z)$	$zH_0(-z)$	$-z^{-2K+1}F_0(-z^{-1})$

表 6-1 中的一维滤波器也可以用于图像处理的二维可分离滤波器。可分离滤波器首先应用于某一维（如垂直方向），再应用于另一维（如水平方向）。此外，抽样也分两步执行——在第二次滤波前执行一次以减少计算量。滤波后的输出结果，用图 6-19 中的 $a(m,n)$、

$d^V(m,n)$、$d^H(m,n)$和$d^D(m,n)$表示,分别称为近似值、垂直细节、水平细节以及图像的对角线细节子带。一个或多个这样的子带可被分为 4 个更小的子带,并可重复划分。这种处理方法在本章最后还会再次出现。

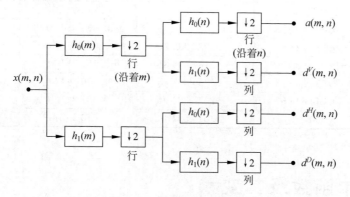

图 6-19 图像的二维分解

图 6-20 显示了一个 8 抽头的正交滤波器的冲激响应。低通滤波器 $h_0(n)$,$0 \leqslant n \leqslant 7$,其系数是$-0.010\,597\,40$,$0.032\,883\,01$,$0.030\,841\,38$,$-0.187\,034\,81$,$-0.027\,983\,76$,$0.630\,880\,76$,$0.714\,846\,57$ 和 $0.230\,377\,81$;其余正交滤波器的系数可通过前面的公式计算得到,因为是 8 抽头,所以 $2K=8$,结果如表 6-2 所示。注意,图中分析和综合滤波器的交叉调制。用数字计算来说明这些滤波器既是双正交的又是正交的相对容易。此外,它们同样满足对已分解的输入进行无差错的重建(即满足无混叠无幅度失真的条件)。

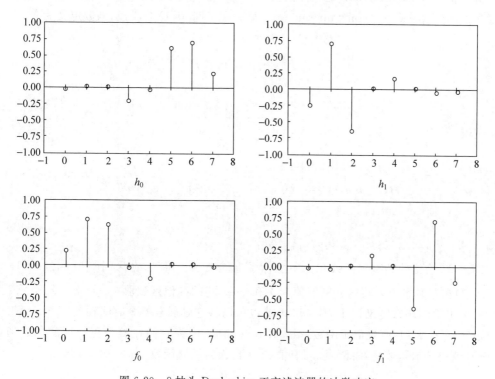

图 6-20 8 抽头 Daubechies 正交滤波器的冲激响应

表 6-2　正交滤波器的冲激响应

滤波器	h_0	h_1	f_0	f_1
0	−0.010 597 40	−0.230 377 81	0.230 377 81	−0.010 597 40
1	0.032 883 01	0.714 846 57	0.714 846 57	−0.032 883 01
2	0.030 841 38	−0.630 880 76	0.630 880 76	0.030 841 38
3	−0.187 034 81	0.027 983 76	−0.027 983 76	0.187 034 81
4	−0.027 983 76	0.187 034 81	−0.187 034 81	0.027 983 76
5	0.630 880 76	0.030 841 38	0.030 841 38	−0.630 880 76
6	0.714 846 57	−0.032 883 01	0.032 883 01	0.714 846 57
7	0.230 377 81	−0.010 597 40	−0.010 597 40	−0.230 377 81

6.3　哈尔函数及其变换

哈尔变换是图像多分辨率分析技术中的一种，也是方波型离散图像变换的一种，更重要的是，它还是小波变换的重要基础。

6.3.1　哈尔函数的定义

哈尔函数（Haar function）是一种正交归一化函数，它是定义在半开区间[0,1)上的一组分段常值函数（piecewise-constant function）集。在区间[0,1)上，哈尔函数定义为

$$H(0,t) = 1, \quad 0 \leqslant t < 1$$

$$H(1,t) = \begin{cases} 1, & 0 \leqslant t < \dfrac{1}{2} \\ -1, & \dfrac{1}{2} \leqslant t < 1 \end{cases}$$

一般情况

$$H(2^p + n, t) = \begin{cases} 2^{\frac{p}{2}}, & \dfrac{n}{2^p} \leqslant t < \dfrac{(n+0.5)}{2^p} \\ -2^{\frac{p}{2}}, & \dfrac{(n+0.5)}{2^p} \leqslant t < \dfrac{(n+1)}{2^p} \\ 0, & \text{其他} \end{cases}$$

其中，$p = 1, 2, \cdots$；$n = 0, 1, 2, \cdots, 2^p - 1$。

图 6-21 给出的是哈尔函数在直角坐标系上的表示。可见，在区间[0,1)上，$H(0,t)$ 为 1，$H(1,t)$ 在左右半个区间内分别取值为 1 和 −1。它的其他函数取 0，$\pm\sqrt{2}$，± 2，$\pm 2\sqrt{2}$，± 4，…以上哈尔函数定义以 1 为周期，因此也可以将它延展至整个时间轴上。

$H(0,t)$ 和 $H(1,t)$ 为全域函数（global function），因为它们在整个正交区间都有值（非 0），而其余的哈尔函数只在部分区间有值（非 0），称为局域函数（local function）。

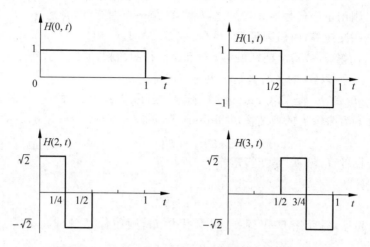

图 6-21　哈尔函数在直角坐标系上的表示（$N=4$）

6.3.2　哈尔函数的性质

哈尔函数显然具有正交归一性，即

$$\int_0^1 H(m,t)H(l,t)\mathrm{d}t = \begin{cases} 1, & m = l \\ 0, & m \neq l \end{cases}$$

阶数不同的两个哈尔函数，可能互不重合，如 $H(3,t)$ 和 $H(4,t)$。也可能一个哈尔函数处于另一个的半周期之内，如 $H(4,t)$ 和 $H(2,t)$，此时均正交。

周期为 1 的连续函数 $f(t)$ 可以展成哈尔级数

$$f(t) = \sum_{m=0}^{+\infty} c(m)H(m,t)$$

其中

$$c(m) = \int_0^1 f(t)H(m,t)\mathrm{d}t$$

哈尔函数收敛均匀而且迅速。

全域函数的系数 $c(0)$ 和 $c(1)$，在整个正交区域上受 $f(t)$ 的影响；相对地，对于局域函数，它们的系数 $c(2)$，$c(3)$，… 只受 $f(t)$ 部分值影响。如此，若要用哈尔函数逼近一个函数 $f(t)$，则全域函数在整个正交区域内起作用，而局域函数则在部分区域起作用。在工程技术应用中，希望 $f(t)$ 的某一部分逼近更好的话，哈尔函数显然有独到之处。

最后，因为哈尔函数是完备的正交函数，所以帕斯维尔定理成立，即

$$\int_0^1 f^2(t)\mathrm{d}t = \sum_{m=0}^{+\infty} c^2(m)$$

6.3.3　酉矩阵与酉变换

如果一个矩阵的逆是它的复共轭转置，则称该矩阵 U 是酉矩阵。即 $U^{-1} = U^{*\mathrm{T}}$，或 $UU^{*\mathrm{T}} = I$。其中，I 是单位矩阵，T 表示转置。通常上标记为 H 而非 $*^{\mathrm{T}}$。如果矩阵所有的

元素都是实数，则用正交代替酉。换言之，如果 $\boldsymbol{U}$ 是一个酉矩阵，且矩阵中所有元素都是实数，则它是一个正交矩阵，因而满足 $\boldsymbol{U}^{-1}=\boldsymbol{U}^{\mathrm{T}}$ 或 $\boldsymbol{U}\boldsymbol{U}^{\mathrm{T}}=\boldsymbol{I}$。

注意，$\boldsymbol{U}\boldsymbol{U}^{\mathrm{T}}$ 的第 (i,j) 元素是 $\boldsymbol{U}$ 的第 i 行和第 j 行的内积，所以上式表示 $i=j$ 时，内积为1，否则内积为0。所以，$\boldsymbol{U}$ 的各行都是一组正交向量。

如果矩阵 $\boldsymbol{h}_c$ 和 $\boldsymbol{h}_r$ 是酉（unitary）矩阵[①]，则下式表示 f 的一个酉变换（unitary transform），而 g 为图像 f 的酉变换域（unitary transform domain）。

$$g=\boldsymbol{h}_c^{\mathrm{T}} f \boldsymbol{h}_r$$

其中，g 是输出图像，$\boldsymbol{h}_c$ 和 $\boldsymbol{h}_r$ 是变换矩阵。

酉变换的逆为

$$f=\boldsymbol{h}_c g \boldsymbol{h}_r^{\mathrm{H}}$$

为了简单起见，后面用 $\boldsymbol{U}$ 代替 $\boldsymbol{h}_c$，用 $\boldsymbol{V}$ 代替 $\boldsymbol{h}_r$，则图像 f 的向量外积展开形式可以写成

$$f=\boldsymbol{U} g \boldsymbol{V}^{\mathrm{H}}$$

如果矩阵 $\boldsymbol{U}$ 是一个酉矩阵，则需满足其任意两列的点积必须为0，而且任意一个列向量的大小必须为1。换句话说，如果 $\boldsymbol{U}$ 的列向量构成一组标准正交基，那么它是一个酉矩阵。

6.3.4 二维离散线性变换

数字图像可以看成是一个离散的二维信号。将一个 $N\times N$ 的矩阵 $\boldsymbol{F}$ 变换成另一个 $N\times N$ 的矩阵 $\boldsymbol{G}$ 的线性变换的一般形式为

$$\boldsymbol{G}_{m,n}=\sum_{i=0}^{N-1}\sum_{k=0}^{N-1}\boldsymbol{F}_{i,k}\,\Im(i,k,m,n)$$

其中，i,k,m,n 是取值从0到 $N-1$ 的离散变量，$\Im(i,k,m,n)$ 是变换的核函数。$\Im(i,k,m,n)$ 可以看作是一个 $N^2\times N^2$ 的块矩阵，每行有 N 个块，共有 N 行，每个块又是一个 $N\times N$ 的矩阵。块由 m 和 n 索引，每个块内（子矩阵）的元素由 i 和 k 索引，如图6-22所示。

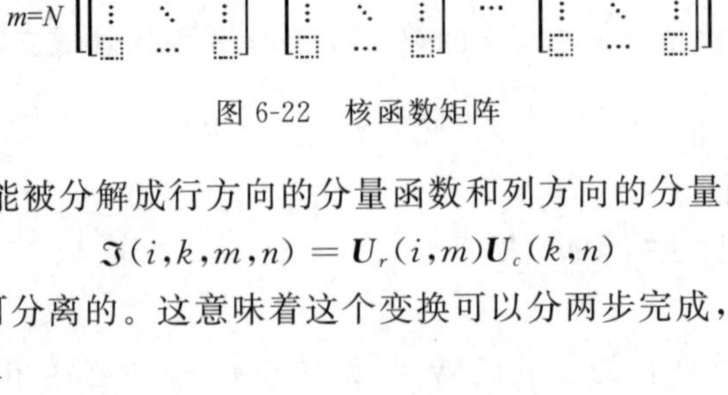

图6-22 核函数矩阵

如果 $\Im(i,k,m,n)$ 能被分解成行方向的分量函数和列方向的分量函数的乘积，即如果

$$\Im(i,k,m,n)=\boldsymbol{U}_r(i,m)\boldsymbol{U}_c(k,n)$$

则这个变换就被叫做可分离的。这意味着这个变换可以分两步完成，先进行行向运算，然后

① 这里标识 r 用来表示行（row）分量，c 用来表示列（column）分量，下文中的标识意义同此。

接着进行一个列向运算(反过来也可以)。所以,原有的线性变换的形式可以记作

$$G_{m,n} = \sum_{i=0}^{N-1} \left[\sum_{k=0}^{N-1} F_{i,k} U_c(k,n) \right] U_r(i,m)$$

更进一步,如果这两个分量函数相同,也可将这个变换称为对称的(注意这与对称矩阵的意思是不同的)。则

$$\mathfrak{I}(i,k,m,n) = U(i,m)U(k,n)$$

于是线性变换的形式又可以改写为

$$G_{m,n} = \sum_{i=0}^{N-1} U(i,m) \left[\sum_{k=0}^{N-1} F_{i,k} U(k,n) \right] \quad \text{或} \quad G = UFU$$

其中,U 是酉矩阵,它又叫做变换的核矩阵。后续都将用这个表示方法标明一个一般的、可分离的、对称的酉变换。

酉矩阵中的行向量就是基函数,而且任何两个酉变换之间主要的差别就在于对于基函数的不同选择。核矩阵的各行构成了 N 维向量空间的一组基向量。这些行是正交的,即

$$\sum_{i=0}^{N-1} U_{j,i} U_{k,i}^* = \delta_{j,k}$$

其中,$\delta_{j,k}$ 是克罗内克函数。

虽然任意一组正交向量集都可以用于一个线性变换,但通常整个集皆取自同一形式的基函数。例如,傅里叶变换就是使用复指数作为其基函数的类型,各个基函数之间只是频率不同。空间中的任意一个向量都可以用单位长度的基向量的加权和来表示。

6.3.5　哈尔基函数

哈尔变换是使用哈尔函数作为基函数的对称、可分离酉变换。它要求 $N=2^n$,n 是一个整数。哈尔变换的基函数(也就是哈尔函数),即哈尔基函数(Haar basis function),是众所周知的最古老也是最简单的正交小波。

傅里叶变换的基函数仅仅是频率不同,而哈尔函数在尺度(宽度)和位置上都不同。这使得哈尔变换具有尺度和位置双重属性(这在其基函数中十分明显),因此哈尔基函数在定义上需要采用一种双重索引机制。这样的属性也为后面要讨论的小波变换建立了一个起点。

因为哈尔变换是可分离的,也是对称的酉变换,因此根据前面所给出的记法,可以用下面这个矩阵形式表达哈尔变换

$$G = HFH$$

其中,H 是变换矩阵,因为这里的变换矩阵特指由哈尔函数生成的矩阵,所以用 H 表示。对于哈尔变换,变换矩阵 H 中包含了哈尔基函数 $h(k,t)$。前面讲过,基函数其实就是变换矩阵的行向量。因此,哈尔变换的基函数不是一个函数,而是一组函数,它们都定义在连续的闭区间 $t \in [0,1]$ 之上。整数 $k=0,1,2,\cdots,N-1,N=2^n$。整数 k 由其他两个整数 p 和 q 唯一确定,即 $k=2^p+q-1$,其中 $0 \leqslant p \leqslant n-1$;当 $p=0$ 时,$q=0$ 或 1;当 $p \neq 0$ 时,$1 \leqslant q \leqslant 2^p$。在这种构造下,不仅 k 是 p 和 q 的函数,而且 p 和 q 也是 k 的函数,对于任意 $k>0$,2^p 是使 $2^p \leqslant k$ 成立的 2 的最大幂次,而 $q-1$ 是余数。

例如，当 $N=4$ 时，k、p 和 q 的值如表 6-3 所示。因为 $N=4$，所以 $k=0,1,2,3$；$n=\log_2 N=2$，所以 $0 \leqslant p \leqslant 1$，即 $p=0$ 或 $p=1$，根据 $k=2^p+q-1$ 就可以求得 k、p 和 q 的值。反过来根据 2^p 是使 $2^p \leqslant k$ 成立的 2 的最大幂次，而 $q-1$ 是余数这条原则也可以确定 p 和 q 的值。

表 6-3　k、p 和 q 的值

k	0	1	2	3
p	0	0	1	1
q	0	1	1	2

用 p 和 q 表示 k，则哈尔基函数可以定义为

$$h(0,t) = \frac{1}{\sqrt{N}}$$

且

$$h(k,t) = \frac{1}{\sqrt{N}} \begin{cases} 2^{\frac{p}{2}}, & \frac{q-1}{2^p} \leqslant t < \frac{(q-0.5)}{2^p} \\ -2^{\frac{p}{2}}, & \frac{(q-0.5)}{2^p} \leqslant t < \frac{q}{2^p} \\ 0, & \text{其他} \end{cases}$$

上面这个式子与本章最开始给出的哈尔函数几乎如出一辙，因为哈尔变换就是用哈尔函数作为基函数的变换。稍有不同的地方是这里用 q 替代了原式中的 n，显然 $n=q-1$。另外，这里还多了一个 $N^{-1/2}$，这一点将在下一节中做解释。

对于 $N \times N$ 的哈尔变换矩阵，其第 k 行（其实 k 就是哈尔变换矩阵中的行数索引）包含了元素 $h(k,t)$，如果令 t 取离散值 k/N，其中 $k=0,1,2,\cdots,N-1$，就可以根据定义产生一组基函数，这组基函数就构成了哈尔变换矩阵。

除了 $k=0$ 时为常数外，每个基函数都有独特的一个矩形脉冲对，这些基函数在尺度（表现在图形上就是宽度）和位置上都有所变换，如图 6-23 所示。前面讲过由于哈尔函数在尺度和位置两方面都会变化，所以它们必须有双重索引机制。双重索引机制的意思是，一个索引用来体现哈尔函数在尺度上的变化，另一索引用来体现它在位置方面的变化。在哈尔函数的定义中，它的尺度是由整数 p 来体现的，而它的位置（或者说是平移量）则是由整数 q 来确定的。

哈尔变换的 8×8 酉核心矩阵如下。对于更大的 N，也有相同的形式。可见，由于矩阵中有很多常数和零值，哈尔变换可以非常快地计算出来。

$$\boldsymbol{H} = \frac{1}{\sqrt{8}} \begin{bmatrix} 1 & 1 & 1 & 1 & 1 & 1 & 1 & 1 \\ 1 & 1 & 1 & 1 & -1 & -1 & -1 & -1 \\ \sqrt{2} & \sqrt{2} & -\sqrt{2} & -\sqrt{2} & 0 & 0 & 0 & 0 \\ 0 & 0 & 0 & 0 & \sqrt{2} & \sqrt{2} & -\sqrt{2} & -\sqrt{2} \\ 2 & -2 & 0 & 0 & 0 & 0 & 0 & 0 \\ 0 & 0 & 2 & -2 & 0 & 0 & 0 & 0 \\ 0 & 0 & 0 & 0 & 2 & -2 & 0 & 0 \\ 0 & 0 & 0 & 0 & 0 & 0 & 2 & -2 \end{bmatrix}$$

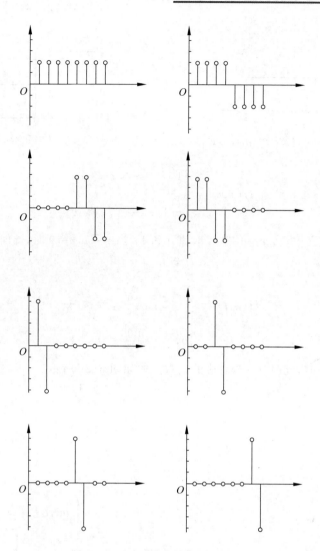

图 6-23　哈尔变换的基函数($N=8$)

6.3.6　哈尔变换

如何从哈尔函数创建一个图像变换矩阵呢？通过一个例子说明。首先，按照所要创建矩阵的大小标定独立变量 t，然后仅考虑它的整数值 i。对于 $k=0,1,2,\cdots,N-1$；$i=0,1,2,\cdots,N-1,H(k,i)$ 可以写成矩阵形式，且可用于二维离散图像函数的变换。

注意，这种方式定义的哈尔函数不是正交的，每一个都要经过标准化，连续情况乘以 $1/\sqrt{T}$；离散情况乘以 $1/\sqrt{N}$，其中 t 取 N 等分的离散值。

例如，下面推导可以用于计算一个 4×4 图像的哈尔变换的矩阵。首先，可以用哈尔函数的定义式计算并画出具有连续变量 t 的哈尔函数，这是计算变换矩阵所必须的。图 6-24～图 6-26 分别对应 $k=0,k=1,k=2$ 时的函数图像。

$$H(0,t)=1,\quad 0\leqslant t<1$$

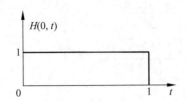

图 6-24　$k=0$ 时 $H(k,t)$ 的函数形式

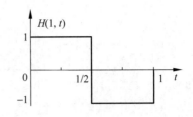

图 6-25　$k=1$ 时 $H(k,t)$ 的函数形式

$$H(1,t) = \begin{cases} 1, & 0 \leqslant t < \dfrac{1}{2} \\[2mm] -1, & \dfrac{1}{2} \leqslant t < 1 \end{cases}$$

在哈尔函数定义中，当 $p=1$ 时，n 取值 0 和 1；当 $p=1$，$n=0$ 时，此时 $k=2$。

$$H(2,t) = \begin{cases} \sqrt{2}, & 0 \leqslant t < \dfrac{1}{4} \\[2mm] -\sqrt{2}, & \dfrac{1}{4} \leqslant t < \dfrac{1}{2} \\[2mm] 0, & \dfrac{1}{2} \leqslant t < 1 \end{cases}$$

当 $p=1$，$n=1$ 时，此时 $k=3$，对应的函数图像如图 6-27 所示。

$$H(3,t) = \begin{cases} 0, & 0 \leqslant t < \dfrac{1}{2} \\[2mm] \sqrt{2}, & \dfrac{1}{2} \leqslant t < \dfrac{3}{4} \\[2mm] -\sqrt{2}, & \dfrac{3}{4} \leqslant t < 1 \end{cases}$$

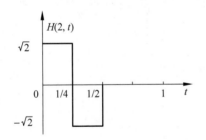

图 6-26　$k=2$ 时 $H(k,t)$ 的函数形式

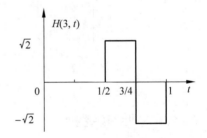

图 6-27　$k=3$ 时 $H(k,t)$ 的函数形式

对一个 4×4 的图像做变换需要一个 4×4 的矩阵。如果将 t 轴乘以 4 改变它的比例，并且只取 t 的整数值（也就是 $t=0,1,2,3$），就能建立变换矩阵。伸缩后的函数如图 6-28 所示。

变换矩阵中的元素为函数 $H(s,t)$ 的值，其中 s 和 t 取值为 $0,1,2,3$。变换矩阵为

$$\boldsymbol{H} = \frac{1}{\sqrt{4}} \begin{bmatrix} 1 & 1 & 1 & 1 \\ 1 & 1 & -1 & -1 \\ \sqrt{2} & -\sqrt{2} & 0 & 0 \\ 0 & 0 & \sqrt{2} & -\sqrt{2} \end{bmatrix}$$

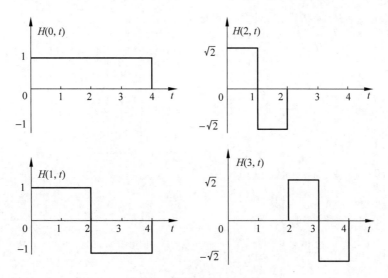

图 6-28　伸缩后的哈尔函数

其中,系数 $1/\sqrt{4}$ 使 $HH^T = 1$,即单位矩阵。

计算下面图像的哈尔变换

$$g = \begin{bmatrix} 0 & 1 & 1 & 0 \\ 1 & 0 & 0 & 1 \\ 1 & 0 & 0 & 1 \\ 0 & 1 & 1 & 0 \end{bmatrix}$$

图像 g 的哈尔变换为 $A = HgH^T$。下面利用上述已得的矩阵 H 进行计算。需要说明的是,在前面给出的哈尔变换的定义式为 $G = HFH$,其中第一个 H 表示的是对行进行变换,第二个 H 表示的是对列进行变换,对列进行变换可以只需采用行变换矩阵 H 的转置来进行计算,也就是 H^T,因此两者是不矛盾。

$$A = \frac{1}{\sqrt{4}} \begin{bmatrix} 1 & 1 & 1 & 1 \\ 1 & 1 & -1 & -1 \\ \sqrt{2} & -\sqrt{2} & 0 & 0 \\ 0 & 0 & \sqrt{2} & -\sqrt{2} \end{bmatrix} \cdot \begin{bmatrix} 0 & 1 & 1 & 0 \\ 1 & 0 & 0 & 1 \\ 1 & 0 & 0 & 1 \\ 0 & 1 & 1 & 0 \end{bmatrix} \cdot \frac{1}{\sqrt{4}} \begin{bmatrix} 1 & 1 & \sqrt{2} & 0 \\ 1 & 1 & -\sqrt{2} & 0 \\ 1 & -1 & 0 & \sqrt{2} \\ 1 & -1 & 0 & -\sqrt{2} \end{bmatrix}$$

$$= \frac{1}{4} \begin{bmatrix} 8 & 0 & 0 & 0 \\ 0 & 0 & 0 & 0 \\ 0 & 0 & -4 & 4 \\ 0 & 0 & 4 & -4 \end{bmatrix} = \begin{bmatrix} 2 & 0 & 0 & 0 \\ 0 & 0 & 0 & 0 \\ 0 & 0 & -1 & 1 \\ 0 & 0 & 1 & -1 \end{bmatrix}$$

下面考虑如果将变换矩阵右下角元素置为 0,尝试用近似变换矩阵重构原始图像。近似变换矩阵变为

$$\widetilde{A} = \begin{bmatrix} 2 & 0 & 0 & 0 \\ 0 & 0 & 0 & 0 \\ 0 & 0 & -1 & 1 \\ 0 & 0 & 1 & 0 \end{bmatrix}$$

重构图像由 $\tilde{g} = H^T \tilde{A} H$ 得出，计算过程如下

$$\tilde{g} = \frac{1}{\sqrt{4}} \begin{bmatrix} 1 & 1 & \sqrt{2} & 0 \\ 1 & 1 & -\sqrt{2} & 0 \\ 1 & -1 & 0 & \sqrt{2} \\ 1 & -1 & 0 & -\sqrt{2} \end{bmatrix} \cdot \begin{bmatrix} 2 & 0 & 0 & 0 \\ 0 & 0 & 0 & 0 \\ 0 & 0 & -1 & 1 \\ 0 & 0 & 1 & 0 \end{bmatrix} \cdot \frac{1}{\sqrt{4}} \begin{bmatrix} 1 & 1 & 1 & 1 \\ 1 & 1 & -1 & -1 \\ \sqrt{2} & -\sqrt{2} & 0 & 0 \\ 0 & 0 & \sqrt{2} & -\sqrt{2} \end{bmatrix}$$

$$= \frac{1}{4} \begin{bmatrix} 0 & 4 & 4 & 0 \\ 4 & 0 & 0 & 4 \\ 4 & 0 & 2 & 2 \\ 0 & 4 & 0 & 0 \end{bmatrix} = \begin{bmatrix} 0 & 1 & 1 & 0 \\ 1 & 0 & 0 & 1 \\ 1 & 0 & 0.5 & 0.5 \\ 0 & 1 & 0 & 0 \end{bmatrix}$$

可以计算重构结果与原始图像的平方误差为 $0.5^2 + 0.5^2 + 1^2 = 1.5$。

6.4 小波及其数学原理

小波是当前应用数学和工程学科中一个迅速发展的新领域。这门新兴学科的出现引起了许多数学家和工程技术人员的极大关注，是科技界高度关注的前沿领域。经过 20 多年的不断探索，目前有关小波的理论基础已经日趋完善。更重要的是，小波已经被广泛地应用到信息技术、资源勘探和医疗影像等诸多领域。

6.4.1 小波的历史

傅里叶理论指出，一个信号可表示成一系列正弦和余弦函数之和，即傅里叶展式。然而，用傅里叶表示一个信号时，只有频率分辨率而没有时间分辨率，这就意味可以确定信号中包含的所有频率，但不能确定具有这些频率的信号出现在什么时候。为了继承傅里叶分析的优点，同时又克服它的缺点，人们一直在寻找新的方法。

20 世纪初，希尔伯特的学生——匈牙利数学家哈尔（Alfréd Haar）对在函数空间中寻找一个与傅里叶类似的基非常感兴趣。于是他在 1909 年发现了哈尔小波，因此而成为最早发现和使用小波的人。正如前面所介绍的那样，哈尔基函数是最古老也是最简单的正交小波。

在 20 世纪 30 年代到 70 年代之间，尽管也有一些人员在小波研究方面取得了些许进展，但真正意义上的进步则是来自于 1975 年左右法国科学家莫莱的研究工作。事实上，莫莱是第一个使用小波这个术语的研究人员。更特别的是，他所研究的小波被称为常斜率小波（wavelets of constant slope）。莫莱在法国埃尔夫阿奎坦石油公司工作时曾尝试使用窗口傅里叶分析的方法。石油公司在勘探油田时会向地下发送一个脉冲信号，然后分析它的回声信号。通过对这些回声的分析可以知道地下油田储量等信息。傅里叶分析和窗口傅里叶分析常被用于分析这些回声信号。然而，傅里叶分析是一个非常耗时的过程。因此，莫莱

开始探索其他的解决方案。

当莫莱运用窗口傅里叶分析方法时,他发现试图保持窗口固定其实是一个错误的思路。于是他反其道而行。莫莱的做法是保持函数的频率恒定而改变窗口。他发现拉伸窗口将会导致函数被拉伸,挤压窗口则会导致函数被压缩。实际上,可以看到傅里叶分析中所使用的正弦函数与 Morlet 小波之间非常相像。

莫莱的这个概念主要是受早先哈尔小波的启发。第 0 个子小波其实就是它的母小波的简单挤压版。如果从母小波开始,可以通过将其挤压到原来的一半来获得第 0 个子小波。它们有同样的形状,但子小波却在一个更小的尺度上。

至此,莫莱的研究对于小波的历史产生了相当大的影响。然而,他并没有满足于已经取得的成绩。1981 年,莫莱与物理学家格罗斯曼(Alex Grossman)组成研究团队。莫莱和格罗斯曼设想一个信号可以被转换成小波的形式,然后也可再被转回成原始信号而无信息损失。莫莱的想法是很多学生在开始学习小波时就会接触到的内容,但很少有人会想到这是一个多么伟大的突破。莫莱和格罗斯曼在这一想法上的努力探索是一个巨大的成功。他们所需要的资源仅仅是一台个人电脑以及两个卓尔不凡的数学家头脑(尽管他们并不把自己看成是数学家)。

因为小波同时处理时间和频率两方面的问题,于是他们设想在将小波系数转换为原始信号时可能需要一个二重积分。然而,在 1984 年,格罗斯曼发现所有需要的仅仅只是一个一重积分。在工作的过程中,他们还发现了另外一件有趣的事情。那就是在小波中做微小的改变只会导致被重构出来的原始信号的微小变化,这一点在现代小波中也时常被用到。在数据压缩中,小波系数可以被置为零从而实现更大的压缩,并且当信号被重构时,结果信号与原始信号之间仅有非常细微的差别。如果小波系数的细微改变将会导致重构信号与原始信号之间的巨大误差,那么数据压缩在今天而言将是一个非常困难的任务。

后来,法国的科学家迈耶(Yves Meyer)和他的同事开始研究系统的小波分析方法。迈尔于 1986 年创造性地构造出具有一定衰减性的光滑函数,他用缩放与平移的方法构造了一个规范正交基,使小波得到真正的发展。

小波变换的主要算法是由法国数学家麦拉特(Stéphane Mallat)在 1988 年提出的。他在构造正交小波基时提出了多分辨率的概念,从空间上形象地说明了小波的多分辨率的特性,提出了正交小波的构造方法和快速算法,即 Mallat 算法。该算法统一了在此之前构造正交小波基的所有方法,它的地位就相当于快速傅里叶变换在经典傅里叶分析中的地位。

比利时女数学家多贝西(Inrid Daubechies)、美国数学家柯伊夫曼(Ronald Coifman)和魏克豪斯尔(Victor Wickerhauser)等在将小波理论引入到工程应用方面做出了极其重要的贡献。多贝西率先将小波变换应用于图像压缩和信号处理,这方面的研究也使她蜚声科学界。她于 1988 年最先揭示了小波变换和滤波器组之间的内在关系,使离散小波分析变成现实。

在信号处理领域中,自从多贝西完善了小波变换的数学理论和麦拉特构造了小波分解和重构的快速算法后,小波变换在各个工程领域中得到了广泛的应用。与傅里叶变换相比,小波变换是空间(时间)和频率的局部变换,因而能有效地从信号中提取信息。通过伸缩和平移等运算功能可对函数或信号进行多尺度的细化分析,解决了傅里叶变换不能解决的许多困难问题。数学家们认为,小波分析是一个新的数学分支,它是泛函分析、傅里叶分析、样调分析、数值分析的完美结晶；信号和信息处理专家认为，小波分析是时间-尺度分析和多分辨分析的一种新技术，它在信号分析、语音合成、图像降噪、数据压缩、地质勘探、大气与海洋波分析等方面的研究都取得了有科学意义和应用价值的成果。

小波具有良好的时频局部化特性，因而能有效地从信号中提取资讯，通过伸缩和平移等运算功能对函数或信号进行多尺度细化分析，解决了傅里叶变换不能解决的许多困难问题，因而小波变化被誉为"数学显微镜"，它是调和分析发展史上里程碑式的进展。小波的主要特点是通过变换能够充分突出问题某些方面的特征。因此，小波变换在许多领域都得到了成功的应用，特别是小波变换的离散数字算法已被广泛用于许多问题的变换研究中。从此，小波变换越来越引起人们的重视，其应用领域也越来越广泛。

6.4.2　小波的概念

小波是定义在有限区间上且其平均值为零的一种函数。图 6-29 中左上角为大家所熟悉的正弦波，其余则是从许多使用比较广泛的小波中挑选出的几种一维小波。可见，小波具有有限的持续时间和突变的频率和振幅，波形可以是不规则的，也可以是不对称的，在整个时间范围里的幅度平均值为零。而正弦波和余弦波具有无限的持续时间，它可从负无穷扩展到正无穷，波形是平滑的，它的振幅和频率也是恒定的。

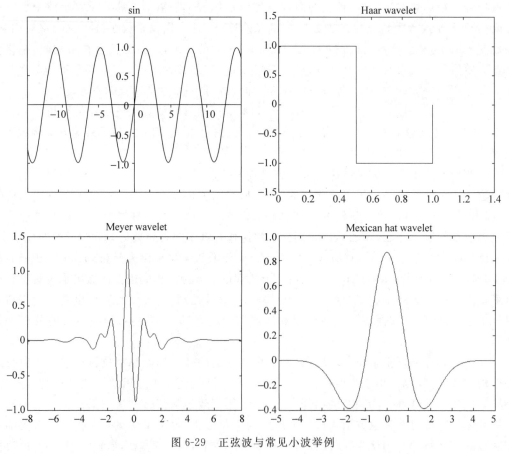

图 6-29　正弦波与常见小波举例

傅里叶分析是把一个信号分解成各种不同频率的正弦波,所以正弦波也就是傅里叶变换的基函数。同样,小波分析是把一个信号分解成一系列的小波,而这些小波都是通过将原始小波经过移位和缩放之后得到的。因此,小波同样可以被当成基函数来使用(这些基函数的作用就像傅里叶变换中的正弦波一样,是用来表示其他一些函数的)。可以说,凡是能够用傅里叶分析的函数都可以用小波分析,因此小波变换也可以理解为用经过缩放和平移的一系列函数代替傅里叶变换的正弦波。

在众多的小波中,选择什么样的小波对信号进行分析是一个至关重要的问题。最终选用的小波不同,其分析所得到数据也不同,这是关系到能否达到使用小波分析的目的问题。如果没有现成的小波可用,那么还需要自己开发合适的小波。

从前面的介绍中读者可以了解到,经过一个变换所得到的矩阵中的每个系数都是通过将输入函数和其中一个基函数做内积来确定的。在某些意义上,这个系数的值表示了输入函数与某个特定基函数之间的相似程度。如果基函数是正交的(或正交归一的),那么任何两个基函数的内积都为零,这表明它们完全不相似。所以很自然地想到,如果存在一个或几个基函数与信号(或图像)很相似,那么变换过后所得到的矩阵中,也只有经过这几个基函数内积后所得到的系数会比较大(而且它们包含了原始信号或图像中的绝大部分信息),而矩阵中的其余系数都将很小。

同样,逆变换可以看作是通过以变换系数为幅度权重的基函数加权和,来重构原始信号或图像的。所以如果信号或图像是由一个或少量基函数相似的分量组成的,那么只需对一些有较大幅度的项(也就是变换的结果矩阵中相对较大的值)求和即可,而其他许多项都是可以忽略不计的。这样信号或图像就可以用少量变换以紧凑的方式表示,这也是小波可以用于图像压缩的基本原理。

更进一步来说,如果信号或图像中感兴趣的分量与一个或少量基函数相似,那么这些分量将在变换结果矩阵中,以较大系数来体现,这样它们在变换中就很容易被找到。而且,如果一个意外的分量(噪声)与一个或少量基函数相似,那么它也会很容易被找到。因而,它也很容易被剔除掉。只要简单地降低(或者置零)相应的变换系数即可。所以,用与信号(或图像中所期望的成分)相似的基函数对该信号(或图像)进行变换是有潜在价值的。事实上,很多基于小波的图像降噪技术都是以此原理为出发点实现的。

卡斯尔曼在他的著作中形象地将小波变换比喻成记录旋律的五线谱。如图 6-30 所示,一段采用标准的五线谱方式记录的旋律可以看成是一个二维的时频率空间。基于物理学知识,可知声音由物体(比如乐器)的振动而产生,通过空气传播到耳鼓,因此人们才能够听到悦耳的音乐。声音的高低取决于物体振动的速率。物体振动快就产生高音,振动慢就产生低音。物体每秒钟的振动速率,就是声音的频率。纵向上,随着五线谱中谱线从低到高,表示声音的频率(音高)也从低到高逐渐递增;横向上,时间(以节拍测度)则从左向右展开。乐谱中每一个音符都对应于一个将出现在这首乐曲演奏过程中的一个小波分量(音调猝发)。每一个小波持续宽度都由音符(五线谱中一般采用全音符、半音符、四分音符和八分音符等类型的音符来标识该音在演奏过程中持续的时间)的类型编码(而非向一般时域坐标系中那样由曲线沿横轴的长短来编码)。当根据听到的音乐记录出相应的乐谱时,就相当于得到了一种小波变换。而乐团中的乐手根据乐谱演奏音乐的过程就相当于是一种小波逆变换,因为它是用时频来表示重构信号的。

图 6-30　乐谱可看作时频图

在小波分析中,通过对一个称为小波基(或称为基本小波)的单个原型函数 $\Psi(x)$ 的伸缩和平移来产生一组基函数(注意联系前面介绍过的哈尔函数和哈尔基函数)。$\Psi(x)$ 是一个振荡函数,通常以原点为中心,并当 $|x| \to +\infty$ 时迅速消失。这样,$\Psi(x) \in L^2(R)$。

6.4.3　多分辨率分析

多分辨率分析(Multi-Resolution Analysis,MRA)最初是由麦拉特和迈尔于 1986 年左右共同引入的。这一程序是构造小波基的一种有效的方法。在 MRA 中,尺度函数被用于建立某个函数(或图像)的一系列近似值,相邻两近似值之间的近似度相差两倍。被称为小波的附加函数用于对相邻近似值之间的差异进行编码。

本书在前面章节中在介绍傅里叶变换时曾经回顾了高等数学中关于泰勒展开式以及傅里叶级数方面的内容,于是知道信号或函数 $f(x)$ 常常可以被很好地分解为一系列展开函数的线性组合。

$$f(x) = \sum_k a_k \varphi_k(x)$$

其中,k 是有限或无限和的整数下标,a_k 是具有实数值的展开系数,φ_k 是具有实数值的展开函数。如果展开形式是唯一的,换言之对于任何指定的 $f(x)$ 只有一个 a_k 序列与之相对应,那么 $\varphi_k(x)$ 称为基函数。可展开的函数组成了一个函数空间,被称为展开集合的闭生成空间,表示为

$$V = \overline{\operatorname*{span}_k \{\varphi_k(x)\}}$$

$f(x) \in V$ 表示 $f(x)$ 属于展开集合 $\{\varphi_k(x)\}$ 的闭生成空间,并能写成如第一式所示的那种多项函数和的形式。

下面考虑由整数平移和实数二值尺度、平方可积函数 $\varphi(x)$ 组成的展开函数集合 $\{\varphi_{j,k}(x)\}$,其中

$$\varphi_{j,k}(x) = 2^{j/2}\varphi(2^j x - k)$$

对所有的 $j, k \in Z$ 和 $\varphi(x) \in L^2(R)$ 都成立。此时,k 决定了 $\varphi_{j,k}(x)$ 在 x 轴上的位置,j 决定了 $\varphi_{j,k}(x)$ 的宽度,即沿 x 轴的宽或窄的程度,而 $2^{j/2}$ 控制其高度或幅度。由于 $\varphi_{j,k}(x)$ 的形状随 j 发生变化,$\varphi(x)$ 被称为尺度函数。通过选择适当的 $\varphi(x)$,$\{\varphi_{j,k}(x)\}$ 可以决定生成空间 $L^2(R)$,也就是可以决定所有可度量的平方可积函数的集合。

若为上式中的 j 赋予一个定值,即 $j = j_0$,展开集合 $\{\varphi_{j,k}(x)\}$ 将是 $\varphi_{j,k}(x)$ 的一个子集,它并未跨越这个 $L^2(R)$,而是其中的一个子空间。可将该子空间定义为

$$V_{j_0} = \overline{\operatorname*{span}_k \{\varphi_{j_0,k}(x)\}}$$

也就是说,V_{j_0} 是 $\varphi_{j_0,k}(x)$ 在 k 上的一个生成空间。如果 $f(x) \in V_{j_0}$,可以写成

$$f(x) = \sum_k a_k \varphi_{j_0,k}(x)$$

更一般的情况下,定义下式代表对任何 j,k 上的生成子空间

$$V_j = \overline{\underset{k}{\mathrm{span}}\{\varphi_{j,k}(x)\}}$$

增加 j 将增加 V_j 的大小,允许具有变化较小的变量或较细的细节函数包含在子空间中。这是由于 j 增大时,用于表示子空间函数的 $\varphi_{j,k}(x)$ 范围变窄,x 有较小变化即可分开。

接下来,以哈尔尺度函数为例来进行说明。回忆上一节中已经介绍过的哈尔函数。首先考虑单位高度、单位宽度的尺度函数

$$\varphi(x) \in \begin{cases} 1, & 0 \leqslant x < 1 \\ 0, & 其他 \end{cases}$$

图 6-31 中的(a)到(d)显示了多个展开函数中的 4 个,这些展开函数通过将脉冲型尺度函数代入本小节的第一条公式得到。注意,与 $j=1$ 时相比,$j=0$ 时展开函数更窄且更为密集。

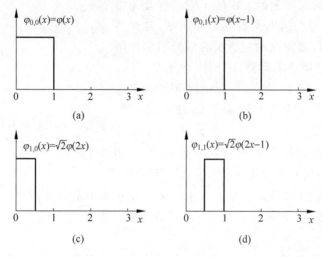

图 6-31　哈尔尺度函数

回忆关于闭生成空间的概念。被称为闭生成空间的 V 本质上是一个函数集合,其中的每一个成员都是一个函数 $f(x) \in V$。V_j 是集合 V 的一个子集,显然有 $V_j \subset V$,所以 V_j 也是一个函数集合。图 6-32 中的左图显示了子空间 V_1 中的一个成员,也就是函数子集合 V_1 中的一个函数。由于图 6-31 中的(a)和(b)不够精细,因而不能准确地表示该成员,所以该函数不属于子集 V_0。此时,需要使用图 6-31(c)和(d)中的两个更为精细(用术语来说就是分辨率更高)的函数来对其进行表示,即采用下述这个三项和的形式

$$f(x) = 0.5\varphi_{1,0}(x) + \varphi_{1,1}(x) - 0.25\varphi_{1,4}(x)$$

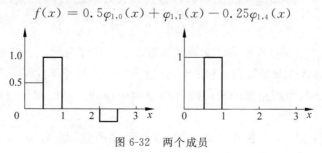

图 6-32　两个成员

图 6-32 中的右图演示了将 $\varphi_{0,0}(x)$ 分解为 V_1 展开函数的和式。简而言之，V_0 的展开函数可以用下式分解

$$\varphi_{1,k}(x) = \frac{1}{\sqrt{2}}\varphi_{1,2k}(x) + \frac{1}{\sqrt{2}}\varphi_{1,2k+1}(x)$$

因此，如果函数 $f(x)$ 是 V_0 的元素，那么它必然也是 V_1 的元素。这是由于 V_0 中任何元素的展开函数都属于 V_1。或者说，V_0 是 V_1 的一个子空间，即 $V_0 \subset V_1$。

上面的例子中，简单的尺度函数遵循了多分辨率分析的 4 个基本要求：

（1）尺度函数对其积分变换是正交的。在哈尔函数中，无论什么时候只要尺度函数的值是 1，其积分变换就是 0，所以二者的乘积是 0。哈尔函数是紧支撑的，即除了被称为支撑区的有限区间以外，函数的值都为 0。事实上，其支撑区是 1，办开区间 $[0,1)$ 外的支撑区的值都是 0。注意，当尺度函数的支撑区大于 1 时，积分变换正交的要求将很难满足。

（2）由低尺度的尺度函数生成的子空间嵌套在由高尺度函数生成的子空间内。如图 6-33 所示，包含高分辨率函数的子空间必须同时包含所有低分辨率的函数。另外，这些子空间还满足直观条件，即如果 $f(x) \in V_j$，那么 $f(2x) \in V_{j+1}$。哈尔尺度函数满足该要求并不意味着任何支撑区为 1 的函数都自动满足该条件。

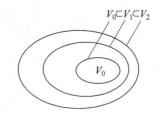

图 6-33　由尺度函数生成的嵌套函数

（3）唯一包含在所有 V_j 中的函数是 $f(x)=0$。如果考虑可能的最粗糙的展开函数（即 $j=-\infty$），唯一可表达的函数就是没有信息的函数，即 $V_{-\infty}=\{0\}$。

（4）任何函数都可以用任意精度表示。虽然在任意粗糙的分辨率下展开一个特定的 $f(x)$ 是几乎不可能的。但所有可度量的、平方可积函数都可以用极限 $j \to +\infty$ 表示，即 $V_{+\infty}=\{L^2(R)\}$。

在上述这 4 个条件下，子空间 V_j 的展开函数可以被表述为子空间 V_{j+1} 的展开函数的加权和。于是结合本小节前面讲过的公式，令

$$\varphi_{j,k}(x) = \sum_n a_n \varphi_{j+1,n}(x)$$

其中，求和的下标被改写成 n，以示区别。将本小节的第一个公式代入 $\varphi_{j+1,n}(x)$，并将变量 a_n 改写成 $h_\varphi(n)$，上式变成

$$\varphi_{j,k}(x) = \sum_n h_\varphi(n) 2^{(j+1)/2} \varphi^{(2^{j+1}x-n)}$$

既然 $\varphi(x)=\varphi_{0,0}(x)$，$j$ 和 k 都可以置为 0，以得到较为简单的无下标的表达式

$$\varphi(x) = \sum_n h_\varphi(n) 2^{1/2} \varphi^{(2x-n)}$$

该递归等式中的系数 $h_\varphi(n)$ 被称为尺度函数系数；h_φ 为尺度矢量。上式是多分辨率分析的基础，称为改善等式或 MRA 等式。它表示，任意子空间的展开函数都可以从它们自身的双倍分辨率复制中得到，即从相邻的较高分辨率空间中得到。对引用子空间 V_0 的选择是任意的。

最后注意两点：第一，存在着一些小波，没有尺度函数（如 Mexican Hat 小波等）；第二，"好"的小波一定是由 MRA 生成的。

6.4.4　小波函数的构建

给定满足前一小节中给出的 MRA 要求的尺度函数,能够定义小波函数 $\psi(x)$(与它的积分变换及其二进制尺度),该小波函数跨越了相邻两尺度子空间 V_j 和 V_{j+1} 的差异。图 6-28 演示了此种情形。

对于所有 $k \in Z$,定义跨越子空间 W_j 的小波集合 $\{\psi_{j,k}(x)\}$

$$\psi_{j,k}(x) = 2^{j/2}\psi(2^j x - k)$$

使用尺度函数,可以写成

$$W_j = \overline{\operatorname*{span}_k\{\psi_{j,k}(x)\}}$$

并注意,如果 $f(x) \in W_j$

$$f(x) = \sum_k \alpha_k \psi_{j,k}(x)$$

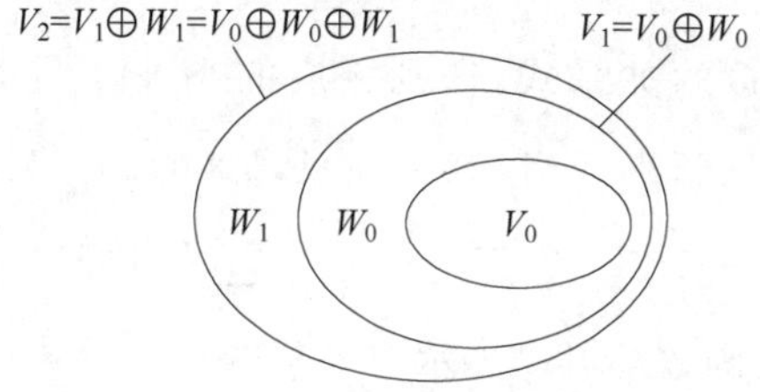

尺度与图 6-34 中的小波函数子空间通过下式相关联

$$V_{j+1} = V_j \oplus W_j$$

这里 $\oplus$ 表示空间并集(类似于集合并集)。V_{j+1} 中 V_j 的正交补集是 W_j,而且 V_j 中的所有成员对于 W_j 中的所有成员都正交。因此,下式对所有适当的 $j,k,l \in Z$ 都成立。

$$\langle \varphi_{j,k}(x), \psi_{j,l}(x) \rangle = 0$$

图 6-34 中标注：$V_2 = V_1 \oplus W_1 = V_0 \oplus W_0 \oplus W_1$，$V_1 = V_0 \oplus W_0$，$W_1$，$W_0$，$V_0$

图 6-34　尺度与小波函数空间的关系

现在可以将所有可度量的、平方可积函数空间表示如下:

$$L^2(R) = V_0 \oplus W_0 \oplus W_1 \oplus \cdots$$

或者

$$L^2(R) = V_1 \oplus W_1 \oplus W_2 \oplus \cdots$$

甚至或者

$$L^2(R) = \cdots \oplus W_{-2} \oplus W_{-1} \oplus W_0 \oplus W_1 \oplus \cdots$$

上式中没有出现尺度函数,而是仅仅从小波的角度来表示函数。注意,如果 $f(x)$ 是空间 V_1 而不是 V_0 的元素,展开式 $L^2(R) = V_0 \oplus W_0 \oplus W_1 \oplus \cdots$ 中就包含一个使用尺度函数 V_0 来表示的 $f(x)$ 的近似值;来自 W_0 的小波将对近似与真实函数之间的差异进行编码,由上述三式可得

$$L^2(R) = V_{j0} \oplus W_{j0} \oplus W_{j0+1} \oplus \cdots$$

其中,j_0 表示任意的开始尺度。

因为小波空间存在于由相邻较高分辨率尺度函数跨越的空间中,任何小波函数(类似前一小节里的改善等式中其尺度函数的对应部分)可以表示成平移的双倍分辨率尺度函数的加权和。可以写成

$$\psi(x) = \sum_n h_\psi(n) 2^{1/2} \varphi(2x - n)$$

其中,$h_\psi(n)$ 称为小波函数系数,h_ψ 称为小波向量。利用小波跨越图中的正交补集空间且积

分小波变换是正交的条件，可以显示 $h_{\psi}(n)$ 和 $h_{\varphi}(n)$ 以下述方式相关

$$h_{\psi}(n) = (-1)^n h_{\varphi}(1-n)$$

注意，该结果与之前介绍子带编码时给出的正交滤波器的冲击响应定义式之间的相似性，显然该关系决定了正交子带编译码滤波器的冲激响应。

下面通过一个例子看看如果用尺度函数来构建小波函数。首先，已知子空间 V_j 的展开函数可以被表示成子空间 V_{j+1} 的展开函数的加权和，而这个加权和中各项的权重系数就是尺度函数系数。以前一小节中给出的单位高度、单位宽度的哈尔尺度函数为例，从图 6-26 的右图中就能看出，V_0 的展开函数被表示成了两项 V_1 的展开函数的加权和，因此单位高度、单位宽度的哈尔尺度函数的系数是 $h_{\varphi}(0) = h_{\varphi}(1) = 1/\sqrt{2}$，因此由改善等式可得

$$\varphi(x) = \frac{1}{\sqrt{2}}[\sqrt{2}\varphi(2x)] + \frac{1}{\sqrt{2}}[\sqrt{2}\varphi(2x-1)]$$

图 6-32 的右图很好地说明了这一分解过程，上述表达式中用方括号括起来的项分别是 $\varphi_{1,0}(x)$ 和 $\varphi_{1,1}(x)$。

已知哈尔尺度函数的系数，使用 $h_{\psi}(n)$ 和 $h_{\varphi}(n)$ 的关系式，得到相应的小波向量为 $h_{\psi}(0) = (-1)^0 h_{\varphi}(1-0) = 1/\sqrt{2}$ 和 $h_{\psi}(1) = (-1)^1 h_{\varphi}(1-1) = -1/\sqrt{2}$。注意，$h_{\varphi}(0)$，$h_{\varphi}(1)$，$h_{\psi}(0)$ 和 $h_{\psi}(1)$ 刚好组成了一个二维的哈尔矩阵。将这些值代入式 $\psi(x) = \sum_n h_{\psi}(n) 2^{1/2}$，$\varphi(2x-n)$，可得 $\psi(x) = \varphi(2x) - \varphi(2x-1)$。任何小波函数都可以表示成平移的双倍分辨率尺度函数的加权和。所以可得哈尔小波函数为

$$\psi(x) = \begin{cases} 1, & 0 \leqslant x < 0.5 \\ -1, & 0.5 \leqslant x < 1 \\ 0, & \text{其他} \end{cases}$$

通过本小节最初给出的跨越子空间的小波集合的定义式，现在已经可以产生尺度化且变换过的哈尔小波通式。可以再回过头去考察一下图 6-26 中的左图，已知图中的函数位于子空间 V_1 中，而不在子空间 V_0 中。根据本小节所讨论的内容，虽然该函数不能在 V_0 中精确地表示，但是它可以用 V_0 和 W_0 的展开函数来进行展开，如下

$$f(x) = f_a(x) + f_d(x)$$

其中

$$f_a(x) = \frac{3\sqrt{2}}{4}\psi_{0,0}(x) - \frac{\sqrt{2}}{8}\psi_{0,2}(x)$$

$$f_d(x) = \frac{-\sqrt{2}}{4}\psi_{0,0}(x) - \frac{\sqrt{2}}{8}\psi_{0,2}(x)$$

$f_a(x)$ 是 $f(x)$ 使用 V_0 尺度的近似，而 $f_d(x)$ 为 $f(x) - f_a(x)$ 的差，用 W_0 小波的和表示。这两个展开式将 $f(x)$ 用类似高通和低通滤波器的方法分成两部分。$f(x)$ 的低频部分在 $f_a(x)$ 中得到（$f_a(x)$ 给出了 $f(x)$ 在每个积分区间上的平均值），而高频细节则在 $f_d(x)$ 中编码。

6.4.5　小波序列展开

在小波变换方面,主要研究三种类型,即连续小波变换(CWT)、小波级数展开和离散小波变换(DWT)。它们分别对应傅里叶域中的连续傅里叶变换、傅里叶序列展开和离散傅里叶变换。

首先,根据小波 $\psi(x)$ 和尺度函数 $\varphi(x)$ 为函数 $f(x) \in L^2(R)$ 定义小波序列展开。通过前两个小节的介绍,已知如果 $f(x) \in V_{j_0}$,则有

$$f(x) = \sum_k a_k \varphi_{j_0,k}(x)$$

而且如果 $f(x) \in W_j$,则有

$$f(x) = \sum_k \alpha_k \psi_{j,k}(x)$$

那么根据上一小节给出的公式 $L^2(R) = V_{j0} \oplus W_{j0} \oplus W_{j0+1} \oplus \cdots$,可以写出

$$f(x) = \sum_k c_{j_0}(k) \varphi_{j_0,k}(x) + \sum_{j=1j_0}^{+\infty} \sum_k d_j(k) \psi_{j,k}(x)$$

其中,j_0 是任意开始尺度,$c_{j_0}(k)$ 和 $d_j(k)$ 分别是前两个公式中 a_k 的改写。$c_{j_0}(k)$ 通常被称为近似值(也就是前面所说的尺度系数);$d_j(k)$ 称为细节(也就是前面所说的小波系数)。上述公式的第一个和式用尺度函数提供了 $f(x)$ 在尺度 j_0 的近似(除非 $f(x) \in V_{j_0}$,此时为其精确值)。对于第二个和式中每一个较高尺度的 $j \geqslant j_0$,更高分辨率的函数(一个小波和)被添加到近似值中,从而获得细节的增加。如果展开函数形成了一个正交基或紧框架(通常情况下是这样的),则展开式的系数计算方法如下。若展开函数是双正交基的一部分,下式中的 φ 和 ψ 项要分别由它们的对偶函数和代替。

$$c_{j_0}(k) = \langle f(x), \varphi_{j_0,k}(x) \rangle = \int f(x) \varphi_{j_0,k}(x) \mathrm{d}x$$

$$d_j(k) = \langle f(x), \psi_{j,k}(x) \rangle = \int f(x) \psi_{j,k}(x) \mathrm{d}x$$

将一个函数展开成一组基的加权求和的形式是数学中一个非常重要的话题。最初,泰勒引入了泰勒展开式,泰勒展开式可以在函数某点的一个邻域内对原函数进行逼近。但是泰勒展开式的整体逼近性不强,而且它对被展开的原函数有着非常苛刻的要求。后来傅里叶提出了傅里叶级数,用三角函数的加权求和形式对函数进行展开。相对于泰勒展开式,傅里叶级数展开放宽了对原函数的诸多苛刻要求,而且它在对函数的整体逼近上也有着非常明显的优势。但是傅里叶级数展开对于函数局部细节的刻画却也显得力不从心。直到小波的出现,问题似乎变得豁然开朗。

在本小节的最后,通过文献[10]中所给出的一个例子演示如何利用小波对函数进行展开。考虑如图 6-35(a)中所示的下列简单函数,使用哈尔小波及初始尺度 $j_0 = 0$ 对其进行展开

$$y = \begin{cases} x^2, & 0 \leqslant x < 1 \\ 0, & \text{其他} \end{cases}$$

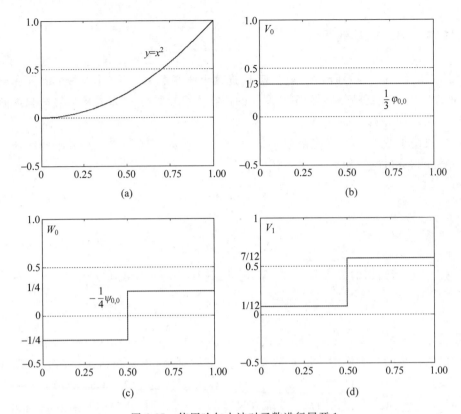

图 6-35　使用哈尔小波对函数进行展开 1

根据本小节前面介绍的展开式系数计算公式算得如下展开系数

$$c_0(0) = \int_0^1 x^2 \varphi_{0,0}(x) \mathrm{d}x = \int_0^1 x^2 \mathrm{d}x = \frac{1}{3}$$

$$d_0(0) = \int_0^1 x^2 \psi_{0,0}(x) \mathrm{d}x = \int_0^{0.5} x^2 \mathrm{d}x - \int_{0.5}^1 x^2 \mathrm{d}x = -\frac{1}{4}$$

$$d_1(0) = \int_0^1 x^2 \psi_{1,0}(x) \mathrm{d}x = \int_0^{0.25} x^2 \sqrt{2}\, \mathrm{d}x - \int_{0.25}^{0.5} x^2 \sqrt{2}\, \mathrm{d}x = -\frac{\sqrt{2}}{32}$$

$$d_1(1) = \int_0^1 x^2 \psi_{1,1}(x) \mathrm{d}x = \int_0^{0.75} x^2 \sqrt{2}\, \mathrm{d}x - \int_{0.75}^1 x^2 \sqrt{2}\, \mathrm{d}x = -\frac{3\sqrt{2}}{32}$$

下面将以上系数值代入本小节前面介绍过的公式，可得小波序列展开

$$y = \underbrace{\frac{1}{3} \varphi_{0,0}(x)}_{V_0} + \underbrace{\left[-\frac{1}{4} \psi_{0,0}(x)\right]}_{W_0} + \underbrace{\left[-\frac{\sqrt{2}}{32} \psi_{1,0}(x) - \frac{3\sqrt{2}}{32} \psi_{1,1}(x)\right]}_{W_1} + \cdots$$

$$\underbrace{\qquad\qquad\qquad\qquad}_{V_1 = V_0 \oplus W_0}$$

$$\underbrace{\qquad\qquad\qquad\qquad\qquad\qquad\qquad\qquad}_{V_2 = V_1 \oplus W_1 = V_0 \oplus W_0 \oplus W_1}$$

上述展开式中的第一项用 $c_0(0)$ 生成待展开函数的 V_0 子空间的近似值。该近似值如图 6-35(b)所示，是原始函数的平均值。第二项使用 $d_0(0)$ 通过从 W_0 子空间添加一级细节来修饰上述近似值。添加的细节及 V_1 的结果近似值分别如图 6-35 中的(c)和(d)所示。其他级别的细节由子空间 W_1 的系数 $d_1(0)$ 和 $d_1(1)$ 给出。这个附加细节如图 6-36(a)所示，

V_2 的结果近似值如图 6-36(b)所示。可见,展开函数现在已经开始接近原始函数了。而且当此过程无限继续下去时,即 $j \to +\infty$,将会有更多的细节信息被加到展开式中,最终这个展开式将逼近于原始函数。

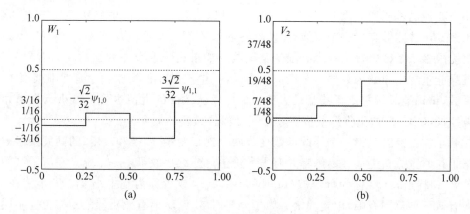

图 6-36 使用哈尔小波对函数进行展开 2

6.4.6 离散小波变换

与傅里叶序列展开相类似,小波序列展开将一个连续变量函数映射成一串数的序列。如果待展开函数是一个数字序列(也就是离散的),如连续函数 $f(x)$ 的抽样值,得到的系数就称为 $f(x)$ 的离散小波变换(DWT)。在此情况下,上一小节中定义的序列展开就变成了如下这样的 DWT 变换公式。其中,正变换(也就是求解两个系数的公式)为

$$W_\varphi(j_0,k) = \frac{1}{\sqrt{M}} \sum_x f(x) \varphi_{j_0,k}(x)$$

$$W_\psi(j,k) = \frac{1}{\sqrt{M}} \sum_x f(x) \psi_{j,k}(x)$$

对于 $j \geqslant j_0$,其逆变换为

$$f(x) = \frac{1}{\sqrt{M}} \sum_k W_\varphi(j_0,k) \varphi_{j_0,k}(x) + \frac{1}{\sqrt{M}} \sum_{j=j_0}^{+\infty} \sum_k W_\psi(j,k) \psi_{j,k}(x)$$

其中,$f(x)$,$\varphi_{j_0,k}(x)$ 和 $\psi_{j,k}(x)$ 是离散 $x = 0, 1, 2, \cdots, M-1$ 的函数。

通常,令 $j_0 = 0$ 并选择 M 是 2 的幂(即 $M = 2^J$),如此一来,上面式子所示的计算结果就是在 $x = 0, 1, 2, \cdots, M-1, j = 0, 1, 2, \cdots, J-1$ 以及 $k = 0, 1, 2, \cdots, 2^j-1$ 时所求的和。同样前两式所表示的系数分别是近似值和细节系数。以上三个公式中的 $W_\varphi(j_0,k)$ 和 $W_\psi(j,k)$ 对应于前一小节中小波序列展开中的 $c_{j_0}(k)$ 和 $d_j(k)$。注意,序列展开中的积分变成了求和,而曾经在介绍 DFT 时出现过的归一化因子 $1/\sqrt{M}$ 在展开和逆展开表达式中都有出现。该因子也可以在展开和逆展开表达式中以 $1/M$ 的形式出现。最后注意,以上三式只对正交基和紧框架有效。对于双正交基,前两式中的 φ 和 ψ 项必须由它们的对偶函数 $\tilde{\varphi}$ 和 $\tilde{\psi}$ 代替。

6.4.7　连续小波变换

小波变换的基函数可以是正交归一的,也可以不是。这使得小波变换变得更加复杂。一组小波基函数能够支持一个变换,即使这些函数不正交。这就意味着一个小波级数展开可以由无限多个系数来表示一个有限带宽函数。如果这个系数序列被截断为有限的长度,那么就只能重构出原始函数的一个近似。同样,一个离散小波变换可能需要比原始函数更多的系数,精确地重构它或者甚至只达到一个可以被接受的近似水平。本小节先来介绍连续小波变换(CWT),这里将涉及许多非常基础而且重要的概念。

连续小波变换就是将一个连续函数变成两个连续变量(变换和尺度)的高冗余函数。变换的结果在时频分析上很容易解释并有很大价值。连续小波可由一个定义在有限区间的基本函数 $\psi(x)$ 构造,$\psi(x)$ 称为母小波(mother wavelet)或者称为基本小波。母小波在时域、频域的有效延伸范围有限,位置固定。为了分析时域、频域的有效延伸范围与位置不同的信号,小波的时域、频域有效延伸范围与位置应能调节。所采用的办法是对母小波进行伸缩、平移。这样就会得到一组小波基函数 $\{\psi_{a,b}(x)\}$。对于一个给定的 $\psi(x)$,令

$$\psi_{a,b}(t) = \frac{1}{\sqrt{a}} \cdot \psi\left(\frac{x-b}{a}\right)$$

其中,a 和 b 均为常数,且 $a>0, a,b \in R$。显然,$\psi_{a,b}(x)$ 是基本函数 $\psi(x)$ 先做移位再做伸缩以后得到的。若 a 和 b 不断地变化,则可得到一族函数 $\{\psi_{a,b}(x)\}$。给定信号 $f(x) \in L^2(R)$,则 $f(x)$ 的小波变换(Wavelet Transform,WT)定义为

$$W_\psi(a,b) = \frac{1}{\sqrt{a}}\int f(x)\psi_{a,b}\left(\frac{x-b}{a}\right)\mathrm{d}x = \int f(x)\psi_{a,b}(x)\mathrm{d}x = \langle f(x), \psi_{a,b}(x)\rangle$$

其中,a,b 和 x 均是连续变量,因此该式又称为连续小波变换。如无特别说明,式中及以后各式中的积分都是从 $-\infty$ 到 $+\infty$。信号 $f(x)$ 的小波变换 $W_\psi(a,b)$ 是 a 和 b 的函数,其中 b 是时移因子,a 是尺度因子。$\psi_{a,b}(x)$ 是母小波经移位和伸缩所产生的一族函数,称之为小波基函数,或简称为小波基。如此一来,上式的 W 又可解释为信号 $f(x)$ 和一族小波基的内积。

母小波可以是实函数,也可以是复函数。若 $f(x)$ 是实信号,$\psi(x)$ 也是实的,则 $W_\psi(a,b)$ 也是实的;反之,$W_\psi(a,b)$ 为复函数。

另外,上式中的 a 反映一个特定基函数的尺度,而 b 则指明它沿横轴的平移位置。换言之,b 的作用是确定对 $f(x)$ 分析的时间位置,也即时间中心。尺度因子 a 的作用是把基本小波 $\psi(x)$ 做伸缩。可知,由 $\psi(x)$ 变成 $\psi(x/a)$,当 $a>1$ 时,若 a 越大,则 $\psi(x/a)$ 的时域支撑范围(即时域宽度)较之 $\psi(x)$ 变得越大;反之,当 $a<1$ 时,a 越小,则 $\psi(x/a)$ 的宽度越窄。这样,a 和 b 联合起来确定了对 $f(x)$ 分析的中心位置及分析的时间宽度。

这样,小波变换又可理解为用一族分析宽度不断变化的基函数对 $f(x)$ 作分析,这一变化正好适应了在对信号分析时不同频率范围需要不同的分辨率这一基本要求。

小波基函数的定义式中的因子 $1/\sqrt{a}$ 是为了保证在不同的尺度 a 时,$\psi_{a,b}(x)$ 始终能和母

函数 $\psi(x)$ 有着相同的能量（这里可以联系到我们前面在介绍哈尔变换时提到的,在生成哈尔基函数时需要乘以一个因子 $1/\sqrt{N}$ 的原因）。我们可以对此做简单的证明,对小波基函数定义式的等式两边做积分可得

$$\int \mid \psi_{a,b}(x) \mid^2 \mathrm{d}x = \frac{1}{a}\int \left| \psi\left(\frac{x-b}{a}\right) \right|^2 \mathrm{d}x$$

做变量替换,令 $(x-b)/a = x'$,则有 $\mathrm{d}x = a\mathrm{d}x'$,于是,上式的积分即等于 $\int \mid \psi(x)\mid^2 \mathrm{d}x$,也就保证了 $\psi_{a,b}(x)$ 始终能和母函数 $\psi(x)$ 有着相同的能量。

可以通过连续小波的逆变换来求得 $f(x)$

$$f(x) = \frac{1}{C_\psi}\int_0^{+\infty}\int_{-\infty}^{+\infty} W_\psi(a,b)\,\frac{\psi_{a,b}(x)}{a^2}\mathrm{d}a\mathrm{d}b$$

其中

$$C_\psi = \int_{-\infty}^{+\infty} \frac{\mid \Psi(u)\mid^2}{\mid u \mid}\mathrm{d}u$$

$\Psi(u)$ 是 $\psi(x)$ 的傅里叶变换。以上几个方程定义了一个可逆变换,只要满足所谓的容许条件,即 $C_\psi < +\infty$,则该逆变换就存在。关于容许条件,下一小节还将进行更为详细的讨论。在大多数的情况下,这表示 $\Psi(0)=0$ 且 $u\to+\infty$ 时 $\Psi(u)\to 0$,速度足够快以使 $C_\psi < +\infty$。

一个二维函数 $f(x)$ 的连续小波变换是一个双变量的函数,变量要比一维的情况多一个。因此称二维的 CWT 是超完备的,因为它要求的存储量和它代表的信息量都显著增加了。对于变量超过一个的函数来说,这个变换的维数也将增加一。

若 $f(x)$ 是一个二维函数,则它的连续小波变换是

$$W_f(a,b_x,b_y) = \int_{-\infty}^{+\infty}\int_{-\infty}^{+\infty} f(x,y)\psi_{a,b_x,b_y}(x,y)\mathrm{d}x\mathrm{d}y$$

其中,b_x 和 b_y 表示在两个维度上的平移。二维连续小波逆变换为

$$f(x,y) = \frac{1}{C_\psi}\int_0^{+\infty} a^{-3}\int_{-\infty}^{+\infty}\int_{-\infty}^{+\infty} W_f(a,b_x,b_y)\psi_{a,b_x,b_y}(x,y)\mathrm{d}b_x\mathrm{d}b_y\mathrm{d}a$$

其中

$$\psi_{a,b_x,b_y}(x,y) = \frac{1}{\mid a\mid}\psi\left(\frac{x-b_x}{a},\frac{y-b_y}{a}\right)$$

而 $\psi(x,y)$ 是一个二维基本小波。同样的产生方法可以推广到超过两个变量的函数上。

6.4.8　小波的容许条件与基本特征

不是任何一个函数都能作为小波函数,一个函数可以作为小波的必要条件是其傅里叶变换满足容许条件(admissibility condition)。小波的容许性条件为

$$C_\psi \stackrel{\text{def}}{=\!=} \int_{-\infty}^{+\infty} \frac{\mid \Psi(u)\mid^2}{\mid u\mid}\mathrm{d}u < +\infty$$

上式表示定义 C_ψ 代表右边的积分;$\Psi(u)$ 是小波函数 $\psi(x)$ 的傅里叶变换。有此限制是因为任何一种有实用价值的积分变换都应是互逆的,而 C_ψ 有限(小于无穷)恰恰是由小波变换 $W_\psi(a,b)$ 反演原函数 $f(x)$ 的条件之一。

换言之，连续小波反变换存在的条件就是满足容许条件，以下定理给出了更为完整的表述：设 $f(x),\psi(x)\in L^2(R)$，并且记 $\Psi(u)$ 是小波函数 $\psi(x)$ 的傅里叶变换，若满足上述容许条件，则 $f(x)$ 可由其小波变换 $W_\psi(a,b)$ 恢复，即

$$f(x)=\frac{1}{C_\psi}\int_0^{+\infty}a^{-2}\int_{-\infty}^{+\infty}W_\psi(a,b)\psi_{a,b}(x)\mathrm{d}a\mathrm{d}b$$

该容许条件包含有多层的意思：首先，并不是时域上的任意个函数 $\psi(x)\in L^2(R)$ 都可以充当小波。其可以作为小波的必要条件是其傅里叶变换满足该容许条件；其次，如果 $C_\psi<+\infty$，则必有 $\Psi(0)=0$，因此可知小波函数 $\psi(x)$ 必然是带通函数；最后，由于 $\Psi(0)=0$，所以必有 $\int\Psi(x)\mathrm{d}x=0$ 成立，这说明 $\psi(x)$ 取值必然是有正有负，即它是振荡的。

下面对上述结论来进行解释和证明。由于 $C_\psi<+\infty$，而 u 是在积分式的分母上，要保证

$$\int_{-\infty}^{+\infty}\frac{|\Psi(u)|^2}{|u|}\mathrm{d}u<+\infty$$

则必须保证当 u 趋近于 0 时，分子也趋近于 0，也就是说应该有 $\Psi(0)=0$ 成立。更进一步，同时应该有 $\Psi(+\infty)=0$ 成立。可见，一个允许小波的幅度频谱类似于一个带通滤波器的传递函数。

众所周知，连续傅里叶变换将函数 $f(t)\in L^2(R)$ 表示成为复指数函数的积分或级数形式，即可以用如下公式表示

$$F(\omega)=\mathcal{F}[f(t)]=\int_{-\infty}^{+\infty}f(t)\mathrm{e}^{-\mathrm{j}\omega t}\mathrm{d}t$$

这是将频率域的函数 $F(\omega)$ 表示为时间域的函数 $f(t)$ 的积分形式。所以，可以将 $\omega=0$ 代入上式，则对于小波函数 $\psi(x)$ 的傅里叶变换 $\Psi(u)$，当 $u=0$ 时必然有 $\Psi(0)=0$，即 $\int\psi(x)\mathrm{d}x=0$，也就是说 $\psi(x)$ 的曲线在平面直角坐标系中与横轴构成的图形面积为 0，所以 $\psi(x)$ 取值必然是有正有负，显然它是振荡的。

由上式可以导出 $\psi(0)=0$，但说上式等效于 $\Psi(0)=0$，或者甚至说小波的容许条件是 $\Psi(\omega)=0$ 则不妥。满足上式的 $\psi(x)$ 必然满足 $\Psi(0)=0$，但满足 $\Psi(0)=0$ 的 $\psi(x)$ 不一定满足上式。在时间轴上无限延伸的任何无直流分量的周期函数，例如幅值稳定的正弦函数，就满足 $\Psi(0)=0$ 的条件，但不能称为小波。

上式除了意味着 $\Psi(u)=0$ 以外，还意味着 $\psi(x)$ 是能量有限的函数，即它的幅度在 $|x|\rightarrow+\infty$ 时趋于 0，从而使 $\psi(x)$ 是延伸范围有限的小波，而不是延伸范围无限的大波。$\Psi(u)=0$ 对应的 $\psi(0)=0$ 则可能是大波，而不一定是小波。小波的定义域应该是紧支撑的（compact support），即在很小的一个区域之外的函数值都为 0（函数具有速降特性）。这也是从小波函数的容许条件看出来的，C_ψ 为有限值，意味着 $\psi(x)$ 具有连续可积且快速下降的性质，这就是小波称为“小”的来源。

综上，已经可以勾画出作为小波的函数所应具有的大致特征，即 $\psi(x)$ 是一个带通函数，它的时域波形应是振荡的。此外，从时-频定位的角度，总希望 $\psi(x)$ 是有限支撑的，因此它应是快速衰减的。这样，时域有限长且是振荡的这一类函数即是被称作小波的原因。

6.5 快速小波变换算法

快速小波变换(FWT)是一种实现离散小波变换(DWT)的高效计算方案,该变换找到了相邻尺度 DWT 系数间的一种令人惊喜的关系。它也称为 Mallat 塔式分解算法,FWT 类似于前面曾经介绍过的两段子带编码方案。

6.5.1 快速小波正变换

再次考虑前面曾经给出的分辨率改善等式

$$\varphi(x) = \sum_n h_\varphi(n) \sqrt{2} \varphi(2x - n)$$

用 $2j$ 对 x 进行尺度化,用 k 对它进行平移,令 $m = 2k + n$,得

$$\varphi(2^j x - k) = \sum_n h_\varphi(n) \sqrt{2} \varphi[2(2^j x - k) - n] = \sum_m h_\varphi(m - 2k) \sqrt{2} \varphi(2^{j+1} x - m)$$

尺度向量 h_φ 可以被看成是用来将 $\varphi(2^j x - k)$ 展开成尺度为 $j+1$ 的尺度函数和的权重。类似地,$\psi(2^j x - k)$ 也能得出类似的结论。即

$$\psi(2^j x - k) = \sum_m h_\psi(m - 2k) \sqrt{2} \varphi(2^{j+1} x - m)$$

注意,以上两式的不同在于第一式中使用的是尺度向量 $h_\varphi(n)$,而第二式中使用的是小波向量 $h_\psi(n)$。

请回忆本章前面用来定义离散小波变换的公式如下

$$W_\varphi(j_0, k) = \frac{1}{\sqrt{M}} \sum_x f(x) \varphi_{j_0, k}(x)$$

$$W_\psi(j, k) = \frac{1}{\sqrt{M}} \sum_x f(x) \psi_{j, k}(x)$$

现在将小波定义式 $\psi_{j,k}(x) = 2^{j/2} \psi(2^j x - k)$ 代入上述两式中的第二式,可得

$$W_\psi(j, k) = \frac{1}{\sqrt{M}} \sum_x f(x) 2^{j/2} \psi(2^j x - k)$$

再用本节前面得到的 $\psi(2^j x - k)$ 的展开式替换上式中相应的部分,得到

$$W_\psi(j, k) = \frac{1}{\sqrt{M}} \sum_x f(x) 2^{j/2} \left[\sum_m h_\psi(m - 2k) \sqrt{2} \varphi(2^{j+1} x - m) \right]$$

交换求和式并重新调整,可得

$$W_\psi(j, k) = \sum_m h_\psi(m - 2k) \left[\frac{1}{\sqrt{M}} \sum_x f(x) 2^{(j+1)/2} \varphi(2^{j+1} x - m) \right]$$

被中括号括起来的部分似乎有点眼熟。这里将尺度函数定义式 $\varphi_{j,m}(x) = 2^{j/2} \varphi(2^j x - m)$ 代入前面给出的离散小波变换公式中的第一式,并令 $j_0 = j + 1$,可得

$$W_\varphi(j+1, m) = \frac{1}{\sqrt{M}} \sum_x f(x) 2^{(j+1)/2} \varphi(2^{j+1} x - m)$$

显然上式的右边就是前一式里被中括号括起来的部分,于是可以做变量替换得到下式

$$W_\psi(j,k) = \sum_m h_\psi(m-2k)W_\varphi(j+1,m)$$

注意，DWT 在尺度 j 上的细节系数 $W_\psi(j,k)$ 是 DWT 在尺度 $j+1$ 上的近似值系数 $W_\varphi(j+1,m)$ 的函数。按照同样的思路进行推导，还可以得到

$$W_\varphi(j,k) = \sum_m h_\varphi(m-2k)W_\varphi(j+1,m)$$

以上两个式子揭示了 DWT 相邻尺度系数间的重要关系。而且上述两个结果其实也就是两个卷积的表达式。已知卷积的定义式可以写为

$$f(k) * g(k) = \sum_m f(m)g(k-m)$$

而且当把函数 $g(k)$ 做反转时有

$$f(k) * g(-k) = \sum_m f(m)g[-(k-m)] = \sum_m f(m)g(m-k)$$

因此也就有

$$\sum_m W_\varphi(j+1,m)h_\varphi(m-2k) = W_\varphi(j+1,2k) * h_\varphi(-2k)$$

这表明尺度 j 的近似值系数 $W_\varphi(j,k)$ 可以通过下面这种方式来计算，即把尺度 $j+1$ 的近似值系数 $W_\varphi(j+1,k)$ 和时域上的尺度向量 $h_\varphi(k)$ 的反转，也就是 $h_\varphi(-k)$，二者做卷积，然后再对结果进行下采样。同理，细节系数 $W_\psi(j,k)$ 也可以通过做尺度 $j+1$ 的近似值系数 $W_\varphi(j+1,k)$ 和时域反转的小波向量 $h_\psi(-n)$ 二者的卷积，并对结果进行下采样得到。可以把以上拗口的文字描述用下面这两条公式进行简洁的表述

$$W_\psi(j,k) = h_\psi(-n) * W_\varphi(j+1,n) \mid_{n=2k,k\geqslant 0}$$
$$W_\varphi(j,k) = h_\varphi(-n) * W_\varphi(j+1,n) \mid_{n=2k,k\geqslant 0}$$

图 6-37 将这些操作简化成框图的形式。这显然与两段子带编码系统的分析滤波器组部分如出一辙，$h_0(n)=h_\psi(-n)$ 且 $h_1(n)=h_\varphi(-n)$。其中，卷积在 $n=2k$ 时进行计算（$k\geqslant 0$）。在非负偶数时计算卷积与以 2 为步长进行过滤和抽样的效果相同。

图 6-37 中的滤波器组可以迭代产生多阶结构，用于计算两个以上连续尺度的 DWT 系数。例如，图 6-38 显示了一个用于计算变换的两个最高尺度系数的二阶滤波器组。最高的尺度系数假定是函数自身的采样值。即 $W_\varphi(J,n)=f(n)$，其中 J 表示是最高的尺度。根据前面的介绍，$f(x)\in V_J$，V_J 是函数 $f(x)$ 所在的尺度空间。图中的第一个滤波器组将原始函数分解成一个低通近似值分量和一个高通细节分量。低通近似值分量对应于尺度系数 $W_\varphi(J-1,n)$，高通细节分量则对应于小波系数 $W_\psi(J-1,n)$。

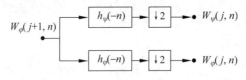

图 6-37　一个 FWT 分析滤波器组

如图 6-39 所示，尺度空间 V_J 被分成小波子空间 W_{J-1} 和尺度子空间 V_{J-1}。原始函数的频谱被分成两个半波段分量。图 6-38 中的第二个滤波器组将频谱和子空间 V_{J-1}（较低的半波段）分成四分之一波段子空间 W_{J-2} 和 V_{J-2}，分别对应于 DWT 系数 $W_\psi(J-2,n)$ 和 $W_\varphi(J-2,n)$。

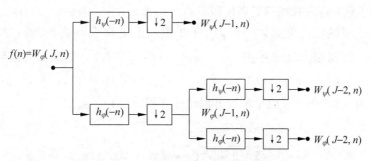

图 6-38　一个两阶 FWT 分析滤波器组

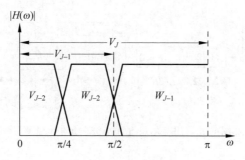

图 6-39　频谱分离特性

图 6-38 中的二阶滤波器组很容易进一步扩展得到任意阶数的滤波器组。例如,第三个滤波器组要处理系数 $W_\varphi(J-2,n)$,于是将尺度空间 V_{J-2} 分成两个八分之一波段子空间 W_{J-3} 和 V_{J-3}。通常,选择 $f(x)$ 的 2^J 个采样值,用 P 个滤波器组生产尺度 $J-1,J-2,\cdots,$ $J-P$ 的 P 尺度 FWT。首先,计算最高尺度系数(即 $J-1$);最后,计算最低的尺度系数(即 $J-P$)。如果 $f(x)$ 以高于奈奎斯特频率的采样率进行采样(通常如此),其采样值是该采样频率的尺度系数的良好近似,并可以作为起始的高分辨率尺度系数的输入。换句话说,在这个采样尺度下,不需要小波或细节系数。分辨率最高的尺度函数作为 5.3.6 节中用来定义离散小波变换的两条公式的 δ 函数,允许 $f(n)$ 做尺度 J 的近似值或尺度系数,输入到第一个两频段滤波器组中。

为了加深对于上述理论的理解,下面举一个例子。考虑一个离散函数 $f(n)=\{1,4,$ $-3,0\}$。并利用之前讨论过的哈尔小波函数来对其进行变换。前面讨论的哈尔小波函数的尺度向量为

$$h_\varphi(n) = \begin{cases} 1/\sqrt{2}, & n=0,1 \\ 0, & \text{其他} \end{cases}$$

哈尔小波函数的小波向量为

$$h_\psi(n) = \begin{cases} 1/\sqrt{2}, & n=0 \\ -1/\sqrt{2}, & n=1 \\ 0, & \text{其他} \end{cases}$$

这些是用于建立 FWT 滤波器组的函数,它们给出了滤波器系数。

使用图 6-38 给出的二阶分析滤波器组进行计算。由于函数中有 4 个采样值,所以这里 $J=2$(有 $2^J=2^2$ 个采样值)且 $P=2$(按尺度 $J-1=1,J-P=0$ 的顺序进行)。图 6-40 显示

了经过既定的 FWT 卷积和抽样后各阶段算得的结果。注意，函数 $f(n)$ 自身是最左边滤波器组的尺度或近似输入。例如，为计算出现在图中上支路末端系数 $W_\psi(1,n)$，首先要做 $f(n)$ 和 $h_\psi(-n)$ 的卷积。对于序列 $\{1,4,-3,0\}$ 和 $\{-1/\sqrt{2},1/\sqrt{2}\}$，该结果为 $\{-1/\sqrt{2}, -3/\sqrt{2},7/\sqrt{2},-3/\sqrt{2},0\}$，对偶数下标的点进行抽样便得到 $W_\psi(1,k)=\{-3/\sqrt{2}, -3/\sqrt{2}\}$，$k=\{0,1\}$。同理，图示中的其他结果也可根据此算得。

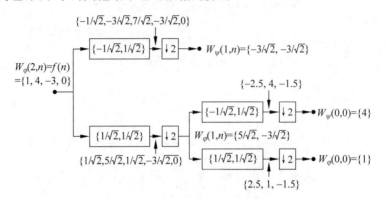

图 6-40　用哈尔尺度和小波向量进行 FWT

6.5.2　快速小波逆变换

从 FWT 的近似值系数 $W_\varphi(j,k)$ 和细节系数 $W_\psi(j,k)$ 重建 $f(x)$ 也存在一种高效的反变换算法，称为小波逆变换 IFWT。它使用正变换中所用的尺度和小波向量以及第 j 级近似值和细节系数来生成第 $j+1$ 级近似值系数。由于 FWT 的分析部分和之前讲过的两频段子带编码的分析滤波器组相似，很容易想到 IFWT 其实就是相对应的综合滤波器组。

图 6-41 详细描述了这个分析滤波器组的结构。根据本章前面内容的学习，读者应该已经知道完美重建（对于双子带或正交滤波器）要求对于 $i=\{0,1\}$，$f_i(n)=h_i(-n)$，即分析和综合滤波器在时域上是相互反转的。因为 FWT 分析滤波器是 $h_0(n)=h_\psi(-n)$ 且 $h_1(n)=h_\varphi(-n)$，所以可知 IFWT 的综合滤波器应该为 $f_0(n)=h_0(-n)=h_\psi(n)$ 和 $f_1(n)=h_1(-n)=h_\varphi(n)$。然而，根据第 3 章所学到的知识，这里也可以使用双正交分析和综合滤波器，此时它们并不是彼此时域反转的。双正交分析和综合滤波器是交叉调制的。由于关于滤波器组和子带分解的知识在第 3 章中已经详细讨论过了，此处就不再赘述了。

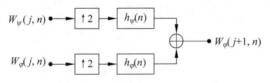

图 6-41　一个 IFWT 综合滤波器组

图 6-41 所示的 IFWT 综合滤波器组执行下列计算
$$W_\varphi(j+1,k)=h_\varphi(k)*W_\varphi^{up}(j,k)+h_\psi(k)*W_\psi^{up}(j,k)\big|_{k\geqslant0}$$
其中，W^{up} 代表以 2 为步长进行内插，也就是在 W 的个元素间插 0，使其长度变为原来的两倍。内插后的系数通过与 $h_\varphi(k)$ 和 $h_\psi(k)$ 进行卷积完成过滤,并相加以得到较高尺度的近似值。最终将建立 $f(x)$ 的较好近似,该近似含有较多的细节和较高的分辨率。与 FWT 正变换类似,逆变换滤波器可以如图 6-42 所示的那样迭代。这里为了计算 IFWT 重建的最后两个尺度描绘了二阶结构。该系数合并过程可以拓展到任意数目的尺度,从而保证函数 $f(x)$ 的完美重建。

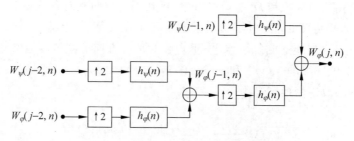

图 6-42　二阶 IFWT 综合滤波器组

接下来,继续上一小节中的例子并对之前的结果进行 IFWT。IFWT 的计算与其正变换的对应部分镜像对称。图 6-43 演示了运用哈尔小波进行逆变换的过程。首先,对 0 级近似值和细节系数进行内插,分别得到 $\{4,0\}$ 和 $\{1,0\}$。将离散序列 $\{4,0\}$ 和 $\{1/\sqrt{2}, -1/\sqrt{2}\}$ 做卷积得到结果 $\{4/\sqrt{2}, -4/\sqrt{2}, 0\}$,将离散序列 $\{1,0\}$ 和 $\{1/\sqrt{2}, 1/\sqrt{2}\}$ 做卷积得到结果 $\{1/\sqrt{2}, 1/\sqrt{2}, 0\}$。将两个结果相加得到 $W_\varphi(1,n) = \{5/\sqrt{2}, -3/\sqrt{2}\}$,注意为了保持 $W_\varphi(1,n)$ 的本来长度,因此最后一个 0 被舍去了。如此,图中的一阶近似值就被重建出来了,它与上一小节的例子中对应的结果是完全一致的。继续使用上述方法,在第二个综合滤波器组的右端生产 $f(n)$,具体过程参见图示,这里就不再赘述了。

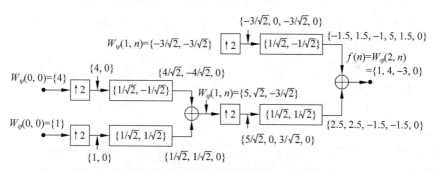

图 6-43　用哈尔尺度和小波向量进行 IFWT

6.5.3　图像的小波变换

前面介绍了一维快速小波变换及其逆变换算法。图像是二维的数据,因此需要将原有的算法拓展至二维。从连续的一维小波变换,很自然地就拓展到了二维连续小波变换。同理,离散二维小波变换也可以很容易地从一维的情况拓展得到,这里具体过程不再赘述。尺寸为 $M \times N$ 的函数 $f(x,y)$,其离散二维小波变换定义如下

$$W_{\varphi}(j_0, m, n) = \frac{1}{\sqrt{MN}} \sum_{x=0}^{M-1} \sum_{y=0}^{N-1} f(x,y) \varphi_{j_0, m, n}(x, y)$$

$$W_{\psi}^i(j, m, n) = \frac{1}{\sqrt{MN}} \sum_{x=0}^{M-1} \sum_{y=0}^{N-1} f(x,y) \psi_{j, m, n}^i(x, y)$$

其中，上标 i 代表了值 H,V 和 D，也就是水平方向、垂直方向和对角线方向。同一维的情况一样，j_0 是任意的开始尺度，$W_{\varphi}(j_0, m, n)$ 系数定义了在尺度 j_0 上的 $f(x,y)$ 的近似值。而系数 $W_{\psi}^i(j, m, n)$ 对于 $j \geqslant j_0$ 附加了水平、垂直和对角线方向的细节。通常令 $j_0 = 0$，并且选择 $N = M = 2^J, j = 0, 1, 2, \cdots, J-1$ 和 $m, n = 0, 1, 2, \cdots, 2^j - 1$。

二维离散的小波逆变换定义为

$$f(x, y) = \frac{1}{\sqrt{MN}} \sum_m \sum_n W_{\varphi}(j_0, m, n) \varphi_{j_0, m, n}(x, y)$$

$$+ \frac{1}{\sqrt{MN}} \sum_{i = H, V, D} \sum_{j = j_0}^{+\infty} \sum_m \sum_n W_{\psi}^i(j, m, n) \psi_{j, m, n}^i(x, y)$$

类似一维离散小波变换，二维 DWT 也可以通过数字滤波器和抽样来实现。首先，对 $f(x,y)$ 的行进行一维 FWT，然后对结果进行列方向上的一维 FWT。图 6-44 显示了这一过程。二维 FWT 滤波器尺度 $j+1$ 的近似值系数建立了尺度 j 的近似值系数和细节系数。然而，在二维情况下，将得到三组细节系数——水平、垂直和对角线细节。图 6-44 中的单尺度滤波器组也可以用迭代（将近似输出连接到另外一个滤波器组中并用作输入）在尺度 $j = J-1, J-2, \cdots, J-P$ 中产生 P 尺度变换。如在一维情况下，图像 $f(x,y)$ 被用于 $W_{\varphi}(J, m, n)$ 的输入，分别与 $h_{\varphi}(-n)$ 和 $h_{\psi}(-n)$ 做卷积，并对结果进行抽样处理，得到两个子图像，它们的水平分辨率以 2 为因子下降。高通或细节分量描述了图像垂直方向的高频信息，低通近似分量包含了它的低频垂直信息。

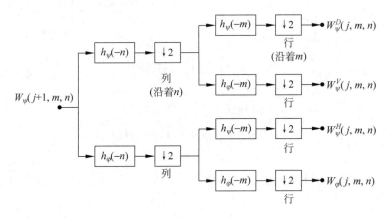

图 6-44　二维快速小波变换的分析滤波器组

然后两个子图以列的方式被滤波并抽样得到四分之一大小的图像，分别用 $W_{\varphi}, W_{\psi}^H, W_{\psi}^V$ 和 W_{ψ}^D 来表示。也就是图 6-45 中间所示的 4 个子图，滤波处理的两次迭代结果位于图中的最右侧，可见该图产生二阶分级。

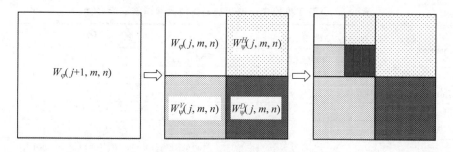

图 6-45 二维小波变换的分解结果

图 6-46 显示了上边描述过的逆向处理的综合滤波器组。正如所预想的那样,重建算法与一维情况下是相似的。在每一次迭代中,四尺度 j 的近似值和细节子图用两个一维滤波器内插和卷积,其中一个在图像的列方向上执行,另外一个在图像的行方向上执行。附加结果是尺度 $j+1$ 的近似值,并且迭代处理一直进行到原始图像被重建。

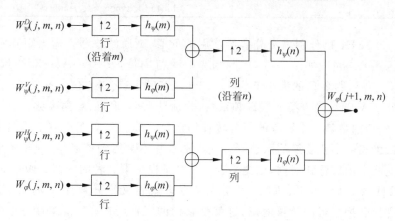

图 6-46 二维快速小波变换的综合滤波器组

对图像进行小波变换的操作,使用 MATLAB 中的小波工具箱是非常方便的。MATLAB 之所以单独提供小波工具箱,一方面是因为小波的应用非常广泛,显然不仅仅局限于图像处理;另一方面 MATLAB 中的小波工具箱是非常完备、非常强大的,自然也就有独立出来的可能和必要。当然,由于篇幅限制,本书也不可能对小波工具箱中的所有函数进行面面俱到的介绍,下面将给出在图像处理中最常被用到的一些函数。

1. wavedec2()

函数 wavedec2() 的作用是对二维信号进行多层小波分解,这显然是处理数字图像小波变换时最常用到的函数,它的语法形式有两种,如下:

```
[C, S] = wavedec2(X, N, 'wname')
[C, S] = wavedec2(X, N, Lo_D, Hi_D)
```

其中,X 表示原始图像;N 表示分解的层数,所以它应该是一个正整数。参数 'wname' 表示所选择的小波种类,MATLAB 中可选的小波种类如表 6-4 所示。

表 6-4 小波工具箱中小波变换的滤波器和滤波器族名称

小　　波	小波族	名　　称
Haar	'haar'	'haar'
Daubechies	'db'	'db1'、'db2'、…、'db5'
Coiflets	'coif'	'coif1'、'coif2'、…、'coif5'
Symlets	'sym'	'sym2'、' sym3'、…、'sym5'
离散 Meyer	'dmey'	'demy'
双正交	'bior'	'bior1.1'、'bior1.3'、'bior1.5'、'bior2.2'
		'bior2.4'、'bior2.6'、'bior2.8'、'bior3.1'
		'bior3.3'、'bior3.5'、'bior3.7'、'bior3.9'
		'bior4.4'、'bior5.5'、'bior6.8'
反双正交	'rbio'	'rbio1.1'、'rbio1.3'、'rbio1.5'、'rbio2.2'
		'rbio2.4'、'rbio2.6'、'rbio2.8'、'rbio3.1'
		'rbio3.3'、'rbio3.5'、'rbio3.7'、'rbio3.9'
		'rbio4.4'、'rbio5.5'、'rbio6.8'

参数 Lo_D 和 Hi_D 分别表示分解所使用的低通、高通滤波器。输出矩阵中的 C 表示小波分解所得到的向量。如图 6-47 所示，C 是一个行向量，长度为 size(X)。例如，图像 X 的大小为 256×256，那么 C 的大小就为 $1 \times (256 \times 256) = 1 \times 65\,536$。图中 A_n 代表第 n 层的低频系数，$H_n | V_n | D_n$ 代表第 n 层高频系数，分别是水平、垂直、对角高频，依此类推，直到 $H_1 | V_1 | D_1$。每个向量是一个矩阵的每列转置的组合存储。事实上小波工具箱还提供了另外一个实现二维离散小波变换的函数 dwt2()，本书并不会用到该函数，但是考虑到很多读者可能会对这两个函数感到迷糊，在此笔者还是稍微提一下二者的区别。函数 dwt2() 是单层分解，所以低频系数、水平、垂直、对角高频系数就直接以矩阵形式输出了，并没有像 wavedec2() 那样转换成行向量再输出，这就是它们的区别所在。S 是储存各层分解系数长度的，即第一行是 A_n 的长度（其实是 A_n 的原矩阵行数和列数），第二行是 $H_n | V_n | D_n$ 的长度，第三行是 $H_{n-1} | V_{n-1} | D_{n-1}$ 的长度……倒数第二行是 $H_1 | V_1 | D_1$ 的长度，最后一行是 X 的长度（大小）。

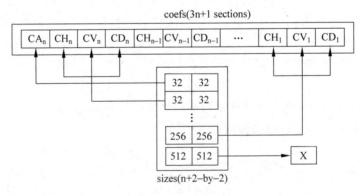

图 6-47 向量分解示意图

2. appcoef2()

函数 appcoef2() 能够提取二维小波分解的低频系数。它的语法形式有如下几种：

```
A = appcoef2(C, S, 'wname', N)
A = appcoef2(C, S, 'wname')
A = appcoef2(C, S, Lo_R, Hi_R)
A = appcoef2(C, S, Lo_R, Hi_R, N)
```

其中,C 表示小波分解所得的向量,S 表示相关坐标记录矩阵,这与前面介绍 wavedec2() 函数时所描述的一致。参数 N 和'wname'的意义也同前。参数 Lo_R 和 Hi_R 分别表示重构低通、高通滤波器。返回值 A 表示所得的低频系数。

3. detcoef2()

函数 detcoef2() 能够提取二维小波分解的高频系数。有时很多初学者会对 detcoef2() 和 appcoef2()感到困惑,分不清二者的区别。其实这两个函数的名字已经可以说明一切,2 表示二维,coef 是 coefficient 的缩写,也就是系数的意思;而 app 是 approximate 的缩写,意思就是近似,于是 appcoef 所表示的就是近似系数,也就是低频信息。相对应地,det 是单词 detail 的缩写,也即细节之意,于是 detcoef 所表示的就是细节系数,即高频信息。它的语法形式如下:

```
D = detcoef2(O, C, S, N)
```

其中,C、S 和 N 的意思同前,这里没有需要特别说明的。参数 O 可以使用'h'、'v'和'd',则分别代表提取水平、垂直和对角线方向的近似系数。

下面这段示例代码演示了上面介绍的几个函数的使用方法,这段程序采用 Daubechies 小波对图像进行小波分解,并填充到一个矩阵中进行统一显示。在更早一些的 MATLAB 版本中(如 MATLAB 7.0),wavedec2()函数所得的结果矩阵要比在标准情况下大一些,这是由于快速小波变换中使用了卷积计算。所以,在将多层分解的结果图像拼接到一起时,应该考虑裁边处理。但是新版本的 MATLAB 已经修正了这些地方,所以在下面的程序中并没有进行类似的特殊处理。

```
i = double(imread('vase.tif'));
[C, S] = wavedec2(i, 2, 'db1');
a2 = appcoef2(C, S, 'db1', 2);
dh1 = detcoef2('h', C, S, 1);
dv1 = detcoef2('v', C, S, 1);
dd1 = detcoef2('d', C, S, 1);
dh2 = detcoef2('h', C, S, 2);
dv2 = detcoef2('v', C, S, 2);
dd2 = detcoef2('d', C, S, 2);
[x, y] = size(i);
img = zeros(x, y);
img(1 : x/4, 1 : y/4) = im2uint8(mat2gray(a2));
img(((x/4) + 1) : x/2, 1 : y/4) = im2uint8(mat2gray(dv2));
img(((x/4) + 1) : x/2, 1 : y/4) = im2uint8(mat2gray(dv2));
img(1 : x/4, ((y/4) + 1) : y/2) = im2uint8(mat2gray(dh2));
img(((x/4) + 1) : x/2, ((y/4) + 1) : y/2) = im2uint8(mat2gray(dd2));
img(((x/2) + 1) : x, 1 : y/2) = im2uint8(mat2gray(dv1));
img(1 : x/2, ((y/2) + 1) : y) = im2uint8(mat2gray(dh1));
img(((x/2) + 1) : x, ((y/2) + 1) : y) = im2uint8(mat2gray(dd1));
imshow(img, []);
```

可以试着运行上述程序,其结果如图 6-48 所示。

图 6-48　图像的小波变换

6.6　小波在图像处理中的应用

小波变换在数字图像处理中占据着非常重要的地位,这是因为在诸多具体的应用领域中它都可能成为实现处理目标的重要手段或关键过程。最后,从 4 个方面介绍小波在数字图像处理领域中的具体应用(当然,实际中的应用远不止于这 4 个方面)。

1. 图像的压缩

JPEG2000 是众所周知的下一代图像压缩标准,它由 Joint Photographic Experts Group 组织创建和维护。JPEG2000 文件的扩展名通常为.jp2。相比于 JPEG 而言,JPEG2000 的压缩比更高,而且不会产生 JPEG 标准带来的块状模糊瑕疵。JPEG 的核心是离散余弦变换,而 JPEG2000 则是基于小波变换的图像压缩标准。JPEG2000 同时支持有损压缩和无损压缩。另外,它也支持更复杂的渐进式显示和下载。由于 JPEG2000 在无损压缩下仍然能有比较好的压缩率,所以 JPEG2000 在图像品质要求比较高的医学图像的分析和处理中已经有了一定程度的应用。

2. 图像的融合

图像的融合是将两幅或多幅图像融合在一起,以获取对同一场景的更为精确、更为全面、更为可靠的图像描述。融合算法应该充分利用各原图像的互补信息,使融合后的图像更适合人的视觉感受,适合进一步分析的需要。小波变换是图像的多尺度、多分辨率分解,它可以聚焦到图像的任意细节。随着小波理论及其应用的发展,将小波多分辨率分解用于像素级图像融合也已经得到广泛的应用。具体实现时,首先对每一幅原图像分别进行小波变换,建立图像的小波塔型分解;然后对各分解层分别进行融合处理。各分解层上的不同频率分量可采用不同的融合算子进行融合处理,最终得到融合后的小波金字塔;最后对融合后所得的小波金字塔进行小波重构,所得到的重构图像即为融合图像。

在 MATLAB 中可以直接使用函数 wfusimg()实现图像的融合,下面给出它的常用语法形式。

```
XFUS = wfusimg(X1,X2,WNAME,LEVEL,AFUSMETH,DFUSMETH)
[XFUS,TXFUS,TX1,TX2] = wfusimg(X1,X2,WNAME,LEVEL,AFUSMETH,DFUSMETH)
```

其中,X1 和 X2 是待融合的两幅原始图像。参数 WNAME 给出要采用哪种小波,而 LEVEL 则给出了小波分解的层数。需要特别说明的是,参数 AFUSMETH 和 DFUSMETH,它们分别指定了低频(近似)信息和高频(细节)信息的融合方法。具体的可选项有'max'、'min'、'mean'、'img1'、'img2'或者'rand',它们分别表示近似和细节信息的融合方式为取 X1 和 X2 对应元素中的最大值、最小值、平均值、前者、后者或者随机选择。返回值 XFUS 是融合后的结果图像,而 TXFUS、TX1 和 TX2 则对应 XFUS、X1 和 X2 的小波分解树。

下面这段代码演示了利用小波工具箱中的函数 wfusimg()实现图像融合的方法。小波变换的绝对值大的小波系数,对应着显著的亮度变化,也就是图像中的显著特征。于是选择绝对值大的小波系数作为保留细节所需的小波系数。低频部分系数可以选择二者之间的最大值,也可以采用二者之间的平均值。最后重构出图像即可。

```
X1 = imread('cathe1.bmp');
X2 = imread('cathe2.bmp');
XFUS = wfusimg(X1,X2,'sym4',5,'mean','max');
imshow(XFUS,[]);
```

该段程序的运行结果如图 6-49 所示,第三幅图像就是将前两幅图像进行融合后的结果。可见,融合处理后的结果成功去除了前两幅图像中模糊不清的部分。

Cathe1　　　　　　Cathe2　　　　　　Fusion

图 6-49　用小波进行图像融合

当然,也可以不使用小波工具箱中给出的现成函数,而选择自己动手实现基于小波的图像融合算法。这对实际了解该算法是如何进行的大有裨益。下面这段示例程序实现了与前面代码段相同的作用,请留意注释说明的部分。需要说明的是,下面这段程序仅仅是为了演示算法实现而编写的,因此并没做异常处理的考虑,默认待处理的两幅原始图像的尺寸是一样的。

```
X1 = imread('cathe1.bmp');
X2 = imread('cathe2.bmp');
M1 = double(X1) / 256;
M2 = double(X2) / 256;
N = 4;
wtype = 'sym4';
[c0,s0] = wavedec2(M1, N, wtype);
[c1,s1] = wavedec2(M2, N, wtype);
length = size(c1);
Coef_Fusion = zeros(1,length(2));
% 低频系数的处理,取平均值
Coef_Fusion(1: s1(1,1)) = (c0(1: s1(1,1)) + c1(1: s1(1,1)))/2;
% 处理高频系数,取绝对值大者,这里用到了矩阵乘法
MM1 = c0(s1(1,1) + 1: length(2));
MM2 = c1(s1(1,1) + 1: length(2));
mm = (abs(MM1)) > (abs(MM2));
Y = (mm.* MM1) + ((~mm).* MM2);
Coef_Fusion(s1(1,1) + 1: length(2)) = Y;
% 重构
Y = waverec2(Coef_Fusion,s0,wtype);
imshow(Y,[]);
```

上面这段代码中用到了小波重构函数 waverec2()，函数 waverec2()其实就是 wavedec2()的相反过程，该函数的常用语法形式如下。

```
X = waverec2(C,S,'wname')
X = waverec2(C,S,Lo_R,Hi_R)
```

其中，参数 C、S 和'wname'的意义都与二维小波分解函数 wavedec2()中定义的一样，这里不再赘述。Lo_R 是重构低通滤波器，Hi_R 是重构高通滤波器。

图像融合在工业图像采集中具有非常重要的应用。通常，在不同的焦距下，由工业摄像头拍摄的一组图像会因为景深的不同而产生局部模糊的现象，为得到全局的清晰图像，势必要对整组图像进行融合，这时小波变换无疑是首选处理技术。

在图像融合过程中，小波基的种类和小波分解的层数对融合效果有很大的影响，对特定的图像来说，哪一种小波基的融合效果最好，分解到哪一层最合适，则是算法设计者需要研究的问题。

3. 图像的水印

数字水印是一种崭新的信息安全隐藏技术，它将信息（如版权信息、秘密消息等）嵌入到图像、语音等数字媒体中，利用人们所见即所得的心理来避免攻击，从而起到了保护和标识的作用。近年来它的发展成为多媒体信息安全领域研究的一个热点。小波变换可以得到图像的频段分离子图，而对于中低频部分的适当篡改并不会引起复原后图像的突变，这就为嵌入数字水印提供了可能性。研究人员在基于小波变换的图像数字水印技术方面已经有诸多成果发表。

4. 图像的去噪

图像在传输过程中可能由于外界环境的干扰而产生噪声。从自然界中的景象捕获的图

像通常具有灰度值变化平滑连续的特征,而噪声则表现为与周遭像素相比十分突兀的特点。在频域中,噪声往往集中在高频部分。小波变换会让图像不断分离出高频子图和低频子图,据此可以通过在高频子图中设置阈值的方法,过滤到异常频点,再将图像还原后,噪声就可以被剔除了。基于小波的图像降噪技术都是从这个角度出发的,只是针对具体不同类型的图像,会在阈值的选择,以及小波函数的选择上产生差异。利用小波对图像进行去噪在医疗影像处理领域中已经被成功应用。

小波工具箱中已经提供了用于图像降噪的函数,即 ddencmp() 和 wdencmp(),这一对函数常搭配使用。函数 ddencmp() 用于自动生成信号的小波(或小波包)降噪(或压缩)的阈值选取方案,它的语法形式如下。

```
[THR,SORH,KEEPAPP,CRIT] = ddencmp(IN1,IN2,X)
[THR,SORH,KEEPAPP] = ddencmp(IN1,'wv',X)
[THR,SORH,KEEPAPP,CRIT] = ddencmp(IN1,'wp',X)
```

输入参数 X 为一维或二维的信号向量或矩阵;输入参数 IN1 指定处理的目的是消噪还是压缩,可选值为 'den'(降噪)或 'cmp'(压缩)。参数 IN2 指定处理的方式,可选值为 'wv'(使用小波分解)或 'wp'(使用小波包分解)。输出参数 THR 为函数选择的阈值,SORH 用以控制函数选择阈值的方式,具体而言,当取 's' 时表示采用软阈值,当取 'h' 时表示采用硬阈值。输出参数 KEEPAPP 决定了是否对近似分量进行阈值处理,结果要么是 0,要么是 1。CRIT 为使用小波包进行分解时所选取的熵函数类型(即仅在选择小波包时使用)。

函数 wdencmp() 用于对一维或二维信号进行降噪或压缩,它的主要语法形式如下。

```
[XC,CXC,LXC,PERF0,PERFL2] = wdencmp('gbl',X,'wname',N,THR,SORH, KEEPAPP)
[XC,CXC,LXC,PERF0,PERFL2] = wdencmp('lvd',X,'wname',N,THR,SORH)
[XC,CXC,LXC,PERF0,PERFL2] = wdencmp('lvd',C,L,'wname',N,THR,SORH)
```

与之前的情况相同,'wname' 表示所采用的小波函数类型。参数 'gbl' 表示每层都采用同一个阈值进行处理;'lvd' 表示每层用不同的阈值进行处理。N 是小波分解的层数,THR 为阈值向量,对于后两种语法形式要求每层都有一个阈值,因此阈值 THR 是一个长度为 N 的向量,SORH 表示选择软阈值还是硬阈值,取值情况同上。KEEPAPP 取值为 1 时,低频系数不进行阈值量化处理;反之,低频系数则进行阈值量化处理。

返回值 XC 是降噪或压缩后的信号。剩余 4 个都是可选的返回值,其中 [CXC, LXC] 是 XC 的小波分解结构。PERF0 和 PERFL2 是用百分比表示的恢复和压缩的欧几里得范数得分,也就是用百分制来表明降噪或压缩所保留的能量成分。如果 [C, L] 是 X 的小波分解结构,则 $PERFL2=100\times(CXC 向量的范数/C 向量的范数)^2$。如果 X 是一维信号,并且小波 'wname' 是正交小波,则 PERFL2 将减少到 $100\times\|XC\|^2/\|X\|^2$。

下面这段示例代码演示了在 MATLAB 中运用小波工具箱所提供的函数进行图像降噪的方法。

```
I = imread('noise_lena.bmp');
[thr,sorh,keepapp] = ddencmp('den','wv',I);
de_I = wdencmp('gbl',I,'sym4',2,thr,sorh,keepapp);
imwrite(im2uint8(mat2gray(de_I)), 'denoise_lena.bmp');
```

程序运行结果如图 6-50 所示,其中左图为受到噪声污染的原始图像,右图则是经过小波降噪处理后的图像效果。

图 6-50　小波降噪

本章参考文献

[1]　章照止,林须端.信息论与最优编码[M].上海:上海科学技术出版社,1993.

[2]　宗孔德.多抽样率信号处理[M].北京:清华大学出版社,1996.

[3]　仇佩亮.信息论与编码[M].北京:高等教育出版社,2004.

[4]　江志红.深入浅出数字信号处理[M].北京:北京航空航天大学出版社,2012.

[5]　左飞.数字图像处理:技术详解与 Visual C++实践[M].北京:电子工业出版社,2014.

[6]　McEliece R J.信息论与编码理论[M].2 版.李斗,等译.北京:电子工业出版社,2004.

[7]　Petrou M,Bosdogianni P.数字图像处理疑难解析[M].赖剑煌,等译.北京:机械工业出版社,2005.

[8]　Jain A K.数字图像处理基础[M].韩博,等译.北京:清华大学出版社,2006.

[9]　Kenneth R Castleman.数字图像处理[M].朱志刚,等译.北京:电子工业出版社,2011.

[10]　Rafael C Gonzalez,Richard E Woods.数字图像处理[M].3 版.阮秋琦,等译.北京:电子工业出版社,2011.

[11]　聂美声,袁保宗.图像的子带编码及其实现[J].铁道学报,1990(2).

[12]　陈祥训.对几个小波基本概念的理解[J].电力系统自动化,2004(1).

[13]　谢彦红,李扬.小波函数容许条件的研究[J].沈阳化工学院学报,2005(1).

[14]　李建国.正交镜像滤波器组的原理及实现[D].广州:广东工业大学,2004.

[15]　杨振.基于子带的 SAR 图像压缩编码[D].西安:西安电子科技大学,2005.

[16]　Toby Berger.Rate distortion theory:A mathematical basis for data compression[M].USA:Prentice-Hall, Inc,1971.

[17]　Thomas M Cover,Joy A Thomas.Elements of information theory[M].New York:John Wiley & Sons Inc,1991.

[18]　B Girod, F Hartung, U Horn. "Subband Image Coding" in A. Akansu,M. J. T. Smith ed,Design and Applications of Subbands and Wavelets [M]. The Netherlends:Kluwer Academic Publishers,1995.

[19]　Thomas Wiegand, Heiko Schwarz. Source coding:Part Ⅰ of fundamentals of source and video coding[M]. New York:Now Publishers Inc,2010.

第7章

正交变换与图像压缩

本章主要介绍关于图像的频域变换方面的内容。频域为处理数字图像提供了一种另类的视角,在这个世界里可以完成许多过去在空间域中较难实现的功能。本章将着重介绍三个最具代表性的频域变换,即傅里叶变换、离散余弦变换、沃尔什-阿达马变换。最后,本章还将介绍卡洛南-洛伊变换的有关内容,它在模式识别和特征提取等领域具有重要应用。此外,本章所介绍的四种正交变换都有一个共同的应用,即图像数据压缩,这也是本章关注的一个话题。

7.1 傅里叶变换

本书前面已经耗用了大量的篇幅从数学的角度介绍傅里叶变换原理,本节则更侧重这些数学原理在数学图像处理中的应用。时域分析,以冲激信号为基本信号,任意输入信号可以分解为一系列冲激函数之和的形式 $y(t) = f(t) * g(t)$,也就是用卷积的形式表示。而在频域分析中,则是以正弦信号和虚指数信号 e^{jwt} 为基本信号,从而将任意输入信号分解为一系列不同频率的正弦信号或虚指数信号之和。在此,独立变量不再是时间而是频率,这种分析被称为频域分析。频域分析将时间变量变换成频率变量,揭示了信号内在的频率特性以及信号时间特性与其频率特性之间的密切关系。信号可以在时域上分解,也可以在频域上进行分解。傅里叶变换就是对信号进行频域分解时常用的一种重要方法。

7.1.1 信号处理中的傅里叶变换

傅里叶变换建立的就是以时间为自变量的"信号"与以频率为自变量的"频谱函数"之间的某种变换关系。所以,当自变量"时间"或"频率"取连续值或离散值时,就形成了各种不同形式的傅里叶变换。

1. 连续时间，连续频率——傅里叶变换

连续时间的非周期信号 $f(t)$ 的傅里叶变换关系所得到的是非周期的频谱密度函数 $F(\omega)$，此时 $f(t)$ 和 $F(\omega)$ 组成的变换对表示为

$$F(\omega) = \int_{-\infty}^{+\infty} f(t) e^{-j\omega t} dt$$

$$f(t) = \frac{1}{2\pi} \int_{-\infty}^{+\infty} F(\omega) e^{j\omega t} d\omega$$

时域连续函数造成频域是非周期的谱，而时域的非周期性则造成频域是连续的谱密度函数。

2. 连续时间，离散频率——傅里叶级数

设 $f(x)$ 是一个周期为 $2l$ 的周期性连续时间函数，那么 $f(x)$ 就一定可以展开成傅里叶级数的形式，傅里叶级数的系数为 $F(n\omega)$，$F(n\omega)$ 是离散频率的非周期函数。此时，$f(x)$ 和 $F(n\omega)$ 组成的变换对表示为

$$F(n\omega) = \frac{1}{2l} \int_{-l}^{l} f(x) e^{-jn\omega x} dx$$

$$f(x) = \sum_{n=-\infty}^{+\infty} F(n\omega) e^{jn\omega x}$$

其中，$\omega = \pi/l$，ω 为离散频谱相邻两个谱线之间的角频率间隔，n 为谐波序号。因为 $F(n\omega)$ 是离散的频率，所以 n 就可以理解为第 n 个离散的角频率。在下一小节中，还将深入讨论傅里叶变换与傅里叶级数的关系。这里若做一个简单的符号替换，令 $c_n = F(n\omega)$，那么则可以将上式变换为如下形式

$$c_n = \frac{1}{2l} \int_{-l}^{l} f(x) e^{-j\frac{n\pi}{l}x} dx$$

$$f(x) = \sum_{n=-\infty}^{+\infty} c_n e^{j\frac{n\pi}{l}x}$$

时域的连续函数造成频域是非周期的频谱函数，而频域的离散就与时域的周期性时间函数相对应。频域上的抽样会造成时域上的表现为周期函数。

3. 离散时间，连续频率——序列的傅里叶变换

序列的傅里叶变换表达式为

$$F(e^{j\omega}) = \sum_{n=-\infty}^{+\infty} f(n) e^{-j\omega n}$$

$$f(n) = \frac{1}{2\pi} \int_{-\pi}^{\pi} F(e^{j\omega}) e^{j\omega n} d\omega$$

其中，ω 是数字频率（数字频率是指每个采样点间隔之间的弧度大小，通常只用于数字信号），它和模拟角频率 Ω（模拟角频率是指每秒经历多少弧度，通常只用于模拟信号）的关系为 $\omega = \Omega T$，T 是采样间隔（或称采样周期）。

如果把序列看成模拟信号的抽样，抽样时间间隔为 T，抽样频率 $f_s = 1/T$，$\Omega_s = 2\pi/T$，则这一变换对也可以写成（代入 $f(n) = f(nT)$，$\omega = \Omega_s$）

$$F(e^{j\Omega T}) = \sum_{n=-\infty}^{+\infty} f(nT) e^{-j\Omega Tn}$$

$$f(nT) = \frac{1}{\Omega_s} \int_{-\frac{\Omega_s}{2}}^{\frac{\Omega_s}{2}} F(e^{j\Omega T}) e^{j\Omega T n} d\Omega$$

这一变换的示意图如图 7-1 所示。可见,在时域上进行了抽样,各个采样点之间是离散的,可以用数字来表示序列,也可用采样周期来表示时间。在频域上,表现出了周期性的连续谱密度,若从数字频率 ω 去考察,则它表示每个采样点频率之间的弧度大小,而从模拟角频率 Ω 的角度则表示出了到某个周期的采样点处,经历了多少个抽样间隔的 Ω_s。该变换意味着时域的离散化造成频域的周期延拓,而时域的非周期对应频域的连续。

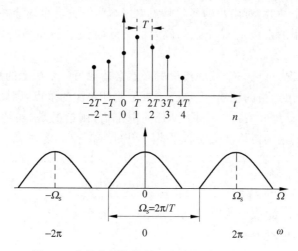

图 7-1　离散非周期信号及连续的周期性谱密度

4. 离散时间,离散频率——离散的傅里叶变换

上述讨论的情况都不适合在计算机中进行处理,因为它们至少在一个域上(时域或频域)函数是连续的。从这个角度出发,感兴趣的是时域和频域都离散的情况,这就是接下来要谈到的离散傅里叶变换(Discrete Fourier Transform,DFT)。首先应指出,这一变换是针对有限长序列或周期序列才存在的;其次,它相当于把序列的连续傅里叶变换式离散化(抽样),频域的离散化造成时间函数也呈周期,故级数应限制在一个周期之内。

令 $\Omega = k\Omega_0$,则 $d\Omega = \Omega_0$,因而可以从上一小节中最后得出的序列的傅里叶变换公式中推得离散傅里叶变换对的表达式为

$$F(e^{jk\Omega_0 T}) = \sum_{n=0}^{+\infty} f(nT) e^{-jk\Omega_0 T n}$$

$$f(nT) = \frac{1}{\Omega_s} \int_{-\frac{\Omega_s}{2}}^{\frac{\Omega_s}{2}} F(e^{j\Omega T}) e^{j\Omega T n} d\Omega = \frac{\Omega_0}{\Omega_s} \sum_{k=0}^{N-1} F(e^{jk\Omega_0 T}) e^{jk\Omega_0 T} = \frac{1}{N} \sum_{k=0}^{N-1} F(e^{jk\Omega_0 T}) e^{jk\Omega_0 T}$$

其中,$f_s/F_0 = \Omega_0/\Omega_s = N$ 表示有限长序列(时域及频域)的抽样点数,或周期序列中一个周期的抽样点数。时间函数是离散的,抽样间隔为 T,故频率函数的周期(即抽样频率)为 $f_s = \Omega_s/2\pi = 1/T$。又因为频率函数也是离散的,其抽样间隔为 F_0,故时间函数的周期 $T_0 = 1/F_0 = 2\pi/\Omega_0$,又有 $\Omega_0 T = 2\pi\Omega_0/\Omega_s = 2\pi/N$。将其代入上面的两个式子,得到另外一种也是更为常用的离散傅里叶变换对的形式

$$F(k) = \sum_{x=0}^{N-1} f(x) e^{-j\frac{2\pi}{N}xk}$$

$$f(x) = \frac{1}{N} \sum_{k=0}^{N-1} F(k) e^{j\frac{2\pi}{N}xk}$$

其中，$F(k) = F(e^{j\frac{2\pi}{N}k})$，$f(x) = f(xT)$。

当然，也可以通过对前面讲过的第二种傅里叶变换（连续时间，离散频率的傅里叶变换）的时间函数进行抽样来导出上述变换对，则此时 $1/N$ 的系数将由反变换式处移动到正变换式处，显然这只差一个常数，对函数的形状是没有影响的。读者可能会在不同的参考书上发现给出的 DFT 公式中的系数 $1/N$ 出现的位置不一样，通过上面的解释，应该明白这两种写法都是正确的。

综合上述四种情况，可见一个域的离散就必然会造成另一个域上的周期延拓，这一点可以通过数学推导来给出严格的证明，但这已不再是此处关注的重点，因此不再赘述。

一般情况下，若"傅里叶变换"一词不加任何限定语，则指的是"连续傅里叶变换"（连续函数的傅里叶变换）。连续傅里叶变换将平方可积的函数 $f(x)$ 表示成复指数函数的积分或级数形式

$$F(\omega) = \int_{-\infty}^{+\infty} f(t) e^{-j\omega t} \, dt$$

这是将频率域的函数 $F(\omega)$ 表示为时间域的函数 $f(t)$ 的积分形式。

连续傅里叶变换的逆变换为

$$f(t) = \frac{1}{2\pi} \int_{-\infty}^{+\infty} F(\omega) e^{j\omega t} \, dt$$

即将时间域的函数 $f(t)$ 表示为频率域的函数 $F(\omega)$ 的积分。一般可称函数 $f(t)$ 为原函数，而称函数 $F(\omega)$ 为傅里叶变换的象函数，原函数和象函数构成一个傅里叶变换对。

7.1.2　数字图像中的傅里叶变换

为了在科学计算和数字信号处理等领域使用计算机进行傅里叶变换，必须将函数 $f(t)$ 定义在离散点而非连续域内，且须满足有限性或周期性条件。这种情况下，使用离散傅里叶变换。将连续函数 $f(t)$ 等间隔采样就得到一个离散序列 $f(x)$，假设采样 N 次，则这个离散序列可以表示为 $\{f(0), f(1), f(2), \cdots, f(N-1)\}$。如果令 x 为离散实变量，u 为离散频率变量，则一维离散傅里叶变换的正变换定义为

$$F(u) = \sum_{x=0}^{N-1} f(x) e^{-j\frac{2\pi}{N}xu}$$

其中，$u = 0, 1, 2, \cdots, N-1$。

离散傅里叶变换的逆变换为

$$f(x) = \frac{1}{N} \sum_{u=0}^{N-1} F(u) e^{j\frac{2\pi}{N}xu}$$

其中，$x = 0, 1, 2, \cdots, N-1$。

数字图像是由离散的信号组成的，因此对数字图像进行傅里叶变换时所采用的是离散傅里叶变换。另外，上式给出的是一维离散傅里叶变换的表达式，图像是二维的信号，因此

需要将上式拓展到二维的情况。一个尺寸为 $M\times N$ 的图像用函数 $f(x,y)$ 表示，则它的离散傅里叶变换由以下等式给出

$$F(u,v) = \sum_{x=0}^{M-1} \sum_{y=0}^{N-1} f(x,y) \mathrm{e}^{-\mathrm{j}2\pi\left(\frac{ux}{M}+\frac{vy}{N}\right)}$$

其中，$u=0,1,2,\cdots,M-1$；$v=0,1,2,\cdots,N-1$。变量 u 和 v 用于确定它们的频率，频域系统是由 $F(u,v)$ 所张成的坐标系，其中 u 和 v 用作频率变量。空间域是由 $f(x,y)$ 所张成的坐标系。可以得到频谱系统在频谱图四角 $(0,0)$，$(0,N-1)$，$(N-1,0)$，$(N-1,N-1)$ 处沿 u 和 v 方向的频谱分量均为 0。

二维离散傅里叶逆变换由下式给出

$$f(x,y) = \frac{1}{MN} \sum_{u=0}^{M-1} \sum_{v=0}^{N-1} F(u,v) \mathrm{e}^{\mathrm{j}2\pi\left(\frac{ux}{M}+\frac{vy}{N}\right)}$$

令 R 和 I 分别表示 F 的实部和虚部，则傅里叶频谱、相位角、功率谱（幅度）定义如下

$$|F(u,v)| = \left[R(u,v)^2 + I(u,v)^2\right]^{\frac{1}{2}}$$

$$\phi(u,v) = \arctan\left[\frac{I(u,v)}{R(u,v)}\right]$$

$$|F(u,v)| = \left\{\left[\sum_{x=0}^{M-1}\sum_{y=0}^{N-1} f(x,y)\cos\left(2\pi\left(\frac{ux}{M}+\frac{vy}{N}\right)\right)\right]^2 + \left[\sum_{x=0}^{M-1}\sum_{y=0}^{N-1}\sin\left(2\pi\left(\frac{ux}{M}+\frac{vy}{N}\right)\right)\right]^2\right\}^{\frac{1}{2}}$$

$$P(u,v) = |F(u,v)|^2 = R(u,v)^2 + I(u,v)^2$$

在频谱的原点变换值称为傅里叶变换的直流分量，傅里叶变换的周期公式为

$$F(u,v) = F(u+M,v) = F(u,v+N) = F(u+M,v+N)$$

图像的频率是表示图像中灰度变化剧烈程度的指标，是灰度在平面空间上的梯度。从傅里叶频谱图上看到的明暗不一的亮点，实际是图像上某一点与邻域点差异的强弱，即梯度的大小，也是该点的频率的大小（可以这么理解，图像中的低频部分指低梯度的点，高频部分相反）。通常，梯度大则该点亮度强，否则该点亮度弱。这样通过观察傅里叶变换后的频谱图，也叫功率图，在功率图中可以看出图像的能量分布。如果频谱图中暗的点数多，那么实际图像是比较柔和的（因为各点与邻域差异都不大，梯度相对较小）；反之，若频谱图中亮的点数多，那么实际图像一定是尖锐的，边界分明且边界两边像素差异较大的。对频谱移频到原点以后，可以看出图像的频率分布是以原点为圆心，对称分布的。变换最慢的频率成分（$u=v=0$）对应一幅图像的平均灰度级。当从变换的原点移开时，低频对应着图像的慢变换分量，较高的频率开始对应图像中变化越来越快的灰度级。这些是物体的边缘和由灰度级的突发改变（如噪声）标志的图像成分。通常在进行傅里叶变换之前用 $(-1)^{x+y}$ 乘以输入的图像函数，这样便可将傅里叶变换的原点 $(0,0)$ 移到 $(M/2,N/2)$ 上。

7.1.3　快速傅里叶变换的算法

离散傅里叶变换（DFT）已经成为数字信号处理和图像处理的一种重要手段，但是 DFT 的计算量太大，速度太慢，这令其实用性大打折扣。1965 年，Cooley 和 Tukey 提出了一种快速傅里叶变换算法（Fast Fourier Transform，FFT），极大地提高了傅里叶变换的速度。正是 FFT 的出现，才使得傅里叶变换得以广泛应用。

　　FFT 并不是一种新的变换,它只是傅里叶变换算法实现过程的一种改进。FFT 中比较常用的是蝶形算法。蝶形算法主要是利用傅里叶变换的可分性、对称性和周期性来简化DFT 的运算量。下面就来介绍一下蝶形算法的基本思想。

　　由于二维离散傅里叶变换具有可分离性,它可由两次一维离散傅里叶变换计算得到,因此仅研究一维离散傅里叶变换的快速算法即可。一维离散傅里叶变换的公式为

$$F(u) = \sum_{x=0}^{N-1} f(x)W^{ux}, \quad u = 0,1,2,\cdots,n$$

其中,$W = \mathrm{e}^{-\mathrm{j}2\pi/N}$,称为旋转因子。这样,可将上式所示的一维离散傅里叶变换用矩阵的形式表示为

$$\begin{bmatrix} F(0) \\ F(1) \\ \vdots \\ F(N-1) \end{bmatrix} = \begin{bmatrix} W^{0\times0} & W^{1\times0} & W^{2\times0} & \cdots & W^{(N-1)\times0} \\ W^{0\times1} & W^{1\times1} & W^{2\times1} & \cdots & W^{(N-1)\times1} \\ \vdots & \vdots & \vdots & \ddots & \vdots \\ W^{0\times(N-1)} & W^{1\times(N-1)} & W^{2\times(N-1)} & \cdots & W^{(N-1)\times(N-1)} \end{bmatrix} \begin{bmatrix} f(0) \\ f(1) \\ \vdots \\ f(N-1) \end{bmatrix}$$

式中,由 W^{ux} 构成的矩阵称为 W 阵或系数矩阵。观察 DFT 的系数矩阵,再根据欧拉公式并结合 W 的定义表达式 $W = \mathrm{e}^{-\mathrm{j}2\pi/N}$,可以得到

$$W^0 = \mathrm{e}^0 = 1$$

$$W^N = \mathrm{e}^{-\mathrm{j}\frac{2\pi}{N}\times N} = \mathrm{e}^{-\mathrm{j}2\pi} = 1$$

$$W^{\frac{N}{2}} = \mathrm{e}^{-\mathrm{j}\frac{2\pi}{N}\times\frac{N}{2}} = \mathrm{e}^{-\mathrm{j}\pi} = -1$$

可见系数 W 是以 N 为周期的,所以有

$$W^{ux+N} = W^{ux} \times W^N = W^{ux}$$

且由于 W 的对称性,可得

$$W^{ux+\frac{N}{2}} = W^{ux} \times W^{\frac{N}{2}} = -W^{ux}$$

　　这样,W 阵中很多系数就是相同的,不必进行多次重复计算,因而可以有效地降低计算量。例如,对于 $N=4$,W 阵为

$$\begin{matrix} u=0 \rightarrow \\ u=1 \rightarrow \\ u=2 \rightarrow \\ u=3 \rightarrow \end{matrix} \begin{bmatrix} W^0 & W^0 & W^0 & W^0 \\ W^0 & W^1 & W^2 & W^3 \\ W^0 & W^2 & W^4 & W^6 \\ W^0 & W^3 & W^6 & W^9 \end{bmatrix}$$

　　由 W 的周期性得: $W^4 = W^{0+N} = W^0$, $W^6 = W^{2+N} = W^2$, $W^9 = W^{1+N} = W^1$; 再由 W 的对称性得: $W^3 = -W^1$, $W^2 = -W^0$。于是上式可变为

$$\begin{bmatrix} W^0 & W^0 & W^0 & W^0 \\ W^0 & W^1 & -W^0 & -W^1 \\ W^0 & -W^0 & W^0 & -W^0 \\ W^0 & -W^1 & -W^0 & W^1 \end{bmatrix}$$

可见 $N=4$ 的 W 阵中只需计算 W^0 和 W^1 两个系数即可。这说明 W 阵的系数有许多计算工作是重复的,如果把一个离散序列分解成若干短序列,并充分利用旋转因子 W 的周期性和对称性来计算离散傅里叶变换,便可以简化运算过程,这就是 FFT 的基本思想。

设 N 为 2 的正整数次幂,即 $N=2^n$,其中 $n=1,2,\cdots$;令 M 为正整数,且 $N=2M$,那么就可以按照奇偶次序将一维离散序列 $\{f(0),f(1),f(2),\cdots,f(N-1)\}$ 划分为

$$\begin{cases} g(x)=f(2x) \\ h(x)=f(2x+1) \end{cases} \quad x=0,1,2,\cdots,M-1$$

离散傅里叶变换可改写成如下形式

$$F(u)=\sum_{x=0}^{2M-1}f(x)W_{2M}^{ux}=\sum_{x=0}^{M-1}f(2x)W_{2M}^{u(2x)}+\sum_{x=0}^{M-1}f(2x+1)W_{2M}^{u(2x+1)}$$

由旋转因子 W 的定义可知 $W_{2M}^{2ux}=W_M^{ux}$,因此上式变为

$$F(u)=\sum_{x=0}^{M-1}f(2x)W_M^{ux}+\sum_{x=0}^{M-1}f(2x+1)W_M^{ux}W_{2M}^{u}$$

现定义

$$F_e(u)=\sum_{x=0}^{M-1}f(2x)W_M^{ux}$$

$$F_o(u)=\sum_{x=0}^{M-1}f(2x+1)W_M^{ux}$$

则有

$$F(u)=F_e(u)+W_{2M}^{u}F_o(u)$$

其中,$F_e(u)$ 和 $F_o(u)$ 分别是 $g(x)$ 和 $h(x)$ 的傅里叶变换。进一步考虑 W 的对称性和周期性可得

$$F(u+M)=F_e(u)-W_{2M}^{u}F_o(u)$$

上面这个式子之所以成立,是因为 $F_e(u)=F_e(u+M)$,$F_o(u)=F_o(u+M)$,$W_{2M}^{u+M}=-W_{2M}^{u}$。这里对 $F_e(u)=F_e(u+M)$ 做简单证明,$F_o(u)=F_o(u+M)$ 同理可得。

根据 $F_e(u)$ 的定义式可得

$$F_e(u+M)=\sum_{x=0}^{M-1}f(2x)W_M^{(u+M)x}=\sum_{x=0}^{M-1}f(2x)W_M^{ux+Mx}=\sum_{x=0}^{M-1}f(2x)W_M^{ux}W_M^{Mx}$$

其中

$$W_M^{Mx}=W_M^{M}W_M^{M}\cdots W_M^{M}=1$$

因此 $F_e(u)=F_e(u+M)$,得证。

由此,长度为 N 的离散傅里叶变换可以分解为两个长度为 $N/2$ 的离散傅里叶变换,即分解为偶数和奇数序列的离散傅里叶变换 $F_e(u)$ 和 $F_o(u)$。而且,由于 N 是 2 的整数次幂,这个分解过程可以一直进行,直到长度是 2 为止。

下面以计算 $N=8$ 的 DFT 为例,此时 $n=3,M=4$。所以有

$$\begin{cases} F(0) = F_e(0) + W_8^0 F_o(0) \\ F(1) = F_e(1) + W_8^1 F_o(1) \\ F(2) = F_e(2) + W_8^2 F_o(2) \\ F(3) = F_e(3) + W_8^3 F_o(3) \\ F(4) = F_e(0) - W_8^0 F_o(0) \\ F(5) = F_e(1) - W_8^1 F_o(1) \\ F(6) = F_e(2) - W_8^2 F_o(2) \\ F(7) = F_e(3) - W_8^3 F_o(3) \end{cases}$$

此时，可以定义由 $F(0)$、$F(4)$、$F_e(0)$ 和 $F_o(0)$ 所构成的蝶形运算单元。左边的两个节点为输入节点，代表输入数值；右边两个节点为输出节点，表示输入数值的叠加，运算由左向右进行。W_8^0 和 $-W_8^0$ 为加权系数。蝶形运算单元如图 7-2 所示。

$$F(0) = F_e(0) + W_8^0 F_o(0)$$

$$F(4) = F_e(0) - W_8^0 F_o(0)$$

可见，一个蝶形单元要计算一次复数乘法和两次复数加法。而对于其他 $F(u)$ 则可以使用同样的方法。因此，8 点 FFT 的蝶形算法如图 7-3 所示。

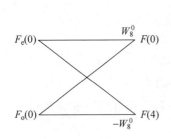

图 7-2　蝶形运算单元

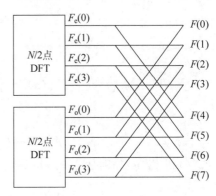

图 7-3　$N=8$ 的蝶形算法一级分解图

由于 $F_e(u)$ 和 $F_o(u)$ 都是 4 点的 DFT，如果对它们再按照奇偶进行分组，则有

$$\begin{cases} F_e(0) = F_{ee}(0) + W_8^0 F_{eo}(0) \\ F_e(1) = F_{ee}(1) + W_8^2 F_{eo}(1) \\ F_e(2) = F_{ee}(0) - W_8^0 F_{eo}(0) \\ F_e(3) = F_{ee}(1) - W_8^2 F_{eo}(1) \end{cases}$$

$$\begin{cases} F_o(0) = F_{oe}(0) + W_8^0 F_{oo}(0) \\ F_o(1) = F_{oe}(1) + W_8^2 F_{oo}(1) \\ F_o(2) = F_{oe}(0) - W_8^0 F_{oo}(0) \\ F_o(3) = F_{oe}(1) - W_8^2 F_{oo}(1) \end{cases}$$

在此说明,因为 $F_e(u)$ 和 $F_o(u)$ 都是 4 点的 DFT,所以这里 $N=4$,$M=2$。又根据下列两个公式

$$F(u) = F_e(u) + W_{2M}^u F_o(u)$$

$$F(u+M) = F_e(u) - W_{2M}^u F_o(u)$$

可以求出系数应该为 W_4^0 和 W_4^1,但是最终计算的 W 阵应该是 $N=8$ 的,所以要根据公式 $W_{2M}^{2ux} = W_M^{ux}$ 对 W_4^0 和 W_4^1 进行规整,所以最终采用的系数是 W_8^0 和 W_8^2。上述计算过程的蝶形算法分解如图 7-4 所示。

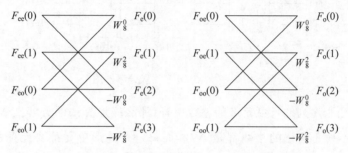

图 7-4　$N=4$ 分解到 $N=2$ 的 DFT 蝶形流程图

此时,$F_{ee}(u)$、$F_{oo}(u)$、$F_{eo}(u)$ 和 $F_{oe}(u)$ 都是 2 点的离散傅里叶变换,它们的结果可以直接由原始序列 $f(0),f(1),f(2),\cdots,f(N-1)$ 求出

$$\begin{cases} F_{ee}(0) = f(0) + W_8^0 f(4) \\ F_{ee}(1) = f(0) - W_8^0 f(4) \end{cases} \quad \begin{cases} F_{eo}(0) = f(2) + W_8^0 f(6) \\ F_{eo}(1) = f(2) - W_8^0 f(6) \end{cases}$$

$$\begin{cases} F_{oe}(0) = f(1) + W_8^0 f(5) \\ F_{oe}(1) = f(1) - W_8^0 f(5) \end{cases} \quad \begin{cases} F_{oo}(0) = f(3) + W_8^0 f(7) \\ F_{oo}(1) = f(3) - W_8^0 f(7) \end{cases}$$

综合以上分解过程,$N=8$ 时 FFT 的蝶形图如图 7-5 所示。图 7-6 为 8 点 FFT 的蝶形算法的逐级流程图。

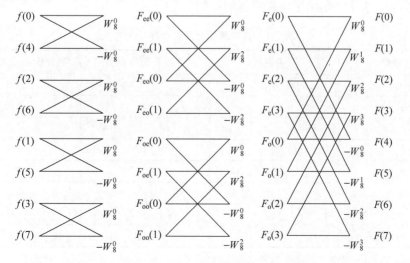

图 7-5　8 点 FFT 蝶形运算完整流程图

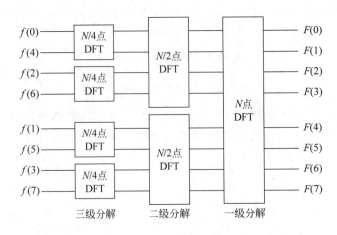

图 7-6　8点 DFT 逐级分解框图

可见，如果输入序列的长度是 2 的整数次幂，那么蝶形算法的分解次数为 $\log_2 N$。对于每一级分解来说，蝶形算法的个数都是 $N/2$，而每一个蝶形单元都要计算一次复数乘法和两次复数加法。因此，N 点的 FFT 一共需要计算 $(N/2)\log_2 N$ 次乘法和 $N\log_2 N$ 次加法。在计算复数乘法时，根据 W 的对称性，只需要用到 $N/2$ 个 W。

上述 FFT 是将 $f(x)$ 序列按 x 的奇偶进行分组计算的，称为时间抽选 FFT。如果将频域序列的 $F(u)$ 按 u 的奇偶进行分组计算，也可实现快速傅里叶计算，这称为频率抽选 FFT。

通过对图 7-6 的观察可以发现，蝶形算法的频率域是按照正常顺序排列的，而空间域是按照一种叫做"码位倒序"的方式排列的。这个倒序的过程可以采用下面的方法来实现：将十进制的数转化成二进制，然后将二进制的序列倒序重排，最后再把颠倒顺序后的二进制数转换成十进制数。倒序重排的程序是一段经典程序，它以巧妙的构思、简单的语句完成了倒序重排的功能。表 7-1 给出了倒序重排的示例。

表 7-1　自然顺序与码位倒序（$N=8$）

十进制数	二进制数	二进制数的码位倒序	码位倒序后的十进制数
0	000	000	0
1	001	100	4
3	010	010	2
3	011	110	6
4	100	001	1
5	101	101	5
6	110	011	3
7	111	111	7

7.2　离散余弦变换

离散余弦变换(Discrete Cosine Transform,DCT)是图像频域变换的一种,它也可以被看成是离散傅里叶变换的一种特殊情况,JPEG 编码技术中就使用到了离散余弦变换。

7.2.1　基本概念及数学描述

余弦变换实际上可以看成是一种空间域的低通滤波器,也可以看做是傅里叶变换的一种特殊情况。在傅里叶级数展开式中,如果被展开的函数是实偶函数,那么其傅里叶级数展开中只包含余弦项,再将其离散化,由此可导出离散余弦变换。当前,离散余弦变换及其改进算法已成为广泛应用于信号处理和图像处理特别是用于图像压缩和语音压缩编解码的重要工具和技术。

离散余弦变换和离散傅里叶变换在某种程度上有些类似,但与傅里叶变换不同的是余弦变换只使用实数部分。傅里叶变换需要计算的是复数而非实数,而进行复数运算通常要比进行实数运算费时多,所以离散余弦变换相当于一个长度大概是其自身两倍的离散傅里叶变换。另外,从形式上看,离散余弦变换是一个线性的可逆函数。

离散余弦变换,经常被信号处理(特别是图像处理)所使用,用于对信号(或图像,包括静止的图像和运动的图像,也就是视频)进行有损数据压缩。这是由于离散余弦变换具有很强的"能量集中"特性,大多数的自然信号(例如声音和图像等)的能量都集中在离散余弦变换后的"低频部分"。离散余弦变换的作用是把图片里点和点之间的规律呈现出来,虽然其本身没有压缩的作用,却为以后压缩时的"取舍"奠定了必不可少的基础。

这里首先对离散余弦变换的一些数学基础进行简要说明。一维离散余弦变换的正变换公式如下

$$F(0) = \frac{1}{\sqrt{N}} \sum_{x=0}^{N-1} f(x), \quad u = 0$$

$$F(u) = \sqrt{\frac{2}{N}} \sum_{x=0}^{N-1} f(x) \cos \frac{u(2x+1)\pi}{2N}, \quad u = 1, 2, \cdots, N-1$$

其中,$F(u)$ 为第 u 个余弦变换系数;$f(x)$ 是时域中 N 点序列,$x = 0, 1, 2, \cdots, N-1$。

一维离散反余弦变换的公式如下

$$f(x) = \frac{1}{\sqrt{N}} F(0) + \sqrt{\frac{2}{N}} \sum_{u=0}^{N-1} F(u) \cos \frac{u(2x+1)\pi}{2N}, \quad x = 0, 1, 2, \cdots, N-1$$

将一维 DCT 变换进行扩展,则得到二维 DCT 变换的定义如下

$$F(0,0) = \frac{1}{\sqrt{MN}} \sum_{x=0}^{M-1} \sum_{y=0}^{N-1} f(x,y), \quad u = 0; v = 0$$

$$F(0,v) = \frac{2}{\sqrt{MN}} \sum_{x=0}^{M-1} \sum_{y=0}^{N-1} f(x,y) \cos \frac{v(2y+1)\pi}{2N}, \quad u=0; v=1,2,\cdots,N-1$$

$$F(u,0) = \frac{2}{\sqrt{MN}} \sum_{x=0}^{M-1} \sum_{y=0}^{N-1} f(x,y) \cos \frac{u(2x+1)\pi}{2M}, \quad v=0; u=1,2,\cdots,M-1$$

$$F(u,v) = \frac{2}{\sqrt{MN}} \sum_{x=0}^{M-1} \sum_{y=0}^{N-1} f(x,y) \cos \frac{u(2x+1)\pi}{2M} \cos \frac{v(2y+1)\pi}{2N}$$

$$u=1,2,\cdots,M-1; v=1,2,\cdots,N-1$$

其中，$f(x,y)$ 为空间域中的二维向量，$x=0,1,2,\cdots,M-1$，$y=0,1,2,\cdots,N-1$，$F(u,v)$ 为变换系数矩阵。

相应的二维离散反余弦变换的定义如下：

$$f(x,y) = \frac{1}{\sqrt{MN}} F(0,0) + \frac{2}{\sqrt{MN}} \sum_{u=1}^{M-1} F(u,0) \cos \frac{u(2x+1)\pi}{2M}$$

$$+ \frac{2}{\sqrt{MN}} \sum_{v=1}^{N-1} F(0,v) \cos \frac{v(2y+1)\pi}{2N}$$

$$+ \frac{2}{\sqrt{MN}} \sum_{u=1}^{M-1} \sum_{v=1}^{N-1} F(u,v) \cos \frac{u(2x+1)\pi}{2M} \cos \frac{v(2y+1)\pi}{2N}$$

其中，$x=0,1,2,\cdots,M-1$；$y=0,1,2,\cdots,N-1$。

JPEG 编码时将使用正向离散余弦变换（Forward DCT）对图像进行处理。此时，需将图像分解为 8×8 的子块或 16×16 的子块，并对每一个子块进行单独的 DCT 变换，然后再对变换结果进行量化以及编码等处理。之所以将图像进行分解，那是由于随着子块尺寸的增加，算法的复杂程度也会急剧攀升。所以，实际中通常采用 8×8 的子块进行变换，但采用较大的子块可以明显减少图像的分块效应。

在图像压缩中，一般把图像分解为 8×8 的子块，所以 $M,N=8$。这里将 $M,N=8$ 代入前面提到的二维离散余弦变换公式中，得到 DCT 的变换公式如下

$$F(u,v) = \frac{1}{4} E(u)E(v) \left[\sum_{x=0}^{7} \sum_{y=0}^{7} f(x,y) \cos \frac{u(2x+1)\pi}{16} \cos \frac{v(2y+1)\pi}{16} \right]$$

当 $u,v=0$ 时，$E(u),E(v)=1/\sqrt{2}$；当 $u,v=1,2,\cdots,7$ 时，$E(u),E(v)=1$。

特别地，当 $u,v=0$ 时，离散余弦正变换的系数 $F(0,0)$，若有 $F(0,0)=1$，则离散余弦反变换（Inverse DCT）后的重现函数 $f(x,y)=1/8$ 是一个常数值，所以将 $F(0,0)$ 称为直流（DC）系数；当 $u,v\neq0$ 时，正变换后的系数为 $F(u,v)=0$，则反变换后的重现函数 $f(x,y)$ 不是一个常数，此时正变换后的系数 $F(u,v)$ 为交流（AC）系数。

当对 JPEG 图像进行解码时，将使用反向离散余弦变换（IDCT），回忆前面所提到的二维离散反余弦变换公式，当 $M,N=8$ 时，代入公式得到 IDCT 的变换公式如下：

$$f(x,y) = \frac{1}{4} \left[\sum_{u=0}^{7} \sum_{v=0}^{7} E(u)E(v)F(u,v) \cos \frac{u(2x+1)\pi}{16} \cos \frac{v(2y+1)\pi}{16} \right]$$

当 $u,v=0$ 时，$E(u),E(v)=1/\sqrt{2}$；当 $u,v=1,2,\cdots,7$ 时，$E(u),E(v)=1$。

7.2.2　离散余弦变换的快速算法

实现 DCT 的方法有很多,最直接的是根据 DCT 的定义来计算。但是直接根据定义来进行 DCT 处理,其计算量是非常巨大的。以二维 8×8 的 DCT 计算为例,由于公式中有两个 $x,y=0,1,2,\cdots,7$ 的循环计算,这样要获得一个 DCT 系数,就势必需要做 $8\times8=64$ 次乘法和 $8\times8=64$ 次加法,而完成整个 8×8 像素的 DCT 就需要 4096 次乘法和 4096 次加法,计算量相当大。因此,这种方法在实际中几乎不具有应用价值。特别对于那些无浮点运算的嵌入式系统或无专门的数学运算协处理器的系统,这种巨大的运算量无疑会极大地耗用系统资源。

在实际应用中,寻找快速而又精确的算法就成为不二之选。较为常用的方法是利用 DCT 的可拆分特性,分别对行和列进行计算。同样以二维 8×8 的 DCT 计算为例,先进行 8 行一维 DCT 需要做 $8\times8=64$ 次乘法和 $8\times8=64$ 次加法,再进行 8 列一维 DCT,同样要做 $8\times8=64$ 次乘法和 $8\times8=64$ 次加法。那么总共就需要 $2\times[8\times(8\times8)]=1024$ 次乘法和 $2\times[8\times(8\times8)]=1024$ 次加法,计算量减少为直接进行二维离散余弦变换的 1/4。

除此之外,DCT 还有很多快速算法。这些已知的快速算法主要是通过减少运算次数而减少运算时间的。其中,非常具有代表性的经典算法是由新井幸弘(Yukihiro Arai)等三位日本学者于 1988 年提出的 AAN 算法。后来,在 1993 年彭尼贝克(W. B. Pennebaker)和米切尔(J. L. Mitchell)又给出了计算 8 点的一维 DCT/IDCT 的 AAN 算法。同样对于 8×8 的 DCT 来说,AAN 算法通过将最后的缩放和(反)量化合二为一,因此一共只需要 5 次乘法和 29 次加法。其中,AAN 算法只需要做 29 次加法和 5 次乘法(注意,它是指每次一维运算要做 29 次加法和 5 次乘法,也就是一共需要做 $29\times8\times2$ 次加法和 $5\times8\times2$ 次乘法)。该算法的主要缺点是:在固定精度的定点运算中,由于缩放和量化相结合导致计算结果不精确。原始的量化值越小,精度越差,所以对高质量图像的影响比低质量图像要大。但由于 AAN 算法极大地减少了计算量,因此其效率是非常可观的。

下面介绍 AAN 算法的具体过程(以 8 个点为例)。整个 AAN 算法流程如图 7-7、图 7-8 所示。其中,黑色实心点表示加法,箭头表示乘以 -1,方块表示乘法。可见整个算法可以分为 6 层。特别地,里面用到的参数具体数值为 $a_1=0.707\,106\,781$,$a_2=0.541\,196\,100$,$a_3=0.707\,106\,781$,$a_4=1.306\,562\,965$,$a_5=0.382\,683\,433$。输入为 $f[N]=\{f(0),f(1),f(2),f(3),f(4),f(5),f(6),f(7)\}$,输出为 $F[N]=\{F(0),F(1),F(2),F(3),F(4),F(5),$

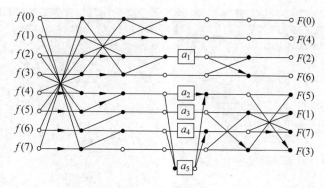

图 7-7　正向 AAN 算法流程示意图

$F(6), F(7)\}$。

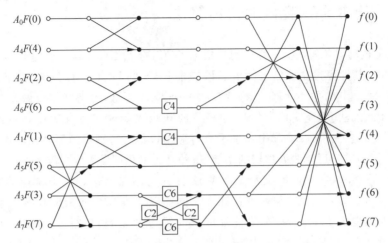

图 7-8 逆向 AAN 算法流程示意图

图 7-8 为 8 点的一维 IDCT 的 AAN 算法流程图。其中，符号 Ci 表示 $\cos(i\pi/16)$，并且

$$A_0 = \frac{1}{2\sqrt{2}} \approx 0.353\,553\,390\,6, \qquad A_1 = \frac{\cos(7\pi/16)}{2\sin(3\pi/8) - \sqrt{2}} \approx 0.449\,988\,111\,5$$

$$A_2 = \frac{\cos(\pi/8)}{\sqrt{2}} \approx 0.653\,281\,482\,4, \qquad A_3 = \frac{\cos(5\pi/16)}{\sqrt{2} + 2\cos(3\pi/8)} \approx 0.254\,897\,789\,5$$

$$A_4 = \frac{1}{2\sqrt{2}} \approx 0.353\,553\,390\,6, \qquad A_5 = \frac{\cos(3\pi/16)}{\sqrt{2} - 2\cos(3\pi/8)} \approx 1.281\,457\,723\,9$$

$$A_6 = \frac{\cos(3\pi/8)}{\sqrt{2}} \approx 0.270\,598\,050\,1, \qquad A_7 = \frac{\cos(\pi/16)}{\sqrt{2} + 2\sin(3\pi/8)} \approx 0.300\,672\,443\,5$$

变换系数要先和 $A_i (i=0,1,2,\cdots,7)$ 相乘，这个过程称为预处理。

7.2.3 离散余弦变换的意义与应用

图 7-9 给出了图像的离散余弦变换处理效果，其中左图为原始图像，右图为离散余弦变换结果图像。这个结果表明，经过离散余弦变换后图像中的高频信息会在左上角位置处聚集。

图 7-9 图像的离散余弦变换

　　分析上述离散余弦变换结果,可知对一个 8×8 的矩阵进行 DCT 变换后,所得的 64 个频率系数与 DCT 前的 64 个像素点相对应,DCT 过程的前后都是 64 个值,说明这个过程只是一个没有压缩的无损变换过程。那 DCT 在图像压缩中的意义又是什么呢? 再回头去看图 7-9 所示的结果。可见单独一个图像的全部 DCT 系数块的频谱几乎都集中在最左上角的系数块中。DCT 输出的频率系数矩阵最左上角的直流(DC)系数幅度最大;以 DC 系数为出发点向下、向右的其他 DCT 系数,离 DC 分量越远,频率越高,幅度值越小。换句话说,图像信息的大部分集中于直流系数及其附近的低频频谱上,离 DC 系数越来越远的高频频谱几乎不包含图像信息,甚至只包含杂波。

　　离散余弦变换将原始图像信息块转换成代表不同频率分量的系数集,这有两个优点:其一,信号常将其能量的大部分集中于频率域的一个小范围内,这样一来,描述不重要的分量只需要很少的比特数;其二,频率域分解映射了人类视觉系统的处理过程,并允许后继的量化过程满足其灵敏度的要求。这也是 DCT 应用于图像压缩的基本原理。

　　在具体应用 DCT 进行图像压缩时,通常会先把一幅图像划分成一系列的图像块,每个图像块包含 8×8 个像素。如果原始图像有 640×480 个像素,则图片将包含 80 列 60 行的方块。如果图像只包含灰度,那么每个像素用一个 8b 的数字表示。因此,可以把每个图像块表示成一个 8 行 8 列的二维数组。数组的元素是 0～255 的 8b 整数。离散余弦变换就是作用在这个数组上的。如果图像是真色彩的,那么每个像素则占用 24b,相当于 3 个 8b 的组合来表示。因此,可以用 3 个 8 行 8 列的二维数组表示这个 8×8 的像素方块。每一个数组表示其中一个 8b 组合的像素值。离散余弦变换作用于每个数组。

　　对每个 8×8 的图像块做离散余弦变换。通过 DCT 变换可以把能量集中在矩阵左上角少数几个系数上。这样一来,DCT 变换就是用一个 8 行 8 列的二维数组产生另一个同样包含 8 行 8 列二维数组的函数。也就是说,把一个数组通过一个变换变成另一个数组。然后再舍弃结果矩阵中一部分系数较小的值,也就达到了图像数据压缩的目的。

　　本书在线支持资源中提供了一段利用 DCT 进行图像压缩的示例程序。在该段示例代码中,原始图像被分割成了众多 8×8 的像素方块,然后来计算每个方块的 DCT,并对 DCT 处理的结果块进行压缩处理。其运行结果如图 7-10 所示,其中左图为原始图像,右图是经过 DCT 压缩后的图像。

图 7-10　利用 DCT 压缩图像

7.3 沃尔什-阿达马变换

本节介绍沃尔什-阿达马变换在数字图像处理中的应用,稍后还会给出一个利用该变换对图像进行压缩的实例。

7.3.1 沃尔什函数

沃尔什函数是一组完备、正交矩形函数。函数只取$+1$和-1两个值。显然,它的抽样也只有$+1$和-1两个值,与数字逻辑中的两种状态相应,特别适合于数字信号处理。沃尔什变换与傅里叶变换相比,由于它只存在实数的加减法运算而没有复数的乘法运算,使得计算速度快、存储空间少,有利于硬件实现。在通信系统中由于它的正交性和具有取值和算法简单等优点,便于构成正交的多路复用系统。

沃尔什函数的展开形式有三种:沃尔什序的沃尔什函数,佩利序的沃尔什函数,阿达马序的沃尔什函数。为了给出沃尔什函数的完整形式,这里首先定义拉德梅克函数如下

$$R(n,t) = \text{sgn}(\sin 2^n \pi t)$$

$$\text{sgn}(x) = \begin{cases} 1, & x > 0 \\ -1, & x < 0 \end{cases}$$

可见,$R(n,t)$为周期函数,且它的周期关系可用式子 $R(n,t) = R(n,t+1/2^{n-1})$ 表示,如图 7-11 所示表示了它的周期性。另外,该函数的取值同样只有$+1$和-1两个数值。

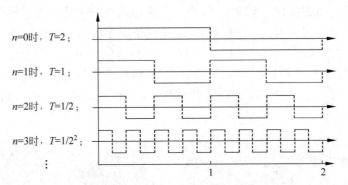

$n=0$时,$T=2$;

$n=1$时,$T=1$;

$n=2$时,$T=1/2$;

$n=3$时,$T=1/2^2$;

图 7-11　拉德梅克函数的周期性

可以用拉德梅克函数定义沃尔什函数,此时沃尔什函数将获得三种不同的定义,但它们都可由拉德梅克函数构成。

首先是按沃尔什排列的沃尔什函数,其定义如下

$$Wal_w(i,t) = \prod_{k=0}^{p-1} \left[R(k+1,t) \right]^{g(i)_k}$$

其中,$R(k+1,t)$是任意的拉德梅克函数,$g(i)$是i的格雷码,$g(i)_k$是此格雷码的第k位数。p为正整数,$g(i)_k \in \{0,1\}$。例如,当$p=3$时,对前8个$Wal_w(i,t)$取样,则可得到如下形式的沃尔什函数矩阵 $\boldsymbol{H}_W$

$$
\begin{bmatrix}
1 & 1 & 1 & 1 & 1 & 1 & 1 & 1 \\
1 & 1 & 1 & 1 & -1 & -1 & -1 & -1 \\
1 & 1 & -1 & -1 & -1 & -1 & 1 & 1 \\
1 & 1 & -1 & -1 & 1 & 1 & -1 & -1 \\
1 & -1 & -1 & 1 & 1 & -1 & -1 & 1 \\
1 & -1 & -1 & 1 & -1 & 1 & 1 & -1 \\
1 & -1 & 1 & -1 & -1 & 1 & -1 & 1 \\
1 & -1 & 1 & -1 & 1 & -1 & 1 & -1
\end{bmatrix}
$$

其次是按佩利排列的沃尔什函数,其定义如下

$$
Wal_p(i,t) = \prod_{k=0}^{p-1} \left[R(k+1,t) \right]^{i_k}
$$

其中,$R(k+1,t)$是任意拉德梅克函数,i_k是自然二进制码的第 k 位数。与之前的情形类似,p 为正整数,且有 $i_k \in \{0,1\}$。同样,当 $p=3$ 时,对前 8 个 $Wal_p(i,t)$ 取样,则可得到如下形式的沃尔什函数矩阵 $\boldsymbol{H_P}$

$$
\begin{bmatrix}
1 & 1 & 1 & 1 & 1 & 1 & 1 & 1 \\
1 & 1 & 1 & 1 & -1 & -1 & -1 & -1 \\
1 & 1 & -1 & -1 & 1 & 1 & -1 & -1 \\
1 & 1 & -1 & -1 & -1 & -1 & 1 & 1 \\
1 & -1 & 1 & -1 & 1 & -1 & 1 & -1 \\
1 & -1 & 1 & -1 & -1 & 1 & -1 & 1 \\
1 & -1 & -1 & 1 & 1 & -1 & -1 & 1 \\
1 & -1 & -1 & 1 & -1 & 1 & 1 & -1
\end{bmatrix}
$$

最后是按阿达马排列的沃尔什函数,其定义如下

$$
Wal_H(i,t) = \prod_{k=0}^{p-1} \left[R(k+1,t) \right]^{\langle i_k \rangle}
$$

其中,$R(k+1,t)$是任意拉德梅克函数,$\langle i_k \rangle$是倒序的二进制码的第 k 位数。此外,p 为正整数,且有 $i_k \in \{0,1\}$。当 $p=3$ 时,对前 8 个 $Wal_H(i,t)$ 取样,则可得到如下形式的沃尔什函数矩阵 $\boldsymbol{H_H}$

$$
\begin{bmatrix}
1 & 1 & 1 & 1 & 1 & 1 & 1 & 1 \\
1 & -1 & 1 & -1 & 1 & -1 & 1 & -1 \\
1 & 1 & -1 & -1 & 1 & 1 & -1 & -1 \\
1 & -1 & -1 & 1 & 1 & -1 & -1 & 1 \\
1 & 1 & 1 & 1 & -1 & -1 & -1 & -1 \\
1 & -1 & 1 & -1 & -1 & 1 & -1 & 1 \\
1 & 1 & -1 & -1 & -1 & -1 & 1 & 1 \\
1 & -1 & -1 & 1 & -1 & 1 & 1 & -1
\end{bmatrix}
$$

使用阿达马矩阵生成沃尔什函数矩阵非常方便,可以用下面这个递推关系定义 2^n 阶的阿达马矩阵

$$
\boldsymbol{H_N} = \boldsymbol{H_{2^n}} = \boldsymbol{H_2} \otimes \boldsymbol{H_{2^{n-1}}} =
\begin{bmatrix}
\boldsymbol{H_{2^{n-1}}} & \boldsymbol{H_{2^{n-1}}} \\
\boldsymbol{H_{2^{n-1}}} & -\boldsymbol{H_{2^{n-1}}}
\end{bmatrix}
=
\begin{bmatrix}
\boldsymbol{H_{N/2}} & \boldsymbol{H_{N/2}} \\
\boldsymbol{H_{N/2}} & -\boldsymbol{H_{N/2}}
\end{bmatrix}
$$

其中，初始条件为 $H_1 = [1]$，所以可以很容易递推算得 H_4 矩阵如下

$$H_4 = \begin{bmatrix} H_2 & H_2 \\ H_2 & -H_2 \end{bmatrix} = \begin{bmatrix} 1 & 1 & 1 & 1 \\ 1 & -1 & 1 & -1 \\ 1 & 1 & -1 & -1 \\ 1 & -1 & -1 & 1 \end{bmatrix}$$

可见，阿达马矩阵的最大优点在于它具有简单的递推关系，即高阶矩阵可用两个低阶矩阵的克罗内克积求得。因此常采用阿达马排列定义的沃尔什变换。

7.3.2　离散沃尔什变换及其快速算法

假如 $N = 2^n$，则一维离散沃尔什变换定义为

$$W(u) = \frac{1}{N} \sum_{x=0}^{N-1} f(x) \, Wal_H(u,x)$$

相对应地，一维离散沃尔什逆变换定义为

$$f(x) = \sum_{x=0}^{N-1} W(u) \, Wal_H(u,x)$$

如果用矩阵形式来表示，那么一维离散沃尔什变换及其逆变换可以表述为

$$[W(0),W(1),\cdots,W(N-1)]^T = \frac{1}{N}[H_N][f(0),f(1),\cdots,f(N-1)]^T$$

$$[f(0),f(1),\cdots,f(N-1)]^T = [H_N][W(0),W(1),\cdots,W(N-1)]^T$$

其中，$[H_N]$ 表示 N 阶阿达马矩阵。由阿达马矩阵的特点可知，沃尔什-阿达马变换的本质上是将离散序列的各项值的符号按一定规律改变后，进行加减运算。因此，它比采用复数运算的 DFT 和采用余弦运算的 DCT 要简单得多。

为了帮助读者理解，下面举一个简单的例子。例如，将一维信号序列 $\{0,0,1,1,0,0,1,1\}$ 做沃尔什-阿达马变换，则有

$$\begin{bmatrix} W(0) \\ W(1) \\ W(2) \\ W(3) \\ W(4) \\ W(5) \\ W(6) \\ W(7) \end{bmatrix} = \frac{1}{8} \begin{bmatrix} 1 & 1 & 1 & 1 & 1 & 1 & 1 & 1 \\ 1 & -1 & 1 & -1 & 1 & -1 & 1 & -1 \\ 1 & 1 & -1 & -1 & 1 & 1 & -1 & -1 \\ 1 & -1 & -1 & 1 & 1 & -1 & -1 & 1 \\ 1 & 1 & 1 & 1 & -1 & -1 & -1 & -1 \\ 1 & -1 & 1 & -1 & -1 & 1 & -1 & 1 \\ 1 & 1 & -1 & -1 & -1 & -1 & 1 & 1 \\ 1 & -1 & -1 & 1 & -1 & 1 & 1 & -1 \end{bmatrix} \begin{bmatrix} 0 \\ 0 \\ 1 \\ 1 \\ 0 \\ 0 \\ 1 \\ 1 \end{bmatrix} = \begin{bmatrix} 1/2 \\ 0 \\ -1/2 \\ 0 \\ 0 \\ 0 \\ 1 \\ 0 \end{bmatrix}$$

很容易将一维离散沃尔什变换推广到二维的情况。二维离散沃尔什的正变换核和逆变换核分别为

$$W(u,v) = \frac{1}{MN} \sum_{x=0}^{M-1} \sum_{y=0}^{N-1} f(x,y) \, Wal_H(u,x) \, Wal_H(v,y)$$

$$f(x,y) = \sum_{x=0}^{M-1} \sum_{y=0}^{N-1} W(u,v) \, Wal_H(u,x) \, Wal_H(v,y)$$

其中，$x,u=0,1,2,\cdots,M-1$；$v,y=0,1,2,\cdots,N-1$。

又例如有二维信号矩阵 f_1 如下，试求它的二维沃尔什变换。

$$f_1 = \begin{bmatrix} 1 & 3 & 3 & 1 \\ 1 & 3 & 3 & 1 \\ 1 & 3 & 3 & 1 \\ 1 & 3 & 3 & 1 \end{bmatrix}$$

因为 $M=N=4$，所以其二维沃尔什变换核 H_4 为

$$H_4 = \begin{bmatrix} 1 & 1 & 1 & 1 \\ 1 & -1 & 1 & -1 \\ 1 & 1 & -1 & -1 \\ 1 & -1 & -1 & 1 \end{bmatrix}$$

于是有

$$W = \frac{1}{4^2} \begin{bmatrix} 1 & 1 & 1 & 1 \\ 1 & -1 & 1 & -1 \\ 1 & 1 & -1 & -1 \\ 1 & -1 & -1 & 1 \end{bmatrix} \begin{bmatrix} 1 & 3 & 3 & 1 \\ 1 & 3 & 3 & 1 \\ 1 & 3 & 3 & 1 \\ 1 & 3 & 3 & 1 \end{bmatrix} \begin{bmatrix} 1 & 1 & 1 & 1 \\ 1 & -1 & 1 & -1 \\ 1 & 1 & -1 & -1 \\ 1 & -1 & -1 & 1 \end{bmatrix} = \begin{bmatrix} 2 & 0 & 0 & -1 \\ 0 & 0 & 0 & 0 \\ 0 & 0 & 0 & 0 \\ 0 & 0 & 0 & 0 \end{bmatrix}$$

从以上例子可看出，二维沃尔什变换具有能量集中的特性。此外，原始数据中数字越是均匀分布，经变换后的数据越集中于矩阵的边角上。所以，二维沃尔什变换的一个典型应用就是图像信息压缩。

类似于 FFT，沃尔什变换也有快速算法 FWHT。另外，也可将输入序列 $f(x)$ 按奇偶进行分组，分别进行沃尔什变换。FWHT 的基本关系为

$$\begin{cases} W(u) = \dfrac{1}{2}[W_e(u) + W_o(u)] \\ W\left(u+\dfrac{N}{2}\right) = \dfrac{1}{1}[W_e(u) - W_o(u)] \end{cases}$$

现在以 8 阶沃尔什-阿达马变换为例，说明其快速算法。首先，根据前面给出的递推关系求 8 阶阿达马矩阵

$$\begin{aligned} H_8 = H_2 \otimes H_4 &= \begin{bmatrix} H_4 & H_4 \\ H_4 & -H_4 \end{bmatrix} = \begin{bmatrix} H_4 & 0 \\ 0 & H_4 \end{bmatrix}\begin{bmatrix} I_4 & I_4 \\ I_4 & -I_4 \end{bmatrix} \\ &= \begin{bmatrix} H_2 & H_2 & 0 & 0 \\ H_2 & -H_2 & 0 & 0 \\ 0 & 0 & H_2 & H_2 \\ 0 & 0 & H_2 & -H_2 \end{bmatrix}\begin{bmatrix} I_4 & I_4 \\ I_4 & -I_4 \end{bmatrix} \\ &= \begin{bmatrix} H_2 & 0 & 0 & 0 \\ 0 & H_2 & 0 & 0 \\ 0 & 0 & H_2 & 0 \\ 0 & 0 & 0 & H_2 \end{bmatrix}\begin{bmatrix} I_2 & I_2 & 0 & 0 \\ I_2 & -I_2 & 0 & 0 \\ 0 & 0 & I_2 & I_2 \\ 0 & 0 & I_2 & -I_2 \end{bmatrix}\begin{bmatrix} I_4 & I_4 \\ I_4 & -I_4 \end{bmatrix} = [G_0][G_1][G_2] \end{aligned}$$

算法一

$$W(u) = \frac{1}{8}H_8 f(x) = \frac{1}{8}[G_0][G_1][G_2]f(x)$$

令

$$[f_1(x)] = [\boldsymbol{G}_2]f(x)$$

$$[f_2(x)] = [\boldsymbol{G}_1][f_1(x)]$$

$$[f_3(x)] = [\boldsymbol{G}_0][f_2(x)]$$

则

$$W(u) = \frac{1}{8}f_3(x)$$

其中，$[f_1(x)] = [\boldsymbol{G}_2]f(x)$

$$\begin{bmatrix} f_1(0) \\ f_1(1) \\ f_1(2) \\ f_1(3) \\ f_1(4) \\ f_1(5) \\ f_1(6) \\ f_1(7) \end{bmatrix} = [\boldsymbol{G}_2] \begin{bmatrix} f(0) \\ f(1) \\ f(2) \\ f(3) \\ f(4) \\ f(5) \\ f(6) \\ f(7) \end{bmatrix} = \begin{bmatrix} f(0) + f(4) \\ f(1) + f(5) \\ f(2) + f(6) \\ f(3) + f(7) \\ f(0) - f(4) \\ f(1) - f(5) \\ f(2) - f(6) \\ f(3) - f(7) \end{bmatrix}$$

$[f_2(x)] = [\boldsymbol{G}_1]f(x)$

$$\begin{bmatrix} f_2(0) \\ f_2(1) \\ f_2(2) \\ f_2(3) \\ f_2(4) \\ f_2(5) \\ f_2(6) \\ f_2(7) \end{bmatrix} = [\boldsymbol{G}_1] \begin{bmatrix} f_1(0) \\ f_1(1) \\ f_1(2) \\ f_1(3) \\ f_1(4) \\ f_1(5) \\ f_1(6) \\ f_1(7) \end{bmatrix} = \begin{bmatrix} f_1(0) + f_1(2) \\ f_1(1) + f_1(3) \\ f_1(0) - f_1(2) \\ f_1(1) - f_1(3) \\ f_1(4) + f_1(6) \\ f_1(5) + f_1(7) \\ f_1(4) - f_1(6) \\ f_1(5) - f_1(7) \end{bmatrix}$$

$[f_3(x)] = [\boldsymbol{G}_0]f(x)$

$$\begin{bmatrix} f_3(0) \\ f_3(1) \\ f_3(2) \\ f_3(3) \\ f_3(4) \\ f_3(5) \\ f_3(6) \\ f_3(7) \end{bmatrix} = [\boldsymbol{G}_0] \begin{bmatrix} f_2(0) \\ f_2(1) \\ f_2(2) \\ f_2(3) \\ f_2(4) \\ f_2(5) \\ f_2(6) \\ f_2(7) \end{bmatrix} = \begin{bmatrix} f_2(0) + f_2(1) \\ f_2(0) - f_2(1) \\ f_2(2) + f_2(3) \\ f_2(2) - f_2(3) \\ f_2(4) + f_2(5) \\ f_2(4) - f_2(5) \\ f_2(6) + f_2(7) \\ f_2(6) - f_2(7) \end{bmatrix}$$

显然上述过程跟本章前面曾经介绍过的 FFT 蝶形算法非常相似，如果用图示来表述以上这个过程，则如图 7-12 所示。

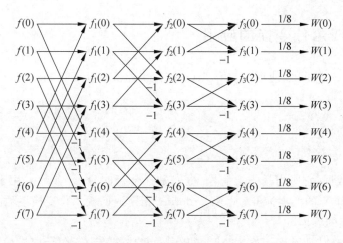

图 7-12　快速离散沃尔什变换的蝶形运算示意图(算法一)

算法二

与算法一的情况相同,仍然从下式开始入手

$$H_8 = [G_0][G_1][G_2]$$

因 H_8、G_0、G_1、G_2 均为对称矩阵,所以有 $H_8^T = H_8$、$G_0^T = G_0$、$G_1^T = G_1$、$G_2^T = G_2$,于是可得

$$H_8^T = \{[G_0][G_1][G_2]\}^T = [G_0]^T[G_1]^T[G_2]^T = [G_2][G_1][G_0] = H_8$$

令

$$[f_1(x)] = [G_0]f(x)$$
$$[f_2(x)] = [G_1][f_1(x)]$$
$$[f_3(x)] = [G_2][f_2(x)]$$

则

$$W(u) = \frac{1}{8}f_3(x)$$

此时快速离散沃尔什变换的蝶形算法过程如图 7-13 所示。

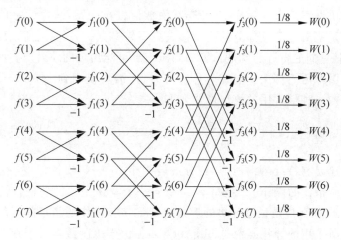

图 7-13　快速离散沃尔什变换的蝶形运算示意图(算法二)

7.3.3 沃尔什变换的应用

在 MATLAB 中,可以使用函数 fwht( )执行快速沃尔什变换,其语法形式如下

```
Y = fwht(X)
Y = fwht(X, n)
Y = fwht(X, n, ordering)
```

其中,X 是输入数据,它应当是一维信号(也就是一个行向量)。参数 n 用于对 X 进行补零或裁剪,从而使得 Y 的大小为 n。此外,ordering 指定返回沃尔什变换系数的排列顺序。返回值 Y 表示输出的频谱。

下面这段示例代码演示了在 MATLAB 中执行快速离散沃尔什变换的方法。有兴趣的读者可以自行尝试并观察输出结果。所得结果与上一小节中给出的算例相吻合,限于篇幅这里不再具体列出。

```
a = [0 0 1 1 0 0 1 1];
b = fwht(a);
```

鉴于 fwht( )函数只处理一维信号,所以在对图像进行沃尔什变换时,可以考虑借助哈达玛核矩阵实现。MATLAB 中提供了函数 hadamard( )生成哈达玛变换核矩阵,其语法形式如下

```
H = hadamard(n)
```

其中,参数 n 用于表示核矩阵的大小,返回值 H 表示输出的变换核矩阵。

哈达玛变换在图像处理中的一个重要应用就是进行图像压缩。现在,广泛使用的 JPEG 图片格式所采用的压缩方案中,最核心的部分是将图像分成若干个 8×8 的小块,然后分别对每个小块做离散余弦变换,并舍弃其中数值较小的系数,也就是低频部分的系数,因为人类的视觉系统对于低频部分的信号损失更不易察觉。另外,之所以要分成 8×8 的小块再做处理,其中一个主要目的就是为了抑制压缩后可能出现的块效应。所以,在此也将根据此思路来设计图像压缩算法。但在具体实施时,还需要使用到 MATLAB 中的分块函数 blockproc( ),它的一种最常用的语法形式如下

```
B = blockproc(A,[M N],fun)
```

该函数的作用是将待处理的矩阵 A,分成若干个 $M\times N$ 的小块,然后分别对每个小块执行由参数 fun 所指代的操作。参数 fun 是指向一个具体函数的句柄,后面代码演示了它的使用方法。返回值 B 是经过分块处理并执行了相应操作的新矩阵。需要说明的是,早期 MATLAB 中所采用的分块函数是 blkproc( ),但由于该函数本身存在一定的问题(如在处理超大图像时可能导致失败),所以在新版本的 MATLAB 中该函数已经被 blockproc( )所取代。出于向下兼容的考虑,带有 blkproc( )的语句在新版本的 MATLAB 中依然可以

执行通过,而且国内众多参考书中依然在使用该函数。但该函数已然被MATLAB归为"不推荐使用"之列,因此也希望在实际编程时避免使用它。

下面这段示例程序演示了利用沃尔什变换对图像进行压缩的基本方法。根据前面已经介绍的思路,该程序将原图像分成若干个8×8的小块,并分别对每个小块进行离散沃尔什变换。然后设定一个阈值,将每个小块中绝对值小于该阈值的系数全部置为零,从而实现图像的压缩。执行程序,其运行结果如图7-14所示。其中,左图为原图,右图为经过压缩处理后的图像。

```
I = imread('baboon.bmp');
I1 = double(I);
T = hadamard(8);
myFun1 = @(block_struct)T * block_struct.data * T/64;
H = blockproc(I1, [8 8], myFun1);
H(abs(H)<3.5) = 0;
myFun2 = @(block_struct)T * block_struct.data * T;
I2 = blockproc(H, [8 8], myFun2);
subplot(121), imshow(I1,[]), title('original image');
subplot(122), imshow(I2,[]), title('zipped image');
```

图7-14 利用沃尔什变换压缩图像

上面的示例程序思路比较简单,但是它也存在一个问题,那就是无法自定义地控制其压缩比。下面这段程序在这方面则进行了改进。具体来说,在得到经过沃尔什变换后的8×8小块后,程序会对每个小块中的系数进行排序,然后找出其中绝对值最小的几个,并将这些绝对值较小的数值都置为零。通过控制置零系数的个数,就可以很容易地定量控制图像的压缩比例。

```
I = imread('baboon.bmp');
I1 = double(I);
[m n] = size(I);
sizi = 8;
num = 16;
%分块进行离散沃尔什变换
T = hadamard(sizi);
```

```
myFun1 = @(block_struct)T * block_struct.data * T/(sizi.^2);
hdcoe = blockproc(I1, [sizi, sizi], myFun1);
% 重新排列系数
coe = im2col(hdcoe, [sizi, sizi], 'distinct');
coe_t = abs(coe);
[Y, ind] = sort(coe_t);
% 舍去绝对值较小的系数
[m_c, n_c] = size(coe);
for i = 1: n_c
coe(ind(1: num, i), i) = 0;
end
% 重建图像
re_hdcoe = col2im(coe, [sizi, sizi], [m, n], 'distinct');
myFun2 = @(block_struct)T * block_struct.data * T;
re_s = blockproc(re_hdcoe, [sizi, sizi], myFun2);
subplot(121), imshow(I1,[]), title('original image');
subplot(122), imshow(re_s,[]), title('compressed image');
```

上述程序的执行结果如图 7-15 所示。其中，左图为原图，右图为利用沃尔什变换处理后得到的压缩结果，此处所执行的压缩比为 75%。可见，在这个比例的压缩处理下，图像细节部分依然得到了较好的保持。

图 7-15　控制压缩比的沃尔什变换压缩图像

7.4　卡洛南-洛伊变换

卡洛南-洛伊（Karhunen-Loeve）变换，或简称为 K-L 变换，有时也称为霍特林变换。早在 1933 年，统计学界、经济学界和数学界公认的大师级人物霍特林（Harold Hotelling）就最先给出了将离散信号变换成一串不相关系数的方法。由此引出的一系列研究成果在计算机科学、电子信息，以及经济学等领域都得到了广泛而重要的应用。

7.4.1　主成分变换的推导

协方差也只能处理二维问题,维数多了自然就需要计算多个协方差,所以自然会想到使用矩阵来组织这些数据。为了帮助读者理解协方差矩阵定义,在此举一个简单的三维的例子,假设数据集有 $\{x,y,z\}$ 三个维度,则协方差矩阵为

$$C = \begin{bmatrix} \mathrm{cov}(x,x) & \mathrm{cov}(x,y) & \mathrm{cov}(x,z) \\ \mathrm{cov}(y,x) & \mathrm{cov}(y,y) & \mathrm{cov}(y,z) \\ \mathrm{cov}(z,x) & \mathrm{cov}(z,y) & \mathrm{cov}(z,z) \end{bmatrix}$$

可见,协方差矩阵是一个对称的矩阵,而且对角线是各个维度上的方差。下面通过一个例子来尝试演算协方差矩阵(很多数学软件都为该操作提供了支持)。需要注意的是,协方差矩阵计算的是不同维度之间的协方差,而不是不同样本之间的。例如,有一个样本容量为 9 的三维数据,如表 7-2 所示。

表 7-2　样本数据

样本编号	1	2	3	4	5	6	7	8	9
维度 1	1	1	1	2	2	2	3	3	3
维度 2	1	2	3	1	2	3	1	2	3
维度 3	63	75	78	50	56	65	70	71	80

根据公式,计算协方差需要计算均值,那是按行计算均值还是按列呢?前面也特别强调了,协方差矩阵是计算不同维度间的协方差,要时刻牢记这一点。样本矩阵的每行是一个样本,每列为一个维度,所以要按列计算均值。经过计算,不难得到上述数据对应的协方差矩阵如下

$$\begin{bmatrix} 0.7500 & 0 & 0.6250 \\ 0 & 0.7500 & 5.0000 \\ 0.6250 & 5.0000 & 100.7778 \end{bmatrix}$$

众所周知,为了描述一个点在直角坐标系中的位置,至少需要两个分量。图 7-16 是两个二维数组,其中左图显示的各个点之间相关性微乎其微,而右图所示的各个点之间则高度相关,显然数据散布在一定角度内较为集中。对于右图而言,只要知道某点一维分量的大小就可以大致确定其位置,两个分量中任意一个分量的增加或者减少都能引起另一个分量相应的增减。相反,左图中的情况却不是这样。

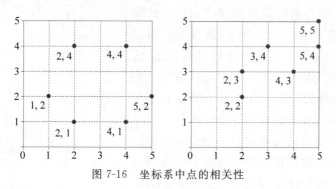

图 7-16　坐标系中点的相关性

对之前给出的协方差矩阵定义式稍加改写，以使其获得计算上更为直观的便利。则有在 x 矢量空间（或坐标系）下，协方差矩阵 $\boldsymbol{\Sigma}_x$ 的无偏计算公式为

$$\boldsymbol{\Sigma}_x = \frac{1}{n-1} \sum_{i=1}^{n} \left[x_i - E(x) \right] \left[x_i - E(x) \right]^{\mathrm{T}}$$

表 7-3 给出了对于图 7-16 中左图所示的 6 个样本点的集合，以及经计算后求得的样本集协方差矩阵和相关矩阵的结果。注意，协方差矩阵和相关矩阵二者都是沿对角线对称的。从相关矩阵看，各个数据分量间存在不相关关系的明显事实就是协方差矩阵（以及相关矩阵）中非对角线元素都是 0。

表 7-3 协方差矩阵的计算

X	$X - E(X)$	$[X - E(X)][X - E(X)]^{\mathrm{T}}$
$\begin{bmatrix} 1 \\ 2 \end{bmatrix}$	$\begin{bmatrix} -2.00 \\ -0.33 \end{bmatrix}$	$\begin{bmatrix} 4.00 & 0.66 \\ 0.66 & 0.11 \end{bmatrix}$
$\begin{bmatrix} 2 \\ 1 \end{bmatrix}$	$\begin{bmatrix} -1.00 \\ -1.33 \end{bmatrix}$	$\begin{bmatrix} 1.00 & 1.33 \\ 1.33 & 1.77 \end{bmatrix}$
$\begin{bmatrix} 4 \\ 1 \end{bmatrix}$	$\begin{bmatrix} 1.00 \\ -1.33 \end{bmatrix}$	$\begin{bmatrix} 1.00 & -1.33 \\ -1.33 & 1.77 \end{bmatrix}$
$\begin{bmatrix} 5 \\ 2 \end{bmatrix}$	$\begin{bmatrix} 2.00 \\ -0.33 \end{bmatrix}$	$\begin{bmatrix} 4.00 & -0.66 \\ -0.66 & 0.11 \end{bmatrix}$
$\begin{bmatrix} 4 \\ 4 \end{bmatrix}$	$\begin{bmatrix} 1.00 \\ 1.67 \end{bmatrix}$	$\begin{bmatrix} 1.00 & 1.67 \\ 1.67 & 2.97 \end{bmatrix}$
$\begin{bmatrix} 2 \\ 4 \end{bmatrix}$	$\begin{bmatrix} -1.00 \\ 1.67 \end{bmatrix}$	$\begin{bmatrix} 1.00 & -1.67 \\ -1.67 & 2.87 \end{bmatrix}$

最终计算可得

$$E(X) = \begin{bmatrix} 3.00 \\ 2.33 \end{bmatrix}, \quad \boldsymbol{\Sigma}_x = \begin{bmatrix} 2.40 & 0 \\ 0 & 1.87 \end{bmatrix}, \quad \boldsymbol{R} = \begin{bmatrix} 1.00 & 0 \\ 0 & 1.00 \end{bmatrix}$$

对于图 7-16 中右图所示的数据，用类似的方法计算，则有

$$E(X) = \begin{bmatrix} 3.50 \\ 3.50 \end{bmatrix}, \quad \boldsymbol{\Sigma}_x = \begin{bmatrix} 1.900 & 1.100 \\ 1.100 & 1.100 \end{bmatrix}, \quad \boldsymbol{R} = \begin{bmatrix} 1.000 & 0.761 \\ 0.761 & 1.000 \end{bmatrix}$$

可见图 7-16 中右图的数据是高度相关的。而现在的问题是能否新建一个坐标系，使得原本高度相关的数据在新坐标系下是零相关的。换言之，就是要求在新坐标系中协方差矩阵除对角线以外的元素都是 0。对于特殊的坐标系而言，这种可能完全存在，如图 7-17 所示的新坐标系就符合该要求。

构建这个新坐标系的过程就是主成分变换的过程。如果描述坐标点的矢量在新坐标系中用 y 来表示，那么就希望求得原始坐标系的线性变换矩阵 $\boldsymbol{G}$，即

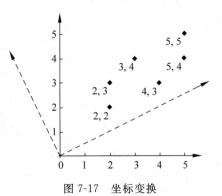

图 7-17 坐标变换

$$y = Gx$$

经过该变换后,使得 y 空间像素数据的协方差矩阵中对角线以外的像素为 0。由定义可知 y 空间的协方差矩阵为

$$\boldsymbol{\Sigma}_y = \boldsymbol{E}\{[y - \boldsymbol{E}(y)][y - \boldsymbol{E}(y)]^{\mathrm{T}}\}$$

显然有

$$\boldsymbol{E}(y) = \boldsymbol{E}(Gx) = G\boldsymbol{E}(x)$$

于是有

$$\boldsymbol{\Sigma}_y = \boldsymbol{E}\{[Gx - G\boldsymbol{E}(x)][Gx - G\boldsymbol{E}(x)]^{\mathrm{T}}\}$$

由于 G 是常数矩阵,可以提到期望算子的外面,所以上式可以写成

$$\boldsymbol{\Sigma}_y = G\boldsymbol{E}\{[x - \boldsymbol{E}(x)][x - \boldsymbol{E}(x)]^{\mathrm{T}}\}G^{\mathrm{T}}$$

即

$$\boldsymbol{\Sigma}_y = G\boldsymbol{\Sigma}_x G^{\mathrm{T}}$$

其中,$\boldsymbol{\Sigma}_x$ 是 x 空间中各点数据的协方差矩阵,根据要求,$\boldsymbol{\Sigma}_y$ 中对角线以外的元素都是 0,而 G 可以看成是 $\boldsymbol{\Sigma}_x$ 的特征矢量的转置矩阵,而且应该是一个正交矩阵。作为结论,$\boldsymbol{\Sigma}_y$ 可以看成是 $\boldsymbol{\Sigma}_x$ 的特征值的对角线矩阵

$$\boldsymbol{\Sigma}_y = \begin{bmatrix} \lambda_1 & 0 & \cdots & 0 \\ 0 & \lambda_2 & & \vdots \\ \vdots & & \ddots & 0 \\ 0 & \cdots & 0 & \lambda_N \end{bmatrix}$$

因为 $\boldsymbol{\Sigma}_y$ 是协方差矩阵,所以其中对角线上的元素将是各点数据的方差。方差按 $\lambda_1 > \lambda_2 > \cdots > \lambda_N$ 排列,以便 y_1 中数据显示为最大方差,次最大方差是 y_2,而 y_N 中的方差最小。这个变换过程就是 K-L 变换,或称霍特林变换。

7.4.2　主成分变换的实现

本小节通过一个算例验证一下之前的推导。在前面给出的例子中,各点在原始的 x 空间中高度相关的协方差矩阵为

$$\boldsymbol{\Sigma}_x = \begin{bmatrix} 1.900 & 1.100 \\ 1.100 & 1.100 \end{bmatrix}$$

为了确定主成分变换,必须求出这个矩阵的特征值和特征向量,特征值可以由特征方程的解给出

$$|\boldsymbol{\Sigma}_x - \lambda \boldsymbol{I}| = 0$$

其中,$\boldsymbol{I}$ 是单位矩阵,即

$$\begin{vmatrix} 1.90 - \lambda & 1.10 \\ 1.10 & 1.10 - \lambda \end{vmatrix} = 0$$

计算行列式,得

$$(1.90 - \lambda)(1.10 - \lambda) - 1.1 \times 1.1 = 0$$
$$\lambda^2 - 3.0\lambda + 0.88 = 0$$

求得 $\lambda_1 = 2.67, \lambda_2 = 0.33$,于是有

$$\Sigma_y = \begin{bmatrix} 2.67 & 0 \\ 0 & 0.33 \end{bmatrix}$$

注意到在这个例子中第一个主分量，占数据全部方差的 $2.67/(2.67+0.33)=89\%$。现在开始考虑求解实际主成分变换矩阵 G。首先对应于 $\lambda_1 = 2.67$ 的特征向量，这是对方程

$$[\Sigma_x - \lambda_1 I]g_1 = 0$$

的矢量解，对于二维的例子

$$g_1 = \begin{bmatrix} g_{11} \\ g_{21} \end{bmatrix}$$

将 Σ_x 和 λ_1 代入，给出一对方程

$$-0.77g_{11} + 1.10g_{21} = 0$$
$$+1.10g_{11} - 1.57g_{21} = 0$$

由于方程是齐次的，所以不独立。因为系数矩阵有零行列式，所以方程有非无效解。从两个方程的任何一个可见

$$g_{11} = 1.43g_{21}$$

此时 g_{11} 和 g_{21} 有无穷多解的，但是又要求 G 是正交的，因此 $G^{-1} = G^{T}$，这就要求特征向量标准化，使得

$$g_{11}^2 + g_{21}^2 = 1$$

将上述方程联立求解，可得

$$g_1 = \begin{bmatrix} 0.82 \\ 0.57 \end{bmatrix}$$

同理，对应于 $\lambda_2 = 0.33$ 的特征向量为

$$g_2 = \begin{bmatrix} -0.57 \\ 0.82 \end{bmatrix}$$

因此，最终要求的主成分变换矩阵就为

$$G = \begin{bmatrix} 0.82 & -0.57 \\ 0.57 & 0.82 \end{bmatrix}^{T} = \begin{bmatrix} 0.82 & 0.57 \\ -0.57 & 0.82 \end{bmatrix}$$

现在考虑该结论如何解释。特征向量 g_1 和 g_2 是在原坐标系中用来定义主成分轴的向量，如图 7-18 所示，其中，e_1 和 e_2 分别是水平和垂直的方向向量。显而易见，这些数据在新坐标系中是非相关的。该新坐标系是原坐标系的旋转，出于这种原因，可以将主成分变换理解为旋转变换（即使在高维空间上亦是如此）。

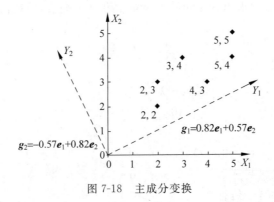

图 7-18 主成分变换

其次,考虑应用变换矩阵 $\boldsymbol{G}$ 确定在新的非相关坐标系中各点的位置,在这个例子中由 $\boldsymbol{y}=\boldsymbol{Gx}$ 给出

$$\begin{bmatrix} y_1 \\ y_2 \end{bmatrix} = \begin{bmatrix} 0.82 & 0.57 \\ -0.57 & 0.82 \end{bmatrix} \begin{bmatrix} x_1 \\ x_2 \end{bmatrix}$$

对于原始数据

$$\boldsymbol{x} = \begin{bmatrix} 2 \\ 2 \end{bmatrix}, \begin{bmatrix} 4 \\ 3 \end{bmatrix}, \begin{bmatrix} 5 \\ 4 \end{bmatrix}, \begin{bmatrix} 5 \\ 5 \end{bmatrix}, \begin{bmatrix} 3 \\ 4 \end{bmatrix}, \begin{bmatrix} 2 \\ 3 \end{bmatrix}$$

应用上述变换,则有

$$\boldsymbol{y} = \begin{bmatrix} 2.78 \\ 0.50 \end{bmatrix}, \begin{bmatrix} 4.99 \\ 0.18 \end{bmatrix}, \begin{bmatrix} 6.83 \\ 0.43 \end{bmatrix}, \begin{bmatrix} 6.95 \\ 1.25 \end{bmatrix}, \begin{bmatrix} 4.74 \\ 1.57 \end{bmatrix}, \begin{bmatrix} 3.35 \\ 1.32 \end{bmatrix}$$

如图 7-19 所示,y 空间中各点显然是非相关的。

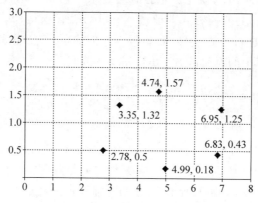

图 7-19 去除坐标系中点的相关性

下面考虑在 MATLAB 中编码实现主成分变换,此时需要用到的函数有两个,首先是 princomp( )函数,该函数用以实现主成分分析,它的语法形式如下

```
[COEFF,SCORE] = princomp(X)
[COEFF,SCORE,latent] = princomp(X)
[COEFF,SCORE,latent,tsquare] = princomp(X)
```

其中,参数 X 是输入矩阵,大小为 n×p。COEFF 是经对输入矩阵做主成分变换后返回的主成分系数,即变换后的系数,大小为 p×p。这个返回值是在对图像做 K-L 变换时最常用的一个值。可以继续沿用之前的例子,在 MATLAB 中编程并观察其输出,这样可以很好地帮助读者理解这个函数的使用。

```
X = [2 2; 2 3; 3 4; 4 3; 5 4; 5 5];
[COEFF,SCORE,latent,tsquare] = princomp(X);
```

执行上述代码,其中 COEFF 的输出结果如下

```
0.8191   -0.5737
0.5737    0.8191
```

该结果与前面由特征向量 g_1 和 g_2 所组成的矩阵是一致的。但是与最终所采用的变换矩阵 G 不太一样，G 是对这个结果做转置而求得的。前面这样处理是为了在最终计算的时候形式上可以同 $y = Gx$ 这个表达式保持一致。而此时要利用系数矩阵 COEFF 求得原数据在新坐标系下的表达，根据矩阵乘法的运算规则，其实只要将 COEFF 用作乘法表达式中的第二个操作数即可。如下这条语句将得到与前面计算相一致的结果，但形式上二者互为转置关系。

```
KL = X * COEFF
```

SCORE 是对原始数据进行的分析，进而在新的坐标系下获得的数据，它的行和列的数目与 X 的相同。目前绝大部分可以找到的资料对于该返回值都讳莫如深，很多读者对其意义百思不得其解。其实 SCORE 就是原数据在各主成分向量上的投影。但注意，原数据经过中心化后在主成分向量上的投影。即通过 X0 * COEFF 求得，其中 X0 是中心平移后的 X。但是，这里是对维度进行中心平移，而非样本。例如，由下面这段示例代码计算而得的 SCORE_1 将与上述代码中的返回值 SCORE 完全一致。

```
X0 = X - repmat(mean(X),6,1);
SCORE_1 = X0 * COEFF;
```

返回值 tsquare 对应每个数据点的 Hotelling T2 统计量，这个值对于本书中所涉及的例子用处不大。latent 是一维列向量，它对应 X 协方差矩阵的特征值（结果是由大到小排列的），例如上述代码求得的结果如下所示，可以与之前算得的结果做比较，二者是基本一致的（只是在保留精度上有所差异）。

```
2.6705
0.3295
```

另外一个可以用于实现主成分变换的函数是 pcacov( )，它的功能是运用协方差矩阵进行主成分分析，它的语法形式如下

```
COEFF = pcacov(V)
[COEFF,latent] = pcacov(V)
[COEFF,latent,explained] = pcacov(V)
```

参数 V 是原数据的协方差矩阵。返回值 COEFF 和 latent 与之前的意义相同，explained 表示每个特征向量在观测量总方差中所占的百分数，即是主成分的贡献向量。下面这段示例代码演示了该函数的使用方法。

```
X = [2 2; 2 3; 3 4; 4 3; 5 4; 5 5];
V = cov(X);
[COEFF,latent] = pcacov(V)
```

运行上述程序并观察结果，其所得的结果与 princomp( )函数的处理结果是相同的。

7.4.3　基于 K-L 变换的图像压缩

从图像压缩的角度出发,必然希望变换系数协方差矩阵 $\boldsymbol{\Sigma}_x$ 中除对角线外的所有协方差均为零,成为对角线矩阵,即原来像素间的相关性经变换后全部解除,或者至少大部分协方差要等于或接近于零。为此,需要选择适当的变换矩阵,它作用于 $\boldsymbol{\Sigma}_x$ 后使其变成对角线型。通过前面的分析和推导,可知这样的变换矩阵是存在的。如果用协方差矩阵 $\boldsymbol{\Sigma}_x$ 的特征向量作变换的基向量,即由 $\boldsymbol{\Sigma}_x$ 的特征向量作为正交变换的变换矩阵,就可以得到对角线型的变换域协方差矩阵 $\boldsymbol{\Sigma}_y$。K-L 变换就是采用这种矩阵进行变换的正交变换,它可以在变换域完全解除相关性,因此是理论上的最佳变换。同时,换一个角度也可以证明,K-L 变换是均方误差最小准则下的最佳变换,即当压缩比确定的情况下,采用 K-L 变换后,重建图像的均方误差比采用任何其他正交变换的都小。

但是回顾之前进行的 K-L 变换,哪个步骤可以称为图像压缩的切入点呢? 一幅大小为 $M \times N$ 的图像,它的协方差矩阵 $\boldsymbol{\Sigma}_x$ 大小为 $MN \times MN$。由上述 K-L 变换理论可知,对 $\boldsymbol{X}$ 进行 K-L 变换的变换矩阵就是 $\boldsymbol{\Sigma}_x$ 的特征向量矩阵,该矩阵大小也为 $MN \times MN$,其远远大于原始图像数据矩阵。而且要在解码时恢复原图像,不但需要变换后的系数矩阵 $\boldsymbol{Y}$,还需要知道逆变换矩阵(也就是变换矩阵的转置)。如果不经过任何处理就这样直接将 K-L 变换用于数字图像的压缩编码,不但达不到任何数据压缩的效果,还极大地增加了数据量。即使仅保留一个最大的特征值,变换矩阵中和该特征值对应的特征向量也为 $M \times N$ 维,系数矩阵 $\boldsymbol{Y}$ 保留的元素为一个。要重建图像数据,需要保留的元素个数仍大于原矩阵,所以达不到压缩的目的。另外,求一个矩阵的协方差矩阵和特征向量矩阵,都是非常复杂的运算过程,需要大量的计算。当 $\boldsymbol{X}$ 比较大时,运算时间的耗用可能是非常大的。有时甚至会出现因为过于复杂而导致 $\boldsymbol{\Sigma}_x$ 和变换矩阵无法求解的情况。

要解决上述问题,可以考虑将图像分成若干个小块,然后对每个小块分别进行 K-L 变换(这与本章前面的处理方式基本保持一致)。这样使得 $\boldsymbol{\Sigma}_x$ 和变换矩阵都比较小,计算机处理起来比较容易而且速度快。这里仍然将图像划分为多个不重叠的 8×8 小块(当图像垂直和水平方向的像素数不是 8 的倍数时补 0,使之均为 8 的倍数)。然后再分别对每一个小块执行 K-L 变换,变换矩阵的数目为 K 个,每个矩阵大小为 64×64,仅变换矩阵就要记录 $K \times 64 \times 64$ 个数据,还是远远大于原始数据的个数 $M \times N$。是否可以让变换矩阵的数量变得少些,最好只保留一个变换矩阵。回忆前面做 K-L 变换的例子,变换矩阵的大小与输入矩阵的维度有关,而与样本数量无关,据此可以将每个 8×8 的小块变成一个行向量(也就是一个 64 维的数组),原图中的每一个小方块都是一个 64 维的样本。所以,最后只需要一个 64×64 的变换矩阵即可,它对于原图像的任意一个数据块都适用。这样的处理方式并不是完全意义上的 K-L 变换,因为采用分块的处理方式,各个数据块之间的相关性是没有消除的。但实验表明,这样的 K-L 变换虽然不能完全消除图像各像素点之间的相关性,也能达到很好的去相关效果,在去相关性性能上优于离散余弦变换。

图像数据经 K-L 变换后,得到的系数矩阵 $\boldsymbol{Y}$ 大部分系数都很小,接近于 0。只有很少的几个系数的数值比较大,这正是 K-L 变换所起到的去除像素间的相关性,把能量集中分布在较少的变换系数上的作用的结果。据此,在图像数据压缩时,系数矩阵 $\boldsymbol{Y}$ 保留 M 个分量,其余分量则舍去。在 MATLAB 中，经 K-L 变换后的系数矩阵中的数值都是按从大到小顺序排列的，所以直接舍去后面的 $64-M$ 个分量即可。后面的程序会验证三种不同的压缩比，即舍去其中的 $32/64$、$48/64$、$56/64$，通过这一步的处理，便可动态地调节压缩编码系统的压缩比和重建图像的质量。解码时，首先做 K-L 逆变换，然后将上述过程逆转，可以得到重建后的图像数据矩阵。接下来给出的程序演示了运用上述方法对图像实施基于 K-L 变换的压缩处理的过程。

```matlab
I = imread('baboon.bmp');
x = double(I)/255;
[m,n] = size(x);
y = [];
% 拆解图像
for i = 1: m/8;
    for j = 1: n/8;
        ii = (i-1)*8+1;
        jj = (j-1)*8+1;
        y_app = reshape(x(ii: ii+7,jj: jj+7),1,64);
        y = [y; y_app];
    end
end

% KL 变换
[COEFF,SCORE,latent] = princomp(y);
kl = y * COEFF;

kl1 = kl;
kl2 = kl;
kl3 = kl;

% 置零压缩过程
kl1(: , 33: 64) = 0;
kl2(: , 17: 64) = 0;
kl3(: , 9: 64) = 0;

% KL 逆变换
kl_i = kl * COEFF';
kl1_i = kl1 * COEFF';
kl2_i = kl2 * COEFF';
kl3_i = kl3 * COEFF';

image = ones(256,256);
image1 = ones(256,256);
image2 = ones(256,256);
image3 = ones(256,256);

k = 1;
% 重组图像
for i = 1: m/8;
```

```
    for j = 1: n/8;

        y = reshape(kl_i(k, 1: 64),8,8);
        y1 = reshape(kl1_i(k, 1: 64),8,8);
        y2 = reshape(kl2_i(k, 1: 64),8,8);
        y3 = reshape(kl3_i(k, 1: 64),8,8);

        ii = (i−1)∗8+1;
        jj = (j−1)∗8+1;

        image(ii: ii+7,jj: jj+7) = y;
        image1(ii: ii+7,jj: jj+7) = y1;
        image2(ii: ii+7,jj: jj+7) = y2;
        image3(ii: ii+7,jj: jj+7) = y3;

        k = k+1;
    end
end
```

图 7-20 给出了基于 K-L 变换的图像压缩算法的测试效果。该程序验证了三种不同的压缩比,即舍去排序后的系数矩阵中的 32/64(对应压缩比 50%)、48/64(对应压缩比 75%)以及 56/64(对应压缩比 87.5%)。

K-L逆变换,未压缩

K-L逆变换,50%压缩

K-L逆变换,75%压缩

K-L逆变换,87.5%压缩

图 7-20　应用 K-L 变换的图像压缩的测试结果

最后需要补充说明的是,尽管 K-L 变换可以将数据之间的相关性完全去除,所以理论上是一种最理想的数据压缩方案,但它在实际应用过程中仍然受到很大局限。例如,它没有快速算法，不同的图像所对应的变换矩阵也不同，从这个角度来说，单纯将 K-L 变换直接应用于图像数据压缩的理论价值要大于实际价值。它的存在意义，一方面是可以作为理论验证的参考模板，另一方面就是需要对原始算法加以改进后再付诸应用。

本章参考文献

[1] Joseph L Walsh. A Closed Set of Normal Orthogonal Functions[J]. American Journal of Mathematics，Vol. 45，No. 1，Jan. 1923.

[2] James W Cooley，John W Tukey. An Algorithm for the Machine Calculation of Complex Fourier Series [J]. Mathematics of Computation，Vol. 19，No. 90，Apr. 1965.

[3] Yukihiro Arai，Takeshi Agui，Masayuki Nakajima. A Fast DCT-SQ Scheme for Images[J]. IEICE Transactions，Vol. E71，No. 11，Nov. 1988.

[4] 耿迅. VC 图像处理——快速傅里叶变换[J]. 电脑编程技巧与维护，2006.1.

[5] 程佩青. 数字信号处理教程[M]. 3 版. 北京：清华大学出版社，2007.

[6] 祝平平. 离散余弦变换快速算法的研究[D]. 武汉：华中科技大学，2008.

[7] 左飞. 数字图像处理原理与实践(MATLAB 版)[M]. 北京：电子工业出版社，2014.

无所不在的高斯分布

就如同研究数学永远避不开高斯这个名字一样,研究数字图像处理将永远避不开高斯分布。本章的内容将证明这一事实。武侠小说中都讲要真正精通一门盖世神功,最重要的是学会它的心法而非仅仅只是招式。这一道理对于研习图像处理而言同样适用。绝对不应该仅仅停留在掌握了某个具体算法的层面上,而是应该着力打通算法思想之间的脉络。如果能够参透前辈最初设计那些精妙算法时的原委,就如同学会了武功的心法要诀一样,势必会对后续的研究创新奠定根基。本章的所有问题都沿着同一条脉络循序展开,而它们又不约而同地都和高斯分布有关,所以希望通过本章的学习能够帮助读者在研究图像处理算法时找到一点灵感。

8.1 卷积积分与邻域处理

卷积积分(convolution),简称"卷积",是数学中一种重要的运算。更准确地说,它是通过两个函数 f 和 g 生成第三个函数的一种数学算子,表示了函数 f 与经过翻转和平移的 g 的重叠部分的累积。卷积与数字图像处理有着千丝万缕的联系,很多具体的图像处理算法,归根结底在数学上都表现为一种卷积运算。

8.1.1 卷积积分的概念

卷积在图像处理中有着非常重要的作用,但是卷积的概念对于初接触它的人而言又是比较难以理解的,这里将首先从信号分解的角度来介绍它的意义。狄拉克 δ 函数(Dirac delta function),由英国物理学家狄拉克提出而得名,有时也称为单位脉冲函数或单位冲激函数,通常用 δ 表示。单位脉冲函数在概念上,它是这么一个"函数",它满足如下性质:在除了 0 以外的点都等于 0,而其在整个定义域上的积分等于 1。严格来说,狄拉克 δ 函数又不能算是一个函数，因为满足以上条件的函数是不存在的。但可以用分布的概念解释，称为狄拉克 δ 分布，或 δ 分布。

单位脉冲函数是一个奇异函数，它是对强度极大，而作用时间又极短的一种物理量的理想化模型，它可以由如下方式定义

$$\begin{cases} \delta(t) = 0, & t \neq 0 \\ \displaystyle\int_{-\infty}^{+\infty} \delta(t)\,\mathrm{d}t = 1 \end{cases}$$

也可以将上述形式推广至更为一般的情况

$$\begin{cases} \delta(t-a) = 0, & t \neq a \\ \displaystyle\int_{-\infty}^{+\infty} \delta(t-a)\,\mathrm{d}t = 1 \end{cases}$$

也可以用如图 8-1 所示的矩形脉冲 $p_n(t)$ 来对单位脉冲函数进行直观定义，并表述为如下这样一个定义式，即

$$\delta(t) \xlongequal{\text{def}} \lim_{n \to +\infty} p_n(t)$$

可见，当 $n \to +\infty$ 时，该图形表现为一个作用时间极短（宽度为无穷小），但强度极大（高度为无穷大）的脉冲，且该矩形的面积永远为 1。同时，很容易推断出 δ 函数是一个偶函数，即 $\delta(-t) = \delta(t)$。

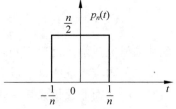

图 8-1　单位脉冲函数的图形表示

单位阶跃函数（unit step fuction），又称为赫维赛德阶跃函数，如图 8-2 右上图所示，是个不连续的函数，它在信号与系统分析以及电路分析中都具有重要作用。很容易证明，对单位阶跃函数求导所得的结果就是单位冲激函数。从图 8-2 中 也很容易得出 $p_n(t) = \mathrm{d}\gamma_n(t)/\mathrm{d}t$，当 n 趋于无穷大时，则有 $\delta(t) = \mathrm{d}\varepsilon(t)/\mathrm{d}t$ 或 $\varepsilon(t) = \displaystyle\int_{-\infty}^{t} \delta(t)\,\mathrm{d}t$。单位脉冲函数 $\delta(t)$ 与常数 1 构成了一个傅里叶变换对。同理，$\delta(t-a)$ 则与 $\mathrm{e}^{-\mathrm{j}\omega a}$ 也构成一个傅里叶变换对，通过后面内容的学习读者也可以对此有更深刻的认识。

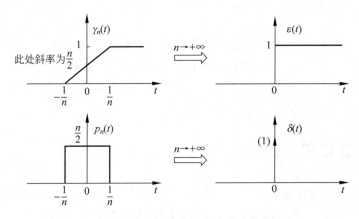

图 8-2　单位阶跃函数与单位冲激函数的关系

对于 $p_n(t)$，令 $n = 2/\Delta$，则可以得到如图 8-3 中左图所示的一个脉冲信号，不难得出这个脉冲信号同右图中所示信号 $f_1(t)$ 之间具有如下这样一种关系，即

$$f_1(t) = \frac{A}{\frac{1}{\Delta}} p(t) = A\Delta p(t)$$

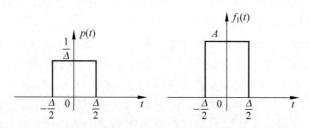

图 8-3　信号时域分解的预备知识

下面考虑对任意信号进行时域分解的问题,请注意对信号进行时域分解的方法有多种,这里采用的是以卷积为基础的分解。假设有如图 8-4 所示的一个波形 $f(t)$,很容易想到用无数个 $p(t)$ 信号去分解它,逼近它。这里每一个 $p(t)$ 都是一个矩形脉冲,这种处理方法来源于积分计算中"分割取近似,做和求极限"的思想。

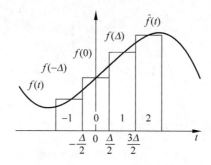

图 8-4　基于卷积的信号时域分解

图 8-4 中,"0"号脉冲高度 $f(0)$,宽度为 Δ,则"0"号脉冲用 $p(t)$ 可以表示为 $f(0)\Delta p(t)$;"1"号脉冲高度 $f(\Delta)$,宽度为 Δ,用 $p(t-\Delta)$ 可以表示 $f(\Delta)\Delta p(t-\Delta)$;"$-1$"号脉冲高度为 $f(-\Delta)$,同样,宽度为 Δ,用 $p(t+\Delta)$ 可以表示 $f(-\Delta)\Delta p(t+\Delta)$;如此继续下去,最终 $\hat{f}(t)$ 是由无数多个矩形脉冲组成的对波形 $f(t)$ 的一个逼近,它等于所有矩形脉冲的累加,即

$$\hat{f}(t) = \sum_{-\infty}^{+\infty} f(n\Delta)\Delta p(t-n\Delta)$$

当 $n+\infty$ 时,$\hat{f}(t)$ 就等于 $f(t)$,则有(下面这个式子就是卷积积分的表达式)

$$\lim_{\Delta \to 0} \hat{f}(t) = f(t) = \int_{-\infty}^{+\infty} f(\tau)\delta(t-\tau)\mathrm{d}\tau$$

符合上述形式的式子就是卷积积分,下面给出卷积积分的定义:已知定义在$(-\infty, +\infty)$ 上的两个函数 $f(t)$ 和 $g(t)$,则定义积分 $y(t) = \int_{-\infty}^{+\infty} f(\tau)g(t-\tau)\mathrm{d}\tau$ 为 $f(t)$ 和 $g(t)$ 的卷积积分,简称卷积,记为 $y(t) = f(t) * g(t)$。从定义中可以看出,卷积其实就是一种数学运算。

卷积在工程中的应用非常广泛,因此前面就通过信号的时域分解引出了卷积的表达式。

但卷积并非是凭空定义的一个运算规则，它在现实中是具有深刻物理含义的一种计算方式。它可以用来解释和计算生活中许多的现象和问题。例如，计算一下此时此刻，腹中还剩下多少食物？显然，腹中食物的残量应当与两个函数有关：第一个是今天进食的情况，可以用 $f(t)$ 表示；第二个则是肠胃的消化能力，可以用 $g(t)$ 表示，如图 8-5 所示。假设当前时间是夜里 24 时，想算一下早上 7 时吃下去的食物还剩余多少，显然早上 7 时到晚上 24 时，共有 17 小时，函数 $g(t)$ 就表征了单位进食量经历了 t 小时后在腹中的残量，所以早上 7 时吃下去的食物量 $f(7)$ 在夜里 24 时剩余的量应该是 $f(7) \cdot g(24-7)$。同理，中午 12 时吃的东西在 24 时剩余的量应该是 $f(12) \cdot g(24-12)$，晚上 18 点吃的东西，在 24 点时剩余的量应该是 $f(18) \cdot g(24-18)$…… 而且进食函数也可以变得更普适（而无须非得呈现出早中晚三个峰值），消化函数也可能变成其他一些更普适的形式。但是它们都满足这样一种关系，即在 t 时刻吃下去的东西，需要 $24-t$ 的时间消化，或者说 $f(t) \cdot g(a-t)$ 所表示的含义就可以理解为在 t 时刻吃下去的食物在 a 时刻的消化情况。然后对 t 做积分，就相当于把过去某时刻直到当前时间内所有进食情况对此时此刻腹中食物残留累积情况的总和，也就得出了 $y(a) = \int_0^a f(t)g(a-t)\mathrm{d}t$。

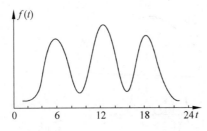 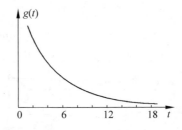

图 8-5　进食函数与消化函数

　　在生活当中有很多现象都体现了卷积的意义，例如古人钻木取火就是一个很形象的例子。当用一根木头与另一根木头接触并钻一下，由于摩擦生热，在两根木头接触的地方就会发热，但是很明显，就只钻一下，木头是不可能燃起来的，而且随着时间变长，那一点由摩擦产生的热量会一点一点地消失掉。如果加快钻的频率，也就是在之前所钻出来的热量还没有消失掉的时候再多钻几下，把之前所有的残余的热量叠加起来，时间越短，残余的热量就会越多，这样热量就会在发热的地方积累很多，木头的温度也就会越来越高，最后达到着火点而燃烧起来。

　　对于这个例子，其中有几个关键的地方：第一，每一次钻出来的热量消失的速度快慢是由环境客观条件例如温度和木头的导热系数所决定的。古人钻木取火时的客观条件应该是固定的，或者说温度和木头不会在短时间内发生较大的变化，这样每一次钻出来的热量都会按照同样的趋势衰减（这相当于前例中的消化函数，也就是说衰减函数有固定的形式，或者加权函数有固定的形式）；第二，认定木头是一个线性系统，也就是对于任意两次钻的过程互不影响，只存在叠加关系（这就相当于每个时刻的进食情况彼此只能叠加而不会影响）。

　　这样可以把此类问题抽象成一个数学模型。每个钻木的过程都是一个输入 $f(t)$，木头接触处的热量为输出 y。不妨设 $f(t)$ 为一个连续函数，$f(t)$ 可以写成多个冲激函数的和的形式，也就是把一个连续的钻木过程分解成很多单次钻木过程的和，每一次钻的时间都无穷小。而 $g(t)$ 就可以相当于一个衰减系数，对应不同的衰减时间有不同的衰减程度用衰减系数的大小表示,也就相当于是一个加权因子。

现在解析公式 $y(a) = \int_{-\infty}^{+\infty} f(t)g(a-t)\mathrm{d}t$,在这个公式中,目的是求在 a 时刻系统的输出,它应该是由 a 时刻及之前的所有输出乘以相应的衰减系数后的一个累积和。对于一个实际的物理系统,容易得出:当 $a < 0$ 时,$f(a) = 0$,$g(a) = 0$,所以可以把这个公式的积分的上下限写为 $t \in (0, a)$,即 $y(a) = \int_0^a f(t)g(a-t)\mathrm{d}t$。其中 $f(t)\mathrm{d}t$ 可以理解为在 t 时刻的冲激函数的强度。也就是从 t 时刻开始,初值为 $f(t)\mathrm{d}t$ 的衰减函数,从 t 到 a,经过了 $(a-t)$ 那么长的时间,说明衰减系数为 $g(a-t)$,那么 t 时刻的响应到了 a 时刻残余量为 $f(t)\mathrm{d}t \cdot g(a-t)$。得到了单个冲激函数在 a 时刻的残余后,做一次积分把 $t \in (0, a)$ 上所有的残余量加起来就可以得到 a 时刻总的输出为 $y(a) = \int_0^a f(t)g(a-t)\mathrm{d}t$。这就是卷积的物理意义。

一维连续函数的卷积定义为

$$h(x) = f(x) * g(x) = \int_{-\infty}^{+\infty} f(t)g(x-t)\mathrm{d}t$$

若为离散函数,上式则变形为

$$h(x) = \sum_{-\infty}^{+\infty} f(t)g(x-t)$$

二维连续函数的卷积定义为

$$h(x, y) = f(x, y) * g(x, y) = \int_{-\infty}^{+\infty}\int_{-\infty}^{+\infty} f(x', y')g(x-x', y-y')\mathrm{d}x'\mathrm{d}y'$$

若为离散函数,上式则变形为

$$h[x, y] = f[x, y] * g[x, y] = \sum_{-\infty}^{+\infty}\sum_{-\infty}^{+\infty} f[x', y']g[x-x', y-y']$$

8.1.2 模板与邻域处理

对于数字信号而言,既可以从时域(或空域)上研究它,也可以从频域上研究它。对图像进行增强处理也可大致分为空域处理和频域处理两种。图像的平滑处理是图像增强的一个典型应用,其主要任务是既平滑掉噪声,又尽量保持图像的细节;在频域处理中,噪声和图像的细节部分都位于高频,所以如何在低通滤波的同时保持高频细节是处理时需要考虑的问题。

由卷积得到的函数 $f * g$ 一般要比 f 和 g 都光滑。特别地,当 g 为具有紧支集的光滑函数,f 为局部可积时,它们的卷积 $f * g$ 也是光滑函数。利用这一性质,对于任意的可积函数 f,都可以简单地构造出一列逼近于 f 的光滑函数列 f',这种方法称为函数的光滑化或者正则化。这也就是卷积可以用于图像增强的基本原理。

如果 $f(x, y)$ 和 $h(x, y)$ 表示图像,则卷积就变成对像素点的加权计算,冲激响应 $g(i, j)$ 就可以看成是一个卷积模板。对图像中每一个像素点 (x, y) 输出响应值 $h(x, y)$ 是通过平移卷积模板,使其中心移动到像素点 (x, y) 处,并计算模板与像素点 (x, y) 邻域加权得到的,其中各加权值就是卷积模板中的对应值。

在图像处理中的卷积都是针对某像素的邻域进行的,它实现了一种邻域计算,即某个像素点的结果不仅与本像素点灰度有关,而且与其邻域点的值有关。其实质就是对图像邻域像素的加权求和得到输出像素值,其中权矩阵称为卷积核或卷积模板(所有卷积核的行列数都是奇数),也就是图像滤波器。

图像是由像素构成的,图像中的相邻像素构成邻域,邻域中的像素点互为邻点。对于任意像素而言,处于它上、下、左、右 4 个方向的像素点称为它的 4 邻点,再加上左上、右上、左下、右下 4 个方向的点就称为它的 8 邻点。像素的 4 邻点和 8 邻点由于与像素直接邻接,因此在邻域处理中较为常用,然而像素的邻点并不仅限于这 8 个点,像素的邻点是相对邻域而言的。如图 8-6 所示,其中图 8-6(a)表示像素的 4 邻点,图 8-6(b)表示像素的 8 邻点,图 8-6(c)表示像素的 24 邻点。

像素的邻域可以看做是像素邻点的集合,在图像处理中有时也将中心像素和它的特定邻点合称为邻域,为了方便处理,邻域的划定通常使用正方形,邻域的位置由中心像素决定,大小一般用边长表示,如 3×3 邻域、5×5 邻域等。图 8-6(a)、图 8-6(b)中所示的邻点可以认为存在于一个 3×3 邻域中,而图 8-6(c)表示的邻点可以认为存在于一个 5×5 邻域中。

邻域处理是图像局部处理的一种,它以包含中心像素的邻域为分析对象,处理得到的像素灰度来源于对邻域内像素灰度的计算。邻域处理能够将像素有机地关联起来,因此广泛用于数字图像处理中,常用的邻域处理包括图像的平滑、图像的锐化、边缘检测、腐蚀膨胀等。

前面已经介绍了卷积的概念以及它应用于数字图像处理的基本原理。卷积是图像处理中常用的一种处理手段。在对图像进行卷积运算时,原始数据与结果数据是分开保存的,对原始数据分块处理,在处理过程中保持原始数据不变,最终得到完整的结果数据。用卷积对图像进行处理时,改变对原图像各部分的处理顺序不会对处理结果造成影响。

模板是卷积计算的核心,在图像处理中模板的实质是一组系数因子(模板其实就是前面提到的卷积核),卷积处理是通过将邻域内各像素点的灰度乘以模板上对应的系数再求和得到运算结果的。图 8-7 中列举了两种常用的 3×3 邻域模板,其中的整数表示系数,可见模板看起来就是一个数字矩阵。

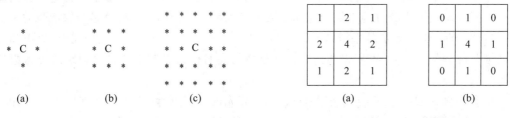

(a)　　　　　(b)　　　　　(c)　　　　　　(a)　　　　　(b)

图 8-6　像素的邻点　　　　　　　　图 8-7　卷积模板

图像的卷积运算实际是通过模板在图像上的移动完成的。在图像处理中,不断在图像上移动模板的位置,每当模板中心对准一个像素时,就对此像素所在邻域内的像素灰度根据模板进行加权求和。得到的结果通常远大于原像素灰度,这就需要将求和结果除以一个比例因子,这里称为衰减因子。最后将结果限制在 0~255 之间作为中心像素的灰度保存在结果中。对图像上的每个邻域依次重复上述过程,直到模板遍历所有可能位置。在图像处理中,使用模板进行邻域处理,在数学上本质就是执行二维的卷积计算。

8.1.3　图像的高斯平滑

有时候可能需要对一幅清晰可辨的画面进行处理,使其变得模糊不清,例如某些电视采访画面中为了保护受访人的私隐而做的特殊处理;有时一幅棱角过于分明的图像中可能包含有某些明显的瑕疵(如噪声),希望能够通过图像处理的方法掩盖这些瑕疵。在上述实际应用场景中,利用平滑线性滤波器对图像进行处理是最为普遍的做法。广义上讲,对信号有处理作用的器件或系统就是一种滤波器,而在图像处理中所讲的滤波器通常是指能够有选择地滤除掉某些频率的信号的一种装置或系统。平滑线性滤波器就是一类最简单的低通滤波器,它的工作原理是利用模板对邻域内像素灰度值进行加权平均,从而使得画面变得平缓或者模糊。尽管平滑线性滤波器是在时域上对图像信号进行处理的,但它的处理结果却实现了对图像中的高频信息进行剔除的效果,所以它也可以看成是一种低通滤波器,也就是只允许低频信号通过的滤波器。

利用模板对邻域内像素灰度值进行加权平均的方式有多种,如果对邻域内每个像素赋予等同的权值,那么这种处理方式就称之为图像的简单平滑,也是平滑线性滤波器的一种最简单的实现方式。图 8-8 显示了两种平滑线性滤波器的模板和衰减因子。平滑线性滤波器的衰减因子一般选用模板中所有权值的和,这样就可避免处理对图像整体属性的影响。其中,图 8-8(a)所示的模板就是图像的简单平滑模板,它只是对图像邻域进行简单的平均,模板中各位置的权值相同,因此在处理中认为邻域内各像素对中心像素灰度的影响是等同的,这样的处理方法比较简单,但也存在很多不足。相比之下图 8-8(b)所示的模板在图像处理中往往更加重要,模板中权值的不同表示邻域内不同位置的像素在处理中具有不同的重要性。显然,在图 8-8(b)中所示的情况下,权值大小是与像素在邻域中的位置密切相关的。当然还可以根据不同的处理目的,设计不同的权值选取方式。

图像的高斯平滑也是利用邻域平均的思想对图像进行平滑的一种方法,它也是图像平滑线性滤波器的一种实现方式。然而与图像的简单平滑不同的是,图像的高斯平滑中,在对图像邻域进行平均时,不同位置的像素被赋予了不同的权值。图 8-9 显示的是 3×3 邻域的高斯模板,模板上越是靠近邻域中心的位置,其权值就越高。如此安排权值的意义在于用此模板进行图像平滑时,在对图像细节进行模糊的同时,可以更多地保留图像总体的灰度分布特征。

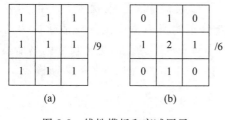

图 8-8　线性模板和衰减因子　　　　　图 8-9　高斯模板

相比于图像的简单平滑,高斯平滑相对于对比度图像的平滑效率要低一些,在离散型噪声的消除方面,高斯平滑的效果并不理想。然而如果要对图像的总体特征进行提取和增强时,高斯模糊相对就具有很大的优势。图 8-10 对比了图像的简单平滑和高斯平滑的处理差异,图 8-10(a)表示一个 5×5 邻域内的像素灰度分布情况,从图中可以看出此邻域内有两处灰度较高的亮点。图 8-10(b)为对图 8-10(a)进行 3×3 邻域简单平滑的结果,从图 8-10(b)中可以看出,原图像中的两处亮点被连接在了一起,失去了原图像的特征,图 8-10(c)为对图 8-10(a)进行 3×3 邻域高斯平滑的结果,可以发现图 8-10(c)中依然保留着原图像的特征。

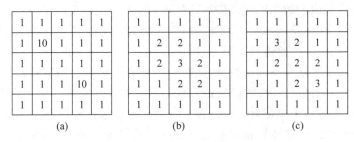

图 8-10　简单平滑和高斯平滑处理的差异

如果给定一个高斯平滑模板,那么只需要将待处理的原图像与这个模板做卷积运算即可实现图像的高斯平滑。那么这样做究竟是为什么呢? 或者说,高斯平滑的卷积模板是如何得到的呢? 这就需要联想到本书前面曾经介绍过的高斯分布。高斯分布的概率密度函数看起来是一个平滑的钟型,即中间高两边低的左右对称的图形。而此处所使用的高斯平滑模板其实就是高斯分布的概率密度函数的离散化结果。因此,若有初始灰度图像为 $u_0(x,y)=u(x,y,0)$,那么高斯平滑处理的结果图像 $u(x,y,t)$ 就是利用如下的高斯函数 G_σ

$$G_\sigma(x,y,t) = \frac{1}{2\pi\sigma^2}\mathrm{e}^{-\frac{x^2+y^2}{2\sigma^2}}$$

对 u_0 卷积

$$u(x,y,t) = G_\sigma(x,y) * u_0(x,y)$$

所得的结果。其中,t 是一个关于 σ^2 有关的一个函数。图像的高斯平滑与简单平滑最显著的差异在于高斯平滑在计算邻域平均值时,赋予了邻域中不同位置的像素不同的权值。而在权值的分配中遵循以下原则:邻域中心的像素拥有最大的权值;邻域内离中心像素越远的像素,其权值越小。对应到高斯分布的概率密度函数图形,就是函数在对称中心取得极大值,而距离对称中心越远的地方取值也就越小。而且,高斯分布的概率密度函数中,参数 σ 越小,分布越集中在 μ 附近,函数图形的曲线越高越尖;参数 σ 越大,分布越分散,函数图形的曲线越低越平缓。所以同等情况下,采用的卷积尺寸越小,那么模糊的程度也就越小;相反,采用的卷积尺寸越大,则模糊程度越大。当然,由于高斯分布的概率密度函数离散化成为卷积模板时,距离对称中心较远的点,可能会因为取整操作而变成零,所以,更大尺寸的高斯模板是不具有实际意义的。现实应用中可以根据情况选择 3×3、5×5 或 7×7 的高斯模板。

8.2　边缘检测与微分算子

边缘和纹理信息是图像中最重要的成分,利用数学的方法对这些成分进行有效提取是本节所要关注的问题。这一节中除会继续讨论很多跟高斯分布有关的数学原理之外,还将介绍关于场论的一些内容,所以希望读者能够熟练掌握类似梯度、散度这些概念。

8.2.1 哈密尔算子

前面已经介绍过梯度及梯度算子(也称哈密尔算子)的概念,梯度算子在图像处理中具有非常重要的作用,其中一个用途就是对图像的边缘进行检测。

对于离散的数字图像而言,梯度算子的导数将由原来的

$$D_x[f(x)] = \frac{\mathrm{d}}{\mathrm{d}x}f(x) = \lim_{\Delta x \to 0} \frac{f(x+\Delta x) - f(x)}{\Delta x}$$

变成差分的形式

$$D_n[f(n)] = f[n+1] - f[n] \quad 或 \quad \frac{f[n+1] - f[n-1]}{2}$$

寻找一幅数字图像的离散梯度分为两个步骤:首先在两个方向(水平以及垂直)上寻找差分

$$g_m[m,n] = D_m[f(m,n)] = f[m+1,n] - f[m,n]$$
$$g_n[m,n] = D_n[f(m,n)] = f[m,n+1] - f[m,n]$$

然后,找到梯度向量的模值以及方向

$$\|g[m,n]\| = \sqrt{g_m^2[m,n] + g_n^2[m,n]} \quad 或 \quad \|g[m,n]\| \approx \|g_m\| + \|g_n\|$$
$$\angle g[m,n] = \arctan \frac{g_n[m,n]}{g_m[m,n]}$$

两个方向 g_m 和 g_n 之间的差值可以通过下列卷积核来得出,这些也是最常用的边缘检测算子,首先是最简单的 Roberts 算子,如图 8-11 所示。

其次是 3×3 的 Sobel 算子,如图 8-12 所示。

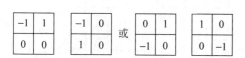

−1	1
0	0

或

−1	0
1	0

0	1
−1	0

1	0
0	−1

图 8-11 Roberts 算子

−1	0	1
−2	0	2
−1	0	1

−1	−2	−1
0	0	0
1	2	1

图 8-12 Sobel 算子(3×3)

以及 3×3 的 Prewitt 算子和 4×4 的 Prewitt 算子,分别如图 8-13 和图 7-14 所示。

−1	0	1
−1	0	1
−1	0	1

−1	−1	−1
0	0	0
1	1	1

图 8-13 Prewitt 算子(3×3)

−3	−1	1	3
−3	−1	1	3
−3	−1	1	3
−3	−1	1	3

−3	−3	−3	−3
−1	−1	−1	−1
1	1	1	1
3	3	3	3

图 8-14 Prewitt 算子(4×4)

在边缘检测中,有时不希望对所有边缘都进行检测,而是只检测某种类型的边缘,这就需要对边缘进行筛选。例如,只想找出原图像中水平方向的边缘或与水平方向成 45° 角的边缘,这就需要使用带方向的边缘检测。若把图像像素的灰度看作高度,可以把图像想象成一块高低不平的丘陵,其中灰度较高的像素在较高处,灰度低的像素在较低处,那么图像的

边缘可看作丘陵中比较陡峭的斜坡,而边缘的方向就是斜坡方向。以 45°为区间,可以把图像的边缘分为 8 个方向,使用带方向的边缘检测就是为了在检测中区分它们。

前面给出的卷积模板可以用于检测图像中“垂直方向”以及“水平方向”上的边缘。仅能区分这两种类型的边缘只能满足最基本的需求。而接下来所要讨论的方向类型则更加丰富,它包含有 8 个方向:东(E)、西(W)、南(S)、北(N)、东南(SE)、西南(SW)、东北(NE),以及西北(NW)。带方向的边缘检测同样需要对邻域内像素灰度求差分,与常规边缘检测不同,带方向的边缘检测不仅要考虑邻域像素的灰度跃变,还要考虑跃变的方向。常用的带方向的边缘检测模板有 3 种,分别是 Prewitt、Kirsch 和 Robinson。其中,Prewitt 最早在他的著作中给出的包含 8 个方向信息的边缘检测模板如图 8-15 所示。

$$N=\begin{bmatrix}1&1&1\\1&-2&1\\-1&-1&-1\end{bmatrix}\quad W=\begin{bmatrix}1&1&-1\\1&-2&-1\\1&1&-1\end{bmatrix}\quad NW=\begin{bmatrix}1&1&1\\1&-2&-1\\1&-1&-1\end{bmatrix}\quad SE=\begin{bmatrix}-1&-1&1\\-1&-2&1\\1&1&1\end{bmatrix}$$

$$S=\begin{bmatrix}-1&-1&-1\\1&-2&1\\1&1&1\end{bmatrix}\quad E=\begin{bmatrix}-1&1&1\\-1&-2&1\\-1&1&1\end{bmatrix}\quad SW=\begin{bmatrix}1&-1&-1\\1&-2&-1\\1&1&1\end{bmatrix}\quad NE=\begin{bmatrix}1&1&1\\-1&-2&1\\-1&-1&1\end{bmatrix}$$

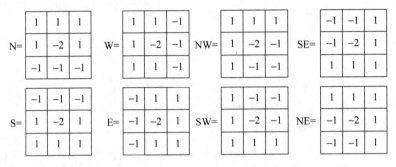

图 8-15　8 个方向的 Prewitt 边缘检测模板

Kirsch 提出的包含方向信息的边缘检测模板如图 8-16 所示。

$$N=\begin{bmatrix}5&5&5\\-3&0&-3\\-3&-3&-3\end{bmatrix}\quad W=\begin{bmatrix}5&-3&-3\\5&0&-3\\5&-3&-3\end{bmatrix}\quad NW=\begin{bmatrix}5&5&-3\\5&0&-3\\-3&-3&-3\end{bmatrix}\quad SE=\begin{bmatrix}-3&-3&-3\\-3&0&5\\-3&5&5\end{bmatrix}$$

$$S=\begin{bmatrix}-3&-3&-3\\-3&0&-3\\5&5&5\end{bmatrix}\quad E=\begin{bmatrix}-3&-3&5\\-3&0&5\\-3&-3&5\end{bmatrix}\quad SW=\begin{bmatrix}-3&-3&-3\\5&0&-3\\5&5&-3\end{bmatrix}\quad NE=\begin{bmatrix}-3&5&5\\-3&0&5\\-3&-3&-3\end{bmatrix}$$

图 8-16　8 个方向的 Kirsch 边缘检测模板

Robinson 在上面介绍过的 3×3 的 Prewitt 算子基础上进行了简单的拓展于是得到了被称为 3-level 的 Robinson 算子,如图 8-17 所示。

$$N=\begin{bmatrix}1&1&1\\0&0&0\\-1&-1&-1\end{bmatrix}\quad W=\begin{bmatrix}1&0&-1\\1&0&-1\\1&0&-1\end{bmatrix}\quad NW=\begin{bmatrix}1&1&0\\1&0&-1\\0&-1&-1\end{bmatrix}\quad SE=\begin{bmatrix}-1&-1&0\\-1&0&1\\0&1&1\end{bmatrix}$$

$$S=\begin{bmatrix}-1&-1&-1\\0&0&0\\1&1&1\end{bmatrix}\quad E=\begin{bmatrix}-1&0&1\\-1&0&1\\-1&0&1\end{bmatrix}\quad SW=\begin{bmatrix}0&-1&-1\\1&0&-1\\1&1&0\end{bmatrix}\quad NE=\begin{bmatrix}0&1&1\\-1&0&1\\-1&-1&0\end{bmatrix}$$

图 8-17　3-level 的 Robinson 算子

而后来被更为广泛地使用的 Robinson 算子是如图 8-18 所示的这组被称为 5-level 的算子。图 8-19 为利用 5-level 的 Robinson 算子对图像进行边缘检测的结果。

N=

1	2	1
0	0	0
−1	−2	−1

W=

1	0	−1
2	0	−2
1	0	−1

NW=

2	1	0
1	0	−1
0	−1	−2

SE=

−2	−1	0
−1	0	1
0	1	2

S=

−1	−2	−1
0	0	0
1	2	1

E=

−1	0	1
−2	0	2
−1	0	1

SW=

0	−1	−2
1	0	−1
2	1	0

NE=

0	1	2
−1	0	1
−2	−1	0

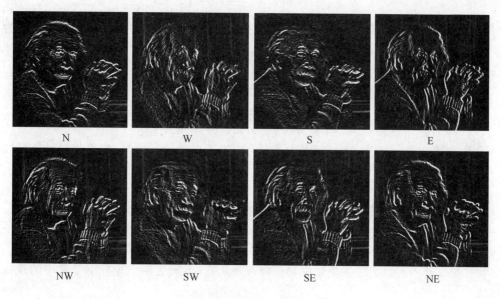

图 8-18 5-level 的 Robinson 算子

图 8-19 带方向的边缘检测结果

其实 Robinson 给出的带方向的边缘检测模板与 Kirsch 的模板非常相似，但是 Robinson 的方法则更易于实现。因为 Robinson 算子仅依赖于系数 0、1 以及 2，而且在形式上它们都是沿着方向轴对称的，这就意味着只要算出其中的四组结果，其余四组的结果在此基础上通过简单反转便能推出。

观察上述模板可见，边缘模板中邻域内各处权值相加的结果为 0。也就是说，当邻域内各像素的灰度相同时，算子的运算结果为 0，而邻域内各像素灰度差别越大，算子的运算结果的差别也就越大。不同的模板对不同方向的边缘检测灵敏度不同，对于一组给定的灰度信息，使用某一算子的某个方向模板进行计算，结果可能为 0，而使用同一算子另一模板再进行计算的结果可能又远大于 0。

8.2.2　拉普拉斯算子

从数学角度来讲，拉普拉斯算子是一个标量算子，也是一个最简单的各向同性微分算子。拉普拉斯算子被定义成两个梯度向量算子的内积（或者是梯度的散度）

$$\Delta = \nabla^2 = \nabla \cdot \nabla = \left(\frac{\partial}{\partial x_1}, \cdots, \frac{\partial}{\partial x_N} \right) \left(\frac{\partial}{\partial x_1}, \cdots, \frac{\partial}{\partial x_N} \right)^{\mathrm{T}} = \sum_{n=1}^{N} \frac{\partial^2}{\partial x_n^2}$$

在 $N=2$ 的情况下（对于二维空间），则有

$$\Delta = \nabla^2 = \nabla \cdot \nabla = \left(\frac{\partial}{\partial x_1}\boldsymbol{i}, \cdots, \frac{\partial}{\partial x_N}\boldsymbol{j} \right) \cdot \left(\frac{\partial}{\partial x_1}\boldsymbol{i}, \cdots, \frac{\partial}{\partial x_N}\boldsymbol{j} \right) = \frac{\partial^2}{\partial x^2} + \frac{\partial^2}{\partial y^2}$$

对于一个二维函数 $f(x,y)$，这个算子产生一个标量函数，一个函数的拉普拉斯算子也是笛卡儿坐标系中的所有非混合二阶偏导数的和，即

$$\Delta f(x,y) = \frac{\partial^2 f}{\partial x^2} + \frac{\partial^2 f}{\partial y^2}$$

在离散的情况下，二阶微分变成了二阶差分。对于一维的情况，如果一阶差分定义为

$$\nabla f[n] = f'[n] = D_n[f[n]] = f[n+1] - f[n]$$

那么二阶差分就定义为

$$\begin{aligned} \Delta f[n] : \nabla^2 f[n] = f''[n] = D_n^2[f[n]] &= f'[n] - f'[n-1] \\ &= (f[n+1] - f[n]) - (f[n] - f[n-1]) \\ &= f[n+1] - 2f[n] + f[n-1] \end{aligned}$$

注意，$f''[n]$ 的定义形式是以元素 $f[n]$ 为中心而对称的。此时，拉普拉斯运算可以通过一个卷积核 $[1 \quad -2 \quad 1]$ 完成。

对于二维的情况，拉普拉斯算子就是两个维度上二阶差分的和

$$\Delta f[m,n] : D_m^2[f[m,n]] + D_n^2[f[m,n]]$$
$$= f[m+1,n] - 2f[m,n] + f[m-1,n] + f[m,n+1] - 2f[m,n] + f[m,n-1]$$
$$= f[m+1,n] + f[m-1,n] + f[m,n+1] + f[m,n-1] - 4f[m,n]$$

拉普拉斯算子可以通过一个二维卷积模板来执行，下面这两个矩阵都是常用的拉普拉斯模板

$$\begin{bmatrix} 0 & 1 & 0 \\ 1 & -4 & 1 \\ 0 & 1 & 0 \end{bmatrix}, \quad \begin{bmatrix} 1 & 1 & 1 \\ 1 & -8 & 1 \\ 1 & 1 & 1 \end{bmatrix}$$

拉普拉斯模板的作用和高斯平滑模板是截然相反的。高斯平滑模板是一个低通滤波器，而拉普拉斯模板则相当于一个高通滤波器。

对于那些比较尖锐（也就是灰度级变化非常迅速）的边缘而言，梯度算子是一个非常有效的边缘检测器。但是当灰度级变化比较缓慢的时候，也就是存在一个相对比较宽的由暗变亮（或由亮变暗）的过渡区域时，梯度算子所给出的边缘信息将无法收敛到一条清晰而明确的线条上，也许会是一条比较粗的曲线，甚至可能是一个宽泛的区域。对于此种情况下，考虑使用拉普拉斯算子将会大有助益。对于一条较宽的边缘进行二阶求导，就会在这条宽泛的边缘中形成零交叉点，或称为过零点（zero crossing）。因此，图像中边缘的位置就可以通过检测图像二阶差分后形成的过零点来确定。

下面通过一个例子来具体说明拉普拉斯算子用于边缘检测的原理。如图 8-20 所示，线

条(1)表示一段过渡非常缓慢的边缘(也就是灰度级相对比较和缓的区域)。然后对其做一阶导数,即求其梯度,结果如图中线条(2)所示,求得的边缘是非常粗的(反映在线条(2)突起的部分在横轴上的跨度较大)。如果对原图像求二阶导数,则得到线条(3)所示的结果,此时不难发现过零点出现了,由波峰(取值为正)向波谷(取值为负)过渡区域中间存在为零的取值。一组过零点可以被连成的一条边缘线,这条线显然比仅仅求一阶导数所得到的边缘要纤细很多(在原图像边缘部分灰度变换比较缓慢的情况下)。

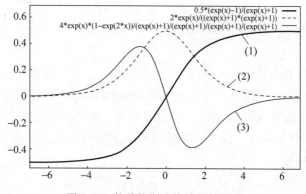

图 8-20　拉普拉斯边缘检测的原理

　　还可以在二维的情况下利用前面给出的拉普拉斯模板来验证一下边缘检测的效果,假设有如下一个像素矩阵,然后分别利用前面给出的两种拉普拉斯模板对其进行卷积

$$\begin{bmatrix} 5 & 5 & 5 & 5 & 5 & 5 & 5 \\ 4 & 5 & 5 & 5 & 5 & 5 & 5 \\ 3 & 4 & 5 & 5 & 5 & 5 & 5 \\ 3 & 3 & 4 & 5 & 5 & 5 & 5 \\ 3 & 3 & 3 & 4 & 4 & 4 & 4 \\ 3 & 3 & 3 & 3 & 3 & 3 & 3 \\ 3 & 3 & 3 & 3 & 3 & 3 & 3 \end{bmatrix}$$

　　结果得到如下所示的两个结果矩阵,注意卷积计算会有减边效应,所以结果矩阵要比原矩阵小一圈。显然,其中零交叉点所标识出来的边缘两侧,必然分别有一个正值(相当于图 8-20 中线条(3)所示的波峰)和一个负值(相当于图 8-20 中线条(3)所示的波谷),符号相同的一侧与符号相反的一侧则分别是由该边缘划定的不同区域。

$$\begin{bmatrix} 2 & 0 & 0 & 0 & 0 \\ 0 & 2 & 0 & 0 & 0 \\ -2 & 0 & 2 & 1 & 1 \\ 0 & -2 & 1 & 0 & 0 \\ 0 & 0 & -1 & -1 & -1 \end{bmatrix}, \begin{bmatrix} 4 & 1 & 0 & 0 & 0 \\ 0 & 4 & 1 & 0 & 0 \\ -4 & 0 & 5 & 3 & 3 \\ 0 & -4 & 2 & 0 & 0 \\ 0 & -1 & -2 & -3 & -3 \end{bmatrix}$$

　　需要特别注意的是,如果对于一个给定像素,它的邻域(3×3、5×5、7×7 等)中如果存在对立的两极,例如既有像素大于 0 又有像素小于 0,那么这个像素就是零交叉点。从这个定义角度来说,零交叉点像素的值本身不一定为 0,所以上述两个结果矩阵中被着色的 1 和 2,也属于零交叉点,于是上述两个矩阵得到的都是一条连续的边缘。特别地,当仅考虑一个像素所有邻域像素中的最大值和最小值时,那么如果最大值大于 0 而最小值小于 0,则该像素就是零交叉点。

由于受到随机噪声的影响,一些错误的零交叉点也可能被误检测到。在此情况下,就必须检测邻域最大值和最小值之间的差是否大于设定的一个阈值。如果答案是肯定的,那么它就可以被认为是边缘,否则这种零交叉点就被认为是由噪声引起的,这种不满足条件的点应当被剔除。

8.2.3　高斯拉普拉斯算子

拉普拉斯算子对噪声是非常敏感的,这时开始考虑是否能采取一定的方法压制住噪声对边缘检测结果的影响。在图像处理中经常要用到高斯函数,高斯滤波是典型的低通滤波,对图像有平滑作用。高斯函数的一阶、二阶导数也可以进行高通滤波,此处将要介绍的高斯拉普拉斯(Laplace of Gaussian,LoG)算子中用到的是高斯函数的二阶导数。一维和二维的高斯函数表达式分别为

$$G(x) = \frac{1}{\sqrt{2\pi\sigma^2}}\exp\left(-\frac{x^2}{2\sigma^2}\right)$$

$$G(x,y) = \frac{1}{2\pi\sigma^2}\exp\left(-\frac{x^2+y^2}{2\sigma^2}\right)$$

二维高斯函数的一阶偏导数表达式为

$$\frac{\partial G}{\partial x} = -\frac{1}{2\pi\sigma^4}x\mathrm{e}^{\frac{x^2+y^2}{2\sigma^2}}, \quad \frac{\partial G}{\partial y} = -\frac{1}{2\pi\sigma^4}y\mathrm{e}^{\frac{x^2+y^2}{2\sigma^2}}$$

二维高斯函数的二阶偏导数表达式为

$$\frac{\partial^2 G}{\partial x^2} = \left(-\frac{1}{2\pi\sigma^4}\right)\left(1-\frac{x^2}{\sigma^2}\right)\mathrm{e}^{\frac{x^2+y^2}{2\sigma^2}}, \quad \frac{\partial^2 G}{\partial y^2} = \left(-\frac{1}{2\pi\sigma^4}\right)\left(1-\frac{y^2}{\sigma^2}\right)\mathrm{e}^{\frac{x^2+y^2}{2\sigma^2}}$$

二维高斯函数的各阶导数可以写成如下形式(仅列出对 x 求偏导的情况,y 的情况可参照写出)

$$G_x(x,y,\sigma) = -\frac{x}{\sigma^2}G(x,y,\sigma)$$

$$G_{xx}(x,y,\sigma) = \frac{x^2-\sigma^2}{\sigma^4}G(x,y,\sigma)$$

$$\nabla^2 G(x,y,\sigma) = G_{xx}(x,y,\sigma) + G_{yy}(x,y,\sigma)$$

拉普拉斯算子在检测边缘时对噪声比较敏感,因此很容易想到在利用其进行边缘检测之前先用高斯模板进行一下平滑处理,假设在做边缘检测之前,使用下面这个高斯函数

$$G_\sigma(x,y) = \frac{1}{\sqrt{2\pi\sigma^2}}\exp\left(-\frac{x^2+y^2}{2\sigma^2}\right)$$

来降低噪声的影响,那么整个联合处理过程就为(先做高斯平滑,再做拉普拉斯检测)

$$\Delta[G_\sigma(x,y) * f(x,y)] = [\Delta G_\sigma(x,y)] * f(x,y) = \mathrm{LoG} * f(x,y)$$

第一个等号之所以成立,可以由下面的式子说明

$$\frac{\mathrm{d}}{\mathrm{d}t}[h(t) * f(t)] = \frac{\mathrm{d}}{\mathrm{d}t}\int f(\tau)h(t-\tau)\mathrm{d}\tau = \int f(\tau)\frac{\mathrm{d}}{\mathrm{d}t}h(t-\tau)\mathrm{d}\tau = f(t) * \frac{\mathrm{d}}{\mathrm{d}t}h(t)$$

因此,可以先设法得到高斯拉普拉斯算子 $\Delta G_\sigma(x,y)$,然后再将其与输入图像做卷积从而来完成操作。为此,结合本小节最开始时已经给出的高斯函数的各阶导数

$$\frac{\partial}{\partial x}G_\sigma(x,y) = \frac{\partial}{\partial x}e^{-\frac{x^2+y^2}{2\sigma^2}} = -\frac{x}{\sigma^2}e^{-\frac{x^2+y^2}{2\sigma^2}}$$

以及

$$\frac{\partial^2}{\partial^2 x}G_\sigma(x,y) = \frac{x^2}{\sigma^4}e^{-\frac{x^2+y^2}{2\sigma^2}} - \frac{1}{\sigma^2}e^{-\frac{x^2+y^2}{2\sigma^2}} = \frac{x^2-\sigma^2}{\sigma^4}e^{-\frac{x^2+y^2}{2\sigma^2}}$$

注意,为了简化处理,此处忽略了系数 $1/\sqrt{2\pi\sigma^2}$。

同理,可以得到

$$\frac{\partial^2}{\partial^2 y}G_\sigma(x,y) = \frac{y^2-\sigma^2}{\sigma^4}e^{-\frac{x^2+y^2}{2\sigma^2}}$$

现在有了 LoG 这样一个算子,或者也可以将卷积核定义为

$$\text{LoG} \triangleq \Delta G_\sigma(x,y) = \frac{\partial^2}{\partial^2 x}G_\sigma(x,y) + \frac{\partial^2}{\partial^2 y}G_\sigma(x,y) = \frac{x^2+y^2-2\sigma^2}{\sigma^4}e^{-\frac{x^2+y^2}{2\sigma^2}}$$

高斯函数 $G(x,y)$ 的第一和第二阶导数,即 $G'(x,y)$ 和 $\Delta G(x,y)$ 如图 8-21 所示。

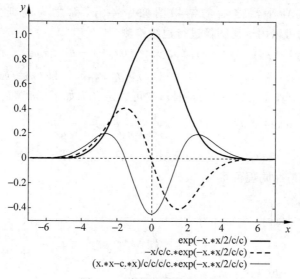

图 8-21　高斯拉普拉斯函数

二维 LoG 算子是基于 5×5 邻域的边缘检测算子,可以用卷积模板表示,如下所示

$$\begin{bmatrix} 0 & 0 & -1 & 0 & 0 \\ 0 & -1 & -2 & -1 & 0 \\ -1 & -2 & 16 & -2 & -1 \\ 0 & -1 & -2 & -1 & 0 \\ 0 & 0 & -1 & 0 & 0 \end{bmatrix}$$

任意尺寸的卷积核模板都可以由前面给定的 LoG 算子的表达式计算给出。但在这个过程中应该确保模板中所有元素的和等于零,如此一来一个同质性区域的卷积结果也会总保持为零。

借助 LoG 算子,图像的边缘可以由如下步骤获取:

（1）应用 LoG 算子处理图像。

（2）检测图像中的零交叉点。

（3）筛选掉那些不满足条件的点（例如可以通过设定阈值的方法进行过滤）。

最后一步处理旨在压制那些弱的零交叉点，因为这些点更可能是由噪声引起的。

8.2.4 高斯差分算子

与高斯拉普拉斯算子的处理过程类似，先采用下面这个高斯卷积模板对待处理图像进行平滑降噪

$$G_{\sigma_1}(x,y) = \frac{1}{\sqrt{2\pi\sigma_1^2}}\exp\left(-\frac{x^2+y^2}{2\sigma_1^2}\right)$$

于是得到

$$g_1(x,y) = G_{\sigma_1}(x,y) * f(x,y)$$

然后，再使用一个具有不同参数 σ_2 的高斯模板来平滑图像，于是得到

$$g_2(x,y) = G_{\sigma_2}(x,y) * f(x,y)$$

将上述两个高斯平滑之后的结果图像做差分，称之为高斯差分（Difference of Gaussians，DoG），就可以用于对图像进行边缘检测，如下

$$g_1(x,y) - g_2(x,y) = G_{\sigma_1}(x,y) * f(x,y) - G_{\sigma_2}(x,y) * f(x,y)$$

$$= (G_{\sigma_1} - G_{\sigma_2}) * f(x,y) = \text{DoG} * f(x,y)$$

将 DoG 作为一个算子或是一个卷积核，它可以定义为如下形式

$$\text{DoG} \triangleq G_{\sigma_1} - G_{\sigma_2} = \frac{1}{\sqrt{2\pi}}\left(\frac{1}{\sigma_1}e^{-\frac{x^2+y^2}{2\sigma_1^2}} - \frac{1}{\sigma_2}e^{-\frac{x^2+y^2}{2\sigma_2^2}}\right)$$

高斯函数 $G_{\sigma_1}(x,y)$ 和 $G_{\sigma_2}(x,y)$，以及其差分的情况如图 8-22 所示（注意，这里仅给出一维的情况，二维的情况同理可得）。

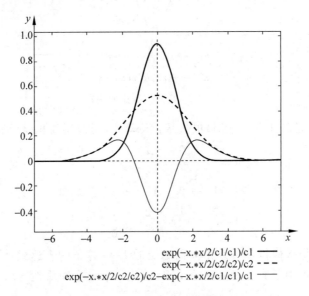

图 8-22 高斯差分函数

作为两个不同的低通滤波器的差,DoG算子实际上就是一个带通滤波器,它既剔除了信号中高频的部分(一般被认为是噪声),又剔除了低频的部分(一般被认为是图像中的同质化区域,也就是非边缘信息的区域),从而实现对图像边缘的检测。DoG算子的离散卷积模板可以通过上面的DoG函数的连续型表达式得到。此外,还需要注意保证模板矩阵中所有元素的总和或平均值为零。

将DoG的曲线与上一小节给出的LoG函数的曲线做比较,不难发现它们是非常相近的。所以,DoG是LoG的一种近似。但是就计算量而言,DoG要比LoG的效率高,在当前广泛使用的特征检测算法SIFT中,为了保证构建多尺度空间和检测特征值的性能表现,设计者就是使用DoG函数对LoG函数进行了替代。利用DoG进行边缘检测的主要步骤与LoG算子的情况如出一辙,特别是最后都需要设法筛选掉那些不满足条件的点,也就是通过压制那些弱的零交叉点来降低噪声的干扰。

20世纪60年代到80年代末是边缘检测理论发展最为迅猛的黄金时段。现在所学习的主要理论和方法几乎都诞生在那段时期。Prewitt是关于梯度的边缘检测理论的集大成者和主要代表人物,他的主要理论都收录在1970年出版的文献[7]中,这部文献在后续涉及边缘检测内容的图像处理著作中被引用率极高。Prewitt和Kirsch已经开始对带有方向性的边缘检测技术有所涉足,但是为这一部分内容发展和应用起到至关重要作用的人当属后来的Robinson,Robinson总结并发展了Prewitt和Kirsch的有关成果,他最重要的理论贡献主要被收录在1977年的文章[8]中。当然,值得一提的是上面这些人当中Kirsch的名气其实是最大的。早在1947—1950年间他所领导的研究小组就曾创造出了美国的第一台内部可程序化计算机(SEAC),他同时是扫描仪的发明人,也是创造了第一张数字图像的人。他的突破性成果后来成为了卫星成像,以及诺贝尔奖获得者豪斯费尔德的CT扫描技术等众多科技创新的基础。

利用梯度的方法对灰度变化强烈的边缘进行检测效果非常明显,但对于过渡和缓的边缘则力不从心。考虑到基于多次求导(拉普拉斯算子)所得的边缘图像中噪声影响非常大,马尔(Marr)在1980年发表的文章中提出了LoG算法,通过引入高斯滤波的方法来降低噪声的影响。马尔本来是一位英国神经科学家和心理学家,他最初引入高斯滤波的想法其实主要是从人类视觉特性的角度出发考虑的。马尔创造性地将神经生理学、心理学和人工智能融入到新的视觉处理模型中,并当之无愧地成为视觉计算理论的创始人。可惜天妒英才,马尔在35岁时英年早逝。就本书所涉及的内容而言,许多经典算法在设计上都明显受到马尔学术思想的影响。在马尔的LoG算法之后提出的边缘检测算法中,高斯滤波都是必选项(如Canny算法中也保留了高斯滤波的处理过程)。甚至到后面本书会讲到的SIFT算法中,通过高斯滤波构建多尺度空间表达的做法,也是从人类视觉生理特性角度考虑的,这一点后面还会做更细致的讨论。

1986年,站在众多巨人肩上的美国计算机科学家John Canny系统地对过往的一些边缘检测方法和应用做了总结,提出了当前被广泛使用的Canny边缘检测算法,更重要的是还提出了后来被称为Canny准则(Canny's Criteria)的边缘检测三准则。

8.3　保持边缘的平滑处理

高斯滤波可以起到平滑图像、降低噪声的效果，但是经过高斯滤波处理的图像同时会变得模糊不清。也就是说，高斯滤波会对图像中所有区域都进行同样的处理，它并不会区分被处理的局部对象到底是属于尖锐的边缘信息还是平缓的过渡区域。结果就会导致图像中的特有纹理以及细节信息被破坏。可否设计一种滤波方法，既能平滑过渡区域，又可以保持边缘等细节信息呢？其实从高斯平滑滤波出发，便可寻找到答案。

8.3.1　各向异性扩散滤波

如果一个微分方程中出现的未知函数只含有一个自变量，则把这样的方程称为常微分方程，或者简称为微分方程；如果一个微分方程中出现多元函数的偏导数，或者说如果未知函数和几个变量有关，并且方程中出现未知函数对几个变量的导数，那么这种微分方程就被称为是偏微分方程（Partial Differential Equation，PDE）。偏微分方程是用来描述同一因变量对不同自变量的偏导数之间制约关系的等式，这种制约关系常常是指未知变量关于时间和空间变量的导数之间的关系，因此偏微分方程在物理学或工程学中十分常见。近年来，基于偏微分方程的方法开始大量应用于图像处理。由佩罗纳（P. Perona）和马里克（J. Malik）在1990 年提出的各向异性扩散方程（有时也称为是 Perona-Malik 方程，或简称 P-M 方程）是偏微分方程在图像处理中的典型应用，它是一种对图像进行平滑降噪的算法。为了帮助读者深入理解该算法所蕴含的思想，这里先从物理学的角度去介绍一下一维热传导方程，也称一维扩散方程，它是一个典型的偏微分方程。

热能是由分子的不规则运动产生的。在热能流动中有两种基本过程：传导和对流。传导由相邻分子的碰撞产生，一个分子的振动动能被传送到其最近的分子。这种传导导致了热能的传播，即便分子本身的位置没有什么移动，热能也传播了。此外，如果振动的分子从一个区域运动到另一个区域，它会带走其热能。这种类型的热能运动称为对流。为了从相对简单的问题开始讨论，这里仅研究热传导现象。

假设有一根具有固定横截面积 A 的杆，如图 8-23 所示，它的方向为 x 轴的正方向，杆的长度为 L，即 $0 \leqslant x \leqslant L$。设单位体积的热能量为未知变量，叫做热能密度，记作 $e(x,t)$。假设通过截面的热量是恒定的，杆是一维的。做到这一点的最简单方法是将杆的侧面完全绝热，这样热能就不能通过杆的侧面扩散出去。对 x 和 t 的依赖对应于杆受热不均匀的情形；热能密度由一个截面到另一个截面是变化的。

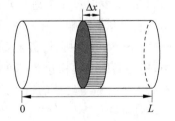

图 8-23　理想的一维杆模型

现在来考察杆上介于 x 和 $x + \Delta x$ 之间的一段薄片，如图 8-25 所示。如果热能密度在薄片内是常数，则薄片内的总能量是热能密度和体积的乘积。一般来说，能量密度不是常数，不过当 Δx 非常小时，热能密度 $e(x,t)$ 在薄片内可以近似为常数，则体积为 $A\Delta x$ 的薄片内所具有的热能可以表示为

$e(x,t) \cdot A\Delta x$。在 x 和 $x+\Delta x$ 之间的热能随时间的变化都是由流过薄片两端的热能和内部(正的或负的热源)产生的热能所引起。由于假设侧面是绝热的,所以在侧面上没有热能变化。根据能量守恒定律,基本的热传导过程可由文字表述为热能瞬时变化率等于单位时间流过边界的热能加上单位时间内产生的热能。对小薄片,热能的变化率是热能函数对于时间变量的偏导数

$$\frac{\partial\big[e(x,t) \cdot A\Delta x\big]}{\partial t}$$

这里使用偏导数是因为对于一个确定的小薄片而言,其 x 是固定的。

在一维杆中,热能的流向向右或向左。热通量是指单位时间内热能流向单位表面积右边的热能量,记作 $\Phi(x,t)$。如果 $\Phi(x,t)<0$,这意味着热能流向左边。单位时间内流过薄片边界的热能是 $\Phi(x,t)A-\Phi(x+\Delta x,t)A$,由于热通量是单位表面积的流量,因此它必须与表面积相乘。

考虑热能的内部来源,并将单位时间在单位体积内产生的热能记作 $Q(x,t)$,这或许是由于化学反应或电加热造成的。对于薄片,$Q(x,t)$ 在空间上近似为常数,故该薄片单位时间产生的热能近似为 $Q(x,t) \cdot A\Delta x$。

热能变化率是由流过边界的热能和内部热源产生的热能造成的,所以有

$$\frac{\partial\big[e(x,t) \cdot A\Delta x\big]}{\partial t} \approx \Phi(x,t)A - \Phi(x+\Delta x,t)A + Q(x,t) \cdot A\Delta x$$

由于对小横截面薄片,许多量被近似为常数,所以上述方程并不是精确的,因此这里使用了约等号。可以断言:当 $\Delta x \to 0$ 时,上式会逐渐地精确。在给出完整详细的(和数学上严格的)推导之前,先解释一下当 $\Delta x \to 0$ 时,极限过程的基本思想。当 $\Delta x \to 0$ 时,上式的极限给出的信息 $0=0$ 没有意义。不过,如果先用 Δx 去除,再取当 $\Delta x \to 0$ 时的极限,就得到

$$\frac{\partial e(x,t)}{\partial t} = \lim_{\Delta x \to 0} \frac{\Phi(x,t) - \Phi(x+\Delta x,t)}{\Delta x} + Q(x,t)$$

其中,常数横截面积被消去了。这个结果肯定是准确的(没有小误差),因此用上式中的等号替代了原式中的约等号。在 $\Delta x \to 0$ 的极限过程中,t 是固定的。因此,由偏导数定义可得

$$\frac{\partial e(x,t)}{\partial t} = -\frac{\partial \Phi(x,t)}{\partial x} + Q(x,t)$$

注意,$\partial\Phi/\partial x$ 前面有一个负号,这里稍作解释。例如,若对于 $a \leqslant x \leqslant b$, $\partial\Phi/\partial x>0$,则热通量 Φ 是 x 的增函数。流向右边 $x=b$ 点的热大于流向 $x=a$ 点的热(假设 $b>a$)。所以(忽略源 Q 的影响),在 $x=a$ 和 $x=b$ 之间的热能一定是减少的,因此导致了上式中的负号。

事实上,在生活中更多的是用温度(而不是用物质的热能密度)来描述物质。这里将 x 点处 t 时刻的温度记作 $u(x,t)$。18 世纪中期,精确的实验仪器使物理学家认识到,将两种不同的物质从一个温度升高到另一个温度,需要的热能量是不相同的,这就有必要引入比热容,比热容定义为单位质量的物质升高一个单位温度所需的热能,记作 C。根据实验,物质的比热容 C 依赖于温度 u。但对于限制的温度区间,可以假定比热容与温度是无关的。不过,实验表明,升温不同的物质需要不同的热能量,由于要建立在各种情形下都正确的方程,这些情形包括一维杆的构成可能会随位置而改变。因此,比热容要依赖于 x,所以有 $C = C(x)$。在许多问题中,杆都是由一种物质所组成的(均匀的杆),定比热容 C 为常数。

一个薄片的热能是 $e(x,t) \cdot A\Delta x$。另一方面,它也定义为从基准温度 0°升高到实际温

度 $u(x,t)$ 所需的能量。因为，比热容与温度无关，单位质量的热能就是 $C(x)u(x,t)$。这样需要引入质量密度 $\rho(x)$，即单位体积质量，允许它随 x 变化，这可能因为杆是由不均匀物质组成的缘故。薄片的质量是 $\rho(x) \cdot A\Delta x$。因而，在任意薄切片内的热能是

$$C(x)u(x,t) \cdot \rho(x)A\Delta x$$

所以有

$$e(x,t) \cdot A\Delta x = C(x)u(x,t) \cdot \rho(x)A\Delta x$$

这样就解释了热能和温度之间的基本关系

$$e(x,t) = C(x)\rho(x)u(x,t)$$

该公式表明，单位体积的热能等于单位质量单位度的热能乘以温度乘以质量密度（单位体积质量）。当用上式消去热能密度后，原公式

$$\frac{\partial e(x,t)}{\partial t} = -\frac{\partial \Phi(x,t)}{\partial x} + Q(x,t)$$

就可以变为

$$C(x)\rho(x)\frac{\partial u(x,t)}{\partial t} = -\frac{\partial \Phi(x,t)}{\partial x} + Q(x,t)$$

现在需要一个关于热能流动对温度场依赖关系的表达式。下面先总结一些熟悉的热流定性性质：

(1) 若在某个区域内温度是常数，则没有热能流动。

(2) 若存在温差，则热能从较热的区域流向较冷的区域。

(3) 对同一种物质而言，温差越大，热能的流动越大。

(4) 即使是在相同的温差下，不同物质热能的流动是不同的。

傅里叶认识到了上述四条性质，并把这些性质（和众多实验）总结为公式

$$\Phi(x,t) = -K_0\frac{\partial u(x,t)}{\partial x}$$

这就是傅里叶热传导定律。其中，$\partial u(x,t)/\partial x$ 是温度的导数。它是温度的斜率（作为一个固定 t 的关于 x 的函数），它表示（单位长度的）温差。最新得到的热能守恒方程

$$C(x)\rho(x)\frac{\partial u(x,t)}{\partial t} = -\frac{\partial \Phi(x,t)}{\partial x} + Q(x,t)$$

说明热通量与（单位长度的）温差是成比例的。若温度 u 随 x 上升而上升（温度越向右则越热），即 $\partial u(x,t)/\partial x > 0$，也就是说 u 是关于 x 的增函数，所以偏导数大于 0，则热能向左流动，因为由性质(2)知，若存在温差，则热能从较热的区域流向较冷的区域。这就解释了傅里叶定律表达式中的负号。

用 K_0 表示比例系数。它测量物质的导热能力，称为导热系数。实验表明，不同的物质有不同的导热性能，K_0 与物质有关。K_0 越大，在相同温差下，热能流量越大，K_0 值低的物质导热性差。对一根由不同物质组成的杆，K_0 是 x 的函数。此外，实验表明，在不同的温度下，多数物质的导热能力是不同的。不过，就像在比热容 C 的情形一样，在具体问题中，K_0 对温度的依赖性常常不被看重。因此，假设导热系数 K_0 只与 x 有关，记作 $K_0(x)$。然而，事实上通常只讨论均匀杆，此时 K_0 是一个常数。

把傅里叶热传导定律的表达式代入热能守恒方程，就得到偏微分方程

$$C(x)\rho(x)\,\frac{\partial u(x,t)}{\partial t}=\frac{\partial}{\partial x}\Big[K_0\,\frac{\partial u(x,t)}{\partial x}\Big]+Q(x,t)$$

通常把热源 Q 看作是给定的,只有温度 $u(x,t)$ 是未知的。有关的热系数 C、ρ 和 K_0 都与物质有关,因而可能是 x 的函数。在均匀杆的情况,C、ρ 和 K_0 都是常数,上述偏微分方程变为

$$C\rho\,\frac{\partial u}{\partial t}=K_0\,\frac{\partial^2 u}{\partial x^2}+Q$$

此外,若没有热源,$Q=0$,则用常数 $C\rho$ 做除法,偏微分方程变为

$$\frac{\partial u}{\partial t}=k\,\frac{\partial^2 u}{\partial x^2}$$

其中,常数 $k=K_0/C\rho$,称为热扩散率,即导热性系数除以比热容和质量密度的乘积。上述偏微分方程称为热传导方程;它对应于无热源和恒定热条件的情形。如果热能开始集中于一个地方,则它描述了热能是如何扩展的,也就是一个通称为扩散的物理过程。除温度外的许多其他物理量也会以类似的方式平缓地扩散开来,这些过程也都满足相同的偏微分方程。因此,上式也称作扩散方程。

由于热传导方程有一阶时间导数,要想预知未来某个时间某个位置的温度,就必须给出一个初始条件,通常是在 $t=0$ 时的初始温度。但是它可能不是一个常数,且只与 x 有关,所以要给出初始温度分布,$u(x,t)=f(x)$。知道初始温度分布,并知道温度按照扩散方程变化。还需要知道在两个边界 $x=0$ 和 $x=L$ 点发生的情况。

一维扩散方程的一个非常重要的解是

$$u(x,t)=\frac{1}{\sqrt{4\pi kt}}\mathrm{e}^{-\frac{x^2}{4kt}},\quad t>0,\quad -\infty<x<+\infty$$

在任意固定的时间 $t>0$ 中,在 xu 平面上的图像,如图 8-24 所示呈高斯分布的正态曲线。随着时间 t 的增加,图像铺展开来且高度减小,图形和 x 轴之间的面积总是保持 1。面积保持不变是遵守能量守恒定理的表现。同一时刻,距离热源(也就是热能最开始传递的位置)越远的地方温度越低。逼近热源的同一位置,时间越久,温度越低,因为热能被逐渐传播出去;而远离热源的同一位置,时间越久,温度越高,因为热能被逐渐接收到。

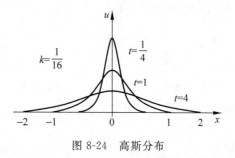

图 8-24 高斯分布

上述微分方程的解可以借助傅里叶变换法求得。但此处先来验证上述结果的确是原微分方程的解。因此,对该解的等式两端分别取对数得

$$\ln u=-\frac{1}{2}\ln 4\pi k-\frac{1}{2}\ln t-\frac{x^2}{4kt}$$

然后,对上式左右两边同时对 x 求偏导数,得

$$\frac{u_x}{u}=-\frac{x}{2kt}$$

或者,也可以写为

$$u_x = -\frac{x}{2kt}u$$

上式再对 x 求偏导数，得

$$u_{xx} = -\frac{1}{2kt}u - \frac{x}{2kt}u_x = -\left[\frac{1}{2kt} - \left(\frac{x}{2kt}\right)^2\right]u$$

原等式的两端分别对 t 求偏导数，得

$$\frac{u_t}{u} = -\frac{1}{2t} + \frac{x^2}{4kt^2} = -k\left[\frac{1}{2kt} - \left(\frac{x}{2kt}\right)^2\right]$$

综上可得

$$u_t = ku_{xx}$$

结论得证。

　　傅里叶最先推导出了著名的热传导方程，并利用傅里叶变换方法对该方程进行了求解。傅里叶变换在偏微分方程求解中有着广泛的应用，它的基本性质之一就是把微分运算转化为乘法运算。借助这种转化，常常能够把一个线性偏微分方程的问题转化为常微分方程甚至函数方程的问题。接下来，考虑用傅里叶变换求解一维齐次热传导方程的柯西问题。

　　初值问题（或柯西问题）是只有初始条件，没有边界的定解问题；相对应地，边值问题是没有初始条件，只有边界条件的定解问题。既有初始条件也有边界条件的定解问题称为混合问题。所以说，柯西问题就是偏微分方程中，只有初始条件，没有边界条件的定解问题。下式即为一维齐次热传导方程的柯西问题的表达式

$$\begin{cases} \dfrac{\partial u}{\partial t} = k\,\dfrac{\partial^2 u}{\partial x^2}, & -\infty < x < +\infty, \quad t > 0 \\ u(x,0) = u_0(x), & -\infty < x < +\infty \end{cases}$$

　　将 t 看成是参数，对未知函数 $u(x,t)$ 和初始条件中的函数 $u_0(x)$ 做关于 x 的傅里叶变换，并把它们表示为

$$F[u(x,t)] = \tilde{u}(\omega,t) = \int u(x,t)\mathrm{e}^{-\mathrm{j}\omega x}\,\mathrm{d}x$$

$$F[u_0(x)] = \tilde{u}_0(\omega)$$

　　为了继续后面的求解，这里需要补充介绍一下傅里叶变换的时域微分性，即如果 $f(x)$ 和 $F(\omega)$ 构成一个傅里叶变换对，那么则有

$$\frac{\mathrm{d}^n f(x)}{\mathrm{d}t^n} \leftrightarrow (\mathrm{j}\omega)^n F(\omega)$$

　　下面对此做简单证明，因为

$$f(x) = \frac{1}{2\pi}\int F(\omega)\mathrm{e}^{\mathrm{j}\omega x}\,\mathrm{d}\omega$$

两边对 x 求导数，得

$$\frac{\mathrm{d}f(x)}{\mathrm{d}x} = \frac{1}{2\pi}\int \mathrm{j}\omega F(\omega)\mathrm{e}^{\mathrm{j}\omega x}\,\mathrm{d}\omega$$

所以有

$$\frac{\mathrm{d}f(x)}{\mathrm{d}x} \leftrightarrow (\mathrm{j}\omega)F(\omega)$$

　　同理，可推出

$$\frac{\mathrm{d}^n f(x)}{\mathrm{d}t^n} \leftrightarrow (\mathrm{j}\omega)^n F(\omega)$$

结论得证。

回过头来,由傅里叶变换的时域微分性,式子

$$\frac{\partial u}{\partial t} = k \frac{\partial^2 u}{\partial x^2}$$

可以变为(注意其中负号是由 j^2 得到的)

$$\frac{\mathrm{d}\tilde{u}(\omega,t)}{\mathrm{d}t} = -k\omega^2 \tilde{u}(\omega,t)$$

另外,式子 $u(x,0)=u_0(x)$ 则可以变为 $\tilde{u}(\omega,0)=\tilde{u}_0(\omega)$,于是得到了一个带参数的常微分方程

$$\begin{cases} \dfrac{\mathrm{d}\tilde{u}(\omega,t)}{\mathrm{d}t} = -k\omega^2 \tilde{u}(\omega,t) \\ \tilde{u}(\omega,0) = \tilde{u}_0(\omega) \end{cases}$$

下面求解该方程,显然第一个式子的解应该具有如下形式

$$\tilde{u}(\omega,t) = F(\omega)\mathrm{e}^{-k\omega^2 t}$$

当 $t=0$ 时有,$\tilde{u}(\omega,0)=F(\omega)$,然后又由第 2 式知道 $\tilde{u}(\omega,0)=\tilde{u}_0(\omega)$,所以可以确定 $F(\omega)$ 的形式,即 $F(\omega)=\tilde{u}_0(\omega)$。于是得到上述常微分方程的解为

$$\tilde{u}(\omega,t) = \tilde{u}_0(\omega)\mathrm{e}^{-k\omega^2 t}$$

函数 $\mathrm{e}^{-k\omega^2 t}$ 的傅里叶逆变换为

$$F^{-1}(\mathrm{e}^{-k\omega^2 t}) = \frac{1}{2\pi}\int \mathrm{e}^{-k\omega^2 t + \mathrm{j}\omega x}\,\mathrm{d}\omega = \frac{1}{2\pi}\int \mathrm{e}^{-kt\left(\omega - \frac{\mathrm{j}x}{2kt}\right)^2}\,\mathrm{d}\omega \cdot \mathrm{e}^{-\frac{x^2}{4kt}}$$

再利用复变积分的积分运算知

$$\int \mathrm{e}^{-kt\left(\omega - \frac{\mathrm{j}x}{2kt}\right)^2}\,\mathrm{d}\omega = \int \mathrm{e}^{-kt\omega^2}\,\mathrm{d}\omega = \frac{1}{\sqrt{kt}}\int \mathrm{e}^{-y^2}\,\mathrm{d}y = \sqrt{\frac{\pi}{kt}}$$

所以

$$F^{-1}(\mathrm{e}^{-k\omega^2 t}) = \frac{1}{2\sqrt{k\pi t}}\mathrm{e}^{\frac{x^2}{4kt}}$$

即

$$F\left[\frac{1}{2\sqrt{k\pi t}}\mathrm{e}^{-\frac{x^2}{4kt}}\right] = \mathrm{e}^{-k\omega^2 t}$$

于是

$$\tilde{u}(\omega,t) = \tilde{u}_0(\omega)\mathrm{e}^{-k\omega^2 t} = \tilde{u}_0(\omega)F\left[\frac{1}{2\sqrt{k\pi t}}\mathrm{e}^{\frac{x^2}{4kt}}\right] = F[u_0(x)]F\left[\frac{1}{2\sqrt{k\pi t}}\mathrm{e}^{\frac{x^2}{4kt}}\right]$$

而根据前面介绍过的卷积定理,频域的乘积就等于时域的卷积,所以可得

$$u(x,t) = u_0(x) * G(x,t)$$

其中

$$G(x,t) = \frac{1}{2\sqrt{k\pi t}}\mathrm{e}^{-\frac{x^2}{4kt}}$$

显然，$G(x,t)$就是高斯函数，而且如果令$4kt=2\sigma^2$，就可以得到方差为σ^2的高斯函数。特别地，当$k=1$时，再令

$$G_\sigma(x,t) = \frac{1}{\sigma\sqrt{2\pi}}e^{-\frac{x^2}{2\sigma^2}}$$

此时，扩散方程的解可以写成如下的形式

$$u(x,t) = \begin{cases} G_\sigma(x,t) * u_0(x), & t > 0 \\ u_0(x), & t = 0 \end{cases}$$

将上式扩展到二维的情况，就可以得到本篇中已经反复多次出现的图像高斯滤波公式。设初始灰度噪声图像为$u_0(x,y)=u(x,y,0)$，$u(x,y,t)$是利用如下的高斯函数G_σ

$$G_\sigma(x,y,t) = \frac{1}{2\pi\sigma^2}e^{-\frac{x^2+y^2}{2\sigma^2}}$$

对u_0卷积

$$u(x,y,t) = G_\sigma(x,y) * u_0(x,y)$$

得到的t时刻去噪图像。其中，$t=0.5\sigma^2$。

因此，由高斯滤波公式得到的去噪图像就等价于如下线性各向同性扩散方程的解

$$\begin{cases} \dfrac{\partial u}{\partial t} = \Delta u = \mathrm{div}(\nabla u) \\ u(x,y,0) = u_0(x,y) \end{cases}, \quad (x,y) \in \mathbb{R}^2$$

其中，Δ是拉普拉斯算子，div是散度算子，∇是梯度算子。这些算子的数学意义在本书的前面均已经得到了充分的讲解，这里不再重复。

扩散方程用于图像处理，则图像的灰度相当于温度，类似于能量的概念，将引起灰度变化的因素称为"灰量"，扩散过程相当于"灰量"从高灰度区向低灰度区扩散，从而产生去噪的效果，当时间足够长时，图像收敛于一幅常值图像，此时相当于达到热扩散过程中的热平衡状态。因为高斯滤波公式是一个各向同性扩散方程，而且扩散系数是常数1，各向同性扩散方程具有磨光作用，虽然能去除图像的噪声但不能保护图像的边缘，而且随着尺度t增大，卷积核的半径$\sigma=\sqrt{2t}$也增大，高斯函数的图像就显得越宽，磨光程度也越大。各向同性扩散方程在图像边缘处沿切向和法向是同等扩散的，不能保护边缘，也不能很好地保留原有图像中的细微结构，使图像变得模糊。

为了解决上述各向同性扩散方程存在的缺点，有学者就提出了各向异性扩散方程。各向异性扩散（Anisotropic Diffusion）作为当前一种非常流行的基于偏微分方程的数字图像处理技术，是由传统的高斯滤波发展而来的。它有着完善的理论基础，以及传统的各向同性扩散技术无法企及的良好特性，其特点是可以在平滑的同时保持边缘特征。由于这种优良的特性，使其在图像的平滑去噪等方面得到了广泛的应用。各向异性扩散方程的扩散系数不取为原始噪声图像的梯度函数，而是根据每一步迭代出来的图像的梯度确定扩散系数。而这里所介绍的Perona-Malik方程正是其中最具代表性的方法，其表达式如下

$$\begin{cases} \dfrac{\partial u}{\partial t} = \mathrm{div}[g(|\nabla u|)\nabla u] \\ u(x,y,0) = u_0(x,y) \end{cases}, \quad (x,y) \in \mathbb{R}^2$$

其中，$g(|\nabla u|) \in [0,1]$是扩散系数（因子），或称边缘停止函数（Edge-Stopping Function），

它是一个梯度的单调递减函数,在方程中相当于传热学中的导热系数。佩罗纳和马里克提出两个典型的扩散系数为

$$g(\nabla u) = e^{-\left(\frac{|\nabla u|}{k}\right)^2}$$

$$g(\nabla u) = \frac{1}{1 + \dfrac{|\nabla u|^2}{k^2}}$$

其中,常数 k 为阈值,可以预先设定,也可以随着图像每次迭代的结果变化而变化,它与噪声的方差有关。Perona-Malik 扩散方法根据每次迭代出来的图像的梯度 $|\nabla u|$ 的大小判断图像的边缘,能较好地对边缘进行定位,且边缘处的模糊程度减小。第二式所表示的扩散系数计算比较容易,所以较为常用。需要说明的是,在实际应用时,这个扩散系数也可根据具体需求来定义新的形式,而无须非得拘泥于原作者给出的形式。

理想的扩散系数应当使各向异性扩散在灰度变化平缓的区域快速平滑,而在灰度变化急剧的位置(即图像特征)低速扩散乃至不扩散。为了平滑过程中取得良好的效果,平滑处理应遵循下面的两个原则:

(1) 图像特征强的区域平滑程度小;图像特征弱的区域平滑程度大。

(2) 垂直图像特征的方向平滑程度小;沿着图像特征的方向平滑程度大。

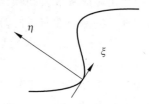

图 8-25　图像的切向和法向

为了说明这一点,下面对 Perona-Malik 方程的扩散行为作进一步的分析。Perona-Malik 方程是各向异性的非线性扩散方程,其各向异性表现在沿梯度方向和垂直梯度方向上拥有着不同的扩散强度。将扩散分解为图像的切向 ξ 和法向 η 两个方向,如图 8-25 所示,并假设 $\xi = \nabla u / |\nabla u|$ 是沿着图像梯度方向的单位向量,而 η 是垂直于 ξ 的单位向量,则可以表示为

$$\xi = \frac{1}{\sqrt{u_x^2 + u_y^2}} \begin{bmatrix} u_x \\ u_y \end{bmatrix}, \quad \eta = \frac{1}{\sqrt{u_x^2 + u_y^2}} \begin{bmatrix} -u_y \\ u_x \end{bmatrix}$$

求 u 在 ξ 方向上的偏导数,则有 $u_\xi = u_x \cos\alpha + u_y \cos\beta$,$\cos\alpha$ 和 $\cos\beta$ 是 ξ 方向上的方向余弦,即

$$\cos\alpha = \frac{u_x}{\sqrt{u_x^2 + u_y^2}}, \quad \cos\beta = \frac{u_y}{\sqrt{u_x^2 + u_y^2}}$$

故得

$$u_\xi = \frac{u_x^2 + u_y^2}{\sqrt{u_x^2 + u_y^2}}$$

以此类推,可得二阶导数为

$$u_{\xi\xi} = \frac{u_{xx}u_x^2 + 2u_x u_y u_{xy} + u_{yy}u_y^2}{u_x^2 + u_y^2}, \quad u_{\eta\eta} = \frac{u_{xx}u_y^2 - 2u_x u_y u_{xy} + u_{yy}u_x^2}{u_x^2 + u_y^2}$$

上式左右两边分别相加得 $u_{\xi\xi} + u_{\eta\eta} = u_{xx} + u_{yy}$。

由 Perona-Malik 方程式得

$$\frac{\partial u}{\partial t} = \text{div}[g(|\nabla u|)\nabla u] = g(|\nabla u|)\left\{ u_{\eta\eta} + \left[1 + \frac{|\nabla u| g'(|\nabla u|)}{g(|\nabla u|)} \right] u_{\xi\xi} \right\}$$

上式中，记 $g'(|\nabla u|)=\partial g(|\nabla u|)/\partial |\nabla u|$。

将第二个扩散系数 $g(\nabla u)=1/(1+|\nabla u|^2/k^2)$ 代入上式可得

$$\frac{\partial u}{\partial t}=\frac{k^2}{k^2+|\nabla u|^2}u_{\eta\eta}+\frac{k^2(k^2-|\nabla u|^2)}{(k^2+|\nabla u|^2)^2}u_{\xi\xi}$$

设梯度方向（即垂直于边缘方向）上的扩散系数为

$$g_\xi(|\nabla u|)=\frac{k^2(k^2-|\nabla u|^2)}{(k^2+|\nabla u|^2)^2}$$

并设垂直方向（即沿边缘方向）上的扩散系数为

$$g_\eta(|\nabla u|)=\frac{k^2}{k^2+|\nabla u|^2}$$

沿梯度方向（即垂直于边缘方向）上的扩散系数 $g_\xi(|\nabla u|)$ 在梯度值较小的区域（平坦区域）具有较大的值，具有较大的扩散力度；而当梯度值 $|\nabla u|$ 大于 k 时，那么扩散系数变为负值，对图像进行反向扩散，处理结果是对边缘的增强。垂直于梯度方向（即沿边缘方向）上的扩散系数，在整个梯度范围内都具有扩散作用，在梯度值较小的区域（平坦区域）具有较大的扩散力度，而在梯度值较大的区域（边缘部分）扩散强度很小。$g_\xi(|\nabla u|)$ 和 $g_\eta(|\nabla u|)$ 结合起来共同成为 Perona-Malik 扩散方程的扩散系数，在扩散过程中对图像的边缘不但具有保持作用还能有效去除噪声，而对平坦区域具有较强的去噪能力。因此，Perona-Malik 扩散实现了各向异性非线性的扩散过程。

尽管 Perona-Malik 模型具有选择性的扩散平滑，较好地兼顾噪声去除和边缘保护，但该模型也存在不足，例如，当图像存在噪声时，由于孤立噪声点的梯度较大，扩散系数较小，对噪声的去除不利；其次，不能保证该方程解的存在性和可能存在的解的唯一性，所以该方程在数学上是一个病态问题。

正如前面所分析的，Perona-Malik 模型虽然在一定程度上克服了热传导方程的缺陷，但它是一个病态问题。为了解决该模型的缺点，1992 年卡特（F. Catte）等人对该模型进行了改进，提出了它的正则化（regularized）模型——Catte 模型（或称为 CLMC 模型）。改进模型用更平滑的 $\nabla u * G_\sigma$ 来代替原式中的 ∇u。其中，G_σ 是高斯核函数。通过高斯平滑，孤立噪声点处的梯度受其邻域像素的影响将会大大降低，扩散系数增大，使得扩散能更快地进行，从而更有利于消除噪声。CLMC 模型如下

$$\begin{cases}\dfrac{\partial u}{\partial t}=\mathrm{div}\big[g(|\nabla u * G_\sigma|)\nabla u\big]\\u(x,y,0)=u_0(x,y)\end{cases},\quad (x,y)\in\mathbb{R}^2$$

该式也称为正则化 Perona-Malik 方程。

相对于 Perona-Malik 模型，CLMC 模型具有以下优点。首先，CLMC 模型可以更有效地去除图像中的大梯度噪声点，因为噪声点的梯度较大，扩散系数较小，与 Perona-Malik 模型相比，CLMC 模型先对图像进行了平滑，在一定尺度上减弱了噪声的影响。其次，不同于 Perona-Malik 模型，方程是适定的（Well-posed）。

尽管 CLMC 模型在一定程度上修正了 Perona-Malik 模型的不足，提高了降噪能力，在一定程度上较好地保护了重要的边缘信息，但该模型的实质是在各向异性扩散的过程中，加入了各向同性的操作，因此也存在着其自身的缺陷。首先，算法的计算速度比较慢，因为每次迭代都要进行一次高斯滤波。其次，CLMC 模型也无法找到其对应的能量泛函；最后，扩

散函数中的 ∇u 和 $\nabla u * G_\sigma$ 没有明确的几何解释。

要在实际开发中应用 Perona-Malik 方程，就需要求得它的离散形式。根据麦克劳林公式，可以对 $u(x,y,t)$ 进行线性近似展开，即有

$$u(x,y,t) = u(x,y,0) + t\frac{\partial u}{\partial t} + R_n(t)$$

根据 Perona-Malik 方程的表达式并结合本书前面在介绍散度概念时曾经给出的公式可知

$$\frac{\partial u}{\partial t} = \mathrm{div}[g(|\nabla u|)\nabla u] = \nabla[g(|\nabla u|)]\nabla u + g(|\nabla u|)\Delta u$$

所以就有

$$u(x,y,t) \approx u(x,y,0) + t\left(\frac{\partial u}{\partial t}\right)_{t=0}$$
$$= u(x,y,0) + t\{\nabla[g(|\nabla u|)]\nabla u + g(|\nabla u|)\Delta u\}$$

注意，由于舍去了误差项 $R_n(t)$，所以上式中取的是约等号。再令 $c(x,y,t) = g(|\nabla u|)$，并把较长的时间 t 分割为 $t = n \cdot \delta t$，始终从 t_n 步计算到 t_{n+1} 步即可。因为，麦克劳林公式是用函数定义域内的一点 x_0 去逼近其附近的一点 x，所以当 x_0 越趋近于点 x 时，逼近的效果就越好。因此，在具体计算时是从 $u(x,y,0)$ 也就是原始图像开始算起，计算 $u(x,y,1)$，并依次类推；最终的 $u(x,y,t_{n+1})$ 则是由 $u(x,y,t_n)$ 算得的。最后，得到 Perona-Malik 方程的简化形式如下

$$u(x,y,t_{n+1}) \approx u(x,y,t_n) + \delta t\{\nabla[g(|\nabla u|)]\nabla u + g(|\nabla u|)\Delta u\}$$
$$= u(x,y,t_n) + \delta t[I_1^n + I_2^n]$$

把 $u(x,y,t_n)$ 改写为 $u_{i,j}^n$，把 $c(x,y,t_n)$ 改写为 $c_{i,j}^n$，其中

$$I_1^n = \frac{1}{2}(c_{i+1,j}^n - c_{i,j}^n)(u_{i+1,j}^n - u_{i,j}^n) + \frac{1}{2}(c_{i,j+1}^n - c_{i,j}^n)(u_{i,j+1}^n - u_{i,j}^n)$$
$$+ \frac{1}{2}(c_{i,j}^n - c_{i-1,j}^n)(u_{i,j}^n - u_{i-1,j}^n) + \frac{1}{2}(c_{i,j}^n - c_{i,j-1}^n)(u_{i,j}^n - u_{i,j-1}^n)$$
$$I_2^n = \frac{1}{2}c_{i,j}^n(u_{i+1,j}^n + u_{i-1,j}^n + u_{i,j+1}^n + u_{i,j-1}^n - 4u_{i,j}^n)$$

则

$$I_1^n + I_2^n = \frac{1}{2}(c_{i+1,j}^n \nabla_S u_{i,j}^n + c_{i,j+1}^n \nabla_E u_{i,j}^n + c_{i-1,j}^n \nabla_N u_{i,j}^n + c_{i,j-1}^n \nabla_W u_{i,j}^n)$$

其中

$$\nabla_S u_{i,j}^n = u_{i+1,j}^n - u_{i,j}^n, \quad \nabla_E u_{i,j}^n = u_{i,j+1}^n - u_{i,j}^n$$
$$\nabla_N u_{i,j}^n = u_{i-1,j}^n - u_{i,j}^n, \quad \nabla_W u_{i,j}^n = u_{i,j-1}^n - u_{i,j}^n$$

最终得到 Perona-Malik 算法的下述迭代形式（其中，$\lambda = \delta t/2$）

$$u_{i,j}^{n+1} = u_{i,j}^n + \lambda(c_{i+1,j}^n \nabla_S u_{i,j}^n + c_{i,j+1}^n \nabla_E u_{i,j}^n + c_{i-1,j}^n \nabla_N u_{i,j}^n + c_{i,j-1}^n \nabla_W u_{i,j}^n)$$

实现上述迭代算法的代码可以从本书的在线支持资源上获取，限于篇幅此处不再详细列出。图 8-26 为采用基本 Perona-Malik 方程的方法对噪声图像进行各向异性扩散滤波的实验效果。

前面已经给出了 Perona-Malik 方程的数值解法，但是通过实验便知这种原始的算法其实效率比较低，特别是当迭代的次数变多时，实时性就更差了。为了提高各向异性扩散滤波

图 8-26 各向异性扩散滤波降噪的效果

的计算效率,有学者就提出用加性算子分裂(Additive Operator Splitting, AOS)的方法求解方程。为了导入这种方法,将之前给出的 Perona-Malik 方程的数值解法换一种记法

$$u_{i,j}^{n+1} = u_{i,j}^n + \lambda \sum_{(k,l) \in N(i,j)} g(\,|\,\nabla_{k,l} u_{i,j}^n\,|\,)\nabla_{k,l} u_{i,j}^n$$

其中,$N(i,j)$ 表示以 (i,j) 点为中心的四个邻点的集合,这是由佩罗纳和马里克给出的一种求解 Perona-Malik 方程的方法,它也被称为显式的求解方案。之所以被称为显式方案,是因为它可以按照时间逐层推进地计算最终结果,而且上式明确地给出了逐点计算 $u_{i,j}^{n+1}$ 的显式表达式。

在某些资料上可能会见到下面这种求解方法的表达式

$$\frac{u_{i,j}^{n+1} - u_{i,j}^n}{\tau} = \sum_{(k,l) \in N(i,j)} \frac{g_{k,l}^n + g_{i,j}^n}{2}(u_{k,l}^n - u_{i,j}^n)$$

这是一种采用“半点”形式对 Perona-Malik 方程进行数值求解的方法。在继续后面的介绍前,先来对这个表达式进行数学推导,从而知道它为何也可以求解 Perona-Malik 方程。

$$\begin{aligned}
\mathrm{div}\big[g(\,|\,\nabla u\,|\,)\nabla u\big] &= \frac{\partial}{\partial x}\Big[g(\,|\,\nabla u\,|\,)\frac{\partial}{\partial x}u\Big] + \frac{\partial}{\partial y}\Big[g(\,|\,\nabla u\,|\,)\frac{\partial}{\partial y}u\Big] \\
&\approx \frac{\partial}{\partial x}\Big\{g(\,|\,\nabla u\,|\,)\frac{1}{\Delta x}\Big[u\Big(x+\frac{\Delta x}{2},y\Big) - u\Big(x-\frac{\Delta x}{2},y\Big)\Big]\Big\} \\
&\quad + \frac{\partial}{\partial y}\Big\{g(\,|\,\nabla u\,|\,)\frac{1}{\Delta y}\Big[u\Big(x,y+\frac{\Delta y}{2}\Big) - u\Big(x,y-\frac{\Delta y}{2}\Big)\Big]\Big\} \\
&\approx \frac{1}{\Delta x}\Big\{g\Big(x+\frac{\Delta x}{2},y\Big)\frac{1}{\Delta x}\big[u(x+\Delta x,y) - u(x,y)\big] \\
&\quad - g\Big(x-\frac{\Delta x}{2},y\Big)\frac{1}{\Delta x}\big[u(x,y) - u(x-\Delta x,y)\big]\Big\} \\
&\quad + \frac{1}{\Delta y}\Big\{g\Big(x,y+\frac{\Delta y}{2}\Big)\frac{1}{\Delta y}\big[u(x,y+\Delta y) - u(x,y)\big] \\
&\quad - g\Big(x,y-\frac{\Delta y}{2}\Big)\frac{1}{\Delta y}\big[u(x,y) - u(x,y-\Delta y)\big]\Big\}
\end{aligned}$$

令 $\Delta x = \Delta y = 1$,则利用有限差分法对原 Perona-Malik 方程进行离散,可得离散格式为

$$\begin{aligned}
\frac{u_{i,j}^{n+1} - u_{i,j}^n}{\tau} &= g\Big(x+\frac{\Delta x}{2},y\Big)\big[u(x+\Delta x,y) - u(x,y)\big] \\
&\quad + g\Big(x-\frac{\Delta x}{2},y\Big)\big[u(x-\Delta x,y) - u(x,y)\big]
\end{aligned}$$

$$+ g\left(x, y + \frac{\Delta y}{2}\right)\left[u(x, y + \Delta y) - u(x, y)\right]$$

$$+ g\left(x, y - \frac{\Delta y}{2}\right)\left[u(x, y - \Delta y) - u(x, y)\right]$$

$$= \frac{g_{i+1,j} + g_{i,j}}{2}(u_{i+1,j} - u_{i,j}) + \frac{g_{i-1,j} + g_{i,j}}{2}(u_{i-1,j} - u_{i,j})$$

$$+ \frac{g_{i,j+1} + g_{i,j}}{2}(u_{i,j+1} - u_{i,j}) + \frac{g_{i,j-1} + g_{i,j}}{2}(u_{i,j-1} - u_{i,j})$$

$$= \sum_{(k,l) \in N(i,j)} \frac{g_{k,l}^n + g_{i,j}^n}{2}(u_{k,l}^n - u_{i,j}^n)$$

通过上述推导可以看出，上述方法的推导没有像上一节中那样使用泰勒公式，而是从导数的定义角度进行推演的。这种对 Perona-Malik 方程进行数值求解的方法，虽然和上一节中的方法，在表现形式上存在出入，但是这两种方法其实是统一的。在具体计算实现的时候，就是用邻域点与中心点之间的差来替代"半点"的。用公式表述，即为

$$g_{i\pm1/2,j} = g(|u_{i\pm1,j} - u_{i,j}|), \quad g_{i,j\pm1/2} = g(|u_{i,j\pm1} - u_{i,j}|)$$

如果用矩阵形式改写上述表达式，则有

$$U^{n+1} = U^n + \tau A(U^n)U^n$$

其中，U^n 和 U^{n+1} 分别表示在 n 和 $n+1$ 时刻的图像矢量，它们是按某种扫描方式从图像数据 $u_{ij}(i=1,2,\cdots,M; j=1,2,\cdots,N)$ 转换而成的 MN 维列矢量；$A(U^n)$ 表示 $MN \times MN$ 维矩阵，它的元素为

$$a_{(i,j),(k,l)} = \begin{cases} \dfrac{g_{(i,j)}^n + g_{(k,l)}^n}{2}, & (k,l) \in N(i,j) \\ -\displaystyle\sum_{(m,n) \in N(i,j)} \dfrac{g_{(i,j)}^n + g_{(m,n)}^n}{2}, & (k,l) = (i,j) \\ 0, & \text{其他} \end{cases}$$

这个矩阵的形式非常复杂，而且这种表示形式也十分不容易理解。为了帮助读者理解这种矩阵表示形式，不妨先考虑一维的情况：

$$u_i^{n+1} = u_i^n + \tau \sum_{j \in N(i)} \frac{g_i^n + g_j^n}{2}(u_j^n - u_i^n)$$

其中，$N(i)$ 表示 i 的邻域点，因为是一维的，所以这里 $j=i+1$ 或 $j=i-1$。于是可以将上式用矩阵的形式表示为 $U^{n+1} = U^n + \tau A(U^n)U^n$，这里 U^{n+1} 和 U^n 分别表示在 $n+1$ 和 n 时刻的一个矢量（可以理解为一个数组），它们是按某种扫描方式从单个元素 u_i 转换而成的列矢量。因为 $i=1,2,\cdots,M$，所以它们就是一个 M 维列矢量。A^n 表示一个 $M \times M$ 的矩阵，$A(U^n)$ 的结构非常复杂，它的元素 a_{ij} 可以表示为

$$a_{ij} = \begin{cases} \dfrac{g_i^n + g_j^n}{2}, & j \in N(i) \\ -\displaystyle\sum_{k \in N(i)} \dfrac{g_i^n + g_k^n}{2}, & j = i \\ 0, & \text{其他} \end{cases}$$

这种表示方法非常抽象，因此这里有必要作进一步的解释。然后将原来的方程展开可以得到

$$u_i^{n+1} = u_i^n + \tau\left[\frac{g_i^n + g_{i+1}^n}{2}(u_{i+1}^n - u_i^n) + \frac{g_i^n + g_{i-1}^n}{2}(u_{i-1}^n - u_i^n)\right]$$

$$u_i^{n+1} = u_i^n + \tau\left(\frac{g_i^n + g_{i+1}^n}{2}u_{i+1}^n + \frac{g_i^n + g_{i-1}^n}{2}u_{i-1}^n - \frac{g_{i+1}^n + 2g_i^n + g_{i-1}^n}{2}u_i^n\right)$$

$$u_i^{n+1} = u_i^n + \tau\left(\frac{g_i^n + g_{i+1}^n}{2}u_{i+1}^n + \frac{g_i^n + g_{i-1}^n}{2}u_{i-1}^n - \sum_{k \in N(i)}\frac{g_i^n + g_k^n}{2}u_i^n\right)$$

当令 $\boldsymbol{U}^n = (u_0^n, u_1^n, \cdots, u_{M-1}^n)^{\mathrm{T}}$ 时，显然有

$$\begin{vmatrix} u_0^{n+1} \\ \vdots \\ u_{M-1}^{n+1} \end{vmatrix} = \begin{vmatrix} u_0^n \\ \vdots \\ u_{M-1}^n \end{vmatrix} + \tau\boldsymbol{A}(\boldsymbol{U}^n)\begin{vmatrix} u_0^n \\ \vdots \\ u_{M-1}^n \end{vmatrix}$$

其中，矩阵 $\boldsymbol{A}(\boldsymbol{U}^n)$ 为

$$\begin{bmatrix} -\sum_{k \in N(0)}\frac{g_0^n + g_k^n}{2} & \frac{g_0^n + g_1^n}{2} & 0 & \cdots & 0 \\ \frac{g_1^n + g_0^n}{2} & -\sum_{k \in N(1)}\frac{g_1^n + g_k^n}{2} & \frac{g_1^n + g_2^n}{2} & 0 & \vdots \\ 0 & 0 & \ddots & \cdots & 0 \\ \vdots & \vdots & \frac{g_{M-2}^n + g_{M-3}^n}{2} & -\sum_{k \in N(M-2)}\frac{g_{M-2}^n + g_k^n}{2} & \frac{g_{M-2}^n + g_{M-1}^n}{2} \\ 0 & \cdots & 0 & \frac{g_{M-1}^n + g_{M-2}^n}{2} & -\sum_{k \in N(M-1)}\frac{g_{M-1}^n + g_k^n}{2} \end{bmatrix}$$

读者可以随便抽取一行进行验证，这里不再赘述。另外，这里给出的是一维的情况，二维的情况可以据此拓展得到，这里同样不再赘述。

对于前面已经提过的正则化 Perona-Malik 方程，魏克特（Weickert）等建议采用如下的半隐式方案

$$\frac{\boldsymbol{U}^{n+1} - \boldsymbol{U}^n}{\tau} = \boldsymbol{A}(\boldsymbol{U}^n)\,\boldsymbol{U}^{n+1}$$

可见魏克特等人是在原矩阵表达式的基础上稍做修改得到该式的。而且上面这个表达式并没有直接（显式地）给出 $\boldsymbol{U}^{n+1}$ 的求解，而是需要通过求解一个线性方程组来得到最终的结果，这被称为是半隐式方案（Semi-implicit Scheme）。他们还提出了一种边缘函数

$$g(r) = 1 - \mathrm{e}^{-3.315/\left(\frac{r}{K}\right)^4}$$

其中，K 为反差参数，用来控制 g 随 r 的增大而减小的快慢。不过这里由于采用了 $(r/K)^4$ 的形式，所以 r 只要稍小于 K，$(r/K)^4$ 就将变得非常小，以致上式中的指数项几乎为 0，从而使得 $g \approx 1$；反之若 r 稍大于 K，$(r/K)^4$ 将变得非常大，以致指数项几乎为 1，从而使 $g \approx 0$。这就是说，边缘函数将在 $r \approx K$ 的一个很小的邻域内从 $g \approx 1$ 迅速下降为 $g \approx 0$。

通过简单的变换，原来的半隐式求解方案表达式就变成了

$$\big[\boldsymbol{I}-\tau\boldsymbol{A}(\boldsymbol{U}^n)\big]\boldsymbol{U}^{n+1}=\boldsymbol{U}^n$$

其中,$\boldsymbol{I}$ 表示一个与 $\boldsymbol{A}(\boldsymbol{U}^n)$ 同等大小的单位矩阵。

为了克服由于系数矩阵过大所带来的求逆困难,常采用 Jacobi 迭代或 Gauss-Seidel 迭代算法求解这类线性联立方程组。但利用下面介绍的"分裂"算法,不仅同样无须操作大型矩阵,而且能够方便地在效率和精度上取得很好的效果。

魏克特等人在文章中提出应用加性算子分裂的方法求解 Perona-Malik 方程取得了非常好的效果。可以对原有的半隐式求解方案 $\boldsymbol{U}^{n+1}=\big[\boldsymbol{I}-\tau\boldsymbol{A}(\boldsymbol{U}^n)\big]^{-1}\boldsymbol{U}^n$ 进行修改,得到

$$\boldsymbol{U}^{n+1}=\Big[\boldsymbol{I}-\tau\sum_{l=1}^{m}\boldsymbol{A}_l(\boldsymbol{U}^n)\Big]^{-1}\boldsymbol{U}^n$$

即有

$$\boldsymbol{U}^{n+1}=\frac{1}{m}\sum_{l=1}^{m}\big[\boldsymbol{I}-m\cdot\tau\boldsymbol{A}_l(\boldsymbol{U}^n)\big]^{-1}\cdot\boldsymbol{U}^n$$

注意,此处有一个近似计算。可以将

$$\Big[\boldsymbol{I}-\tau\sum_{l=1}^{m}\boldsymbol{A}_l(\boldsymbol{U}^n)\Big]$$

写成

$$\frac{1}{m}\sum_{l=1}^{m}\big[\boldsymbol{I}-m\cdot\tau\boldsymbol{A}_l(\boldsymbol{U}^n)\big]$$

但是 $(\boldsymbol{A}+\boldsymbol{B})^{-1}\approx\boldsymbol{A}^{-1}+\boldsymbol{B}^{-1}$,因此

$$\Big[\boldsymbol{I}-\tau\sum_{l=1}^{m}\boldsymbol{A}_l(\boldsymbol{U}^n)\Big]^{-1}\approx\frac{1}{m}\sum_{l=1}^{m}\big[\boldsymbol{I}-m\cdot\tau\boldsymbol{A}_l(\boldsymbol{U}^n)\big]^{-1}$$

这也就是 AOS 算法的基本思想,那么在具体应用中,它是如何实现的呢? 注意,数字图像是二维的,所以首先分别对 $\boldsymbol{U}^n$ 的行和列各做一维扩散,得到两个中间结果 $\boldsymbol{U}_1^{n+1}$ 和 $\boldsymbol{U}_2^{n+1}$,有

$$\begin{cases}(\boldsymbol{I}-2\tau\boldsymbol{A}_x^n)\,\boldsymbol{U}_1^{n+1}=\boldsymbol{U}^n\\[2mm](\boldsymbol{I}-2\tau\boldsymbol{A}_y^n)\,\boldsymbol{U}_2^{n+1}=\boldsymbol{U}^n\end{cases}$$

然后,求两者的平均值作为一次完整的迭代结果

$$\boldsymbol{U}^{n+1}=\frac{1}{2}(\boldsymbol{U}_1^{n+1}+\boldsymbol{U}_2^{n+1})$$

即

$$\boldsymbol{U}^{n+1}=\frac{1}{2}\big[(\boldsymbol{I}-2\tau\boldsymbol{A}_x^n)^{-1}+(\boldsymbol{I}-2\tau\boldsymbol{A}_y^n)^{-1}\big]\boldsymbol{U}^n$$

可见它是一种加性算子分裂算法。AOS 算法同时被证明具有数字旋转不变性。它同时也是绝对稳定的,可以在保证精度的前提下,选用尽可能大的时间步长以提高效率。也就是说,采用 AOS 算法时,步长的选定,不是出于稳定性的考虑,而是出于精度和效率的折中考虑。实验表明,在图像处理应用中,$\tau\approx 5$ 常常是很好的折中选择。下面将正则化 Perona-

Malik 方程的半隐式方案的 AOS 算法归纳如下：

当完成 U^n 后，首先令 $f_{ij} = U_{ij}^n$；然后计算 $f_{ij} = f * G_\sigma$，$|\nabla f_\sigma|_{ij}$，$g_{ij}^n = g(|\nabla f_\sigma|_{ij})$。其中，$G_\sigma$ 是高斯核（因为这里实现的是 CLMC 模型）。对于 $i = 1, \cdots, M$

（1）计算 $\boldsymbol{I} - 2\tau \boldsymbol{A}_{x,i}^n$ 的三个对角线上的元素 α_k^i，$k = 1, 2, \cdots, N$；β_k^i，$k = 1, 2, \cdots, N-1$，γ_k^i，$k = 2, 3, \cdots, N$；

（2）采用 Thomas 算法求解 $(\boldsymbol{I} - 2\tau \boldsymbol{A}_{x,i}^n)\boldsymbol{U}_{1i}^{n+1} = \boldsymbol{U}_{1i}^n$，$i = 1, 2, \cdots, M$，得到 $\boldsymbol{U}_1^{n+1}$；

接下来，对于 $j = 1, 2, \cdots, N$

（1）计算 $\boldsymbol{I} - 2\tau \boldsymbol{A}_{y,j}^n$ 的三个对角线上的元素；

（2）采用 Thomas 算法求解 $(\boldsymbol{I} - 2\tau \boldsymbol{A}_{y,j}^n)\boldsymbol{U}_{2j}^{n+1} = \boldsymbol{U}_{2j}^n$，$j = 1, 2, \cdots, N$，得到 $\boldsymbol{U}_2^{n+1}$；

最后计算 $\boldsymbol{U}^{n+1} = (\boldsymbol{U}_1^{n+1} + \boldsymbol{U}_2^{n+1})/2$。如此便完成了一次迭代。

加性算子分裂过程中用到了 Thomas 算法，本书前面已经介绍过，这里不再赘述。图 8-27 为利用基于 AOS 算法实现的正则化的 Perona-Malik 方程对图像进行降噪处理后的示例效果。通过观察可见降噪的效果是比较理想的，图像的噪声被剔除的同时，图像的纹理和边缘也得到了很好的保护。

图 8-27　利用 AOS 算法对图像进行降噪

8.3.2　基于全变差的方法

全变差理论自提出以来，一直受到图像处理技术研究者的广泛关注，尤其是在该理论提出时所针对的图像修复和去噪领域。由于图像 TV 去噪复原有一个突出的优点，即去噪和保护边缘的统一（这一点与之前讲过的 PM 方程有异曲同工之处），因此该方法可以很好地解决很多图像预处理技术在这两方面难以求得平衡的问题。全变差图像去噪模型（及其改进算法）已成为当前图像去噪以及图像复原中最为成功的方法之一。

结合前面已经介绍过的变分法及欧拉-拉格朗日方程的相关内容，下面讨论在实际应用中通过梯度下降流（gradient descent flow）法帮助求解欧拉-拉格朗日方程的基本思路。若动态 PDE 的解可随时间变化，它可表示为 $u(\cdot, t)$，且这种随时间的变化使得 $E(u)(\cdot, t)$ 总在减小。下面以一维变分问题为例，假设存在一个微扰项 $v(\cdot, t)$ 是 $u(\cdot, t)$ 从 t 到 $t + \Delta t$ 所产生的变化量，通过在函数 u 中引入一个时间变量 t，微扰项 v 可表示为

$$v = \frac{\partial u}{\partial t} \Delta t$$

可以得到

$$E(\cdot,t+\Delta t) = E(\cdot,t) + \Delta t \int_{x_0}^{x_1} \frac{\partial u}{\partial t}\left[\frac{\partial F}{\partial u} - \frac{\mathrm{d}}{\mathrm{d}x}\left(\frac{\partial F}{\partial u'}\right)\right]\mathrm{d}x$$

此时欧拉-拉格朗日方程的解为

$$\frac{\partial u}{\partial t} = -\left[\frac{\partial F}{\partial u} - \frac{\mathrm{d}}{\mathrm{d}x}\left(\frac{\partial F}{\partial u'}\right)\right] = \frac{\mathrm{d}}{\mathrm{d}x}\left(\frac{\partial F}{\partial u'}\right) - \frac{\partial F}{\partial u}$$

在该式的基础上就会有

$$\Delta E = E(\cdot,t+\Delta t) - E(\cdot,t) = -\Delta t\int\left[\frac{\partial F}{\partial u} - \frac{\mathrm{d}}{\mathrm{d}x}\left(\frac{\partial F}{\partial u'}\right)\right]^2\mathrm{d}x \leqslant 0$$

这其实表明如果函数 u 能够按照前一个式子进行演化,那么就能够使得能量泛函 $E(u)$ 不断地减小,于是一个极小值(也可能就是局部极小值)就能得到。因此,前一个式子就称为(最简泛函的)变分问题的梯度下降流。

接着,根据梯度下降流公式进行迭代计算,从某一适当的试探函数 u_0 开始,直到 u 达到其稳定状态为止,此时梯度下降流的稳态解即是欧拉-拉格朗日方程的解。

一幅图像的边缘(也就是突变)是它的固有特征,如果拿以往的 $\int|\nabla u|^2$ 作为平滑性的度量是很不合适的,因为它特别强调对大梯度的"惩罚",这与图像边缘往往是图像中跳变最强的地方是完全不相容的。

从上面的变分法和梯度下降流的讨论可知,最小化 $\int|\nabla u|^2$ 的梯度下降流为

$$\frac{\partial u}{\partial t} = \Delta u$$

上述线性扩散方程的拉普拉斯算子离散化,必然会引入图像边缘模糊的问题。为此,卢丁(Rudin)等提出以 $\int|\nabla u|$ 作为图像平滑性的度量,从而开创了全变差图像复原和降噪的新方法。而最小化 $\int|\nabla u|$ 的梯度下降流为

$$\frac{\partial u}{\partial t} = \mathrm{div}\left(\frac{\nabla u}{|\nabla u|}\right)$$

对这个非线性扩散方程的散度算子离散化,如采用"半点"离散化,可以针对不同的邻点赋给不同的权重系数,从而充分考虑到图像局部的边缘信息,阻止边缘模糊化。

下面引入关于变差有界函数空间与全变差范数的概念。有关概念的解释将帮助读者理解为什么选择 $\int|\nabla u|$ 作为图像平滑性的度量更为科学。变差有界函数空间可以用下面的函数来定义

$$\mathrm{BV}(\Omega) = \left\{u, \int_{\Omega}|\mathrm{D}u|\mathrm{d}\Omega < 0\right\}$$

其中,$\mathrm{D}u$ 代表的是在分布意义上的 u 的导数。

一维情况下,有界变差函数的全变差可按下式定义为

$$\mathrm{TV}(u) = \int_{\Omega}|u_x|\mathrm{d}x$$

其中,u_x 按有限差商

$$\frac{u(x+h) - u(x)}{h}$$

来解释。以上定义也可以直接推广到二维或更高维的情况。

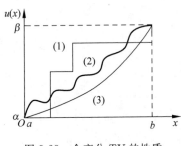

图 8-28　全变分 TV 的性质

TV(u) 具有一些很重要的性质。如图 8-28 所示。例如，如果 $u \in \text{BV}([a,b])$，且在 $[a,b]$ 内是单调的，$u(a)=\alpha$，$u(b)=\beta$，则无论函数 u 取何种具体形式，总满足

$$\text{TV}(u) = |\alpha - \beta|$$

该公式是在假设图 8-28 中的点 a 和 b 处，u 可导的情况下得到的。可见，图中画出了三条函数曲线，虽然根据上式，它们具有相同的全变差，即若以 TV(u) 作为函数 u 的平滑性度量，这三条曲线是同样"平滑"的。但是，显而易见的是它们的光滑性是有很大差异的。这是由于减小 u 的全变差 TV(u)，并不意味着一定要求 u 中不存在"跳变"。但如果以 $\int |\nabla u|^2$ 作为"平滑性"的度量，重新对比上图中的三个函数曲线，则有

$$\int |\nabla u_1|^2 > \int |\nabla u_2|^2 > \int |\nabla u_3|^2$$

曲线(3)的函数值最小并且曲线也最平滑。如果最小化 $\int |\nabla u|^2$，那么越大的跳变就会越早被平滑掉，无法保证图像的边缘。图像是以存在边缘的突变为特征的，直接过滤掉梯度变化比较大的边缘的图像处理方法是很不合适的。

通过以上分析，得出结论：使用变差有界函数来定义图像，并把 $\int |\nabla u|$ 用作是图像"平滑性"的度量，就可以产生一种比较好的适合于图像处理的模型。

正如在前一节中已经分析过的那样，卢丁等人首先提出以 $\int |\nabla u|$ 作为图像平滑性的度量，从而开创了一种全新的图像去噪方法：全变差（TV）图像去噪方法（他们所提出的方法有时也称为 ROF 模型）。基于全变差模型的图像去噪可以在保护图像边缘信息同时，降低图像的噪声。考虑一个加噪图像的模型，令 u 为原始的清晰图像，u_0 为被噪声污染的图像，即

$$u_0(x,y) = u(x,y) + n(x,y)$$

其中，n 是具有零均值，方差为 σ^2 的随机噪声。如果 Ω 表示图像的定义域，像素点(x,y) $\in \Omega$。

设 Ω 是 R^n 中的有界开子集，u 为局部可积函数，则其全变差定义为

$$\text{TV}(u) = \iint_{\Omega} |\nabla u| \,\mathrm{d}x\mathrm{d}y$$

因此，定义图像的全变差去噪能量泛函为

$$E(u) = \frac{\lambda}{2} \iint_{\Omega} (u - u_0)^2 \mathrm{d}x\mathrm{d}y + \text{TV}(u)$$

其中，λ 为拉格朗日乘数。

通常有噪声图像的全变差比没有噪声的图像的全变差明显大，最小化全变差可以消除噪声，因此基于全变差的图像降噪可以归结为如下最小化问题

$$\min \text{TV}(u) = \iint_{\Omega} |\nabla u| \,\mathrm{d}\Omega = \iint_{\Omega} \sqrt{u_x^2 + u_y^2} \,\mathrm{d}x\mathrm{d}y$$

满足约束条件

$$\iint_\Omega u \, d\Omega = \iint_\Omega u_0 \, d\Omega$$

$$\frac{1}{|\Omega|} \iint_\Omega (u - u_0)^2 \, d\Omega = \sigma^2$$

当然,如果一味地对图像的全变差进行极小化,那么代表细节与纹理的许多图像自身特征也会被一并抹掉。因此,ROF 模型用于图像降噪的出发点是最小化"能量"泛函,即

$$\min_{u \in BV} \left\{ E(u) = \iint_\Omega |\nabla u| \, dxdy + \frac{\lambda}{2} \iint_\Omega (u - u_0)^2 \, dxdy \right\}$$

它的前一项要求输出图像 u 的全变差尽可能小,称为平滑项。后一项则要求 u 与 u_0 尽可能相近,称为数据保真项,它主要起保留原图像特征和降低图像失真度的作用。参数 λ 用来平衡这两个相互冲突的要求。

对于一个能量泛函(考虑一维时的情况)

$$E(u) = \int_\Omega |\nabla u| \, dx + \frac{\lambda}{2} \int_\Omega (u - u_0)^2 \, dx$$

此泛函中第 1 项是 TV-norm(又可以称为 TV 模或 TV 范数),即平滑项,起到消除图像灰度不连续性的作用;第 2 项是保真项,起到保持边缘信息的作用(也就是保持图像的细节信息)。而参数 λ 则被用来控制二者的平衡。显然,TV-norm 是一个非常有意义的统计值,它可以用来测定一幅图像的质量。通常,一幅清晰的图像会有一个比较低的 TV 值,而一幅噪声图像则往往会伴随着一个较高的 TV 值。因此便可以通过创造一幅具有更低 TV 值的新图的方法来对原图进行降噪,这就需要使用 TV 模这个统计量。而这个过程则被称为 TV 降噪或者 TV 最小化。

对于一维离散信号 $f = (f_1, f_2, \cdots, f_n)$,TV 模定义为

$$TV(f) = \sum_{i=2}^N |f_i - f_{i-1}|$$

例如,对于图 8-29 而言,就有 $TV(f) = |f_2 - f_1| + |f_3 - f_2| + |f_4 - f_3| + |f_5 - f_4| = 0 + 1 + 0 + 2 = 3$。

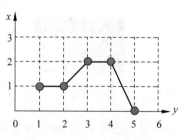

可以想象一下如果向一个信号中加入一个噪声,那么它的 TV 值会有怎样的变化。如图 8-30 所示的两个信号除了一个噪声点之外其他都是一样的。经过简单的计算,不难发现引入一个噪声点后,右图的 TV 值大于左图。

图 8-29 TV-norm 的计算

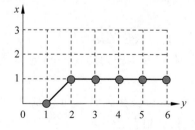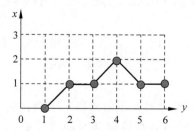

图 8-30 引入噪声后 TV 值的变化

顾名思义,全变差它所考察的是信号变差的总体结果,因此它是一个统计值。这就暗示尽管它统计了信号中"跳变"(变差)的总量,但是它并不关心信号具体是如何跳变的。如图 8-31 所示,两个信号所具有的 TV 值是一样的,但是显然两个信号的形状确是截然不同的。

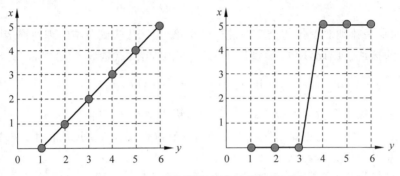

图 8-31　TV 值相同但是信号的形状不同

下面拓展至二维的情况。令 $u(x,y)$ 表示一个 $M\times N$ 的图像,其中 M 表示行数(即 y 方向),N 表示列数(即 x 方向上)。对于一幅二维的图像而言,各向异性(anisotropic)的 TV-norm 定义如下

$$\mathrm{TV}(u)=\sum_{x=2}^{N}\sum_{y=2}^{M}\left|u(x,y)-u(x-1,y)\right|+\left|u(x,y)-u(x,y-1)\right|$$

这表明对于每一个像素,要计算其与所有邻近点的跳变,然后再求和。例如,假设如图 8-32 所示的一幅图像,那么计算它的 TV-norm 值,就应该为 1+1+1+1+2+3+3=12。

再来看一个例子。如图 8-33 所示,请分别计算一下左右两图的 TV-norm 值。不难算出其中左图的 TV-norm 值为 3+3+3+3+3+3+3+3 = 24;右图的 TV-norm 值为 1+2+1+2+2+1+1+1+1+2=10。

0	0	0	0
0	0	1	3
0	0	1	0

图 8-32　计算图像的 TV-norm 值

0	0	0	0
0	3	3	0
0	3	3	0
0	0	0	0

1	1	1	1
0	0	1	3
0	0	1	3
1	1	1	3

图 8-33　利用 Co-Area 定理计算 TV-norm

通过上述结果,可能会注意到这样一个结论,即图像的 TV-norm 值与图像中图形的边界有关。数学上就有这样一个非常优美的定理——Co-Area 定理。该定理表明对于任何一幅图像,它的 TV-norm 值就等于其中每一个图形的边界周长与沿着对应的边界跳跃的乘积。

再来看一个例子。如图 8-34 所示的一幅图像,其中灰色的矩形块其大小是 15×15,白色的圆形块其半径是 8 个像素。根据 Co-Area 定理可知,该图像的 TV-norm 应该等于

$$15\times4\times50+2\times\pi\times8\times100\approx8000$$

同样,再来考察一下引入噪声后图像的 TV-norm 会发生何种变化。如图 8-35 所示的图像中白色的噪点是单位为 1 的像素点,它们的灰度值都是 100。不难算得该图的 TV-norm 应该为

$$8000 + 1 \times 4 \times 6 \times 100 + 1 \times 4 \times 50 = 10\,600$$

可见,引入噪声后,图像的 TV-norm 值较原先相比更大了,这也与之前得到的结论相一致。

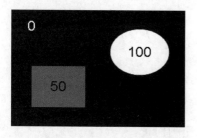

图 8-34 应用 Co-Area 定理举例

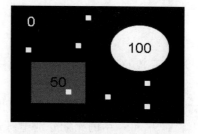

图 8-35 计算噪声图像的 TV-norm

这种类型的 TV-norm 是各向异性的。因为图像中图形排列方向的不同会导致最终算出的 TV-norm 也不同。有各向异性,自然也有各向同性,为了帮助读者更好地理解这对概念,下面就来举例说明。首先,对于各向同性全变差(Isotropic Total Variation),假设有如下矩阵

$$X = \begin{bmatrix} 2 & 3 & 5 \\ 4 & 1 & 2 \\ 0 & 3 & 8 \end{bmatrix}$$

分别计算行与列上的变差

$$D_h X = \begin{bmatrix} 2 & -2 & -3 \\ -4 & 2 & 6 \\ 0 & 0 & 0 \end{bmatrix}, \quad D_v X = \begin{bmatrix} 1 & 2 & 0 \\ -3 & 1 & 0 \\ 3 & 5 & 0 \end{bmatrix}$$

此时,X 的各向同性全变差就定义为

$$\mathrm{TV}(X) = \sum_{ij} \sqrt{(D_h X)_{ij}^2 + (D_v X)_{ij}^2}$$

$$= \sqrt{5} + \sqrt{8} + \sqrt{9} + \sqrt{25} + \sqrt{5} + \sqrt{36} + \sqrt{9} + \sqrt{25} + \sqrt{0} = 29.3006$$

现在同样用一个例子来描述各向异性全变差(Anisotropic Total Variation),对于 $X \in \mathbb{R}^{M \times N}$,基于 l_1 范数的各向异性全变差定义为

$$\mathrm{TV}_{\ell_1}(X) = \sum_{i=1}^{M-1} \sum_{j=1}^{N-1} (|X_{i,j} - X_{i+1,j}| + |X_{i,j} - X_{i,j+1}|)$$

$$= \sum_{i=1}^{M-1} |X_{i,N} - X_{i+1,N}| + \sum_{j=1}^{N-1} |X_{M,j} - X_{M,j+1}|$$

设有一个矩阵

$$X = \begin{bmatrix} a & e & i & m \\ b & f & j & n \\ c & g & k & o \\ d & h & l & p \end{bmatrix}$$

那么分别计算

$$S_1 = \begin{bmatrix} a-b & e-f & i-j & m-n \\ b-c & f-g & j-k & n-o \\ c-d & g-h & k-l & o-p \\ 0 & 0 & 0 & 0 \end{bmatrix}, \quad S_2 = \begin{bmatrix} a-e & e-i & i-m & 0 \\ b-f & f-j & j-n & 0 \\ c-g & g-k & k-o & 0 \\ d-h & h-l & l-p & 0 \end{bmatrix}$$

通过定义 $(\boldsymbol{X})_{\ell_1} = \sum\limits_{i=1}^{M} \sum\limits_{j=1}^{N} |\boldsymbol{X}_{i,j}|$，则有

$$\mathrm{TV}_{\ell_1}(\boldsymbol{X}) = (\boldsymbol{S}_1)_{\ell_1} + (\boldsymbol{S}_2)_{\ell_1}$$

如果将 $\boldsymbol{X}, \boldsymbol{S}_1$ 和 $\boldsymbol{S}_2$ 中的元素分别排列成如下所示的三个列向量

$$\boldsymbol{x} = [a, b, c, \cdots, p]^{\mathrm{T}}$$

$$\boldsymbol{s}_1 = [a-b, b-c, c-d, 0, e-f, \cdots, o-p, 0]^{\mathrm{T}}$$

$$\boldsymbol{s}_2 = [a-e, b-f, c-g, d-h, e-i, \cdots, 0, 0]^{\mathrm{T}}$$

那么 $\mathrm{TV}_{\ell_1}(\boldsymbol{X}) = \|\boldsymbol{s}_1\|_{\ell_1} + \|\boldsymbol{s}_2\|_{\ell_1}$，注意到 $\boldsymbol{s}_1$ 和 $\boldsymbol{s}_2$ 可以采用下面这种形式来表达

$$\boldsymbol{s}_1 = \boldsymbol{W}_1 \boldsymbol{x}, \quad \boldsymbol{s}_2 = \boldsymbol{W}_2 \boldsymbol{x}$$

因此，可得

$$\mathrm{TV}_{\ell_1}(\boldsymbol{X}) = \|\boldsymbol{W}_1 \boldsymbol{x}\|_{\ell_1} + \|\boldsymbol{W}_2 \boldsymbol{x}\|_{\ell_1}$$

如果把矩阵 $\boldsymbol{W}$ 和一个向量 $\boldsymbol{s}$ 定义为

$$\boldsymbol{W} = \begin{bmatrix} \boldsymbol{W}_1 \\ \boldsymbol{W}_2 \end{bmatrix}, \quad \boldsymbol{s} = \begin{bmatrix} \boldsymbol{s}_1 \\ \boldsymbol{s}_2 \end{bmatrix}$$

如此各向异性全变差就可以采用如下形式

$$\mathrm{TV}_{\ell_1}(\boldsymbol{X}) = \|\boldsymbol{s}\|_{\ell_1} + \|\boldsymbol{W}\|_{\ell_1}$$

其中，矩阵 $\boldsymbol{W} \in \mathbb{R}^{2MN \times MN}$，而很明显它并不是正交的。

通过前面关于变分法的介绍可知，能量泛函取得极小值的必要条件是满足 E-L 方程，即

$$\nabla \cdot \left(\frac{\nabla u}{|\nabla u|} \right) - \lambda(u - u^0) = 0$$

由梯度下降法，可以得到 TV 平滑模型

$$\begin{cases} \dfrac{\partial u}{\partial t} = \lambda(u - u_0) + \nabla \cdot \left(\dfrac{\nabla u}{|\nabla u|} \right) \\ u(x, y, 0) = u_0(x, y) \end{cases}$$

从该方程可以看出，扩散系数为 $1/|\nabla u|$。在图像边缘处，$|\nabla u|$ 较大，扩散系数较小，因此沿边缘方向的扩散较弱，从而保留了边缘；在平滑区域，$|\nabla u|$ 较小，扩散系数较大，因此在图像平滑区域的扩散能力较强，从而去除了噪声。

由于图像中存在 $\nabla u = 0$ 的点，因此为了避免病态条件造成的影响，减少图像平坦区域在处理过程中的退化，可在全变差中引入一个小的正数 β，对它进行正则化。即用

$$|\nabla u|_{\beta} \stackrel{\text{def}}{=\!=} \sqrt{u_x^2 + u_y^2 + \beta}, \quad \beta > 0$$

取代原式中的 $|\nabla u|$。从而全变差表达变为

$$\mathrm{TV}(u) = \iint\limits_{\Omega} |\nabla u|_{\beta}\mathrm{d}\Omega = \iint\limits_{\Omega} \sqrt{u_x^2 + u_y^2 + \beta}\,\mathrm{d}x\mathrm{d}y, \quad \beta > 0$$

最终的正则化模型为

$$\frac{\partial u}{\partial t} = \lambda(u - u_0) + \mathrm{div}\left(\frac{\nabla u}{|\nabla u|_{\beta}}\right)$$

用 $u_{i,j}$ 表示图像 u(宽为 M,高为 N)在像素点 (i,j) 的灰度值,$u_{i,j}^n$ 表示第 n 次迭代的结果,Δt 为时间步长。用差商代替偏导数,可得各方向导数的差分如下

$$(u_x)_{i,j}^n = \frac{1}{2}(u_{i+1,j}^n - u_{i-1,j}^n), \qquad (u_y)_{i,j}^n = \frac{1}{2}(u_{i,j+1}^n - u_{i,j-1}^n)$$

$$(u_{xx})_{i,j}^n = u_{i+1,j}^n - 2u_{i,j}^n + u_{i-1,j}^n, \quad (u_{yy})_{i,j}^n = u_{i,j+1}^n - 2u_{i,j}^n + u_{i,j-1}^n$$

$$(u_{xy})_{i,j}^n = \frac{1}{4}(u_{i+1,j+1}^n - u_{i-1,j+1}^n - u_{i+1,j-1}^n + u_{i-1,j-1}^n)$$

根据散度的计算公式可得

$$\begin{aligned}
\nabla \cdot \left(\frac{\nabla u}{|\nabla u|}\right) &= \frac{\partial}{\partial x}\left(\frac{u_x}{\sqrt{u_x^2 + u_y^2}}\right) + \frac{\partial}{\partial y}\left(\frac{u_y}{\sqrt{u_x^2 + u_y^2}}\right) \\
&= \frac{u_{xx}|\nabla u| - u_x|\nabla u|_x}{|\nabla u|^2} + \frac{u_{yy}|\nabla u| - u_y|\nabla u|_y}{|\nabla u|^2} \\
&= \frac{(u_{xx} + u_{yy})|\nabla u| - (u_x^2 u_{xx} + u_y^2 u_{yy} + 2u_x u_y u_{xy})/|\nabla u|}{|\nabla u|^2} \\
&= \frac{(u_{xx} + u_{yy})(u_x^2 + u_y^2) - (u_x^2 u_{xx} + u_y^2 u_{yy} + 2u_x u_y u_{xy})}{|\nabla u|^3} \\
&= \frac{u_y^2 u_{xx} - 2u_x u_y u_{xy} + u_x^2 u_{yy}}{|\nabla u|^3}
\end{aligned}$$

则求解方程的离散迭代格式为

$$u_{i,j}^{n+1} = u_{i,j}^n - \Delta t \lambda(u_{i,j}^n - u_{i,j}^0) + \Delta t\left[\nabla \cdot \left(\frac{\nabla u_{i,j}^n}{|\nabla u_{i,j}^n|}\right)\right]$$

其中,n 为迭代次数;$i=1,2,\cdots,M$;$j=1,2,\cdots,N$。边界条件满足

$$u_{0,j}^n = u_{1,j}^n, \quad u_{N,j}^n = u_{N-1,j}^n, \quad u_{i,0}^n = u_{1,N}^n = u_{i,N-1}^n$$

正则化参数 λ 的选择有多种,例如可以选择图像梯度阈值的倒数,最终的算法步骤如下:

(1)读入带有噪声的图像 u_0。

(2)初始化参数为 $n=0,\Delta t=0.25,u^0=u_0,\mathrm{div}p=0$。

(3)当 $n<$ 最大迭代次数时,重复执行如下操作:①$n=n+1$,根据离散迭代公式计算下一步的 u^n;②计算扩散项的值。

(4)结束迭代,最后一次即为去噪图像。

利用 TV 算法对含有噪声的图像进行降噪处理,图 8-36 为降噪前后的效果对比图。可见 TV 算法在降噪的同时有效地保护了原图中的纹理及边缘信息。

图 8-36　基于 TV 模型的图像降噪效果

8.4　多尺度空间及其构建

前面的内容足以证明高斯分布在数字图像处理技术中的重要地位，然而其实它的应用还不止如此。在本篇的最后，来介绍一个比较新颖而且更加复杂的话题——多尺度空间及其构建，多尺度空间的构建是尺度不变特征提取技术中最重要和最基础的一个环节。尺度不变特征提取技术是计算机视觉领域中非常热门的话题，计算机视觉是以数字图像处理理论为基础发展而来，并且更加偏重于对图像内容的分析和理解的一门学科。下面将要介绍的内容综合地运用了前面所论述的许多知识，是对前面内容的一个很好的升华和提高。能否领会到这些内容的精髓以及它们的本质联系非常考验读者对于前面内容的领悟与认知。

8.4.1　高斯滤波与多尺度空间的构建

机器视觉的一个非常重要研究目的就是希望让机器可以获得像人类一样观察世界的能力。而人类在观察或识别物体时，一个突出的特点就是人类视觉系统具有一定的"尺度或旋转不变性"。这主要体现在人眼在识别图像中的物体时，无论目标是远还是近，无论是正着看，侧着看，甚至是倒着看，人们都可以对物体进行辨识。如何让机器也能够在识别物体时具有这样一种"不变性"的能力始终是计算机科学家们在思考的问题。目前，在这一领域中最具代表性的成果是由加拿大英属哥伦比亚大学罗伊(David G. Lowe)提出的尺度不变特征变换匹配算法(Scale Invariant Feature Transform)，即 SIFT 算法。SIFT 特征对旋转、尺度缩放、亮度变化等保持不变性，是非常稳定的局部特征，因而具有非常广泛的应用。

如果说读者对于尺度不变特征这一概念还比较陌生，图 8-37 所演示的例子则对此给予了很好的解释。编程实现了 SIFT 特征匹配算法，并利用它从图 8-37 中右侧的一堆杂乱摆放的物件中成功地找了左侧所示的目标书籍。这个任务对于人类的视觉系统而言非难事（如果搜索的场景范围不是特别大），但是对于机器而言似乎就不那么简单了。读者不禁会好奇 SIFT 算法是如何做到这一切的。SIFT 的主要思路是：首先，构造图像的尺度空间表示，然后在尺度空间中搜索图像的极值点，由极值点再建立特征描述向量，最后用特征描述向量进行相似度匹配。SIFT 特征还具有高度的可区分性，能够在一个具有大量特征数据的数据库中进行精确的匹配。本节所有的问题都是围绕高斯分布展开的,而 SIFT 算法中构造图像的尺度空间表示这一步就是借由高斯分布的概率密度函数完成的。限于篇幅,本节不再将 SIFT 算法从头到尾介绍一遍,此处将把多尺度空间的构建作为重点。

图 8-37　基于 SIFT 算法实现的特征匹配

日常生活经验说明,自然界中的物体所呈现出来的视觉形态与采用的观测尺度紧密相连。例如,在使用谷歌地图观测地球表面时,也会注意到随着鼠标滑轮的滚动,地表的呈现精度或放大或缩小,这时计算机屏幕上绘制出来的地图是不同的。同一物体在不同的观测精度下呈现出的不同表象,就构成了一组尺度空间。尺度空间中各尺度图像的模糊程度逐渐变大,能够模拟人在距离目标由近到远时目标在视网膜上成像的过程。尺度越大图像变现得就越模糊。

人类视觉系统具有一定的尺度不变性,也就是说当观察一个物体(比如一头鹿),无论是距离 10m 观察,还是距离 20m 观察,得到的结论都应该是一样的(仍然是一头鹿,而不可能变成一匹马)。但又该如何让机器获得同样的能力呢?用机器视觉系统分析未知场景时,计算机并不预先知道图像中物体的尺度。于是可以想到的一种方法就是把不同尺度下的物像都提供给计算机系统,然后告诉它这些物像表示的是不同尺度下的同一物体。在建立机器对于不同尺度下同一物体的一致认识过程中,要考虑的就是寻找不同的尺度下都有的相同关键点,如此一来在不同的尺度下的输入图像,计算机都可以通过对关键点进行匹配来得出一致结论,也就是尺度不变性。人类之所以不会因为观察距离的不同而"指鹿为马",那正是因为人类已经建立了一个在任何尺度下都不会改变的关于鹿的特征(比如鹿应该有鹿角,身上有何种花纹等)。图像的尺度空间表达就是图像在所有尺度下的描述。

通过前面的学习已经知道,视觉计算理论的创始人、英国神经科学家和心理学家马尔在提出 LoG 算法时,正是从人类视觉特性的角度出发考虑才萌生了引入高斯滤波的想法。因为高斯滤波的过程使得物体呈现出模糊程度不同的物像,恰恰模拟了人在距离目标由近到远时目标在视网膜上成像的过程。如果有在配眼镜时的验光经历,那么很容易感受到这一点。当人眼镜对着验光机的镜头看的时候,验光师通过调节焦距使得物像变得或近或远,而人所看到的物像也就随着或清晰或模糊。

把原图像与不同尺度下的高斯模板进行卷积计算来构建不同的尺度空间。此时,又把

用来生成多尺度空间的高斯函数称作"高斯核"。一幅二维图像在不同尺度下的尺度空间表示可由图像与高斯核卷积得到

$$L(x,y,\sigma) = G(x,y,\sigma) * I(x,y)$$

其中，$G(x,y,\sigma)$ 为高斯核函数，(x,y) 是图像点的像素坐标，$I(x,y)$ 为图像数据。σ 是高斯分布概率密度函数的方差，这里称为尺度空间因子，它反映了图像被平滑的程度，其值越小表示图像被平滑程度越小，相应尺度也越小。$L(x,y,\sigma)$ 代表了图像的尺度空间。需要说明的是，尺度是自然客观存在的，不是主观创造的。高斯卷积只是表现尺度空间的一种形式。

　　根据本书前面关于高斯模糊算法的介绍，读者应该知道高斯模板（二维高斯函数）是中心对称的，且卷积的结果使中心点像素值有最大的权重，距离中心越远的相邻像素值权重也越小。在实际应用中，在计算高斯函数的离散近似时，在大概 3σ 距离之外的像素都可以看作不起作用，这些像素的计算也就可以忽略。

　　图像金字塔是同一图像在不同分辨率下抽样得到的一组结果，它是早期图像多尺度表示的一种形式。图像金字塔化一般包括两个步骤：首先（但此步骤也并非是必需的），使用低通滤波器平滑图像；其次，对预处理后的图像进行降采样（通常是水平，竖直方向 $1/2$），从而得到一系列尺寸缩小的缩略图像。显然，对于二维图像，一个传统的金字塔中，每一层图像由上一层分辨率的长、宽各一半组成的，即上一层四分之一的像素，如图 8-38 所示。

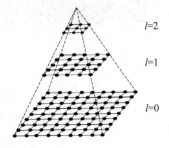

图 8-38　图像金字塔

　　读者可能会对图像金字塔多分辨率表示和图像的多尺度表示感到迷惑。事实上，二者是存在区别的。尺度空间表达和金字塔多分辨率表达之间最大的不同是：尺度空间表达是由不同高斯核平滑卷积得到，在所有尺度上有相同的分辨率，而金字塔多分辨率表达每层分辨率减少固定比率。所以，金字塔多分辨率生成较快，且占用存储空间少；而多尺度表达随着尺度参数的增加冗余信息也会变多。多尺度表达的优点在于图像的局部特征可以用简单的形式在不同尺度上描述；而金字塔表达则难以分析图像局部特征。

　　为了高效地在尺度空间内检测出稳定的特征点，在 SIFT 算法中，使用尺度空间中 DoG 极值作为判断依据。根据之前的介绍，设 k 为两个相邻尺度间的比例因子，则 DoG 算子定义如下

$$D(x,y,\sigma) = \left[G(x,y,k\sigma) - G(x,y,\sigma) \right] \bigotimes I(x,y)$$
$$= L(x,y,k\sigma) - L(x,y,\sigma)$$

　　使用 LoG 算子也能够很好地找到图像中的兴趣点，但是需要大量的计算量，而 DoG 是 LoG 的近似，所以使用 DoG 图像的极大极小值近似寻找特征点。DoG 算子计算更为简单。SIFT 算法通过对两个相邻高斯尺度空间上的图像相减来得到 DoG 的响应值图像，即 $D(x,y,\sigma)$。然后再仿照高斯拉普拉斯方法，通过对响应值图像 $D(x,y,\sigma)$ 进行局部最大值搜索，从而在空间位置和尺度空间定位局部特征点，也就是得到某一尺度上的特征。

　　为了得到 DoG 图像，先要构造高斯金字塔。高斯金字塔在多分辨率金字塔简单降采样基础上加了高斯滤波，也就是对原金字塔中每层图像用不同参数的 σ 做高斯模糊，使得每层金字塔有多张高斯模糊图像。金字塔每层多张图像合称为一组，每组有多张图像。另外，降

采样时,金字塔上边一组图像的第一张图像(最底层的一张)是由前一组(金字塔下面一组)图像的倒数第三张隔点采样得到的,如图 8-39 所示。

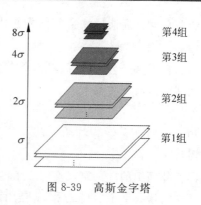

图 8-39　高斯金字塔

　　显而易见,高斯图像金字塔分为多组,每组间又分为多层。一组中的多个层之间彼此的尺度是不一样的,相邻层间尺度相差一个比例因子 k。如果尺度因子是在 S 个尺度间隔内(即每组有 S 层)变化的,则 k 应为 $2^{1/S}$。下一组图像的最底层由上一组中尺度为 2σ 的图像进行因子为 2 的降采样处理得到,其中 σ 为上一组中最底层图像的尺度因子。DoG 金字塔由相邻的高斯图像金字塔相减得到,如图 8-40 所示。

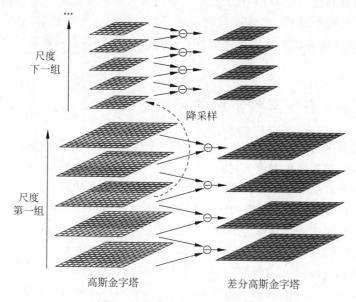

图 8-40　差分高斯金字塔的构造

　　高斯金字塔的组数一般为 $O=[\log_2 \min(m,n)]-3$。其中,O 表示高斯金字塔的组数。此外,m 和 n 分别表示图像的行和列。事实上,减去的系数并不一定是 3,而是可以在 $0\sim\log_2 \min(m,n)$ 内变化的某一整数。此时需要考查顶层图像最小维数的对数值。这是由金字塔每层隔点采样所造成的结果。例如,对于 512×512 的图像进行采样,那么第 1 层就是 512×512,第 2 层为 256×256,第 3 层为 128×128,……如此下去,最小的图像到第 9 层,计算后得到 1×1,这就没有意义了(因为这比高斯模板还要小)。所以通常减去 3,仍然以 512×512 为例,也就是到第 6 层,为 8×8。

　　高斯模糊的参数 σ(即尺度空间坐标),具体可以由如下关系计算得到

$$\sigma(o,s)=\sigma_0 \cdot 2^{\frac{o+s}{S}}$$

其中,σ_0 为初始尺度因子,S 为每组层数(一般为 $3\sim5$)。相对应地,s 为每组内具体哪一层的层坐标,$s\in[0,1,2,\cdots,S-1]$。此外,o 为图像所在组的坐标,$o\in o_{\min}+[0,1,2,\cdots,O-1]$,$o_{\min}$ 是第一个金字塔组的坐标,通常 $o_{\min}$ 取 0 或者 -1。当设为 -1 时,则

图像在计算高斯尺度空间前先扩大一倍。在罗伊的算法实现中，以上参数的取值为 $\sigma_0 = 1.6 \cdot 2^{\frac{1}{s}}, o_{\min} = -1, S = 3$。

根据这个公式，可以得到金字塔组内各层尺度以及组间各图像尺度关系，则有同一组内相邻图像尺度关系

$$\sigma_{s+1} = \sigma_s \cdot k = \sigma_s \cdot 2^{\frac{1}{s}}$$

相邻组间尺度关系

$$\sigma_{o+1} = 2\sigma_o$$

即相邻两组的同一层尺度为 2 倍的关系。

构建高斯金字塔之后，就是用金字塔相邻图像相减构造 DoG 金字塔。如图 8-56 所示的情况，高斯尺度空间金字塔中每组有五层不同尺度图像，相邻两层相减得到四层 DoG 结果。关键点搜索就在这四层 DoG 图像上寻找局部极值点。至此，SIFT 算法中多尺度空间的构建就完成了。这个过程中既需要读者对于高斯模糊有一定的理解，又用到了前文介绍的 DoG 算子。限于篇幅此处无法把整个 SIFT 算法介绍完整，有兴趣的读者可以参阅其他相关文献。

8.4.2　基于各向异性扩散的尺度空间

高斯分布的概率密度函数是热传导方程的一个解，它模拟的是一个各向同性的扩散过程。如果修改这个过程的扩散因子，使得扩散过程变为各向异性的，就得到了 Perona-Malik 方程。这个各向异性主要是指在梯度越变较大的区域（通常是边缘或者纹理细节等区域）扩散缓慢甚至不扩散，而在过度和缓的区域则扩散迅速。高斯分布的概率密度函数其实是 Perona-Malik 方程解的一种特殊情况，这就是二者之间的联系。如果高斯函数可以用来构建多尺度空间，那么很容易想可否利用 Perona-Malik 方程构建多尺度空间呢？事实证明，这个思路是可行的。2012 年，在计算机视觉领域的三大顶级国际会议之一的欧洲计算机视觉国际会议（European Conference on Computer Vision，ECCV）上，出现了一种比 SIFT 更稳定的特征检测算法——KAZE。KAZE 算法在对图像进行预处理及构建尺度空间时，即采用了正则化的 Perona-Malik 方程，为了提升计算速度，KAZE 还选用了一种 Perona-Malik 方程的快速数值解法——AOS 算法。

非线性扩散是 KAZE 算法的理论核心。非线性扩散滤波方法是将图像像素亮度在不同尺度上的变化视为某种形式的流函数的散度，可以通过下面这个非线性偏微分方程描述

$$\frac{\partial L}{\partial t} = \mathrm{div}[c(x, y, t) \cdot \nabla L]$$

通过设置合适的传导函数 $c(x, y, t)$，可以使得扩散自适应于图像的局部结构。时间 t 作为尺度参数，其值越大则图像的表示形式越简单。Perona-Malik 方程中所采用的传导函数构造方式如下

$$c(x, y, t) = g(|\nabla L_\sigma(x, y, t)|)$$

其中，∇L_σ 是高斯平滑后的图像 L_σ 的梯度，所以 KAZE 算法中使用的是正则化的 Perona-Malik 方程。

扩散系数的几种常见形式本书前面也都有介绍过，其中前两种是由佩罗纳和马里克提

出的,第三种是由魏克特等提出的(注意较之前给出的形式稍有调整)

$$g_1 = \exp\left(-\frac{|\nabla L_\sigma|^2}{k^2}\right)$$

$$g_2 = \frac{1}{1 + \frac{|\nabla L_\sigma|^2}{k^2}}$$

$$g_3 = \begin{cases} 1, & |\nabla L_\sigma|^2 = 0 \\ 1 - \exp\left(-\frac{3.315}{(|\nabla L_\sigma|/k)^8}\right), & |\nabla L_\sigma|^2 > 0 \end{cases}$$

其中,函数 g_1 优先保留高对比度的边缘,g_2 优先保留宽度较大的区域,g_3 能够有效平滑区域内部而保留边界信息,KAZE 中默认采用函数 g_2。参数 k 是控制扩散级别的对比度因子,能够决定保留多少边缘信息,其值越大,保留的边缘信息越少。在 KAZE 算法中,参数 k 的取值是梯度图像 ∇L_σ 的直方图 80% 分位上的值。

由于非线性偏微分方程并没有解析解,一般通过数值分析的方法进行迭代求解。传统上采用显式差分格式的求解方法只能采用小步长,收敛缓慢。建议采用本书前面介绍过的 AOS 算法对 Perona-Malik 方程进行快速求解。

KAZE 特征的检测算法与 SIFT 非常类似,步骤大致是这样的:首先,通过 AOS 算法和可变传导扩散(Variable Conductance Diffusion)方法构造非线性尺度空间;然后,检测感兴趣的特征点,这些特征点在非线性尺度空间上经过尺度归一化后的黑塞矩阵行列式是局部极大值(3×3 邻域);最后,计算特征点的主方向,并且基于一阶微分图像提取具有尺度和旋转不变性的描述向量。

在构造尺度空间时,尺度级别按对数递增,共有 O 个组(octaves),每个组又划分为 S 个子层(sub-level)。与 SIFT 中每个新组逐层进行降采样不同的是,KAZE 的各个层级均采用与原始图像相同的分辨率。不同的组和子层分别通过序号 o 和 s 标记,并且通过下式与尺度参数 σ 相对应

$$\sigma_i(o, s) = \sigma_0 2^{o + \frac{s}{S}}, \quad o \in [0, 1, 2, \cdots, O-1], \quad s \in [0, 1, 2, \cdots, S-1], \quad i \in [0, 1, 2, \cdots, N]$$

其中,σ_0 是尺度参数的初始基准值,$N = O \times S$ 是整个尺度空间包含的图像总数。由前面的介绍知道,非线性扩散滤波模型是以时间为单位的,因此还需要将像素为单位的尺度参数 σ_i 转换至时间单位。由于高斯函数与 Perona-Malik 方程之间先天存在着某种关联,所以很容易想到在高斯尺度空间下,使用标准差为 σ 的高斯核对图像进行卷积,相当于对图像进行持续时间为 $t = \sigma^2/2$ 的滤波。由此可得到尺度参数 σ_i 转换至时间单位的映射公式如下

$$t_i = \frac{1}{2}\sigma_i^2$$

上式中的 t_i 被称为进化时间(evolution time)。值得注意的是,这种映射仅用于获取一组进化时间值,并通过这些时间值来构造非线性尺度空间。通常,在非线性尺度空间里,与 t_i 对应的滤波结果图像与使用标准差为 σ 的高斯核对原始图像进行卷积所得的图像并没有直接联系。不过只要使传导函数 g 恒等于1(即 g 是一个常量函数),那么非线性尺度空间就等同于高斯尺度空间。而且随着尺度层级的提升,除了那些对应于目标轮廓的图像边缘像素外,大部分像素对应的传导函数值将趋于一个常量值。

对于一幅输入图像,KAZE 算法首先对其进行高斯滤波,再计算图像的梯度直方图,从

而获取对比度参数 k；根据一组进化时间，利用 AOS 算法即可得到非线性尺度空间的所有图像

$$L^{i+1} = \left[I - (t_{i+1} - t_i) \sum_{i=1}^{m} A_i(L^i) \right]^{-1} L^i$$

图像微分（梯度）的计算用到了 Scharr 滤波器，这种滤波器具有比 Sobel 滤波器更好的旋转不变特性。Scharr 滤波器的卷积核如图 8-41 所示。

以上仅给出了 KAZE 算法中尺度空间的构造方法，事实上 KAZE 算法在很多地方借鉴了 SIFT 以及 SURF 算法的一些做法，最特别的地方就在于构建尺度空间上选择了一种非线性扩散的方法。限于篇幅，这里无法详述 KAZE 算法的全部内容，有兴趣继续研究的读者可以参考有关材料以了解更多。

-3	0	3
-10	0	10
-3	0	3

-3	-10	-3
0	0	0
3	10	3

图 8-41　Scharr 滤波器模板

本章参考文献

[1]　王大凯,侯榆青,彭进业. 图像处理的偏微分方程方法[M]. 北京：科学出版社,2008.

[2]　贾渊,刘鹏程,牛四杰. 偏微分方程图像处理及程序设计[M]. 北京：科学出版社,2012.

[3]　Tony F. Chan, Jianhong Shen. 图像处理与分析：变分,PDE,小波及随机方法[M]. 陈文斌,等译. 北京：科学出版社,2011.

[4]　张红英,彭启琮. 变分图像复原中 PDE 的推导及其数值实现[J]. 计算机工程与科学. 2006(6).

[5]　陈一虎. P-M 扩散方程图像去噪方法分析. 宝鸡文理学院学报(自然科学版)[J]. 2012(4).

[6]　J M S Prewitt. Object Enhancement and Extraction, in Picture Processing and Psychopictorics[M], (B S Lipkin and A Rosenfeld, eds). New York：Academic Press, 1970.

[7]　G S Robinson. Edge Detection by Compass Gradient Masks. Computer Graphics and Image Processing[J], Vol. 6, No. 5, Oct. 1977.

[8]　D Marr, E Hildreth. Theory of Edge Detection[J]. Proceedings of the Royal Society of London, Vol. 207, No. 1167, Feb. 1980.

[9]　P Perona,J Malik. Scale-Space and Edge Detection Using Anisotropic Diffusion[J]. IEEE Transactions on Pattern Analysis and Machine Intelligence,Jul. 1990.

[10]　F Catte, P Lions, J Morel, T. Coll. Image Selective Smoothing and Edge Detection by Nonlinear Diffusion[J]. SIAM Journal on Numerical Analysis, Jun. 1992.

[11]　Leonid I Rudin, S Osher,E Fatemi. Nonlinear Total Variation Based Noise Removal Algorithms[J]. Physica D, 1992.

[12]　J Weichert, H Romeny, Max A. Viergerver. Efficient and Reliable Schemes for Nonlinear Diffusion Filtering[D]. IEEE Transactions on Image Processing, Mar. 1998.

[13]　William K Pratt. Digital Image Processing：PIKS Inside[J], 3rd Edition. New York：John Wiley & Sons, Inc. ,2001.

[14]　David G Lowe. Object Recognition from Local Scale-Invariant Features[J]. Proceedings of International Conference on Computer Vision, Sep. 1999.

[15]　David G Lowe. Distinctive Image Features from Scale-Invariant Keypoints[J]. International Journal of Computer Vision, Vol. 60, No. 2, Jan. 2004.

[16]　Pablo F Alcantarilla, Adrien Bartoli, Andrew J. Davison. KAZE Features[J]. Proceedings of 12th European Conference on Computer Vision, Part VI, Springer, Oct. 2012.

第 **9** 章

空间域图像平滑与降噪

平滑与降噪一直都是数字图像处理中的重要话题,因而这方面的算法也非常多,从最简单的高斯平滑、中值滤波到本书前面介绍过的众多频率滤波算法(如离散余弦变换、傅里叶变换、小波变换等)都为图像的平滑与降噪提供了解决方案。与此同时,人们发现几乎所有真正有价值的图像降噪方法都在试图让程序可以自适应地隔开无用的噪声和有用的图像纹理细节,然后再采取不同的处理方式,从而实现细节保护(或者边缘保持)。这样的方法也有很多,例如前面已经介绍过的基于 Perona-Malik 方程的各向异性扩散滤波,以及基于 TV-norm 的去噪方法等。本章将继续这个话题,来介绍一下空间域图像降噪器的设计思路与代表性成果。

9.1 自适应图像降噪滤波器

MATLAB 中的图像处理工具箱提供了一个 wiener2 函数,可以对图像进行降噪。从名字上看来它应该是利用了维纳滤波器来进行降噪的,但具体说它到底是怎么进行去噪的恐怕就很难说清楚。本节将设法检视了一下 MATLAB 中的 wiener2 函数背后的原理。图 9-1 是一张土星照片的局部图像。

首先向其中加入一些高斯噪声,如图 9-2 中的左图所示,然后再利用 wiener2 函数对其进行降噪。效果如图 9-2 中的右图所示。可见原图像的纹理(如土星环和远处的星辰等)都得到了很好的保护,而噪声也得到了有效的降低。wiener2 函数到底是如何做到这一切的,其背后的原理又是什么呢?

引入经典教科书中都会使用的一个图像退化模型,并以此作为接下来算法讨论的开始。如图 9-3 所示,输

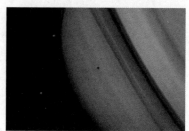

图 9-1　土星照片的局部图像

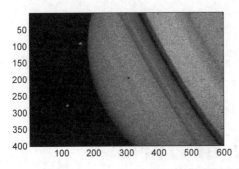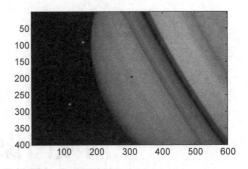

图 9-2 噪声污染的图像和降噪处理后的图像

入的待处理图像 $f(x,y)$ 在退化函数 H 的作用下，由于受到噪声 $\eta(x,y)$ 的影响，最终得到一个退化图像 $g(x,y)$。图像复原的过程就是在给定 $g(x,y)$ 以及退化函数 H 和加性噪声 $\eta(x,y)$ 的一些信息后，设法估计出原始图像的近似图像 $\hat{f}(x,y)$。当然，人们期望最终的近似图像可以最大限度地逼近原始图像。显然，关于 H 和 η 的信息掌握得越多，那么最终得到的估计结果就越接近原始图像。

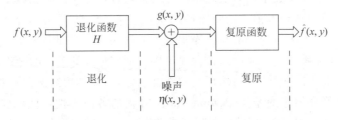

图 9-3 图像退化与复原模型

如果 H 是一个线性移不变系统，那么在时域中给出的退化过程可由如下公式给出

$$g(x,y) = h(x,y) * f(x,y) + \eta(x,y)$$

其中，$h(x,y)$ 是退化函数在时域下的表示，运算符 $*$ 表示时域卷积。由卷积定理可知，时域上的卷积等同于频域上的乘积，所以上式在频域中的表述如下：

$$G(u,v) = H(u,v)F(u,v) + N(u,v)$$

其中，大写字母项是之前公式里对应项的傅里叶变换。

退化函数 H 通常是指模糊、抖动等影响，因为本章主要讨论降噪方法，于是处理对象仅仅是在噪声 η 的作用下受到污染的图像，所以现在的图像退化公式可以简化为

$$g(x,y) = f(x,y) + \eta(x,y)$$

此时，（相比于普通的高斯滤波）一个更好的降噪方法被称为自适应滤波（adaptive filter），其公式为

$$\hat{f}(x,y) = g(x,y) - \frac{\sigma_g^2}{\hat{\sigma}_L^2}\big[g(x,y) - \hat{\mu}_L\big]$$

其中，σ_g^2 是整张图像 g 的噪声方差，$\hat{\mu}_L$ 是点 (x,y) 附近（一个窗口内）的像素灰度值的方差。大概可以看出自适应滤波是用等式右端后面的一整项来作为（未知的）加性噪声的估计。那如何解释这样做的道理呢？可以从以下几个方面考虑。

（1）如果 $\sigma_g^2 = 0$，即整幅图像的噪声方差为 0，其实也就相当于噪声为 0，而此时公式表

示 $\hat{f}(x,y)=g(x,y)$，恰好符合。

（2）如果 $\hat{\sigma}_L^2 \gg \sigma_g^2$，这其实暗示该局部包含的图像边缘、纹理、细节较多（因为大于整体噪声方差），而这部分内容是应该被保护的。公式变为 $\hat{f}(x,y)=g(x,y)$，也就表示不需要做过多处理，也符合细节保护的需求。

（3）如果 $\hat{\sigma}_L^2 \approx \sigma_g^2$，则有 $\hat{f}(x,y)=\hat{\mu}_L$，这表明 (x,y) 处在一个普通的区域，此时便可以应用普通的均值滤波来做处理。

当然，上面这个算法其实还有一个地方是需要加以应对的，那就是需要估计 σ_g^2。在 wiener2 函数的实现过程中，具体做法是：点 (x,y) 处的局部均值为

$$\mu_L = \frac{1}{mn} \sum_{(x,y) \in W} g(x,y)$$

局部方差为

$$\sigma_L^2 = \frac{1}{MN} \sum_{(x,y) \in W} g^2(x,y) - \mu_L^2$$

其中，W 是一个大小为 $N \times M$ 的图像 g 中点 (x,y) 邻域窗口。然后，算法创造一个使用这些估计值的逐像素的维纳滤波器

$$\hat{f}(x,y) = \mu_L + \frac{\sigma_L^2 - v^2}{\sigma_L^2} [g(x,y) - \mu_L]$$

其中，v^2 是整体噪声的方差，即 σ_g^2。如果噪声方差未知，便使用所有的估计方差的平均值替代。如果对维纳滤波器还不是很清楚也完全没有关系，因为前面的推导中其实已经得到现在需要的结果了。对上述等式的右侧做一些变量名替换，并进行简单的代数运算，可得

$$\mu_L + \frac{\sigma_L^2 - v^2}{\sigma_L^2} [g(x,y) - \mu_L] = \hat{\mu}_L + [g(x,y) - \hat{\mu}_L] - \frac{\sigma_g^2}{\hat{\sigma}_L^2} [g(x,y) - \mu_L]$$

$$= g(x,y) - \frac{\sigma_g^2}{\hat{\sigma}_L^2} [g(x,y) - \mu_L]$$

于是便得到了之前一模一样的结果。

这个方法看起来如此的简单，它真的能像预期的那样工作吗？下面就在 MATLAB 中编程实现这个算法，代码如下。

```
function [f,noise] = mywiener2(g, nhood, noise)

if (nargin < 3)
    noise = [];
end

% Estimate the local mean of f.
localMean = filter2(ones(nhood), g) / prod(nhood);

% Estimate of the local variance of f.
localVar = filter2(ones(nhood), g.^2) / prod(nhood) - localMean.^2;

% Estimate the noise power if necessary.
if (isempty(noise))
  noise = mean2(localVar);
```

```
end

% Compute result
% f = localMean + (max(0, localVar - noise) ./ ...
%            max(localVar, noise)) .* (g - localMean);
%
% Computation is split up to minimize use of memory for temp arrays.
f = g - localMean;
g = localVar - noise;
g = max(g, 0);

f = localMean + ((f ./ max(localVar, noise)) .* g);
```

　　下面来试验一下上面这个看起来只有聊聊几行的简单函数是否可以实现保持图像细节的去噪功能。下面的 MATLAB 代码调用了上述函数，执行下面的代码将得到本节最开始所展示出来的效果图 9-1 和图 9-2，而且这与直接调用 wiener2 函数所得结果也是完全一致的。

```
RGB = imread('saturn.png');
I = rgb2gray(RGB);
I = I(601:1000,1:600);

J = imnoise(I,'gaussian',0,0.005);
J = im2double(J);

K = mywiener2(J,[5 5]);
figure;
imshow(I), title('original image');

figure;
subplot(1,2,1), subimage(J), title('noised image');
subplot(1,2,2), subimage(K), title('denoised image');
```

9.2　约束复原与维纳滤波

　　在 9.1 节中讨论了一种自适应图像降噪滤波器的设计与实现。当时，也曾经提过其中运用了维纳滤波器的一些方法，但并未深入讨论关于维纳滤波的更多内容。本节继续来深入研究维纳滤波，尤其是其背后的数学原理。这也涉及了限制性图像复原和非限制性图像复原的一些话题。

9.2.1　用于图像复原的逆滤波方法

　　回忆图 9-3 所给出的图像退化模型。如果是一个线性移不变系统，那么在时域中给出的退化过程可由如下公式给出

$$g(x,y) = h(x,y) * f(x,y) + \eta(x,y)$$

其中,$h(x,y)$是退化函数在时域下的表示,运算符 $*$ 表示时域卷积。由卷积定理可知,时域上的卷积等同于频域上的乘积,所以上式在频域中的表述如下：

$$G(u,v) = H(u,v)F(u,v) + N(u,v)$$

其中,大写字母项是之前公式里对应项的傅里叶变换。退化函数通常是指模糊、抖动等影响。

如果认为噪声的影响很小,那么上面的式子就可以写成 $G(u,v) = H(u,v)F(u,v)$,假设 $H(u,v)$是可逆的,那便可以得出 $F(u,v) = G(u,v)/H(u,v)$。但实际上,噪声是在所难免的,因而只能设法求出 $F(u,v)$的估计值$\hat{F}(u,v)$,此时用 $H(u,v)F(u,v) + N(u,v)$替换$G(u,v)$,则有

$$\hat{F}(u,v) = \frac{H(u,v)F(u,v) + N(u,v)}{H(u,v)} = F(u,v) + \frac{N(u,v)}{H(u,v)}$$

这也就是逆滤波(inverse filter)的基本原理。从这个公式可以看出：首先,如果希望复原后的$\hat{F}(u,v)$与 $F(u,v)$尽量接近,就需要 $\min \|N(u,v)\|$；其次,如果噪声比较大,特别是噪声的影响大过退化函数的影响,那么复原的效果就会很差。

不妨在 MATLAB 中做一些简单的实验。在后面实现一个用于图像复原的维纳滤波函数 mydeconvwr(I, PSF, NSR),其中 I 是待处理的退化图像,PSF 是退化函数(以矩阵形式给出),当 NSR＝0 时,这个函数就变成了一个逆滤波器。下面通过实验,在不加任何噪声的情况下调用 mydeconvwr() 函数对图像进行复原,代码如下。

```matlab
I = im2double(imread('cameraman.tif'));
LEN = 21; THETA = 11;
PSF = fspecial('motion', LEN, THETA);
blurred = imfilter(I, PSF, 'conv', 'circular');

result1 = mydeconvwnr(blurred, PSF, 0);

subplot(1,3,1),imshow(I),title('original image');
subplot(1,3,2),imshow(blurred),title('blurred image');
subplot(1,3,3),imshow(result1),title('restored image');
```

执行上述代码,所得结果如图 9-4 所示。可见在不引入噪声的情况下,逆滤波的图像复原效果非常好。

图 9-4　逆滤波图像复原实验效果

下面试着向退化的图像中加入一些高斯噪声，然后再用逆滤波来对图像进行复原，实验代码如下。

```
noise_mean = 0;
noise_var = 0.0001;
blurred_noisy = imnoise(blurred, 'gaussian', noise_mean, noise_var);
estimated_nsr = 0;
result2 = mydeconvwnr(blurred_noisy, PSF, estimated_nsr);
subplot(1,2,1),
imshow(blurred_noisy ),title('blurred image with noise');
subplot(1,2,2),
imshow(result2),title('resotred image without considering noise');
```

执行上述代码，所得结果如图 9-5 所示。可见在引入噪声的情况下，逆滤波的图像复原效果非常不理想。

图 9-5　引入噪声后的逆滤波效果

9.2.2　维纳滤波的实现

维纳滤波的基本公式为

$$\hat{F}(u,v) = \left[\frac{H^*(u,v)}{|H(u,v)|^2 + P_N(u,v)/P_S(u,v)} \right] G(u,v)$$

$$= \left[\frac{1}{H(u,v)} \cdot \frac{|H(u,v)|^2}{|H(u,v)|^2 + P_N(u,v)/P_S(u,v)} \right] G(u,v)$$

其中，$H(u,v)$ 是退化函数的频域表示，$|H(u,v)|^2 = H^*(u,v)H(u,v)$，$H^*(u,v)$ 表示 $H(u,v)$ 的复共轭；$P_N(u,v) = |N(u,v)|^2$ 是噪声的功率谱；$P_S(u,v) = |F(u,v)|^2$ 表示原图像的功率谱；比率 $P_N(u,v)/P_S(u,v)$ 称为信噪比。当无噪声时，$P_N(u,v)=0$，则维纳滤波退化为逆滤波（又称为理想的逆滤波器）。所以，逆滤波也被认为是维纳滤波的一种特殊情况。而且，没有噪声情况下的逆滤波中 $N(u,v)/H(u,v)=0$，逆滤波可以很正常地对退化图像进行复原。

但在实际应用中，$P_N(u,v)/P_S(u,v)$ 通常是未知的，当然也可以设计很多方法来估计 $P_N(u,v)$，因为噪声信息就位于 G 中，而 G 是已知的。但是 $P_S(u,v)$ 却是无法估计的，因为 F 是未知的（而且也正是要求解的）。因此通常的做法是会采用一个常数值 k 代替

$P_N(u,v)/P_S(u,v)$。这时 k 就变成了一个可以调节的参数，于是维纳滤波的公式又可以写成

$$\hat{F}(u,v) = \left[\frac{1}{H(u,v)} \cdot \frac{\mid H(u,v) \mid^2}{\mid H(u,v) \mid^2 + k} \right] G(u,v)$$

下面分析一下维纳滤波器如何改进和弥补逆滤波的不足。逆滤波的问题在于 F 和 $\hat{F}$ 之间差了一个 N/H。H 特别小（相对于 N 而言）或者 N 特别大（相对于 H 而言）都会导致 N/H 这一项变得很大，而使得 F 和 $\hat{F}$ 之间的差距增大。但是在维纳滤波中，一个比较直观的理解是，当 H 特别小但 N 特别大的时候，上式括号中乘法运算的第一项会变大，但是第二项却会变小，这两项之间的乘积仍然会维持在一个适中的范围（而不会变得特别大）。这也就是对维纳滤波的一个比较直观的解释，当然后面还会从数学角度来推导它的合理性。但在此之前，还是先用 MATLAB 检验维纳滤波的能力。

下面的代码实现了基于维纳滤波的反卷积图像复原算法，这个代码的最初版本来自 MATLAB 的内置函数 deconvwnr，笔者进行了修改，使其更适合用于算法演示，这个算法是完全遵照之前给出的维纳滤波公式实现的。

```
function J = mydeconvwnr(I, PSF, NSR)
%    deconvolves image I using the Wiener filter algorithm,
%    returning deblurred image J. Image I can be an N-dimensional array.
%    PSF is the point-spread function with which I was convolved.
%    NSR is the noise-to-signal power ratio of the additive noise.
%    NSR can be a scalar or a spectral-domain array of the same size as I.

% Compute H so that it has the same size as I.
% psf2otf computes the FFT of the PSF array
% and creates the OTF(optical transfer function) array.
sizeI = size(I);
H = psf2otf(PSF, sizeI);

S_u = NSR;
S_x = 1;

% Compute the Wiener restoration filter:
%
%                              H*(k,l)
% G(k,l)   =   ---------------------------------
%                  |H(k,l)|^2 + S_u(k,l)/S_x(k,l)
%
% where S_x is the signal power spectrum and S_u is the noise power
% spectrum.
%
% To minimize issues associated with divisions, the equation form actually
% implemented here is this:
%
%                     H*(k,l) S_x(k,l)
% G(k,l)   =   -----------------------------
%                  |H(k,l)|^2 S_x(k,l) + S_u(k,l)
%
% Compute the denominator of G in pieces.
```

```
denom = abs(H).^2;
denom = denom .* S_x;
denom = denom + S_u;
clear S_u

% Make sure that denominator is not 0 anywhere. Note that denom at this
% point is nonnegative, so we can just add a small term without fearing a
% cancellation with a negative number in denom.
denom = max(denom, sqrt(eps));

G = conj(H) .* S_x;
clear H S_x
G = G ./ denom;
clear denom

% Apply the filter G in the frequency domain.
J = ifftn(G .* fftn(I));
clear G

J = real(J);
```

下面的代码调用了上述函数,并演示了对含有噪声的退化图像进行复原的效果。特别地,这里采用了两个 SNR 的估计方法,其中之一就是简单地根据经验值估测一个值(事实上这种方法要经过调参才会得到较好的效果)。

```
estimated_nsr = 0.001;
result3 = mydeconvwnr(blurred_noisy, PSF, estimated_nsr);
estimated_nsr = noise_var/var(I(:));
result4 = mydeconvwnr(blurred_noisy, PSF, estimated_nsr);

subplot(1,2,1),imshow(result3),
title('restored image with estimated nsr(1)');
subplot(1,2,2),imshow(result4),
title('restored image with estimated nsr(2)');
```

从图 9-6 所示的执行结果来看,维纳滤波的复原效果已经使得图片可以辨识,这一点较之前的逆滤波来说效果的改进是显而易见的。

图 9-6　维纳滤波图像复原效果

9.2.3 限制性图像复原的数学推导

图像复原的方法较多,按大类可分为无约束恢复和有约束恢复两种。无约束恢复是一种在图像恢复过程中不受其他条件限制的一种方法,具有代表性的方法就是逆滤波法。此外,在图像恢复过程中,为了在数学上更容易处理,常常给复原加上一定的约束条件,并在这些条件下使某个准则函数最小化。这类方法称为有约束恢复,其中典型的方法有维纳滤波法和约束最小平方滤波法。

无约束恢复在对 n 没有先验知识的情况下,需要寻找一个 f 的估计 $\hat{f}$,使得 $H\hat{f}$ 在最小均方误差的意义下最接近 g,也就是要使 n 的范数最小,即

$$\|n\|^2 = n^T n = \|g - H\hat{f}\|^2 = (g - H\hat{f})(g - H\hat{f})$$

最小化上式则可以推出

$$\hat{f} = H^{-1} g$$

上式中的结果就是无约束恢复在空域中的表达式,由此也就得到了前面介绍的逆滤波。

现在换一种思考方式,为了在数学上更加灵活地处理,给优化问题加上一个约束条件,如果在数学上足够敏感,应该马上就能想到接下来就要使用拉格朗日乘数法了。

现在的问题是要找到原图像 $f(x,y)$ 的一个估计值 $\hat{f}(x,y)$,使得估计值与原图像之间的均方误差在统计意义上最小。即满足:

$$e^2 = E\{[f(x,y) - \hat{f}(x,y)]^2\}$$

在无约束图像复原中,要进行最优化的目标函数是 $\|g - H\hat{f}\|^2 = \|n\|^2$,现在把这个目标函数看成是约束条件,转而构造一个新的目标函数 $\|Q\hat{f}\|^2$,其中 Q 是一个在 f 上的一个线性算子。注意因为,这个目标函数是我们构造的,所以约束复原的灵活性就在于可以指定 Q,当 Q 取不同值的时候,就会得到不同的解。例如,后面便会揭晓在维纳滤波中是如何设计 Q 的样子。所以总结一下现在的问题是

$$\min \|Q\hat{f}\|^2, \quad s.t. \|g - H\hat{f}\|^2 = \|n\|^2$$

遇到带约束条件的最优化问题,采样拉格朗日乘数法,即

$$J(\hat{f}) = \|Q\hat{f}\|^2 + \alpha(\|g - H\hat{f}\|^2 - \|n\|^2)$$

接下来按照最优化的一般方法,将上式对 $\hat{f}$ 求导并令导数等于 0。所以有

$$\frac{\partial J(\hat{f})}{\partial \hat{f}} = 0 = 2Q^T Q\hat{f} - 2\alpha H^T(g - H\hat{f})$$

进而有

$$\hat{f} = (H^T H + \gamma Q^T Q)^{-1} H^T g,$$

其中,$\gamma = \frac{1}{\alpha}$。至此,已经可以看到约束性复原和非约束复原在计算 $\hat{f}$ 时的差异了。现在问题就在于该如何构造 Q。

维纳滤波法是一种统计方法,建立图像和噪声都是随机过程且不相关的基础上,由此得

到的结果在图像统计平均意义下是最优的。那么如何体现"图像和噪声都是独立的不相关的随机过程"这一意义呢？对于 f 和 n，分别构造它们的相关矩阵（correlation matrix）R_f 和 R_n，即 $R_f = E\{ff^T\}$，$R_n = E\{nn^T\}$，注意如果这里向量 f 和 n 的大小都是 m，那么 R_f 和 R_n 的大小就是 $m \times m$。R_f 的第 ij 个元素是 $E\{f_if_j\}$，代表 f 的第 i 个和第 j 个元素的相关系数（同理对于 R_n 中的元素也有类似的表达式）。因为 f 和 n 中元素全部都是实数，所以 R_f 和 R_n 都是实对称矩阵。

对于大多数图像而言，像素间的相关性都与像素的相对距离有关。通常在一幅图像中，如果两个像素相距离较远，那么它们的相关性就较低（相关系数趋于 0），相反如果两个像素位置上比较接近，那么它们的相关性较大（相关系数趋于 1），所以可以想象 R_f 和 R_n 的样子将近似于一个对角线矩阵（近似的意思是对角线上的值都为 1，接近对角线的位置元素值接近 1，其他上下三角的位置元素值基本都为 0）。

根据两个像素间的相关性只是它们彼此之间相互距离的函数而非相对位置的函数这一假设，可以将 R_f 和 R_n 都用块循环矩阵来表示。此时，则有 $R_f = WAW^{-1}$，其中 W 是 R_f 的特征向量组成的矩阵，A 中的元素对应 R_f 中相关元素的傅里叶变换。同理，有 $R_n = WBW^{-1}$，其中 W 是 R_n 的特征向量组成的矩阵，B 中的元素对应 R_n 中相关元素的傅里叶变换。这些相关元素的傅里叶变换称为图像和噪声的功率谱。注意，这里面其实用到了一个非常重要的结论，即任意循环矩阵可以被傅里叶变换矩阵对角化。这个方法在图像处理及计算机视觉研究中是一种十分常用的加快算法计算速度的技术。但限于篇幅，这里无法对循环矩阵的傅里叶对角化方法进行更为详细的介绍，有兴趣的读者可以参考相关资料以了解更多。

现在我们可以指定 Q 的选择方法了，令 $Q^TQ = R_f^{-1}R_n$，则有（注意 H 可以写成 $H = WDW^{-1}$）其中 D 是对角矩阵，其元素正是 H 的特征值

$$\hat{f} = (H^TH + \gamma Q^TQ)^{-1}H^Tg = (WD^*DW^{-1} + \gamma WA^{-1}BW^{-1})^{-1}WD^*W^{-1}g$$

由此可得

$$W^{-1}f = (D^*D + \gamma A^{-1}B)^{-1}D^*W^{-1}g$$

进行变量的等价替换便得到

$$\hat{F}(u,v) = \left[\frac{H^*(u,v)}{|H(u,v)|^2 + \gamma \dfrac{P_N(u,v)}{P_S(u,v)}}\right]G(u,v)$$

$$= \left[\frac{1}{H(u,v)} \cdot \frac{|H(u,v)|^2}{|H(u,v)|^2 + \gamma \dfrac{P_N(u,v)}{P_S(u,v)}}\right]G(u,v)$$

特别地，当 $\gamma = 1$ 时，上式括号里的部分就称为维纳滤波器，当 γ 为变参数时，则称为变参数维纳滤波器。

维纳滤波法的结果在图像统计平均意义下是最优的，但对某一具体图像来说不一定是最优的。另外，用维纳滤波器的另一个困难是要求知道噪声和未退化图像的功率谱，而这在实际中是难以达到的，只能用某个常数代替，从而造成误差。

9.3 双边滤波

既可以滤除噪声，又不至破坏图像原有纹理等细节信息的方法一直以来都是研究人员所关注的问题。如果仍然从高斯滤波本身进行演化发展，在本书的前面已经推导出了基于P-M方程的非线性扩散。本节将要介绍另外一个著名的方法——双边滤波。

双边滤波（Bilateral Filter）是一种非线性的滤波方法，它是结合图像的空间邻近度和像素值相似度的一种折中处理。这种方法同时考虑了空域信息和灰度相似性，从而力求在保持图像中边缘信息的同时，又实现降噪的效果。它具有简单、非迭代、局部性等特点。

先来回忆一下前面介绍过的高斯函数，如下式所示。注意这里稍微进行了一些改写，主要是一些变量替换。其中，W 是权重，i 和 j 是像素索引，K 是归一化常量，相当于之前公式里的 $\sqrt{2\pi}\sigma$，另外这里的 σ_G^2 对应前面公式里的 $2\sigma^2$。公式中可以看出，权重只和像素之间的空间距离有关系，无论图像的内容是什么，都有相同的滤波效果。

$$W_{ij} = \frac{1}{K_i} e^{-\frac{(x_j - x_i)^2}{\sigma_G^2}}$$

再来看看双边滤波器，它只是在原有高斯函数的基础上加了一项，如下

$$W_{ij} = \frac{1}{K_i} e^{-\frac{(x_j - x_i)^2}{\sigma_s^2}} \cdot e^{-\frac{(I_j - I_i)^2}{\sigma_r^2}}$$

其中 I 是像素的灰度值。根据指数函数的特点，$e^{-f(x)}$ 应该是一个关于 $f(x)$ 的单调递减函数，所以在灰度差距大的地方（如边缘），权重反而会减小，滤波效应也就变小。总体而言，在像素灰度过渡和缓的区域，双边滤波有类似于高斯滤波的效果，而在图像边缘等梯度较大的地方，则有保持的效果。

对于数字图像而言，滤波处理最终体现为一种利用模板进行卷积运算的形式，而这其实就表明输出像素的值依赖于邻域像素的值的加权组合，可用下式表述：

$$h(i,j) = \frac{\sum_{k,l} f(k,l)\omega(i,j,k,l)}{\sum_{k,l} \omega(i,j,k,l)}$$

权重系数 $\omega(i,j,k,l)$ 取决于定义域核

$$d(i,j,k,l) = e^{-\frac{(i-k)^2 + (j-l)^2}{\sigma_s^2}}$$

和值域核

$$r(i,j,k,l) = e^{-\frac{\|f(i,j) - f(k,l)\|^2}{\sigma_r^2}}$$

的乘积

$$\omega(i,j,k,l) = e^{-\frac{(i-k)^2 + (j-l)^2}{\sigma_s^2} - \frac{\|f(i,j) - f(k,l)\|^2}{\sigma_r^2}}$$

之所以称这种滤波方式为双边滤波，就是因为它其实就是空间位置和灰度差距两种滤波器的组合。图 9-7 很好地阐释了这一滤波过程，其中左图表示两个各自过渡和缓的区域（每个区域中都包含有噪声）交接处有一条尖锐的边缘，中图表示一个双边滤波器（它的一半看起来就像一个高斯滤波器的半边），利用这样一个滤波器来对图像进行处理，在非边缘区

域内,小邻域内的像素值都是彼此差距不大的,这时双边滤波器等同于一个标准的空域高斯滤波器,平滑掉那些由于噪声引起的弱相关值,利用图中双边滤波器的右半边处理非边缘区域内的噪声,而面对灰度值变化剧烈的边缘信息时,则使用双边滤波器的左半边处理,这时边缘信息就会被较好地保留下来。

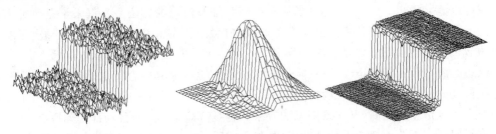

图 9-7　双边滤波示意图

图 9-8 为对图像进行双边滤波的效果,其中左图为原始图像,右图为处理后的图像,可见图像被平滑的同时,类似猫咪胡须或者图像边缘轮廓之类的细节都得到了一定程度的保护。

图 9-8　双边滤波效果

9.4　导向滤波

从一个最简单的情形开始讨论。假设有一个原始图像 p,其中含有一些噪声,欲将这些噪声滤出,最简单、最基本的方法大家可能会想到采用一些低通滤波器,例如简单平滑(也称 Box Filter)或者高斯平滑等。滤波之后的图像为 q,如图 9-9 所示,图像 q 中第 i 个像素是由图像 p 中以第 i 个像素为中心的一个窗口 w 中的像素确定的。

具体而言,在简单平滑中,图像 q 中第 i 个像素是由图像 p 中以第 i 个像素为中心的一个窗口 w 中的所有像素取平均而得来的,即

$$q_i = \sum_{j \in w_i} W_{ij} \cdot p_j$$

其中,$W_{ij} = 1/n$,n 是窗口 w 中的像素数目。也就是说,在简单平滑中,以像素 i 为中心的一

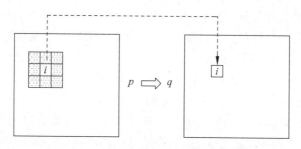

图 9-9 邻域处理为基础的降噪模型

个窗口 w 中的像素具有等同的权值。但在高斯平滑中,权值 W_{ij} 将服从二维的高斯分布,结果导致离像素 i 更接近的像素将具有更高的权重,反之离像素 i 较远的像素则具有更小的权重。

无论是简单平滑还是高斯平滑,它们都有一个共同的弱点,即它们都属于各向同性滤波。一幅自然的图像可以被看成是由(过渡平缓的,也就是梯度较小)区域和(过渡尖锐的,也就是梯度较大)边缘(包括图像的纹理、细节等)共同组成的。噪声是影响图像质量的不利因素,希望将其滤除。噪声的特点通常是以其为中心的各个方向上梯度都较大而且相差不多。边缘则不同,边缘相比于区域也会出现梯度的跃变,但是边缘只有在其法向方向上才会出现较大的梯度,而在切向方向上梯度较小。

因此,对于各向同性滤波(如简单平滑或高斯平滑)而言,它们对待噪声和边缘信息都采取一致的态度。结果,噪声被磨平的同时,图像中具有重要地位的边缘、纹理和细节也同时被抹平了。这是人们所不希望看到的。研究人员已经提出了很边缘保持的图像降噪(平滑)算法,例如双边滤波、自适应(维纳)平滑滤波、基于 Perona-Malik 方程的各向异性滤波以及基于 TV-norm 的降噪算法等。本节将考虑另外一种边缘保持的图像滤波(平滑)算法——导向滤波(guided filter)。

导向滤波之所以叫这个名字,是因为在算法框架中,要对 p 进行滤波而得到 q,还得需要一个引导图像 I。此时,滤波器的数学公式为

$$q_i = \sum_{j \in w_i} W_{ij}(I) \cdot p_j$$

其中,$W_{ij}(i)$ 表示由引导图像 I 来确定加权平均运算中所采用的权值。引导图像可以是单独的一幅图像,也可以输入的图像 p 本身。特别地,当引导图像就是 p 本身的时候,导向滤波就变成了一个边缘是保持的滤波器,因此可以用于图像的平滑降噪。

导向滤波的原理示意如图 9-10 所示。这也是导向滤波所依赖的一个重要假设——导向滤波器在导向图像 I 和滤波输出 q 之间在一个二维窗口内是一个局部线性模型,a 和 b 是当窗口中心位于 k 时该线性函数的系数,即 $q_i = a_k I_i + b_k, \forall i \in w_k$。导引图像与 q 之间存在线性关系,这样设定是因为希望导引图像提供的信息主要用于指示哪些像素是边缘,哪些

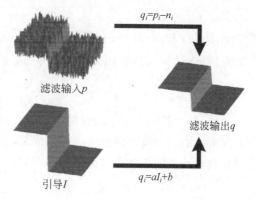

图 9-10 导向滤波的原理示意

是区域。所以在滤波时，如果导引图告诉人们这里是区域，那么就将其磨平。如果导引图告诉人们这里是边缘，这在最终的滤波结果里就要设法保留这些边缘信息。只有当 I 和 q 之间是线性关系的这种引导关系才有意义。

你可以想象一种情况来理解这种假设。导引图 I 中的甲处和乙处都是区域，而丙处是边缘。那甲处的梯度和乙处的梯度应该不会相差太大，例如乙处的梯度是甲处梯度的 1.5 倍。但是由于丙处是边缘，所以丙处的梯度会比较大，例如可能是甲处的 6 倍，也就是乙处的 4 倍。如果 I 和 q 之间满足线性关系，那么甲乙丙的梯度大小和倍数关系就都不会被扭曲。否则，如果两者之间的关系是非线性的，那么可能的结果是在 q 中，尽管丙处的梯度仍然大于乙处的梯度，进而大于甲处的梯度，但是倍数关系可能会扭曲。例如，丙处的梯度是乙处的 1.5 倍，而是甲处的 6 倍（即乙处的梯度是甲处的 4 倍），这时就会想象，甲处是区域，而乙处和丙处就变成了边缘。可见非线性关系会使得引导图像对于边缘和区域的指示作用发生错乱。

现在已知的是 I 和 p，要求的是 q。而如果能求得参数 a 和 b，显然就能通过 I 和 q 之间的线性关系来求出 q。另一方面，还可以知道 p 是 q 受到噪声污染而产生的退化图像，假设噪声是 n，则有 $q_i = p_i - n_i$。根据无约束图像复原的方法，这时可以设定最优化目标为 $\min \|n\|$，等价地有 $\min n^2$，即

$$\min \sum_{i \in w_k} (q_i - p_i)^2$$

有

$$\operatorname{argmin} \sum_{i \in w_k} (a_k I_i + b_k - p_i)^2$$

于是便得到了一个最小二乘问题。但是也可知普通最小二乘有时候引起一些麻烦，因此要适当地引入惩罚项，即采用正则化的手段。笔者在处理这里时所采用的方法借鉴了从普通线性回归改进到岭回归时所采用的方法，即求解下面这个最优化目标所对应的参数 a 和 b。

$$E(a_k, b_k) = \sum_{i \in w_k} \left[(a_k I_i + b_k - p_i)^2 + \in a_k^2 \right]$$

求解上述最优化问题（跟最小二乘法的推导过程一致），便会得到

$$a_k = \frac{\frac{1}{|w|} \sum_{i \in w_k} I_i p_i - \mu_k \tilde{p}_k}{\sigma_k^2 + \in} \qquad b_k = \tilde{p}_k - a_k \mu_k$$

其中 μ_k 是 I 中窗口 w_k 中的灰度平均值，σ_k^2 是 I 中窗口 w_k 中灰度的方差，$|w|$ 是窗口 w_k 中像素的数量，$\tilde{p}_k$ 是待滤波图像 p 在窗口 w_k 中的灰度平均值，即

$$\tilde{p}_k = \frac{1}{|w|} \sum_{i \in w_k} p_i$$

此外，在计算每个窗口的线性系数时，可以发现一个像素会被多个窗口包含，也就是说，每个像素都由多个线性函数所描述。因此，如之前所说，要具体求某一点的输出值时，只需将所有包含该点的线性函数值平均即可，如下

$$q_i = \frac{1}{|w|} \sum_{k|i \in w_k} (a_k I_i + b_k) = \tilde{a}_i I_i + \tilde{b}_i$$

其中

$$\tilde{a}_i = \frac{1}{|w|}\sum_{k\in w_i}a_k, \quad \tilde{b}_i = \frac{1}{|w|}\sum_{k\in w_i}b_k$$

下面给出导向滤波算法的流程，f_{mean}为一个窗口半径为r的均值滤波器（对应的窗口大小为$2r+1$），corr为相关，var为方差，cov为协方差。

输入：滤波输入图像p，导引图像I，半径r，正则化因子$\in$。
输出：滤波输出图像q。
(1) $\mathrm{mean}_I = f_{\mathrm{mean}}(I)$
$\mathrm{mean}_p = f_{\mathrm{mean}}(p)$
$\mathrm{corr}_I = f_{\mathrm{mean}}(I.*I)$
$\mathrm{corr}_p = f_{\mathrm{mean}}(I.*p)$
(2) $\mathrm{var}_I = \mathrm{corr}_I - \mathrm{mean}_I.*\mathrm{mean}_I$
$\mathrm{cov}_{Ip} = \mathrm{corr}_{Ip} - \mathrm{mean}_I.*\mathrm{mean}_p$
(3) $a = \mathrm{cov}_{Ip}./(\mathrm{var}_I + \in)$
$b = \mathrm{mean}_p - a.*\mathrm{mean}_I$
(4) $\mathrm{mean}_a = f_{\mathrm{mean}}(a)$
$\mathrm{mean}_b = f_{\mathrm{mean}}(b)$
(5) $q = \mathrm{mean}_a.*I + \mathrm{mean}_b$

下面的代码在MATLAB中具体实现导向滤波算法。

```matlab
function q = guidedfilter(I, p, r, eps)

%   - guidance image: I (should be a gray-scale/single channel image)
%   - filtering input image: p (should be a gray-scale/single channel image)
%   - local window radius: r
%   - regularization parameter: eps

[hei, wid] = size(I);
N = boxfilter(ones(hei, wid), r);
mean_I = boxfilter(I, r) ./ N;
mean_p = boxfilter(p, r) ./ N;
mean_Ip = boxfilter(I.*p, r) ./ N;
% this is the covariance of (I, p) in each local patch.
cov_Ip = mean_Ip - mean_I.*mean_p;

mean_II = boxfilter(I.*I, r) ./ N;
var_I = mean_II - mean_I.*mean_I;

a = cov_Ip ./ (var_I + eps);
b = mean_p - a.*mean_I;

mean_a = boxfilter(a, r) ./ N;
```

```
mean_b = boxfilter(b, r) ./ N;

q = mean_a .* I + mean_b;
end
```

上述代码的实现完全遵照之前给出的算法流程图。这里需要略做解释的地方是函数 boxfilter，它是基于积分图算法实现的 Box Filter。首先来看看它到底做了些什么（因为这个 Box Filter 和通常意义上的均值滤波并不完全一样）。

```
A =
    1 1 1
    1 1 1
    1 1 1

>> B = boxfilter(A, 1);
>> B

B =
    4 6 4
    6 9 6
    4 6 4
```

从上述代码可以看出，当参数 r=1 时，此时的滤波器窗口是 3×3。将这样大小的一个窗口扣在原矩阵中心，刚好可以覆盖所有矩阵，此时求和为 9，即把窗口里覆盖的值全部加和。此外，当把窗口中心挪动到左上角的像素时，因为窗口覆盖区域里只有 4 个数字，结果为 4。所以可以看出这里的 Box Filter 只是做了求和处理，并没有归一化，换句话说，这也不是真正的均值滤波（简单平滑）。必须结合后面的一句代码 mean_I = boxfilter(I, r) ./ N; 才算是完成了均值滤波。而这整个过程就相当于 MATLAB 中的函数 imboxfilt。但是发现它们两者在执行的时候最终的结果（主要是位于图像四周边缘的数值）会有细微的差异。这是因为 MATLAB 中的 imboxfilt 函数在处理位于图像四周边缘的像素时，需要虚拟地为原图像补齐滤波窗口覆盖但是没有值的区域。

下面给出上述 boxfilter 函数的实现代码。

```
function imDst = boxfilter(imSrc, r)

%   BOXFILTER    O(1) time box filtering using cumulative sum
%
%   - Definition imDst(x, y) = sum(sum(imSrc(x-r:x+r,y-r:y+r)));
%   - Running time independent of r;
%   - Equivalent to the function: colfilt(imSrc, [2*r+1, 2*r+1], 'sliding', @sum);
%   - But much faster.

[hei, wid] = size(imSrc);
imDst = zeros(size(imSrc));

% cumulative sum over Y axis
```

```
imCum = cumsum(imSrc, 1);
% difference over Y axis
imDst(1:r+1, :) = imCum(1+r:2*r+1, :);
imDst(r+2:hei-r, :) = imCum(2*r+2:hei, :) - imCum(1:hei-2*r-1, :);
imDst(hei-r+1:hei, :) = repmat(imCum(hei, :), [r, 1]) - imCum(hei-2*r:hei-r-1, :);

% cumulative sum over X axis
imCum = cumsum(imDst, 2);
% difference over Y axis
imDst(:, 1:r+1) = imCum(:, 1+r:2*r+1);
imDst(:, r+2:wid-r) = imCum(:, 2*r+2:wid) - imCum(:, 1:wid-2*r-1);
imDst(:, wid-r+1:wid) = repmat(imCum(:, wid), [1, r]) - imCum(:, wid-2*r:wid-r-1);
end
```

上述代码基于积分图实现。下面看一下上述导引滤波用于边缘保持的平滑滤波效果。执行以下代码，结果如图 9-11 所示。可见效果还是很不错的。

```
I = double(imread('cat.bmp')) / 255;
p = I;
r = 4; % try r = 2, 4, or 8
eps = 0.2^2; % try eps = 0.1^2, 0.2^2, 0.4^2

O = guidedfilter(I, p, r, eps);

subplot(121), imshow(I);
subplot(122), imshow(O);
```

图 9-11　导引滤波对图像进行平滑

还可以做一下事后分析，看看导向滤波是如何实现边缘保持的平滑滤波效果的。当 $I = p$ 时，导向滤波就变成了边缘保持的滤波操作，此时原来求出的 a 和 b 的表达式就变为

$$a_k = \frac{\sigma_k^2}{\sigma_k^2 + c}$$

$$b_k = (1 - a_k)\mu_k$$

考虑两种情况。

（1）情况 1：高方差区域，即表示图像 I 在窗口 w_k 中变化比较大，有 $\sigma_k^2 \gg \in$，于是 $a_k \approx 1$ 和 $b_k \approx 0$。

（2）情况 2：平滑区域（方差不大），即图像 I 在窗口 w_k 中基本保持固定，此时有 $\sigma_k^2 \ll \in$，于是有 $a_k \approx 0$ 和 $b_k \approx \mu_k$。

也就是说，在方差比较大的区域，保持值不变，在平滑区域，使用临近像素平均（也就退化为普通均值滤波）。

上面给出的是对灰度图像进行导向滤波的代码，可能会好奇彩色图像该如何使用导向滤波。一个比较直接的方法就是将引导滤波分别应用到 RGB 三个通道中，然后再组合成结果图像，更多细节可以参考算法作者原文。

最后，需要说明的是在 MATLAB 中（R2014 及以后），已经内置了用于导向滤波的函数 imguidedfilter（而这个函数实现的其实是快速导向滤波），也就是说在实际开发中已经不再需要编写上面那样的代码，而是只要简单调用 MATLAB 的内置函数就可以了。

9.5　字典学习与图像去噪

机器学习在图像处理中有非常多的应用，运用机器学习（包括现在非常流行的深度学习）技术，很多传统的图像处理问题都会取得相当不错的效果。本章最后就以机器学习中的字典学习（Dictionary Learning）为例，展示其在图像去噪方面的应用。

字典学习（也称为稀疏字典学习）是信号处理和机器学习的一个分支，也称其为一种表达学习方法。字典学习的目的在于为输入数据找到一个稀疏的表达（也称为稀疏编码或字典），这种表达以基本元素的线性组合的形式来呈现，也可以是那些基本元素自身。这些基本元素又称为原子，它们构成了一个字典。通过输入一组训练数据，希望机器能够为每个数据都学习到一个稀疏表达，而这些稀疏表达所依赖的原子构成了最终的字典。人们认为表达越稀疏，训练出的字典就越好。

如图 9-12 所示，现在有一组自然图像，如果希望学到一个字典，从而原图中的每一个小块都可以表示成字典中少数几个原子的线性组合的形式。

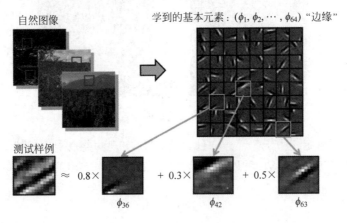

图 9-12　图像中的字典学习

如何将字典学习应用于图像去噪呢？首先来看看图像去噪问题的基本模型，如图 9-13 所示，对于一幅噪声图像 y，它应该等于原图像 x 加上噪声 w，在这个关系中，只有 y 是已知的，去噪的过程就是在此情况下推测 x 的过程。

$$\underbrace{\mathbf{y}}_{\text{实际观测到的噪声图像}} = \underbrace{\mathbf{x}_{orig}}_{\text{原始图像}} + \underbrace{\mathbf{w}}_{\text{噪声}}$$

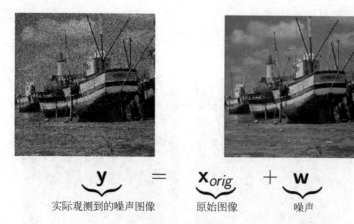

图 9-13　噪声图像模型

在此基础上，通常把去噪问题看成是一个带约束条件的能量最小化问题，即用下面这个公式求出未知项 x。最小化公式中的第一项表示 x 和 y 要尽量接近，否则本来一幅猫噪声的图像，降噪之后变成了狗，这样的结果显然不是人们所期望的。第二项则表示对 x 的一个约束条件，否则如果没有这一项，那么 x 就变成了噪声图像 y，那去噪也就失去了意义。这又变成了一个最大后验估计（MAP）问题。

$$E(x) = \underbrace{\frac{1}{2}\|y-x\|_2^2}_{\text{与观测到的噪声图像之间的关系}} + \underbrace{\Pr(x)}_{\text{关于图像模型的先验假设}}$$

关于第二项到底应该符合什么标准，不同学者都提出了各自的观点。例如，在本书前面介绍的基于全变差的方法中，第二项就被看成了 TV 范数。另外一些研究者就认为，$\boldsymbol{x}$ 应该满足“稀疏”这个条件，因为这也是自然图像中所普遍存在的一个现实。

如果 $\boldsymbol{x}$ 是一个 m 维的信号，那么 $\boldsymbol{D}=[d_1,d_2,\cdots,d_n]$ 是一组标准基向量（basis vectors），其大小为 $m\times p$，也就是人们所说的字典。如果 $\boldsymbol{y}$ 可以用 $\boldsymbol{D}$ 中的一些基向量表示，那么 $\boldsymbol{D}$ 就相当于是被调整到可以适应 $\boldsymbol{y}$。也就是说，存在一个 p 维的稀疏向量 $\boldsymbol{\alpha}$，使得 $\boldsymbol{y}\approx\boldsymbol{D\alpha}$。这里 $\boldsymbol{\alpha}$ 就是所谓的稀疏编码。

$$\underbrace{\begin{pmatrix} \boldsymbol{y} \end{pmatrix}}_{\boldsymbol{y}\in\mathbb{R}^m} \approx \underbrace{\begin{pmatrix} d_1 \,\big|\, d_2 \,\big|\, \cdots \,\big|\, d_p \end{pmatrix}}_{\boldsymbol{D}\in\mathbb{R}^{m\times p}，\text{稀疏编码}} \underbrace{\begin{pmatrix} \alpha[1] \\ \alpha[2] \\ \vdots \\ \alpha[p] \end{pmatrix}}_{\alpha\in\mathbb{R}^p，\text{稀疏编码}}$$

图 9-14　稀疏表达

为什么稀疏对于去噪是好的？显然，字典可以用来很好地表达一类信号，但它却很难用来表达高斯白噪声。高斯白噪声和稀疏生来就是矛盾的。也就是说，用字典来近似表达 $\boldsymbol{y}$ 的时候，就会略掉噪声。于是乎，有学者便提出了用字典学习来进行去噪的技术方案。首先，从 $\boldsymbol{y}$ 中提取所有的重叠的矩形窗口（例如 8×8），然后求解如下矩阵分解（matrix factorization）问题

$$\min_{\alpha_i,\boldsymbol{D}\in c}\sum_{i=1}^{n}\underbrace{\frac{1}{2}\|\boldsymbol{y}_i\boldsymbol{D}\alpha_i\|_2^2}_{\text{重构}}+\underbrace{\lambda\psi(\alpha_i)}_{\text{稀疏}}$$

下面通过一个简单的例子来实际考察一下基于字典学习的图像去噪的效果。图 9-15 中的左图为一张没有引入噪声的清晰图像，在加入高斯噪声之后得到图 9-15 中右图所示的效果。

图 9-15　原始图像和受高斯噪声污染的图像

图 9-16 中的左图是用原始图像构造的字典，其中一共包含 144 个原子，基于该字典对被噪声污染的图像进行重构复原，则会得到图 9-16 中右图的效果。

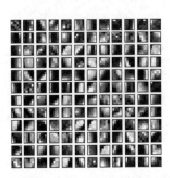

图 9-16　用原始图像构造字典并对噪声图像进行重构

当然，在实际运用中，原始图像往往是不可得的，因为图像去噪的目的就在于求出原始图像。这时，可以直接使用受噪声污染的待恢复图像构造字典。图 9-17 中的左图为用含有噪声的图像构造出来的字典，它同样包含 144 个原子。基于该字典对被噪声污染的图像进行重构复原，则会得到图 9-17 中右图的效果。

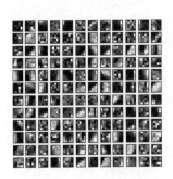

图 9-17　用噪声图像构造字典并对噪声图像进行重构

此外，基于这一基本原理，字典学习还可以应用于图像修复（inpaint），例如图 9-18 中的左图和右图分别是修复前和修复后的效果对比。

图 9-18 图像修复的效果

本章参考文献

［1］ Tomasi C，Roberto manduchi. bilateral filtering for gray and color images［C］. Procedings of the 6th International Conference on Computer Vision，Jan. 1998

［2］ He K，Sun J，Tang X，Guided image filtering［J］. IEEE Transactions on Pattern Analysis and Machine Intelligence，2013，35(6)：1397-1409.

［3］ Elad M，Aharon M. Image denoising via sparse and redundant representations over learned dictionaries［J］. IEEE Transactions on Image Processing，2006，54(12)：3736-3745.

第 **10** 章

图像融合与抠图技术

图像抠图技术(image matting)在现代影视编辑技术中有重要应用。这里所谓的"抠图",英文 Matting 其实是"融合"的意思。如果翻译成图像融合技术其实也是恰当的,但从"抠取"这个角度来看,抠图更类似于一种图像分割方法,只不过它是一种超精细的图像分割技术。其次,它要分割的内容通常是将前景从背景中分割(而广义的图像分割则还包括同等地位目标之间的分离)。

10.1 基于数学物理方程的方法

数学物理方程在现代数字图像处理技术中具有非常广泛的应用,这部分内容与偏微分方程以及向量场论等内容具有紧密的联系。本书前面介绍过的热传导方程就是一类常见的数学物理方程。本节将以泊松方程为例对数学物理方程在图像处理中的应用做进一步介绍,这部分的内容综合运用到了前面所提及的许多知识,如欧拉-拉格朗日方程和拉普拉斯算子等。

10.1.1 泊松方程的推导

牛顿的万有引力定律指出,任意两个质点有通过连心线方向上的力相互吸引。该引力大小与它们质量的乘积成正比,与它们距离的平方成反比,即

$$F = \frac{Gm_1m_2}{r^2}$$

其中,$G = 6.67 \times 10^{-11} \mathrm{N \cdot m^2 \cdot kg^{-2}}$ 是万有引力常数,m_1 和 m_2 分别是两个物体的质量,r 是两个物体之间的距离。

在三维空间中,可以用向量将上述万有引力定律改写为如下形式

$$f_{x_1} = \frac{Gm_1 m_2}{r^2} \frac{(x_2 - x_1)}{r}$$

$$f_{y_1} = \frac{Gm_1 m_2}{r^2} \frac{(y_2 - y_1)}{r}$$

$$f_{z_1} = \frac{Gm_1 m_2}{r^2} \frac{(z_2 - z_1)}{r}$$

其中，f_{x_1}，f_{y_1} 和 f_{z_1} 分别是作用于物体 m_1 上的引力向量 $\boldsymbol{f}_1$ 在 x、y 和 z 三个方向上的分量。两个物体在空间中的坐标分别为 (x_1, y_1, z_1) 和 (x_2, y_2, z_2)。

根据牛顿第二运动定律，$F = ma$，可知物体 m_1 感受到的重力加速度向量 $\boldsymbol{g}_1$ 在 x、y 和 z 三个方向上的分量 g_{x_1}，g_{y_1} 和 g_{z_1} 分别为

$$g_{x_1} = \frac{Gm_1}{r^2} \frac{(x_2 - x_1)}{r}$$

$$g_{y_1} = \frac{Gm_1}{r^2} \frac{(y_2 - y_1)}{r}$$

$$g_{z_1} = \frac{Gm_1}{r^2} \frac{(z_2 - z_1)}{r}$$

单位质量的重力势能 Φ，单位是 J/kg，代表一个给定部位每个单位质量的势能的总和，与局部质量和周围质量的相互作用有关。对于 Φ 的另一个解释是用来将一个单位的质量从一个地点移至无穷远（与其他质量无相互作用）所需要的工作量的总和。因为这个工作量总是为正数，所以势能总和与重力势能在无穷远处为最大。相对重力势能（相对于无穷远处的势能变化）则总是为负数。

单位质量的重力势能在空间坐标系的局部导数等同于相应的重力加速度向量的分量，即

$$\frac{\partial \Phi}{\partial x} = -g_x, \quad \frac{\partial \Phi}{\partial y} = -g_y, \quad \frac{\partial \Phi}{\partial z} = -g_z$$

上式中等号右边的负号反映了重力势能的增加与局部重力引力的方向相反，即只有与局部重力势能相反方向的力才能增加重力势能。

做功是指能量由一种形式转化为另一种形式的过程。当一个外力作用在物体上时，功的大小就定义为作用在物体位移方向上的力与物体位移的乘积，即

$$\mathrm{d}\Phi_x = f_x \mathrm{d}x = -g_x \mathrm{d}x, \quad \mathrm{d}\Phi_y = f_y \mathrm{d}y = -g_y \mathrm{d}y, \quad \mathrm{d}\Phi_z = f_z \mathrm{d}z = -g_z \mathrm{d}z$$

其中，$\mathrm{d}\Phi_x$，$\mathrm{d}\Phi_y$ 和 $\mathrm{d}\Phi_z$ 是每个单位质量中由于相应坐标的微小变化 $(\mathrm{d}x, \mathrm{d}y, \mathrm{d}z)$ 引起的重力势能的增加。

根据牛顿万有引力定律，一个连续介质中某个给定点由于周围物体的引力而感受到的重力加速度 $g = (g_x, g_y, g_z)$ 是由每个小物体 δm_i 导致的加速度累加而成的（积分），即

$$g_x = \sum_{i=1}^{\infty} G \frac{\delta m_i}{r_i^2} \frac{(x_i - x)}{r_i}, \quad g_y = \sum_{i=1}^{\infty} G \frac{\delta m_i}{r_i^2} \frac{(y_i - y)}{r_i}, \quad g_z = \sum_{i=1}^{\infty} G \frac{\delta m_i}{r_i^2} \frac{(z_i - z)}{r_i}$$

其中，$r_i = \sqrt{(x_i - x)^2 + (y_i - y)^2 + (z_i - z)^2}$，$x_i$、$y_i$ 和 z_i 分别是第 i 个物质元素的坐标，而 r_i 是这个元素和给定点之间的距离。

根据拉普拉斯算子的定义，可得

$$-\Delta\Phi = \frac{\partial}{\partial x}\left(-\frac{\partial \Phi}{\partial x}\right) + \frac{\partial}{\partial y}\left(-\frac{\partial \Phi}{\partial y}\right) + \frac{\partial}{\partial z}\left(-\frac{\partial \Phi}{\partial z}\right)$$

再根据前面已经得到的公式，可以得出

$$-\Delta\Phi = \frac{\partial g_x}{\partial x} + \frac{\partial g_y}{\partial y} + \frac{\partial g_z}{\partial z}$$

而根据散度公式，同样可以得到加速度场的散度表达式为

$$\mathrm{div}(g) = \frac{\partial g_x}{\partial x} + \frac{\partial g_y}{\partial y} + \frac{\partial g_z}{\partial z}$$

即

$$-\Delta\Phi = \mathrm{div}(g)$$

将 g_x、g_y 和 g_z 的表达式代入，可得

$$\mathrm{div}(g) = \sum_{i=1}^{+\infty} G\delta m_i \left[\frac{\partial}{\partial x}\left(\frac{x_i - x}{r_i^3}\right) + \frac{\partial}{\partial y}\left(\frac{y_i - y}{r_i^3}\right) + \frac{\partial}{\partial z}\left(\frac{z_i - z}{r_i^3}\right) \right]$$

注意，r_i 也是关于 x、y 和 z 的函数，于是根据两个函数商的求导法则，以及复合函数求导法则可得

$$\frac{\partial}{\partial x}\left(\frac{x_i - x}{r_i^3}\right) = \frac{\partial}{\partial x}\left\{ \frac{x_i - x}{\left[(x_i-x)^2 + (y_i-y)^2 + (z_i-z)^2\right]^{\frac{3}{2}}} \right\}$$

$$= \frac{-r^3 - (x_i-x)\cdot\frac{3}{2}\cdot\left[(x_i-x)^2 + (y_i-y)^2 + (z_i-z)^2\right]^{\frac{1}{2}}\cdot 2(x_i-x)\cdot(-1)}{r^6}$$

$$= \frac{-r^3 + 3(x_i-x)^2\left[(x_i-x)^2 + (y_i-y)^2 + (z_i-z)^2\right]^{\frac{1}{2}}}{r^6} = \frac{3(x_i-x)^2}{r_i^5} - \frac{1}{r_i^3}$$

于是有

$$\mathrm{div}(g) = \sum_{i=1}^{\infty} G\delta m_i \left\{ \left[\frac{3(x-x_i)^2}{r_i^5} - \frac{1}{r_i^3}\right] + \left[\frac{3(y-y_i)^2}{r_i^5} - \frac{1}{r_i^3}\right] + \left[\frac{3(z-z_i)^2}{r_i^5} - \frac{1}{r_i^3}\right] \right\}$$

$$= \sum_{i=1}^{\infty} G\delta m_i \left\{ \frac{3\left[(x-x_i)^2 + (y-y_i)^2 + (z-z_i)^2\right]}{r_i^5} - \frac{3}{r_i^3} \right\} = \sum_{i=1}^{\infty} G\delta m_i \left\{ \frac{3r_i^2}{r_i^5} - \frac{3}{r_i^3} \right\}$$

注意，这里的微分是针对给定点的坐标 x、y 和 z 完成的，而不是取决于那些与 x、y 和 z 无关的周围的质量 (x_i, y_i, z_i)。对于所有 $r_i \neq 0$ 的情况，上述方程的值显然为 0。这意味着一个给定点的重力加速度的散度与周围质量无关，并且必须来自于它自身。

现在将积分的体积缩小至质量为 δm、半径为 δr 的小球体，如图 10-1 所示。这个小球体的加速度的散度可以由图 10-1 中 A、B、C、D、E 和 F 六个点的差近似获得

$$\mathrm{div}(g) = \frac{g_{xA} - g_{xB}}{2\delta r} + \frac{g_{yC} - g_{yD}}{2\delta r} + \frac{g_{zE} - g_{zF}}{2\delta r}$$

其中，$g_{xA} \sim g_{zF}$ 是球体表面不同点的相应的加速度向量的分量。因为小球体中的物质是均衡的，所以球体内部的密度被认为是个常数。因此，这六个点的向量均指向球体中心，并且可以由通用的球体引力公式得到

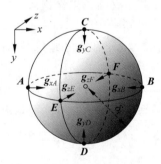

图 10-1　推导泊松公式所用的小球体

$$g_{xA} = g_{yC} = g_{zE} = +G\frac{\delta m}{\delta r^2}$$

$$g_{xB} = g_{yD} = g_{zF} = -G\frac{\delta m}{\delta r^2}$$

结合万有引力定律,考虑到体积为 $V=4\pi\delta r^3/3$ 的球体中的平均密度为 $\rho=\delta m/V=3\delta m/4\pi\delta r^3$,在 δr 趋近为零的条件下,可以得到泊松方程

$$\Delta\Phi=-\operatorname{div}(g)=-\frac{1}{2\delta r}\left[3G\frac{\delta m}{\delta r^2}-\left(-3G\frac{\delta m}{\delta r^2}\right)\right]$$

$$=-3G\frac{\delta m}{\delta r^3}=-3G\frac{\varrho V}{\delta r^3}=-G\frac{\varrho 4\pi\delta r^3}{\delta r^3}=-4\pi G\rho$$

应该可以看出以上的推导是被简化的,并且用了球体表面的引力加速度的标准描述。高斯定理的基本原理也显示了不仅仅是一个球形,任意形状的局部物质都会得到相同的泊松公式。在一个连续媒介中,密度的分布与此媒介中重力场紧密相关。根据前面的推导,泊松方程就可用来表述这种关系。也就是说,泊松方程描述了一个自主受力的连续体中的重力势能的空间变化

$$\frac{\partial^2\Phi}{\partial x^2}+\frac{\partial^2\Phi}{\partial y^2}+\frac{\partial^2\Phi}{\partial z^2}=-4\pi G\rho_{(x,y,z)}$$

其中,$\rho_{(x,y,z)}$ 是空间密度函数。

10.1.2　图像的泊松编辑

10.1.1 节中,推导出了引力加速度场中的泊松公式,各物理量的关系如图 10-2 所示,下面将这其中的概念平行地转移到数字图像中。理解其中的对应关系是非常有意义的。这部分的讨论综合运用了本书前面介绍的许多数学知识,除了场论中的哈密尔算子和拉普拉斯算子以外,变分法基本方程在这部分的理论推导中也占据着非常重要的位置。

对于一组数字信号而言,它的能量在时域上主要是指它的振幅,而这种振幅对应到图像中,其实就是指各像素的灰度值。所以一幅图像的势能对应的就是原图像自身。对势能求梯度,可以得到相应的场。在图像处理中,可以利用哈密尔算子计算原图像的梯度结果,所以这里的场对应的就是梯度图像。同理,利用拉普拉斯算子处理原图像,相应得到的就是密度图像。图像处理中场与势的对应关系如图 10-3 所示,图中的梯度图像有两张,这是因为可以对原图从水平和垂直两个方向计算梯度。

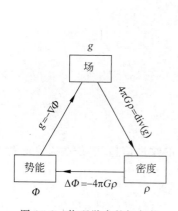

图 10-2　物理学中的场与势

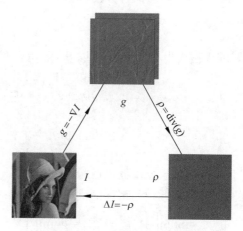

图 10-3　图像处理中的场与势

泊松方程在图像处理的一个重要应用就是进行图像合成。图像合成是图像处理的一个基本问题，其通过将原图像中一个物体或者一个区域嵌入目标图像生成一个新的图像。在对图像进行合成的过程中，为了使合成后的图像更自然，合成边界应当保持无缝。但如果原图像和目标图像有着明显不同的纹理特征，则直接合成后的图像会存在明显的边界。针对此问题，法国学者帕特里克·佩雷斯（Patrick Pérez）等提出了一种利用构造泊松方程求解像素最优值的方法，在保留了原图像梯度信息的同时，可以很好地融合原图像与目标图像的背景。该方法根据用户指定的边界条件求解一个泊松方程，实现了梯度域上的连续，从而达到边界处的无缝融合。

泊松图像编辑的主要思想是，根据原图像的梯度信息以及目标图像的边界信息，利用插值的方法重新构建出合成区域内的图像像素。如图 10-4 所示，其中 u 表示原图像中被合成的部分，V 是 u 的梯度场，S 是合并后的图像，Ω 是合并后目标图像中被覆盖的区域，$\partial\Omega$ 是其边界。设合并后图像在 Ω 内的像素值由 f 表示，在外的像素值由 f^* 表示。

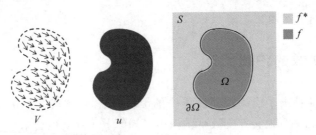

图 10-4　图像合成模型

注意，图像合并的要求是使合并后的图像看上去尽量的平滑，没有明显的边界。所以，Ω 内的梯度值应当尽可能地小。因此，f 的值可以由下式确定

$$\min_f \iint_\Omega \|\nabla f\|^2, \quad \text{s. t. } f|_{\partial\Omega} = f^*|_{\partial\Omega}$$

面对上述积分型极值问题，显然需要使用变分法。在讨论的问题中，被积函数为

$$F = \|\nabla f\|^2 = f_x^2 + f_y^2$$

代入二维的欧拉-拉格朗日方程，则有

$$\frac{\partial F}{\partial f} - \frac{\mathrm{d}}{\mathrm{d}x}\left(\frac{\partial F}{\partial f_x}\right) - \frac{\mathrm{d}}{\mathrm{d}y}\left(\frac{\partial F}{\partial f_y}\right) = 0$$

显然 F 的表达式中不含有 f，所以 $\partial F/\partial f = 0$，另外还有

$$\frac{\mathrm{d}}{\mathrm{d}x}\left(\frac{\partial F}{\partial f_x}\right) = \frac{\mathrm{d}}{\mathrm{d}x}(2f_x) = 2\frac{\partial^2 f}{\partial x^2}$$

于是得到

$$\frac{\partial^2 f}{\partial x^2} + \frac{\partial^2 f}{\partial y^2} = \Delta f = 0$$

另一方面，如果要求插入后的图像保持插入图像本身的纹理信息，但是在边界上看不到明显的处理痕迹，此种约束下的优化问题可以表示为

$$\min_f \iint_\Omega \|\nabla f - V\|^2 = \min_f \iint_\Omega \|\nabla f - \nabla u\|^2, \quad \text{s. t. } f|_{\partial\Omega} = f^*|_{\partial\Omega}$$

显然，为了使合并后的图像中的 Ω 区域尽量接近于 u，这里利用 u 的梯度场 V 作为求解式的

引导场。合并后图像在 Ω 内的像素值 f 的梯度与 u 的梯度越接近,就表示原始纹理保持得越好。此时被积函数为

$$F = \| \nabla f - \nabla r \|^2 = (f_x - u_x)^2 + (f_y - u_y)^2$$

再次应用欧拉-拉格朗日方程,其中

$$\frac{\mathrm{d}}{\mathrm{d}x}\left[\frac{\partial F}{\partial (f_x - u_x)^2} \right] = \frac{\mathrm{d}}{\mathrm{d}x}\left[2(f_x - u_x) \right] = 2\left(\frac{\partial^2 f}{\partial x^2} - \frac{\partial^2 u}{\partial x^2} \right)$$

于是得到

$$\frac{\partial^2 f}{\partial x^2} + \frac{\partial^2 f}{\partial y^2} = \frac{\partial^2 u}{\partial x^2} + \frac{\partial^2 u}{\partial y^2}$$

再回忆一下之前介绍的散度知识。已知可以从散度的角度定义拉普拉斯算子,此时拉普拉斯算子定义为梯度的散度,即

$$\Delta f = \mathrm{div}(\nabla f) = \nabla \cdot (\nabla f) = \nabla^2 f$$

所以对于二维空间,f 是关于 x 和 y 函数,则 Δf 为

$$\Delta f = \mathrm{div}\left(\frac{\partial f}{\partial x}i, \frac{\partial f}{\partial y}j \right) = \frac{\partial^2 f}{\partial x^2} + \frac{\partial^2 f}{\partial y^2}$$

所以原式可以写成下列泊松方程的形式

$$\Delta f = \mathrm{div}(\nabla u)$$

再回过头看图 10-3,可见上式的物理意义是非常明晰的,即

$$\Delta I = -\rho = -\mathrm{div}(g) = \mathrm{div}(\nabla I) \Rightarrow \Delta I = \mathrm{div}(\nabla I)$$

10.1.3 离散化数值求解

需要使用迭代法对泊松方程进行离散化求解。为了辅助说明,这部分内容配以相应的 MATLAB 代码片段。最终图像合成的效果如图 10-5 所示。如果直接将填充图像(显示为夜空中的月亮)不加任何处理地添加到目标图像上的指定区域,如图 10-5 中的右图所示,可以看到填充图像的边缘显得非常突兀。图 10-5 中的左图则是采用了本章给出的泊松编辑算法处理的效果,可见融合效果非常自然。

图 10-5 图像的泊松编辑效果

首先,求出原填充图的拉普拉斯处理的结果,具体方法本书前面已经做过详细介绍,拉普拉斯算子的离散算式为

$$\mathrm{div}(\nabla u) = \Delta u = u_{i+1,j} + u_{i,j+1} + u_{i-1,j} + u_{i,j-1} - 4u_{i,j}$$

上式的 MATLAB 代码如下。

```
mountains = double(imread('./img/mountain.jpg'));
moon = double(imread('./img/moon.png'));
sizeSrc = size(mountains);
sizeDst = size(moon);

gradient_inner = moon(1:sizeDst(1) - 2,2:sizeDst(2) - 1,:)...
    + moon(3:sizeDst(1),2:sizeDst(2) - 1,:)...
    + moon(2:sizeDst(1) - 1,1:sizeDst(2) - 2,:)...
    + moon(2:sizeDst(1) - 1,3:sizeDst(2),:)...
    - 4 * moon(2:sizeDst(1) - 1,2:sizeDst(2) - 1,:);
```

当然直接使用拉普拉斯模板，并进行卷积运算也可，但由于卷积计算会改变原图像的大小，所以在处理之后要对结果进行减边。

```
Lap = [0, 1, 0;1, - 4, 1;0, 1, 0];

I1 = conv2(double(moon(:,:,1)), double(Lap));
I2 = conv2(double(moon(:,:,2)), double(Lap));
I3 = conv2(double(moon(:,:,3)), double(Lap));
gradient_inner(:, :, 1) = I1(3:sizeDst(1),3:sizeDst(2));
gradient_inner(:, :, 2) = I2(3:sizeDst(1),3:sizeDst(2));
gradient_inner(:, :, 3) = I3(3:sizeDst(1),3:sizeDst(2));
```

同样的道理，原泊松方程可以变成如下形式

$$f_{i+1,j} + f_{i,j+1} + f_{i-1,j} + f_{i,j-1} - 4f_{i,j} = u_{i,j}$$

于是有

$$f_{i,j} = \frac{1}{4}(f_{i+1,j} + f_{i,j+1} + f_{i-1,j} + f_{i,j-1} - u_{i,j})$$

其中，$u_{i,j}$ 是第一步中求得的原填充图经拉普拉斯算子处理后的结果值。

以上处理过程在 MATLAB 中的实现代码如下

```
dstX = 350;dstY = 100;
rebuilt = mountains(dstY:dstY + sizeDst(1) - 1,dstX:dstX + sizeDst(2) - 1,:);

for n = [1:1000]
    rebuilt(2:2:sizeDst(1) - 1,2:2:sizeDst(2) - 1,:) = ...
        (rebuilt(1:2:sizeDst(1) - 2 , 2:2:sizeDst(2) - 1,:)...
        + rebuilt(3:2:sizeDst(1) , 2:2:sizeDst(2) - 1,:)...
        + rebuilt(2:2:sizeDst(1) - 1 , 1:2:sizeDst(2) - 2,:)...
        + rebuilt(2:2:sizeDst(1) - 1 , 3:2:sizeDst(2),:)...
        - gradient_inner(1:2:sizeDst(1) - 2 , 1:2:sizeDst(2) - 2,:))/4;
    rebuilt(3:2:sizeDst(1) - 1,3:2:sizeDst(2) - 1,:) = ...
        (rebuilt(2:2:sizeDst(1) - 2 , 3:2:sizeDst(2) - 1,:)...
        + rebuilt(4:2:sizeDst(1) , 3:2:sizeDst(2) - 1,:)...
        + rebuilt(3:2:sizeDst(1) - 1 , 2:2:sizeDst(2) - 2,:)...
        + rebuilt(3:2:sizeDst(1) - 1 , 4:2:sizeDst(2),:)...
        - gradient_inner(2:2:sizeDst(1) - 2 , 2:2:sizeDst(2) - 2,:))/4;
    rebuilt(3:2:sizeDst(1) - 1,2:2:sizeDst(2) - 1,:) = ...
        (rebuilt(2:2:sizeDst(1) - 2 , 2:2:sizeDst(2) - 1,:)...
```

```
          + rebuilt(4:2:sizeDst(1) , 2:2:sizeDst(2) − 1,:)...
          + rebuilt(3:2:sizeDst(1) − 1 , 1:2:sizeDst(2) − 2,:)...
          + rebuilt(3:2:sizeDst(1) − 1 , 3:2:sizeDst(2),:)...
          − gradient_inner(2:2:sizeDst(1) − 2 , 1:2:sizeDst(2) − 2,:))/4;
      rebuilt(2:2:sizeDst(1) − 1 , 3:2:sizeDst(2) − 1,:) = ...
          (rebuilt(1:2:sizeDst(1) − 2 , 3:2:sizeDst(2) − 1,:)...
          + rebuilt(3:2:sizeDst(1) , 3:2:sizeDst(2) − 1,:)...
          + rebuilt(2:2:sizeDst(1) − 1 , 2:2:sizeDst(2) − 2,:)...
          + rebuilt(2:2:sizeDst(1) − 1 , 4:2:sizeDst(2),:)...
          − gradient_inner(1:2:sizeDst(1) − 2 , 2:2:sizeDst(2) − 2,:))/4;
end

mountains(dstY:sizeDst(1) + dstY − 1,dstX:sizeDst(2) + dstX − 1,:) = rebuilt;
figure,imshow(uint8(mountains));
```

完成编码后,执行程序即可得到如图 10-5 中左图所示的结果。

10.1.4　基于稀疏矩阵的解法

除了从经典物理学的角度来探寻泊松编辑算法的原理之外,确实还可以从一些更加简单、更加直观的角度来考察这个算法。首先,从最简单的“一维”情况开始考虑。如图 10-6 所示,目标是将左图中深色的部分复制到右图中,这个时候左图中深色部分就相当于是图 10-5 中的“月亮”,右图就是一片“夜空”。

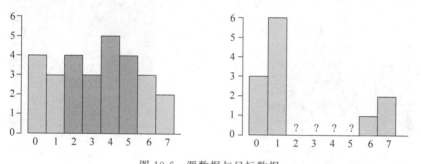

图 10-6　源数据与目标数据

如果要做到天衣无缝,应该保证哪些条件? 通过 10.1.3 节中的讨论,这个问题应该不难回答。原则上只有两个要求:首先,将月亮融入夜空之后,月亮和夜空相连的边缘过渡要平滑(用图像处理的术语说,就是梯度小);其次,月亮内部的自身纹理要最大程度保留,不能融合之后月亮没了,就剩夜空那肯定不行。

就当前所面对的这个例子,其实就是要求如下

$$\min\left[(f_2 - f_1) - 1\right]^2, \quad \min\left[(f_3 - f_2) - (-1)\right]^2$$
$$\min\left[(f_4 - f_3) - 2\right]^2, \quad \min\left[(f_5 - f_4) - (-1)\right]^2$$
$$\min\left[(f_6 - f_5) - (-1)\right]^2$$

其中,f 是右图中的“信号”,而 $+1$、-1、$+2$、-1、-1 是原图(左图)本来的梯度。那有没有什么是已知的呢? 有的! $f_1 = 6$,$f_6 = 1$,即融合边界的信息已知。于是化简有

$$Q = 2f_2^2 + 2f_3^2 + 2f_4^2 + 2f_5^2 - 2f_2f_3 - 2f_3f_4 - 2f_4f_5$$
$$= -16f_2 + 6f_3 - 6f_4 - 2f_5 + 59$$

根据费马引理，当有极值时，偏导数等于零，即

$$\frac{\partial Q}{\partial f_2} = 4f_2 - 2f_3 - 16 = 0, \quad \frac{\partial Q}{\partial f_3} = 4f_3 - 2f_2 - 2f_4 + 6 = 0$$

$$\frac{\partial Q}{\partial f_4} = 4f_4 - 2f_3 + 2f_5 - 6 = 0, \quad \frac{\partial Q}{\partial f_5} = 4f_5 - 2f_4 - 2 = 0$$

如果用矩阵形式来表示方程组便有

$$\begin{bmatrix} 4 & -2 & 0 & 0 \\ -2 & 4 & -2 & 0 \\ 0 & -2 & 4 & -2 \\ 0 & 0 & -2 & 4 \end{bmatrix} \begin{bmatrix} f_2 \\ f_3 \\ f_4 \\ f_5 \end{bmatrix} = \begin{bmatrix} 16 \\ -6 \\ 6 \\ 2 \end{bmatrix}$$

现在要解一个线性方程组，而且这个方程组还是稀疏的，显然用高斯-赛德尔迭代法是非常不错的选择，这也是泊松方法的原作者最初使用的求解方法。最后得到方程组的解为 $f_2 = 6, f_3 = 4, f_4 = 5, f_5 = 3$，这好像并不太直观，于是用图形来表示，填充结果如图 10-7 所示。显而易见，接合的地方过渡很自然（梯度小），内部纹理保持得也不错（基本和原图一致）。这说明前面的方法确实有效。

既然处理的对象是图像，所以还得回到二维的情况来看。图 10-8 演示了接着将要开展的工作。数字方格是填充过来的像素点，沿数字方格一周的方框表示接合边缘。

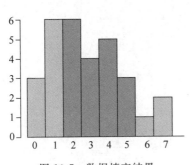

图 10-7　数据填充结果

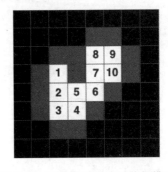

图 10-8　二维情况的泊松编辑模型

跟一维的情况一样，现在要解线性方程组 $Ax = b$，其中 A 是一个 $N \times N$ 的方阵，N 是要填充的像素数目，本题中 $N = 10$。方阵 A 的创建规则是：主对角线上所有的元素填写为 -4，其他元素根据对应位置在二维图像中的邻接性，填写 1（即表示图像中的两个像素相邻）或者 0（即表示图像中的两个像素不相邻）。就当前所讨论的例子而言，所创建的矩阵如图 10-9 所示。

在方程组 $Ax = b$ 中，b 是一个 N 元向量，它是由下面这个式子创建的

	1	2	3	4	5	6	7	8	9	10
1	-4	1	0	0	0	0	0	0	0	0
2	1	-4	1	0	1	0	0	0	0	0
3	0	1	-4	1	0	0	0	0	0	0
4	0	0	1	-4	1	0	0	0	0	0
5	0	1	0	1	-4	1	0	0	0	0
6	0	0	0	0	1	-4	1	0	0	0
7	0	0	0	0	0	1	-4	1	0	1
8	0	0	0	0	0	0	1	-4	1	0
9	0	0	0	0	0	0	0	1	-4	1
10	0	0	0	0	0	0	1	0	1	-4

图 10-9　邻接矩阵

$$\boldsymbol{b}[i] = \operatorname{div} \nabla(\text{Source}(x,y)) + \text{Neighbor}(\text{target} i), \quad i = 1, 2, \cdots, N$$

其中，$\nabla(\cdot)$ 是求梯度，散度由下面公式求得（与之前所给出的形式一致）

$$\operatorname{div} \nabla = -4f(x,y) + f(x-1,y) + f(x,y-1) + f(x+1,y) + f(x,y+1)$$

原式中 i 的邻域（Neighbor）指的是 i 的四邻域点中属于边界的部分，例如从图 10-8 可以看出

(1) Neighbor(pixel1) 有三个点，分别位于左侧、上方和右侧；

(2) Neighbor(pixel8) 有两个点，分别位于左侧和上方；

(3) Neighbor(pixel5) 有一个点，位于上方。

接下来，再结合帕特里克原文中的一些表述对上面的结论做进一步解释。其中，p 是 S 中的一个元素，N_p 是点 p 位于 S 内部的 4 邻域点。$<p,q>$ 表示一个点对，其中 $q \in N_p$，Ω 的边界为

$$\partial\Omega = \{p \in S\backslash\Omega : N_p \bigcap \Omega \neq /\}$$

请注意，S 和 Ω 的所代表的意思前面已经讨论过，如图 10-4 所示。令 f_p 代表 p 点处的 f 值。那么原来的优化问题就变成了如下的离散形式

$$\min_{f|_\Omega} \sum_{<p,q> \bigcap \Omega \neq ?} (f_p - f_q - v_{pq})^2, \quad \text{s. t.} f_p = f_p^*, \forall p \in \partial\Omega$$

其中，v_{pq} 是 $v\left(\dfrac{p+q}{2}\right)$ 在有向边 $\overrightarrow{pq}$ 方向上的投影，即

$$v_{pq} = v\left(\frac{p+q}{2}\right) \cdot \overrightarrow{pq}$$

上述最优化问题的解满足

$$|N_p|f_p - \sum_{q \in N_p \bigcap \Omega} f_q = \sum_{q \in N_p \bigcap \partial\Omega} f_q^* + \sum_{q \in N_p} v_{pq}, \quad \forall p \in \Omega$$

这就是之前给出的公式，而且它还是一个很大的稀疏的线性方程组，所以可以用经典的迭代法进行求解。帕特里克也指出其原文中的结果是采用高斯-赛德尔法得到的。对于位于 S 中的 Ω 的边界像素点 p，$|N_p| < 4$，即边界上点的邻域点少于 4 个，显然边界上的点 p 至少有一个邻域点位于 Ω 内部。然而，对于那些位于 Ω 内部的像素点 p 而言，即 $N_p \in \Omega$，等式右端的边界项就不复存在了，即有

$$|N_p|f_p - \sum_{q \in N_p} f_q = \sum_{q \in N_p} v_{pq}$$

如果已知矩阵 $\boldsymbol{A}$ 和向量 $\boldsymbol{b}$，就可以根据 $\boldsymbol{x} = \boldsymbol{A}^{-1} \cdot \boldsymbol{b}$ 来计算向量 $\boldsymbol{x}$，这也就是目标图像中要被填充的部分像素。

最后在 MATLAB 环境下编程实现这个算法。要用到的素材是图 10-10 的 3 张图片。首先读入这 3 张图片，注意需要把 mask 图以二值图的形式读入。

```
TargetImg = imread('pool-target.jpg');
SourceImg = imread('bear.jpg');
SourceMask = im2bw(imread('bear-mask.jpg'));
```

用函数 bwboundaries(W,CONN) 来获取二值图中对象的轮廓，其中 CONN 为 8 或 4，指示连通性采用 4 方向邻域点判别还是 8 方向邻域点判别，默认为 8。然后把这个轮廓在 SourceImg 上绘制出来，显示出将要剪切的区域。参数 'r' 表示红色。

图 10-10　素材图片

```
[SrcBoundry, ~] = bwboundaries(SourceMask, 8);
figure, imshow(SourceImg), axis image
hold on
for k = 1:length(SrcBoundry)
    boundary = SrcBoundry{k};
    plot(boundary(:,2), boundary(:,1), 'r', 'LineWidth', 2)
end
title('Source image intended area for cutting from');
```

执行上述代码，所得的结果如图 10-11 所示。

设定原图像将要粘贴在目标图像中的具体位置，并获取 TargetImg 的长和宽。然后再来计算 mask 框在原图像中的大小。如果在 position_in_target 的位置放置 frame 将超出 Target 图的范围，则改变 position_in_target，以保证 frame 不会超出 Target 图的范围。

图 10-11　目标裁剪区域

```
position_in_target = [10, 225]; % xy
[TargetRows, TargetCols, ~] = size(TargetImg);
[row, col] = find(SourceMask);
start_pos = [min(col), min(row)];
end_pos = [max(col), max(row)];
frame_size = end_pos - start_pos;

if (frame_size(1) + position_in_target(1) > TargetCols)
    position_in_target(1) = TargetCols - frame_size(1);
end

if (frame_size(2) + position_in_target(2) > TargetRows)
    position_in_target(2) = TargetRows - frame_size(2);
end
```

上述代码中的函数 find() 的原型为 $b = \text{find}(\boldsymbol{X})$，$\boldsymbol{X}$ 是一个矩阵，查询非零元素的位置，如果 $\boldsymbol{X}$ 是一个行向量，则返回一个行向量，否则，返回一个列向量。

构建一个大小与目标图像相等的新 Mask，并在 position_in_target 处放入

SourceMask。然后，同前面一样，获取二值图像中对象的轮廓，然后把这个轮廓在目标图像上绘制出来，结果如图10-12所示。

```
MaskTarget = zeros(TargetRows, TargetCols);
MaskTarget(sub2ind([TargetRows, TargetCols], row − start_pos(2) + ...
position_in_target(2), col − start_pos(1) + position_in_target(1))) = 1;

TargBoundry = bwboundaries(MaskTarget, 8);
figure, imshow(TargetImg), axis image
hold on
for k = 1:length(TargBoundry)
    boundary = TargBoundry{k};
    plot(boundary(:,2), boundary(:,1), 'r', 'LineWidth', 1)
end
```

根据前面的介绍可知对于Mask轮廓的内部，是不考虑边界项的，此时直接执行拉普拉斯算子。下面代码对原图像执行拉普拉斯算子，然后提取R、G、B三个分量。最后根据Mask，把计算结果贴入目标图像，结果如图10-13所示。

```
templt = [0 − 1 0; − 1 4 − 1; 0 − 1 0];
LaplacianSource = imfilter(double(SourceImg), templt, 'replicate');
VR = LaplacianSource(:, :, 1);
VG = LaplacianSource(:, :, 2);
VB = LaplacianSource(:, :, 3);

TargetImgR = double(TargetImg(:, :, 1));
TargetImgG = double(TargetImg(:, :, 2));
TargetImgB = double(TargetImg(:, :, 3));

TargetImgR(logical(MaskTarget(:))) = VR(SourceMask(:));
TargetImgG(logical(MaskTarget(:))) = VG(SourceMask(:));
TargetImgB(logical(MaskTarget(:))) = VB(SourceMask(:));

TargetImgNew = cat(3, TargetImgR, TargetImgG, TargetImgB);
figure, imagesc(uint8(TargetImgNew)), axis image;
```

图10-12　在目标图像中标识粘贴位置　　　　图10-13　贴入拉普拉斯图像后的目标图效果

为了要计算稀疏的临接矩阵需要编写一个函数 calcAdjancency()，并用其来计算 MaskTarget 中 Ω 区域的邻接矩阵。然后调用 PoissonSolver() 函数分别对彩色图像的 R、G、B 三个分量解线性方程组。代码如下。

```
AdjacencyMat = calcAdjancency(MaskTarget);

ResultImgR = PoissonSolver(TargetImgR,MaskTarget,AdjacencyMat,TargBoundry);
ResultImgG = PoissonSolver(TargetImgG,MaskTarget,AdjacencyMat,TargBoundry);
ResultImgB = PoissonSolver(TargetImgB,MaskTarget,AdjacencyMat,TargBoundry);
```

其核心就是使用迭代法求解型如 $Ax=b$ 这样的大型稀疏线性方程组。帕特里克在原文中使用了高斯-赛德尔迭代法。与此类似，但如果直接调用 MATLAB 中提供的共轭梯度法函数来求解或许更为方便。

限于篇幅，此处不详细列出函数 calcAdjancency() 和 PoissonSolver() 的源代码，有需要的读者可以从本书的在线支持资源中下载得到完整的实现代码。最后将三个分量合到一起，并显示出最终的融合结果，如图 10-14 所示。

图 10-14　泊松融合的效果

最后需要说明，在 MATLAB 中建立稀疏矩阵如果简单地使用 zeros() 或 ones() 函数的话，当图片稍微大一点，就会产生内存溢出（out of memory）的问题。所以程序中要特别注意，使用 sparse() 等专门用于建立稀疏矩阵的函数避免超内存的问题。

10.2　基于贝叶斯推断的方法

在图像抠图技术领域,人们已经开发出了许多非常成功的算法,其中贝叶斯抠图算法(Bayesian matting)是该领域中较为经典的一个算法。

图像抠图的核心问题就是求解下面这个 Matting equation(在图像隐藏和图像去雾中都有类似的融合方程)

$$C = \alpha F - (1 - \alpha)B$$

其中,C 是一个已知的待处理的图像中的一个像素点(你也可以理解为整个图像),如图 10-15 中的左图就是一张待处理的图像。F 是前景图像(中的一个像素),如图 10-15 中的人物。B 是背景图像(中的一个像素),如图 10-15 中的树丛。

图 10-15　原始图像与 TriMap

当然,因为 F、B 和 α 都是未知的,要把这么多未知项都求出来显然很不容易。所以就需要增加一些附加的约束。通常,这种约束以 TriMap 的形式给出。TriMap 就是三元图的意思,它是和待分割图像同等大小的一张图,但图中的像素只有三个取值,0、128(左右)和255。例如图 10-15 中的右图,其中黑色部分是确定知道的背景,白色是确定知道的前景。灰色是要做进一步精细划分的前景与背景交接地带,或者可以解释为前景的边缘。融合系数 α 是一个介于 0 到 1 之间的分数,它给出了前景和背景在待处理图像中所占的比例。显然,对于确定的背景部分,$\alpha=0$;对于确定的前景部分,$\alpha=1$。在前景与背景相互融合的边缘部分,α 介于 0 到 1 之间。而这正是最终要求解的核心问题。本节的后面重点就要介绍在贝叶斯抠图算法框架中 α 具体是如何求解的。但此时仍然可以在MATLAB 中实际感受一下 α 矩阵的"样子"以及它的作用。

可以用下面的代码可视化地展示已经(由贝叶斯抠图算法)得到的 α 矩阵(矩阵元素的类型是 double,大小与 TriMap 和原始图像一致),结果如图 10-16 所示。

图 10-16　α 矩阵的可视化效果

```
imshow(alpha)
```

然后再读入一张新的背景图片(如图 10-17 中的左图所示),并将前景图像(经由 α 矩阵）融合到新的背景中，最终结果如图 10-17 中的右图所示。

图 10-17   背景及经融合处理后得到的结果图像

上述代码中 makeComposite 函数的实现代码如下

```
function C = makeComposite(F,B,alpha)

if ∼isa(F,'double')
    F = im2double(F);
end
if ∼isa(B,'double')
    B = im2double(B);
end

alpha = repmat(alpha,[1,1,size(F,3)]);
C = alpha. * F + (1 - alpha). * B;
```

在融合方程中，已知的只有 C，而 F、B 和 α 都是未知的。于是可以从条件概率的角度去考虑这个问题，即给定 C 时，F、B 和 α 的联合概率应为

$$P(F,B,\alpha \mid C) = \frac{P(C \mid F,B,\alpha)P(F,B,\alpha)}{P(C)} = \frac{P(C \mid F,B,\alpha)P(F)P(B)P(\alpha)}{P(C)}$$

其中，第一个等号是根据贝叶斯公式得到的，第二个等号则是考虑到 F、B 和 α 是彼此独立的。上式表明融合问题可以被转化为已知待计算像素颜色 C 的情况下，如何估计它的 F、B 和 α 的值以最大化后验概率 $P(F,B,\alpha|C)$ 的问题，即 MAP 问题。上述等式中的右端项，需要通过采样统计的方式进行估计，而这种估计结果的准确性，很大程度上决定了算法的融合质量。具体来说，算法采用一个连续滑动的窗口对邻域进行采样，窗口从未知区域和已知区域之间的两条边开始向内逐轮廓推进，计算过程也随之推进。图 10-18 中的左图显示了 Bayesian matting 方法的采样过程。

作者在原文中将采样窗口定义为一个以待计算点为中心、半径 r 的圆域。进行采样时，不但要对已知区域进行采样，同时为了在待计算像素周围保持一个连续的 α 分布，也要对之前计算出的邻域像素点进行采样。需要说明的是，采样窗口必须覆盖已知的前景和背景区域。这是因为用户提供的 TriMap 不一定是足够精致的。换言之，未知区域覆盖的像素有很多是纯粹的前景或背景，而非混合像素。如果采样半径内不能保证有已知区域内的像素采样，就有可能造成无法采样到前景或背景色。

为了使重建出的颜色分布模型更具鲁棒性，在进行采样时，需要对窗口内的采样点的贡献度要进行加权。加权规则有两条：

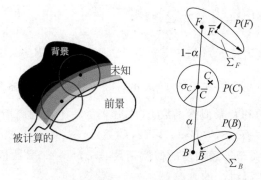

图 10-18 贝叶斯抠图的原理

其一,根据 α 值,进行前景采样的时候,使用 α^2,这意味着越不透明的像素致信度越高;在进行背景采样的时候,使用 $(1-\alpha)^2$,表示越透明的像素致信度越高。

其二,采样点到目标点之间的距离,采用一个方差 $\sigma=8$ 的高斯分布来对距离因子 g_1 进行衰减。最后,组合的权被表示为 $w_i=\alpha^2 g_i$(前景采样)、$w_i=(1-\alpha)^2 g_i$(背景采样)。

算法的核心假设是在前景和背景的交界区域附近,其各自的颜色分布在局部应该是基本一致的。算法的目标是通过上面给出的采样统计结果,在未知区域的每一个待计算点上重建它的前景和背景颜色概率分布,并根据这种分布恢复出它的前景色 F,背景色 B 和 α 值。

跟机器学习中的朴素贝叶斯法处理情况一致,因为 $P(C)$ 是一个常数,所以在考虑最大化问题时可以将其忽略,再利用对数似然 $L(\cdot)$,所以有

$$\arg\max_{F,B,\alpha}P(F,B,\alpha \mid C)$$
$$=\arg\max_{F,B,\alpha}P(C \mid F,B,\alpha)P(F)P(B)P(\alpha)/P(C)$$
$$=\arg\max_{F,B,\alpha}L(C \mid F,B,\alpha)+L(F)+L(B)+L(\alpha)$$

现在问题就被简化成如何定义对数似然 $L(C|F,B,\alpha)$、$L(F)$、$L(B)$ 和 $L(\alpha)$。注意使用对数似然的目的在于等价地把乘法转化成加法。图 10-18 中的右图展示了一个应用该规则求解最优 F、B 和 α 的过程。

算法将第一项建模为观察到像素 C 与估计颜色 C' 之间的误差,估计色 C' 的计算通过估计值 F、B 和 α 通过下式得到

$$L(C \mid F,B\alpha)=-\|C-\alpha F-(1-\alpha)B\|^2/\sigma_C^2$$

上式表示了一个期望为 $\alpha F+(1-\alpha)B$,标准差为 σ_C 的高斯分布的误差函数。这个公式的意义也是非常明确的,注意由于 F、B 和 α 是估计值,而由这些估计值将会得到一个估计的 C',而这个估值值越接近真实的 C,高斯分布的 PDF 就越处于峰值(也就是 0),进而 $P(C|F,B,\alpha)$ 或者 $L(C|F,B,\alpha)$ 也就越大。

算法在图像颜色空域一致性的假设前提下,对 $L(F)$ 项进行估计。在获得需要的前提或背景采样以及它们所对应的权值之后,算法根据 Orchard 和 Bouman 在文献[4]提出的方法对采样值进行色彩聚类。对于每一个聚类,可以算出加权均值 $\bar{F}$(或 $\bar{B}$),以及加权协方差矩阵 Σ_F(或 Σ_B),即

$$\overline{F} = \frac{1}{W}\sum_{i \in N} w_i F_i, \quad \overline{B} = \frac{1}{W}\sum_{i \in N} w_i B_i$$

$$\Sigma_F = \frac{1}{W}\sum_{i \in N} (F_i - \overline{F})(F_i - \overline{F})^{\mathrm{T}}, \quad \Sigma_B = \frac{1}{W}\sum_{i \in N} (B_i - \overline{B})(B_i - \overline{B})^{\mathrm{T}}$$

其中，$W = \sum_{i \in N} w_i$。上述几个等式中的 N 表示每一个聚类中的像素集合，根据这些等式，则可把前景似然函数 $L(F)$ 和背景似然函数 $L(B)$ 建模为一个有向高斯分布

$$L(F) = -(F - \overline{F})\pmb{\Sigma}_F^{-1}(F - \overline{F})^{\mathrm{T}}/2, L(B) = -(B - \overline{B})\pmb{\Sigma}_B^{-1}(B - \overline{B})^{\mathrm{T}}/2$$

作者在论文中假设关于不透明度的似然函数 $L(\alpha)$ 是一个常数值，并将其从原来的方程中舍去，当然这一点是值得讨论的。

$L(C|F,B,\alpha)$ 由于含有 αF 项和 αB 项，所以它并不是关于未知数的二次方程。为了有效地求解这个等式，Bayesian matting 算法将求解问题分为两个子问题来进行计算。

在第一步，假设 α 值为一个常数，并对原等式分别关于 F 和 B 求偏导数，并令其值为 0，从而得到

$$\begin{bmatrix} \pmb{\Sigma}_F^{-1} + I\alpha^2/\sigma_C^2 & I\alpha(1-\alpha)/\sigma_C^2 \\ I\alpha(1-\alpha)/\sigma_C^2 & \pmb{\Sigma}_B^{-1} + I(1-\alpha)^2/\sigma_C^2 \end{bmatrix}\begin{bmatrix} F \\ B \end{bmatrix}\begin{bmatrix} \pmb{\Sigma}_F^{-1}\overline{F} + C\alpha/\sigma_C^2 \\ \pmb{\Sigma}_B^{-1}\overline{B} + C(1-\sigma)/\sigma_C^2 \end{bmatrix}$$

其中，I 是一个 3×3 的单位阵。可以通过求解一个 6×6 的线性方程组得到最佳的估计色 F 和 B。

第二步，假设 F 和 B 是常数，从而得到关于 α 的二次方程，并关于 α 求导，并令其值为 0，于是得到

$$\alpha = \frac{(C - B) \cdot (F - B)}{\|F - B\|^2}$$

上述等式等价于将待计算像素的颜色 C 投影到线段 FB 上的投影值。如图 10-18 中的右图所示，F、B 分别表示估算出的前景色和背景色。

优化估计通过反复迭代上述第一步和第二步完成，首先用待计算像素周围的 α 值的平均值作为该点第一次迭代的 α 值，之后循环重复第一步和第二步，直到 α 值的变化足够小或者迭代次数高于某一个阈值的时候停止（这个思想其实跟机器学习中的 EM 算法有非常相像的地方）。

当有多个前景聚类和背景聚类的时候，算法对每一对前背景聚类分别执行如上所述的优化求解，最后通过比较后验概率值决定采用哪一对的估算结果作为最终的计算结果。

现在用 MATLAB 编程实现贝叶斯抠图算法，下面的代码将得到之前展示过的 α 矩阵图像。

```
C = imread('input.png');
trimap = imread('trimap.png');

[F,B,alpha] = bayes_matting(C, trimap);
figure('Name','Alpha Result','NumberTitle','off');
imshow(alpha);
```

最后给出用来进行 Bayesian Matting 的核心函数代码。

```
function [F, B, alpha] = bayes_matting(im, trimap)

% Necessary parameters setting, some parameters assignment
% are omitted here considering conciseness
% N, sigma, sigma_C, minN, clust.minVar, opt.maxIter, opt.minLike

im = im2double(im);
trimap = im2double(trimap);

bgmask = trimap == 0;  % background region mask
fgmask = trimap == 1;  % foreground region mask
unkmask = ~bgmask&~fgmask;  % unknow region mask

% initialize F, B, alpha
F = im; F(repmat(~fgmask,[1,1,3])) = 0;
B = im; B(repmat(~bgmask,[1,1,3])) = 0;
alpha = zeros(size(trimap));
alpha(fgmask) = 1;
alpha(unkmask) = NaN;

nUnknown = sum(unkmask(:));

% guassian falloff. will be used for weighting each pixel neighborhood
g = fspecial('gaussian', N, sigma); g = g/max(g(:));
% square structuring element for eroding the unknown region(s)
se = strel('square',3);

n = 1;
unkreg = unkmask;
while n < nUnknown

    % get unknown pixels to process at this iteration
    unkreg = imerode(unkreg, se);
    unkpixels = ~unkreg&unkmask;
    [Y,X] = find(unkpixels);

    for i = 1:length(Y)

        % take current pixel
        x = X(i); y = Y(i);
        c = reshape(im(y,x,:),[3,1]);

        % take surrounding alpha values
        a = getN(alpha, x, y, N);

        % take surrounding foreground pixels
        f_pixels = getN(F, x, y, N);
        f_weights = (a.^2). * g;
        f_pixels = reshape(f_pixels, N * N, 3);
        f_pixels = f_pixels(f_weights > 0, :);
        f_weights = f_weights(f_weights > 0);

        % take surrounding background pixels
```

```
            b_pixels = getN(B, x, y, N);
            b_weights = ((1 - a).^2). * g;
            b_pixels = reshape(b_pixels, N * N, 3);
            b_pixels = b_pixels(b_weights > 0, :);
            b_weights = b_weights(b_weights > 0);

            % if not enough data, return to it later...
            if length(f_weights) < minN | length(b_weights) < minN
                continue;
            end

            [mu_f, Sigma_f] = cluster_OrachardBouman(f_pixels,
                f_weights, clust.minVar);
            [mu_b, Sigma_b] = cluster_OrachardBouman(b_pixels,
                b_weights, clust.minVar);

            Sigma_f = addCamVar(Sigma_f, sigma_C);
            Sigma_b = addCamVar(Sigma_b, sigma_C);

            % set initial alpha value to mean of surrounding pixels
            alpha_init = nanmean(a(:));
            % solve for current pixel
            [f, b, a] = solve(mu_f, Sigma_f, mu_b, Sigma_b, c, sigma_C,
                alpha_init, opt.maxIter, opt.minLike);
            F(y, x, :) = f;
            B(y, x, :) = b;
            alpha(y, x) = a;
            unkmask(y, x) = 0; % remove from unkowns
            n = n + 1;
        end
    end
end

function r = getN(m, x, y, N)

[h, w, c] = size(m);
halfN = floor(N/2);
n1 = halfN;
n2 = N - halfN - 1;
r = nan(N, N, c);
xmin = max(1, x - n1);
xmax = min(w, x + n2);
ymin = max(1, y - n1);
ymax = min(h, y + n2);
pxmin = halfN - (x - xmin) + 1; pxmax = halfN + (xmax - x) + 1;
pymin = halfN - (y - ymin) + 1; pymax = halfN + (ymax - y) + 1;
r(pymin:pymax, pxmin:pxmax, :) = m(ymin:ymax, xmin:xmax, :);

% finds the orientation of the covariance matrices, and adds the camera
% variance to each axis
function Sigma = addCamVar(Sigma, sigma_C)

Sigma = zeros(size(Sigma));
for i = 1:size(Sigma, 3)
```

```
    Sigma_i = Sigma(:,:,i);
    [U,S,V] = svd(Sigma_i);
    Sp = S + diag([sigma_C^2,sigma_C^2,sigma_C^2]);
    Sigma(:,:,i) = U * Sp * V';
end
```

　　正如本节最开始所讲的,人们已经开发出了许多非常成功的抠图算法,贝叶斯抠图仅仅是其中的一个代表。值得一提的是,第 9 章中介绍的导向滤波也可以用来作为抠图的一种工具,也正是基于这个原因,读者即将在本书后面的章节中看到导向滤波在图像去雾中也有被用到。限于篇幅,本书无法将众多抠图算法一一道来,有兴趣的读者可以查阅相关资料以了解更多。

本章参考文献

[1]　D. Bleecder,G. Csordas. 基础偏微分方程[M]. 李俊杰,译. 北京：高等教育出版社,2006.

[2]　P. Pérez, M. Gangnet, A. Blake. Poisson Image Editing. ACM Transactions on Graphics,Vol. 22, No. 3：313-318, 2003.

[3]　Yung-Yu Chuang, B. Curless, D. H. Salesin, and R. Szeliski, A Bayesian Approach to Digital Matting. CVPR, 2001.

[4]　M. T. Orchard and C. A. Bouman. Color Quantization of Images. IEEE Transactions on Signal Processing,39(12):2677-2690, December 1991.

第 11 章

处理彩色图像

色彩是强有力的描绘因子,有色彩的图像才更具真实感,更有实际价值。颜色作为一种敏感的刺激,在数字图像处理应用中有着独特而重要的意义。在认识并理解颜色的基础上,还希望能够建造恰当的数学模型来描述和表示颜色,由此就引入了"色彩空间"这个概念。研究色彩空间的最初目的正是使彩色图形能够被定量地描述,进而在物理设备上输出。本章的重点在于引领读者认识常见的色彩空间,了解色彩在不同色彩模型中的组织形式。最后本章还会介绍几个非常流行的针对彩色图像的算法。

11.1 从认识色彩开始

本节要研究的内容包括色彩的定义和色彩的属性等。色彩的定义将从自然科学的角度帮助读者认识色彩的本质,这些理论将成为决定色彩属性的主要依据,而色彩的属性将很好地帮助读者理解色彩空间的设计原理。

11.1.1 什么是颜色

当代计算机系统与用户之间的信息交流首先是通过人类的视觉系统,而色彩是对于人类视觉系统的最主要刺激。那么,什么是颜色呢?

先从物理成因上说起,颜色是光作用于人眼的结果。光本质上是一种电磁波,根据麦克斯韦电磁波理论,变化的磁场产生电场,变化的电场产生磁场。如果在空间某处存在变化的电场,那么变化的电场和磁场并不会局限于空间中的某个区域,而是由近及远向周围空间传播开去。电磁场的传播,就形成了电磁波。电磁波的波长和强度可以有很大的区别,红外线、紫外线、X 射线等都属于电磁波。电磁波谱图如图 11-1 所示。

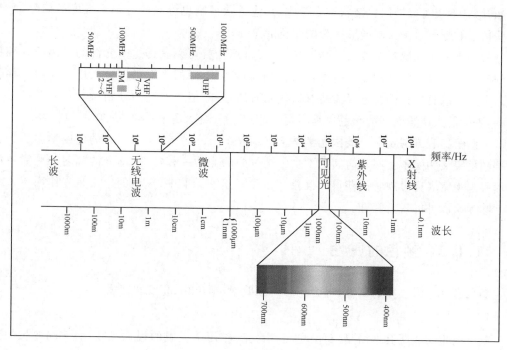

图 11-1 电磁波谱图

在人可以感受的波长范围内(380～740nm)的电磁波称为可见光。光与颜色之间的关系到底如何呢? 1666 年,牛顿通过三棱镜试验首次阐明了二者的关系,即当一束白光穿过三棱镜时将被分解为由紫到红的连续彩色色谱。1801 年,托马斯·杨第一次提出三原色的理论,后来赫尔曼·冯·亥姆霍兹将其完善。至 20 世纪 60 年代,通过对人眼内部结构的研究才确定了这个理论的正确性。表 11-1 列出了在可见光谱上各颜色的波长范围。

表 11-1 可见光谱上各颜色波长范围

颜色	波长范围	颜色	波长范围
红	760～610nm	青	500～460nm
橙	610～590nm	蓝	460～440nm
黄	590～570nm	紫	440～400nm
绿	570～500nm		

人眼中的锥状细胞和棒状细胞(也称为杆状细胞)都能感受颜色。通常人眼中有 600 万～700 万个锥状细胞,这数以百万的锥状细胞又可以分为三类:第一类主要感受红色,它的最敏感点在 565nm 左右,这类锥状细胞大约占 65%;第二类主要感受绿色,它的最敏感点在 535nm 左右,这类锥状细胞大约占 33%;最后一类主要感受蓝色,其最敏感点在 445nm 左右,大约占 2%。另一方面,杆状细胞只有一种,数量大约在 7500 万～15 000 万之间,它们主要用于获得灰度信息。锥状体比杆状体具有更高的细节分辨能力,且锥状体能够以更小的视角去观察同等距离的景物。在明亮的环境中,锥状细胞兴奋而杆状细胞受到抑制,视觉信号主要由锥状细胞提供,反之亦然。

试验表明每种细胞也对其他的波长有反映,因此事实上并非所有的光谱都能被区分。

比如,绿光不仅可以被绿色锥状细胞接收,其他锥状细胞也可以产生一定强度的信号,所有这些信号的组合就是人眼能够区分的颜色的总和。

假如将一个光源各个波长的强度列在一起,那么就可以获得这个光源的光谱。一种物体的光谱决定这种物体的光学特性,包括它的颜色。不同的光谱可以被人接收为同一种颜色。虽然可以将一种颜色定义为所有这些光谱的总和,但是不同的动物所看到的颜色是不同的,不同的人所感受到的颜色也是不同的,因此这个定义是相当主观的。

下面给出官方的定义。美国光学学会(Optical Society of America)的色度学委员会曾经把颜色定义为除了空间和时间的不均匀性以外的光的一种特性,即光的辐射能刺激视网膜而引起观察者通过视觉而获得的景象。在我国国家标准中,颜色的定义是光作用于人眼引起除形象以外的视觉特性。

11.1.2　颜色的属性

颜色有 3 个最主要的属性,称为色彩的三要素,即色相、亮度和纯度。

1. 色相

颜色的定义表明其本质是一种物理刺激(光)作用于人眼的视觉特性,而不同波长的光带给人的色彩感受是不同的。这表示了色彩的本质,即色彩的相貌,通常称其为色相(hue),如大红、普蓝、柠檬黄等都属于色相。色相是色彩的首要特征,它反映了颜色的基本面貌,是区别各种不同色彩的最准确的标准。

黑白灰以外的任何颜色都有色相的属性,而色相也就是由原色、间色和复色来构成的。从光学意义上讲,色相差别是由光波波长的长短产生的。即便是同一类颜色,也能分为几种色相,如黄颜色可以分为中黄、土黄、柠檬黄等,灰颜色则可以分为红灰、蓝灰、紫灰等。

在应用色彩理论中,通常用色环来表示色彩系列。处于可见光谱的两个极端的红色与紫色在色环上连接起来,使色相系列呈循环的秩序。最简单的色环由光谱上的 6 个色相环绕而成。在这 6 个色相之间增加一个过渡色相,这样就在红与橙之间增加了红橙色;在红与紫之间增加了紫红色。以此类推,构成了 12 色相环,12 色相环是很容易分清的色相。如果在 12 个色相间再增加一个过渡色相,就会组成一个 24 色相环,24 色相环更加微妙柔和。将色相环由任意一处剪开即得到色相带。图 11-2 就为一个 24 色相环。

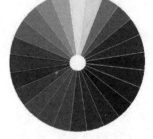

图 11-2　24 色相环

色相有时也称为色调,它代表着某种颜色的性质和特点。色调是由物体表面反射的光线中何种波长占优势决定的。调的概念,源自音乐中的术语,是指音乐上高低长短配合成组的音,用来表示一首乐曲的“音高”,如 C 调、G 调等。而用于色彩构成中的色调,则是指色彩运用的主旋律,也就是指画面色彩的总倾向。因此,色调是一个相对的概念。此外,从美术的角度上讲,色调也可以指色彩的明暗度,或者色彩的冷暖感,这与色相意义上的色调并不等同,它其实是对色彩的第 2 个属性的另外一种表述。

2. 亮度

亮度(lightness),也称明度(brightness),是指单位时间、单位角度及单位投射面上光源的辐射能量,可反映出颜色的明暗程度。例如,早期的黑白电视机,由于整个画面都是灰色的,因此区分各个图形颜色的主要因素不是色调,而是色彩的明度。

3. 纯度

与颜色相关的第3个重要属性是颜色的纯度(purity),或称饱和度(saturation)。饱和度指的是图像颜色的彩度,它表示光线的色彩深浅度或鲜艳程度,调整饱和度也就是调整图像的彩度。从原理上讲,可见光谱和各种单色是最饱和的。彩色光谱中掺入的白光成分愈多,就愈不饱和。对颜色而言,饱和度变化有两个趋势:一是变亮,相当于掺入白色成分;二是变暗,相当于加入灰色或黑色。例如,当图像的饱和度减小到零时,图像就会变成一个灰度图像,反之亦然。

一般来说,人眼最多能区分128种不同的色彩、130种色饱和度和23种明暗度。色相和纯度两种特征混合后所形成的属性又称为色度(chromaticity),也称色品。

根据以上定义,可以知道色彩是一种物理刺激作用于人眼的视觉特性,而人的视觉特性既受大脑支配,也是一种心理反应。也就是说,颜色不仅有本身的物理特性,同时又与个人的心理状态有关,同时色彩本身也将反作用于人类心理,进而影响人类行为。所以,研究与色彩相关的问题具有重要的意义。而在研究的过程中也应当综合考虑色彩本身的物理特性和人类心理特点等多方面因素。

11.1.3 光源能量分布图

光源所发出光的光谱组成以能量来表示,即光源发出不同波长的辐射功率的相关分布,称为光源能量分布图,或光谱能量分布图。光源能量分布图可用来决定光源的重要信息,颜色的主要属性都可以从光源能量分布图中获得。

对于光源能量分布图的理解能够帮助人们更加深刻地认识颜色属性与其光学本质的联系。图11-3为两幅光源能量分布图。在光源能量分布图中,横轴表示电磁波波长,纵轴则表示能量。自然可见光(波长范围是400~700nm)本质上都是由各种波长的光混合而成的,由于每种波长的光所发出的能量有差异,所以就呈现出了不同的色彩。如果各种波长的光所发出的能量均等,那么就会混合出白光,如图11-3(a)所示,如果每种波长的光所发出的能量都为零(也就是不发光),那么混合出的颜色就是黑色。

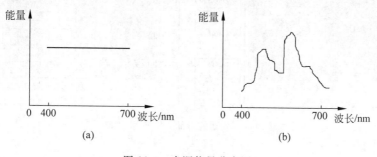

图 11-3 光源能量分布图

如果不同波长的光所发出的能量存有差异，必然存在某种波长的光在能量上占据主要优势，最终混合出来的颜色就呈现出该种波长的光所反映出的相貌，这就是色相的物理本质。一种颜色的色相属性就是由混合光中具有能量峰值的那种波长的光所决定的，如图 11-4 所示，曲线的最高点所对应的横轴值（波长）所发出的光就决定了最后混合光的色相属性。某种颜色的亮度其实就是混合光的能量综合，反映在光源能量分布图中也就是曲线下部的总面积。而饱和度则是由具有峰值能量 E_d 与其他频率的光组合成的白光能量 E_w 的

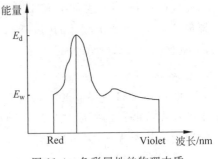

图 11-4　色彩属性的物理本质

比例所决定的，白色光的能量越少，饱和度就越高，反之亦然。图 11-5 给出了几种常见色彩的光源能量分布图。

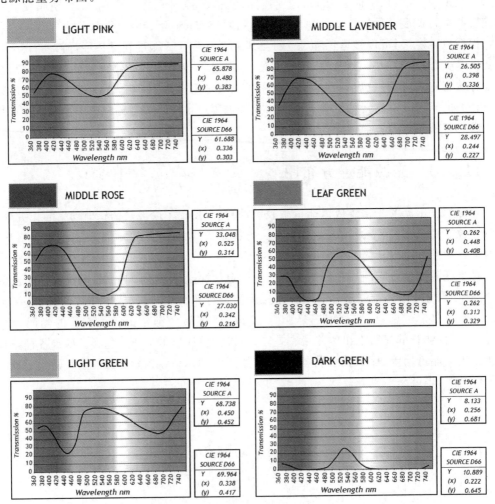

图 11-5　常见色彩的光源能量分布图

11.2 CIE 色度图

CIE 的全称是 International Commission on Illumination，即国际照明委员会，它的总部位于维也纳。色彩是一门很复杂的学科，现在已经有很多有关颜色的理论、测量技术和标准。但长久以来一直无法找到一种被普遍接受的标准来准确地界定和测量色彩。CIE 的创建目的旨在建立一套界定和测量色彩的技术标准。CIE 经过多年的辛勤努力已经取得了很大的成就，其中包括定量表示颜色及建立数字模型来实现颜色的测量计算等。

11.2.1 CIE 色彩模型的建立

用适当比例的 3 种颜色混合，可以获得白光，且这 3 种颜色中任意两种的组合都不能生成第 3 种颜色，那么这 3 种颜色就成为一组三原色。人们试图使用 3 种原色的混合去匹配可见光谱中的每一种颜色，于是 CIE 曾经让 2000 名视力正常的被测试者观察选好的色样，根据人们的平均反应能力做出标准数据。CIE 根据这些数据，对不同波长的红、绿、蓝光做出锥体细胞的敏感度描述，分别称为 RGB 三刺激值，并由此建立了"标准色度观察者（Standard Observer）"标准，该标准界定了普通人眼对颜色的响应，从而奠定了现代 CIE 标准色度学的定量基础。

使用 R、G、B 三种颜色来匹配可见光光谱中的颜色的匹配表达式为 $C = rR + gG + bB$。其中，r、g 和 b 分别为 3 种原色的权值。但是标准 RGB 三原色匹配任意颜色的光谱三刺激值曲线中的一部分 500μm 附近的 r 值是负数，如图 11-6 所示，这当然不能否定将红、绿、蓝三色混合可以得到其他颜色，但它确实表明一些颜色不能够仅通过将三原色混合来得到而在普通的 CRT 上显示。也就是说，矛盾在于颜色匹配过程中，权值有可能为负值，但是实际中却并不存在负的光强，所以必须找到一组原色替代 RGB，使得权值都为正。

图 11-6　RGB 三刺激值示意图

由于"标准色度观察者"用来标定光谱色时出现负刺激值，计算不便，也不易理解，后来 CIE 便在此基础上改用 3 种假想的原色 X、Y、Z 建立了一个新的色度系统。使用 X、Y、Z 来匹配可见光谱中任意颜色的匹配表达式为 $C=xX+yY+zZ$。其中，x、y 和 z 分别为 3 种标准原色的权值。这样就能够让得到的颜色匹配函数的三刺激值都是正值，如图 11-7 所示。

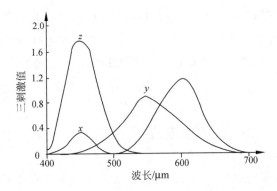

图 11-7   XYZ 三刺激值示意图

在使用 CIE 标准三原色 X、Y、Z 去匹配颜色时，XYZ 空间中包含所有可见光的部分将形成一个锥体，也就是 CIE 颜色空间。如图 11-8 所示，所有颜色向量组成了 $x>0$、$y>0$ 和 $z>0$ 的三维空间第一象限锥体，取一个截面 $x+y+z=1$，则该截面与 3 个坐标平面的交线构成一个等边三角形，每一个颜色向量与该平面都有一个交点，每一个点代表一种颜色，它的空间坐标 (x,y,z) 表示为该颜色在标准原色下的三刺激值，称为色度值。

所有色度值都落在锥体与 $x+y+z=1$ 平面的相交区域上，把这个区域投影到 Oxy 平面上，所得到的马蹄形区域就称为"CIE 1931 标准色度图"，或称为"$2°$ 视场 XYZ 色度系统"，如图 11-9 所示。

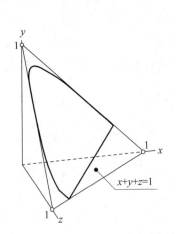

图 11-8   CIE XYZ 颜色空间模型

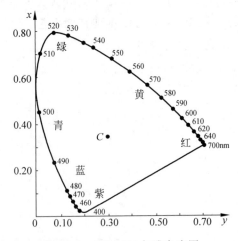

图 11-9   CIE 1931 标准色度图

CIE 1931 标准色度图的马蹄形区域的边界和内部表示可见光的色度值（x、y 值确定以后，z 可以通过 $z=1-x-y$ 确定）。翼形轮廓线代表所有可见光波长的轨迹，即可见光谱曲线。沿线的数字表示该位置的可见光的主波长。例如，可以从中看到红光的波长范围是

$600 \sim 700$nm,这与前面给出的数据相吻合。中央的 C 对应于近似太阳光的标准白光,C 点接近于但不等于 $|x| = |y| = |z| = 1/3$ 的点。红色区域位于图的右下角,绿色区域在图的顶端,蓝色区域在图的左下角,连接光谱轨迹两端点的直线称为紫红线。

11.2.2 CIE 色度图的理解

从 CIE 色度图中获取了许多有用的信息,关于 CIE 色度图的理解,这里简单地介绍三点应用。

1. 确定互补颜色

两种彩色光源混合后能够生成白色光,则称它们为互补色。利用 CIE 色度图可以得到光谱色的互补色。其方法比较简单,只要从该颜色点起过白光点 C 做一条直线,求其与对侧光谱曲线的交点即可。从互补色的定义可知,两种补色按一定比例相加后可以得到白色。因此,一种颜色的补色不仅仅是明确的一种颜色,而是一组颜色。但互为补色的两个颜色点连线,一定通过白光点 C。如图 11-10 所示,C_3 与白光点 C 连线的延长线与马蹄形曲线轮廓相交后得到点 C_4,那么 C_3 的补色就应该是 CC_4 连线上的任意一点。再比如,C_1 和 C_2 都位于马蹄形的曲线轮廓上,从 C_1 点过白光点 C 做一条直线与对侧光谱曲线的交点刚好为 C_2,那么 C_1 的补色就位于 CC_2 的连线上。

2. 确定色光主波长

如图 11-11 所示,如果有一个点 C_1,那么将其与白光点 C 相连所形成的直线与马蹄形曲线轮廓的交点所指示的波长,就是生成该种色彩的所有混合光线中能量最大的那种光的波长,称其为主波长。当然,还存在这样一种情况,如图 11-11 所示,白光点 C 和点 C_2 的连线的延长线并不能与马蹄形曲线轮廓相交,实际上它们的延长线将与紫红线相交于一点 C_p,但是前面也曾说过紫红线上的点并不属于可见光光谱的范围,此时主波长应是位于颜色反侧的光谱轨迹线交点。例如,将白光点与色点 C_2 之间的连线进行反向延长,然后交于马蹄形曲线轮廓上的一点 C_{ap},那么色点 C_2 的主波长就由反侧的点 C_{ap} 给出。

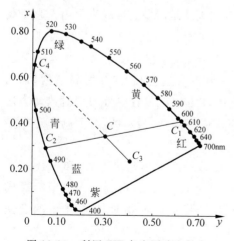

图 11-10 利用 CIE 色度图确定补色

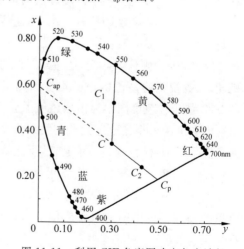

图 11-11 利用 CIE 色度图确定色光波长

3. 定义颜色区域

如图 11-12 所示，假设 I 和 J 是两种任意的颜色，那么当二者按不同比例进行混合后，可以产生的颜色就必然是它们连线上的一种颜色。推广到 3 种颜色混合的情况，再加入一种颜色 K，那么 I、J 和 K 这 3 种颜色按照不同比例混合后所形成的颜色就必然位于以这 3 点为顶点的三角形中。换言之，这 3 点可以合成以它们作为顶点的三角形中的任意一种颜色。从这个角度出发，也可以解释为什么 RGB 三原色无法合成可见光光谱上的所有颜色。因为在 CIE 色度图上，以红、绿和蓝 3 种颜色混合后所能生成的全部颜色能且仅能位于以这 3 点为顶点的三角形中，然而这个三角形显然不能覆盖马蹄形色度图的全部色点。因此，仅使用红、绿、蓝 3 种颜色无法生成所有可见光颜色。

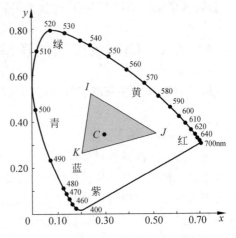

图 11-12　利用 CIE 色度图确定颜色区域

11.2.3　CIE 色度图的后续发展

CIE 在 1964 年修订了原来的 CIE 颜色系统，该系统是其他颜色系统的基础。它使用相应的红、绿和蓝 3 种颜色作为 3 种基色，而所有其他颜色都从这 3 种颜色中导出。通过相加混色或者相减混色，任何色调都可以使用不同量的基色产生。对于从事相关领域的研究人员来说，了解这套色度系统具有十分重要的意义，因为它对开发新的颜色系统、编写或者使用与颜色相关的应用程序都是极其有用的。此外，通常用来描述色彩的 X、Y、Z 值比组成颜色的红、绿、蓝色光的相对数量要小。但是对于色彩专家来说，这些值足够精确地描述色彩，它构成对色彩进行数学处理方法的基础。

XYZ 颜色空间是 CIE 最早建立的色彩模型之一，它以二维图像的形式表示出人眼所观察到的颜色，它是一种独立的（与设备无关）模型，但不能直观地得到。其中，X 代表红光，Y 代表绿光，而 Z 则代表蓝光，通过红、绿、蓝的混合来产生颜色。它最接近人类视觉的呈色机理（人类视觉的呈色机理已经在前面研究过了），它可以表达色相、饱和度和亮度信息。X、Y、Z 值可在色度图中标出颜色值由分光光度计测出，以 X、Y、Z 各成分的相对数量表达出来饱和度的大小是通过光谱反射率曲线的峰值（单峰或双峰）来表示的，亮度则通过光谱的峰值来表示，颜色越暗峰值越低，反之依然。

XYZ 颜色空间稍加变换就可得到 xyY 色彩空间。其中，Y 表示亮度，x 和 y 代表匹配光谱色的成分，可由公式 $x = X/(X+Y+Z)$ 和 $y = Y/(X+Y+Z)$ 得到。xyY 坐标形成熟悉的马蹄形色度图。最常应用这一模式的例子是用于描述显示器 RGB 电子枪的发光特性。

11.3 常用的色彩空间

为了在某些标准下用通常可接受的方式简化彩色规范而定义的色彩空间,本质上可以认为是坐标系统和子空间的规范——位于系统中的每种颜色都由单个点来表示。色彩空间,有时也称为色彩模型,是数字化描述色彩的基础。

11.3.1 RGB 颜色空间

RGB(Red——红、Green——绿、Blue——蓝)颜色空间是最常见的一种颜色模型,它被称为与设备相关的色彩空间。在 CRT 显示系统中,彩色阴极射线管使用 R、G、B 数值来驱动电子枪发射电子,并分别激发荧光屏上的 R、G、B 这 3 种颜色的荧光粉以发出不同亮度的光线,通过相加混合产生各种颜色。这就是 RGB 颜色系统的原理。显然,这种成像的机制很容易和上一节中所论述的色彩知识相关联起来。RGB 色彩系统之所以能够用来表示色彩,归根结底还是因为人眼中的锥状细胞和棒状细胞对红色、蓝色和绿色特别敏感。

RGB 颜色模型对应笛卡儿坐标系中的一个立方体,R、G、B 分别代表 3 个坐标轴,如图 11-13 所示。当 R、G、B 对应的数值都取 0 时,即坐标原点处,表示黑色;反之,当 R、G、B 对应的数值都取最大值时,则表示白色。立方体空间中的其他各点表示其他颜色。RGB 是面向设备的,通常在任何一种编程语言和编译环境下,都直接提供对于 RGB 颜色表示的支持。当 3 个分量的取值范围都是 0～255 的整数时,可以表示 16 777 216 种颜色。

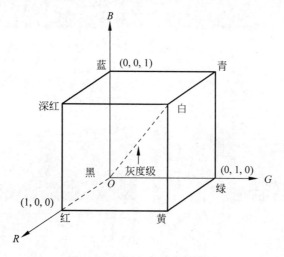

图 11-13 RGB 色彩空间模型

为了帮助读者更好地理解 RGB 这种颜色描述方式,笔者做了一个试验。将一张彩色照片中的红色分量、绿色分量和蓝色分量进行分离,分别形成原始照片的单分量演示图,并统计了各图中像素色彩分量的累计直方图,如图 11-14 所示。其中,左上图为原始图像,右上图为红色分量提取图,左下图为绿色分量提取图,右下图为蓝色分量提取图。有兴趣的读者可以将后 3 张照片通过数字图像处理手段进行叠加，最终得到的全色图像将同左上图相同。图 11-15 按照与图 11-14 相对应的顺序给出了各分图的色彩统计直方图，这种色彩分量分离和统计结果反映出了 RGB 色彩空间所存在的一个问题，相信读者已经觉察到了，那就是这种面向机器的色彩描述方式似乎使人很难接受。当人们得到一种色彩时能够准确地说出其中 RGB 的含量几乎是不可能的；反之，当用户希望描述一种色彩时，如果想采取 RGB 的方式来表示自己想象中的颜色更是遥不可及。这种矛盾在本章的后续内容中将被讨论。

图 11-14　RGB 分量提取示意图

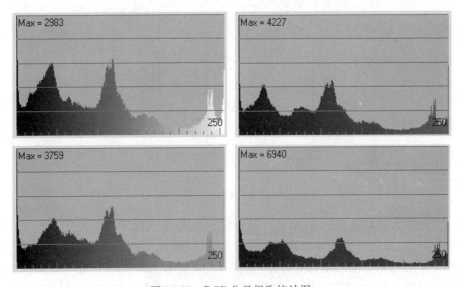

图 11-15　RGB 分量提取统计图

11.3.2 CMY/CMYK 颜色空间

在正式讨论 CMY 颜色空间之前,先来回顾一下 RGB 色彩空间的设计原理。可见光的波长不同会引起人眼所见的色彩之间存有差异。而人类肉眼中的锥状细胞和棒状细胞对其中3种波长的感受特别强烈,只要相应地改变这3种光的强度,就可以让人类感受到几乎所有的颜色。这3种颜色正是红(Red)、绿(Green)和蓝(Blue),它们被称为光的三原色(RGB)。因为这3种光线的混合几乎可以表示出所有的颜色,故而所有的彩色电视机、屏幕都具备产生这3种基本光线的发光装置,这也是它们的成像原理。

但是颜料的特性刚好和光线相反,颜料吸收光线,而不增强光线。所以,在使用颜料进行作画或者印刷时,RGB 将不再适用。因为颜料的特性与光线相反,所以很容易让人想到只要将光的三原色进行补色就可以很好地解决问题,而红、绿、蓝3色的补色刚好是青、洋红和黄色。例如,在作画时调配颜色,把黄色与青色颜料混合起来,因为黄色颜料会吸收蓝色光,青色颜料会吸收红色光,因此最后只剩下绿色光可以反射出来,这就是黄色加青色颜料会变成绿色的道理。光的三原色及其补色示例图如图 11-16 所示。

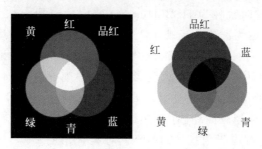

图 11-16 光的三原色及其补色示例

以上就是 CMY(Cyan，Magenta，Yellow)颜色空间的设计原理。CMY 颜色空间常应用于印刷工业,印刷业通过青(C)、品红(M)和黄(Y)三原色油墨的不同网点面积率的叠印来表现丰富多彩的颜色,这便是三原色的 CMY 颜色空间。通常所使用的大多数在纸张上沉积彩色颜料的设备,比如彩色打印机或者复印机,都要求输入 CMY 数据。即使输入的是 RGB 色彩数据,在内部也会进行 RGB 到 CMY 的转换。

通常等量的颜料原色(青、品红和黄色)组合可以产生黑色。但事实上,为满足打印需求组合这些颜色产生的黑色是不纯的。而黑色又恰恰是印刷工业中最常用的颜色。因此,为了产生真正的黑色,在 CMY 基础之上又加入了第4种颜色——黑色,从而提出了 CMYK 彩色模型。

CMYK 颜色空间是和设备(或者印刷过程)相关的,因此不同的条件有可能产生不同的印刷结果,最终结果将受工艺方法、油墨特性或者纸张特性等多种因素影响。这就是为什么把 CMYK 颜色空间称为与设备有关的表色空间的原因。

任何一种色彩空间都不是尽善尽美的,CMYK 色彩空间也不例外。它的不足主要体现在它的另一个特性上,也就是通常所说的 CMYK 的多值性。所谓多值性就是说对同一种具有相同绝对色度的颜色,在相同的印刷过程前提下,可以用多种 CMYK 数字组合来表示和印刷出来。这主要是由于黑色的加入，这样能增加可印刷的颜色范围，但同时也带来了负面的影响，它使颜色的调整更为复杂。例如，用 50％的 CMY 可以混合成灰色，也可以直接用 50％的黑色来产生，变成同一种颜色有不同的混合方法，再加上颜料的透明度、干燥速度、纸张吸墨程度及作业流程种种条件的不同，使得颜色的控制成为印刷的一大问题。这种多值特性给颜色管理带来了很多麻烦，当然也给控制带来了很多的灵活性。

此外，在印刷过程中，必然要经过一个分色的过程，所谓分色就是将计算机中使用的 RGB 颜色转换成印刷使用的 CMYK 颜色。这对于一般印刷复制工艺来说是十分必要的，但在转换过程中存在两个非常复杂的问题：其一是这两种颜色空间在表现颜色的范围上不完全一样，RGB 的色域较大，而 CMYK 则较小，因此就要进行色域压缩；其二是这两种颜色空间都是和具体的设备相关的，颜色本身没有绝对性，因此就需要通过一种与设备无关的颜色空间来进行转换。

11.3.3　HSV/HSB 颜色空间

RGB 和 CMYK 对于机器都是可见的，但对于用户却是不可见的。相对于 RGB 和 CMYK 颜色模型，HSV 有时也称为 HSB(Hue，Saturation，Brightness)，对用户来说是一种更为直观的颜色模型，它更为准确地反映了人类视觉系统对色彩的理解方式。HSV 模型 (Hue——色相，Saturation——饱和度，Value——纯度)对应于圆柱坐标系的一个圆锥形子集，如图 11-17所示。其中，V 参数表示色彩的明亮程度，范围从 0 到 1。由图可知，圆锥的顶面对应于 $V=1$，代表的颜色较亮。H 参数表示色彩信息，即所处的光谱颜色的位置，相当于前面所提到的色相。该参数用一个角度量来表示，它由绕 V 轴的旋转角给定，红色对应于角度 0°，绿色对应于角度 120°，蓝色对应于角度 240°，即红、绿、蓝分别相隔 120°，互补色分别相差 180°。S 参数为一比例值，范围从 0 到 1，由圆心向圆周过渡，它表示所选颜色的纯度和该颜色最大纯度之间的比率。$S=0$ 时，只有灰度。$V=0$，H 和 S 无定义，即代表黑色；圆锥顶面中心处 $S=0$，$V=1$，H 无定义，即代表白色。顶面中心到原点代表亮度渐暗的白色，即不同灰度的白色。任何 $V=1$，$S=1$ 的颜色都是纯色。当 $S\neq 0$ 时，H 可有相应的值。

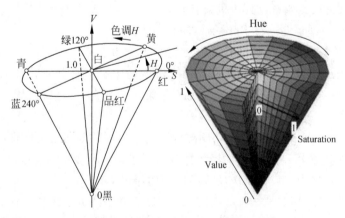

图 11-17　HSV 色彩空间模型

　　目前,人们已提出了许多种借助于颜色特征对图像进行检索的方法,其中大部分方法所采用的颜色空间都是 RGB 和 HSV。此外,由于 HSV 模型的 3 个分量的不相关性,使它在图像分割方面也得到了广泛的应用。

　　同样,为了使读者对 HSV 色彩空间在颜色构成上有一定的感官认识,笔者也做了相应的分量分离示意图,如图 11-18 所示,其中左上图为原始图像;右上图为色相分量提取图,它表示图像的色彩信息本质;左下图为饱和度分量提取图,它表示色彩的深浅度及鲜艳程度;右下图为明度分量提取图。

图 11-18　HSV 色彩分量提取示意图

11.3.4　HSI/HSL 颜色空间

　　HSI 和 HSL 色彩空间同样是从人类的视觉系统出发的,它们与 HSV 非常相似,区别在于一种纯色的亮度等于白色的亮度,而纯色的明度却等于中度灰的明度。HSI 和 HSL 彼此也是非常相近的两种色彩空间,尽管它们常常被混淆,但二者之间仍然存在细微的差别。

　　HSI 用色相(Hue)、饱和度(Saturation)和强度(Intensity)描述色彩。色调是描述纯色的属性,它反映了色彩的本质。饱和度的作用在于给出一种纯色被白光稀释的程度描述。强度是颜色的明亮程度(Luminance),取值范围从 0(黑)到 100%(最亮)。强度是单色图像最有力也最有效的描述方式,它的好处在于可测而且易于解释。

　　研究发现,人的视觉对亮度的敏感程度远强于对颜色浓淡的敏感程度。因此,HSI 色彩空间比 RGB 色彩空间更符合人的视觉特性。HSI 在图像处理和计算机视觉领域中的应用十分广泛。

HSI 色彩空间模型拥有多种形式,图 11-19 是基于三角形的 HSI 色彩空间,而图 11-20 则是其基于圆形的形式,这两种形式都非常常见。在 HSI 模型中,垂直轴即表示强度 I,增加 I 可以使颜色变亮,减少 I 则使其变暗,在 $I=0$ 处为黑色,在 $I=1$ 处为白色,灰度沿着 I 轴分布,纯色彩均位于 $I=0.5$,$S=1$ 的平面上。

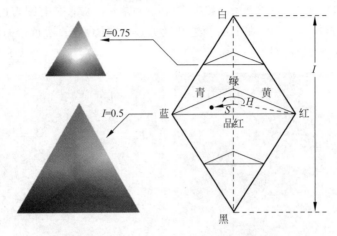

图 11-19　基于三角形的 HSI 色彩空间模型

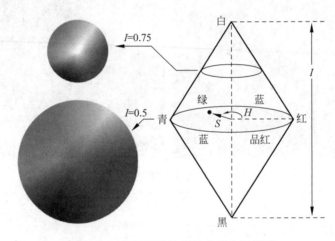

图 11-20　基于圆形的 HSI 色彩空间模型

HSI 中的强度 I 有时又称为伪明度(pseudo-lightness),在计算时强度值由公式 $(R+G+B)/3$ 得出。既然有伪明度,自然就有真明度(lightness),这时所得到的颜色模型就是 HSL。HSL 中的 L 与实际中观察到的明度之间存在一种非常精细的联系。它由公式

$$\frac{1}{2}\big[\max(R,G,B)-\min(R,G,B)\big]$$

给出。这导致 HSL 颜色饱和度最高时的明度 L 取值为 0.5,这与颜色看起来或明或暗并无关联,而 HSB 颜色饱和度最高时的亮度 B 则为 1.0。此外,尽管 HSB、HSI 和 HSL 三种色彩空间中的 S 所表示的物理意义都是饱和度,但这三个模型计算 S 值的方法是各不相同的。这是由于它们在计算 B、I 和 L 时的方法各不相同所导致的。

明度(Lightness)和亮度(Brightness)这两个概念是很难加以区分的,即使对于非初学

者来说可能也十分容易混淆。明度可以指各种纯正的色彩相互比较所产生的明暗差别。在纯正光谱中,黄色的明度最高,显得最亮;紫色的明度最低,显得最暗。同一物体会因受光不同而产生明度上的变化。而亮度是非彩色属性,彩色图像中的亮度对应于黑白图像中的灰度。不同颜色的光,强度相同时照射同一物体也会产生不同的亮度感觉。照射的光越强,反射光越强,看起来就越亮。因此,这两个概念是有区别的。

　　为了有一个更为直观的感受,这里将同样一张照片的 B 分量和 L 分量进行了提取,如图 11-21 所示,可见两者确有不同。

L分量　　　　　　　　　　　　　　B分量

图 11-21　亮度和明度分量提取对比图

11.3.5　Lab 颜色空间

　　Lab 颜色空间是由 CIE 制定的另外一种色彩模型,它是应用最广泛的颜色模型之一,CIE 于 1976 年开发完成了这套色彩模型。Lab 色彩模型用 3 组数值表示色彩,即亮度 L,其值从 0 到 100;红色和绿色两种原色之间的变化区域 a,若 a 取正数时代表红色,取负数时则代表绿色,其数值从 -120 到 $+120$;b 表示黄色到蓝色两种原色之间的变化区域,b 取正数时代表黄色,取负数时则代表蓝色,其数值从 -120 到 $+120$。Lab 色彩理论建立在人对色彩感觉的基础上。Lab 色彩理论认为,在一个物体中,红色和绿色两种原色不能同时并存,黄色和蓝色两种原色也不能同时并存,所以 a 值只能表示红色或绿色中的一种颜色,而 b 值也只能表示黄色和蓝色中的一种颜色。

　　Lab 色彩模型可以说是“最大范围的”色彩模式,自然界中任何颜色都可以在 Lab 空间中表达出来,它的色彩空间比 RGB 空间还要大。同样,Lab 也是一种与设备无关的色彩空间,无论使用何种设备创建或输出图像,这种模型都能生成一致的颜色。正是因为 Lab 模式在任何时间、地点、设备都保持唯一性,故而在色彩管理中它是重要的表色体系。Lab 最主要的特点是具有均匀性,可以方便地计算得到,是色彩测量和控制中使用最普遍的颜色模型;它的不足之处是不能可视化,颜色表示不直观。

11.3.6　YUV/YCbCr 颜色空间

　　YUV 是应用于电视系统的一种颜色编码方法,它主要用于优化彩色视频信号的传输,使其向后兼容老式黑白电视机。因为它的亮度信号 Y 和色度信号 U、V 是分离的，所以如果没有 U、V 分量，那么表示的图就是黑白灰度图，这样黑白电视机就可以接收彩色信号了。除此之外，YUV 表示法的另一个优点是可以利用人眼的特性来降低数字彩色图像所需要的存储容量。人眼对彩色细节的分辨能力远比对亮度细节的分辨能力弱，这一点在数字图像压缩中也常常用到。如果把人眼刚刚能分辨出的黑白相间的条纹换成其他不同颜色的彩色条纹，其结果将是眼睛不再能分辨出条纹来。因此，可以考虑把彩色分量的分辨率降低而不明显影响图像的质量。于是，人们想到可以通过把若干相邻像素中不同的颜色置换成相同的彩色值来减少存储容量。

YUV 色彩空间与 Lab 色彩空间十分相似，它也是用亮度和色差来描述色彩分量的。其中，表示亮度信号 Y，U 表示色差信号 $R-Y$，V 表示色差信号 $B-Y$。

YCbCr 是由 YUV 颜色空间派生出的一种颜色空间，主要用于数字视频系统中。其中，Y 指亮度分量，Cb 指蓝色色度分量，Cr 指红色色度分量。在数字电子多媒体领域也常常谈到 YUV 格式，但事实上，这里所说的 YUV 并不是传统意义上用于 PAL 制模拟电视的 YUV，而是以 YCbCr 色彩空间模型为基础的具有多种存储格式的一类颜色模型的家族（包括 YCbCr 4∶2∶0、YCbCr 4∶2∶2 和 YCbCr 4∶4∶4 等）。

这些色彩编码方案的原理都依赖于这样一个事实，即人的肉眼对视频的 Y 分量更敏感，因此在通过对色度分量进行子采样来减少色度分量后，肉眼察觉不到图像质量的变化。上述 YCbCr 模型的区别主要在于 UV 数据的采样方式和存储方式。其中，4∶2∶0 表示每 4 个像素有 4 个亮度分量、2 个色度分量（YYYYCbCr），仅采样奇数扫描线。YCbCr 4∶2∶0 是便携式视频设备（MPEG-4）及电视会议（H.263）的最常用格式。YCbCr 4∶2∶0 的编码示意图如图 11-22 所示。图中包含了颜色编码块和对应的线性地址表示两种形式。其中，相同颜色的组合代表一个 4 像素元组。例如，Y1 Y2 Y7 Y8 U1 V1 就是一个 4 像素元组，它包含了 4 个亮度分量（Y1 Y2 Y7 Y8）和 2 个色度分量（U1 V1）。

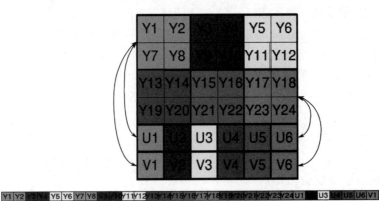

图 11-22　YCbCr 4∶2∶0 的编码示意图

4∶2∶2 表示每 4 个像素有 4 个亮度分量、4 个色度分量（YYYYCbCrCbCr），它是 DVD、数字电视等消费类视频设备的最常用格式；4∶4∶4 表示全像素点阵（YYYYCbCrCbCrCbCrCbCr），它是表现画质最高的一种编码格式。YCbCr 4∶2∶2 的编码示意图如图 11-23 所示。

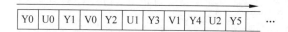

| Y0 | U0 | Y1 | V0 | Y2 | U1 | Y3 | V1 | Y4 | U2 | Y5 | ... |

图 11-23　YCbCr 4∶2∶2 的编码示意图

YCbCr 颜色系统是 JPG 图像压缩格式的色彩编码方案和原理基础之一。对此有兴趣的读者可以参阅其他相关资料来了解更多信息,这里就不再赘述了。

11.4　色彩空间的转换方法

不同色彩空间的属性存在很大差别,应用方向因而不同,在很多情况下,需要在不同的色彩模型之间进行转换。这一节将向读者介绍 RGB 和 HSV 的互转算法等几种较为常用的颜色空间转换算法。在此需要强调,因为不同色彩空间的色彩域的容量存在差别,而且各分量的精度要求也各不相同,因此色彩空间在转换的过程中很可能存在精度损失,这是无法避免的。

11.4.1　RGB 转换到 HSV 的方法

将 R,G,B 归一化,$R,G,B\in[0,1]$,且将变换后的 H 的取值范围设为 $0°\sim360°$,$S,V\in[0,1]$。首先,算出 RGB 三元组中的最大值 $\max=\max(R,G,B)$ 和最小值 $\min=\min(R,G,B)$,则饱和度

$$S=\frac{\max-\min}{\max}$$

同时还可得纯度

$$V=\max$$

以及色相

$$H=\begin{cases}H'\cdot60+360, & H'<0\\ H'\cdot60, & H'\geqslant0\end{cases}$$

其中

$$H'=\begin{cases}\dfrac{G-B}{\max-\min}, & R=\max\\ 2+\dfrac{B-R}{\max-\min}, & G=\max\\ 4+\dfrac{R-G}{\max-\min}, & B=\max\end{cases}$$

类似地,令 H 取值范围设为 $0°\sim360°$,$S,V\in[0,1]$,变换后的 R,G,B 归一化,$R,G,B\in[0,1]$,则 HSV 到 RGB 的变换规则如下

如果 $S=0$,则有

$$R=G=B=V$$

否则

$$(R,G,B) = \begin{cases} (V,C,A), & i = 0 \\ (B,V,A), & i = 1 \\ (A,V,C), & i = 2 \\ (A,B,V), & i = 3 \\ (C,A,V), & i = 4 \\ (V,A,B), & i = 5 \end{cases}$$

其中, $A = V \cdot (1-S)$, $B = V \cdot (1-S \cdot F)$, $C = V \cdot [1-S \cdot (1-F)]$, $F = H-i$, $i = \lceil H' \rceil$ 以及

$$H' = \begin{cases} 0, & H = 360 \\ H/60, & H \neq 360 \end{cases}$$

11.4.2　RGB 转换到 HSI 的方法

将 R,G,B 归一化, $R,G,B \in [0,1]$, 且将变换后的 H 的取值范围设为 $0° \sim 360°$, $S,I \in [0,1]$。首先, 算出 RGB 三元组中的最小值 $\min = \min(R,G,B)$, 则强度

$$I = \frac{1}{3}(R+G+B)$$

同时还可得饱和度

$$S = 1 - \frac{3}{R+G+B}\min$$

然后计算

$$\theta = \arccos\left\{ \frac{\frac{1}{2}[(R-G)+(R-B)]}{[(R-G)^2 + (R-G)(G-B)]^{\frac{1}{2}}} \right\}$$

如果 $S = 0$, 则 H 无意义。否则

$$H = \begin{cases} \theta, & B \leqslant G \\ 360 - \theta, & B > G \end{cases}$$

下面给出 HSI 转换到 RGB 的方法。首先, 通过 $H = 360 \cdot H$ 把 H 换算成用角度表示。当 $0° \leqslant H \leqslant 120°$ 时, 则

$$B = (1-S)/3$$
$$R = [1 + (S\cos H)/\cos(60-H)]/3$$
$$G = 1 - (B+R)$$

当 $120° \leqslant H \leqslant 240°$ 时, $H = H - 120°$, 则

$$R = (1-S)/3$$
$$G = [1 + (S\cos H)/\cos(60-H)]/3$$
$$B = 1 - (R+G)$$

当 $240° \leqslant H \leqslant 360°$ 时, $H = H - 240°$, 则

$$G = (1-S)/3$$
$$B = [1 + (S\cos H)/\cos(60-H)]/3$$

$$R = 1 - (G + B)$$

11.4.3　RGB 转换到 YUV 的方法

下面给出 RGB 到 YUV 的变换公式,将 R, G, B 归一化,$R,G,B \in [0,1]$,则

$$Y = 0.299R + 0.587G + 0.114B$$
$$U = -0.147\,13R - 0.288\,86G + 0.436B$$
$$V = 0.615R - 0.514\,99G - 0.100\,01B$$

或者用矩阵形式表示为

$$\begin{bmatrix} Y \\ U \\ V \end{bmatrix} = \begin{bmatrix} 0.299 & 0.587 & 0.114 \\ -0.147\,13 & -0.288\,86 & 0.436 \\ 0.615 & -0.514\,99 & -0.100\,01 \end{bmatrix} \begin{bmatrix} R \\ G \\ B \end{bmatrix}$$

此公式也可重写为另一种形式

$$Y = 0.299R + 0.587G + 0.114B$$
$$U = 0.436(B - Y)/(1 - 0.114)$$
$$V = 0.615(R - Y)/(1 - 0.299)$$

化简得

$$Y = 0.299R + 0.587G + 0.114B$$
$$U = 0.493(B - Y)$$
$$V = 0.877(R - Y)$$

其中

$$Y \in [0,1]$$
$$U \in [-0.436, 0.436]$$
$$V \in [-0.615, 0.615]$$

下面给出 YUV 到 RGB 的变换公式

$$R = Y + 1.139\,83V$$
$$G = Y - 0.394\,65U - 0.580\,60V$$
$$B = Y + 2.032\,11U$$

或者可以用矩阵形式表示为

$$\begin{bmatrix} R \\ G \\ B \end{bmatrix} = \begin{bmatrix} 1 & 0 & 1.139\,83 \\ 1 & -0.394\,65 & -0.580\,60 \\ 1 & 2.032\,11 & 0 \end{bmatrix} \begin{bmatrix} Y \\ U \\ V \end{bmatrix}$$

11.4.4　RGB 转换到 YCbCr 的方法

下面给出 RGB 到 YCbCr 的变换公式。这个变换在进行 JPEG 图像格式编码时也会被用到。这里 R,G,B 的取值范围是 $[0,255]$;$Y \in [0,255]$;$Cb,Cr \in [-128,127]$,则

$$Y = 0.299\,00R + 0.587\,00G + 0.114\,00B$$
$$Cb = -0.168\,74R - 0.331\,26G + 0.500\,00B$$

$$Cr = 0.500\,00R - 0.418\,69G - 0.081\,31B$$

用矩阵形式可以表示为

$$\begin{bmatrix} Y \\ Cb \\ Cr \end{bmatrix} = \begin{bmatrix} 0.299\,00 & 0.587\,00 & 0.114\,00 \\ -0.168\,74 & -0.331\,26 & 0.500\,00 \\ 0.500\,00 & -0.418\,69 & -0.081\,31 \end{bmatrix} \begin{bmatrix} R \\ G \\ B \end{bmatrix}$$

若将 Cb, Cr 的值取正，即 $Cb, Cr \in [0, 255]$，则以上公式变换为

$$Y = 0.299\,00R + 0.587\,00 + 0.114\,00B$$

$$Cb = -0.168\,74R - 0.331\,26G + 0.500\,00B + 128$$

$$Cr = 0.500\,00R - 0.418\,69G - 0.081\,31B + 128$$

下面给出将 YCbCr 色彩空间转化为 RGB 色彩空间的公式

$$R = Y + 1.402(Cr - 128)$$

$$G = Y - 0.344\,14(Cb - 128) - 0.714\,14(Cr - 128)$$

$$B = Y + 1.772(Cb - 128)$$

由于数值的取值范围的变化，公式的形式也会有所改变。而且某些情况下得到的值是无效值，这时应当人工进行修正。下面给出的公式，在将 R, G, B 归一化的基础上，$R, G, B \in [0, 1]$，又将 Y, Cb, Cr 的输出值进行了范围统一，$Y, Cb, Cr \in [16, 235]$。

$$\begin{bmatrix} Y \\ Cb \\ Cr \end{bmatrix} = \begin{bmatrix} 16 \\ 128 \\ 128 \end{bmatrix} + \begin{bmatrix} 65.481 & 128.533 & 24.966 \\ -37.797 & -74.203 & 112 \\ 112 & -93.786 & -18.214 \end{bmatrix} \begin{bmatrix} R \\ G \\ B \end{bmatrix}$$

下面的公式可以将 YCbCr 恢复成范围为 $[0, 1]$ 的 RGB 值。

$$\begin{bmatrix} R \\ G \\ B \end{bmatrix} = \begin{bmatrix} 0.004\,566\,21 & 0 & 0.006\,258\,93 \\ 0.004\,566\,21 & -0.001\,536\,32 & -0.003\,188\,11 \\ 0.004\,566\,21 & 0.007\,9107\,1 & 0 \end{bmatrix} \begin{bmatrix} Y \\ Cb \\ Cr \end{bmatrix} - \begin{bmatrix} 16 \\ 128 \\ 128 \end{bmatrix}$$

11.5　基于直方图的色彩增强

直方图是数字图像处理中的一种重要工具，它体现了图像的统计特性，可以应用在许多不同的场景下。例如，在图像加密研究中，为了检验密图是否成功地摆脱了原始图像的统计特征，通常要对直方图是否呈现均匀分布进行检视，以便从理论层面上保证加密算法的抗破译能力。此外，还有学者尝试利用直方图移位法来实现数据的无损隐藏。另一方面，在图像特征提取中，方向梯度直方图（Histogram of Oriented Gradient，HOG）也是一种常见的特征描述子，它可以看作是普通灰度直方图的一个变形。本节主要讨论直方图在图像色彩增强方面的常用算法。

11.5.1　普通直方图均衡

灰度均衡，又称为直方图均衡化，它是增强图像的有效手段之一。灰度均衡是以累计分布函数变换为基础的直方图修正法，它可以产生一幅灰度级分布概率均匀的图像。也就是

说,经过灰度均衡后的图像在每一级灰度上像素点的数量相差不大,对应灰度直方图的每一级灰度高度也差不多。如果一幅图像的像素灰度值在一个过于有限的范围内聚集,那么通常图像的呈现效果会很糟糕,直接观感就是对比度很弱。图 11-24 为一幅低对比度图像灰度均衡前后的效果对比,可以看到灰度均衡对图像效果进行了重要的改进。灰度均衡处理后的图像显示效果更佳。从变换后图像的直方图来看,灰度分布更加均匀。

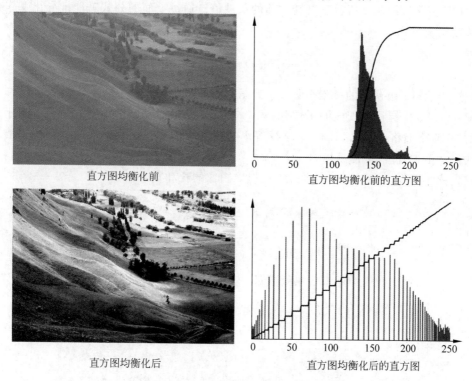

直方图均衡化前　　　　　直方图均衡化前的直方图

直方图均衡化后　　　　　直方图均衡化后的直方图

图 11-24　利用灰度均衡处理低对比度图像

下面进行灰度均衡变换函数的推导。

设转化前图像的密度函数为 $p_r(r)$,其中 $0 \leqslant r \leqslant 1$;转化后图像的密度函数为 $p_s(s)$,同样有 $0 \leqslant s \leqslant 1$;灰度均衡变换函数为 $s = T(r)$。从概率理论可以得到如下公式

$$p_s(s) = p_r(r) \frac{\mathrm{d}r}{\mathrm{d}s}$$

转化后图像灰度均匀分布,有 $p_s(s) = 1$,故

$$\mathrm{d}s = p_r(r)\mathrm{d}r$$

两边取积分,有

$$s = T(r) = \int_0^r p_r(t)\mathrm{d}t$$

这就是图像的累积分布函数。对于图像而言,密度函数为

$$p(x) = \frac{n_x}{n}$$

其中，x 表示灰度值，n_x 表示灰度级为 x 的像素个数，n 表示图像总像素个数。前面的公式都是在灰度值处于 $[0,1]$ 范围内的情况下推导得到的，对于 $[0,255]$ 的情况，只要乘以最大灰度值 $D_{\max}$（对于灰度图像而言就是 255）即可。此时，灰度均衡的转化公式为

$$D_B = f(D_A) = D_{\max} \int_0^{D_A} P_{D_A}(t)\,\mathrm{d}t$$

其中，D_B 是转化后的灰度值，D_A 是转化前的灰度值。通过上面的公式就能推导出基于离散型的灰度均衡公式

$$D_B = f(D_A) = \frac{D_{\max}}{A_0} \sum_{i=0}^{D_A} H_i$$

式中，H_i 表示第 i 级灰度的像素个数，A_0 是图像的面积，即像素总数。

MATLAB 中提供了现成的函数 histeq() 来实现图像的直方图均衡。但为了演示说明算法的原理，下面将在 MATLAB 中自行编码实现图像的直方图均衡。通过代码来演示这个算法显然更加直观，更加易懂。

首先读入图像，将其转化为灰度图，并提取图像的长和宽。

```
image = imread('Unequalized_Hawkes_Bay_NZ.jpg');
Img = rgb2gray(image);
[height,width] = size(image);
```

然后，统计每个灰度的像素值累计数目。

```
NumPixel = zeros(1,256); % 统计各灰度数目，共 256 个灰度级
for i = 1: height
    for j = 1: width
    % 对应灰度值像素点数量增加 1
    % 因为 NumPixel 的下标是从 1 开始，但是图像像素的取值范围是 0~255
    % 所以用 NumPixel(Img(i,j) + 1)
    NumPixel(Img(i,j) + 1) = NumPixel(Img(i,j) + 1) + 1;
    end
end
```

接下来，将频数值算为频率。

```
ProbPixel = zeros(1,256);
for i = 1: 256
    ProbPixel(i) = NumPixel(i) / (height * width * 1.0);
end
```

再用函数 cumsum 来计算 cdf，并将频率（取值范围是 $0.0\sim1.0$）映射到 $0\sim255$ 的无符号整数。

```
CumuPixel = cumsum(ProbPixel);
CumuPixel = uint8(255 .* CumuPixel + 0.5);
```

在下列用作直方图均衡实现的赋值语句右端，Img(i,j) 被用来作为 CumuPixel 的索引。

例如，Img(i,j) = 120，则从 CumuPixel 中取出第 120 个值作为 Img(i,j)的新像素值。

```
for i = 1: height
    for j = 1: width
        Img(i,j) = CumuPixel(Img(i,j));
    end
end
```

至此，已经实现了图像里的直方图均衡算法，读者可以自行绘制处理前后的图像直方图来观测两者之间的差异。

当然，上述讨论的是灰度图像的直方图均衡。对于彩色图像而言，可以分别对 R、G、B 三个分量来做处理，这也确实是一种方法。但有些时候，这样做很有可能导致结果图像色彩失真。因此，有人建议将 RGB 空间转换为 HSV 之后，对 V 分量进行直方图均衡处理以保存图像色彩不失真。下面来做一些对比实验。待处理图像是标准的图像处理测试用图 couple 图，如图 11-25 所示。

图 11-25　实验用标准图

为了简便直接使用 MATLAB 图像处理工具箱中用以实现灰度均衡算法的函数 histeq()，它的语法形式如下。

```
[J, T] = histeq(I, n)
J = histeq(I, n)
```

其中，I 是原始图像，J 是灰度均衡化后的输出图像，T 是变换矩阵（即返回能将图像 I 的直方图变换成图像 J 的直方图的变换 T）。参数 n 指定直方图均衡后的灰度级数，默认值为 64。

下面就是采用分别处理 R、G、B 三个分量的方式，从而实现对彩色图像进行直方图均衡化的示例代码。

```
a = imread('couple.tiff');
R = a(:,:,1);
G = a(:,:,2);
B = a(:,:,3);

R = histeq(R, 256);
G = histeq(G, 256);
B = histeq(B, 256);

a(:,:,1) = R;
a(:,:,2) = G;
a(:,:,3) = B;
imshow(a)
```

作为对比，下面的代码使用了另外一种方式，即将色彩空间转换到 HSV 后，对 V 通道进行处理。由于代码基本与前面介绍的一致，这里不再做过多解释。

```
Img = imread('couple.tiff');
hsvImg = rgb2hsv(Img);
V = hsvImg(:,:,3);
[height,width] = size(V);

V = uint8(V * 255);
NumPixel = zeros(1,256);
for i = 1: height
    for j = 1: width
        NumPixel(V(i,j) + 1) = NumPixel(V(i,j) + 1) + 1;
    end
end

ProbPixel = zeros(1,256);
for i = 1: 256
    ProbPixel(i) = NumPixel(i) / (height * width * 1.0);
end

CumuPixel = cumsum(ProbPixel);
CumuPixel = uint8(255 .* CumuPixel + 0.5);

for i = 1: height
    for j = 1: width
        V(i,j) = CumuPixel(V(i,j));
    end
end

V = im2double(V);
hsvImg(:,:,3) = V;
outputImg = hsv2rgb(hsvImg);
imshow(outputImg);
```

最后,来对比一下不同方法对彩色图像的处理效果。图 11-26 的左图是对 R、G、B 三分量分别处理所得到的结果。右图则是对 HSV 空间下 V 通道处理所得的结果。显然两种方式处理的结果呈现出了较大的差异。对 HSV 空间中 V 分量进行处理的方法也是比较基本的策略。很多相关的研究文章都提出了更进一步的、适应性更强的彩色图像直方图均衡化算法。有兴趣的读者可以参阅相关文献以了解更多。

图 11-26　彩色图像的直方图均衡化

11.5.2　CLAHE 算法

直方图均衡化是图像增强的有效手段,它在图像的对比度调节上成效显著。后来又有学者提出了自适应的直方图均衡化(AHE)算法。和普通的直方图均衡化算法不同,AHE算法通过计算图像的局部直方图,然后重新分布亮度来改变图像对比度。因此,该算法更适合于改进图像的局部对比度,以及获得更多的图像细节。但是,AHE 有过度放大图像中相同区域的噪声的问题。为了解决该问题,于是又有学者设计了另外一种自适应的直方图均衡化算法,即对比度有限的自适应直方图均衡化(Contrast Limited Adaptive Histogram Equalization,CLAHE)算法。

下面就来介绍功能强大、用途广泛、影响深远的 CLAHE 算法。尽管最初它仅仅是被当作一种图像增强算法被提出,但是现今在图像去雾、低照度图像增强、水下图像效果调节,以及数码照片改善等方面都有应用。这个算法的原理看似简单,但是实现起来却并不那么容易。下面将结合相应的 MATLAB 代码来对其进行解释。首先,给出待处理的图像,如图 11-27所示。

对于一幅图像而言,它不同区域的对比度可能差别很大。可能有些地方很明亮,而有些地方又很暗淡。如果采用单一的直方图来对其进行调整显然不是最好的选择。于是,人们基于分块处理的思想提出了自适应的直方图均衡算法。但是,这种方法有时候又会将一些噪声放大,这是我们所不希望看到的。于是有学者又引入了 CLAHE,利用一个对比度阈值来去除噪声的影响。特别地,为了提升计算速度以及去除分块处理所导致的块边缘过渡不

图 11-27　待处理图像

平衡效应，算法提出者又建议采用双线性插值的方法。

　　事实上，尽管这是个算法原理，然而它实现起来却仍然有很多障碍。在此之前，还需说明的是，MATLAB 中已经集成了实现 CLAHE 的函数 adapthisteq()，如果仅仅需要一个结果，其实直接使用这个函数就是最好的选择。函数 adapthisteq() 只能用来处理灰度图，若要处理彩色图像，则需要结合自己编写的代码来完成。上一小节介绍了对彩色图像进行直方图均衡的两种主要策略：一种是对 R、G、B 三个通道分别进行处理；另一种是转换到另外一个色彩空间中再进行处理，例如 HSV（转换后只需对 V 通道进行处理即可）。

　　首先，对 R、G、B 三个通道分别用 adapthisteq() 函数进行处理，该段代码的执行结果如图 11-28 所示。

图 11-28　彩色图像的 CLAHE 处理效果 1

```
img = imread('space.jpg');
rimg = img(:,:,1);
gimg = img(:,:,2);
bimg = img(:,:,3);
resultr = adapthisteq(rimg);
resultg = adapthisteq(gimg);
resultb = adapthisteq(bimg);
result = cat(3, resultr, resultg, resultb);
imshow(result);
```

下面程序将原图像的色彩空间转换到 LAB 空间之后再对 L 通道进行处理,该段代码的执行结果如图 11-29 所示。

图 11-29　彩色图像的 CLAHE 处理效果 2

```
clear;
img = imread('space.jpg');
cform2lab = makecform('srgb2lab');
LAB = applycform(img, cform2lab);
L = LAB(:,:,1);
LAB(:,:,1) = adapthisteq(L);
cform2srgb = makecform('lab2srgb');
J = applycform(LAB, cform2srgb);
imshow(J);
```

如果希望把这个算法进一步提升和推广,那么仅仅知其然显然是不够的,读者还必须知其所以然。下面将一步一步地在 MATLAB 中编码实现 CLAHE 算法,希望这能够帮助读者解开学习该算法过程中的困惑。

首先,从灰度图的 CLAHE 处理开始讨论。读入一张图片(并将其转化灰度图),获取图片的长、宽、像素灰度的最大值、最小值等信息。

```
clc;
clear all;
Img = rgb2gray(imread('space.jpg'));
[h,w] = size(Img);
minV = double(min(min(Img)));
maxV = double(max(max(Img)));
imshow(Img);
```

图像的初始状态如图 11-30 所示。该图的 Height = 395,Width = 590,灰度最大值为 255,最小值为 8。

原图像水平方向分成 8 份,垂直方向分成 4 份,即原图像将被划分成 4×8＝32 个 SubImage。然后可以算得每个块(tile)的 height = 99,width = 74。注意,由于原图的长、

图 11-30　图像的初始状态

宽不太可能刚好被整除，所以在这里的处理方式是建立一个稍微大一点的图像，它的长、宽都被补上了 deltax 和 deltay，以保证长、宽都能被整除。

```
NrX = 8;
NrY = 4;
HSize = ceil(h/NrY);
WSize = ceil(w/NrX);

deltay = NrY * HSize - h;
deltax = NrX * WSize - w;

tmpImg = zeros(h + deltay,w + deltax);
tmpImg(1: h,1: w) = Img;
```

对长和宽进行填补之后，对新图像的一些必要信息进行更新。

```
new_w = w + deltax;
new_h = h + deltay;
NrPixels = WSize * WSize;
```

然后，指定图像中直方图横坐标上取值的计数（也就指定了统计直方图上横轴数值的间隔或计数的精度），对于色彩比较丰富的图像，一般都要求这个值应该大于 128。

```
% NrBins - Number of greybins for histogram ("dynamic range")
NrBins = 256;
```

接下来，用原图像的灰度取值范围重新映射了一张 Look-Up Table（当然也可以直接使用 0～255 这个范围，这取决于后续建立直方图的具体方法），并以此为基础为每个图像块（tile）建立直方图。

```
LUT = zeros(maxV + 1,1);

for i = minV: maxV
    LUT(i + 1) = fix(i - minV);  % i + 1
end

Bin = zeros(new_h, new_w);
for m = 1 : new_h
    for n = 1 : new_w
        Bin(m,n) = 1 + LUT(tmpImg(m,n) + 1);
    end
end

Hist = zeros(NrY, NrX, 256);
for i = 1: NrY
    for j = 1: NrX
        tmp = uint8(Bin(1 + (i - 1) * HSize: i * HSize, 1 + (j - 1) * WSize: j * WSize));
        % tmp = tmpImg(1 + (i - 1) * HSize: i * HSize,1 + (j - 1) * WSize: j * WSize);
        [Hist(i, j, : ), x] = imhist(tmp, 256);
    end
end

Hist = circshift(Hist,[0, 0, -1]);
```

按通常的理解,上面这一步应该建立的直方图(集合)应该是一个 $4 \times 8 = 32$ 个长度为 256 的向量,这样处理也确实是一种方法。但由于涉及后续的一些处理方式,这里是生成了一个长度为 256 的 4×8 矩阵。Index = 1 的矩阵其实相当于整张图像各个 tile 上灰度值为 0 的像素个数计数。例如,所得的 Hist(:,:,18) 如下

```
Hist(:,:,18) =

    0    46   218    50    14    55    15     7
    0     0    21    18   114    15    74    73
    0     1     0     0     2    67   124    82
    0     0     0     0     0     1     9     2
```

这就表明图像中最左上角的那个 tile 里面灰度值等于 17 的像素有 0 个。同理,它右边的一个 tile 则有 46 个灰度值等于 17 的像素。

下面来对直方图进行裁剪。MATLAB 中内置的函数 adapthisteq() 中 ClipLimit 参数的取值范围是 0~1。这里所写的方法则要求该值大于 1。当然这完全取决于算法实现的具体策略,它们本质上并没有差异。然后,将得到新的(裁剪后的)映射直方图。

```
ClipLimit = 2.5;
ClipLimit = max(1,ClipLimit * HSize * WSize/NrBins);
Hist = clipHistogram(Hist,NrBins,ClipLimit,NrY,NrX);
Map = mapHistogram(Hist, minV, maxV, NrBins, NrPixels, NrY, NrX);
```

限于篇幅，这里不具体给出 clipHistogram 函数的实现（有需要的读者可以从本书的在线支持资源中下载得到完整的源码），所以此处插入一部分内容来解释一下实现策略（也就是说，在实际程序中并不需要包含这部分）。以图像最左上角的一个 tile 为例，它的原直方图分布可以用下面代码来绘出。

```
tmp_hist = reshape(Hist(1,1,: ), 1, 256);
plot(tmp_hist)
```

上述代码的输出结果图 11-31 中的左图所示。

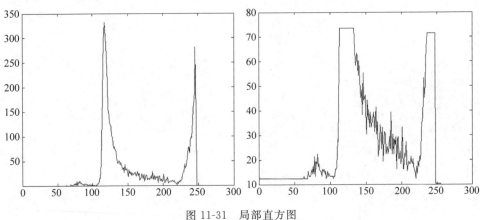

图 11-31　局部直方图

如果给 ClipLimit 赋初值为 2.5，则执行第二条语句之后，ClipLimit 将变成 71.54。然后再用上述代码绘制新的直方图，其结果将如图 11-31 中的右图所示。显然，图中大于 71.54 的部分被裁剪掉了，然后又平均分配给整张直方图，所以很容易发现整张图都被提升了。这就是进行直方图裁剪所使用的策略。但是再次强调，MATLAB 中的内置函数 adapthisteq()仅是将这个参数进行了归一化，这与文中所使用的方法并没有本质上的区别。

继续回到程序实现上的讨论。最后，也是最关键的步骤，需要对结果进行插值处理。这也是 CLAHE 算法中最复杂的部分。

```
yI = 1;
for i = 1: NrY + 1
    if i == 1
        subY = floor(HSize/2);
        yU = 1;
        yB = 1;
    elseifi == NrY + 1
        subY = floor(HSize/2);
        yU = NrY;
        yB = NrY;
    else
        subY = HSize;
        yU = i - 1;
        yB = i;
```

```
        end
        xI = 1;
        for j = 1: NrX + 1
            if j == 1
                subX = floor(WSize/2);
                xL = 1;
                xR = 1;
            elseif j == NrX + 1
                subX = floor(WSize/2);
                xL = NrX;
                xR = NrX;
            else
                subX = WSize;
                xL = j - 1;
                xR = j;
            end
            UL = Map(yU, xL, : );
            UR = Map(yU, xR, : );
            BL = Map(yB, xL, : );
            BR = Map(yB, xR, : );
            subImage = Bin(yI: yI + subY - 1, xI: xI + subX - 1);

            %%%%%%%%%%%%%%%%%%%%%%%%%%%%%%%%%%%%%%%%%%%%%%%%%%%%%%%%
            sImage = zeros(size(subImage));
            num = subY * subX;
            for i = 0: subY - 1
                inverseI = subY - i;
                for j = 0: subX - 1
                    inverseJ = subX - j;
                    val = subImage(i + 1, j + 1);
                    sImage(i + 1, j + 1) = (inverseI * (inverseJ * UL(val) + j * UR(val))...
                                    + i * (inverseJ * BL(val) + j * BR(val)))/num;
                end
            end
            %%%%%%%%%%%%%%%%%%%%%%%%%%%%%%%%%%%%%%%%%%%%%%%%%%%%%%%%

            output(yI: yI + subY - 1, xI: xI + subX - 1) = sImage;
            xI = xI + subX;
        end
        yI = yI + subY;
end
```

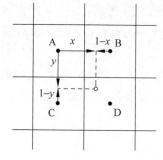

图 11-32　双线性插值方案

如图 11-32 所示,假设空心点所示的位置是通过插值方法进行赋值的采样像素点,那么该点的灰度值将由其周围的相关联区域(contextual regions)决定。A,B,C,D 四个点分别是相关联区域的中心。特定区域的灰度映射 $g_A(s)$、$g_B(s)$、$g_C(s)$、$g_D(s)$ 以该区域包含的像素所形成直方图为基础。

假设采样点处原本的像素值是 s,那么它的新灰度值就采用双线性插值方法算得,即

$$s' = (1-y)\big[(1-x)g_A(s) + xg_B(s)\big] + y\big[(1-x)g_C(s) + xg_D(s)\big]$$

其中，x 和 y 是关于点 A 的标准化距离。注意，图像的四边和角点并不存在图中那样完整的四个关联区域，所以在具体处理时会稍有变化。

最后来看看处理的效果如何（当然，这里还需要把之前填补的部分裁掉）。执行以下代码，其结果如图 11-33 所示。不难发现，图像质量已有大幅改善。

```
output = output(1: h, 1: w);
figure,imshow(output, []);
```

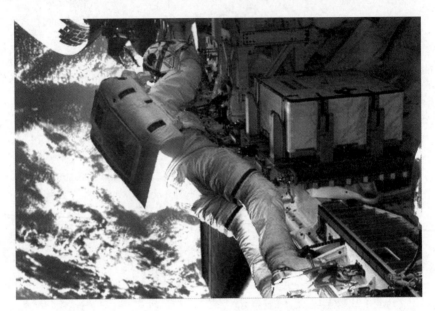

图 11-33   经过 CLAHE 处理的图像效果

11.5.3   直方图规定化

灰度均衡可以自动确定灰度变换函数，从而获得拥有均匀直方图的输出图像。就对比度动态范围偏小的图像而言，该算法基于非常简单的操作即能有效地丰富灰度级，因此成为图像自动增强的有效手段。然而，这个过程又是不受控制的，如果希望获得具有指定直方图的输出图像，从而有选择性地增强某个灰度范围内的对比度，以使得图像拥有某种特定的分布，此时需要用到的方法称为直方图规定化（histogram specification），或称为直方图匹配。

直方图规定化以灰度均衡为基础，它通过建立原始图像和带直方图匹配的图像之间的关系，来使得原始图像直方图呈现出特定的形状，从而弥补灰度均衡过程无法自由控制的缺陷。

该处理过程，首先需要对原始图像做灰度均衡处理

$$s = T(r) = \int_0^r p_r(t)\,\mathrm{d}t$$

同时,对直方图匹配的图像也做灰度均衡处理

$$v = F(z) = \int_0^z p_z(\lambda)\,\mathrm{d}\lambda$$

因为以上两式都是均衡化的,所以令 $s=v$,则有

$$z = F^{-1}(v) = F^{-1}(s) = F^{-1}[T(r)]$$

于是便可以按照如下步骤由输入图像得到一个具有规定化概率密度函数的图像。首先,根据第一个公式得到变换关系 $T(r)$;然后,再根据第二个公式得到变换关系 $F(z)$,并求得反函数 $z=F^{-1}(v)$;最后,对所有输入像素应用第三个公式,即可求得输出图像。

在具体实现的时候,需要利用上述公式的离散形式。其中,T 是输入图像灰度均衡的离散化关系,F 是标准图像灰度均衡的离散化关系,而 F^{-1} 则是参考图像均衡化的逆映射关系,相当于均衡化处理的逆过程。

基于上一节中用到的 histeq() 函数就可以实现图像的直方图规定化,需要采用如下语法形式。

```
[J, T] = histeq(I, hgram)
J = histeq(I, hgram)
```

此时,函数会将原始图像 I 的直方图变成用户指定的向量 hgram(也就是参考图像的直方图)。参数 hgram 的分量数目就是直方图的收集箱数目,对于 double 型图像,hgram 中各元素值域为 $[0,1]$;而对于 uint8 型的图像,hgram 中各元素的取值范围则是 $[0,255]$。

下面这段代码演示了在 MATLAB 中实现图像直方图规定化的基本方法。

```
img = rgb2gray(imread('theatre.jpg'));
img_ref = rgb2gray(imread('rpic.jpg'));
[hgram, x] = imhist(img_ref);
J = histeq(img, hgram);
subplot(2,3,1), imshow(img), title('original image');
subplot(2,3,4), imhist(img), title('original image');
subplot(2,3,2), imshow(img_ref), title('reference image');
subplot(2,3,5), imhist(img_ref), title('reference image');
subplot(2,3,3), imshow(J), title('output image');
subplot(2,3,6), imhist(J), title('output image');
```

运行上述代码,输出结果如图 11-34 所示。可见,经过直方图规定化处理之后,原始图像直方图已经呈现出了参考图像直方图分布的形状,这不仅体现在灰度分布的范围上,还体现在直方图波动的走势上。

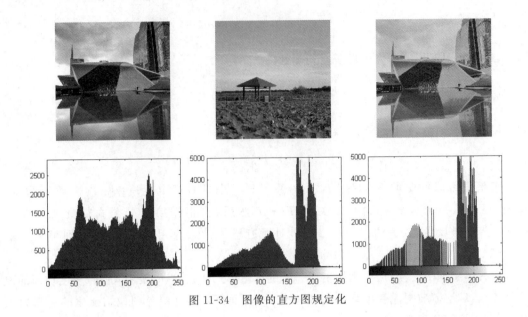

图 11-34　图像的直方图规定化

本章参考文献

［1］　左飞，万晋森，刘航. 数字图像处理原理与实践：基于 Visual C++开发［M］. 北京：电子工业出版社，2011.

［2］　Karel Zuiderveld. Contrast Limited Adaptive Histogram Equalization［J］. Graphic Gems IV. Academic Press，1994.

图像去雾

若将雾看作是一种噪声,那么去除雾的标准显然是非常客观的,也就是要将图像恢复至没有雾时所获取的情况。但是如果将在有雾环境下拍摄的照片看作是一种图像本来的面貌,那么去雾显然就是人们为了改善主观视觉质量而对图像所进行的一种增强。早期图像去雾的研究并没有得到应有的重视,很多人认为它的实际意义不大,甚至觉得所谓的去雾算法多是些华而不实的花拳绣腿,缺乏学术上的价值。斗转星移,时易世变,现在情况则完全不同了。一方面,随着大气污染的日益严重,设法改善自动获取的图像质量,其意义不言而喻;另一方面,随着数码设备的普及,消费类电子产品的市场也催生出许多新的需求,其中人们对所拍照片质量的修正和优化就是一个显而易见的需求。

12.1 暗通道先验的去雾算法

本节介绍基于暗通道先验的去雾算法,这是图像去雾领域的经典算法,相关研究论文曾获得计算机视觉与模式识别国际会议(CVPR)最佳论文奖。

12.1.1 暗通道的概念与意义

在绝大多数非天空的局部区域里,某些像素总会有至少一个颜色通道具有很低的灰度值。换言之,该区域光强度的最小值是个很小的数。下面给暗通道一个数学定义,对于任意的输入图像 J,其暗通道可以用下式表达

$$J^{dark}(x) = \min_{y \in \Omega(x)} \left[\min_{c \in \{r,g,b\}} J^c(y) \right]$$

其中,J^c 表示彩色图像的每个通道,$\Omega(x)$ 表示以像素 x 为中心的一个窗口。上式的意义用代码表达也很简单,首先求出每个像素 RGB 分量中的最小值,存入一幅和原始图像大小相同的灰度图中,然后对这幅灰度图进行最小值滤波,滤波的半径由窗口大小决定,一般有

WindowSize＝2×Radius＋1。

　　暗通道先验的理论指出

$$J^{\mathrm{dark}} \rightarrow 0$$

　　在实际生活中造成暗原色中低通道值的因素有很多。汽车、建筑物和城市中玻璃窗户的阴影，或者是树叶、树与岩石等自然景观的投影；色彩鲜艳的物体或表面，在 RGB 的三个通道中有些通道的值很低（如绿色的草地、树木等植物，红色或黄色的花朵、果实或叶子，或者蓝色、绿色的水面）；颜色较暗的物体或者表面，如灰暗色的树干、石头以及路面。总之，自然景物中到处都是阴影或者彩色，这些景物图像的暗原色总是表现出较为灰暗的状态。

　　算法的提出者大约分析了 5000 幅图像的暗通道效果，下面通过几幅没有雾的风景照来分析一下正常图像暗通道的普遍性质，如图 12-1 所示。

图 12-1　正常图像的暗通道

　　再来看一些有雾图像的暗通道，如图 12-2 所示。

图 12-2　有雾图像的暗通道

上述暗通道图像使用的窗口大小均为 15×15，即最小值滤波的半径为 7 像素。由上述几幅图像可以明显地看到暗通道先验理论的普遍性。在参考文献[2]中，统计了 5000 多幅图像的特征，也都基本符合这个先验，因此可以将暗通道的先验理论认为是客观规律。有了这个先验，接着就需要进行一些数学方面的推导，从而实现问题的最终解决。

12.1.2 暗通道去雾霾的原理

首先，在计算机视觉和计算机图形中，下述方程所描述的雾图形成模型被广泛使用

$$I(x) = J(x)t(x) + A[1 - t(x)]$$

其中，$I(x)$ 是现在已经有的图像(也就是待去雾图像)，$J(x)$ 是要恢复的无雾图像，参数 A 是全球大气光成分，$t(x)$ 为透射率。现在的已知条件就是 $I(x)$，要求目标值 $J(x)$。根据基本的代数知识可知这是一个有无数解的方程。只有在一些先验信息基础上才能求出定解。

将上式稍做处理，变形为下式

$$\frac{I^C(x)}{A^C} = t(x)\frac{J^C(x)}{A^C} + 1 - t(x)$$

如上所述，上标 C 表示 RGB 三个通道的意思。

首先，假设在每一个窗口内透射率 $t(x)$ 为常数，将其定义为 $\tilde{t}(x)$，并且 A 值已经给定，然后对上式两边进行求两次最小值运算，得到下式

$$\min_{y\in\Omega(x)}\left[\min_C \frac{I^C(y)}{A^C}\right] = \tilde{t}(x)\min_{y\in\Omega(x)}\left[\min_C \frac{J^C(y)}{A^C}\right] + 1 - \tilde{t}(x)$$

式中，J 是待求的无雾图像，根据前述的暗原色先验理论有

$$J^{dark}(x) = \min_{y\in\Omega(x)}\left[\min_C J^C(y)\right] = 0$$

因此，可推导出

$$\min_{y\in\Omega(x)}\left[\min_C \frac{J^C(y)}{A^C}\right] = 0$$

把上式的结论代回原式中，得到

$$\tilde{t}(x) = 1 - \min_{y\in\Omega(x)}\left[\min_C \frac{I^C(y)}{A^C}\right]$$

这就是透射率 $\tilde{t}(x)$ 的预估值。

在现实生活中，即使是晴天白云，空气中也存在着一些颗粒，因此看远处的物体还是能感觉到雾的影响。此外，雾的存在让人类感受到景深的存在，因此有必要在去雾的时候保留一定程度的雾。这可以通过在上式中引入一个 $[0,1]$ 之间的因子来实现(在后续的示例代码中，将这个因子取值为 0.95)，则上式修正为

$$\tilde{t}(x) = 1 - \omega\min_{y\in\Omega(x)}\left[\min_C \frac{I^C(y)}{A^C}\right]$$

上述推论中都是假设全球大气光 A 值是已知的，在实际中，可以借助于暗通道图从有雾图像中获取该值。具体步骤大致为：首先，从暗通道图中按照亮度的大小提取最亮的前

0.1%像素，然后在原始有雾图像 I 中寻找对应位置上的具有最高亮度的点的值，并以此作为 A 的值。至此，就可以进行无雾图像的恢复了。

考虑到当透射图 t 的值很小时，会导致 J 的值偏大，从而使图像整体向白场过渡，因此一般可以设置一个阈值 t_0，当 t 值小于 t_0 时，令 $t=t_0$。后续的示例程序均采用 $t_0=0.1$ 为标准进行计算。因此，最终的图像恢复公式如下

$$J(x) = \frac{I(x) - A}{\max[t(x), t_0]} + A$$

基于上述公式对图像进行去雾处理，可得如图 12-3 所示的结果。其中，左上图为原始图像，右上图为暗通道图，左下图为透射图，右下图为经去雾处理后的结果图像。从图中不难注意到一个问题，结果图像中绿色植物（对应于暗通道图中颜色较深的部分）的边缘部分周围明显有不协调的地方，似乎这些部分没有进行去雾，这些都是由于之前求得的透射图过于粗糙的原因而导致的。

图 12-3   图像去雾效果

要获得更为精细的透射图，作者提出了 soft matting 方法，能得到非常细腻的结果。但是，该算法的一个致命弱点就是速度比较慢，因而在实际应用中具有很大的局限性。2011 年，原文作者又发表了一篇论文，其中提到了使用导向滤波的方式来获得较好的透射图。该方法的主要过程集中于简单的盒子滤波，而盒子滤波又有相应的快速算法，因此新算法的实用性较强。除了去雾处理之外，导向滤波还有许多其他方面的应用，限于篇幅，这里就不再赘述了。

使用导向滤波后的去雾效果如图 12-4 所示。其中,左图是精细化处理后的透射图,右图为最终的去雾效果。

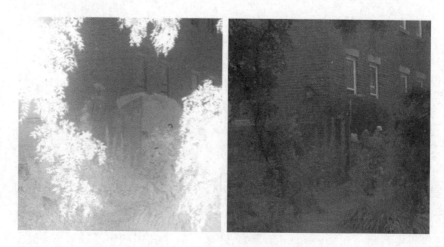

图 12-4 基于导向滤波的处理结果

12.1.3 算法实现与应用

下面这段示例程序演示了利用暗通道算法对图像进行去雾操作的基本方法。

```
%求一幅图像的暗通道图,窗口大小为 15 * 15
imageRGB = imread('picture.bmp');
imageRGB = double(imageRGB);
imageRGB = imageRGB./255;
dark = darkChannel(imageRGB);

%选取暗通道图中最亮的 0.1%像素,从而求得大气光
[m, n, ~] = size(imageRGB);
imsize = m * n;
numpx = floor(imsize/1000);
JDarkVec = reshape(dark,imsize,1);
ImVec = reshape(imageRGB,imsize,3);

[JDarkVec, indices] = sort(JDarkVec);
indices = indices(imsize - numpx + 1: end);

atmSum = zeros(1,3);
for ind = 1: numpx
    atmSum = atmSum + ImVec(indices(ind),: );
end

atmospheric = atmSum / numpx;

%求解透射率,并通过 omega 参数来选择保留一定程度的雾霾,以免损坏真实感
```

```
omega = 0.95;
im = zeros(size(imageRGB));

for ind = 1: 3
    im(: , : , ind) = imageRGB(: , : , ind)./atmospheric(ind);
end

dark_2 = darkChannel(im);
t = 1 - omega * dark_2;

% 通过导向滤波来获得更为精细的透射图
r = 60;
eps = 10^-6;
refined_t = guidedfilter_color(imageRGB, t, r, eps);
refinedRadiance = getRadiance(atmospheric, imageRGB, refined_t);
```

上述代码中调用了几个函数，限于篇幅，这里仅给出其中的暗通道处理函数，其余函数的完整源码可以从本书的在线支持资源中获取。

```
function dark = darkChannel(imRGB)

r = imRGB(: , : , 1);
g = imRGB(: , : , 2);
b = imRGB(: , : , 3);

[m n] = size(r);
a = zeros(m,n);
for i = 1: m
    for j = 1: n
        a(i,j) = min(r(i,j), g(i,j));
        a(i,j) = min(a(i,j), b(i,j));
    end
end

d = ones(15,15);
fun = @(block_struct)min(min(block_struct.data)) * d;
dark = blockproc(a, [15 15], fun);

dark = dark(1: m, 1: n);
```

完成编码后运行程序并观察结果。需要说明的是，作者在文末处曾经指出直接去雾后的图像会比原始的暗，因此在处理完后需要进行一定的曝光增强。所以，经上述代码处理后的图像会比作者文章中给出的效果偏暗。

曝光增强属于图像处理中比较基础也比较成熟的技术，这里不再做过多的介绍。总之，一般在使用暗通道算法对图像做去雾处理后，再用自动色阶之类的算法处理一下图像，便会获得比较满意的结果，如图 12-5 所示。其中，左图为原始图像，中图为经过暗通道算法处理后的去雾效果图，右图是经过自动色阶处理后的最终效果图。

图 12-5　基于暗通道的图像去雾效果

12.2　优化对比度增强算法

本章开始时,曾经提到去雾可以看作是人们为了改善主观视觉质量而对图像所进行的一种增强,所以应用图像增强算法来实现去雾也是常见的策略之一。本文要介绍的内容正是一种基于增强技术实现图像去雾功能的代表性算法。

12.2.1　计算大气光值

通常,图像去雾问题的基本模型可以用下面公式表示(这一点在基于暗通道先验的图像去雾中使用过)

$$I(p) = t(p)J(p) + A[1 - t(p)]$$

其中

$$J(p) = (J_r(p), J_g(p), J_b(p))^{\mathrm{T}}$$

表示原始图像(也就是没有雾的图像);

$$I(p) = (I_r(p), I_g(p), I_b(p))^{\mathrm{T}}$$

表示观察到的图像(也就是有雾图像)。r、g、b 表示位置 p 处的像素的 3 个分量。$A = (A_r, A_g, A_b)^{\mathrm{T}}$ 是全球大气光,它表示周围环境中的大气光。

此外,$t(p) \in [0,1]$ 表示反射光的透射率,它由场景点到照相机镜头之间的距离所决定。因为光传播的距离越远,通常光就约分散而且越发被削弱。所以上面这个公式的意思就是,本来没有被雾所笼罩的图像 J 与大气光 A 按一定比例进行混合后就得到最终所观察到的有雾图像。

大气光 A 通常用图像中最明亮的颜色来作为估计。因为大量的灰霾通常会导致一个发亮(发白)的颜色。然而,在这个框架下,那些颜色比大气光更加明亮的物体通常会被选中,因而导致一个本来不应该作为大气光参考值的结果被误用作大气光的估计。

基于这个认识,算法的作者 Kim 等人提出了一个基于四叉树子空间划分的层次搜索方法。如图 12-6 所示,首先把输入图像划分成 4 个矩形区域。然后,为每个子区域进行评分,这个评分的计算方法是"用区域内像素的平均值减去这些像素的标准差"。接下来，选择具有最高得分的区域，并将其继续划分为更小的 4 个子矩形。重复这个过程直到被选中的区域小于某个提前指定的阈值。例如图 12-6 中的深色的方格就是最终被选定的区域。

在这被选定的区域里，选择使得距离 $\| (I_r(p), I_g(p), I_b(p)) - (255,255,255) \|$ 最小化的颜色（包含 r、g、b 三个分量）来作为大气光的参考值。这样做的意义在于人们希望选择那个离纯白色最近的颜色（也就是最亮的颜色）来作为大气光的参考值。

图 12-6　基于四叉树子空间划分
　　　　确定大气光值

假设在一个局部的小范围内，场景深度是相同的（也就是场景内的各点到相机镜头的距离相同），所以在一个小块内（如 32×32）就可以使用一个固定的透射率 t，所以前面给出的有雾图像与原始（没有雾的）图像之间的关系模型就可以改写为

$$J(p) = \frac{1}{t}(I(p) - A) + A$$

可见，在求得大气光 A 的估计值之后，我们希望复原得到的原始（没有雾的）图像 $J(p)$ 将依赖于散射率 t。

总的来说，一个有雾的块内，对比度都是比较低的，而被恢复的块内的对比度则随着 t 的估计值的变小而增大，人们将设法来估计一个最优的 t 值，从而使得去雾后的块能够得到最大的对比度。

下面给出在 MATLAB 中实现的计算大气光值的代码。

```
function airlight = est_airlight(img)
% compute atmospheric light A through hierarchical
% searching method based on the quad-tree subdivision
global best;
[w,h,z] = size(img);
img = double(img);

if w * h > 200
    lu = img(1:floor(w/2),1:floor(h/2),:);
    ru = img(1:floor(w/2),floor(h/2):h,:);
    lb = img(floor(w/2):w,1:floor(h/2),:);
    rb = img(floor(w/2):w,floor(h/2):h,:);

    lu_m_r = mean(mean(lu(:,:,1)));
    lu_m_g = mean(mean(lu(:,:,2)));
    lu_m_b = mean(mean(lu(:,:,3)));

    ru_m_r = mean(mean(ru(:,:,1)));
    ru_m_g = mean(mean(ru(:,:,2)));
    ru_m_b = mean(mean(ru(:,:,3)));
```

```matlab
        lb_m_r = mean(mean(lb(:,:,1)));
        lb_m_g = mean(mean(lb(:,:,2)));
        lb_m_b = mean(mean(lb(:,:,3)));

        rb_m_r = mean(mean(rb(:,:,1)));
        rb_m_g = mean(mean(rb(:,:,2)));
        rb_m_b = mean(mean(rb(:,:,3)));

        lu_s_r = std2(lu(:,:,1));
        lu_s_g = std2(lu(:,:,2));
        lu_s_b = std2(lu(:,:,3));

        ru_s_r = std2(ru(:,:,1));
        ru_s_g = std2(ru(:,:,2));
        ru_s_b = std2(ru(:,:,3));

        lb_s_r = std2(lb(:,:,1));
        lb_s_g = std2(lb(:,:,2));
        lb_s_b = std2(lb(:,:,3));

        rb_s_r = std2(rb(:,:,1));
        rb_s_g = std2(rb(:,:,2));
        rb_s_b = std2(rb(:,:,3));

        score0 = lu_m_r + lu_m_g + lu_m_b - lu_s_r - lu_s_g - lu_s_b;
        score1 = ru_m_r + ru_m_g + ru_m_b - ru_s_r - ru_s_g - ru_s_b;
        score2 = lb_m_r + lb_m_g + lb_m_b - lb_s_r - lb_s_g - lb_s_b;
        score3 = rb_m_r + rb_m_g + rb_m_b - rb_s_r - rb_s_g - rb_s_b;
        x = [score0, score1, score2, score3];
        if max(x) == score0
            est_airlight(lu);
        elseif max(x) == score1
            est_airlight(ru);
        elseif max(x) == score2
            est_airlight(lb);
        elseif max(x) == score3
            est_airlight(rb);
        end
else
    for i = 1:w
        for j = 1:h
            nMinDistance = 65536;
            distance = sqrt((255 - img(i,j,1)).^2 + ...
                            (255 - img(i,j,2)).^2 + (255 - img(i,j,3)).^2);
            if nMinDistance > distance
                    nMinDistance = distance;
                    best = img(i,j,:);
            end
        end
    end
end
    airlight = best;
end
```

12.2.2　透射率的计算

首先给出图像对比度度量的方法（论文中，Kim 等给出了三个对比度定义式，我们只讨论第一个）。

其中，$c \in \{r, g, b\}$ 是颜色通道的索引标签，$\bar{J}_c$ 是 $J_c(p)$ 的平均值，并且 $p = 1, 2, \cdots, N, N$ 是块中像素的数量。

根据之前给出的有雾图像与原始（没有雾的）图像之间的关系模型

$$J(p) = \frac{1}{t}(I(p) - A) + A$$

可以把上述对比度定义式重新为

$$C_{\text{MSE}} = \sum_{p=1}^{N} = \frac{(I_c(p) - \bar{I}_c)^2}{I^2 N}$$

其中，$\bar{I}_c$ 是 $I_c(p)$ 的平均值，而且会发现上述式子中的对比度是关于 t 的递减函数。

既然希望通过增强对比的方法来去雾，那么不妨将一个区块 B 内三个颜色通道上的 MSE 对比度加总，然后再取负，如下

$$C_{\text{MSE}} = \sum_{p=1}^{N} = \frac{(I_c(p) - \bar{I}_c)^2}{t^2 N}$$

由于加了负号，所以取对比度最大就等同于取上式最小。

另外一方面，因为对比度得到增强，可能会导致部分像素的调整值超出了 0 和 255 的范围，这样就会造成信息的损失以及视觉上的瑕疵。所以算法作者又提出了一个信息量损失的计算公式

$$E_{\text{loss}} = \sum_{c \in \{r, g, b\}} \sum_{p \in B} \{[\min(0, J_c(p))]^2 + [\max(0, J_c(p) - 255)]^2\}$$

$$= \sum_{c \in \{r, g, b\}} \left\{ \sum_{i=0}^{\alpha_c} \left(\frac{i - A_c}{t} + A_c \right)^2 h_c(i) + \sum_{i=\beta_c}^{255} \left(\frac{i - A_c}{t} + A_c - 255 \right)^2 h_c(i) \right\}$$

于是，把所有问题都统一到了求下面这个式子的最小值问题上

$$E = E_{\text{contrast}} + \lambda_L E_{\text{loss}}$$

其中，λ_L 是一个权重参数用于控制信息损失和对比度之间的一个相对重要性。当采用一个较小的 λ_L 值时，被恢复的图像在对比度上将会有一个很大的增强，但由于像素值的截断，这些被恢复的图像也会丢失一些信息而且不自然地引入一些暗像素。相反，当采用一个较大的 λ_L 值时，可以阻止信息丢失，但却无法将雾完全去除。总的来说，$\lambda_L = 5$ 在信息损失的防范上和有效地去雾之间取得一个平衡。

12.2.3　实验结果与分析

在 MATLAB 中实现这个去雾算法是非常容易的。特别是 MATLAB 集成了导向滤波算法之后，可以直接调用现成的函数，省去很多麻烦。图 12-7 和图 12-8 是基于 MATLAB 程序实现给出的一些测试结果，其中左图为原始有雾图像，右图为去雾处理之后的图像。

从实验结果看，优化对比度增强算法对于天空部分的处理相当到位，优于暗通道先验算

图 12-7 图像去雾实验效果(自然风光)

图 12-8 图像去雾实验效果(天安门)

法;对比度过大时,图像很容易发暗,可以后期将图片稍微调亮一些。最后,算法本身是从对比度增强的角度来进行去雾操作的,所以可以看出结果自动带对比度增强加成,这个算法所取得的结果通常更加鲜亮。

12.3 基于 Retinex 的图像去雾算法

在第 11 章中,我们已经讨论了诸多非常有用的图像增强算法,例如直方图均衡算法以及更加强大的 CLAHE。通常图像增强算法或多或少都有一定的去雾效果,只是这个效果有强有若罢了。本节将讨论另外一类十分重要的图像增强算法——Retinex 算法,并通过实验验证一下这类方法的去雾效果。

12.3.1 单尺度 Retinex 算法

Retinex 是一种常用的建立在科学实验和科学分析基础上的图像增强方法,它是以人类视觉系统为出发点发展而来的一套理论方法,最早由埃德温·兰德(Edwin. H. Land)于1963 年提出。Retinex 是由两个单词合成的一个词语,它们分别是 retina 和 cortex,即视网膜和皮层。

Retinex 理论的基本内容是物体的颜色是由物体对长波（红色）、中波（绿色）、短波（蓝色）光线的反射能力来决定的，而不是由反射光强度的绝对值决定的，物体的色彩不受光照非均匀性的影响，具有一致性，即 Retinex 是以色感一致性（颜色恒常性）为基础的。

根据兰德提出的理论，一幅给定的图像 $S(x,$ $y)$ 可以分解为两个不同的图像：反射图像 $R(x,y)$ 和亮度图像（或称之为入射图像）$L(x,y)$，其原理如图 12-9 所示。

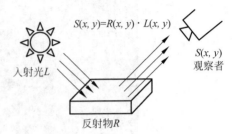

图 12-9　Retinex 的理论模型

对于给定图像 S 中的每个点 (x,y)，用公式可以表示为 $S(x,y) = R(x,y) \cdot L(x,y)$。实际上，Retinex 理论就是通过图像 S 得到物体的反射性质 R，也就是设法去除（或降低）入射光 L 的影响从而得到物体原本该有的样子。但是具体该如何来估计 S 并没有一个明确的答案，因此根据不同的估计方法，也就产生了各种各样的 Retinex 算法。

单尺度的 Retinex 算法（Single Scale Retinex，SSR）是最基础最简单的一种 Retinex 算法，而且这个算法也给出了广义上 Retinex 算法的大致框架。

步骤 1：利用取对数的方法将照射光分量和反射光分量分离，即
$$\log S(x,y) = \log R(x,y) + \log L(x,y)$$

步骤 2：一般会把最终的反射图像假设地估计为空间平滑图像（其物理解释就是通过计算图像中像素点与周围区域中像素的加权平均对图像中照度变化做估计，并将其去除，最后只保留图像中物体的反射属性），所以可以用高斯模板对原图像做卷积，即相当于对原图像作低通滤波，得到低通滤波后的图像 $D(x,y)$
$$D(x,y) = S(x,y) * F(x,y)$$

其中，$F(x,y)$ 表示高斯滤波函数。

步骤 3：在对数域中，用原图像减去低通滤波后的图像，得到高频增强的图像 $G(x,y)$
$$G(x,y) = \log S(x,y) - \log D(x,y)$$

步骤 4：对 $G(x,y)$ 取反对数，得到增强后的图像 $R(x,y)$
$$R(x,y) = \exp G(x,y)$$

基于 SSR 算法便可以实现一个基本的图像去雾程序。下面的 MATLAB 代码是完全按照上面的思路来实现的。只是在最后，对 $R(x,y)$ 做对比度增强，以得到最终的去雾图像。此外，因为这里处理的是彩色图像，所以需要对 RGB 三个通道分别进行处理。

```
I = imread('canon.jpg');

R = I(:, :, 1);
[N1, M1] = size(R);
R0 = double(R);
Rlog = log(R0 + 1);
Rfft2 = fft2(R0);
```

```
sigma = 250;
F = fspecial('gaussian', [N1,M1], sigma);
Efft = fft2(double(F));


DR0 = Rfft2.* Efft;
DR = ifft2(DR0);


DRlog = log(DR + 1);
Rr = Rlog - DRlog;
EXPRr = exp(Rr);
MIN = min(min(EXPRr));
MAX = max(max(EXPRr));
EXPRr = (EXPRr - MIN)/(MAX - MIN);
EXPRr = adapthisteq(EXPRr);


G = I(:, :, 2);


G0 = double(G);
Glog = log(G0 + 1);
Gfft2 = fft2(G0);


DG0 = Gfft2.* Efft;
DG = ifft2(DG0);


DGlog = log(DG + 1);
Gg = Glog - DGlog;
EXPGg = exp(Gg);
MIN = min(min(EXPGg));
MAX = max(max(EXPGg));
EXPGg = (EXPGg - MIN)/(MAX - MIN);
EXPGg = adapthisteq(EXPGg);


B = I(:, :, 3);


B0 = double(B);
Blog = log(B0 + 1);
Bfft2 = fft2(B0);


DB0 = Bfft2.* Efft;
DB = ifft2(DB0);


DBlog = log(DB + 1);
Bb = Blog - DBlog;
EXPBb = exp(Bb);
MIN = min(min(EXPBb));
MAX = max(max(EXPBb));
EXPBb = (EXPBb - MIN)/(MAX - MIN);
EXPBb = adapthisteq(EXPBb);


result = cat(3, EXPRr, EXPGg, EXPBb);
subplot(121), imshow(I);
subplot(122), imshow(result);
```

　　这里使用了两幅常用的有雾图像做实验，如图 12-10 和图 12-11 所示，其中左侧的图像为有雾图像，右侧图像是基于 SSR 实现的去雾后的效果图，可见 SSR 除了对图像进行了一定的增强之外，也有一定的去雾效果。

图 12-10　SSR 图像去雾实验（城市航拍）

图 12-11　SSR 图像去雾实验（玩具）

12.3.2　多尺度 Retinex 算法与 MSRCR

　　多尺度 Retinex 算法（MSR）是从 SSR 发展而来的一种 Retinex 算法，它的基本公式如下

$$R(x,y) = \sum_{k}^{K} w_k \big[\log S(x,y) - \log F_k(x,y) * S(x,y)\big]$$

其中，$R(x,y)$ 是 Retinex 的输出（与之前介绍 SSR 时的情况一致），$i \in \{R, G, B\}$ 表示 3 个颜色通道，$F(x,y)$ 是高斯滤波函数，w_k 表示尺度的权重因子，K 表示尺度的数目。$K=3$ 即表示彩色图像（此时通道 i 有红、绿、蓝 3 个）；$K=1$ 表示灰度图像，即只有一个颜色通道。上述公式也揭示了 MSR 算法的特点，也就是在输出图像时，能够兼顾到色调再现和动态范围压缩两个特性。

　　在 MSR 算法的增强过程中，图像可能会因为噪声增加而导致图中局部区域的色彩失真，使得物体真正的颜色效果不能很好地显现出来，从而影响了整体的视觉观感。为了改进这方面的不足，一般情况下会使用带色彩恢复因子 C 的多尺度算法（MSRCR）解决。带色彩恢复因子 C 的多尺度算法是在多个固定尺度的基础上考虑色彩不失真恢复的结果，在多尺度 Retinex 算法过程中，通过引入一个色彩因子 C 来弥补由于图像局部区域对比度增强

而导致的图像颜色失真的缺陷,通常情况下所引入的色彩恢复因子 C 的表达式为

$$R_{\mathrm{MSRCR}_i}(x,y) = C_i(x,y)R_{\mathrm{MSR}_i}(x,y)$$

$$C_i(x,y) = f\left[\frac{I_i(x,y)}{\sum\limits_{j=1}^{N} I_j(x,y)}\right]$$

其中,C_i 表示第 i 个通道的色彩恢复系数,它的作用是调节 3 个通道颜色的比例,$f(\cdot)$ 表示颜色空间的映射函数,通常可以采用下面的形式

$$C_i(x,y) = \beta\log\frac{\alpha l_i(x,y)}{\sum\limits_{j=1}^{N} I_j(x,y)} = \beta\left\{\log[\alpha I_i] - \log\left[\sum\limits_{j=1}^{N} I_j(x,y)\right]\right\}$$

其中,β 是一个增益常数(gain constant),α 用于控制非线性的强度。带色彩恢复的多尺度 Retinex 算法通过色彩恢复因子 C 这个系数调整原始图像中 3 个颜色通道之间的比例关系,从而把相对有点暗的区域的信息突显出来,以达到消除图像色彩失真缺陷的目的。处理后的图像局域对比度得以提高,而且其亮度与真实的场景很相似,图像在人们的视觉感知下显得更为逼真。因此,MSRCR 算法会具有比较好的颜色再现性、亮度恒常性与动态范围压缩等特性。

下面就在 MATLAB 中来实践一下 MSRCR,并验证一下用于去雾的效果。

```matlab
I = imread('toys.jpg');

R = I(:, :, 1);
G = I(:, :, 2);
B = I(:, :, 3);
R0 = double(R);
G0 = double(G);
B0 = double(B);

[N1, M1] = size(R);

Rlog = log(R0 + 1);
Rfft2 = fft2(R0);

sigma1 = 128;
F1 = fspecial('gaussian', [N1,M1], sigma1);
Efft1 = fft2(double(F1));

DR0 = Rfft2 .* Efft1;
DR = ifft2(DR0);

DRlog = log(DR + 1);
Rr1 = Rlog - DRlog;

sigma2 = 256;
F2 = fspecial('gaussian', [N1,M1], sigma2);
Efft2 = fft2(double(F2));

DR0 = Rfft2 .* Efft2;
```

```
DR = ifft2(DR0);

DRlog = log(DR + 1);
Rr2 = Rlog - DRlog;

sigma3 = 512;
F3 = fspecial('gaussian', [N1,M1], sigma3);
Efft3 = fft2(double(F3));

DR0 = Rfft2. * Efft3;
DR = ifft2(DR0);

DRlog = log(DR + 1);
Rr3 = Rlog - DRlog;

Rr = (Rr1 + Rr2 + Rr3)/3;

a = 125;
II = imadd(R0, G0);
II = imadd(II, B0);
Ir = immultiply(R0, a);
C = imdivide(Ir, II);
C = log(C + 1);

Rr = immultiply(C, Rr);
EXPRr = exp(Rr);
MIN = min(min(EXPRr));
MAX = max(max(EXPRr));
EXPRr = (EXPRr - MIN)/(MAX - MIN);
EXPRr = adapthisteq(EXPRr);

Glog = log(G0 + 1);
Gfft2 = fft2(G0);

DG0 = Gfft2. * Efft1;
DG = ifft2(DG0);

DGlog = log(DG + 1);
Gg1 = Glog - DGlog;


DG0 = Gfft2. * Efft2;
DG = ifft2(DG0);

DGlog = log(DG + 1);
Gg2 = Glog - DGlog;


DG0 = Gfft2. * Efft3;
DG = ifft2(DG0);

DGlog = log(DG + 1);
Gg3 = Glog - DGlog;
```

```
Gg = (Gg1 + Gg2 + Gg3)/3;

Ig = immultiply(G0, a);
C = imdivide(Ig, II);
C = log(C + 1);


Gg = immultiply(C, Gg);
EXPGg = exp(Gg);
MIN = min(min(EXPGg));
MAX = max(max(EXPGg));
EXPGg = (EXPGg - MIN)/(MAX - MIN);
EXPGg = adapthisteq(EXPGg);

% B通道的处理方法与R和G类似,这里省略

result = cat(3, EXPRr, EXPGg, EXPBb);
subplot(121), imshow(I);
subplot(122), imshow(result);
```

从图 12-12 和图 12-13 给出的结果来看,MSRCR 比 SSR 的图像增强效果更佳,色彩也更逼真。当然,上面实现的 MSRCR 并没有为去雾做过多的特别设计,所以这也不完全算是一种很完善的去雾算法。如果实验更多的有雾图片,就会发现它的一些弱点,例如对天空部分的处理效果还不尽如人意,还有某些色彩比较深的地方会变得更暗而导致辨识度下降。有兴趣的读者也可以在这些地方加以改进,以期获得实用性更强的、普适性更强的图像去雾算法。

图 12-12　MSRCR 图像去雾实验(城市航拍)

图 12-13　MSRCR 图像去雾实验(玩具)

本章参考文献

［1］　赵小川，何灏，等.数字图像处理高级应用：基于 MATLAB 与 CUDA 的实现［M］.北京：清华大学出版社，2015.

［2］　Kaiming He，Jian Sun，Xiaoou Tang. Single image haze removal using dark channel prior［J］. IEEE Transactions on Pattern Analysis and Machine Intelligence，2010，32(12).

［3］　Kim J H，Jang W D，Sim J Y，et al. Optimized contrast enhancement for real-time image and video dehazing［J］. Journal of Visual Communication and Image Representation，2013，24(3)：410-425.